"十三五"国家重点出版物出版规划项目
"十三五"江苏省高等学校重点教材（2018-1-102）

无机与分析化学

Inorganic and Analytical Chemistry

第3版

● 彭银仙 袁爱华 王 静 主编
● 刘元君 白 妮 副主编

U0184779

哈爾濱工業大學出版社

内容简介

本书介绍了无机化学与分析化学的主要内容,以“物质的聚集状态→化学热力学基本原理→化学反应速率与化学平衡→物质结构基础→定量分析基础→酸碱平衡与酸碱滴定法→电化学与氧化还原滴定法→沉淀溶解平衡与沉淀分析法→配位化学基础与配位滴定法→吸光光度法→电势分析法和电导分析法→分离与富集方法→元素化学与材料”构成教材体系结构。这种采用“合”与“分”结合,将无机化学和分析化学内容既分段又整合编写的教学体系,既能较全面、系统地反映“无机化学”及“分析化学”课程的教学内容,又能适合于仍以“无机化学”“分析化学”两门课程设课组织教学的部分高校选用。考虑到仪器分析内容需要前期相关课程的基础知识,且近化学类专业大多在后续开设仪器分析类课程,因此,本书仅对较为简单的、常用的仪器分析内容如吸光光度分析独立设章,对其他仪器分析方法只在“定量分析基础”一章中做概述性介绍。

本书可作为高等院校化学、化工、环境、材料、生物、医学、药学、食品、农学等专业的教材,也可供相近专业、社会学习者学习“无机与分析化学”课程时参考。

图书在版编目(CIP)数据

无机与分析化学/彭银仙,袁爱华,王静主编.—3版.
—哈尔滨:哈尔滨工业大学出版社,2021.11(2024.8重印)
ISBN 978-7-5603-9218-9

Ⅰ.①无… Ⅱ.①彭… ②袁… ③王… Ⅲ.①无机化学-高等学校-教材 ②分析化学-高等学校-教材 Ⅳ.①O6

中国版本图书馆CIP数据核字(2020)第238940号

策划编辑　许雅莹　张秀华
责任编辑　张　颖　李青晏
封面设计　高永利
出版发行　哈尔滨工业大学出版社
社　　址　哈尔滨市南岗区复华四道街10号　邮编150006
传　　真　0451-86414749
网　　址　http://hitpress.hit.edu.cn
印　　刷　哈尔滨市颉升高印刷有限公司
开　　本　787mm×1092mm　1/16　印张24.75　字数637千字
版　　次　2021年11月第3版　2024年8月第4次印刷
书　　号　ISBN 978-7-5603-9218-9
定　　价　48.00元

(如因印装质量问题影响阅读,我社负责调换)

第 3 版前言

《无机与分析化学》第 2 版出版 7 年以来，得到了众多读者的关心和支持，被哈尔滨理工大学等 10 多所学校选为本科生教材，本书编者深表谢意。随着教学改革的不断推进和现代科学技术的高速发展，以及高等教育模式的变迁，在“无机与分析化学”教学实践中，本编写组深刻体会到，作为知识传承载体的教材，应紧跟时代前进的步伐。“无机与分析化学”作为整个化学教学中的重要课程，既要和其他化学课程建立联系又要避免内容重复，还要考虑相关专业的要求，同时要将无机化学与分析化学有机地关联，而不是简单地加和。

本书遵循素质、知识、能力并重和少而精的原则，在不削弱基本原理、基本理论的前提下，充分考虑普通本科院校学生的理解能力，力图将基础化学的基本理论和基础知识进行系统的整合，构建全面、系统、完整、精练的教材体系和内容框架。本次修订在保持第 1 版和第 2 版的系统性的基础上，在体系和内容上做了以下调整。

(1) 对第 2 版精心梳理，拓宽基础并更新部分内容，适度创新，利于教学。

(2) 调整部分章节，注重各章节间前后衔接，使体系更科学、内容更精简，避免内容重复，增补无机与分析化学在新材料、新能源、节能环保等领域的应用等相关内容，同时加强与数学、物理等学科的关联，特别是定量分析中的相关问题，比较符合大学一年级学生的思维方式，并逐渐开阔学生的眼界，有利于养成科学的基本思维。

(3) 各章教学内容、例题和习题尽量与化学类、化工类、环境类、生物类、材料类等相关专业教学需求相结合，加强基础理论与实际应用的密切联系，注意将教师科研成果和学科前沿知识引入教学内容。

(4) 不仅追求理论体系的完整性，同时突出课程内容的系统性、实践性、专业性，以及学科整体的发展性、前沿性，满足专业培养所需；将平衡理论与滴定分析方法整合并将学科新技术、新成果融入教材，引入“绿色化学”理念。

(5) 对阅读扩展知识进行更新或增容，引导学生拓宽知识面和增加学习兴趣。

修订后的第 3 版继承前两版的深入浅出、内容系统和科学特色，增加了绪论内容，合并原第 8 ~ 11 章为第 13 章，拆分原第 4、13 章并与第 5、7、14 章重组，按平衡理论及此理论为基础的滴定分析方法整合设为第 6 ~ 9 章，原第 15 ~ 17 章编为第 10 ~ 12 章，对各章内容充分完善，紧跟时代发展步伐。

第 3 版的结构由编写组设计构建，绪论由袁爱华编写；第 1、5、6 章由彭银仙编写；第 2、3、8、13 章由王静编写；第 4、9、10 章由刘元君编写；第 7、11、12 章由白妮编写；全书由彭银仙和王静统稿，彭银仙和袁爱华定稿。

本书在郭文录、袁爱华、林生岭 3 位教授主编以及其他相关老师参编的《无机与分析化学(第 2 版)》基础上修订编写，在此对郭文录教授和林生岭教授的付出和指导表示衷心的感谢！对第 1 版、第 2 版参编老师的付出表示衷心的感谢！

本书获“十三五”江苏省高等学校重点教材项目(编号为 2018-1-102)的资助，在此表示感谢！

限于编者水平，书中难免有疏漏及不足之处，敬请读者不吝指正。

编　者

2021 年 1 月

目　录

绪论……………………………………………………………………………… 1

【阅读拓展】 ……………………………………………………………………… 5

第1章　物质的聚集状态……………………………………………………… 8

1.1　物质的层次 ………………………………………………………………… 8

1.2　物质聚集状态 ……………………………………………………………… 9

1.3　非电解质稀溶液的依数性…………………………………………………… 16

【阅读拓展】……………………………………………………………………… 22

习题 ……………………………………………………………………………… 26

第2章　化学热力学基本原理 ……………………………………………… 28

2.1　热力学基本概念及术语……………………………………………………… 28

2.2　热力学第一定律……………………………………………………………… 30

2.3　热化学………………………………………………………………………… 30

2.4　化学反应的方向和限度……………………………………………………… 37

【阅读拓展】……………………………………………………………………… 42

习题 ……………………………………………………………………………… 44

第3章　化学反应速率与化学平衡 ………………………………………… 48

3.1　化学反应速率………………………………………………………………… 48

3.2　影响化学反应速率的因素…………………………………………………… 53

3.3　化学平衡……………………………………………………………………… 59

【阅读拓展】……………………………………………………………………… 67

习题 ……………………………………………………………………………… 69

第4章　物质结构基础 ……………………………………………………… 72

4.1　氢原子光谱和玻尔理论……………………………………………………… 72

4.2　原子结构的量子力学模型…………………………………………………… 74

4.3　核外电子的分布与元素周期表……………………………………………… 78

4.4　价键理论……………………………………………………………………… 83

4.5　杂化轨道理论………………………………………………………………… 86

4.6　分子间力和氢键……………………………………………………………… 89

【阅读拓展】……………………………………………………………………… 92

习题 ……………………………………………………………………………… 93

第 5 章　定量分析基础 …… 95
5.1　定量分析的一般程序 …… 95
5.2　定量分析方法 …… 97
5.3　定量分析误差和分析结果的数据处理 …… 100
5.4　滴定分析法 …… 115
【阅读拓展】 …… 118
习题 …… 120
第 6 章　酸碱平衡与酸碱滴定法 …… 122
6.1　酸碱理论与酸碱平衡 …… 122
6.2　酸碱平衡组分分布及浓度计算 …… 128
6.3　缓冲溶液及酸碱指示剂 …… 140
6.4　酸碱滴定法 …… 148
【阅读拓展】 …… 161
习题 …… 164
第 7 章　电化学与氧化还原滴定法 …… 167
7.1　氧化还原反应的特征 …… 167
7.2　原电池和电极电势 …… 171
7.3　电极电势的应用 …… 181
7.4　元素电势图及其应用 …… 183
7.5　氧化还原滴定法 …… 186
【阅读拓展】 …… 200
习题 …… 208
第 8 章　沉淀溶解平衡与沉淀分析法 …… 211
8.1　沉淀溶解平衡和溶度积 …… 211
8.2　沉淀的生成和溶解 …… 214
8.3　沉淀分析法 …… 220
【阅读拓展】 …… 231
习题 …… 232
第 9 章　配位化学基础与配位滴定法 …… 235
9.1　配位化合物的组成和命名 …… 235
9.2　配位化合物的价键理论 …… 238
9.3　配位平衡 …… 241
9.4　配位滴定法 …… 245
【阅读拓展】 …… 253
习题 …… 254

第 10 章　吸光光度法 …… 257
10.1　概述 …… 257
10.2　光吸收的基本定律 …… 258
10.3　显色反应与测量条件的选择 …… 261
10.4　吸光光度分析的方法和仪器 …… 263
10.5　吸光光度法的一些应用 …… 265
【阅读拓展】 …… 268
习题 …… 270
第 11 章　电势分析法和电导分析法 …… 271
11.1　电势分析法基本原理 …… 271
11.2　电极分类 …… 272
11.3　电势滴定法 …… 278
11.4　电导分析法 …… 282
【阅读拓展】 …… 289
习题 …… 291
第 12 章　分离与富集方法 …… 293
12.1　沉淀与共沉淀分离法 …… 293
12.2　溶剂萃取分离法 …… 298
12.3　离子交换分离法 …… 302
12.4　色谱分离法 …… 306
12.5　新的分离和富集方法 …… 309
【阅读拓展】 …… 311
习题 …… 317
第 13 章　元素化学与材料 …… 318
13.1　金属单质的物理与化学性质 …… 318
13.2　金属材料 …… 325
13.3　非金属单质和化合物的物理与化学性质 …… 329
13.4　无机非金属材料 …… 341
【阅读拓展】 …… 346
习题 …… 349
附　录 …… 351
附录 1　本书常用量、单位的符号 …… 351
附录 2　SI 制和我国法定计量单位及国家标准 …… 353
附录 3　标准热力学数据(298.15 K,100 kPa) …… 356
附录 4　湿法分解主要溶剂的性质及应用范围 …… 361
附录 5　常用熔剂的性质、使用条件和应用范围 …… 364

附录 6　常见弱电解质的标准解离平衡常数(298.15 K) …… 366
附录 7　常用缓冲溶液及配制方法(干燥分析纯试剂,蒸馏水,25 ℃) …… 369
附录 8　标准电极电势及部分氧化还原电对的条件电极电势(298.15 K) …… 372
附录 9　常见微溶电解质的溶度积(298.15 K) …… 380
附录 10　一些常见配离子的标准稳定常数(298.15 K) …… 382
附录 11　一些常见化合物的相对分子质量 …… 383
参考文献 …… 387

绪　论

1. 化学在现代科学中的地位

化学是自然科学中一门重要的学科,承载着人类的一个重大希望,是从分子、原子或离子等层面认识自然、理解自然,研究自然界物质的组成、性质、结构与变化规律,以及物质变化、创造新物质的科学。尽管原子和大多数分子肉眼看不到,但人类在生活实践中可能达到的物质层面为原子和分子,因为世界由物质组成,而化学则是人类认识和改造物质世界的主要方法和手段之一。如食物在体内的消化、分解、合成等过程都是在原子、分子水平进行,对自然资源的化学加工或直接使用自然资源的自然人时代逐步进入到以自然资源为功能材料并使用的科学人时代,而这种转变也都是在原子、分子层面进行,化学学科在这里起决定性作用,在现代高科技中扮演重要的角色。基于上述事实,不难理解为什么化学是科学的中心学科(central science),是一门历史悠久而又富有活力的学科,所取得的成就是社会文明的重要标志,因为化学中存在化学变化和物理变化两种变化形式。

我国化学家浙江大学彭笑刚教授给出的高科技产业倒金字塔(图0-1)中,位于倒金字塔支撑地位的"新材料"一旦有大的突破,将改变整个产业链。

图0-1　高科技产业倒金字塔

2. 化学的发展和趋势

化学作为一门学科具有非常古老的历史渊源。人类学会使用火意味着化学实践活动的开始。化学知识的积累、化学学科的形成经历了漫长而曲折的道路,化学的发展,促进了生产力的发展,推动了历史的前进。

化学学科的发展起步于古代化学,经历了远古到公元前1500年的火法制陶、冶炼金属、酿酒和丝麻棉等织物染色等实用技术的化学萌芽时期,公元前1500年到公元1650年的炼丹术、炼金术和医药化学时期,1650年到1775年英国化学家波义耳(Robert Boyle,1627—1691)确立化学元素的科学概念、瑞典化学家舍勒(Carl Wilhelm Scheele,1742—1786)著作《火与空气》一书的燃素化学时期,1775年前为化学变化理论研究时期。16世纪欧洲工业生产蓬勃兴起推动了医药化学和冶金化学的创立与发展,使人们更加注意物质化学变化的研究,建立了科学的氧化理论、质量守恒定律、定比定律、倍比定律和化合量定律,为化学学科的进一步发展奠定了基础。

化学学科创建于近代化学,1775—1900年为近代化学的发展时期。法国化学家拉瓦锡(Antoine - Laurent de Lavoisier,1743—1794)以定量化学实验阐述燃烧的氧化学说开创了定量化学时期;英国化学家道尔顿(John Dalton,1766—1844)提出了以原子质量为元素的最基本特征的近代原子学说,意大利科学家阿伏伽德罗(Ameldeo Avogadro,1776—1856)提出了分子概念。以原子 - 分子论研究化学为标志,化学真正地成为一门科学。这一时期,建立了大量化学基本定律,如俄国化学家门捷列夫(Дми́трий Ива́нович Менделе́ев,1834—1907)的元素周期律,德国化学家李比希(Justus von Liebig,1803—1873)和维勒(Friedrich Wohler,

1800—1882)的有机结构理论,引入热力学等物理学理论确定化学平衡和反应速率等概念,定量判断化学反应中物质转化的方向和条件,建立了溶液、电离、电化学和化学动力学等理论,化学在理论上提高到了一个新的水平。矿物分析发现了许多新元素,结合原子 - 分子学说,形成了经典化学分析方法体系。随着草酸和尿素等简单有机物的合成、原子价概念的产生、苯六环结构和碳价键四面体等学说的创立,酒石酸旋光异构体拆分、分子不对称性发现等,瑞典化学家贝采里乌斯(Jons Jakob Berzelius,1779—1848)第一个提出了有机化学的概念,创建了有机化学结构理论,奠定了有机化学的基础。

化学学科完善于现代,现代科学理论、技术和方法广泛应用于化学。19 世纪末发现的电子、X 射线和放射性,20 世纪创建的近代物理理论和技术、数学方法及计算机技术,使化学在认识物质组成和结构、合成和测试等方面有了长足进展。理论方面取得了重要成果,例如,美国化学家鲍林(Linus Carl Pauling,1901—1994)的价键理论、《化学键的本质》著作、分子轨道理论和配位场理论,X 射线衍射、电子衍射和中子衍射等方法测定化学物质立体结构,可见光谱、紫外光谱、红外光谱扩展到核磁共振谱、电子自旋共振谱、光电子能谱、射线共振光谱、穆斯堡尔谱等谱学方法研究物质结构。

20 世纪以来,化学发展的趋势可归纳为:宏观向微观、定性向定量、稳定态向亚稳定态的发展,依据单分子(原子)的高灵敏度检测,复杂体系(如生命体系)高选择性分析,原位、活体、实时、无损分析,自动化、智能化、微型化、图像化分析,高通量、高速度分析等,使经验逐渐上升到理论并指导设计和开拓创新,为生产和技术部门提供了尽可能多的新物质、新材料,并在与其他自然科学相互渗透的进程中不断产生新学科,从而向探索生命科学和宇宙起源的方向发展。

3. 化学学科分类

依照研究的分子类别和研究手段、目的、任务的不同,传统化学学科分为无机化学、有机化学、物理化学和分析化学四个分支。20 世纪 20 年代以后,世界经济高速发展,化学键电子理论和量子力学诞生,电子技术和计算机技术在理论和实验技术上为化学研究提供了新手段,根据化学学科的发展及与天文学、物理学、数学、生物学、医学、地学等学科的相互渗透情况,化学学科被分为无机化学、有机化学、物理化学、分析化学、高分子化学、核放射性化学、生物化学七个分支。与化学有关的边缘学科还有地球化学、海洋化学、大气化学、环境化学、宇宙化学、星际化学等。

(1) 无机化学。

无机化学(inorganic chemistry)是研究元素、单质和无机化合物的来源、组成、结构、理化性质、制备方法、变化规律及应用的化学,也是最古老的一个分支学科。当前无机化学正处在蓬勃发展的新时期,许多边缘领域迅速崛起,研究范围不断扩大,已形成无机合成化学、丰产元素化学、配位化学、有机金属化学、无机固体化学、生物无机化学和同位素化学等领域。

(2) 有机化学。

有机化学(organic chemistry)是研究有机化合物的来源、制备、结构、性质、应用以及有关理论的科学,又称碳化合物化学。有机化学可分为天然有机化学、一般有机化学、有机合成化学、金属和非金属有机化学、物理有机化学、生物有机化学、有机分析化学等。

(3) 物理化学。

物理化学(physical chemistry)是以物理原理和数学处理方法为基础,从物质的物理现象和化学现象的联系入手来探讨化学性质与物理性质之间本质联系和化学变化基本规律的一门科学，由化学热力学、化学动力学和结构化学三大部分组成，研究化学体系的宏观平衡性质、化学体系的微观结构和性质、化学体系的动态性质，主要理论支柱是热力学、统计力学和量子力学三大部分。热力学和量子力学适用于微观系统，统计力学则为宏观与微观的桥梁。统计力学方法用概率规律计算出体系内部分子、原子等大量质点微观运动的平均结果，从而推断或解释宏观现象，并能计算一些宏观热力学性质。

(4) 分析化学。

分析化学(analytical chemistry) 是研究获取物质化学组成、含量和结构信息的分析方法及相关理论的科学，是化学学科的一个重要分支。分析化学可分为化学分析、仪器和新技术分析，化学分析法是以物质的化学反应为基础，依赖于特定的化学反应及其计量关系对物质进行分析的一种经典分析方法，主要包括重量分析法和滴定分析法，以及试样的处理和一些分离、富集、掩蔽等化学手段，过程操作简便快速、无须特殊设备、便于实行、受时间地点的限制少，其中滴定分析法主要有酸碱滴定、氧化还原滴定、配位滴定、沉淀滴定等。 仪器分析法是以物质的物理和物理化学性质为基础建立的一种分析方法，利用特定的仪器对物质进行定性分析、定量分析、形态分析、结构分析等，灵敏度高，每一种分析方法所依据的原理不同，测量的物理量、操作过程及应用情况也不同。

(5) 高分子化学。

高分子化学(polymer chemistry) 是研究高分子化合物的分子结构、理化性质、合成方法和机理、动力学、相对分子质量及分布、应用等方面的一门新兴的综合性学科，可进一步细分为天然高分子化学、高分子合成化学、高分子物理化学、高聚物应用化学、高分子材料化学。

(6) 核放射化学。

核放射化学(nuclear & radiochemistry) 主要研究放射性核素的制备、分离、纯化、鉴定和它们在极低浓度时的化学状态、核转变产物的性质和行为，以及放射性核素在各学科领域中的应用等。20世纪60年代以来，核放射化学主要围绕核能的开发、生产、应用以及随之而来的环境问题等，开展基础性、开发性和应用性的研究。

(7) 生物化学。

生物化学(biochemistry) 是研究生命分子和生命化学反应的科学，运用化学的方法和理论在分子水平上解释生物学的科学。主要研究生物分子的化学结构和三维结构，生物分子的相互作用，生物分子的合成与降解，能量的保存与利用，生物分子的组装与协调，遗传信息的储存、传递和表达等。

4. 无机化学与分析化学的研究内容

(1) 无机化学的研究内容。

化学的研究对象是各种元素、单质和非碳氢结构的无机化合物，其涉及的内容主要为：

① 原子结构理论。主要是研究原子核外电子尤其是价电子的排布情况以及它们与元素、化合物性质之间的关系和规律，力图在微观世界的规律与宏观世界的性质之间建立联系。

② 分子结构及晶体结构。研究化学键形成的各种理论学说、化学键与化合物性质的关系，分子间作用力的种类和形成的各种机制，分子间作用力与晶体结构的关系。

③ 化学平衡理论。从宏观上探讨化学反应进行的限度、化学平衡与各种条件的关系、反应速率及各种影响因素的关系，研究化学平衡原理以及平衡移动的一般规律，具体讨论酸碱平

衡、沉淀溶解平衡、氧化还原平衡和配位平衡,得出一些普遍规律,指导分析化学、有机化学、物理化学、结构化学、生物化学、材料化学等有关课程的学习。

④ 无机化合物的性质、制备方法和应用。在元素周期律的基础上,研究重要元素及其化合物的结构、性质的变化规律和制备方法及在有关领域中的应用,既应了解无机化合物的特殊性,也应注重无机化合物制备方法和应用的普遍性、共同点。

(2) 分析化学的研究内容。

分析化学是研究分析方法的科学或学科,是获得物质化学组成、结构和形态信息的科学,是科学技术的眼睛、尖兵、侦察员,是进行科学研究的基础学科,也是研究物质及其变化的重要方法之一。

分析化学的主要任务是鉴定物质(包括无机物、有机物、生物物质)的化学组成(元素、离子、官能团或化合物)、测定物质的有关组分的含量、确定物质的结构(化学结构、晶体结构、空间分布)和存在形态(价态、配位态、结晶态)及其与物质性质之间的关系等。主要是进行结构分析、形态分析、能态分析,广泛应用于地质普查、矿产勘探、冶金、化学工业、轻工业、能源、农业、医药、临床化验、环境保护、商品检验等领域。

5. 分析化学的研究方法

根据分析的原理不同,分析化学的研究方法可分为化学分析法、仪器分析法两大类。

(1) 化学分析法。

化学分析法(chemical analysis)是指依赖于特定的化学反应及其计量关系对物质的化学组成、结构、含量进行分析的方法,主要包括质量分析法和滴定分析法。化学分析法通常用于测定质量分数大于1%、浓度(concentration)大于0.01 $mol\cdot L^{-1}$、试样体积大于10 mL、试样质量大于0.1 g的常量组分,故也称为常量分析(表0-1)。化学分析法准确度相当高(一般情况下相对误差为0.1% ~0.2%),所用天平、滴定管等仪器设备简单,滴定分析法操作简便快速,是解决常量分析问题的有效手段,具有很大的应用价值,被广泛应用于许多实际生产领域,并且由于科学技术的发展,它在向自动化、智能化、一体化、在线化的方向发展,可以与各种仪器分析紧密结合。在当今生产生活的许多领域,化学分析法作为常规的分析方法发挥着重要作用。

表0-1　各种分析方法的试样常用量

方法	试样质量	试样体积/mL	质量分数/%
常量分析	> 0.1 g	> 10	> 1
半微量分析	0.01 ~ 0.1 mg	1 ~ 10	—
微量分析	0.1 ~ 10 mg	0.01 ~ 1	0.01 ~ 1
超微量分析	< 0.1 mg	< 0.01	—
痕量分析	—	—	$< 10^{-4}$
超痕量分析	—	—	$< 10^{-7}$

(2) 仪器分析法。

仪器分析法(instrumental analysis)是利用被测物质及与其他试剂所形成化合物的各种物理特性或物理化学性质,如光学特性、电学特性、热特性、磁特性、吸附和溶解分配特性、相对密度、相变温度、折射率、旋光度及光谱特征等,不经化学反应,使用较特殊仪器直接进行定性或定量分析、分布分析、结构和形态分析,灵敏、快速、准确,发展快,应用广,如光学分析、色谱分析、核磁共振分析、电化学分析、质谱分析、放射化学分析等。法医毒物分析工作中常用的仪器分析法有光谱分析、色谱分析和色谱/质谱联用分析,后两者有很好的分离和定性定量分析效能。

仪器分析灵敏度高,选择性好,检出限量低,所需分析试样量很小或浓度很低,适于微量、痕量和超痕量成分的测定。样品用量由化学分析的mL、mg级降低到仪器分析的μL、μg级,可小到低于 10^{-6} g·mL^{-1}(百万分之一,parts per million,ppm)、10^{-9} g·mL^{-1}(十亿分之一,parts per billion,ppb),甚至 10^{-12} g·mL^{-1}(万亿分之一,parts per trillion,俗记为ppt),有些仪器已经可测量质量浓度为 10^{-18} g·mL^{-1} 的试样。

当使用试样的质量在0.1 ~10 mg或使用试样的体积在0.01 ~1 mL时称为微量分析;当使用试样质量小于0.1 mg或使用试样的体积小于0.01 mL时称为超微量分析;当测定物质的质量浓度小于 10^{-6} g·mL^{-1}(或g·g^{-1})时称为痕量分析;当测定物质的质量浓度小于 10^{-6} g·mL^{-1}(或g·g^{-1})时称为超痕量分析。表0-1列出了各种分析方法的试样常用量。

仪器分析绝对误差小,适合含量或浓度极小的环境,生物腺体和排泄物中痕量物质、稀有物质、含量极低的杂质分析。表0-2对化学分析法与仪器分析方法的特点进行了比较。

表0-2　化学分析法与仪器分析方法比较

项目	化学分析法(经典分析法)	仪器分析法(现代分析法)
物质性质	化学性质	物理、物理化学性质
测量参数	体积、质量	吸光度、电位、发射强度等
误差	1% ~0.2%	1% ~2% 或更高
质量分数	1% ~100%	<1%,单分子、单原子
理论基础	化学、物理化学(溶液四大平衡)	化学、物理、数学、电子学、生物等
解决问题	定性、定量	定性、定量、结构、形态、能态、动力学等

【阅读拓展】

海洋化学

海洋化学(marine chemistry)研究海洋环境各部分的化学组成、化学性质、化学物质分布及转移和循环的规律等化学过程,以及海洋化学资源在开发利用中的化学问题,具有明确的研究目标,同时和海洋生物学、海洋地质学、海洋物理学等有密切的关系。海洋化学一项重要的研究内容为海水利用,主要包括海水直接利用、海水淡化和开发海洋化学资源三大体系。

海洋是一个综合的自然体系,在海洋的任一个空间单元中,常可能同时发生物理变化、化学变化、生物变化和地质变化,这些变化往往交织在一起。因此海洋化学与海洋物理、海洋生物和海洋地质相互渗透和相互配合。

海洋化学主要从化学物质的分布变化和运移的角度,研究海水及海洋环境中的化学问题,既研究海洋中各种宏观化学过程,如不同水团在混合时的化学过程、海洋和大气的物质交换过程、海水和海底之间的化学通量和化学过程等,以及海洋环境中某一微小区域的化学过程,如表面吸附过程、配位过程、离子对缔合过程等。

海洋化学阐明和解释发生在一个无比巨大反应器——海洋中的大量的、复杂的化学作用和变化过程,如从海洋微生物到鲸类在内的无数海洋生物有关的所有生物化学变化。从宏观的水体循环过程和混合作用到局部海域的物质化学变化过程,从海洋中存在的天然元素到种类繁多的有机大分子的形成和衰亡过程等,这些都离不开化学知识和相关的化学技术。海洋化学的发展已深入到研究元素存在形式和化学性质阶段,即海水化学模型研究阶段,从均相水体到非均相界面的研究阶段。例如,国际海洋界普遍关注的海-气界面、海底-海水界面、悬浮体-海水界面、生物体-海水界面、河水-海水界面等为主要内容的研究。

海洋化学研究始于1670年前后英国玻义耳对海水的含盐量和海水密度变化关系的研究;1819年马塞特则发现海水中主要成分含量之间有恒定的比例关系;1884年迪特马尔发表了对英国"挑战者"号船于1873—1876年间采集的77个海水样品进行分析的结果,进一步证实了海水中各主要溶解成分含量之间的恒比关系;1900年前后,丹麦克努曾等学者建立了海水氯度、盐度和密度的测定方法;20世纪30年代芬兰布赫建立了海水中碳酸盐各种存在形态浓度的计算方法;英国哈维系统地研究了海水中氨、磷、硅等元素的无机盐对浮游生物的营养作用,于1955年出版了《海水的化学与肥度》一书,它是关于海洋生物生产力的化学经典著作。

1959—1962年,瑞典物理化学家西伦和美国地球化学家加勒尔斯等人先后运用物理化学原理对海水中各类化学平衡进行了定量的研究,使海洋化学从定性描述阶段过渡到定量理论研究阶段,初步建立了海洋物理化学的理论体系,同时随着对一些元素的地球化学问题的深入研究,逐渐形成了海洋地球化学,研究海洋中各种元素的化学过程。

20世纪30年代青岛观象台对胶州湾进行盐度、pH、硅酸盐等测定,20世纪40年代朱树屏结合海洋生物生产力研究,在海洋化学方面做了许多研究工作。中华人民共和国成立后,海洋化学研究工作受到重视,20世纪50年代开始了海洋化学的全面调查工作,利用全国海洋普查化学资料,国家科委海洋组办公室组织力量全面开展了近海水域中各种化学要素(氯度、盐度、溶解氧、pH、磷酸盐、硅酸盐、硝酸盐等)的含量、分布、变化以及其与海洋生物、水文、地质环境的关系,总结了各海域的水化学特点。20世纪60年代,中国科学院海洋研究所、国家海洋局一所、山东海洋学院,主要研究从海水或海水制盐苦卤、分离提取化学资源的技术及其有关理论问题,已经研究了30多种化学产品的提取技术和方法,如60年代中期开始研究、70年代以后进展较快的提锂技术。此外,20世纪80年代青岛海洋化学研究所从描述性工作进入到元素形态、迁移机制、界面通量和物质平衡的研究,从定性研究发展到定量研究。中国科学院海洋研究所等单位还重点研究了河口硅酸盐含量变化及其水合氧化物的吸附过程、海水基本物质物理化学性质,用数学模式分析硅酸盐在河口的分布、转移规律的数学模式等。

1970年,华东师范大学"671"科研组在国际上首先从海水中提取到30 g铀,得到了周恩来总理的高度评价。山东海洋学院、中国科学院海洋研究所等单位也对100多种无机和有机提锂吸附剂进行了筛选,选用了水合氧化钛、碱式碳化锌、硫化铝、氢氧化铝、硫酸钛等无机吸附剂和一些离子交换树脂等有机吸附剂进行提铀试验。80年代,中国科学院等还对海洋放射性元素分布变化规律展开了研究,深入开展放射性核素在海洋中的存在形式和迁移变化规律、放射性同位素稀释因子、海水自净能力以及放射性向量元素测定分析方法等研究,评价了渤海区放射性污染源和污染状况。

海洋资源的开发利用,主要指从海洋水体、海洋生物体和海底沉积层中开发利用化学资源的化学问题。海洋资源的开发早期是从海水提取无机物,包括制盐、卤水或海水的综合利用,比如提取芒硝、钾盐、溴、镁盐或其他含量较低的无机物;随着化学科学的不断发展及对海洋资源研究的深入,海洋资源开发深入到海水淡化、海水提锂、海洋生物天然产物的分离提取等。

海洋资源的持续利用是人类生存发展的重要前提,目前全世界每年从海洋中提取淡水约20 亿 t、食盐 5 000 万 t、镁及氧化镁 260 万 t、溴 20 万 t,总产值达 6 亿美元以上,所有这些都是海洋化学研究成果的应用,海洋化学的研究和海洋开发方兴未艾,必将越来越多地造福人类。

海水直接利用即以海水代替淡水作为工业用水和生活用水。到 21 世纪上半叶,随着海洋生物污损防治技术的提高和耐腐蚀材料的进一步发展,沿海城市的绝大部分工业冷却水都将采用海水。海水淡化是海水利用的重点,到 21 世纪中叶,也许会看到这样一个景象:每个岛屿或缺水的沿海城市都建有海水淡化工厂,这些工厂大多采用蒸馏法和反渗透技术制取淡水,到时全世界使用的水资源中有 1/5 以上来自海洋。设想把反渗透技术的海水淡化装置放在海底,利用海水自身的压力来获取淡水,这对海上城市或石油钻井平台非常实用,出海远洋只需带一台海水淡化设备即可以满足船上的淡水供应。蒸馏法制取淡水主要是利用热能实现,可充分利用核电站和热电厂等产生的余热为热源,不仅实现了蒸馏法制淡水,还大大减少了能耗和热污染。

海洋化学也研究和测定海水的同位素、元素、分子能级等物质的微观问题,包括海洋中有机物、无机物的基本特性、来源、构造模式,及在海洋地质、生物、物理、气象等领域中的特殊作用。

第1章　物质的聚集状态

【学习要求】

(1) 掌握物质的聚集状态及相关知识。

(2) 掌握溶液浓度的表示方法。

(3) 掌握非电解质稀溶液的通性及相关计算。

1.1　物质的层次

自然界物质存在的普遍形态表现为按其空间尺度和质量大小等特征排列,具有质的差异和隶属关系的序列,是物质系统内各种因素和成分之间不同程度的联系。

物质层次是指物质系统中具有的不同质的梯级或关节点。层次结构是指若干要素经相互作用构成的系统,再通过新的相互作用构成新的系统的逐级构成的结构关系,即高级层次是由低级层次构成的(垂直有序关系),以低层次系统为存在基础,高层次的运动规律由低层次的运动规律阐明,但高层次与低层次之间在物质结构、运动规律、属性等方面又存在质的差别,在层次过渡时,这些因素的变化带有间断性。

人类对物质层次结构的认识是随着科学技术的不断进步而发展的。18 世纪中期,德国哲学家康德(Immanuel Kant,1724—1804) 和德国物理学家朗伯特(Jo Hann Heinrich Lambert,1728—1777) 等人提出天体逐级成团分布的等级式宇宙结构模型,包含物质层次的思想。19 世纪中期,恩格斯表述了物质结构具有不同层次的思想。随着科学技术的不断发展,19 世纪以来的物理学,先后揭示了微观物质结构的原子和分子、原子核和基本粒子层次,并逐渐更深入地揭示基本粒子的组成及其结构;天体的认识方面,人类先后达到了 3 个新的层次,即银河系、星系团和总星系,并正在进一步揭示总星系演化规律;生物学也揭示了一些新的层次,按空间尺度由小到大为:生物大分子 — 细胞 — 器官 — 个体 — 群落 — 生物圈。图1 - 1 所示为非生命世界物质层次和生命世界物质层次。

物质结构的不同层次具有不同的运动规律和时空形式,但也有一些共同的方面,所以物质层次和时空形式并非简单地一一对应,物质运动的时空形式较物质存在的具体形态更加稳定。一定物质层次的存在适应于一定的能量状态,物质系统结合能越大,就越稳定。

物质层次表现为亚原子层次、原子结构层次、分子结构层次、晶体结构层次、超分子结构层次。其中,亚原子层次为夸克至质子、中子、电子层次的递进;原子结构层次为原子核和电子组成原子的核外电子结构和元素周期系两个层次;分子结构层次包括原子结构和化学键内容;晶体结构层次以点阵、晶格和晶体层次递进;超分子结构层次包括分子结构和分子间相互作用两部分。

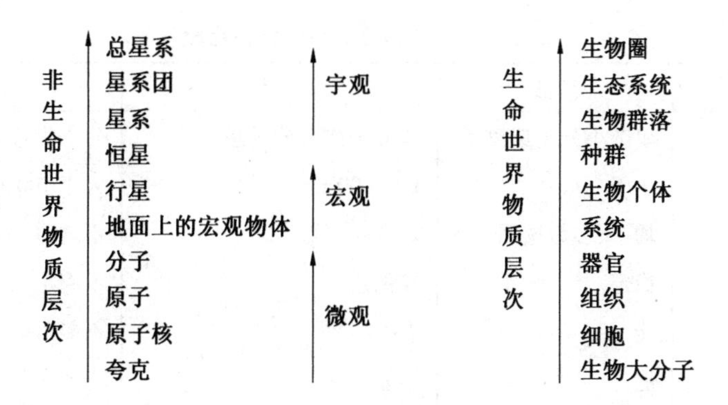

图 1-1 非生命世界物质层次和生命世界物质层次

1.2 物质聚集状态

化学的研究对象是物质,物质的聚焦状态主要有气体、液体和固体 3 种,许多物质在不同的温度(temperature)、压力(pressure)下呈现不同的聚焦状态。各种物质在处于不同的聚集状态时,微粒的运动方式、微粒间距离不同,其微观结构上的差异导致物质性质的差异。物质聚集状态的变化是物理变化,但常与化学反应相伴发生。不同物质混合可发生相互的分散作用形成各种分散体系,主要有溶液、胶体和浊液 3 种。

1.2.1 分散系

一种或多种物质分散在另外一种或多种物质中所构成的体系称为分散体系,简称分散系(dispersive system),其中被分散的物质为分散质(分散相,dispersed phase),处于不连续状态;分散质的物质为分散剂(dispersion medium),处于连续状态。在水溶液中,溶质是分散质,水是分散剂。溶质在水溶液中以分子或离子状态存在。分散系的某些性质常随分散相粒子的大小而改变。

分散系 = 分散相(或分散质) + 分散剂

例如:小水滴 + 空气 = 云雾;二氧化碳 + 水 = 汽水。

系统中任何一个组成均一的部分称为一个相。在同一相内,其物理性质和化学性质完全相同,相与相之间有明确的界面分隔。

根据分散质与分散剂的状态,它们之间可有 9 种组合方式:气体 → 气体、液体、固体;液体 → 气体、液体、固体;固体 → 气体、液体、固体。

分散系按分散相质点的大小不同可分为 3 类:分散质粒子小于或等于 1 nm 的低分子(或离子)分散系为溶液,是稳定体系,如 NaCl 溶液、乙醇溶液;分散质粒子介于 1 ~ 100 nm 的分散系称为胶体,稳定性介于溶液和浊液之间,属于介稳体系,如蛋白质分散于水中;分散质粒子大于或等于 100 nm 的粗分子分散系称为浊液,粒子较大,肉眼或普通显微镜即可观察到分散相的颗粒,能阻止光线通过,外观上浑浊不透明,且不能透过滤纸或半透膜,易受重力影响而自动沉降,因此浊液为不稳定体系,如牛奶、泥土等混于水中。浊液按分散相状态的不同又分为悬浊液(固体分散在液体中,如泥浆)和乳浊液(液体分散在液体中,如牛奶)。表 1-1 比较了各种分散系的特性。

表1-1 各种分散系的特性比较

特性	溶液	胶体	浊液
分散系粒子	单个小分子或离子	高分子或多分子集合体	分子集合体
分散质粒子	小于1 nm	1 ~ 100 nm	大于100 nm
外观	均一、多数透明	均一	不均一、不透明
稳定性	稳定	较稳定	不稳定
能否透过滤纸	能	能	不能
能否透过半透膜	能	不能	不能
鉴别	无丁达尔效应	有丁达尔效应	静置分层或沉淀
实例	食盐水	$Fe(OH)_3$ 胶体	泥水

1.2.2 气体

气体(gas)是3种基本物质状态之一(也有将等离子体作为第4种状态的)。气体可以由单个原子(如稀有气体)、单质分子(如氧气)、化合物分子(如二氧化碳)等组成。

理想气体(ideal gas)是指任何温度、压力下,气体分子本身不占体积,分子之间无相互作用力,符合理想气体状态方程 $pV=nRT$ 的气体。实际上绝对的理想气体并不存在,理想气体是一种假想气体,是人们在研究真实气体性质时提出的一种理想化的模型。

理想气体在 n、T 一定时,pV = 常数,这是波义耳定律(Boyle's law);若 n、p 一定,则 V/T = 常数,即气体体积与温度成正比,这是盖·吕萨克定律(J. L. Gay - Lus - sac's law)。理想气体在理论上占有重要地位,在实际工作中可利用它的有关性质与规律近似计算。

理想气体状态方程:

$$pV = nRT \tag{1-1}$$

式中 p——气体压强,Pa;

V——气体体积,m^3;

n——气体物质的量,mol;

R——摩尔气体常数,$R = 8.314\ Pa/(m^3 \cdot mol \cdot K)$;

T——气体温度,K。

摩尔体积(molar volume)是指单位物质的量气体所占的体积,即1 mol物质所占的体积,用符号 V_m 表示,单位为 $m^3 \cdot /mo^{-1}l$ 或 $L \cdot mol^{-1}$。

相同摩尔体积的气体其含有的粒子数也相同。气体摩尔体积不是固定不变的,它取决于气体所处的温度和压强,在外界条件相同的情况下,气体的摩尔体积相同。

气体摩尔体积 V_m 与 T、p、n 等之间关系如下:

① 同温度、同压强下,V_m 相同,则 N 相同,n 相同。

② 同温度、同压强下,$V_1/V_2 = n_1/n_2 = N_1/N_2$。

理想中,1 mol 任何气体在标准压力、273.15 K 下的体积为 22.4 L,较精确的是 V_m = 22.414 10 $L \cdot mol^{-1}$。

使用时应注意:必须是标准状况(100 kPa、273.15 K),"任何气体"既包括纯净物又包括气体混合物,22.4 L是个近似数值,单位是 $L \cdot mol^{-1}$,而不是 L。

化学中曾一度将标准温度和压力(STP)定义为273.15 K、101.325 kPa(1atm),但1982年起国际纯粹与应用化学联合会(IUPAC)将“标准压力”重新定义为100 kPa。

1.2.3　溶液

1. 溶液的组成

溶液(solution)由溶质和溶剂组成,溶质可以是分子、原子或离子等。按溶液状态不同,可分为气态溶液、液态溶液和固态溶液,空气为气态溶液,合金为固态溶液。从狭义上讲,一般溶液都是指液态溶液。

2. 溶液浓度的表示方式

溶液浓度是指溶液中的溶质相对于溶液或溶剂的相对量,它是一个强度量,不随溶液的总量而变化,有多种表示方式,20世纪后期趋向于用“物质的量”表示,即以mol(溶质)·L^{-1}(溶液)为单位,称为“物质的量浓度”。化学上常用的溶液浓度表示方法有以下几种:

(1)质量分数。

质量分数(w_B)代表溶质的质量(m_B)占溶液总质量(m)的分数,常用百分数表示,即

$$w_B = \frac{m_B}{m} \tag{1-2}$$

如市售浓硫酸的质量分数为$w_{H_2SO_4} = 98\%$、浓盐酸的质量分数为$w_{HCl} = 37\%$。当溶质质量分数很低时,溶液的密度近似于水,因此可表示为10^{-6}(ppm),如某废矿井卤水中含碘10 ppm;当溶质的质量分数再低时,可用10^{-9}(ppb)表示。

(2)体积分数。

体积分数(φ_B)表示溶质的体积(V_B)占溶液总体积(V)的分数,常用百分数表示,即

$$\varphi_B = \frac{V_B}{V} \tag{1-3}$$

如市售医用消毒酒精的体积分数为$\varphi_{乙醇} = 75\%$。

(3)摩尔质量。

摩尔质量(molar mass)是1 mol物质所具有的质量,用符号M表示,单位为kg·mol^{-1}或g·mol^{-1},在数值上等于该物质的原子质量或分子质量。对于某一化合物来说,它的摩尔质量是固定不变的,这里阿伏伽德罗常数像一座桥梁将微观粒子同宏观物质联系在一起,即

$$n_B = \frac{N}{N_A} = \frac{N \cdot \text{B粒子质量}}{N_A \cdot \text{B粒子质量}} = \frac{m_B}{M_B} \tag{1-4}$$

(4)物质的量浓度(通常称为摩尔浓度)。

$$c_B = \frac{n_B}{V} \tag{1-5}$$

物质的量浓度(c_B)是指单位体积溶液中溶解的溶质的物质的量,即按国际单位制应表示为mol·m^{-3},但数值通常太小,使用不方便,所以普遍采用mol·L^{-1}或mmol·L^{-1}。表1-2列出了实验室常用酸、碱溶液的物质的量浓度。

表1-2 实验室常用酸、碱溶液的物质的量浓度

溶液		$c/(\text{mol}\cdot\text{L}^{-1})$	$w/\%$	$\rho/(\text{mg}\cdot\text{L}^{-1})$
盐酸(HCl)	浓	12	36	1.18
	稀	6	20	1.10
硝酸(HNO_3)	浓	16	72	1.42
	稀	6	32	1.19
硫酸(H_2SO_4)	浓	18	98	1.84
	稀	3	25	1.18
氨水(NH_3)	浓	15	28	0.90
	稀	6	11	0.96

【例1.1】 10 mL正常人的血清中含有1.0 mg Ca^{2+},计算正常人血清中Ca^{2+}的物质的量浓度(用$\text{mmol}\cdot\text{L}^{-1}$表示)。

解 已知$V = 10\ \text{mL} = 0.01\ \text{L}$,$M_{Ca^{2+}} = 40\ \text{g}\cdot\text{mol}^{-1}$,则

$$c_{Ca^{2+}} = \frac{n_{Ca^{2+}}}{V} = \frac{\frac{m_{Ca^{2+}}}{M_{Ca^{2+}}}}{V} = \frac{\frac{0.001\ \text{g}}{40\ \text{g}\cdot\text{mol}^{-1}}}{0.01\ \text{L}} = 0.002\ 5\ \text{mol}\cdot\text{L}^{-1} = 2.5\ \text{mmol}\cdot\text{L}^{-1}$$

答:正常人血清中Ca^{2+}的物质的量浓度是$2.5\ \text{mmol}\cdot\text{L}^{-1}$。

(5) 物质的量分数(通常称为摩尔分数)。

物质的量分数(x_B)是指溶质或溶剂的物质的量与整个溶液中所有物质的物质的量的比值,即

$$x_B = \frac{n_B}{n_{总}} \tag{1-6}$$

【例1.2】 将10 g的NaOH溶于90 g的水中,求此溶液中溶质的物质的量分数。

解 $n_{NaOH} = 10/40 = 0.25\ (\text{mol})$

$n_{H_2O} = 90/18 = 5\ (\text{mol})$

则 $x_{NaOH} = 0.25/(0.25 + 5) = 0.048$

答:溶液中溶质的物质的量分数为0.048。

(6) 质量浓度。

质量浓度(ρ_B)指溶液中溶质的质量(m_B)与溶液体积(V)的比值,按国际单位应表示为$\text{kg}\cdot\text{m}^{-3}$,但一般采用$\text{g}\cdot\text{L}^{-1}$表示。

$$\rho_B = \frac{m_B}{V} \tag{1-7}$$

【例1.3】 10 mL生理盐水中含有0.09 g NaCl,计算生理盐水的质量浓度。

解 已知$V = 10\ \text{mL} = 0.01\ \text{L}$,则

$$\rho_{NaCl} = \frac{m_{NaCl}}{V} = \frac{0.09\ \text{g}}{0.01\ \text{L}} = 9\ \text{g}\cdot\text{L}^{-1}$$

答:生理盐水的质量浓度为$9\ \text{g}\cdot\text{L}^{-1}$。

(7) 质量摩尔浓度。

质量摩尔浓度(b_B) 即每千克溶剂中溶解的溶质的物质的量,单位为 $mol \cdot kg^{-1}$。

$$b_B = \frac{n_B}{m_A} \tag{1-8}$$

式中,m_A 表示溶剂的质量。

溶液的质量摩尔浓度与温度无关。常温下,水的质量浓度 $\rho_{水}$ 约等于 $1\ kg \cdot L^{-1}$,对于较稀的水溶液来说,1 L溶液的质量约为1 kg,故其质量摩尔浓度在数值上近似等于物质的量浓度,即 $b_B \approx c_B$。

【例1.4】　在100 mL水中溶解17.1 g蔗糖($C_{12}H_{22}O_{11}$),溶液的密度为 $1.063\ 8\ g \cdot mL^{-1}$,求蔗糖的物质的量浓度、质量摩尔浓度、物质的量分数。

解　因为 $M_{蔗糖} = 342\ (g \cdot mol^{-1})$

$n_{蔗糖} = 17.1/342 = 0.05\ (mol)$

$n_{水} = 100/18.02 = 5.55\ (mol)$

$V = (100 + 17.1)/1.063\ 8 = 110.1\ (mL) = 0.11\ (L)$

所以

$c_{蔗糖} = 0.05/0.11 = 0.454\ 5\ (mol \cdot L^{-1})$

$b_{蔗糖} = 0.05/0.1 = 0.5\ (mol \cdot kg^{-1})$(忽略溶解蔗糖后溶液体积变化)

$x_B = 0.05/(0.05 + 5.55) = 0.008\ 9$

答:蔗糖的物质的量浓度为 $0.454\ 5\ mol \cdot L^{-1}$,质量摩尔浓度为 $0.5\ mol \cdot kg^{-1}$,物质的量分数为0.008 9。

(8) 几种溶液浓度之间的关系。

物质的量浓度与质量分数的关系为

$$c_B = \frac{n_B}{V} = \frac{m_B}{M_B V} = \frac{m_B}{M_B m/\rho} = \frac{\rho m_B}{M_B m} = \frac{w_B \rho}{M_B} \tag{1-9}$$

物质的量浓度与质量摩尔浓度的关系为

$$c_B = \frac{n_B}{V} = \frac{n_B}{m/\rho} = \frac{\rho n_B}{m} \tag{1-10}$$

若该系统是一个两组分系统,且B组分的含量较少,则溶液的质量 m 近似等于溶剂的质量 m_A,式(1-10) 可近似写为

$$c_B = \frac{\rho n_B}{m} = \frac{\rho n_B}{m_A} = b_B \rho \tag{1-11}$$

3. 物质的量

物质的量(n) 是表示含有一定数目粒子的集体,符号为 n,单位为摩尔(符号为mol),即组成物质的基本单元数目多少的物理量。1971 年第十四届国际计量大会规定,摩尔是系统的物质的量,若系统中所含有的基本单元数与 0.012 kg ^{12}C 的原子数目相等(原子数目约为 6.023×10^{23},称为阿伏伽德罗常数 N_A),则为1 mol。在使用摩尔时应指明基本单元,可以是原子、分子、离子、电子及其他粒子,或是这些粒子的特定组合。1 mol 不同物质中所含的粒子数相同,但由于不同粒子的质量不同,因此1 mol 不同的物质其质量不同。

摩尔跟一般的单位不同,特点在于它计量的对象是微观基本单元(离子、分子等),如1 mol

硫酸含有 6.02×10^{23} 个硫酸分子。摩尔是化学上应用最广的计量单位。

4. 溶解度

溶解度(solubility) 是指在一定温度和压力下,一定量的饱和溶液中溶解的溶质的质量。可见上述的浓度表示方式都可以用于表示溶解度,但习惯上最常用的溶解度表示为“100 g 溶剂中能够溶解的溶质的最大质量(g)”。例如:20 ℃ 时 100 g 水最多能够溶解 35.7 g NaCl(饱和溶液),因此 20 ℃ 时 NaCl 在水中的溶解度为 35.7 g/100 g,此时质量分数为 26.3%,质量摩尔浓度为 $6.10\ mol \cdot kg^{-1}$。

影响溶解度的因素主要有温度和压力。温度升高,大多数固体的溶解度增大,气体的溶解度普遍减小;压力增大,气体的溶解度增大,固体的溶解度变化较小。有时,溶液中溶解的固体溶质会超过溶解度值,此溶液称为过饱和溶液,一般是较高温度的饱和溶液冷却时形成的。

不同溶质溶解过程符合相似相溶原理,溶质分子和溶剂分子的结构越相似,相互溶解越容易;溶质分子间作用力与溶剂分子间作用力越相似,越易互溶。

1.2.4 离子液体

1. 离子液体

离子液体(Ionic Liquids,ILs) 是全部由离子组成的液体,如高温下呈液体状态的 KCl、KOH。1914 年,德国化学家保罗·瓦尔登(Paul Walden,1863—1957) 在合成硝酸乙基铵时发现了离子液体,报道了浓硝酸和乙胺反应制得的硝酸乙基铵($C_2H_5NH_3 \cdot NO_3$),其熔点为12 ℃的室温熔融盐在空气中很不稳定且极易爆炸。这是最早的离子液体,它的发现在当时并没有引起人们的注意。

离子液体的形成主要由于离子化合物的阴阳离子半径较大,结构松散且相互作用力较低(库仑力),因此熔点接近室温。离子半径越大,库仑力越小,离子化合物的熔点也就越低。另外,因为离子结构的不对称性,削弱了阴阳离子间的作用力,所以离子化合物熔点接近室温。1951 年 F. H. Hurley 和 T. P. WIer,首次合成了在环境温度下呈液体状态的溴化乙基吡啶和氯化铝的混合物(氯化铝和溴化乙基吡啶物质的量比为 1∶2) 离子液体,液体温度范围较窄。1976 年,美国科罗拉多州立大学的 Robert 得到的全氯体系丁基吡啶氯盐/三氯化铝室温离子液体能和有机物混溶,不含质子。1982 年,Wilke 合成的氯化 1-甲基-3-乙基咪唑在摩尔分数为 50% 的 $AlCl_3$ 存在下,熔点仅 8 ℃。1996 年,P. Bonhote 和 A. Dias 固定阴离子,改变咪唑分子上不同的取代基,合成了 35 个咪唑系列离子液体。离子液体具有传统溶剂无法比拟的优点及其绿色溶剂性,受到越来越多化学工作者的关注。

常见的阳离子有季铵盐离子、季磷盐离子、咪唑盐离子和吡咯盐离子等(如下所示),阴离子有卤素离子、四氟硼酸根离子、六氟磷酸根离子等。美国爱达荷大学 J. M. Shreeve 教授小组合成了一些含有新型阳离子的离子液体:

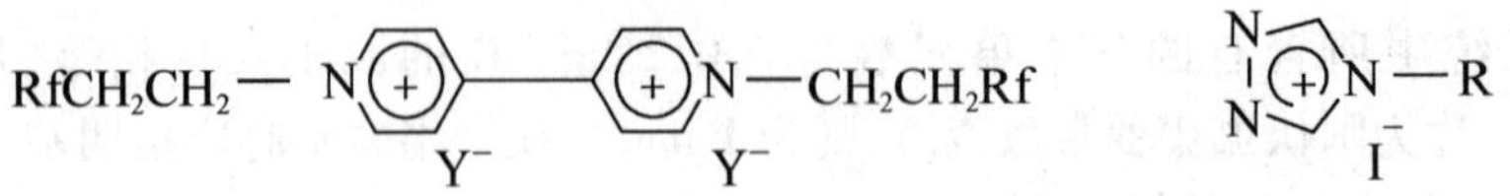

$RfCH_2CH_2$—N(+)⟨py⟩—⟨py⟩(+)N—CH_2CH_2Rf Y^- Y^-　　N—N(+)N—R I^-

$Rf{=}CH_2F, CF_3, C_6H_{13}$　　$Y{=}N(SO_2CF_3)_2, SO_3CF_3$

在阴离子方面,日本京都大学 Yoshida 研究小组也合成了一些含有新型阴离子的离子液体：

Y^-　　$Y{=}N{\equiv}C{-}Ag{-}C{\equiv}N$;　$N{\equiv}C{-}C{\equiv}N$

2. 离子液体的合成

离子液体种类繁多，改变阳离子、阴离子的不同组合，可以设计合成出不同的离子液体。离子液体的合成大体上有两种基本方法：直接合成法和两步合成法。

(1) 直接合成法。

直接合成法通过酸碱中和反应或季胺化反应等一步合成离子液体，操作简便，没有副产物，产品易纯化，如卤化1－烷基3－甲基咪唑盐、卤化吡啶盐等。

(2) 两步合成法。

直接合成法难以得到的目标离子液体，则可采用两步合成法，如常用的四氟硼酸盐和六氟磷酸盐类离子液体的制备。首先，通过季胺化反应制备出含目标阳离子的卤盐，然后用目标阴离子置换出卤素离子，或加入路易斯(Lewis)酸得到目标离子液体。在第二步反应中，使用的Lewis酸为AgY或NH_4Y时，产生AgX沉淀或NH_3、HX气体易分离；若直接将Lewis酸(MY)与卤盐结合，可制备[阳离子][M_nX_{ny+1}]型离子液体。

R′X；M^+Y^-、H^+Y^-等 或离子交换树脂；Lewis酸 MX_y；X^-；Y^-；$[MX_{y+1}]^-$

离子液体的可设计性，根据需要可定向设计功能化离子液体。

3. 离子液体的应用

离子液体的独特性能被广泛用作多种类型的化学反应溶剂。

(1) 氢化反应。

离子液体为溶剂的优点是反应速率大大加快，离子液体和催化剂的混合液可以重复利用，而且离子液体起到溶剂和催化剂的双重作用。由于离子液体能溶解部分过渡金属，因此氢化反应中过渡金属配合物催化的均相反应体系常以离子液体为溶剂。离子液体运用于柴油(主要是针对其中含有的芳烃)的氢化反应时，产品易于分离纯化，过程绿色环保。

(2) 傅－克反应。

傅－克反应(酰基化和烷基化)在有机化工中十分重要，许多研究以离子液体为溶剂。例如，英国贝尔法斯特女王大学R. S. Kenneth等以离子液体为溶剂进行吲哚和2－萘酚的烷基化反应，方法简单、产品易于分离，杂原子上烷基化产率超过90%，选择性高，溶剂可回收再利用；我国邓友全等报道了几种烷烃在卤化1－烷基吡啶和1－甲基－3－烷基咪唑盐与无水$AlCl_3$组成的超强酸性室温离子液体中CO直接发生羰基化反应，产物为酮。

(3) 赫克偶联(Heck)反应。

Heck反应为芳烃侧链烯基化反应，生成芳香烯烃，是一个重要的碳－碳结合反应。离子液体为溶剂克服了催化剂流失、有机溶剂挥发等问题。2000年,意大利巴里大学 Vincenzo 等将离子液体应用于 Heck 反应,反应速率很快,收率高达90% 以上。

(4) 狄尔斯 - 阿尔德(Diels - Alder) 反应。

Diels - Alder 反应是有机化学中的一个重要反应,产率、速率、立体选择性都极为重要。

爱尔兰都柏林城市大学(Joshua Howart) 等以咪唑盐室温离子液体作为环戊二烯与烯醛类物质进行 Diels - Alder 反应的溶剂,得到的内外型产物的比例约为95∶5。

(5) 不对称催化反应。

离子液体应用于不对称催化反应,对映体的选择性大大提高,而且易分离。如离子液体应用于不对称烯丙基烷基化反应、不对称环氧化反应和从“手性池”(chiral pool) 衍生新型手性离子液体的合成。

4. 离子液体的特点和优点

特点:离子液体无味、不挥发、不可燃、导电性强、室温下离子液体的黏度很大、热容大、蒸气压小、性质稳定,对许多无机盐和有机物有良好的溶解性,在电化学、有机合成、催化、分离等领域被广泛应用。

优点:离子液体可用于高真空体系中,使用、储藏中不易蒸发散失,可循环使用,不产生挥发性有机化合物(Volatile Organic Compounds, VOCs),对有机物和无机物有良好的溶解性能,可使反应在均相中进行,可操作温度范围宽(-40 ~ 300 ℃),可以循环利用;表现出 Lewis、富兰克林(Franklin) 酸的酸性,酸强度可调;电导率高,电化学窗口大;可以形成二相或多相体系,适合作为分离溶剂或构成反应 - 分离耦合新体系;具有溶剂和催化剂的双重功能,可以作为许多化学反应溶剂或催化活性载体;与超临界 CO_2 和双水相体系一起构成了三大绿色溶剂。

5. 离子液体的前景

迄今为止,室温离子液体的研究取得了惊人的进展,欧盟委员会有一个有关离子液体的3年计划,日本、韩国也有相关研究计划。我国中国科学院兰州化学物理研究所西部生态绿色化学研究发展中心、北京大学绿色催化实验室、华东师范大学离子液体研究中心等机构也相继开展了关于离子液体的研究,其中中国科学院兰州化学物理研究所已在该领域取得了重大突破,率先制备了多种咪唑类离子液体润滑剂。

1.3 非电解质稀溶液的依数性

溶质溶解在溶剂中形成溶液,体系某些性质将发生变化,第一类变化取决于溶质本性,如溶液酸碱性、导电性、颜色、味道等。第二类变化仅与溶质的量即质点数有关,威廉·奥斯特瓦德(William Ostwald,1853—1932) 将这些性质变化称为稀溶液的依数性(colligative properties)。非电解质稀溶液的依数性包括蒸气压下降、沸点升高、凝固点降低、渗透压等。

1.3.1 溶液的蒸气压下降

1. 蒸气压

一定温度下,液体分子在密闭容器中,因热运动液体表面的高能量分子克服其他分子的吸引力从表面蒸发成为蒸气分子,属吸热蒸发过程;蒸气分子因液面分子吸引或受到外界压力作用也会凝聚成为液体,属放热凝聚过程。当凝聚速率与蒸发速率相等时,气、液两相处于动态平衡,这时蒸气为饱和蒸气,饱和蒸气所产生的压力称为该温度下该液体的饱和蒸气压,简称蒸气压(vapor pressure,p),且随温度的升高而增大。

如:273.15 K 时,$p(H_2O) = 0.611$ kPa;373.15 K 时,$p(H_2O) = 101.325$ kPa。

蒸气压的大小表示液体分子向外逸出的趋势,它只与液体的性质和温度有关。通常蒸气压大的物质被称为易挥发物质,蒸气压小的物质被称为难挥发物质。对同一溶剂,蒸气压越大,能量越高,越容易自发变化为能量低的状态。

如:H_2O(100 ℃,101 kPa) → H_2O(25 ℃,3.17 kPa)。

2. 拉乌尔定律

法国物理学家拉乌尔(F. M. Raoult,1830—1901)研究溶质对纯溶剂的凝固点和蒸气压的影响中,根据实验结果于 1887 年发表结论:在一定温度下,难挥发非电解质稀溶液的蒸气压小于纯溶剂的蒸气压,等于纯溶剂的蒸气压乘以溶剂的摩尔分数,数学表达式为

$$p = p_A^* \cdot x_A \tag{1-12}$$

式中　p—— 溶液的蒸气压;

p_A^*—— 纯溶剂的蒸气压;

x_A—— 溶液中溶剂 A 的摩尔分数。

设溶质的摩尔分数为 x_B,则 $x_B + x_A = 1$,那么溶液蒸气压下降值 Δp 为

$$\Delta p = p_A^* - p = p_A^* \cdot x_B \tag{1-13}$$

拉乌尔定律的另一种表述是:在一定温度下,难挥发非电解质稀溶液的蒸气压下降 Δp 与溶质的摩尔分数成正比。

拉乌尔定律只适用于理想溶液,近似地适用于非电解质稀溶液。当 $n_A \gg n_B$ 时,有

$$x_B = \frac{n_B}{n_A + n_B} \approx \frac{n_B}{n_A} = \frac{n_B}{m_A/M_A} = \frac{n_B \cdot M_A}{m_A} = b_B M_A \tag{1-14}$$

式(1 - 14)代入式(1 - 13),可得出稀溶液蒸气压下降与质量摩尔浓度 b_B 之间的关系为

$$\Delta p = p^{\ominus} \cdot x_B = p^{\ominus} M_A b_B = K b_B \tag{1-15}$$

因此,拉乌尔定律又可表述为:在一定温度下,难挥发的非电解质稀溶液的蒸气压下降近似地与溶液的质量摩尔浓度成正比。K 是一个常数,与温度和溶剂有关,同一溶剂,温度不同,K 不同;同一温度,溶剂不同,K 也不同。

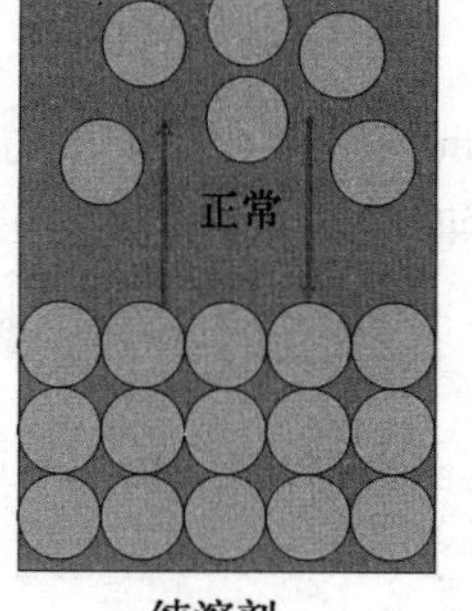

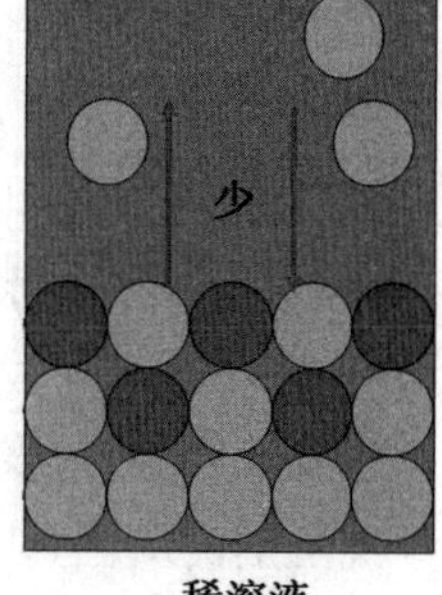

图 1 - 2　纯水溶剂和稀溶液的蒸发对比示意图

如图 1 - 2 所示,与纯溶剂的蒸发相比,当溶液中溶解了难挥发性物质后,表面被少量加入的难挥发性溶质粒子所占据,溶质粒子会阻碍溶剂分子蒸发,当溶液中溶剂的蒸发和凝聚达到平衡时,气态分子的数目比与纯溶剂相平衡时的气态分子数少,表明溶液的蒸气压 p 低于纯溶剂的蒸气压 p_A^*,p 与 p_A^* 的差值正比于溶液中溶质的摩尔分数。如图 1 - 3 所示,此实验现象有力地证明了拉乌尔定律。表 1 - 3 列出了 293.15 K 时不同浓度的葡萄糖水溶液的蒸气压下降值。

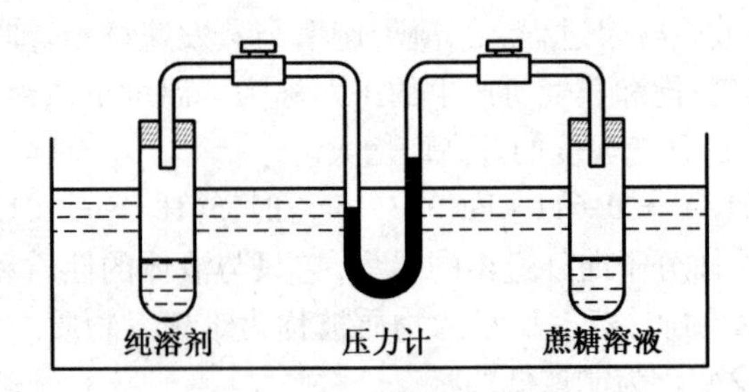

图1-3　非电解质稀溶液蒸气压下降示意图

表1-3　293.15 K时不同浓度的葡萄糖水溶液的蒸气压下降值

$m/(\mathrm{mol\cdot kg^{-1}})$	Δp(理论计算值)/Pa	Δp(实验测量值)/Pa
0.098 4	4.1	4.1
0.394 5	16.5	16.4
0.585 8	24.8	24.9
0.996 8	41.0	41.2

【例1.5】　已知苯在293 K时的蒸气压为9.99 kPa,现将1.00 g某未知有机物溶于10.0 g苯中,测得溶液的蒸气压为9.50 kPa。试求该未知物的分子质量。

解　设该未知物的分子质量为M,根据拉乌尔定律$\Delta p = p_A^* - p = p_A^* \cdot x_B$,有

$$9.99 - 9.50 = 9.99 \times \frac{1.00/M}{1.00/M + 10.0/78.0}$$

解得

$$M = 151$$

1.3.2　溶液的沸点升高和凝固点降低

沸点(boiling point)是指液体的饱和蒸气压($p_{液体}$)与外压($p_{外压}$)相等时的温度(T_b)。如图1-4中A点,一个标准大气压(101.325 kPa,1 atm)时纯溶剂的沸点为373.15 K(100 ℃),即$p_外 = 101.3$ kPa,$T^\ominus_{b(纯溶剂)} = 373.15$ K。

凝固点(freezing point)是指在标准压力下,物质的液相蒸气压和固相蒸气压相等时的温度(T_f),即固液两相共存时的温度。近似于图1-4中O点,水的凝固点$T_f^\ominus = 273.15$ K。图1-4为水的相图和水溶液的沸点升高及凝固点降低示意图,其中O点为纯溶剂的三相平衡点,$T = 273.16$ K。

实验证明,难挥发非电解质稀溶液的沸点T_b总是高于纯溶剂的沸点$T_b^\ominus$,而凝固点T_f总是低于纯溶剂的凝固点$T_f^\ominus$。

1. 溶液的沸点升高

图1-4所示为水的相图和水溶液的沸点升高和凝固点降低示意图,AO为纯溶剂(水)的蒸汽压曲线,外压为101.325 kPa时纯水的沸点为373.15 K,表明此时水的蒸气压等于外压。若在水中加入少量难挥发的溶质形成稀溶液,其蒸气压曲线AO下移至$A'O'$,373.15 K时对应的蒸气压小于外压,若将温度继续升高到T_b时溶液的蒸气压等于外压101.325 kPa,并开始沸腾。此时$T_b > T_b^\ominus$,溶液的沸点升高,升高值为$\Delta T_b = T_b - T^\ominus_{b(纯溶剂)}$。

溶液的沸点升高是溶液蒸气压下降的必然结果。溶液浓度越大,沸点升高越显著。根据实验研究,难挥发非电解质稀溶液沸点升高值ΔT_b与溶液的质量摩尔浓度成正比,与溶质的本性无关,有

$$\Delta T_b = K_b \cdot b_B \tag{1-16}$$

式中　ΔT_b—— 溶液沸点升高值;

K_b—— 沸点升高常数;

b_B—— 溶质的质量摩尔浓度。

K_b 取决于溶剂,不同的溶剂取值不同,水的 K_b 为0.512。几种常见溶剂的沸点升高常数 K_b 和凝固点降低常数 K_f 见表1-4。利用溶液的沸点升高原理,可测定溶质的摩尔质量,设计浓盐溶液高温热浴。

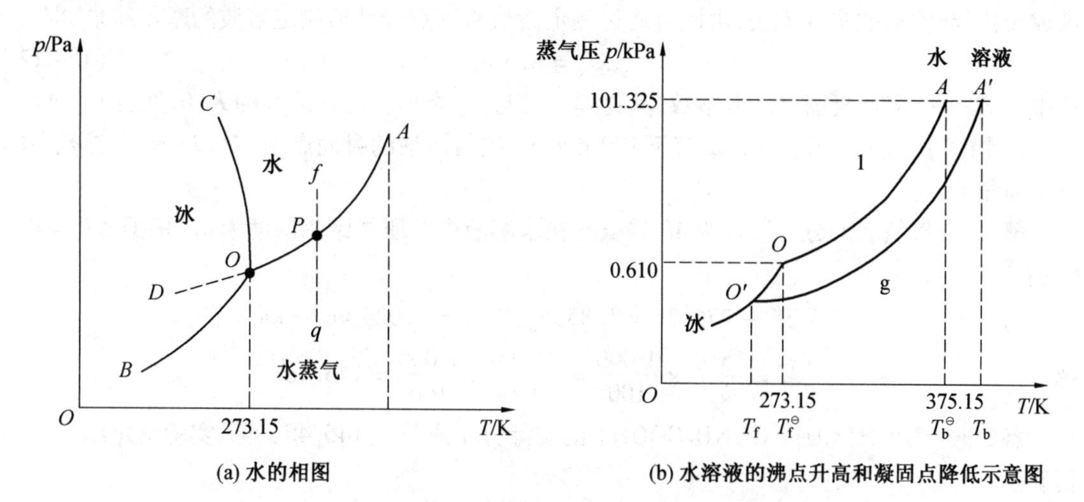

(a) 水的相图　　(b) 水溶液的沸点升高和凝固点降低示意图

图1-4　水的相图和水溶液的沸点升高及凝固点降低示意图

AO— 水的蒸气压曲线;$A'O'$— 溶液的蒸气压曲线;OO'— 冰的蒸气压曲线

表1-4　几种常见溶剂的沸点升高常数 K_b 和凝固点降低常数 K_f

溶剂	$T_b^\ominus$/K	K_b/(K·kg·mol^{-1})	$T_f^\ominus$/K	K_f/(K·kg·mol^{-1})
水	373.15	0.512	273.15	1.855
乙醇	351.65	1.22	155.85	—
丙酮	329.35	1.71	177.8	—
苯	353.25	2.53	278.65	4.9
乙酸	391.05	3.07	289.75	3.9
氯仿	334.85	3.63	209.65	—
萘	492.05	5.80	353.65	6.87
硝基苯	483.95	5.24	278.85	7.00
苯酚	454.85	3.56	316.15	7.40

【例1.6】　将50 g糖溶于100 g水中,测得溶液的沸点为374.57 K,求糖的分子质量。

解　设糖的分子质量为M,糖在水溶液中的质量摩尔浓度为b_B,根据$\Delta T_b = K_b \cdot b_B$得

$$374.57 - 373.15 = 0.512\, b_B, \quad b_B = 2.77\ \text{mol} \cdot \text{kg}^{-1}$$

解得 $$M = \frac{50}{b_B} \times \frac{1\,000}{100} = \frac{50}{2.77} \times \frac{1\,000}{100} = 180$$

2. 溶液的凝固点降低

如图1-4所示,O点为纯水(液相)、冰(固相)和水蒸气(气相)三相共存,称为三相点,蒸气压为0.610 kPa,温度为273.16 K,此为纯溶剂(水)的凝固点$T_f^\ominus$。随着溶质的加入并溶于水形成水溶液,其蒸气压曲线AO下移为$A'O'$,原来的固-液共存平衡被破坏,固态纯溶剂自发融化,建立新的固-液平衡体系,达到溶液的蒸气压与冰的蒸气压相等(O'点),此时的温度为溶液的凝固点T_f。不难看出,O'的温度低于O点的温度,即$T_f < T_f^\ominus$,这是溶液蒸气压下降所致。

拉乌尔以实验证明,难挥发非电解质稀溶液凝固点降低值ΔT_f同样与溶液的质量摩尔浓度成正比,与溶质的本性无关,由此可通过测定溶液凝固点降低值测定溶质的摩尔质量,即

$$\Delta T_f = K_f \cdot b_B \qquad (1-17)$$

式中 K_f——溶剂凝固点降低常数,其物理意义与K_b类似。常见溶剂的K_f值见表1-4。

【例1.7】 将15.0 g谷氨酸溶于100 g水中,测得溶液的凝固点为271.25 K,求谷氨酸的分子质量。

解 设谷氨酸的分子质量为M,谷氨酸在水溶液中的质量摩尔浓度为b_B,根据$\Delta T_f = K_f \cdot b_B$得

$$273.15 - 271.25 = 1.855 b_B, \quad b_B = 1.024\ \text{mol} \cdot \text{kg}^{-1}$$

解得 $$M = \frac{15.0}{b_B} \times \frac{1\,000}{100} = \frac{15.0}{1.024} \times \frac{1\,000}{100} = 146.48$$

谷氨酸($COOH(CH_2)_2CHNH_2COOH$)的实际分子质量是146.48,可见实验测定结果相当精确。

溶液蒸气压下降和凝固点降低规律很好地解释了植物的抗旱性和抗寒性,当植物所处环境温度降低时,植物细胞中的有机体会产生大量可溶性碳水化合物来提高细胞液浓度,降低凝固点,使细胞液能在较低的温度环境中不结冻,从而表现出一定的抗寒能力。同样,由于细胞液浓度增加,细胞液蒸气压下降,因此细胞的水分蒸发减少,表现出植物的抗旱能力。

【例1.8】 为防止汽车水箱中的水在266 K时凝固,以无水乙醇($\rho = 0.803\ \text{g} \cdot \text{mL}^{-1}$)做防冻剂,问每升水需加多少毫升乙醇?(假设溶液服从拉乌尔定律)

解 已知水的凝固点为273.15 K,$K_f = 1.855$,则

$$\Delta T_f = 273.15 - 266 = K_f \times b_B$$

$$b_B = \Delta T_f / K_f = (273.15 - 266)/1.855 = 3.854\ (\text{mol} \cdot \text{kg}^{-1})$$

即每升水需加3.854 mol乙醇,已知$M_{乙醇} = 46$,$\rho = 0.803$,应加入乙醇体积为

$$V = 3.854 \times 46/0.803 = 220.78\ (\text{mL})$$

1.3.3 溶液的渗透压

渗透性泛指分子或离子透过隔离的膜的性质,是自然界常见现象,如一些蔬菜、水果放置时间长了,会失去水分而发蔫,然后再放入水中浸泡一会,它们将重新变得生机盎然。

特指的渗透现象是指溶剂分子透过半透膜(semipermeable membrane),由纯溶剂(或稀溶液)向溶液或较高浓度溶液扩散的现象。渗透作用的产生是因半透膜两侧单位体积内溶剂分

子数不等和半透膜特性所致,如图1－5所示。半透膜是一种只允许溶剂分子而不允许溶质分子透过的膜,如膀胱、肠衣、合成的聚砜纤维膜等。

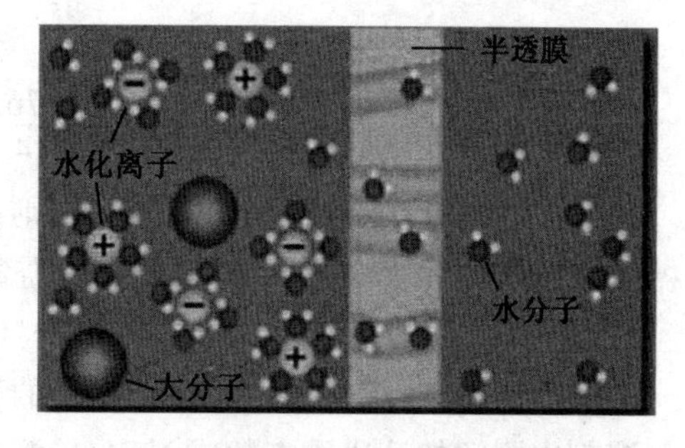

图1－5　溶剂水分子渗透过半透膜示意图

如图1－6(a)所示,在容器中间放置一张半透膜,一侧为纯溶剂水,另一侧为非电解质稀溶液(如蔗糖溶液),使半透膜两边的液面高度相同。随后发现,因存在浓度差,水侧液面逐渐下降,溶液液面逐渐升高,最后达到平衡状态,如图1－6(b)所示。这是由于溶剂水分子透过半透膜向溶液渗透所致。通过在溶液的液面施加额外的压力,可阻止水分子的透过。

一定温度下,恰能阻止溶剂渗透现象发生所需施加的外压称为渗透压(osmotic pressure),用符号 π 表示。

当施加的外压大于 π 时,溶剂分子将从浓溶液一侧向稀溶液(或从稀溶液向溶剂)方向移动,这种现象称为反渗透(reverse osmosis)。反渗透技术已被用于海水的淡化处理或废水处理等。

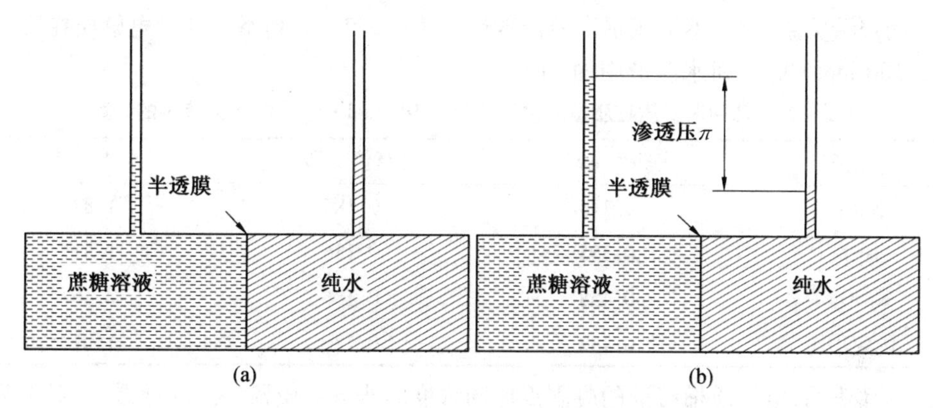

图1－6　产生渗透压示意图

1886年,荷兰物理学家范特霍夫(Van't Hoff)研究发现,渗透压与难挥发的非电解质稀溶液的浓度、温度的关系相似于理想气体状态方程:

$$\pi = c_B RT \tag{1-18}$$

式中　R—— 气体常数,取值决定于 π、T 和 c_B 的量纲;

π—— 渗透压,kPa。

渗透压的生物学意义非常重要,如医学上输液用等渗溶液,动物体内水分的输送,植物从土壤中吸收水分和营养。因为生物体的细胞液和体液都是水溶液,它们具有一定的渗透压,而且生物体内的绝大部分膜都是半透膜。人体血液的平均渗透压为780 kPa,临床上注射或静脉输液时,必须使用与人体内的渗透压基本相等的等渗溶液,临床上输液常用的是9.0 $g \cdot L^{-1}$ 的NaCl溶液或50 $g \cdot L^{-1}$ 的葡萄糖溶液。若浓度过高,水分子会从红细胞中渗出,导致红细胞干瘪;浓度过低,水分子会渗入红细胞中,导致红细胞溶胀、破裂,危及生命。

【例1.9】 已知310 K时人的血液渗透压大约为776.15 kPa(7.66 atm),如果用葡萄糖溶液给病人输液,在1 000 mL水中应溶解多少克葡萄糖?

解 根据$\pi = c_B RT$,得

$$c_B = \frac{\pi}{RT} = \frac{776.15}{8.314 \times 310} = 0.301\ (\text{mol} \cdot \text{L}^{-1})$$

假设溶解葡萄糖后水的体积不变,则在1 000 L水中溶解的葡萄糖的摩尔数为0.301,葡萄糖的摩尔质量为180 g·mol^{-1},那么所需葡萄糖的质量为

$$180 \times 0.301 = 54.2\ (\text{g})$$

综上所述,难挥发非电解质稀溶液的蒸气压下降、沸点升高、凝固点降低、渗透压等性质,与溶剂中溶解的溶质质点数成正比,与溶质本性无关。这些性质称为稀溶液的通性,它们所遵循的定量关系称为稀溶液定律。

电解质(electrolyte)溶液或高浓度非电解质溶液同样具有这些性质。例如,海水的凝固点低于273.15 K,沸点则高于373.15 K,所以冬天时也不易结冰。又如,盐和冰的混合物可以作为防冻剂。氯化钠和冰的混合物可使温度降低到251 K,氯化钙和冰的混合物可使温度降低到218 K。但是,电解质在溶液中会自发解离为离子,正负离子不停地运动,甚至结合成分子;高浓度非电解质溶液则因浓度大溶质质点间易发生作用或团聚;易挥发性溶质因挥发作用使溶液中的溶质质点数减少。这些都将导致溶液中的溶质质点数的变化,不能完全遵守稀溶液定律中的定量关系,因此不适用稀溶液依数性定律。表1-5列举了几种电解质在质量摩尔浓度为0.100 mol·kg^{-1}时水溶液中的i值。

表1-5 几种电解质在质量摩尔浓度为0.100 mol·kg^{-1}时水溶液中的i值

电解质	实验值$\Delta T_f'$/K	计算值ΔT_f/K	$i = \Delta T_f'/\Delta T_f$
NaCl	0.348	0.186	1.87
HCl	0.355	0.186	1.91
K_2SO_4	0.458	0.186	2.46
CH_3COOH	0.188	0.186	1.01

表1-5表明,电解质稀溶液的凝固点比同浓度的非电解质稀溶液降低得多,对于蒸气压下降、沸点升高和渗透压的数值,存在与凝固点降低类似的变化情况,即变化值更大。

【阅读拓展】

胶体和高分子化合物溶液

1. 胶体

胶体(colloid)是指一定大小的固体颗粒或高分子化合物(1~100 nm)分散在溶媒中所形成的液体。溶媒大多数为水,少数为非水溶媒。固体颗粒主要分散于溶媒中,构成多相不均匀分散体系(疏液胶);高分子化合物分散于溶媒中,构成单相均匀分散体系(亲液胶)。胶体分散系不同于低分子分散系(真溶液,分散相质点小于1 nm),具有一定的黏度,胶粒的扩散慢,能穿过滤纸但不能透过半透膜;也不同于粗分散系(混悬液,分散相质点大于100 nm),属于动力学稳定体系、沉降速度小,故胶体溶液可保持相当长时间而不致发生沉淀。

一般将分散介质为液体的分散体系称为液溶胶或溶胶;分散介质为固体的分散体系称为

固溶胶;分散介质为气体的分散体系称为气溶胶。例如烟尘是一种气溶胶,泡沫玻璃是一种固溶胶,而墨汁、乳胶等便是一种液溶胶。

有的废水中的污染物质会以胶体的形式存在,因此很多污水深度处理旨在如何快速高效去除废水中以胶体形式存在的污染物质。

2. 胶体的分类

胶体按胶粒与溶媒之间的亲和力强弱,可分为亲液胶体和疏液胶体,当分散媒为水时,则称为亲水胶体或疏水胶体。

(1) 亲水胶体。

胶体化合物分子结构中含有许多亲水基团,易发生水化作用,分散于水中,形成亲水胶体分散系,如动物胶汁(阿胶、鹿角胶、明胶及骨胶等)、酶、明胶、蛋白质及其水分散液(胃蛋白酶、胰蛋白酶、溶菌酶、尿激酶等),含亲水高分子的生化制剂、植物中纤维素衍生物,天然的多糖类、黏液质及树胶,人工合成的右旋糖酐、聚乙烯吡咯烷酮等遇水后所形成的胶体分散系均属此类。

(2) 疏水胶体。

疏水胶体分散系又称溶胶,是由多分子聚集的微粒(1 ~ 100 nm) 分散于水中形成的分散体系。微粒水化作用弱,与水之间有较明显的界面,所以溶胶是一个微多相分散系统,易聚结,具有不稳定性。溶胶微粒表面有很薄的双电层结构,有助于溶胶的稳定。

胶体分散系也可按照分散剂状态不同分为以下几种:

① 气溶胶。气溶胶是以气体作为分散剂的分散体系。分散质可以是液态或固态(如烟、雾等)。

② 液溶胶。液溶胶是以液体作为分散剂的分散体系。分散质可以是气态、液态或固态(如 $Fe(OH)_3$ 胶体)。

③ 固溶胶。固溶胶是以固体作为分散剂的分散体系。分散质可以是气态、液态或固态(如有色玻璃、烟水晶)。

表1 - 6 列举了非均相分散体系按照聚集状态的分类。

表1 - 6　非均相分散体系按照聚集状态的分类

分散介质	分散相	名称	实例
液	固	溶胶、悬浊液、软膏	金溶胶、碘化银溶胶、牙膏
	液	乳状液	牛奶、人造黄油、油水乳状液
	气	泡沫	肥皂泡沫、奶酪
气	固	气溶胶	烟、尘
	液		雾
固	固	固态悬状液	用金着色的红玻璃、照片胶片
	液	固态乳状液	珍珠、黑磷(P、Hg)
	气	固态泡沫	泡沫塑料

3. 胶体分散系的性质

(1) 丁达尔(Tyndall) 现象 —— 光学性质。

以一束聚焦强光照射到胶体分散系中的粒子上,在与光路垂直的方向上可以看到一条发亮的光柱,即有无数个闪光的光点,这称为溶胶的丁达尔效应。图 1 – 7 所示为丁达尔现象图例。

(a) $CuSO_4$ 溶液　　(b) $Fe(OH)_3$ 胶体溶液

图 1 – 7　丁达尔现象图例

这是由于溶胶粒子的直径在1 ~ 100 nm之间,稍小于可见光波长(400 ~ 700 nm),当可见光照射胶体时产生明显的散射成光柱现象。浊液中粒子粒径若大于入射光的波长,粒子表面发生光的反射或折射;真溶液分子或离子直径远小于可见光的波长,因光透射溶液显得清澈透明,不会看到光带。因此,可以用丁达尔现象区分溶胶和真溶液。

(2) 布朗(Brown) 运动 —— 动力学性质。

将一束强光透过溶胶并在光的垂直方向用超显微镜观察,可以观测到溶胶中的胶粒在介质中不停地做不规则运动,这种不停的无规则运动称为布朗运动。这是由于热运动状态,不断撞击胶粒质点,当胶粒受到各方撞击力不均时引起的运动,是一种无规则的运动(图 1 – 8)。因此,布朗运动指胶体溶液中的分散质点的无规则运动。胶粒质量越小,温度越高,运动速度越大,布朗运动越剧烈。

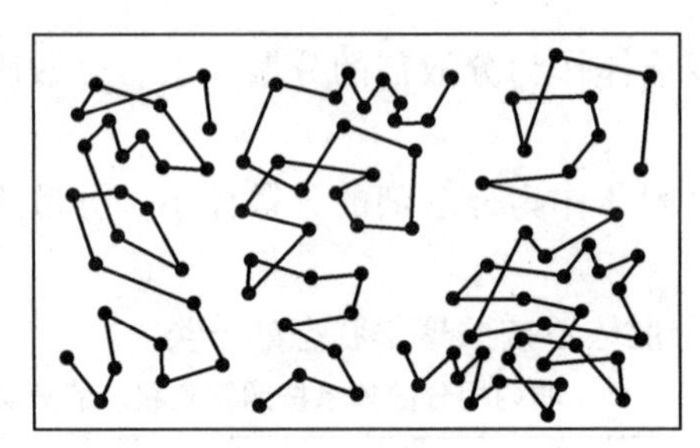

图 1 – 8　布朗运动图例

(3) 电泳 —— 电学性质。

当物质分散为无数胶体粒子后,表面积急剧增大,具有较强的吸附能力,形成特定的带电胶团结构。当这些带电分散胶粒在电场作用下,将会向带有相反符号的电极做定向泳动,此现象称为电泳(electrophoresis),有些胶体溶液因电泳现象使分散系发生颜色变化,如图 1 – 9 所示。

(4) 双电层结构。

研究认为胶粒具有双电层结构,如图 1 – 10 所示。胶粒{如 $[Fe(OH)_3]_m$} 吸附了电位离子(如 FeO^+) 形成吸附层,异性离子(如 Cl^-) 则分布吸附层外侧,这种电性相反的吸附层和扩散层构成了双电层。

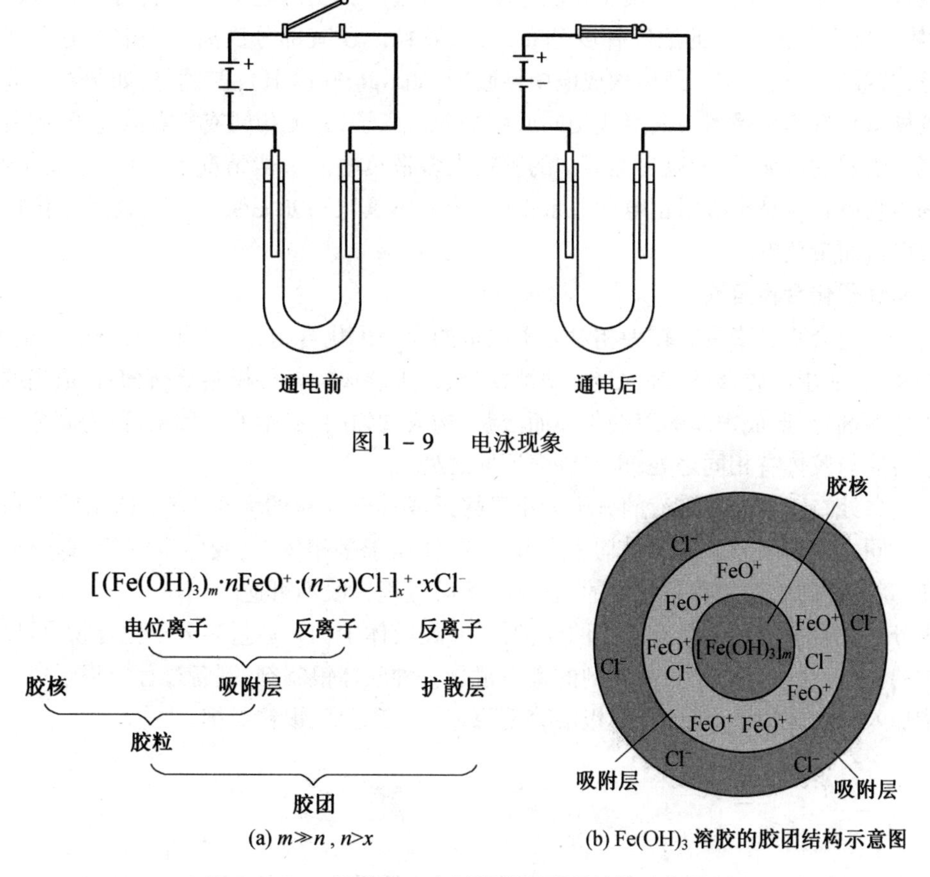

(a) $m \gg n$, $n>x$　　(b) $Fe(OH)_3$ 溶胶的胶团结构示意图

图 1－10　胶粒的双电层结构和胶团结构示意图

(5) 稳定与聚沉。

胶体属于动力学稳定体系,胶粒带有同种电荷性,相互排斥作用阻止彼此靠近;胶团中的吸附层离子和扩散层离子能发生水化作用(溶剂化作用形成水合膜保护层),在其表面形成具有一定强度和弹性的溶剂化膜(水化膜),从而阻止胶粒之间的直接接触,使胶粒碰撞时不易聚沉;胶体分散程度高,胶粒体积小,具有强烈的布朗运动,可以克服重力作用而不易下沉。

但在重力场中,因胶粒表面积大,表面能比较高,具有自发聚结降低表面能的趋势,即具有受重力作用容易聚结下沉的不稳定性,属于热力学不稳定的体系,一旦破坏了溶胶的带电性、溶剂化膜等稳定性因素,溶胶粒子就会聚沉。胶体中加入电解质,胶体便会失去带电性,发生聚沉。例如在 $Fe(OH)_3$ 溶胶中加入少量 K_2SO_4 溶液,会使氢氧化铁沉淀析出。加热破坏溶剂化膜、布朗运动等,胶粒将聚沉。但有一些胶体微粒遇电解质或受热等将与分散剂凝聚在一起成为不流动的冻状物即凝胶,常见的凝胶有硅胶和豆腐等。

4. 胶团的结构

胶体的分散相粒子即胶粒,是由许多小分子、原子或离子聚集而成的,具有双电子层结构。胶粒的结构比较复杂,首先由一定量的难溶物分子聚结形成胶粒的中心,称为胶核;然后胶核选择性地吸附电位离子,形成紧密吸附层。由于正、负电荷相吸,在紧密层外形成一层与胶核电性相反的反离子包围圈。反离子与胶核表面电位离子电性相反,在静电引力作用下有靠近胶核的趋势;另外,反离子由于扩散运动,又有远离胶核的趋势。当这两种趋势达到平衡时,使体系反离子按一定的浓度梯度分布,形成胶粒。还有部分反离子松散地分布在胶粒周围,构成扩散层。胶粒与扩散层构成电中性胶团,如AgI、$Fe(OH)_3$胶团等,如图1-10所示。

胶核总是选择性吸附与其组成相同或相类似的离子,若无相同或相类似离子,则首先吸附水化能力较弱的负离子,所以自然界中的胶粒大多带负电。一般情况下,金属氢氧化物、金属氧化物的胶体微粒易于吸附正电荷而带正电,非金属氧化物如泥浆、豆浆、金属硫化物等易于吸附负电荷而带负电。

5. 高分子化合物溶液

高分子化合物是指具有较大相对分子质量的大分子化合物,通常指相对分子质量大于10^4以上的物质,如蛋白质、纤维素、淀粉、动植物胶、人工合成的各种树脂等,它们在适当的溶剂中能强烈地溶剂化,形成很厚的溶剂化膜而溶解,构成均匀的、稳定的分散系,称为高分子溶液。高分子溶液与胶体有相同之处,也有许多不同之处。

相同之处在于高分子溶液的分子大小已接近或等于胶粒的大小,有丁达尔效应和电沉积现象。不同之处是高分子溶液为均相真溶液,胶体属于多相体系;胶体带电荷,高分子一般不带电荷;高分子的溶解过程是可逆的,胶体的溶解过程一般不可逆。

高分子化合物对胶体具有一定的保护作用,在胶体中加入适量高分子化合物,可以显著增加胶体的稳定性。例如,作为防腐剂的蛋白银是一种胶体银制剂,制备过程中将蛋白质高分子化合物加入到胶体银中,将比普通银溶胶更稳定、浓度更高、银粒更细。

习　　题

1. 已知浓硝酸的相对密度为1.42,其中HNO_3的质量分数约为70%,求其浓度。若配制1 L、0.25 $mol \cdot L^{-1}$ HNO_3溶液,应取这种浓硝酸多少毫升?

(答案:15.778 $mol \cdot L^{-1}$,5.84 mL)

2. 已知浓硫酸的相对密度为1.84,其中H_2SO_4质量的分数约为96%。若配制1 L、0.20 $mol \cdot L^{-1}$ H_2SO_4溶液,应取这种浓硫酸多少毫升?

(答案:11.10 mL)

3. 有一NaOH溶液,其浓度为0.545 0 $mol \cdot L^{-1}$,取该溶液100.0 mL,需加水多少mL方能配成0.500 0 $mol \cdot L^{-1}$的溶液?

(答案:9.00 mL)

4. 欲配制0.250 0 $mol \cdot L^{-1}$ HCl溶液,现有0.212 0 $mol \cdot L^{-1}$ HCl溶液1 000 mL,应加入1.121 $mol \cdot L^{-1}$ HCl溶液多少毫升?

(答案:43.63 mL)

5. 将60 g草酸晶体($H_2C_2O_4 \cdot 2H_2O$)溶于水中,使其体积为1 L,所得草酸溶液ρ = 1.02 $g \cdot mL^{-1}$,求此溶液的物质的量浓度和质量摩尔浓度。

(答案:0.476 $mol \cdot L^{-1}$,0.496 $mol \cdot kg^{-1}$)

6. 10.00 mL饱和NaCl溶液的质量为12.003 g,将其蒸干后得固体NaCl 3.173 g,试计算:

(1)NaCl的溶解度;

（2）溶液的密度；

（3）溶液的质量分数；

（4）溶液的物质的量浓度；

（5）溶液的质量摩尔浓度；

（6）溶液的物质的量分数。

（答案:35.93 g/100 gH_2O;1.200 g · mL^{-1};26.44%；
5.424 mol · L^{-1};61.43 mol · kg^{-1};x_{NaCl} = 0.1,x_{H_2O} = 0.9）

7. 20 ℃ 时，将葡萄糖（$C_6H_{12}O_6$）15 g溶解于200 g水中，试计算蒸气压p、沸点T_b、凝固点T_f和渗透压π（20 ℃ 时水的蒸汽压力为2 338 Pa）。

（答案:p = 2 315.60 Pa,T_b = 373.36 K,T_f = 272.37 K,π = 1 015.5 kPa）

8. 现有两种溶液，一种为1.50 g尿素溶于200 g水中，另一种为42.75 g未知物（非电解质）溶于1 000 g水中。这两种溶液在同一温度结冰，问未知物的摩尔质量是多少？

（答案:342 g · mol^{-1}）

9. 将下列水溶液按照其凝固点的高低顺序排列：

① 1 mol · kg^{-1} NaCl；

② 1 mol · kg^{-1} H_2SO_4；

③ 1 mol · kg^{-1} $C_6H_{12}O_6$；

④ 0.1 mol · kg^{-1} CH_3COOH；

⑤ 0.1 mol · kg^{-1} NaCl；

⑥ 0.1 mol · kg^{-1} $C_6H_{12}O_6$；

⑦ 0.1 mol · kg^{-1} $CaCl_2$。

（答案:②①⑦⑤④③⑥）

第2章 化学热力学基本原理

【学习要求】

(1) 了解热力学基本概念,理解热力学能(内能)、焓、熵、吉布斯自由能等状态函数的概念及特征。

(2) 理解热力学第一定律、热力学第二定律以及热力学第三定律的基本内容。

(3) 掌握化学反应标准摩尔焓变、标准摩尔熵变和标准摩尔吉布斯自由能变的计算方法。

(4) 掌握运用 $\Delta_r G_m$ 判断化学反应的方向。

热力学作为一门学科,主要是从能量转化的角度来研究物质的热性质,它揭示了能量从一种形式转换为另一种形式时所遵循的宏观规律。热力学的研究对象为宏观系统,不考虑系统微观粒子的分子结构信息等,是研究在整体上表现出来的宏观热现象及其变化发展所必须遵循的基本规律。

热力学是在研究热机原理的基础上建立的科学。热机是能不断地把热能转化为机械能的机器,热机原理是将燃料的化学能转化成内能再转化成机械能。热机在人类生活中发挥着重要的作用。热机的应用推动了人类历史上第一次工业革命的开展,改变了人类的生产和生活方式,促进了社会的快速发展,使人类进入电气化时代。

化学热力学是研究物质在各种化学变化中所伴随的能量变化,从而对化学反应的方向和限度做出准确的判断。吉布斯是化学热力学的奠基人和主要贡献者。

2.1 热力学基本概念及术语

2.1.1 系统与环境

研究物理和化学的变化过程中能量变化规律的科学称为热力学(thermodynamics)。热力学的研究对象是由大量粒子组成的宏观物体。通常把人们研究的对象称为系统(system),系统周围与系统有密切联系的其余部分称为环境(surrounding)。注意系统与环境的划分具有相对性。

根据系统与环境之间物质交换和能量交换的关系可将系统分为3类:敞开系统、封闭系统和孤立(或隔离)系统。敞开系统(open system):系统与环境之间既有物质交换,又有能量交换,如一杯未加盖的开水;封闭系统(closed system):系统与环境之间只有能量交换而无物质交换,如一杯加盖的开水;孤立(或隔离)系统(isolated system):系统与环境之间既无能量交换又无物质交换,如将一杯加盖的开水置于一绝热保温筒中。

2.1.2　状态与状态函数

一个系统的状态(state)是由它的一系列物理量确定的,当所有物理量都有确定的值时系统处于一定的状态。如果其中任何一个物理量发生变化,系统的状态就随之改变。把决定系统状态的物理量称为状态函数(state function)。

状态函数具有以下特征:

(1) 状态函数是状态的单值函数,即状态一定时,状态函数的值也一定;

(2) 状态从始态变化到终态,状态函数的变化值只与始、终态有关,而与变化所经过的途径无关;

(3) 状态经历一个循环变化回复到始态,则状态函数的值不变。故状态函数的特征可归纳为"状态函数有特征,状态一定值一定,殊途同归值变相等,周而复始值变为零"。

系统的任一状态函数都是其他状态变量的函数。经验表明:对于一定量的纯物质或组成确定的系统,只要两个独立的状态变量确定(通常为p、V、T中的任意两个),状态也就确定,其他状态函数也随之确定。

2.1.3　过程与途径

系统的状态发生的所有变化称为过程(process),完成一个过程系统所经历的具体步骤称为途径(path)。

热力学上经常遇到的过程有下列几种:

(1) 恒温过程(isothermal process)。系统始、终态温度与环境的温度相等且恒定不变的过程($\Delta T = 0$),即

$$T_1 = T_2 = T_{ex}$$

(2) 恒压过程(constant - pressure process)。系统始、终态压力与环境的压力相等且恒定不变的过程($\Delta p = 0$),即

$$p_1 = p_2 = p_{ex}$$

(3) 恒容过程(constant - volume process)。在状态变化过程中,系统体积恒定不变的过程,即

$$\Delta V = 0$$

(4) 绝热过程(adiabatic process)。在状态变化过程中,系统与环境之间无热量传递的过程,即

$$Q = 0$$

(5) 循环过程(cyclic process)。系统经一系列变化又回到初始状态的过程。

(6) 克服恒定外压膨胀过程(constant - pressure expansion)。系统克服恒定外压膨胀的过程,即

$$p_1 > p_2;\quad p_2 = p_{ex}$$

注意:克服恒定外压膨胀过程与恒压过程是两个不同的概念。

2.2 热力学第一定律

2.2.1 热和功

热与功是系统状态发生变化时与环境能量交换的两种形式。系统与环境之间的温度差所引起的能量交换称为热(heat),用符号 Q 表示,单位是焦耳(J)。按国际惯例,系统吸热,Q 为正,系统放热,Q 为负。除热交换外,系统与环境之间的一切其他能量交换均称为功(work),用符号 W 表示,单位是焦耳(J)。按国际惯例,环境对系统做功,W 为正;系统对环境做功,W 为负。功有多种形式,通常分为体积功和非体积功两类,由于系统体积变化反抗外力所做的功称为体积功(pressure - volume work);其他形式的功统称为非体积功,如表面功、电功等。注意,系统与环境之间交换的热和功除了与系统的始、终态有关,还与过程所经历的具体途径有关,故热和功是途径函数(path function)。

2.2.2 热力学能

热力学能又称为内能(energy),是系统内所有粒子除整体势能及整体动能之外的全部能量的总和,它包括分子运动的动能、分子间相互作用的势能及分子内部的能量。

内能是系统的状态函数,用符号 U 表示,单位是焦耳(J)。热力学能的绝对值无法测量,但可用热力学第一定律来计算状态变化时内能的变化值 ΔU。

2.2.3 热力学第一定律

在热力学中,当系统的状态发生变化时通常都伴随着能量的变化。人们在长期实践的基础上得出这样一个经验定律:在任何过程中,能量是不会自生自灭的,只能从一种形式转化为另一种形式,从一个物体传递给另一个物体,在转化和传递过程中能量的总值不变,这就是能量守恒和转化定律。将能量守恒定律(law of energy conservation) 应用于热力学中即称为热力学第一定律(first law of thermodynamics)。

对于封闭系统,热力学第一定律可用下列数学表达式来表示:

$$\Delta U = Q + W \tag{2-1}$$

式中 ΔU—— 系统状态发生变化时内能的变化(change in energy);

Q 和 W—— 系统在状态变化过程中与环境交换的热和功。

热力学第一定律反映了系统状态变化过程中能量转化的定量关系。

2.3 热化学

2.3.1 化学反应热与焓

化学反应热(heats of reactions) 是指等温反应热,即当系统发生了变化后,使反应产物的温度回到反应前始态的温度,系统放出或吸收的热量。化学反应热通常有恒容反应热和恒压反应热两种。现从热力学第一定律来分析其特点。

1. 恒容反应热

系统在恒容且非体积功为零的条件下发生化学反应时与环境交换的热，称为恒容反应热(heats of reactions associated with a constant - volume process)，用符号 Q_v 表示。

对封闭系统中的恒容过程，在非体积功为零的条件下，系统与环境交换的功为零，由热力学第一定律可知，在该条件下系统与环境交换的热应等于内能的变化，即

$$\Delta U = Q_v \tag{2-2}$$

也就是说，封闭系统中的等容过程，系统吸收的热全部用于系统内能的增加。

虽然过程热是途径函数，但在定义恒容反应热后，已将过程的条件加以限制使得恒容反应热与内能的增量相等，故恒容反应热也只取决于系统的始终态，这是恒容反应热的特点。

注意：非等容反应也有 ΔU 和 Q，但此时的 ΔU 与 Q 不相等。

2. 恒压反应热和焓

系统在恒压且非体积功为零的化学反应过程中与环境所交换的热，称为恒压反应热(heats of reactions associated with a constant - pressure process)，用符号 Q_p 表示。

由热力学第一定律，在恒压、非体积功为零的条件下可得

$$\Delta U = Q_p + W_{体} = Q_p - p_{ex}(V_2 - V_1) = Q_p - (p_2V_2 - p_1V_1) = U_2 - U_1$$

整理得

$$Q_p = (U_2 + p_2V_2) - (U_1 + p_1V_1) \tag{2-3}$$

由于 U、p、V 均为系统的状态函数，$U+pV$ 的组合也必然是一个状态函数，具有状态函数的一切特征。将这个新的组合函数定义为焓(enthalpy)，用符号 H 表示，即

$$H \overset{\text{def}}{=\!=\!=} U + pV \tag{2-4}$$

式(2 - 3) 可以简化为

$$Q_p = H_2 - H_1 = \Delta H \tag{2-5}$$

也就是说，对于在封闭系统中发生的等压化学反应，系统吸收的热全部用于增加系统的焓。

虽然过程热是途径函数，但在定义恒压反应热后，已将过程的条件加以限制使得恒压反应热与焓的增量相等，故恒压反应热也只取决于系统的始终态，这是恒压反应热的特点。

注意：非等压反应也有 ΔH 和 Q，但此时的 ΔH 与 Q 不相等。

2.3.2 热化学方程式

1. 化学反应进度

对任一化学反应有

$$a\text{A} + b\text{B} =\!=\!= l\text{L} + m\text{M}$$

移项后可写成

$$0 = -a\text{A} - b\text{B} + l\text{L} + m\text{M}$$

简化为化学计量式的通式

$$0 = \sum_{\text{B}} \nu_{\text{B}}\text{B}$$

式中 B—— 参加反应的任一物质；

ν_B——B 物质的化学计量数。

因 $\nu_A = -a$，$\nu_B = -b$，$\nu_L = l$，$\nu_M = m$，所以对于反应物，化学计量数为负值，对于产物，化学计

量数为正值。

反应进度(extent of reaction)是衡量化学反应进行程度的物理量,用 ξ 表示,单位为 mol,其定义式为

$$\mathrm{d}\xi \xlongequal{\mathrm{def}} \frac{\mathrm{d}n_B}{\nu_B} \tag{2-6}$$

式中 n_B—— 参加反应的任一物质 B 的物质的量;

ν_B——B 物质的化学计量数。

若反应开始时 $\xi_0 = 0$,则

$$\xi = \frac{\Delta n_B}{\nu_B} = \frac{n_B - n_o}{\nu_B} \tag{2-7}$$

如果选择的始态的反应进度不为零,则该过程的反应进度变化为

$$\Delta\xi = \frac{\Delta n_B}{\nu_B} = \frac{n_2 - n_1}{\nu_B} \tag{2-8}$$

化学反应进度与物质的选择无关,但与化学反应式的写法有关,例如

$$2C(s) + O_2(g) \xlongequal{\quad} 2CO(g)$$

如果反应系统中有 2 mol C 和 1 mol O_2 反应生成 2 mol 的 CO,若反应进度变化以 C 的物质的量的改变来计算,则有

$$\Delta\xi = \frac{\Delta n_C}{\nu_C} = \frac{-2\ \mathrm{mol}}{-2} = 1\ \mathrm{mol}$$

若反应进度变化以 CO 的物质的量的改变来计算,则有

$$\Delta\xi = \frac{\Delta n_{CO}}{\nu_{CO}} = \frac{2\ \mathrm{mol}}{2} = 1\ \mathrm{mol}$$

可见,无论对反应物还是生成物,$\Delta\xi$ 都具有相同的值,与物质的选择无关。但由于 $\Delta\xi$ 与化学计量数有关,而化学计量数与反应式的写法有关,因此 $\Delta\xi$ 与反应式的写法有关。

如果将上述反应式写成

$$C(s) + \frac{1}{2}O_2(g) = CO(g)$$

则上述反应系统同样的物质的量的变化,则反应进度的变化值为 2 mol。

2. 热化学方程式

表示化学反应与其热效应关系的方程式称为热化学方程式,例如

$$H_2(g) + \frac{1}{2}O_2(g) \xrightleftharpoons[p^\ominus]{298.15\ \mathrm{K}} H_2O(l),\quad \Delta_r H_m^\ominus(298.15\ \mathrm{K}) = -286\ \mathrm{kJ\cdot mol^{-1}}$$

式中,$\Delta_r H_m^\ominus$ 为标准摩尔反应焓(standard molar reaction enthalpy),用符号 $\Delta_r H_m^\ominus$ 表示,其中 H 的左下标"r" 表示特定的反应,$\Delta_r H$ 表示反应的焓变,即恒压反应热,$\Delta_r H$ 为正,表示反应为吸热反应,$\Delta_r H$ 为负,表示反应为放热反应;H 的右下标"m" 表示反应进度的变化为 1 mol;H 的右上标"$\ominus$" 表示该反应在标准状态(standard state)下进行,即参加反应的物质都处于标准态。物质的状态不同,标准态的含义也不同,气体是指压力为标准压力(100 kPa,记作 $p^\ominus$)的纯理想气体,固体和液体是指标准压力下的纯固体和纯液体。故该热化学方程式表示在298.15 K 和 100 kPa 下,1 mol 气态 H_2 和 0.5 mol 气态 O_2 反应生成 1 mol 液态 H_2O,放出286 kJ 的热量。

书写热化学方程式应注意以下 3 点:① 应注明反应的温度和压力;② 必须标出物质的聚

集状态；③ 反应热效应与反应方程式相对应。

2.3.3　恒压反应热和恒容反应热的关系

在恒温恒压条件下，化学反应的恒压摩尔反应热等于化学反应的摩尔焓变 $\Delta_r H_m$，在恒温恒容条件下，化学反应的恒容摩尔反应热等于化学反应的摩尔内能的变化 $\Delta_r U_m$。

设有一恒温反应，分别在恒压且非体积功为零、恒容且非体积功为零的条件下进行 1 mol 反应进度。

如图 2－1 所示，由状态函数法，有

$$\Delta_r U'_m = \Delta_r U_m + \Delta U_T \tag{2-9}$$

式中　ΔU_T—— 产物的恒温热力学能变。

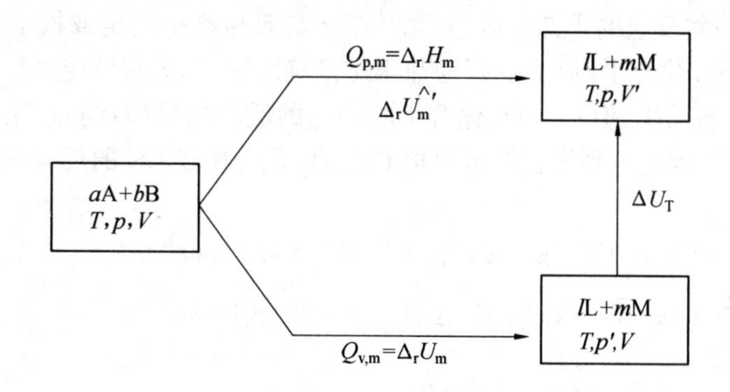

图 2－1　恒压反应热 $Q_{p,m}$ 与恒容反应热 $Q_{v,m}$ 的关系

根据焓的定义，有

$$H = U + pV$$

恒压过程的反应焓变与其热力学能之间有如下关系：

$$\Delta_r H_m = \Delta_r U'_m + p\Delta V \tag{2-10}$$

式中　ΔV—— 恒压下进行 1 mol 反应进度时产物与反应物体积之差。

将式(2－9)中 $\Delta_r U'_m$ 的数据代入式(2－10)中，整理得到

$$\Delta_r H_m - \Delta_r U_m = p\Delta V + \Delta U_T$$

由于理想气体的热力学能只是温度的函数，液体、固体的热力学能在温度不变、压力改变不大时，也可近似认为不变，因此恒温时 $\Delta U_T = 0$。

对于同一反应的 $Q_{p,m}$ 和 $Q_{v,m}$ 有如下关系：

$$Q_{p,m} - Q_{v,m} = p\Delta V$$

对于凝聚相系统，$\Delta V \approx 0$，所以

$$Q_{p,m} = Q_{v,m}$$

对于有气体参与的反应，只考虑进行 1 mol 反应进度前后气态物质引起的体积变化。按理想气体处理时，有

$$p\Delta V = \sum_B \nu_{B(g)} RT$$

式中　$\sum_B \nu_{B(g)}$—— 参与反应的气体物质化学计量数的代数和。

因此对于同一化学反应的摩尔恒压反应热 $Q_{p,m}$ 与摩尔恒容反应热 $Q_{v,m}$ 有如下关系：

$$Q_{p,m} - Q_{v,m} = \sum_{B} \nu_{B(g)} RT \qquad (2-11)$$

2.3.4 盖斯(Hess)定律

1840 年,盖斯从热化学实验中总结出一条经验规律:对于恒温、恒压或恒温、恒容条件下进行的反应,无论化学反应式是一步完成还是分步完成,其热效应总是相等,这就是盖斯定律。盖斯定律实际上是热力学第一定律的必然结果,其实质是内能和焓是系统的状态函数,它们的变化值只由系统的始终态决定,而与变化的途径无关,因为 $\Delta H = Q_p$,$\Delta U = Q_v$。

根据盖斯定律,在恒温、恒压或恒温、恒容条件下,一个化学反应如果分几步完成,则总反应的反应热等于各步反应的反应热之和。盖斯定律有着广泛的应用,如利用一些已知反应热的数据来计算出另一些反应的未知反应热,尤其是不易直接准确测定或根本不能直接测定的反应热。例如,C 与 O_2 化合生成 CO 的反应热很难准确测定,因为在反应过程中很难控制反应全部生成 CO 而不生成 CO_2,但 C 与 O_2 化合生成 CO_2 的反应热和 CO 与 O_2 化合生成 CO_2 的反应热是可准确测定的,因此可利用盖斯定律把 C 与 O_2 化合生成 CO 的反应热计算出来。

【例 2.1】 已知:

(1) $C(s) + O_2(g) = CO_2(g)$, $\Delta_r H^{\ominus}_{m,1} = -393.5\ kJ \cdot mol^{-1}$;

(2) $CO(g) + \frac{1}{2}O_2(g) = CO_2(g)$, $\Delta_r H^{\ominus}_{m,2} = -283\ kJ \cdot mol^{-1}$;

求:(3) $C(s) + \frac{1}{2}O_2(g) = CO(g)$ 的 $\Delta_r H^{\ominus}_{m,3}$。

解 这3个反应的关系如图2-2所示,由图可见,在始态($C + O_2$)和终态(CO_2)之间有两条途径:(1) 和(3) + (2),根据盖斯定律这两种途径的焓变应该相等,即

$$\Delta_r H^{\ominus}_{m,1} = \Delta_r H^{\ominus}_{m,3} + \Delta_r H^{\ominus}_{m,2}$$

$$\Delta_r H^{\ominus}_{m,3} = \Delta_r H^{\ominus}_{m,1} - \Delta_r H^{\ominus}_{m,2} = [-393.5 - (-283.0)] = -110.5\ (kJ \cdot mol^{-1})$$

用盖斯定律计算反应热时,利用反应式之间的代数关系计算更为方便,例如上述的反应(1)、(2)、(3) 的关系为

$$(3) = (1) - (2)$$

所以有

$$\Delta_r H^{\ominus}_{m,3} = \Delta_r H^{\ominus}_{m,1} - \Delta_r H^{\ominus}_{m,2}$$

注意:通过热化学方程式的代数运算计算反应热时,在计算过程中,只有反应条件(温度、压力)相同的反应才能相加减,而且只有种类和状态都相同的物质才能进行代数运算。

2.3.5 化学反应热的计算

1. 由标准摩尔生成焓计算化学反应的标准摩尔反应热

在指定温度和标准压力下,由稳定相态的单质生成1 mol 物质 B 的热效应,称为物质 B 在温度 T 下的标准摩尔生成焓(standard molar enthalpy of formation),用 $\Delta_f H^{\ominus}_m$ 表示,单位为 $kJ \cdot mol^{-1}$,H 的左下标"f" 表示生成反应。附录3 中列出了常见物质在 298.15 K 时的标准摩尔生成焓 $\Delta_f H^{\ominus}_m$。

根据标准摩尔生成焓的定义,稳定单质的标准摩尔生成焓为零。

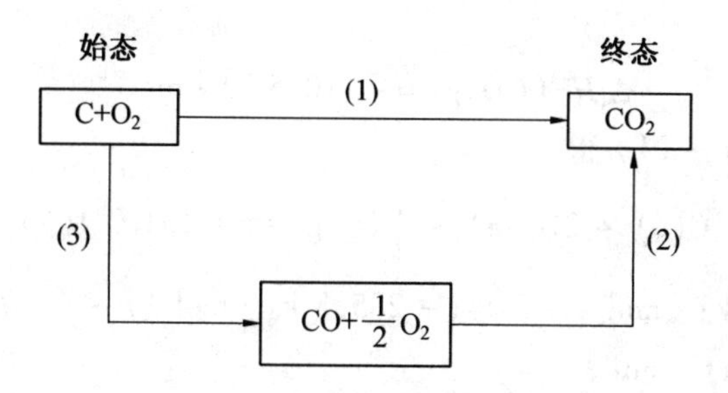

图 2-2　由 C 和 O_2 变成 CO_2 的两种途径

根据盖斯定律可以推导出下列公式，即

$$\Delta_r H_m^\ominus = \sum_B \nu_B \Delta_f H_m^\ominus(B) \tag{2-12}$$

如图2-3所示，对于恒温、标准态下发生的任意反应$a\mathrm{A}(\alpha)+b\mathrm{B}(\beta)=l\mathrm{L}(\gamma)+m\mathrm{M}(\delta)$，可以设计成两种反应途径：(1) 由反应物直接到产物；(2) 由反应物到稳定态的各有关单质，然后再转化为产物。

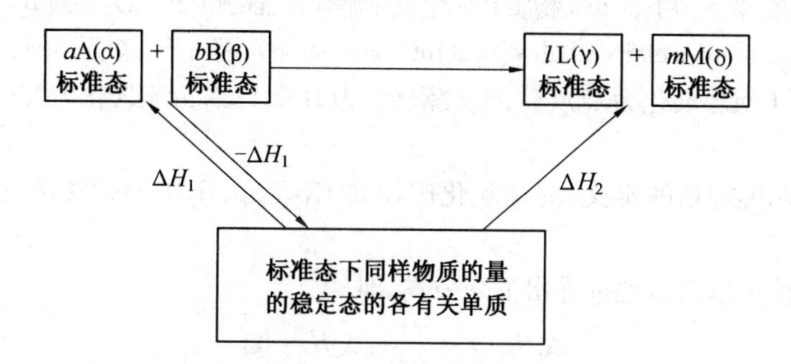

图 2-3　利用标准摩尔生成焓计算标准摩尔反应焓(反应热)

根据盖斯定律，有

$$\begin{aligned}\Delta_r H_m^\ominus &= -\Delta H_1 + \Delta H_2 = -[a\Delta_f H_m^\ominus(\mathrm{A}) + b\Delta_f H_m^\ominus(\mathrm{B})] + [l\Delta_f H_m^\ominus(\mathrm{L}) + m\Delta_f H_m^\ominus(\mathrm{M})]\\ &= \sum_B \nu_B \Delta_f H_m^\ominus(B)\end{aligned}$$

【例 2.2】　已知：

(1) $CH_3OH(g) + \frac{3}{2}O_2(g) \longrightarrow CO_2(g) + 2H_2O(l)$　　$\Delta_r H_{m,1}^\ominus = -763.9\ \mathrm{kJ\cdot mol^{-1}}$

(2) $C(s) + O_2(g) \longrightarrow CO_2(g)$　　$\Delta_r H_{m,2}^\ominus = -393.5\ \mathrm{kJ\cdot mol^{-1}}$

(3) $H_2(g) + \frac{1}{2}O_2(g) \longrightarrow H_2O(l)$　　$\Delta_r H_{m,3}^\ominus = -285.8\ \mathrm{kJ\cdot mol^{-1}}$

(4) $CO(g) + \frac{1}{2}O_2(g) \longrightarrow CO_2(g)$　　$\Delta_r H_{m,4}^\ominus = -283.0\ \mathrm{kJ\cdot mol^{-1}}$

求：①CO(g) 和 $CH_3OH(g)$ 的标准摩尔生成焓；②$CO(g) + 2H_2(g) = CH_3OH(g)$ 的 $\Delta_r H_m^\ominus$。

解　① 由式(2) - 式(4) 得

$$C(s) + \frac{1}{2}O_2(g) \longrightarrow CO(g)$$

$$\Delta_r H_m^\ominus = -393.5\ \mathrm{kJ\cdot mol^{-1}} - (-283.0\ \mathrm{kJ\cdot mol^{-1}}) = -110.5\ \mathrm{kJ\cdot mol^{-1}}$$

所以

$$\Delta_f H_m^{\ominus}(CO,g) = -110.5\ kJ \cdot mol^{-1}$$

由式(2) + 2 × (3) − (1) 得

$$C(s) + 2H_2(g) + \frac{1}{2}O_2(g) \xlongequal{} CH_3OH(g)$$

$$\begin{aligned}\Delta_r H_m^{\ominus} &= -393.5\ kJ \cdot mol^{-1} + 2 \times (-285.8\ kJ \cdot mol^{-1}) - (-763.9\ kJ \cdot mol^{-1}) \\ &= -201.2\ kJ \cdot mol^{-1}\end{aligned}$$

则

$$\Delta_f H_m^{\ominus}(CH_3OH,g) = -201.2\ kJ \cdot mol^{-1}$$

②

$$\begin{aligned}\Delta_r H_m^{\ominus} &= \sum_B \nu_B \Delta_f H_m^{\ominus}(B) = (-1) \times \Delta_f H_m^{\ominus}(CO,g) + 1 \times \Delta_f H_m^{\ominus}(CH_3OH,g) \\ &= -(-110.5\ kJ \cdot mol^{-1}) + (-201.2\ kJ \cdot mol^{-1}) = -90.7\ kJ \cdot mol^{-1}\end{aligned}$$

2. 由标准摩尔燃烧焓计算化学反应的标准摩尔反应热

在指定温度和标准压力下,1 mol 物质B完全氧化燃烧过程的焓变,称为物质B在温度T下的标准摩尔燃烧焓(热)(standard molar enthalpy(heat)of combustion),用$\Delta_c H_m^{\ominus}$表示,单位为$kJ \cdot mol^{-1}$。完全氧化指物质中的C元素转化为$CO_2(g)$,H元素转化为$H_2O(l)$,N元素转化为$N_2(g)$,S元素转化为$SO_2(g)$等。

根据标准摩尔燃烧焓的定义,完全氧化产物如$CO_2(g)$、$H_2O(l)$等的标准摩尔燃烧焓为零。

根据盖斯定律可以类似地推导出下列公式,即

$$\Delta_r H_m^{\ominus} = -\sum_B \nu_B \Delta_c H_m^{\ominus}(B) \tag{2-13}$$

【例2.3】 已知C(s)和$H_2(g)$在25 ℃时的标准摩尔燃烧焓分别为$-393.51\ kJ \cdot mol^{-1}$及$-285.84\ kJ \cdot mol^{-1}$,求反应$C(s) + 2H_2O(l) \xlongequal{} 2H_2(g) + CO_2(g)$在25 ℃时的标准摩尔反应焓。

解 完全氧化产物$H_2O(l)$、$CO_2(g)$的标准摩尔燃烧焓为零,故

$$\begin{aligned}\Delta_r H_m^{\ominus} &= -\sum_B \nu_B \Delta_c H_m^{\ominus}(B) = 1 \times \Delta_c H_m^{\ominus}(C,s) + (-2) \times \Delta_c H_m^{\ominus}(H_2,g) \\ &= -393.51\ kJ \cdot mol^{-1} - 2 \times (-285.84\ kJ \cdot mol^{-1}) \\ &= 178.17\ kJ \cdot mol^{-1}\end{aligned}$$

3. 由键焓估算反应热

化学反应的实质是旧键的断裂和新键的形成,断裂旧化学键要消耗能量,形成新化学键会释放能量。因此可以根据化学反应过程中化学键的断裂和形成情况,利用键焓(bond enthalpy)数据来估算反应热。

对双原子分子而言,键焓是指在标准压力时,将1 mol的气态分子AB的化学键断开,成为气态的中性原子A和B所需的能量,用$\Delta_b H_m^{\ominus}(A—B)$表示,单位为$kJ \cdot mol^{-1}$。

例如

$$H_2(g) \longrightarrow 2H(g), \qquad \Delta_b H_m^{\ominus}(H—H) = 436\ kJ \cdot mol^{-1}$$

对于多原子分子,键焓实际上是平均键焓。如NH_3中有3个等价的N—H键,但光谱数据

表明每个键的离解能(dissociation energy)是不同的,它们分别是

$$NH_3(g) \longrightarrow NH_2(g) + H(g) \qquad D_1 = 435\ kJ \cdot mol^{-1}$$

$$NH_2(g) \longrightarrow NH(g) + H(g) \qquad D_2 = 398\ kJ \cdot mol^{-1}$$

$$NH(g) \longrightarrow N(g) + H(g) \qquad D_3 = 339\ kJ \cdot mol^{-1}$$

而 N—H 键的键焓 $\Delta_b H_m^{\ominus}$ 为3个离解能的平均值,即

$$\Delta_b H_m^{\ominus}(N-H) = (D_1 + D_2 + D_3)/3 = (435 + 398 + 339)/3 = 391\ (kJ \cdot mol^{-1})$$

若已知各种类型化学键的键焓就可根据反应过程中键变化的情况来计算反应的焓变,即

$$\Delta_r H_m^{\ominus} = -\sum_{A-B} \nu_{A-B} \Delta_b H_m^{\ominus}(A-B) \qquad (2-14)$$

【例2.4】 已知:

化学键	C—H	C—Cl	Cl—Cl	C═C	C—C
键焓/$(kJ \cdot mol^{-1})$	413	326	239	619	348

试估算出反应 $H_2C{=}CH_2 + Cl_2 = H_2C(Cl)—CH_2(Cl)$ 的 $\Delta_r H_m^{\ominus}$。

解

$$\begin{aligned}\Delta_r H_m^{\ominus} &= -\sum_{A-B} \nu_{A-B} \Delta_b H_m^{\ominus}(A-B) \\ &= 4\Delta_b H_m^{\ominus}(C-H) + \Delta_b H_m^{\ominus}(C=C) + \Delta_b H_m^{\ominus}(Cl-Cl) - 4\Delta_b H_m^{\ominus}(C-H) - \\ &\quad \Delta_b H_m^{\ominus}(C-C) - 2\Delta_b H_m^{\ominus}(C-Cl) \\ &= 4 \times 413\ kJ \cdot mol^{-1} + 619\ kJ \cdot mol^{-1} + 239\ kJ \cdot mol^{-1} - \\ &\quad 4 \times 413\ kJ \cdot mol^{-1} - 348\ kJ \cdot mol^{-1} - 2 \times 326\ kJ \cdot mol^{-1} \\ &= -142\ kJ \cdot mol^{-1}\end{aligned}$$

值得说明的是,由于键焓数据本身的局限性,由键焓计算所得的数据准确度不高,只能作为估算。

2.4　化学反应的方向和限度

2.4.1　化学反应的自发过程

自发过程(spontaneous process)是指在无外界环境影响下而能自动发生的过程,自发过程都有一定的方向(direction)和限度。例如,热量从高温物体自发地传向低温物体,直到两者最后温度相等。气体(或溶液)从高压(或高浓度)向低压(或低浓度)扩散直到各处压力(或浓度)相等,电流从高电位流向低电位直到最后电位相等,这些自发过程都有一个共同的特征,一旦过程发生系统不可能自动回复到原来的状态,即具有不可逆性(irreversibility)。

化学反应在给定的条件下能否自发进行?进行到什么程度?显然这是人们所关心的。那么,根据什么来判断化学反应的方向(direction of chemical reaction)呢?

鉴于大多数能自发进行的反应都是放热反应,曾有化学家试图用反应的焓变来作为反应能否自发进行的依据,并认为反应放热越多,反应越易进行,如下列反应都是自发反应:

$$C(s) + O_2(g) = CO_2(g), \quad \Delta_r H_m^{\ominus}(298.15\ K) = -393.5\ kJ \cdot mol^{-1}$$

$$Zn(s) + 2H^+(aq) \longrightarrow Zn^{2+}(aq) + H_2(g), \quad \Delta_r H_m^{\ominus}(298.15\ K) = -153.9\ kJ \cdot mol^{-1}$$

有些自发反应却是吸热反应,如工业上将石灰石煅烧使分解为生石灰和 CO_2 的反应是吸热反应,即

$$CaCO_3(s) \longrightarrow CaO(s) + CO_2(g), \quad \Delta_r H_m^{\ominus} > 0$$

在 101.325 kPa 和 1 183 K 时,$CaCO_3(s)$ 能自发且剧烈地进行热分解生成 CaO(s) 和 $CO_2(g)$。显然,在给定条件下不能仅用反应的焓变来判断一个反应能否自发进行,那么,除了焓变这一重要因素外,还存在其他什么因素呢?

2.4.2 熵

自然界中的自发过程普遍存在两种现象:第一,系统倾向于取得最低势能,如物体自高处自然落下;第二,系统倾向于微观粒子的混乱度增加,如气体(或溶液)的扩散。

系统的混乱度可用一个被称为熵(entropy)的状态函数来描述,符号为 S。系统内微观粒子的混乱度越大,系统的熵值越大,根据统计热力学有

$$S = k \ln \Omega$$

式中 k—— 玻耳兹曼常数;

Ω—— 系统的热力学概率,是一定宏观状态对应的微观状态总数。

该式称为玻耳兹曼公式,是联系热力学和统计热力学的桥梁公式。

熵是系统的状态函数,所以系统的状态发生变化时系统的熵变只与始终态有关,而与状态变化所经历的途径无关。把等温可逆过程的热温商定义为系统的熵变(entropy change),用下式表示为

$$\Delta S = \frac{Q_r}{T} \tag{2-15}$$

2.4.3 热力学第二定律

克劳修斯(Clausius)指出,不可能将热由低温物体转移到高温物体,而不留下其他变化。开尔文(Kelvin)指出,不可能从单一热源取热使其完全转变为功而不留下其他变化,或“第二类永动机不可能制成”。上面两种表述中“不留下其他变化”是指系统和环境都不留下任何变化。Clausius 说法和 Kelvin 说法是热力学第二定律的两种经典表述,Clausius 说法指出了热传导的不可逆性,而 Kelvin 说法则指出了功热转化的不可逆性。

热力学第二定律(second law of thermodynamics)的统计表述为:在隔离系统中的自发过程必伴随着熵值的增加,或隔离系统的熵总是趋向于极大值。这就是自发过程的热力学本质,称为熵增原理,可用下式表示为

$$\Delta S_{隔离} \geqslant 0 \quad (> 为自发过程; = 为平衡状态) \tag{2-16}$$

式(2-16)表明,对于隔离系统,能使系统熵值增大的过程是自发过程,熵值保持不变的过程,系统处于平衡状态,故可用式(2-16)作为隔离系统中过程自发性的判据。

2.4.4 热力学第三定律和标准摩尔熵

系统内微观粒子的混乱度与物质的聚集状态和温度等有关。对纯净物质的完美晶体,在绝对温度为 0 K 时分子间排列有序,且分子的任何热运动都停止,这时系统处于完全有序化状

态,热力学概率为1,根据玻耳兹曼公式,系统的熵值为0。因此,热力学第三定律(third law of thermodynamics)指出,在热力学温度为0 K时,任何纯物质的完美晶体(perfect crystal)的熵值都等于零,即

$$S(\text{完美晶体},0\ \text{K}) = 0 \tag{2-17}$$

以此为基准,若知道某一物质从绝对零度到指定温度下的一些热力学数据如热容(heat capacity)等,就可以求出此物质在温度T时熵的绝对值(内能和焓的绝对值无法求得),即

$$S_{\mathrm{T}} - S_0 = \Delta S = S_{\mathrm{T}} \tag{2-18}$$

式中　S_{T}——该物质在温度T时的规定熵。

在标准状态下1 mol纯物质的规定熵称为该物质的标准摩尔熵(standard molar entropy),用符号$S_{\mathrm{m}}^{\ominus}$表示,单位为$\mathrm{J \cdot mol^{-1} \cdot K^{-1}}$。附录3中列出了一些单质和化合物在298.15 K时的标准摩尔熵的数据。

需要说明的是,水合离子的标准摩尔熵不是绝对值,而是在规定标准态下水合$\mathrm{H^+}$的熵值为零的基础上求得的相对值。

根据熵的物理意义,可以得出下面的一些规律。

(1)同一物质的不同聚集状态之间,熵值大小次序是:$S_{\mathrm{m}}^{\ominus}(\mathrm{g}) > S_{\mathrm{m}}^{\ominus}(\mathrm{l}) > S_{\mathrm{m}}^{\ominus}(\mathrm{s})$,如

$$S_{\mathrm{m}}^{\ominus}(\mathrm{H_2O,g},298.15\ \mathrm{K}) = 188.7\ \mathrm{J \cdot mol^{-1} \cdot K^{-1}}$$

$$S_{\mathrm{m}}^{\ominus}(\mathrm{H_2O,l},298.15\ \mathrm{K}) = 69.91\ \mathrm{J \cdot mol^{-1} \cdot K^{-1}}$$

$$S_{\mathrm{m}}^{\ominus}(\mathrm{H_2O,s},298.15\ \mathrm{K}) = 39.33\ \mathrm{J \cdot mol^{-1} \cdot K^{-1}}$$

(2)同一物质在相同的聚集状态时,其熵值随温度的升高而增大,如

$$S_{\mathrm{m}}^{\ominus}(\mathrm{Fe,s},500\ \mathrm{K}) = 41.2\ \mathrm{J \cdot mol^{-1} \cdot K^{-1}}$$

$$S_{\mathrm{m}}^{\ominus}(\mathrm{Fe,s},298.15\ \mathrm{K}) = 27.3\ \mathrm{J \cdot mol^{-1} \cdot K^{-1}}$$

(3)在温度和聚集状态相同时,一般来说,复杂分子较简单分子的熵值大,如

$$S_{\mathrm{m}}^{\ominus}(\mathrm{C_2H_6,g},298.15\ \mathrm{K}) = 229\ \mathrm{J \cdot mol^{-1} \cdot K^{-1}}$$

$$S_{\mathrm{m}}^{\ominus}(\mathrm{CH_4,g},298.15\ \mathrm{K}) = 186\ \mathrm{J \cdot mol^{-1} \cdot K^{-1}}$$

(4)结构相似的物质,相对分子质量大的熵值大,如

$$S_{\mathrm{m}}^{\ominus}(\mathrm{F_2,g},298.15\ \mathrm{K}) = 202.7\ \mathrm{J \cdot mol^{-1} \cdot K^{-1}}$$

$$S_{\mathrm{m}}^{\ominus}(\mathrm{I_2,g},298.15\ \mathrm{K}) = 260.58\ \mathrm{J \cdot mol^{-1} \cdot K^{-1}}$$

(5)相对分子质量相同,分子构型越复杂,熵值越大。

(6)混合物和溶液的熵值一般大于纯物质的熵值。

(7)一个导致气体分子数增加的化学反应,引起熵值增大,即$\Delta S > 0$;如果反应后气体分子数减少,则$\Delta S < 0$。

2.4.5　化学反应的熵变

化学反应的熵变(entropy change of chemical reaction)用$\Delta_{\mathrm{r}}S_{\mathrm{m}}^{\ominus}$表示,由于熵与焓都是状态函数,因此化学反应熵变($\Delta_{\mathrm{r}}S_{\mathrm{m}}^{\ominus}$)的计算可类似于化学反应焓变($\Delta_{\mathrm{r}}H_{\mathrm{m}}^{\ominus}$)的计算。

对于化学反应

$$a\mathrm{A} + b\mathrm{B} = l\mathrm{L} + m\mathrm{M}$$

可用公式

$$\Delta_r S_m^{\ominus} = \sum_B \nu_B S_m^{\ominus}(B) \tag{2-19}$$

计算化学反应的熵变 $\Delta_r S_m^{\ominus}$。一些物质在 298.15 K 的 $S_m^{\ominus}$ 见附录3。

虽然物质的标准摩尔熵随着温度的升高而增大,但只要温度升高没有引起物质聚集状态的改变,则化学反应的 $\Delta_r S_m^{\ominus}$ 随温度变化不大,在近似计算中可认为 $\Delta_r S_m^{\ominus}$ 基本不随温度的变化而变化,即

$$\Delta_r S_m^{\ominus}(T) \approx \Delta_r S_m^{\ominus}(298.15\ \text{K})$$

化学反应的熵变 $\Delta_r S_m^{\ominus}$ 是决定化学反应方向的又一重要因素。

【例2.5】 试计算反应 $2SO_2(g) + O_2(g) = 2SO_3(g)$ 在 298.15 K 时的标准摩尔熵变($\Delta_r S_m^{\ominus}$)。

解 由附录3可查得

$$2SO_2(g) + O_2(g) = 2SO_3(g)$$

$S_m^{\ominus}(B)/(J \cdot mol^{-1} \cdot K^{-1})$ 248.22 205.14 256.76

$$\Delta_r S_m^{\ominus} = \sum_B \nu_B S_m^{\ominus}(B)$$

$$= 2 \times 256.76\ J \cdot mol^{-1} \cdot K^{-1} - 2 \times 248.22\ J \cdot mol^{-1} \cdot K^{-1} - 205.14\ J \cdot mol^{-1} \cdot K^{-1}$$

$$= -188.06\ J \cdot mol^{-1} \cdot K^{-1}$$

2.4.6 吉布斯自由能变与化学反应的方向

自然界的某些自发过程(或反应)常有增大系统混乱度的倾向。但是,正如前面所述不能仅用化学反应焓变的正、负值作为反应自发性的普遍判据一样,单纯用物质的熵变的正、负值来作为自发性的判据也有缺陷,如 $SO_2(g)$ 氧化为 $SO_3(g)$ 的反应在298.15 K、标准态下是一个自发反应,但其 $\Delta_r S_m^{\ominus}(298.15\ K) < 0$。又如水转化为冰的过程,其 $\Delta_r S_m^{\ominus}(298.15\ K) < 0$,但在 $T < 273.15$ K 的条件下却是自发过程。这表明过程或反应的自发性不仅与焓变和熵变有关,而且还与温度条件有关。

为了确定一个过程(或反应)自发性的判据,1878年,美国著名的物理化学家吉布斯(J. W. Gibbs)提出了一个综合系统的焓变、熵变和温度三者关系的新的状态函数变量,称为吉布斯自由能变,以 ΔG 表示。G 为系统的吉布斯自由能(Gibbs energy),其定义为

$$G \overset{\text{def}}{=\!=} H - TS \tag{2-20}$$

吉布斯自由能是组合函数,与焓、熵一样,也为系统的状态函数。

在恒温、恒压条件下,吉布斯自由能变与焓变、熵变、温度之间有如下关系:

$$\Delta G = \Delta H - T\Delta S$$

此式称为吉布斯公式。

在标准态时可表示为

$$\Delta G^{\ominus} = \Delta H^{\ominus} - T\Delta S^{\ominus}$$

对于化学反应有

$$\Delta_r G_m = \Delta_r H_m - T\Delta_r S_m \tag{2-21}$$

式中 $\Delta_r G_m$——化学反应的摩尔吉布斯自由能变(molar Gibbs energy change)。

吉布斯提出,在恒温、恒压条件下,$\Delta_r G_m$ 可作为反应能否自发进行的判据,即

$$
\begin{cases}
\Delta_r G_m < 0 & \text{自发过程,化学反应可正向进行} \\
\Delta_r G_m = 0 & \text{反应处于平衡状态} \\
\Delta_r G_m > 0 & \text{非自发过程,化学反应可逆向进行}
\end{cases}
$$

在等温、等压和只做体积功的情况下,任何自发反应总是向着吉布斯自由能(G)减小的方向进行,当 $\Delta_r G_m = 0$ 时,反应达平衡,系统的吉布斯自由能降至最小值,此即为最小自由能原理。

由式 $\Delta_r G_m = \Delta_r H_m - T\Delta_r S_m$ 可以看出,在恒温、恒压下,$\Delta_r G_m$ 取决于 $\Delta_r H_m$、$\Delta_r S_m$ 和 T。按 $\Delta_r H_m$、$\Delta_r S_m$ 的符号和温度 T 对化学反应 $\Delta_r G_m$ 的影响,可归纳为4种反应情况,见表2-1。

表2-1　恒压下 $\Delta_r H_m$、$\Delta_r S_m$ 及 T 对化学反应的 $\Delta_r G_m$ 的影响

反应实例	$\Delta_r H_m$ 的符号	$\Delta_r S_m$ 的符号	$\Delta_r G_m$ 的符号	反应情况
$H_2(g) + Cl_2(g) = 2HCl(g)$	(-)	(+)	(-)	任何温度下均为自发反应
$CO(g) = C(s) + \frac{1}{2}O_2(g)$	(+)	(-)	(+)	任何温度下均为非自发反应
$CaCO_3(s) = CaO(s) + CO_2(g)$	(+)	(+)	常温(+) 高温(-)	常温条件下为非自发反应 高温下为自发反应
$N_2(g) + 3H_2(g) = 2NH_3(g)$	(-)	(-)	常温(-) 高温(+)	常温下为自发反应 高温下为非自发反应

2.4.7　化学反应的标准摩尔吉布斯自由能变的计算

1. 利用物质的 $\Delta_f G_m^\ominus(B)$ 数据计算

在指定温度和标准压力下,由稳定纯态单质生成1 mol某物质的吉布斯自由能变称为该物质在该温度下的标准摩尔生成吉布斯自由能(standard Gibbs energie of formation),用符号 $\Delta_f G_m^\ominus$ 表示。根据定义,稳定单质的标准摩尔生成吉布斯自由能为0。一些物质在298.15 K的 $\Delta_f G_m^\ominus$ 见附录3。类似于由化学反应的标准摩尔生成焓计算化学反应的标准摩尔焓变的方法,用物质的标准摩尔生成吉布斯自由能可以很方便地由下式计算任何反应的标准摩尔吉布斯自由能变(standard molar Gibbs energy change),即

$$\Delta_r G_m^\ominus = \sum_B \nu_B \Delta_f G_m^\ominus(B) \tag{2-22}$$

2. 利用物质的 $\Delta_f H_m^\ominus(B)$ 和 $S_m^\ominus(B)$ 数据计算

$$\Delta_r G_m^\ominus = \Delta_r H_m^\ominus - T\Delta_r S_m^\ominus \tag{2-23}$$

式中

$$\Delta_r H_m^\ominus = \sum_B \nu_B \Delta_f H_m^\ominus(B)$$

$$\Delta_r S_m^\ominus = \sum_B \nu_B S_m^\ominus(B)$$

2.4.8　$\Delta_r G_m^\ominus$ 与温度的关系

一般来说温度变化时,化学反应的 $\Delta_r H_m^\ominus$、$\Delta_r S_m^\ominus$ 变化不大,而 $\Delta_r G_m^\ominus$ 却变化很大。因此,当温度变化不大时,可把 $\Delta_r H_m^\ominus$、$\Delta_r S_m^\ominus$ 看作不随温度而变的常数。因此,在其他温度时,反应的标准摩尔吉布斯自由能变 $\Delta_r G_m^\ominus(T)$ 可近似估算为

$$\Delta_r G_m^\ominus(T) = \Delta_r H_m^\ominus(298.15\ K) - T\Delta_r S_m^\ominus(298.15\ K) \qquad (2-24)$$

【例 2.6】 已知 $Fe_2O_3(s)$、$CO_2(g)$ 的 $\Delta_f G_m^\ominus$ 分别为 $-742.2\ kJ \cdot mol^{-1}$、$-394.36\ kJ \cdot mol^{-1}$，$\Delta_f H_m^\ominus$ 分别为 $-824.2\ kJ \cdot mol^{-1}$、$-393.51\ kJ \cdot mol^{-1}$，$S_m^\ominus$ 分别为 $87.4\ J \cdot mol^{-1} \cdot K^{-1}$、$213.6\ J \cdot mol^{-1} \cdot K^{-1}$，且 Fe(s)、C(石墨) 的 $S_m^\ominus$ 分别为 $27.3\ J \cdot mol^{-1} \cdot K^{-1}$、$5.74\ J \cdot mol^{-1} \cdot K^{-1}$。计算说明在 298.15 K、标准压力下，用 C 还原 Fe_2O_3 生成 Fe 和 CO_2 在热力学上是否可能？若要反应自发进行，温度最低为多少？

解 $Fe_2O_3(s) + \frac{3}{2}C(石墨,s) = 2Fe(s) + \frac{3}{2}CO_2(g)$

$$\Delta_r G_m^\ominus = \sum_B \nu_B \Delta_f G_m^\ominus(B)$$
$$= 0 + 3/2 \times (-394.36\ kJ \cdot mol^{-1}) - (-742.2\ kJ \cdot mol^{-1}) - 0$$
$$= 150.66\ kJ \cdot mol^{-1}$$

在 $p^\ominus$，298.15 K 时，$\Delta_r G_m^\ominus > 0$，反应不能自发进行，但反应是熵增过程，可能在高温下自发反应，有

$$\Delta_r H_m^\ominus = \sum_B \nu_B \Delta_f H_m^\ominus(B)$$
$$= 0 + 3/2 \times (-393.5\ kJ \cdot mol^{-1}) - (-824.2\ kJ \cdot mol^{-1}) - 0$$
$$= 233.94\ kJ \cdot mol^{-1}$$

$$\Delta_r S_m^\ominus = \sum_B \nu_B S_m^\ominus(B)$$
$$= 2 \times 27.3\ J \cdot mol^{-1} \cdot K^{-1} + 3/2 \times 213.6\ J \cdot mol^{-1} \cdot K^{-1} - 87.4\ J \cdot mol^{-1} \cdot K^{-1} - 3/2 \times 5.74\ J \cdot mol^{-1} \cdot K^{-1}$$
$$= 2.79 \times 10^2\ J \cdot mol^{-1} \cdot K^{-1}$$

$$\Delta_r G_m^\ominus = \Delta_r H_m^\ominus - T\Delta_r S_m^\ominus < 0$$

由于

$$T > \frac{\Delta_r H_m^\ominus}{\Delta_r S_m^\ominus} = 233.94 \times 10^3\ J \cdot mol^{-1} / 2.79 \times 10^2\ J \cdot mol^{-1} \cdot K^{-1} = 838\ K$$

所以反应进行的最低温度为 838 K。

【阅读拓展】

合成氨工业

农业对化肥的需求是合成氨工业发展的持久推动力。世界人口不断增长给粮食供应带来压力，而施用化学肥料是农业增产的有效途径。氨水(即氨的水溶液)和液氨本身就是一种氮肥；农业上广泛采用的尿素、硝酸铵、硫酸铵等固体氮肥，磷酸铵、硝酸磷肥等复合肥料，都是以合成氨加工生产为主。合成氨的工艺流程如下。

1. 原料气制备

将煤和天然气等原料制成含氢和氮的粗原料气。对于固体原料煤和焦炭，通常采用气化的方法制取合成气；渣油可采用非催化部分氧化的方法获得合成气；对气态烃类和石脑油，工

业中利用二段蒸汽转化法制取合成气。

2. 净化

对粗原料气进行净化处理，除去氢气和氮气以外的杂质，主要包括变换过程、脱硫脱碳过程以及气体精制过程。

(1) 一氧化碳变换过程。

在合成氨生产中，各种方法制取的原料气都含有CO，其体积分数一般为12% ~40%。合成氨需要的两种组分是 H_2 和 N_2，因此需要除去合成气中的 CO。变换反应如下：

$$CO + H_2O \longrightarrow CO_2 + H_2,\quad \Delta_r H_m = -41.2\ kJ\cdot mol^{-1}$$

由于CO变换过程是强放热过程，必须分段进行以利于回收反应热，并控制变换段出口残余CO含量。第一步是高温变换，使大部分CO转变为 CO_2 和 H_2；第二步是低温变换，将CO体积分数降至0.3%左右。因此，CO变换反应既是原料气制造的继续，又是净化的过程，为后续脱碳过程创造条件。

(2) 脱硫脱碳过程。

各种原料制取的粗原料气，都含有一些硫和碳的氧化物，为了防止合成氨生产过程催化剂的中毒，必须在氨合成工序前加以脱除，以天然气为原料的蒸汽转化法，第一道工序是脱硫，用以保护转化催化剂，以重油和煤为原料的部分氧化法，根据一氧化碳变换是否采用耐硫的催化剂而确定脱硫的位置。工业脱硫方法种类很多，通常是采用物理或化学吸收的方法，常用的有低温甲醇洗法(rectisol)、聚乙二醇二甲醚法(selexol)等。

粗原料气经CO变换以后，变换气中除 H_2 外，还有 CO_2、CO和 CH_4 等组分，其中以 CO_2 含量最多。CO_2 既是氨合成催化剂的毒物，又是制造尿素、碳酸氢铵等氮肥的重要原料。因此变换气中 CO_2 的脱除必须兼顾这两方面的要求。

一般采用溶液吸收法脱除 CO_2。根据吸收剂性能的不同，可分为两大类。一类是物理吸收法，如低温甲醇洗法(rectisol)、聚乙二醇二甲醚法(selexol)、碳酸丙烯酯法等；另一类是化学吸收法，如热钾碱法、低热耗本菲尔法、活化MDEA法、MEA法等。

3. 合成氨的条件

氨的合成是一个放热、气体总体积缩小的可逆反应。根据化学反应速率的知识，得知升温、增大压强及使用催化剂都可以使合成氨的化学反应速率增大。

(1) 压强。

有研究表明，在400 ℃，压强超过200 MPa时，不使用催化剂，氨便可以顺利合成，但实际生产中，太大的压强需要的动力较大，对材料要求也会增高，这就增加了生产成本，因此，受动力材料设备影响，目前我国合成氨厂一般采用20 ~ 50 MPa。

(2) 温度。

从理想条件来看，氨的合成在较低温度下进行有利，但温度过低，反应速率会很小，故在实际生产中，一般选用500 ℃。

(3) 催化剂。

采用铁触媒(以铁为主，混合的催化剂)，铁触媒在500 ℃时活性最大，这也是合成氨选在500 ℃的原因。

将纯净的氢、氮混合气压缩到高压，在催化剂的作用下合成氨。氨的合成是提供液氨产品的工序，是整个合成氨生产过程的核心部分。氨合成反应在较高压力和催化剂存在的条件下

进行,由于反应后气体中氨的体积分数不高,一般只有10% ~ 20%,因此采用未反应氢氮气循环的流程。氨合成反应式如下:

$$N_2 + 3H_2 \longrightarrow 2NH_3, \quad \Delta_r H_m = -92.4\ kJ \cdot mol^{-1}$$

热力学计算表明,低温、高压对合成氨反应是有利的,但无催化剂时,反应的活化能很高,反应几乎不发生。当采用铁催化剂时,由于改变了反应历程,降低了反应的活化能,因此反应以显著的速率进行。目前认为,合成氨反应的一种可能机理,首先是氮分子在铁催化剂表面上进行化学吸附,使氮原子间的化学键减弱;其次是化学吸附的氢原子不断地与表面上的氮分子作用,在催化剂表面上逐步生成—NH、—NH_2 和 NH_3;最后氨分子在表面上脱吸而生成气态的氨。上述反应途径可简单地表示为

$$x Fe + N_2 \longrightarrow Fe_x N$$

$$Fe_x N + [H]_{吸} \longrightarrow Fe_x NH$$

$$Fe_x NH + [H]_{吸} \longrightarrow Fe_x NH_2$$

$$Fe_x NH_2 + [H]_{吸} \longrightarrow Fe_x NH_3 \longrightarrow x Fe + NH_3$$

在无催化剂时,氨的合成反应的活化能很高,大约为335 $kJ \cdot mol^{-1}$。加入铁催化剂后,反应以生成氮化物和氮氢化物两个阶段进行。第一阶段的反应活化能为126 ~ 167 $kJ \cdot mol^{-1}$,第二阶段的反应活化能为13 $kJ \cdot mol^{-1}$。由于反应途径的改变(生成不稳定的中间化合物),降低了反应的活化能,因此反应速率加快了。

催化剂的催化能力一般称为催化活性。有人认为由于催化剂在反应前后的化学性质和质量不变,制成一批催化剂后便可以永远使用下去。实际上许多催化剂在使用过程中,其活性从小到大,逐渐达到正常水平,这就是催化剂的成熟期。接着催化剂活性在一段时间里保持稳定,然后再下降,一直到衰老而不能再使用。活性保持稳定的时间即为催化剂的寿命,其长短因催化剂的制备方法和使用条件而异。

习　题

1. 选择题

(1) 已知物质

	$C_2H_6(g)$	$C_2H_4(g)$	$HF(g)$
$\Delta_f H_m^{\ominus}/(kJ \cdot mol^{-1})$	-84.7	52.3	-271.0

则反应 $C_2H_6(g) + F_2(g) = C_2H_4(g) + 2HF(g)$ 的 $\Delta_r H_m^{\ominus}$ 为(　　)

(A) 405 $kJ \cdot mol^{-1}$　　(B) 134 $kJ \cdot mol^{-1}$

(C) -134 $kJ \cdot mol^{-1}$　　(D) -405 $kJ \cdot mol^{-1}$

(2) 已知化学键

	H—H	Cl—Cl	H—Cl
键焓/$(kJ \cdot mol^{-1})$	436	239	431

则可估算出反应 $H_2(g) + Cl_2(g) = 2HCl(g)$ 的 $\Delta_r H_m^{\ominus}$ 为(　　)

(A) -224 $kJ \cdot mol^{-1}$　　(B) -187 $kJ \cdot mol^{-1}$

(C) +187 $kJ \cdot mol^{-1}$　　(D) +224 $kJ \cdot mol^{-1}$

(3) 反应 $Na_2O(s) + I_2(g) \longrightarrow 2NaI(s) + 1/2O_2(g)$ 的 $\Delta_r H_m^\ominus$ 为(　　)

(A) $2\Delta_f H_m^\ominus(NaI,s) - \Delta_f H_m^\ominus(Na_2O,s)$

(B) $\Delta_f H_m^\ominus(NaI,s) - \Delta_f H_m^\ominus(Na_2O,s) - \Delta_f H_m^\ominus(I_2,g)$

(C) $2\Delta_f H_m^\ominus(NaI,s) - \Delta_f H_m^\ominus(Na_2O,s) - \Delta_f H_m^\ominus(I_2,g)$

(D) $\Delta_f H_m^\ominus(NaI,s) - \Delta_f H_m^\ominus(Na_2O,s)$

(4) 在下列反应中,焓变等于 $AgBr(s)$ 的 $\Delta_f H_m^\ominus$ 的反应是(　　)

(A) $Ag^+(aq) + Br^-(aq) = AgBr(s)$

(B) $2Ag(s) + Br_2(g) = 2AgBr(s)$

(C) $Ag(s) + 1/2Br_2(l) = AgBr(s)$

(D) $Ag(s) + 1/2Br_2(g) = AgBr(s)$

(5) 已知反应 $CuCl_2(s) + Cu(s) = 2CuCl(s)$ 的 $\Delta_r H_m^\ominus = 170\ kJ \cdot mol^{-1}$,反应 $Cu(s) + Cl_2(g) = CuCl_2(s)$ 的 $\Delta_r H_m^\ominus = -206\ kJ \cdot mol^{-1}$,则 $CuCl(s)$ 的 $\Delta_f H_m^\ominus$ 应为(　　)

(A) $36\ kJ \cdot mol^{-1}$　　(B) $18\ kJ \cdot mol^{-1}$

(C) $-18\ kJ \cdot mol^{-1}$　　(D) $-36\ kJ \cdot mol^{-1}$

(6) 冰融化时,下列各性质增大的是(　　)

(A) 蒸气压　　(B) 熔化热　　(C) 熵　　(D) 体积

(7) 若 $CH_4(g)$、$CO_2(g)$、$H_2O(l)$ 的 $\Delta_f G_m^\ominus$ 分别为 $-50.8\ kJ \cdot mol^{-1}$、$-394.4\ kJ \cdot mol^{-1}$、$-237.2\ kJ \cdot mol^{-1}$,则 298.15 K 时,$CH_4(g) + 2O_2(g) \longrightarrow CO_2(g) + 2H_2O(l)$ 的 $\Delta_r G_m^\ominus$ 为(　　)$kJ \cdot mol^{-1}$

(A) -818　　(B) 818　　(C) -580.8　　(D) 580.8

(8) 已知 $Mg(s) + Cl_2(g) = MgCl_2(s)$,$\Delta_r H_m^\ominus = -642\ kJ \cdot mol^{-1}$,则(　　)

(A) 在任何温度下,正向反应是自发的

(B) 在任何温度下,正向反应是不自发的

(C) 高温下,正向反应是自发的;低温下,正向反应不自发

(D) 高温下,正向反应是不自发的;低温下,正向反应自发

(9) 如果体系经过一系列变化,最后又变到初始状态,则体系的(　　)

(A) $Q = 0$　　$W = 0$　　$\Delta U = 0$　　$\Delta H = 0$

(B) $Q \neq 0$　　$W \neq 0$　　$\Delta U = 0$　　$\Delta H = Q$

(C) $Q = -W$　　$\Delta U = Q + W$　　$\Delta H = 0$

(D) $Q \neq -W$　　$\Delta U = Q + W$　　$\Delta H = 0$

(10) $H_2(g) + \frac{1}{2}O_2(g) \xrightarrow{298.15\ K} H_2O(l)$ 的 $\Delta_r H_m$ 与 $\Delta_r U_m$ 之差是(　　)$kJ \cdot mol^{-1}$

(A) -3.7　　(B) 3.7　　(C) 1.2　　(D) -1.2

(11) 已知 $Zn(s) + \frac{1}{2}O_2(g) = ZnO(s)$,$\Delta_r H_m^\ominus(kJ \cdot mol^{-1}) = -351.5\ kJ \cdot mol^{-1}$;

$Hg(l) + 1/2O_2(g) = HgO(s,$红$)$,$\Delta_r H_m^\ominus(kJ \cdot mol^{-1}) = -90.8\ kJ \cdot mol^{-1}$。

则 $Zn(s) + HgO(s,$红$) = ZnO(s) + Hg(l)$ 的 $\Delta_r H_m$ 为(　　)$kJ \cdot mol^{-1}$

(A) 442.3　　(B) 260.7　　(C) -260.7　　(D) -442.3

(12) 在标准条件下石墨燃烧反应的焓变为 $-393.7\ kJ\cdot mol^{-1}$,金刚石燃烧反应的焓变为 $-395.6\ kJ\cdot mol^{-1}$,则石墨转变为金刚石反应的焓变为(　　)

(A) $-789.3\ kJ\cdot mol^{-1}$　　(B) $0\ kJ\cdot mol^{-1}$

(C) $1.9\ kJ\cdot mol^{-1}$　　(D) $-1.9\ kJ\cdot mol^{-1}$

(13) 稳定单质在 298.15 K、100 kPa 下,下述正确的为(　　)

(A) $S_m^\ominus$、$\Delta_f G_m^\ominus$ 为零　　(B) $\Delta_f H_m^\ominus$ 不为零

(C) $S_m^\ominus$ 不为零,$\Delta_f H_m^\ominus$ 为零　　(D) $S_m^\ominus$、$\Delta_f G_m^\ominus$、$\Delta_f H_m^\ominus$ 均为零

(14) 下列物质在 0 K 时的标准熵为 0 的是(　　)

(A) 理想溶液　　(B) 理想气体　　(C) 完美晶体　　(D) 纯液体

(15) 关于熵,下列叙述中正确的是(　　)

(A) 298.15 K 时,纯物质的 $S_m^\ominus = 0$

(B) 一切单质的 $S_m^\ominus = 0$

(C) 对孤立体系而言,$\Delta_r S_m^\ominus > 0$ 的反应总是自发进行的

(D) 在一个反应过程中,随着生成物的增加,熵变增大

2. 已知下述各反应的 $\Delta_r H_m^\ominus$,求 $Al_2Cl_6(s)$ 的标准摩尔生成焓。

反应	$\Delta_r H_m^\ominus / kJ\cdot mol^{-1}$
(1) $2Al(s) + 6HCl(aq) = Al_2Cl_6(aq) + 3H_2(g)$	−1 003
(2) $H_2(g) + Cl_2(g) = 2HCl(g)$	−184.0
(3) $HCl(g) = HCl(aq)$	−72.0
(4) $Al_2Cl_6(s) = Al_2Cl_6(aq)$	−643.0

(答案: $-1\,344\ kJ\cdot mol^{-1}$)

3. 已知 298.15 K 时,丙烯加 H_2 生成丙烷的反应焓变 $\Delta_r H_m^\ominus = -123.9\ kJ\cdot mol^{-1}$,丙烷定容燃烧热 $Q_{v,m} = -2\,213.0\ kJ\cdot mol^{-1}$,$\Delta_f H_m^\ominus(CO_2,g) = -393.51\ kJ\cdot mol^{-1}$,$\Delta_f H_m^\ominus(H_2O,l) = -285.83\ kJ\cdot mol^{-1}$。计算:(1) 丙烯的燃烧焓;(2) 丙烯的生成焓。

(答案: $-2\,058.3\ kJ\cdot mol^{-1}$; $19.8\ kJ\cdot mol^{-1}$)

4. 已知 298.15 K 时:

(1) 甲烷的燃烧热 $\Delta_c H_m^\ominus = -890\ kJ\cdot mol^{-1}$;

(2) $CO_2(g)$ 的生成焓 $\Delta_f H_m^\ominus = -393.51\ kJ\cdot mol^{-1}$;

(3) $H_2O(l)$ 的生成焓 $\Delta_f H_m^\ominus = -285.83\ kJ\cdot mol^{-1}$;

(4) $H_2(g)$ 的键焓 $\Delta_b H_{H—H}^\ominus = 436\ kJ\cdot mol^{-1}$;

(5) C(石墨) 升华热 $\Delta_{sub} H_m^\ominus = 716\ kJ\cdot mol^{-1}$;

求 C—H 键的键焓。

(答案: $415.3\ kJ\cdot mol^{-1}$)

5. 有 A、B、C、D 4 个反应,在 298.15 K 时它们的 $\Delta_r H_m^\ominus$ 和 $\Delta_r S_m^\ominus$ 分别为

	$\Delta_r H_m^\ominus/(kJ\cdot mol^{-1})$	$\Delta_r S_m^\ominus/(J\cdot mol^{-1}\cdot K^{-1})$
A	10.5	30.0
B	1.80	−113
C	−1 268	4.0
D	−11.7	−105

问:(1) 在标准状态下,哪些反应可以自发进行?

(2) 其余反应在什么温度时可变为自发进行?

(答案:C 可以自发进行;略)

6. 已知　　$SO_2(g) + \frac{1}{2}O_2(g) \xlongequal{} SO_3(g)$

	$SO_2(g)$	$O_2(g)$	$SO_3(g)$
$\Delta_f H_m^\ominus/(kJ \cdot mol^{-1})$	-296.85	0	-395.26
$S_m^\ominus/(J \cdot mol^{-1} \cdot K^{-1})$	248.22	205.14	256.76

通过计算说明在1 000 K时,SO_3、SO_2、O_2的分压分别为0.10 MPa、0.025 MPa、0.025 MPa时,正反应是否自发进行?

(答案:不能自发进行)

7. 工业上由 CO 和 H_2 合成甲醇:$CO(g) + 2H_2(g) \longrightarrow CH_3OH(g)$,$\Delta_r H_m^\ominus(298.15\ K) = -90.67\ kJ \cdot mol^{-1}$,$\Delta_r S_m^\ominus(298.15\ K) = -221.4\ J \cdot mol^{-1} \cdot K^{-1}$,为了加速反应必须升高温度,但温度又不宜过高。通过计算说明此温度最高不得超过多少?

(答案:409.5 K)

8. 某化工厂生产中需用银作为催化剂,该催化剂的制法是将浸透 $AgNO_3$ 溶液的浮石在一定温度下焙烧,使发生反应 $AgNO_3(s) \longrightarrow Ag(s) + NO_2(g) + \frac{1}{2}O_2(g)$,试从理论上估算 $AgNO_3$ 分解成金属银所需的最低温度。

已知:

$AgNO_3(s)$ 的 $\Delta_f H_m^\ominus = -124.4\ kJ \cdot mol^{-1}$,$S_m^\ominus = 140.9\ J \cdot mol^{-1} \cdot K^{-1}$;

$NO_2(g)$ 的 $\Delta_f H_m^\ominus = 33.18\ kJ \cdot mol^{-1}$,$S_m^\ominus = 240.06\ J \cdot mol^{-1} \cdot K^{-1}$;

$Ag(s)$ 的 $S_m^\ominus = 42.55\ J \cdot mol^{-1} \cdot K^{-1}$;

$O_2(g)$ 的 $S_m^\ominus = 205.14\ J \cdot mol^{-1} \cdot K^{-1}$。

(答案:645 K)

9. 碘钨灯发光效率高,使用寿命长,灯管中所含少量碘与沉积在管壁上的钨化合生成为 $WI_2(g)$,即

$$W(s) + I_2(g) \xlongequal{} WI_2(g)$$

WI_2 又可扩散到灯丝周围的高温区,分解成钨蒸气沉积在钨丝上。

已知298.15 K时:

$\Delta_f H_m^\ominus(WI_2,g) = -8.37\ kJ \cdot mol^{-1}$;

$S_m^\ominus(WI_2,g) = 0.250\ 4\ kJ \cdot mol^{-1} \cdot K^{-1}$;

$S_m^\ominus(W,s) = 0.033\ 5\ kJ \cdot mol^{-1} \cdot K^{-1}$;

$\Delta_f H_m^\ominus(I_2,g) = 62.24\ kJ \cdot mol^{-1}$;

$S_m^\ominus(I_2,g) = 0.260\ 0\ kJ \cdot mol^{-1} \cdot K^{-1}$。

计算:(1) 反应在623 K时 $\Delta_r G_m^\ominus$;

(2) 反应 $WI_2(g) \xlongequal{} I_2(g) + W(s)$ 发生时的最低温度是多少?

(答案:$-43.76\ kJ \cdot mol^{-1}$;1 638 K)

第3章　化学反应速率与化学平衡

【学习要求】

(1) 掌握化学反应速率的表示方法。

(2) 掌握质量作用定律和化学反应的速率方程式。

(3) 掌握阿仑尼乌斯经验式,学会应用活化能、活化分子的概念来解释浓度、温度及催化剂对反应速率的影响。

(4) 掌握化学平衡的概念及外因对化学平衡的影响。

(5) 熟练掌握化学平衡及其移动的有关计算。

(6) 了解化学反应速率与化学平衡原理在生产中的应用。

化学反应速率(rate of chemical reaction)是讨论在指定条件下化学反应进行的快慢,而化学平衡则是讨论在指定条件下化学反应进行的程度。化学平衡(chemical equilibrium)指出了反应发生的可能性和限度,化学反应速率则从速率的角度告诉人们反应的现实性。化学反应速率和化学平衡是研究化学的两个基本问题。对于它们的研究,无论在理论上还是在化工生产和日常生活应用方面都具有重大的意义。

3.1　化学反应速率

不同的化学反应,它们的反应速率是不相同的。有的反应进行得很快,几乎瞬时完成,例如,爆炸反应、感光反应、无机化学中的酸碱中和反应等。相反,有些化学反应则进行得很慢,例如,有机合成反应一般需要几十分钟、几小时甚至几天才能完成;金属的腐蚀、塑料和橡胶的老化更是缓慢;还有的化学反应如岩石的风化、石油形成的过程需要经历几十万年甚至更长的岁月。在化工生产中为了尽快生产更多的产品,就需要设法加快化学反应速率,而对于有害的反应,如金属腐蚀、塑料老化等则需要设法抑制和最大限度地降低其反应速率,以减少损失。还有某些反应在理论上从热力学上判断,其正向自发趋势很明显,但实际上进行的速率却很慢。因此,对反应速率及其影响因素的研究,具有重要的理论意义和实际意义。

3.1.1　化学反应速率及表示方法

为了描述化学反应速率,可以用反应物物质的量浓度随时间不断降低来表示,也可用生成物的浓度随时间不断增加来表示。反应速率用符号 v 来表示,单位是 $mol \cdot L^{-1} \cdot s^{-1}$、$mol \cdot L^{-1} \cdot min^{-1}$ 或 $mol \cdot L^{-1} \cdot h^{-1}$。例如,合成氨的反应 $N_2(g) + 3H_2(g) \longrightarrow 2NH_3(g)$,其反应速率可分别表示为

$$\bar{v}(N_2) = -\frac{\Delta c(N_2)}{\Delta t} \tag{3-1}$$

$$\bar{v}(H_2) = -\frac{\Delta c(H_2)}{\Delta t} \tag{3-2}$$

$$\bar{v}(NH_3) = \frac{\Delta c(NH_3)}{\Delta t} \tag{3-3}$$

式中　$\Delta c(N_2)$、$\Delta c(H_2)$ 和 $\Delta c(NH_3)$—— 在 Δt 时间内,反应物 N_2、H_2 和生成物 NH_3 浓度的变化。

上述反应速率表达式表示的是在 Δt 时间内的平均速率。由于反应方程式中生成物和反应物的化学计量数往往不同,所以用不同物质的物质的量浓度随时间的变化率来表示反应速率时,其数值可能有所不同,但相互之间存在固定关系:

$$\frac{\bar{v}(N_2)}{1} = \frac{\bar{v}(H_2)}{3} = \frac{\bar{v}(NH_3)}{2}$$

即 $\Delta c(N_2) : \Delta c(H_2) : \Delta c(NH_3) = 1 : 3 : 2$,与它们在反应方程式中的化学计量数绝对值之比相同。

当 Δt 趋于无限小,即 $\Delta t \to 0$ 时的反应速率称为瞬时反应速率,可表达为

$$v(N_2) = \lim_{\Delta t \to 0} \frac{-\Delta c(N_2)}{\Delta t} = \frac{-dc(N_2)}{dt} \tag{3-4}$$

按国际纯粹与应用化学联合会(IUPAC)的推荐,化学反应速率定义为反应进度 ξ 随时间的变化率。

对于化学反应

$$aA + bB \to lL + mM$$

反应速率为

$$J = \frac{d\xi}{dt} \tag{3-5}$$

式中　ξ—— 反应进度(extent of reaction);

t—— 时间。

由于反应进度的改变 $d\xi$ 与物质 B 的改变量 dn_B 有如下关系,即

$$d\xi = \frac{1}{v_B} dn_B \tag{3-6}$$

式中　v_B—— 物质 B 的化学计量数,对于反应物 v_B 取负值,表示减少;对于生成物 v_B 取正值,表示增加。

这样化学反应速率可写成

$$J = \frac{1}{v_B} \frac{dn_B}{dt} \tag{3-7}$$

若反应系统的体积为 V,V 不随时间 t 而变化,可以定义恒容反应速率 v 为

$$v = \frac{J}{V} = \frac{1}{V v_B} \frac{dn_B}{dt} = \frac{1}{v_B} \frac{dc_B}{dt} \tag{3-8}$$

对于上述反应有

$$v = \frac{1}{-a} \frac{dc(A)}{dt} = \frac{1}{-b} \frac{dc(B)}{dt} = \frac{1}{l} \frac{dc(L)}{dt} = \frac{1}{m} \frac{dc(M)}{dt} \tag{3-9}$$

以合成氨的反应为例,反应方程式 $N_2(g) + 3H_2(g) \longrightarrow 2NH_3(g)$ 的化学反应速率为

$$v = -\frac{dc(N_2)}{dt} = -\frac{1}{3} \frac{dc(H_2)}{dt} = \frac{1}{2} \frac{dc(NH_3)}{dt}$$

由此可见,恒容反应速率 v 的数值,对于同一反应系统与选用何种物质为基准无关,只与化学反应计量方程式有关。

反应速率是通过实验测得的,实验中常用化学法或物理法在不同时刻取样测定反应物或生成物的浓度,有了浓度随时间的变化关系,通过作切线,即可得到不同时刻的反应速率。

【例 3.1】 在 CCl_4 溶剂中,N_2O_5 的分解反应方程式为

$$2N_2O_5 \longrightarrow 2N_2O_4 + O_2$$

在 40.0 ℃ 下,不同反应时间时 N_2O_5 的浓度数据见表 3 - 1。

表 3 - 1 不同反应时间时 N_2O_5 的浓度数据

t/min	0	5	10	15	20	30	
$c(N_2O_5)/(mol \cdot L^{-1})$	0.200	0.180	0.161	0.144	0.130	0.104	
t/min	40	50	70	90	110	130	∞
$c(N_2O_5)/(mol \cdot L^{-1})$	0.084	0.068	0.044	0.028	0.018	0.012	0

用作图法计算出反应时间 t = 45 min 的瞬时速率。

解 根据表中给出的实验数据,得到如图 3 - 1 所示的 $c(N_2O_5) - t(min)$ 曲线。通过 A 点(t = 45 min)作切线,再求出 A 点的切线斜率,有

$$A\text{ 点的切线斜率} = \frac{-(0.144 - 0)}{93 - 0} = -1.55 \times 10^{-3}(mol \cdot L^{-1} \cdot min^{-1})$$

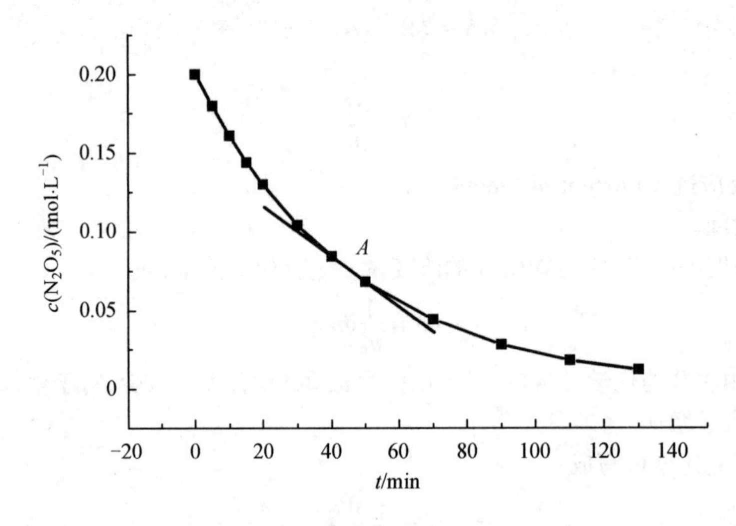

图 3 - 1 N_2O_5 的浓度与反应时间关系曲线

3.1.2 化学反应速率理论

化学反应速率的大小,首先取决于反应物的本性,此外,反应速率还与反应物的浓度、温度和催化剂等外界条件有关,为了说明这些问题,有两种著名的化学反应速率理论,一种是碰撞理论(collision theory),另一种是过渡状态理论(transition - state theory)。

1. 碰撞理论

1918 年,Lewis 在 Arrhenius 研究的基础上,利用气体动理学理论的成果,提出了主要适用于气体双原子反应的有效碰撞理论,其主要论点如下。

（1）反应物分子必须相互碰撞才可能发生反应，但并不是每次碰撞均可发生反应，对于大多数反应，事实上只有少数能量较高的分子碰撞时才能发生反应，这种能发生反应的碰撞称为有效碰撞（effective collision）。例如，根据气体动理学理论计算，浓度为 1 mol·L^{-1} 的 HI 在 700 K 进行热分解反应，即

$$2HI(g) = H_2(g) + I_2(g)$$

1 L 容积中 HI 分子每秒内相互碰撞次数可达 3.4×10^{34} 次，若每次碰撞都能发生反应，理论反应速率则为 5.6×10^{10} mol·L^{-1}·s^{-1}，而实际反应速率仅为 1.6×10^{-3} mol·L^{-1}·s^{-1}，比理论反应速率低 3.5×10^{13} 倍，这说明发生碰撞是化学反应的先决条件，但不是充分条件，反应速率不仅与碰撞频率（collision frequency）有关，还与碰撞分子的能量因素有关。

（2）能够发生有效碰撞的分子称为活化分子。只有活化分子发生定向碰撞才能引发反应。一定的温度下气体分子具有一定的平均能量，但各分子的动能并不相同。

气体分子的能量分布示意图如图 3－2 所示，图中横坐标（E）表示能量，纵坐标 $\frac{\Delta N}{N\Delta E}$ 表示具有能量 $E \sim (E + \Delta E)$ 范围内单位能量区间的分子数 ΔN 与分子总数 N 的比值（分子分数），曲线下的总面积表示分子分数的总数为 100%。E_m 表示分子的平均能量，E_0 表示活化分子具有的最低能量。由曲线可见，大部分分子动能在 E_m 附近，只有少数分子动能比 E_m 低得多或高得多。分子达到有效碰撞的最低能量为 E_0，所谓的活化分子就是分子动能大于 E_0 的那些分子。那些非活化分子必须吸收足够的能量才能转变为活化分子，活化能（activation energy）是指 1 mol 活化分子的平均能量（E_m^*）与 1 mol 反应物分子平均能量 E_m 之差，用 E_a 表示，即

$$E_a = E_m^* - E_m \tag{3-10}$$

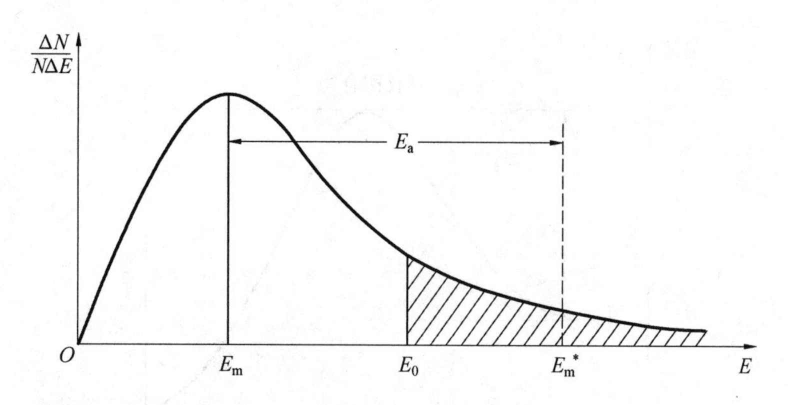

图 3－2　气体分子的能量分布示意图

反应活化能一般在 40 ～ 400 kJ·mol^{-1}，可以用普通实验方法测定。化学反应速率与反应活化能大小密切有关，每种反应各有其特定的活化能值，活化能值大于 400 kJ·mol^{-1} 的反应属于慢反应；活化能值小于 40 kJ·mol^{-1} 的反应属于快反应。

在一定温度下，活化能越大，活化分子百分数越小，有效碰撞次数少，反应速率就越慢；反之活化能越小，活化分子百分数越大，有效碰撞次数多，反应速率就越快。

由于反应物分子有一定的几何构型，分子内原子的排列有一定的方位，只有几何方位适宜的有效碰撞才可能导致反应的发生，如：

$$CO(g) + NO_2(g) \longrightarrow NO(g) + CO_2(g)$$

如图3－3所示,CO分子和NO_2分子在发生碰撞时可有不同的取向,只有碳原子和氧原子相撞时,才可能发生氧原子的转移,导致化学反应的发生。

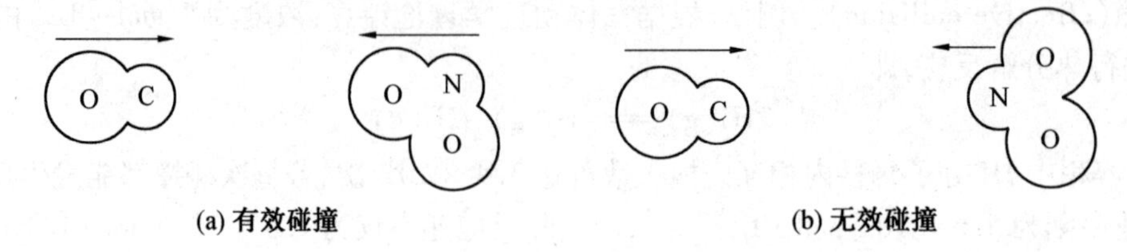

图3－3　分子碰撞的不同取向

2. 过渡状态理论

过渡状态理论是在量子力学(quantum mechanics)和统计力学(statistical mechanics)的基础上提出来的,认为化学反应并不是通过反应物分子的简单碰撞完成的,在反应物到产物的转变过程中,必须通过一种过渡状态(transition state),这种中间状态可用下式表示,即

$$\underset{\text{始态}}{A-B+C} \longleftrightarrow \underset{\text{过渡状态}}{[A\cdots B\cdots C]} \longleftrightarrow \underset{\text{终态}}{A+B-C}$$

当分子C以足够大的动能克服AB分子对它的排斥力,向AB分子接近时,AB间的结合力逐渐减弱,这时既有旧键的部分破坏(A…B)又有新键的部分生成(B…C)。此时AB与C处于过渡状态,并形成了一个类似配合物结构的物质(A…B…C),该物质称为活化配合物(activated complex)。活化配合物相对于反应物和产物具有较高的能量(图3－4),处于一种不稳定状态,它可以转变为原来的反应物分子,也可以分解为产物分子,这取决于各自的反应速率。

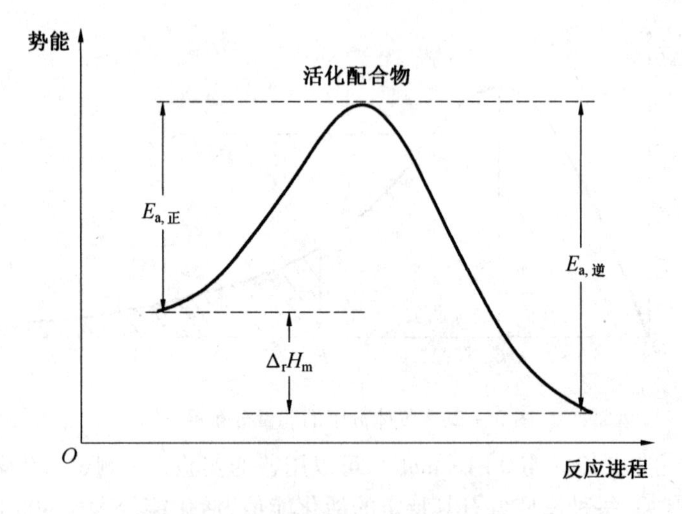

图3－4　反应过程势能变化示意图

把具有平均能量的反应物分子形成活化配合物时所吸收的最低能量称为正反应(forward reaction)的活化能($E_{a,正}$),把具有平均能量的产物分子形成活化配合物时所吸收的最低能量称为逆反应(reverse reaction)的活化能($E_{a,逆}$),正、逆反应活化能之差即为该反应的反应热,即

$$\Delta H = E_{a,正} - E_{a,逆} \tag{3－11}$$

由图3－4可看出，反应的活化能越小，反应物分子需要越过的势能（有时称阈能）越低，越容易形成活化配合物，反应速率也就越快。但活化能与反应过程有关，不具有状态函数性质，反应过程一旦改变，活化能随之改变，这就是催化剂能降低反应活化能、改变反应速率的原因。

综上所述，碰撞理论着眼于相撞"分子对"的平动能，而过渡状态理论着眼于分子相互作用的势能。二者都有活化能的概念，过渡状态理论把反应速率与反应物分子的微观结构联系起来，有助于更好地理解活化能的本质。两个理论都能说明一些实验现象，但理论计算与实验结果相符的还只限于很少几个简单反应。一些反应的活化能主要通过实验测定得到。

3.2　影响化学反应速率的因素

影响化学反应速率的内因是物质的本性，因为不同的反应物质具有不同的活化能，所以各种化学反应的速率千差万别；但对于同一化学反应，由于外界条件如浓度（或分压）、温度、催化剂等因素改变，也会引起其反应速率的改变。本节将分别讨论浓度、温度和催化剂等因素对化学反应速率的影响。

3.2.1　浓度对化学反应速率的影响

1. 基元反应与非基元反应

化学反应方程式往往只表示反应的始态和终态是何种物质以及它们之间的化学计量关系，并不反映所经过的实际过程。化学反应经历的途径称为反应机理（reaction mechanism）或反应历程。

反应物分子经过有效碰撞一步直接转化成生成物分子的反应称为基元反应（elementary reactions），例如：

$$NO_2(g) + CO(g) \longrightarrow NO(g) + CO_2(g)$$

$$2NO(g) + O_2(g) \longrightarrow 2NO_2(g)$$

基元反应若按反应分子数（molecularity）划分，可分为单分子反应（unimolecular reaction）、双分子反应（bimolecular reaction）和三分子反应（termolecular reaction）。绝大多数基元反应是双分子反应，在分解反应或异构化反应中可能出现单分子反应，三分子反应的数目很少，一般只出现在原子复合或自由基复合反应中。

但大多数反应为非基元反应。非基元反应是由两个或两个以上的基元步骤所组成的化学反应，例如

$$H_2(g) + I_2(g) \longrightarrow 2HI(g)$$

长期以来，一直认为此反应是由 H_2 和 I_2 直接碰撞的基元反应，但后来发现它是个非基元反应，现已证明它的反应历程如下：

第一步为

$$I_2(g) \longrightarrow 2I(g) \qquad （快反应）$$

第二步为

$$H_2(g) + 2I(g) \longrightarrow 2HI(g) \qquad （慢反应）$$

2. 质量作用定律

对于一般基元反应

$$aA + bB \longrightarrow lL + mM$$

在一定温度下,反应速率与反应物浓度的幂的乘积成正比,其中各反应物浓度的指数为基元反应方程式中各反应物前的系数(即化学计量数的绝对值),这一规律称为质量作用定律(the law of mass action),其数学表达式为

$$v = k\{c(A)\}^a\{c(B)\}^b \tag{3-12}$$

式(3-12)称为速率方程式(rate law)。$c(A)$、$c(B)$分别为反应物A和B的浓度;k为速率常数(rate constant),当$c(A)=c(B)=1\ mol \cdot L^{-1}$时,$v=k$,因此$k$的物理意义是指某反应当反应物浓度均为单位浓度时的反应速率,k的大小取决于反应物的本质,不同的反应k值不相同,k值大小与反应物浓度无关,但随着温度、催化剂等因素而改变。

1867年,挪威学者古德贝格(Guldberg)和维格(Waage)确立了质量作用定律的数学形式和物理化学意义;1877年,范特霍夫(Van't Hoff)从热力学导出了质量作用定律并用实验验证了它的正确性。质量作用定律的建立具有重要的意义,它成为近代化学发展的里程碑,是反应速率理论和化学平衡理论的重要组成部分。它与热力学结合研究化学平衡,成为化学热力学的重要内容,与反应机理(历程)一起成为化学动力学的主要研究内容。

应用质量作用定律时应注意以下几个问题:

(1)质量作用定律适用于基元反应。对于非基元反应,只能对其反应机理中的每一个基元反应应用质量作用定律,不能根据总反应方程式直接书写速率方程式。

(2)固体或纯液体参加的化学反应,如果它们不溶于其他反应介质,则不必把固体或纯液体的“浓度”项列入反应速率方程式中,如

$$C(s) + O_2(g) \longrightarrow CO_2(g)$$

$$v = kc(O_2)$$

(3)若反应物中有气体,在速率方程中也可用气体分压来代替浓度,上述反应的速率方程式也写成

$$v = k'p(O_2)$$

质量作用定律可用分子碰撞理论加以解释。在一定温度下,反应物活化分子的百分数是一定的,当增加反应物浓度时,活化分子百分数虽未改变,但单位体积中活化分子总数相应增大,在单位时间及单位体积内有效碰撞次数必然增加,所以反应速度加快。

3. 非基元反应速率方程式

不同于基元反应,非基元反应的速率方程式不能由质量作用定律直接写出,而必须是符合实验数据的经验表达式,可采取任何形式。

对于化学计量反应

$$aA + bB \longrightarrow lL + mM$$

由实验数据得出的经验速率方程式,常常也可写成与式(3-12)相类似的反应物浓度的幂乘积的形式,即

$$v = k\{c(A)\}^\alpha\{c(B)\}^\beta \tag{3-13}$$

式中各组分浓度的指数α和β(一般不等于各组分化学计量数的绝对值),分别称为反应组分A和B的反应分级数(order),反应总级数(overall order)为各组分反应分级数的代数和,即α +

β。如 $2NO(g) + 2H_2(g) \longrightarrow N_2(g) + 2H_2O(g)$，经实验测定，其反应速率方程为

$$v = k\{c(NO)\}^2\{c(H_2)\}^1$$

而不是 $v = k\{c(NO)\}^2\{c(H_2)\}^2$，由此可见，非基元反应速率方程式浓度的指数与反应物的化学计量数的绝对值不一定相等，其指数必须由实验测定。有些反应通过实验测定的速率方程式中，反应物浓度的指数恰好等于方程式中该物质的化学计量数的绝对值，但也不能确定一定是基元反应。

【例3.2】　某一温度下乙醛的分解反应 $CH_3CHO(g) \longrightarrow CH_4(g) + CO(g)$ 在不同浓度时的初始反应速率数据见表3－2。

表3－2　不同浓度的乙醛对应的初始反应速率数据

$c(CH_3CHO)/(mol \cdot L^{-1})$	0.10	0.20	0.30	0.40
$v/(mol \cdot L^{-1} \cdot s^{-1})$	0.020	0.081	0.182	0.318

求：(1) 此反应对乙醛是几级？

(2) 计算反应速率常数 k；

(3) $c(CH_3CHO) = 0.15\ mol \cdot L^{-1}$ 时的反应速率。

解　(1) 设该反应的速率方程为

$$v = k\{c(CH_3CHO)\}^m$$

将表3－2中的4组数据代入，得

$$0.020 = k \cdot 0.10^m$$
$$0.081 = k \cdot 0.20^m$$
$$0.182 = k \cdot 0.30^m$$
$$0.318 = k \cdot 0.40^m$$

解得 $m = 2$，所以此反应对乙醛是2级。

(2) 计算反应的速率常数 k，有

$$v = k\{c(CH_3CHO)\}^2$$

将 $c(CH_3CHO) = 0.20\ mol \cdot L^{-1}$ 和 $v = 0.081\ mol \cdot L^{-1} \cdot s^{-1}$ 代入，得

$$k = 2.025\ L \cdot mol^{-1} \cdot s^{-1}$$

(3) 将上面的数据代入，得

$$v = 2.025 \times \{c(CH_3CHO)\}^2$$
$$c(CH_3CHO) = 0.15\ mol \cdot L^{-1}$$

代入，得

$$v = 2.025 \times 0.15^2 = 0.046\ (mol \cdot L^{-1} \cdot s^{-1})$$

3.2.2　温度对化学反应速率的影响

温度是影响化学反应速率的主要因素之一。对于绝大多数反应来说，反应速率随温度的升高而增大。

1. Van't Hoff 规则

一般化学反应，反应物浓度不变的情况下，在一定温度范围内，温度每升高10 K，反应速率或反应速率常数一般增加到原来的2 ～ 4倍，即

$$\frac{v_{(T+10)}}{v_{(T)}} = \frac{k_{(T+10)}}{k_{(T)}} = 2 \sim 4$$

此规则称为 Van't Hoff 规则。

温度升高使反应速率显著增大,主要是因为温度升高,分子运动速度加快,分子间的碰撞次数增加。同时温度升高,分子的能量升高,活化分子百分数增大,因而有效碰撞次数显著增加,导致化学反应速率明显加快。

2. Arrhenius 公式

1889 年,瑞典物理化学家 Arrhenius 在大量实验基础上提出反应速率常数 k 和温度 T 之间的关系,即

$$k = Ae^{\frac{-E_a}{RT}} \tag{3-14}$$

或写成

$$\ln\frac{k}{A} = \frac{-E_a}{RT} \tag{3-15}$$

式中 E_a—— 反应活化能,$J \cdot mol^{-1}$;

R—— 摩尔气体常数;

T—— 热力学温度;

A—— 指前因子(pre - exponential factor),是反应的特性常数,其单位与 k 相同;

e—— 自然对数的底(e = 2.718)。

从式(3 - 15) 可见,反应速率常数 k 与热力学温度 T 呈指数关系,温度的微小变化都会使 k 值有较大的变化,体现了温度对反应速率的显著影响。

Arrhenius 公式较好地反映了反应速率常 k 与温度 T 的关系。若以 $\ln k$ 对 $\frac{1}{T}$ 作图可得一直线,直线的斜率为 $\frac{-E_a}{R}$,截距为 $\ln A$,由这些数据即可求出活化能 E_a 和指前因子 A。若已知某一反应在 T_1 时的反应速率常数为 k_1,在 T_2 时的反应速率常数为 k_2,有

$$\ln\frac{k_1}{A} = \frac{-E_a}{RT_1} \tag{3-16}$$

$$\ln\frac{k_2}{A} = \frac{-E_a}{RT_2} \tag{3-17}$$

式(3 - 17) - 式(3 - 16) 得

$$\ln\frac{k_2}{k_1} = -\frac{E_a}{R}\left(\frac{1}{T_2} - \frac{1}{T_1}\right) \tag{3-18}$$

利用式(3 - 18) 可计算反应的活化能以及不同温度下的反应速率常数 k。

【例 3.3】 已知某反应 A → B + C,在不同温度下测得的反应速率常数 k 见表 3 - 3。

表 3 - 3 不同反应温度时对应的速率常数数据

T/K	773.5	786	797.5	810	824	834
k/ × 10^3 s^{-1}	1.63	2.95	4.19	8.13	14.9	22.2

求反应的活化能。

解 根据题意得反应的$\frac{1}{T}$与对应的 $\ln k$ 数据(表3－4)

表3－4 反应的$\frac{1}{T}$与对应的 $\ln k$ 数据

$\frac{1}{T}/\times 10^3$ K	1.29	1.27	1.25	1.23	1.21	1.20
$\ln(k/s^{-1})$	－6.42	－5.83	－5.48	－4.81	－4.21	－3.81

作 $\ln k - \frac{1}{T}$ 曲线如图3－5所示,由图可求得斜率 $-\frac{E_a}{R} = -28\,432.87$,将 $R = 8.314$ 代入得 $E_a = 236.4\ \mathrm{kJ \cdot mol^{-1}}$。

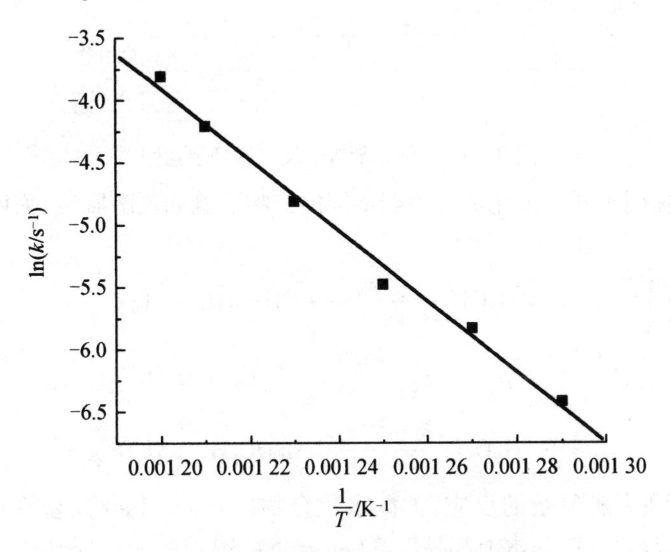

图3－5 温度和反应速率常数的关系

3.2.3 催化剂对化学反应速率的影响

催化剂是一种可以提高反应速率但不改变反应总的吉布斯自由能变的物质,这个过程被称为催化(catalysts)。催化剂既是该反应的反应物又是其产物。

催化剂能加快化学反应速率的原因,是由于它改变了原来的反应途径,从而降低了反应的活化能。如图3－6所示,原反应的活化能为 E_a,加入催化剂后催化作用改变了反应途径,使活化能降低为 E'_a,活化分子分数相应增多,因而反应得以加速。

从图3－6中可看出,在正向反应活化能降低的同时,逆向反应活化能也降低同样多,故逆向反应也同样得到加速。

关于催化剂的催化作用,需要注意以下几方面。

(1) 催化剂只能通过改变反应途径来改变反应速率,但不改变反应的 ΔH、ΔG 或 $\Delta G^{\ominus}$,它无法使不能自发进行的反应得以进行。

(2) 催化剂能同等程度地改变可逆反应的正逆反应速率,因此催化剂能缩短达到化学平衡的时间,但不会导致化学平衡常数的改变,也不会影响化学平衡的移动。

(3) 催化剂具有选择性(selectivity),一种催化剂通常只能对一种或少数几种反应起催化

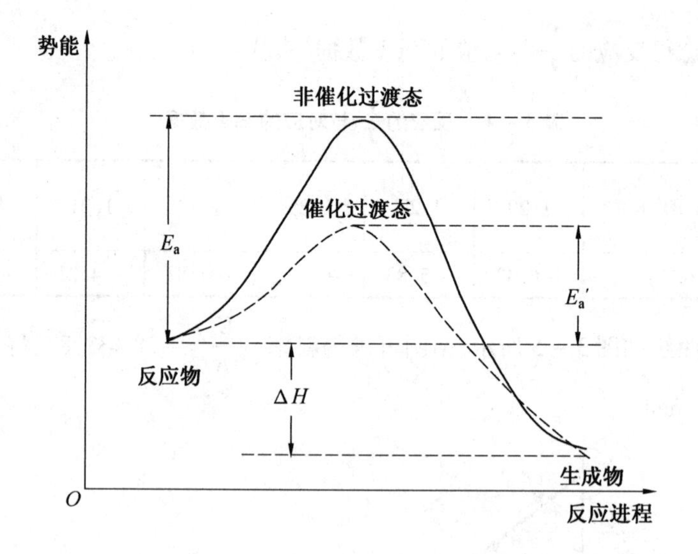

图 3－6　催化剂改变反应途径示意图

作用,同样的反应物用不同的催化剂可得到不同的产物。例如乙醇脱氢,采用不同的催化剂所得的产物不同,即

$$C_2H_5OH \xrightarrow[473 \sim 523\ K]{Cu} CH_3CHO + H_2$$

$$C_2H_5OH \xrightarrow[623 \sim 633\ K]{Al_2O_3} C_2H_4 + H_2O$$

$$2C_2H_5OH \xrightarrow[413\ K]{浓\ H_2SO_4} C_2H_5OC_2H_5 + H_2O$$

生物体内进行着各种复杂的反应,如碳水化合物(carbohydrate)、蛋白质(protein)、脂肪(fat)等物质的合成和分解,基本上都是以酶(enzyme)为催化剂来进行反应,酶的本质是一类结构和功能特殊的蛋白质,被酶催化的对象称为底物(substrate),酶作为一种生物催化剂,具有以下几方面独特的特点。

(1) 高度的专一性。

酶催化作用选择性很强,一种酶往往对一种特定的反应有效。

(2) 高的催化效率。

酶催化效率比通常的无机或有机催化剂高 $10^8 \sim 10^{12}$ 倍,能大大降低反应的活化能。例如,蔗糖水解反应,在转化酶作用下可使其活化能从 107.1 $kJ \cdot mol^{-1}$ 降至 39.1 $kJ \cdot mol^{-1}$。

(3) 温和的催化条件。

酶催化剂反应所需的条件温和,一般在常温常压下就能进行,而有的催化剂反应需要在高温高压下才能进行。

(4) 对特殊的酸碱环境要求。

酶只在一定的 pH 范围内才表现出其活性,若溶液 pH 不适宜,就可能因酶的分子结构发生改变而失去活性。

3.3　化学平衡

对于化学反应,不仅需要知道反应在给定条件下的产物,而且还需要知道在该条件下反应可以进行到什么程度,所得的产物最多有多少,如要进一步提高产率,应该采取哪些措施等。这些都是化学平衡(chemical equilibrium) 理论要解决的问题。

3.3.1　化学反应的可逆性与化学平衡

1. 化学平衡状态的概念与特征

通常化学反应都有可逆性,只是可逆程度有所不同,少部分的化学反应在一定条件下能进行到底,这样的反应称为不可逆反应(irreversible reaction),如

$$2KClO_3 \xrightarrow[\Delta]{MnO_2} 2KCl + 3O_2$$

$$HCl + NaOH \longrightarrow NaCl + H_2O$$

但绝大多数化学反应,在同一条件下,既能向正方向进行又能向逆方向进行,这类反应称为可逆反应(reversible reaction),如合成氨反应中的 CO 变换反应,即

$$CO(g) + H_2O(g) \rightleftharpoons CO_2(g) + H_2(g)$$

为表示反应的可逆性,在方程式中用"$\rightleftharpoons$"代替"$\longrightarrow$"。上述CO的变换反应,在一定温度下于密闭容器中进行,反应开始时 CO(g) 和 $H_2O(g)$ 的浓度大,正反应速率较大,随着反应的进行,反应物 CO(g) 和 $H_2O(g)$ 的浓度逐渐减小,而生成物 $CO_2(g)$ 和 $H_2(g)$ 的浓度不断增加,正反应速率逐渐减小,逆反应速率不断增大,经过一段时间后,当 $v(正) = v(逆)$ 时,反应物和生成物的浓度不再随时间而改变,反应已经达到极限。当可逆反应的正、逆反应速率相等,反应物和生成物浓度恒定时反应系统所处的状态称为化学平衡状态,简称化学平衡。化学平衡的建立过程如图 3 – 7 所示。

化学平衡有如下特点。

(1) 化学平衡是一种动态平衡(dynamic equilibrium)。反应系统达到平衡后,从表面上看,反应已经"终止",而实际上,处于平衡状态的系统内正、逆反应均仍在继续进行,只是由于 $v(正) = v(逆)$。此时,在单位时间内因正反应使反应物减少的量和因逆反应使反应物增加的量恰好相等,致使各物质的浓度不变。因此,这种平衡实际上是一种动态平衡。

(2) 可逆反应达平衡后,在一定条件下各物质浓度(或分压) 不再随时间而变化。

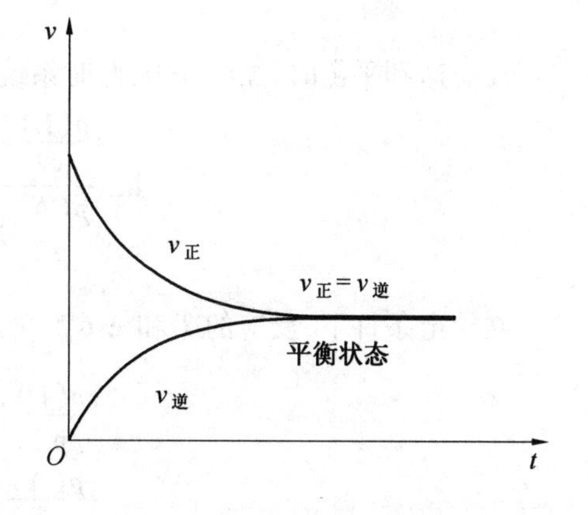

图 3 – 7　化学平衡的建立过程

(3) 化学平衡是有条件的、相对的。当外界条件(如浓度、压力、温度) 改变时,原有平衡被破坏,系统将在新的条件下达到新的平衡。

(4) 化学平衡是可逆反应在一定条件下所能达到的最终状态。因此到达平衡的途径,可从正反应开始,也可从逆反应开始。

2. 化学平衡常数

(1) 经验平衡常数(empirical equilibrium constant)。

平衡常数是表明化学反应限度的特征值,对一般的可逆反应,即

$$a\text{A} + b\text{B} \rightleftharpoons l\text{L} + m\text{M}$$

若反应物和生成物均为气体,达到化学平衡时,各物质的分压分别为 $p(\text{A})$、$p(\text{B})$、$p(\text{L})$、$p(\text{M})$,则有

$$K_p = \frac{\{p(\text{L})\}^l\{p(\text{M})\}^m}{\{p(\text{A})\}^a\{p(\text{B})\}^b} \tag{3-19}$$

式中 K_p—— 压力经验平衡常数。

若在溶液中发生的反应达化学平衡时,各物质的浓度分别为 $c(\text{A})$、$c(\text{B})$、$c(\text{L})$、$c(\text{M})$,则有

$$K_c = \frac{\{c(\text{L})\}^l\{c(\text{M})\}^m}{\{c(\text{A})\}^a\{c(\text{B})\}^b} \tag{3-20}$$

式中 K_c—— 浓度经验平衡常数。

在以上两个平衡常数表达式中,如果 $a + b = l + m$,则 K_p、K_c 无单位;若 $a + b \neq l + m$,则 K_p、K_c 有相应的单位,其单位随分压或浓度所用的单位不同而异。

(2) 标准平衡常数。

平衡常数除了可用实验测定外,还可通过热力学方法计算得到,因此热力学平衡常数也称为标准平衡常数(standard equilibrium constant),用 $K^\ominus$ 表示。

对于各气体均为理想气体的下列反应:

$$a\text{A(g)} + b\text{B(g)} \rightleftharpoons l\text{L(g)} + m\text{M(g)}$$

热力学等温方程为

$$\Delta_r G_m = \Delta_r G_m^\ominus + RT\ln\frac{\left\{\frac{p(\text{L})}{p^\ominus}\right\}^l\left\{\frac{p(\text{M})}{p^\ominus}\right\}^m}{\left\{\frac{p(\text{A})}{p^\ominus}\right\}^a\left\{\frac{p(\text{B})}{p^\ominus}\right\}^b} \tag{3-21}$$

反应达到平衡时,$\Delta_r G_m = 0$,此时系统中气体物质的分压均称为平衡分压,则

$$\ln\frac{\left\{\frac{p(\text{L})}{p^\ominus}\right\}^l\left\{\frac{p(\text{M})}{p^\ominus}\right\}^m}{\left\{\frac{p(\text{A})}{p^\ominus}\right\}^a\left\{\frac{p(\text{B})}{p^\ominus}\right\}^b} = \frac{-\Delta_r G_m^\ominus}{RT} \tag{3-22}$$

在给定条件下,反应的 T 和 $\Delta_r G_m^\ominus$ 均为定值,所以 $\frac{-\Delta_r G_m^\ominus}{RT}$ 也为定值,故

$$\frac{\left\{\frac{p(\text{L})}{p^\ominus}\right\}^l\left\{\frac{p(\text{M})}{p^\ominus}\right\}^m}{\left\{\frac{p(\text{A})}{p^\ominus}\right\}^a\left\{\frac{p(\text{B})}{p^\ominus}\right\}^b} = \text{常数} \tag{3-23}$$

令此常数为 $K^\ominus$,则

$$K^\ominus = \frac{\left\{\frac{p(\text{L})}{p^\ominus}\right\}^l\left\{\frac{p(\text{M})}{p^\ominus}\right\}^m}{\left\{\frac{p(\text{A})}{p^\ominus}\right\}^a\left\{\frac{p(\text{B})}{p^\ominus}\right\}^b} \tag{3-24}$$

并可得

$$\ln K^{\ominus} = \frac{-\Delta_r G_m^{\ominus}}{RT} \tag{3-25}$$

对于水溶液中的反应,即

$$aA(aq) + bB(aq) \rightleftharpoons lL(aq) + mM(aq)$$

同理可得

$$K^{\ominus} = \frac{\left\{\frac{c(L)}{c^{\ominus}}\right\}^{l}\left\{\frac{c(M)}{c^{\ominus}}\right\}^{m}}{\left\{\frac{c(A)}{c^{\ominus}}\right\}^{a}\left\{\frac{c(B)}{c^{\ominus}}\right\}^{b}} \tag{3-26}$$

由上述方程可知:标准平衡常数 $K^{\ominus}$ 是量纲为 1 的量,$K^{\ominus}$ 值越大,说明正反应进行的越彻底。$K^{\ominus}$ 的值只与温度有关,不随浓度或分压而改变。

书写平衡常数表达式时,应注意以下几点。

① 平衡常数表达式与化学方程式的写法要对应,例如合成氨反应,即

$$N_2(g) + 3H_2(g) \rightleftharpoons 2NH_3(g);\quad K_1^{\ominus} = \frac{\left\{\frac{p(NH_3)}{p^{\ominus}}\right\}^{2}}{\left\{\frac{p(N_2)}{p^{\ominus}}\right\}\left\{\frac{p(H_2)}{p^{\ominus}}\right\}^{3}}$$

$$\frac{1}{2}N_2(g) + \frac{3}{2}H_2(g) \rightleftharpoons NH_3(g);\quad K_2^{\ominus} = \frac{\left\{\frac{p(NH_3)}{p^{\ominus}}\right\}}{\left\{\frac{p(N_2)}{p^{\ominus}}\right\}^{1/2}\left\{\frac{p(H_2)}{p^{\ominus}}\right\}^{3/2}}$$

$$\frac{1}{3}N_2(g) + H_2(g) \rightleftharpoons \frac{2}{3}NH_3(g);\quad K_3^{\ominus} = \frac{\left\{\frac{p(NH_3)}{p^{\ominus}}\right\}^{2/3}}{\left\{\frac{p(N_2)}{p^{\ominus}}\right\}^{1/3}\left\{\frac{p(H_2)}{p^{\ominus}}\right\}}$$

其中 3 个平衡常数的关系为

$$K_1^{\ominus} = (K_2^{\ominus})^2 = (K_3^{\ominus})^3$$

因此,在使用和查阅平衡常数时,必须注意它们所对应的反应方程式。

② 当有纯液体、纯固体参加反应时,其浓度可认为是常数,均不写入平衡常数的表达式中,如

$$CaCO_3(s) \rightleftharpoons CaO(s) + CO_2(g)$$

$$K^{\ominus} = \frac{p(CO_2)}{p^{\ominus}}$$

③ 在稀溶液反应中,水是大量的,浓度可视为常数,不写入平衡常数表达式中,如

$$Cr_2O_7^{2-}(aq) + H_2O(l) \rightleftharpoons 2H^+(aq) + 2CrO_4^{2-}(aq)$$

$$K^{\ominus} = \frac{\left\{\frac{c(H^+)}{c^{\ominus}}\right\}^{2}\left\{\frac{c(CrO_4^{2-})}{c^{\ominus}}\right\}^{2}}{\left\{\frac{c(Cr_2O_7^{2-})}{c^{\ominus}}\right\}}$$

【例3.4】 计算反应 $CO(g) + H_2O(g) \rightleftharpoons CO_2(g) + H_2(g)$ 的 $\Delta_r G_m^\ominus(298.15\ K)$ 和 298.15 K 时的标准平衡常数 $K^\ominus$。

解

化学反应	$CO(g)$	+	$H_2O(g)$	$\rightleftharpoons$	$CO_2(g)$	+	$H_2(g)$
$\Delta_f G_m^\ominus/(kJ \cdot mol^{-1})$	-137.15		-228.59		-394.36		0

$$\Delta_f G_m^\ominus = \sum_B \nu_B \Delta_f G_m^\ominus(B) = -394.36 + 0 - (-137.15) - (-228.59) = -28.62\ (kJ \cdot mol^{-1})$$

$$\ln K^\ominus = \frac{-\Delta_r G_m^\ominus}{RT} = -\frac{-28.62 \times 10^3}{8.314 \times 298.15} = 11.55$$

$$K^\ominus = 1.04 \times 10^5$$

3. 多重平衡规则

化学反应的平衡常数也可利用多重平衡规则计算而得,如果某反应可以由几个反应相加(或相减)而得,则该反应的平衡常数等于几个反应平衡常数之积(或商)。这种关系称为多重平衡原则。

设反应(1)、反应(2)和反应(3)在温度 T 时的标准平衡常数分别为 $K_1^\ominus$、$K_2^\ominus$、$K_3^\ominus$,各自的标准吉布斯自由能变分别为 $\Delta_r G_1^\ominus$、$\Delta_r G_2^\ominus$、$\Delta_r G_3^\ominus$,如果

$$反应(3) = 反应(1) + 反应(2)$$

则有

$$\Delta_r G_3^\ominus = \Delta_r G_1^\ominus + \Delta_r G_2^\ominus$$

$$-RT\ln K_3^\ominus = -RT\ln K_1^\ominus + (-RT\ln K_2^\ominus)$$

$$\ln K_3^\ominus = \ln K_1^\ominus + \ln K_2^\ominus$$

$$K_3^\ominus = K_1^\ominus \times K_2^\ominus$$

同理,若

$$反应(3) = 反应(1) - 反应(2)$$

则有

$$K_3^\ominus = K_1^\ominus / K_2^\ominus$$

若

$$反应(3) = n \times 反应(1)$$

则有

$$K_3^\ominus = (K_1^\ominus)^n$$

若

$$反应(3) = 反应(1)/n$$

则有

$$K_3^\ominus = (K_1^\ominus)^{1/n}$$

根据多重平衡规则,可以应用若干已知反应的平衡常数,按上述原则求得某些其他反应的平衡常数,无须一一通过实验测得。

【例3.5】 已知下列3个反应的标准平衡常数:

(1) $H_2(g) + \frac{1}{2}O_2(g) \rightleftharpoons H_2O(g)$ $\qquad K_1^\ominus$

(2) $N_2(g) + O_2(g) \rightleftharpoons 2NO(g)$　　$K_2^\ominus$

(3) $4NH_3(g) + 5O_2(g) \rightleftharpoons 4NO(g) + 6H_2O(g)$　　$K_3^\ominus$

求反应(4) $N_2(g) + 3H_2(g) \rightleftharpoons 2NH_3(g)$ 的标准平衡常数 $K_4^\ominus$。

解　反应(4) = 反应(2) + 3 × 反应(1) − 1/2 × 反应(3)，即

$$K_4^\ominus = \frac{K_2^\ominus \times (K_1^\ominus)^3}{(K_3^\ominus)^{1/2}}$$

4. 标准平衡常数的有关计算

利用标准平衡常数可以计算达到平衡时各反应物和生成物的浓度或分压，以及反应物的转化率。某反应物的转化率是指该反应物已转化的量占起始量的百分率，可以表示为

$$某反应物的转化率 = \frac{该反应物已转化的量}{该反应物的起始量} \times 100\% \tag{3-27}$$

对一些有气体参加的反应，由于用压力表测得的是混合气体的总压力，直接测量各组分气体的分压很困难，通常用道尔顿分压定律来计算有关组分气体的分压。道尔顿分压定律的主要内容是，混合气体的总压力等于各组分气体的分压力之和，某组分气体的分压等于该组分气体的摩尔分数与混合气体总压之积，其数学表达式为

$$p = \sum_i p_i$$

$$p_i = \frac{n_i}{n}p = y_i p \tag{3-28}$$

式中　p_i、n_i——第 i 种组分气体的分压和物质的量；

p、n——混合气体的总压力和总物质的量。

道尔顿分压定律仅适用于理想气体混合物，对低压下的气体混合物近似适用。

【例3.6】　CO的转化反应 $CO(g) + H_2O(g) \rightleftharpoons CO_2(g) + H_2(g)$ 在797 K时的标准平衡常数 $K^\ominus = 0.5$，若在该温度下使2.0 mol CO(g)和3.0 mol $H_2O(g)$ 在密闭容器内反应，试计算在此条件下的平衡转化率。

解　设达到平衡时CO转化了 x mol，则

	$CO(g)$ +	$H_2O(g)$ ⇌	$CO_2(g)$ +	$H_2(g)$
初始时物质的量/mol	2.0	3.0	0	0
平衡时物质的量/mol	$2.0 - x$	$3.0 - x$	x	x

平衡时总物质的量为

$$n = 2.0 + 3.0 - x + x + x = 5.0\ \text{mol}$$

设平衡时系统的总压力为 p，各物质的分压为

$$p(CO) = \frac{2.0 - x}{5.0}p$$

$$p(CO_2) = p(H_2) = \frac{x}{5.0}p$$

$$p(H_2O) = \frac{3.0 - x}{5.0}p$$

$$K^\ominus = \frac{\frac{p(CO_2)}{p^\ominus}\frac{p(H_2)}{p^\ominus}}{\frac{p(CO)}{p^\ominus}\frac{p(H_2O)}{p^\ominus}} = \frac{p(CO_2)p(H_2)}{p(CO)p(H_2O)} = 0.5$$

即
$$\frac{\frac{x}{5.0}p\frac{x}{5.0}p}{\frac{2.0-x}{5.0}p\frac{3.0-x}{5.0}p}=0.5$$

$$\frac{x^2}{(2.0-x)(3.0-x)}=0.5$$

$$x=1.0\ \text{mol}$$

故 CO 的转化率为

$$\frac{1.0}{2.0}\times 100\% = 50\%$$

3.3.2 化学平衡的移动

一切化学平衡都是相对的和暂时的,当外界条件改变,旧的平衡就会被破坏,从而引起系统中各物质的浓度或分压发生变化,直到在新的条件下建立新的平衡。这种因外界条件的改变使化学反应从原来的平衡状态转变到新的平衡状态的过程称为化学平衡的移动。从能量角度来说,可逆反应达到平衡时,$\Delta G=0$,$Q=K$,因此一切能导致 ΔG 值发生变化的外界条件(浓度、压力、温度等)都会使原平衡发生移动。

1. 浓度对化学平衡的影响

对某一可逆反应,

$$aA + bB \rightleftharpoons lL + mM$$

有

$$\Delta_r G_m = \Delta_r G_m^\ominus + RT\ln Q$$

式中 Q—— 反应商(reaction quotient),即

$$Q=\frac{\left\{\frac{p(L)}{p^\ominus}\right\}^l\left\{\frac{p(M)}{p^\ominus}\right\}^m}{\left\{\frac{p(A)}{p^\ominus}\right\}^a\left\{\frac{p(B)}{p^\ominus}\right\}^b} \tag{3-29}$$

将 $\Delta_r G_m^\ominus = -RT\ln K^\ominus$ 代入式(3-29),得

$$\Delta_r G_m^\ominus = RT\ln\frac{Q}{K^\ominus} \tag{3-30}$$

(1)$Q<K^\ominus$,$\frac{Q}{K^\ominus}<1$,$\Delta_r G_m<0$,反应向正方向进行,平衡正向移动。

(2)$Q=K^\ominus$,$\frac{Q}{K^\ominus}=1$,$\Delta_r G_m=0$,处于平衡状态。

(3)$Q>K^\ominus$,$\frac{Q}{K^\ominus}>1$,$\Delta_r G_m>0$,反应向逆方向进行,平衡逆向移动。

化学平衡的移动实际上是系统条件改变后,重新考虑化学反应的方向和程度问题。对于已达到平衡的体系,如果增加反应物的浓度或减少生成物的浓度,则使 $Q<K^\ominus$,平衡正向移动,移动的结果使 Q 增大,直至重新等于 $K^\ominus$,此时体系又建立起新的平衡。

【例3.7】 在例3.6的系统中,保持797 K不变,再向已达平衡的容器中加入3.0 mol的水蒸气,问 CO 的总转化率为多少?

解　设加入水蒸气后，CO 又转化了 y mol，即

	$CO(g)$ +	$H_2O(g)$ ⇌	$CO_2(g)$ +	$H_2(g)$
旧平衡时各物质的量/mol	1.0	2.0	1.0	1.0
加入 3.0 mol $H_2O(g)$ 瞬间	1.0	5.0	1.0	1.0
新平衡时各物质的量/mol	$1.0-y$	$5.0-y$	$1.0+y$	$1.0+y$

新平衡时总物质的量为

$$n = 1.0 - y + 5.0 - y + 1.0 + y + 1.0 + y = 8.0\ (\text{mol})$$

新平衡时每种物质的分压为

$$p(CO) = \frac{1.0-y}{8.0}p$$

$$p(CO_2) = p(H_2) = \frac{1.0+y}{8.0}p$$

$$p(H_2O) = \frac{5.0-y}{8.0}p$$

$$K^{\ominus} = \frac{\dfrac{p(CO_2)}{p^{\ominus}}\dfrac{p(H_2)}{p^{\ominus}}}{\dfrac{p(CO)}{p^{\ominus}}\dfrac{p(H_2O)}{p^{\ominus}}} = \frac{p(CO_2)p(H_2)}{p(CO)p(H_2O)} = \frac{\left(\dfrac{1.0+y}{8}p\right)^2}{\dfrac{1.0-y}{8}p\,\dfrac{5.0-y}{8}p}$$

$$= \frac{(1.0+y)^2}{(1.0-y)(5.0-y)} = 0.5$$

$$y = 0.29\ \text{mol}$$

CO 的总转化率为

$$\frac{2.0-(1.0-0.29)}{2.0}\times 100\% = 64.5\%$$

加入 3.0 mol 的水蒸气后，CO 的总转化率从 50% 增加到 64.5%，上述例子表明几种物质参加反应时，为了使价格昂贵的物质得到充分利用，常常加大价格低廉物质的投料量，以降低成本，提高经济效益。

2. 压力对化学平衡的影响

对于有气体参加的化学平衡，改变系统的总压力势必引起各组分气体分压同等程度的改变，这时平衡移动的方向就要由反应系统本身来决定，下面分几种情况讨论。

对于可逆反应

$$aA(g) + bB(g) \rightleftharpoons lL(g) + mM(g)$$

(1) 反应前后气体分子总数相等的反应，即 $\Delta n = (l+m)-(a+b)=0$，系统总压力改变，同等程度地改变了反应物和生成物的分压，但 Q 值仍等于 $K^{\ominus}$，故平衡不发生移动。

(2) 反应前后气体分子总数不相等的反应，即 $\Delta n \neq 0$，见表 3－5，压力对于 $\Delta n > 0$ 和 $\Delta n < 0$ 的反应的化学平衡的影响不同。对于 $\Delta n > 0$ 的反应，增大压力平衡向逆反应方向移动，减小压力平衡向正反应方向移动；而对于 $\Delta n < 0$ 的反应，压力对化学平衡移动的影响则正好相反。

表3－5 压力对化学平衡的影响

平衡	$\Delta n > 0$ (气体分子总数增加的反应)	$\Delta n < 0$ (气体分子总数减少的反应)
增加压力	$Q > K^{\ominus}$ 平衡逆向移动	$Q < K^{\ominus}$ 平衡正向移动
减小压力	$Q < K^{\ominus}$ 平衡正向移动	$Q > K^{\ominus}$ 平衡逆向移动

(3) 有惰性气体(inert gas)参加反应,在恒温、恒容条件下,对化学平衡无影响;恒温、恒压条件下,惰性气体引入造成各组分气体分压减小,化学平衡将向气体分子总数增加的方向移动。

(4) 对于液相和固相反应的系统,压力改变不影响化学平衡。

3. 温度对化学平衡的影响

浓度和压力对化学平衡的影响是在温度不变的条件下讨论的,标准平衡常数 $K^{\ominus}$ 不变,而温度对化学平衡的影响则会改变标准平衡常数 $K^{\ominus}$,即

$$\Delta G^{\ominus} = -RT\ln K^{\ominus}$$

$$\Delta_r G_m^{\ominus} = \Delta_r H_m^{\ominus} - T\Delta_r S_m^{\ominus}$$

$$-RT\ln K^{\ominus} = \Delta_r H_m^{\ominus} - T\Delta_r S_m^{\ominus}$$

$$\ln K^{\ominus} = -\frac{\Delta_r H_m^{\ominus}}{RT} + \frac{\Delta_r S_m^{\ominus}}{R}$$

$$\ln K^{\ominus} \approx -\frac{\Delta_r H_m^{\ominus}(298.15\ \text{K})}{RT} + \frac{\Delta_r S_m^{\ominus}(298.15\ \text{K})}{R} \qquad (3-31)$$

对一定反应来说,$\ln K^{\ominus}$ 与$\frac{1}{T}$呈线性关系。

设某一可逆反应,温度为 T_1、T_2 时,对应的标准平衡常数为 $K_1^{\ominus}$ 和 $K_2^{\ominus}$,有

$$\ln K_1^{\ominus} \approx -\frac{\Delta_r H_m^{\ominus}(298.15\ \text{K})}{R}\frac{1}{T_1} + \frac{\Delta_r S_m^{\ominus}(298.15\ \text{K})}{R} \qquad (3-32)$$

$$\ln K_2^{\ominus} \approx -\frac{\Delta_r H_m^{\ominus}(298.15\ \text{K})}{R}\frac{1}{T_2} + \frac{\Delta_r S_m^{\ominus}(298.15\ \text{K})}{R} \qquad (3-33)$$

式(3－33)－式(3－32)得

$$\ln\frac{K_2^{\ominus}}{K_1^{\ominus}} = -\frac{\Delta_r H_m^{\ominus}(298.15\ \text{K})}{R}\left(\frac{1}{T_2} - \frac{1}{T_1}\right) \qquad (3-34)$$

式(3－31)是表示标准平衡常数 $K^{\ominus}$ 与温度 T 关系的重要方程,利用此式不仅可计算出某一温度下的标准平衡常数 $K^{\ominus}$,也可从已知两温度下的平衡常数值转而求出反应的焓变。温度对化学平衡常数的影响见表3－6,对放热反应($\Delta H < 0$)和吸热反应($\Delta H > 0$)的影响不同。对于放热反应温度升高,平衡向逆反应方向移动,$K^{\ominus}$ 变小,温度降低平衡向正反应方向移动,$K^{\ominus}$ 变大;而对于吸热反应,温度对化学平衡移动的影响则正好相反。

表3-6　温度对化学平衡的影响

平衡	$\Delta H<0$（放热反应）	$\Delta H>0$（吸热反应）
温度升高	$K^\ominus$ 变小 $Q>K^\ominus$,平衡逆向移动	$K^\ominus$ 变大 $Q<K^\ominus$,平衡正向移动
温度降低	$K^\ominus$ 变大 $Q<K^\ominus$,平衡正向移动	$K^\ominus$ 变小 $Q>K^\ominus$,平衡逆向移动

【例3.8】　已知反应 $1/2H_2(g)+1/2\ Cl_2(g)\rightleftharpoons HCl(g)$ 在298.15 K时的 $K_1^\ominus=5.13\times10^{16}$,$\Delta_r H_m^\ominus(298.15\ K)=-92.3\ kJ\cdot mol^{-1}$,试计算500 K时的 $K_2^\ominus$ 为多少?

解

$$\ln\frac{K_2^\ominus}{K_1^\ominus}=-\frac{\Delta_r H_m^\ominus(298.15\ K)}{R}\left(\frac{1}{T_2}-\frac{1}{T_1}\right)$$

$$\ln\frac{K_2^\ominus}{5.13\times10^{16}}=-\frac{-92.3\times10^3}{8.314}\left(\frac{1}{500}-\frac{1}{298.15}\right)=-15$$

$$K_2^\ominus=1.54\times10^{10}$$

4. 催化剂与化学平衡的关系

催化剂降低了反应的活化能,因此可以加快反应速率。对于任一可逆反应来说,催化剂能同等程度地加快正、逆反应速率,而使标准平衡常数 $K^\ominus$ 保持不变,所以催化剂不影响化学平衡。在尚未达到平衡状态的反应系统中加入催化剂,可以加快反应速率,缩短反应到达平衡状态的时间,即缩短了完成反应所需要的时间,这在工业生产上具有重要意义。

5. 勒夏特列原理

总体来说,浓度、压力和温度在一定条件下都能影响化学平衡,但温度的影响是使标准平衡常数改变,而浓度和压力不改变标准平衡常数。增加反应物的浓度,平衡向生成物方向移动;增加气体的压力,平衡向气体分子数减少的方向移动;升温反应向吸热反应方向进行。以上这些结论可以概括为一条普遍的规律:假如改变平衡系统的条件之一,如浓度、压力或温度,平衡就向能减弱这个改变的方向移动,这就是勒夏特列原理。

【阅读拓展】

纳米反应器的设计及在催化反应中的应用

纳米反应器(nanoreactors)包含一个限制性的微腔,并且可以通过结合相互作用和诱导的空腔效应来封装客体物种。纳米反应器所提供的反应空间可以通过底物与活性位点的相互作用,在化学反应机理和反应速率方面影响反应的进行。此外,纳米反应器能够保护催化剂不失活,有助于催化剂的分离,提高催化剂的可再生性。纳米反应器主要有核壳结构、空心、蛋黄蛋壳结构,以及多壳结构等多种类型。近年来,一些不同的有机、无机和杂化纳米反应器如树枝状大分子、介孔二氧化硅、金属-有机骨架(MOFs)和沸石等被开发出来,并用于纳米粒子的封装。纳米反应器的壳可以选择硅壳、碳壳、聚合物外壳等。在现有的无机基质中,二氧化硅具有无毒、高生物相容性、热稳定性和机械稳定性以及易于功能化等特点。

1. 纳米反应器在催化降解染料中的应用

空心二氧化硅纳米反应器(HSNs)被认为是具有潜在催化应用前景的材料。特别是负载有金属或金属氧化物纳米粒子在其空腔中的空心介孔氧化硅纳米反应器,由于其介孔壁提供的快速传质和保护环境,可作为高效催化剂。

废水处理是环境领域的研究热点之一。造纸业、印刷业和塑料工业排放的废水中的染料污染物是高度着色的物质,即使浓度很低也能看见。目前,人们已开发出一系列去除染料污染物的方法,如吸附法、湿空气氧化法、过渡金属离子法和芬顿氧化法。但这些策略也存在一定的缺陷,如芬顿氧化过程中会释放出有毒金属离子,湿空气氧化过程需要较高的温度,造成能量的浪费,缩短了催化剂的使用寿命。使用过渡金属氧化物或者纯净的稀土金属氧化物与过氧化氢(hydrogen peroxide)混合可以在室温下降解染料并减少金属离子的释放。在空心二氧化硅纳米反应器的空腔中负载过渡金属氧化物纳米粒能够在过氧化氢存在下高效降解染料。

2. 纳米反应器在催化加氢还原反应中的应用

大多数化工生产加氢反应所需的氢气压力很高,即需要回收大量的高压 H_2,这将导致大量的能源消耗,并且需要高成本的工业装置。另外,由于大多数氢化反应是连续的,产物的选择性很难控制,因此极大地阻碍了加氢技术在工业上的应用。纳米反应器正好能够解决这些问题。纳米反应器的中空结构可以有效地吸附 H_2 小分子,使其富集,减少损耗。纳米反应器的核壳结构可用于引入活性位点以及分离反应物和中间体。负载钯的氟改性二氧化硅微球为疏水核、介孔二氧化硅为亲水壳的核壳结构催化剂对丙烯酸酯在水中加氢具有良好的催化活性。

3. 纳米反应器在催化还原硝基苯酚反应中的应用

农药和合成染料的过度使用是农业和工业快速发展的结果。对硝基苯酚及其衍生物作为生产这些产品的中间体,现已成为污染地表水的污染源之一。由于对硝基苯酚在自然环境中具有高度的稳定性,以硼氢化为还原剂还原对硝基苯酚成为对氨基苯酚通常效率较低,需要加入催化剂。负载催化剂的纳米反应器因对环境友好,具有高催化活性以及方便回收利用得到广泛研究。蛋黄壳型纳米结构是一种新型的纳米催化剂,其核心被包裹在空心胶囊中。通过相互隔离的贵金属纳米核,高孔隙率的壳层可以有效地防止纳米粒子的严重团聚。此外,可自由移动的纳米核可以充分暴露其活性位点,与反应物接触,从而大大提高催化活性。

4. 纳米反应器在催化氧化反应中的应用

苯乙酮作为乙苯选择性氧化的主要产物,是生产香料、医药醛和乙醇的重要原料。过渡金属(如Fe、Co、Mn、Ni)催化剂可以提高苯乙酮的产率。然而,苛刻的反应条件给苯乙酮的选择性氧化以及催化剂的分离和回收带来了许多困难。过渡金属配位氮掺杂碳材料具有优异的催化性能,可以实现对贵金属基纳米催化剂的替代。将催化剂包封在纳米孔壳内形成纳米反应器是一个很有前途的选择。

环氧化合物是制造各种精细化学品的重要原料。传统的工业方法都存在明显的缺点,如环境问题、副产物规模大、均相催化剂分离困难等。钼基蛋黄蛋壳结构的纳米反应器可用于烯烃环氧化反应,超细、高度分散的钼活性位点被封装在空心介孔二氧化硅球的内腔中,该纳米反应器成功地应用于烯烃的环氧化反应中,表现出了较高的活性和优异的稳定性。

5. 纳米反应器在催化偶联反应中的应用

碳碳偶联反应是有机合成中最重要、最基本的反应之一。因此，到目前为止，许多催化剂已被开发用于一系列过程，如 Suzuki 偶联反应、Sonogashira 反应、Negishi 偶联反应和 Stille 反应。在基于纳米粒子的体系中，大多数研究都集中在钯基纳米粒子上，钯基纳米粒子被认为是最有效的偶联反应催化作用。在介孔二氧化硅壳内侧负载钯纳米粒子的空心结构纳米反应器在水介质中实现了催化 Suzuki - Miyaura 偶联反应。该纳米反应器具有较高的稳定性、单分散性良好，以及催化效率高等优点。

习　　题

1. 实验测得反应 $CO(g) + NO_2(g) \Longrightarrow CO_2(g) + NO(g)$ 在 650 K 时的动力学数据见表 3 - 7。

表 3 - 7　实验检测得到的反应物 CO 和 NO_2 的浓度及产物 NO 生成速率数据

实验编号	$c(CO)/(mol \cdot L^{-1})$	$c(NO_2)/(mol \cdot L^{-1})$	$\frac{dc(NO)}{dt}/(mol \cdot L^{-1} \cdot s^{-1})$
1	0.025	0.040	2.2×10^{-4}
2	0.05	0.040	4.4×10^{-4}
3	0.025	0.120	6.6×10^{-4}

(1) 计算并写出反应的速率方程；

(2) 求 650 K 的速率常数；

(3) 当 $c(CO) = 0.10\ mol \cdot L^{-1}$、$c(NO_2) = 0.16\ mol \cdot L^{-1}$ 时，求 650 K 的反应速率；

(4) 若 800 K 时的速率常数为 $23.0\ mol^{-1} \cdot L \cdot s^{-1}$，求反应的活化能。

（答案：(1) $dc(NO)/dt = kc(CO)c(NO_2)$；(2) $0.22\ mol^{-1} \cdot L \cdot s^{-1}$；(3) $3.52 \times 10^{-3}\ mol \cdot L^{-1} \cdot s^{-1}$；(4) $134\ kJ \cdot mol^{-1}$）

2. 研究指出反应 $2NO(g) + Cl_2(g) \longrightarrow 2NOCl(g)$ 在一定温度范围内为基元反应，求

(1) 该反应的速率方程；

(2) 该反应的反应分子数是多少；

(3) 当其他条件不变，如果将容器的体积增加到原来的 2 倍，反应速率如何变化？

(4) 如果容器体积不变而将 NO 的浓度增加到原来的 3 倍，反应速率又如何变化？

（答案：(1) $-dc(Cl_2)/dt = k\{c(NO)\}^2 c(Cl_2)$；(2) 3；(3) 略；(4) 略）

3. 某一化学反应，当温度由 300 K 升高到 310 K 时，反应速率增大一倍，求这个反应的活化能。

（答案：$53.6\ kJ \cdot mol^{-1}$）

4. 反应 $N_2O_5(g) \Longrightarrow N_2O_4(g) + \frac{1}{2}O_2(g)$，在不同温度下的速率常数及反应温度见表 3 - 8。

表3-8 N_2O_5 分解反应的速率常数及反应温度实验数据

k/s^{-1}	0.0787×10^5	3.46×10^5	13.5×10^5	49.8×10^5	150×10^5	487×10^5
T/K	273.15	298.15	308.15	318.15	328.15	338.15

求该温度范围内反应的平均活化能？该反应为几级反应？

(答案:103.3 kJ · mol^{-1};一级)

5. 某反应 $A(g) \longrightarrow 2\ B(g)$ 的 $E_a = 262\ kJ \cdot mol^{-1}$，当温度为 600 K 时，$k_1 = 6.10 \times 10^{-8}\ s^{-1}$。求当 $k_2 = 1.00 \times 10^{-4}\ s^{-1}$，温度是多少？

(答案:698 K)

6. 写出下列反应的标准平衡常数 $K^{\ominus}$ 和经验平衡常数 K_p 和 K_c:

(1) $CH_4(g) + H_2O(g) \rightleftharpoons CO(g) + 3\ H_2(g)$

(2) $Al_2O_3(s) + 3\ H_2(g) \rightleftharpoons 2\ Al(s) + 3\ H_2O(g)$

(答案:略)

7. 已知下列反应在 1 362 K 时的标准平衡常数:

(1) $H_2(g) + 1/2\ S_2(g) \rightleftharpoons H_2S(g)$ $\qquad K_1^{\ominus} = 0.80$

(2) $3\ H_2(g) + SO_2(g) \rightleftharpoons H_2S(g) + 2H_2O(g)$ $\qquad K_2^{\ominus} = 1.8 \times 10^4$

计算反应 $4\ H_2(g) + 2SO_2(g) \rightleftharpoons S_2(g) + 4H_2O(g)$ 在此温度下的标准平衡常数 $K^{\ominus}$。

(答案:5.06×10^8)

8. 乙烷裂解生成乙烯 $C_2H_6(g) \rightleftharpoons C_2H_4(g) + H_2(g)$，已知在 1 273 K、100 kPa 下，反应达到平衡时，$p(C_2H_6) = 2.62$ kPa、$p(C_2H_4) = 48.7$ kPa、$p(H_2) = 48.7$ kPa，计算该反应的标准平衡常数 $K^{\ominus}$。在实际生产中可在定温定压下采用加入过量水蒸气的方法来提高乙烯的产率(水蒸气作为惰性气体加入)，试以平衡移动原理来解释。

(答案:9.05;略)

9. 某温度时，8.0 mol SO_2 和 4.0 mol O_2 在密闭容器中进行反应生成 SO_3 气体，测得起始时和平衡时(温度不变)系统的总压力分别为 300 kPa 和 220 kPa。试求该温度时反应 $2SO_2(g) + O_2(g) \rightleftharpoons 2SO_3(g)$ 的平衡常数和 SO_2 的转化率。

(答案:80;80%)

10. 在 294.8 K 时 NH_4HS 的分解反应(初始只有 NH_4HS 固体) $NH_4HS(s) \rightleftharpoons NH_3(g) + H_2S(g)$ 的标准平衡常数 $K^{\ominus} = 0.070$，求:

(1) 平衡时该气体混合物的总压;

(2) 在同样的实验中，NH_3 的最初分压为 25.3 kPa，H_2S 的平衡分压为多少？

(答案:53 kPa;16.7 kPa)

11. PCl_5 加热后发生分解反应

$$PCl_5(g) \rightleftharpoons PCl_3(g) + Cl_2(g)$$

在 10 L 密闭容器内装有 2 mol PCl_5，某温度时达到平衡时有 1.5 mol PCl_5 分解，求该温度下的标准平衡常数 $K^{\ominus}$。若向已达平衡的容器内再通入 1 mol Cl_2，问达新平衡后 PCl_5 的总转化率为多少？

(答案:0.45;66%)

12. 反应 $H_2(g) + I_2(g) \rightleftharpoons 2HI(g)$ 在773 K时 $K^\ominus = 120$，在623 K 时 $K^\ominus = 17.0$，计算：

(1) 该反应的 $\Delta_r H_m^\ominus$；

(2)473 K 时的 $K^\ominus$；

(3)623 K时，$H_2(g)$、$I_2(g)$、$HI(g)$ 的起始分压分别为405.2 kPa、405.2 kPa和202.6 kPa，判断反应方向。

（答案：(1)52.17 $kJ \cdot mol^{-1}$；(2)0.7；(3) 向右自发进行）

13. 在密闭容器内装入CO和水蒸气，在972 K条件下使这两种气体进行下列反应：

$$CO(g) + H_2O(g) \rightleftharpoons CO_2(g) + H_2(g)$$

若开始反应时两种气体的分压均为8 080 kPa，达到平衡时已知有50% 的CO转化为 CO_2。问：

(1) 判断上述反应在298.15 K、标准态下能否自发进行？并求出298.15 K条件下的 $K^\ominus$；

(2) 欲使上述反应在标准态下能自发进行，对反应的温度条件有何要求；

(3) 计算972 K下的 $K^\ominus$；

(4) 若在原平衡体系中再通入水蒸气，使密闭容器内水蒸气的分压在瞬间达到8 080 kPa，通过计算 Q 值，判断平衡移动的方向；

(5) 欲使上述水煤气变换反应有90%CO转化为 CO_2，问水煤气变换原料比 $p(H_2O)/p(CO)$ 应为多少？

（答案：(1) 能自发，1.04×10^5；(2)$T < 980$ K；(3)1；(4) 向右；(5)9）

14. 对于下列平衡系统：$C(s) + H_2O(g) \Longleftrightarrow CO(g) + H_2(g)$，该反应是一放热反应。

(1) 欲使平衡向右移动，可采取那些措施？

(2) 欲使(正)反应进行得较快且完全(平衡向右移动)的适宜条件是什么，这些措施对 $K^\ominus$ 及 $K^\ominus$(正)和 $K^\ominus$(逆)的影响各如何？

（答案：略）

第4章　物质结构基础

【学习要求】

（1）了解原子核外电子运动的特殊性和原子结构的量子力学模型。

（2）理解波函数，掌握4个量子数及其物理意义。

（3）能正确写出一般原子核外电子排布式和价电子构型。

（4）理解并掌握原子结构和元素周期表、元素若干性质的关系。

（5）掌握价键理论和杂化轨道理论的基本要点。

（6）掌握分子间作用力、氢键对物质物理和化学性质的影响。

4.1　氢原子光谱和玻尔理论

4.1.1　氢原子光谱

近代原子结构理论的建立是从研究氢原子光谱开始的，原子受带电粒子的撞击直接发出特定波长的明线光谱称为发射光谱，这种由原子态激发产生的光谱称为原子光谱，它由许多不连续的谱线组成，所以又称线状光谱。

原子光谱中以氢原子光谱最简单，它在红外区、紫外区和可见光区都有几根不同波长的特征谱线。如图4－1所示，氢光谱在可见范围内有5根比较明显的谱线：通常用H_α、H_β、H_γ、H_δ、H_ε来表示，它们的波长依次为656.3 nm、486.1 nm、434.0 nm、410.2 nm和397.0 nm。对于原子光谱的不连续性，当时的卢瑟福（E. Rutherford）有核原子模型无法解释，直到玻尔（D. Bohr）提出原子结构新理论才解决了这个问题。

4.1.2　玻尔理论

1913年，丹麦青年物理学家玻尔在卢瑟福核原子模型的基础上，接受了普朗克（M. Planck）量子论和爱因斯坦（A. Einstein）光子学说的最新成就，根据辐射的不连续性和氢原子光谱有间隔的特性，研究原子光谱产生的原因，得出原子中电子的能量可能是不连续的，是量子化的结论，从而提出了新的原子结构理论。其要点如下：

（1）在原子中，电子不能在任意轨道上运动，只能沿着符合一定条件、以原子核为中心的、半径和能量确定的圆形轨道上运动。电子在这种轨道上运动时，不吸收也不放出能量，处于一种稳定态。这些轨道的能量状态不随时间而改变，称为定态轨道。

（2）电子在一定轨道中运行，具有一定的能量，在不同轨道上运动时可具有不同的能量，电子运动时所处能量状态称能级。电子在轨道上运动时所具有的能量只能取某些不连续的数值，也就是电子的能量是量子化的。玻尔推算出氢原子允许能量E可由下式给出：

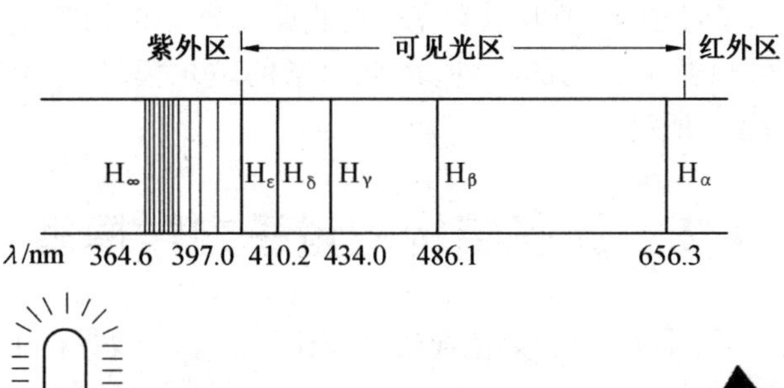

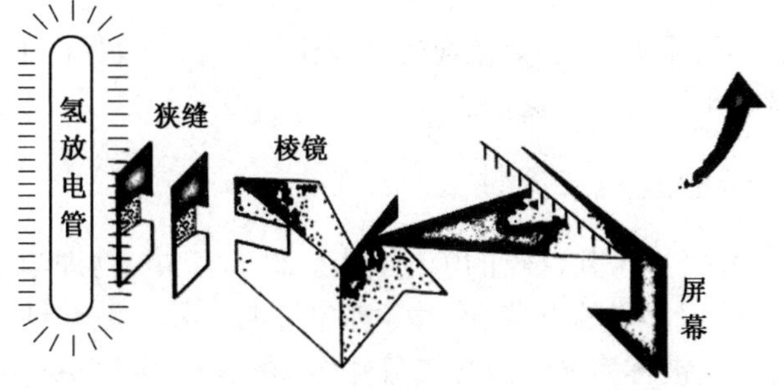

图 4 - 1 氢原子光谱实验示意图

$$E = -\frac{B}{n^2} \tag{4-1}$$

式中 n—— 主量子数,其值可取 1,2,3,… 任何正整数;

B——2.18×10^{-18} J。

当 $n = 1$ 时,轨道离核最近,能量最低,轨道上的电子被原子核束缚最牢,这时的能量状态称为氢原子的基态或最低能级。$n = 2,3,4,\cdots$,轨道依次离核渐远,能量逐渐升高。这些能量状态称为氢原子激发态或较高能级。

(3) 只有当电子从某一轨道跃迁到另一轨道时,才有能量的吸收或放出。当电子从能量较高(E_2) 的轨道跃迁到能量较低(E_1) 的轨道时,原子就放出能量。放出的能量转变为一个辐射能的量子,其频率可由两个轨道的能量差决定,因为量子的能量与辐射能的频率成正比 $E = h\nu$,所以

$$E_2 - E_1 = \Delta E = h\nu$$

$$\nu = \frac{E_2 - E_1}{h} \tag{4-2}$$

式中 h—— 普朗克常数,6.626×10^{-34} J · s^{-1};

E—— 量子的能量,J。

应用上述玻尔的原子模型可以解释氢原子光谱。如果电子从 $n = 4,5,6,7$ 等轨道跳回 $n = 2$ 的轨道,按式(4 - 2) 计算出来的波长分别等于 656.3 nm、486.1 nm、434.0 nm、410.2 nm、397.0 nm,即为氢光谱中可见光部分的 H_α、H_β、H_γ、H_δ、H_ε 的波长。如果电子从其他能级跳回 $n = 1$ 能级,由于放出的能量大,光频率高,波长短,就得到紫外光区的谱线。如果电子从其他能级跳回到 $n \geqslant 3$ 能级时,由于放出的能量小,光的频率低,波长长,就得到红外光区的谱线。只要是单电子原子或离子的光谱都能用玻尔模型加以解释,如 He^+、Li^{2+}、Be^{3+}、B^{4+}、C^{5+}、N^{6+} 和 O^{7+},这些离子在天体星际的光谱中已证明它们的存在,部分已在实验研究中制得。

但是,玻尔理论不能说明多电子原子光谱,也不能说明氢原子光谱的精细结构,有相当的局限性。这是由于电子是微观粒子,电子运动不遵守经典力学的规律而有它本身的特征和规

律。玻尔理论虽然引入了量子化,但并没有完全摆脱经典力学的束缚,它的电子绕核运动的固定轨道的观点不符合微观粒子运动的特性,因此原子的玻尔模型不可避免地要被新的模型(即原子的量子力学模型)所替代。

4.2 原子结构的量子力学模型

量子力学是研究电子、原子、分子等微粒运动规律的科学。微观粒子运动不同于宏观物体运动,其主要特点是量子化和波粒二象性。

4.2.1 微观粒子的波粒二象性

光的波动性和粒子性经过了几百年的争论,到了20世纪初,物理学家通过大量实验对光的本性有了比较正确的认识。光的干涉、衍射等现象说明光具有波动性,而光电效应、原子光谱又说明光具有粒子性,这被称为光的波粒二象性(wave - particle dualism)。

光的波粒二象性及有关争论启发了法国物理学家德布罗意(L. de Broglie),他在1924年提出一个大胆的假设:实物微粒都具有波粒二象性,认为实物微粒不仅具有粒子性,还具有波的性质,这种波称为德布罗意波或物质波。他认为质量为 m,运动速度为 v 的微粒波长 λ 相应为

$$\lambda = \frac{h}{p} = \frac{h}{mv} \tag{4-3}$$

式中 h—— 普朗克常数;

p—— 动量。

德布罗意的假说在1927年被戴维逊(C. J. Davission)和革麦(L. H. Germer)的电子衍射实验所证实。戴维逊和革麦用一束电子流,通过镍晶体(作为光栅),得到和光衍射相似的一系列衍射圆环,根据衍射实验得到的电子波的波长也与按德布罗意公式计算出来的波长相符,此现象说明电子具有波动性。此后又证明中子、质子等其他微粒都具有波动性。

具有波粒二象性的微粒和宏观物体的运动规律有很大的不同。1927年,德国物理学家海森堡(W. Heisenberg)指出,对于具有波粒二象性的微粒,不可能同时准确测定它们在某个瞬间的位置和速度(或动量),如果微粒的运动位置测得越准确,则相应的速度越不易测准,反之亦然,这就是测不准原理(uncertainty principle)。测不准原理的数学表达式为

$$\Delta p_x \cdot \Delta x \geqslant h \tag{4-4}$$

测不准原理表明微观粒子的运动不服从经典力学的规律,而是遵循量子力学所描述的运动规律。

4.2.2 原子轨道

1. 波函数

1926年,奥地利科学家薛定谔(E. Schrodinger)在考虑实物微粒的波粒二象性的基础上,通过光学和力学的对比,把微粒的运动用类似于表示光波动的运动方程来描述。

薛定谔方程是一个二阶偏微分方程,是描述微观粒子运动的基本方程,即

$$\frac{\partial^2 \psi}{\partial x^2} + \frac{\partial^2 \psi}{\partial y^2} + \frac{\partial^2 \psi}{\partial z^2} + \frac{8\pi^2 m}{h^2}(E - V)\psi = 0 \tag{4-5}$$

式中　ψ——波函数；

　　　E——体系的总能量；

　　　V——体系的势能；

　　　m——微粒的质量；

　　　h——普朗克常数；

　　　x、y、z——微粒的空间坐标。

对于氢原子来说，ψ 是描述氢原子核外电子运动状态的数学函数式，是空间坐标 x、y、z 的函数 $\psi = f(x,y,z)$；E 是氢原子的总能量；V 是原子核对电子的吸引能；m 是电子的质量。

波函数 ψ 是通过解薛定谔方程得来的，所得的一系列合理的解 ψ_i 和相应的一系列能量值 E_i 代表了体系中电子的各种可能的运动状态，以及与这个状态相对应的能量。因此，在量子力学中微观粒子运动状态是用波函数和对应的能量来描述的。

波函数的意义可表述如下：

(1) 波函数 ψ 是描述微观粒子运动状态的数学函数式，三维空间坐标的函数。

(2) 每一个波函数 ψ 都有相对应的能量值 E_i。

(3) 电子的波函数没有明确直观的物理意义。

波函数 ψ 就是原子轨道，量子力学中的“轨道”不是指电子在核外运动遵循的轨迹，而是指电子的一种空间运动状态。

2. 原子轨道的角度分布图

解薛定谔方程时，为了数学上的求解方便，将直角坐标 (x,y,z) 变换为球极坐标 (r,θ,φ)，即 $\psi(x,y,z)$ 经变换后成为 $\psi(r,\theta,\varphi)$，有

$$\psi(r,\theta,\varphi) = R(r)Y(\theta,\varphi)$$

式中　$R(r)$——波函数的径向部分；

　　　$Y(\theta,\varphi)$——与两个角度有关，称为波函数的角度部分。

图4－2所示为s、p、d原子轨道的角度分布剖面图。

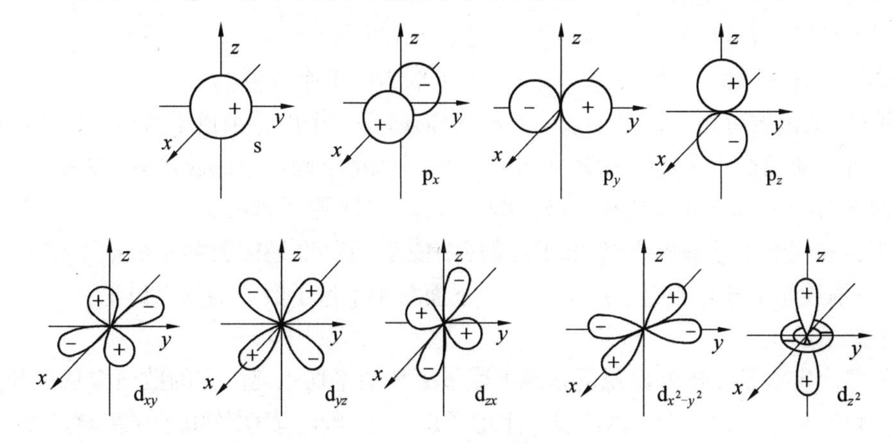

图4－2　s、p、d原子轨道的角度分布剖面图

4.2.3　电子云

根据量子力学的理论，电子不是沿着固定轨道绕核旋转，而是在原子核周围的空间很快地

运动着。电子在原子核外各处出现的概率是不同的,电子在核外空间有些地方出现的概率大,而在另外一些地方出现的概率小。

电子在核外单位体积内出现的概率称为概率密度(probability density),可以用 $|\psi|^2$ 表示。常把电子在核外出现的概率密度大小用点的疏密来表示,这样得到图像称为电子云,它是电子在核外空间各处出现概率密度的大小的形象化描绘。图 4 - 3 所示为氢原子 1s 电子云示意图,图中的小黑点表示电子在此出现一次。小黑点较密的地方表示概率密度大,单位体积内电子出现的机会多。

电子云是电子在核外空间出现的概率密度分布的形象化描述,而概率密度的大小可用 $|\psi|^2$ 来表示,因此以 $|\psi|^2$ 作图,可以得到电子云的图像。将 $|\psi|^2$ 的角度部分 Y^2 随 θ、φ 变化的情况作图,可得到电子云的角度分布图。电子云的角度分布图和相应的原子轨道的角度分布图是相似的,它们之间主要区别有两点:

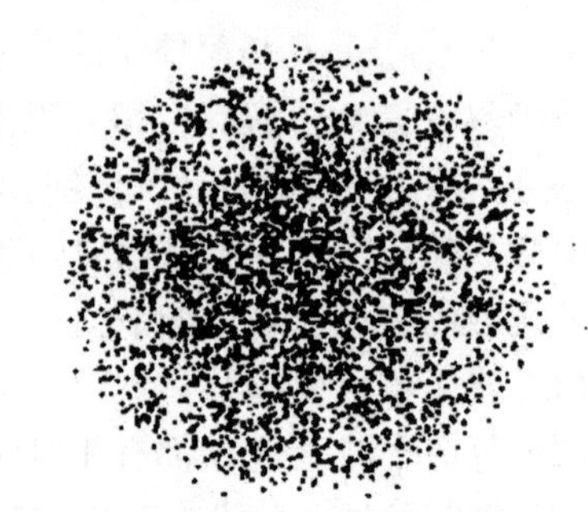

图 4 - 3　氢原子 1s 电子云示意图

(1) 由于 $Y < 1$,因此 Y^2 一定小于 Y,因而电子云角度分布图比原子轨道角度分布图“瘦”;

(2) 原子轨道角度分布图有正、负之分,而电子云角度分布图全部为正,这是由于 Y 平方后,总是正值。

4.2.4　量子数

薛定谔方程有非常多的解,但在数学上的解,在物理意义上并不都是合理、都能表示为电子运动的一个稳定状态的。要使所求的解具有特定的物理意义,需有边界条件的限制。在解薛定谔方程时,自然导出了 3 个量子数(n,l,m),它们只能取如下数值:

(1) 主量子数 $n = 1,2,3,\cdots$;

(2) 副角量子数 $l = 0,1,2,\cdots,n-1$,共可取 n 个数值;

(3) 磁量子数 $m = 0,\ \pm1,\ \pm2,\cdots,\ \pm l$,共可取 $2l+1$ 个数值。

由上可知,波函数可用一组量子数 n、l、m 来描述,每一个由一组量子数所确定的波函数表示电子的一种运动状态。在量子力学中,把 3 个量子数都有确定值的波函数,称为一个原子轨道。例如,$n = l,l = 0,m = 0$ 所描述的波函数 ψ_{100},称为 1s 原子轨道。

根据实验和理论的进一步研究,电子还做自旋运动,因此,还需要第 4 个量子数 —— 自旋量子数 m_s 来描述原子核外的电子运动状态。下面对 4 个量子数分别加以讨论:

(1) 主量子数 n。

主量子数决定电子在核外出现概率最大区域离核的平均距离。它的数值取从 1 开始的任意整数:$n = 1,2,3,\cdots$。每一个 n 值代表一个电子层,n 值越小,表明该电子层离核越近,能级越低。主量子数可用代号 K,L,M,N,… 表示。

n 值:	1	2	3	4	5	6
电子层:	第一层	第二层	第三层	第四层	第五层	第六层
电子层符号:	K	L	M	N	O	P

(2) 副量子数 l。

副量子数 l 反映电子在空间不同角度的分布情况，它决定了原子轨道或电子云角度部分的形状。l 的取值为 $0,1,2,\cdots,n-1$。每种 l 值表示一类电子云的形状，代表一个电子亚层，其数值常用光谱符号表示：

l 值：	0	1	2	3	4
电子亚层符号：	s	p	d	f	g

$l=0$，即 s 亚层，电子云呈球形对称；$l=1$，即 p 亚层，电子云呈哑铃形；$l=2$，即 d 亚层，电子云呈花瓣形。对于多电子原子来说，同一电子层中 l 值越小，该电子亚层的能级越低，比如 2s 亚层的能级比 2p 亚层低。

(3) 磁量子数 m。

磁量子数 m 反映原子轨道或电子云在空间的伸展方向。m 的取值为 $0,\ \pm1,\ \pm2,\cdots,\ \pm l$。这就意味着 l 确定后 m 可有 $2l+1$ 个，即每个亚层中的电子可有 $2l+1$ 个取向。比如当 $l=1$ 时，m 可取 $+1, 0, -1$，这 3 个数值表示 p 亚层上 3 个相互垂直的 p 原子轨道，分别称为 p_x, p_y, p_z。

(4) 自旋量子数 m_s。

原子中的电子除了绕核运动之外，还可以自旋。自旋量子数 m_s 就是用于描述电子自旋方向的，其值可取 $\pm1/2$。$m_s=+1/2$ 或 $m_s=-1/2$ 分别表示电子的两种不同的自旋状态，通常用 ↑、↓ 表示。

上述 4 个量子数综合起来，说明了原子核外电子的运动状态。常把量子数 n、l 和 m 都确定的电子运动状态称为原子轨道，原子轨道数由量子数决定。量子数与电子层最大容量的关系见表 4－1。

表 4－1　量子数与电子层最大容量的关系

电子层主量子数 n	K	L		M			N			
	1	2		3			4			
电子亚层副量子数 l	s 0 1s	s 0 2s	p 1 2p	s 0 3s	p 1 3p	d 2 3d	s 0 4s	p 1 4p	d 2 4d	f 3 4f
磁量子数 m	0	0	−1 0 +1	0	−1 0 +1	−2 −1 0 +1 +2	0	−1 0 +1	−2 −1 0 +1 +2	−3 −2 −1 0 +1 +2 +3
亚层轨道数目	1	1	3	1	3	5	1	3	5	7
电子数目	2	2	6	2	6	10	2	6	10	14
n 电子层中最大容量为 $2n^2$	2	8		18			32			

4.3 核外电子的分布与元素周期表

4.3.1 多电子原子的轨道能级

氢原子的核外只有一个电子,原子的基态和激发态的能量都决定于主量子数,与副量子数无关。在多电子原子中,由于原子中轨道之间的相互排斥作用,主量子数相同的各轨道产生分裂,主量子数相同的各轨道的能量不再相等。因此多电子原子中各轨道的能量不仅取决于主量子数,还和副量子数有关。原子中各轨道的能级的高低主要是根据光谱实验结果确定。

鲍林(L. Pauling)根据光谱实验结果总结出多电子原子中各轨道能级相对高低的情况,并用图近似地表示出来(图4-4),此图称为鲍林近似能级图,它反映了核外电子填充的一般顺序。

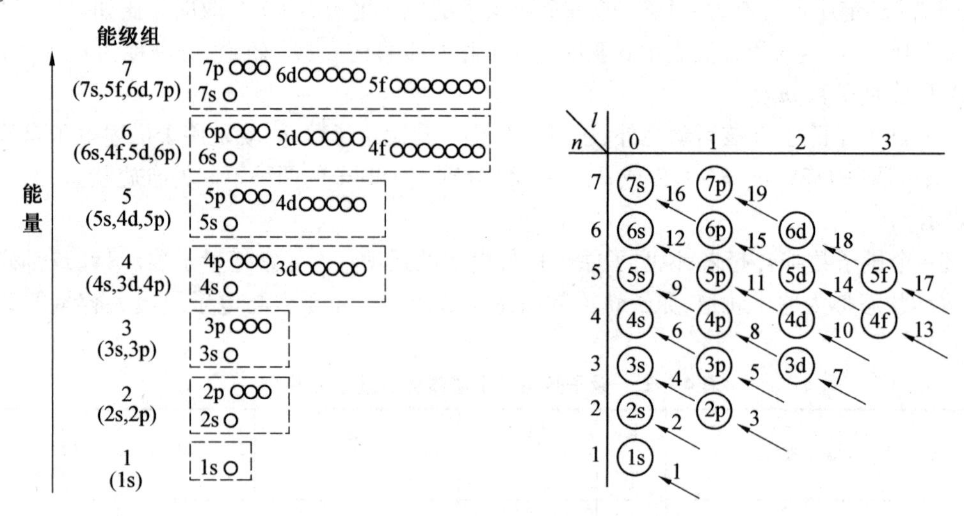

图4-4 鲍林近似能级图和电子填充顺序

由图可以看出,多电子原子的能级不仅与主量子数 n 有关,还与副量子数 l 有关。

(1) 当 l 相同时,n 越大,则能级越高,因此 $E_{1s} < E_{2s} < E_{3s} < \cdots$;

(2) 当 n 相同,l 不同时,l 越大,能级越高,因此 $E_{ns} < E_{np} < E_{nd} < E_{nf} < \cdots$;

(3) 同一原子内,不同类型的亚层之间有能级交错现象。

对于鲍林近似能级图,需注意以下几点。

(1) 它只有近似意义,不可能完全反映出每个元素的原子轨道能级的相对高低。

(2) 它只能反映同一原子内各原子轨道能级之间的相对高低,不能比较不同元素间原子轨道能级的相对高低。

(3) 电子在某一轨道上的能量,实际上与原子序数(核电荷数)有关,核电荷数越大,对电子吸引力越大,电子离核越近,轨道能量越低。鲍林近似能级图反映了原子序数递增电子填充的先后顺序。

4.3.2　核外电子分布原理

根据原子光谱实验结果和量子力学理论,以及对元素周期律的分析,总结出核外电子排布遵循的3个基本原理:

1. 能量最低原理

电子总是优先分布在能量较低的轨道上,使原子处于能量最低状态。只有当能量最低的轨道占满后,电子才能依次进入能量较高的轨道。

2. 泡利不相容原理

在同一原子中,不可能有2个电子具有完全相同的4个量子数。如果原子中电子的n、l、m 3个量子数都相同,则第4个量子数m_s一定不同,即同一轨道最多能容纳2个自旋方向相反的电子。

3. 洪特规则

电子在同一亚层的等价轨道上分布时,将尽可能以自旋方向相同的方式分别占据不同的轨道。量子力学理论证明这样的排布方式可以使体系能量最低。作为洪特规则特例,当等价轨道被电子半充满(如p^3、d^5、f^7)、全充满(p^6、d^{10}、f^{14})或全空(p^0、d^0、f^0)时也是比较稳定的。

4.3.3　核外电子的分布

根据核外电子分布原则,结合鲍林近似能级图,就可写出周期表中各元素原子的核外电子分布式,即电子排布构型,见附录元素周期表。对大多数元素来说其核外电子排布与光谱实验结果是一致的,但也有少数不符合,对于这种情况,首先应该尊重光谱实验事实。

4.3.4　元素周期表与核外电子分布的关系

(1) 周期。

原子的电子层数(主量子数n) = 元素所处周期数。

元素周期表中的元素共划分为7个横行,每一个横行称为一个周期。每一个周期开始都出现一个新的电子层,因此原子的电子层数等于该元素在周期表所处的周期数,即原子的最外电子层的主量子数代表该元素所在的周期数。例如第一周期,$n = 1$;第二周期,$n = 2$;依此类推。

(2) 族。

主族元素族数 = 价电子数。

元素的原子参加化学反应时,能参与成键的电子称为价电子,价电子所处的电子层称为价电子层。价电子层的电子排布式称为价电子层结构。根据元素的价电子层结构和相似的化学性质将周期表中的元素划分为不同的纵列,称为族。周期表中共有8个族(Ⅰ族 ~ Ⅷ族),每一族又分为主族(A族)和副族(B族)。由于ⅧB族包括3个纵列,所以共有18个纵列,如图4 - 5所示。

周期表中同一族元素的电子层数虽然不同,但它们的外层电子构型相同。对主族元素来说,族数等于最外层电子数。例如ⅤA族元素,它们最外层电子数都是5,最外层电子构型也相同,均为ns^2np^3,即

N	[He]	$2s^22p^3$
P	[Ne]	$3s^23p^3$
As	[Ar]	$3d^{10}4s^24p^3$
Sb	[Kr]	$4d^{10}5s^25p^3$
Bi	[Xe]	$4f^{14}5d^{10}6s^26p^3$

对副族元素来说,其次外层电子数在8 ~ 18之间,其族数等于最外层电子数与次外层d电子数之和。例如ⅦB族,最外层电子数与次外层d电子数之和是7,外电子构型相同,均为$(n-1)d^5ns^2$,即

Mn	[Ar]	$3d^54s^2$
Tc	[Kr]	$4d^55s^2$
Re	[Xe]	$4f^{14}5d^56s^2$

上述规则,对ⅧB不完全适用。

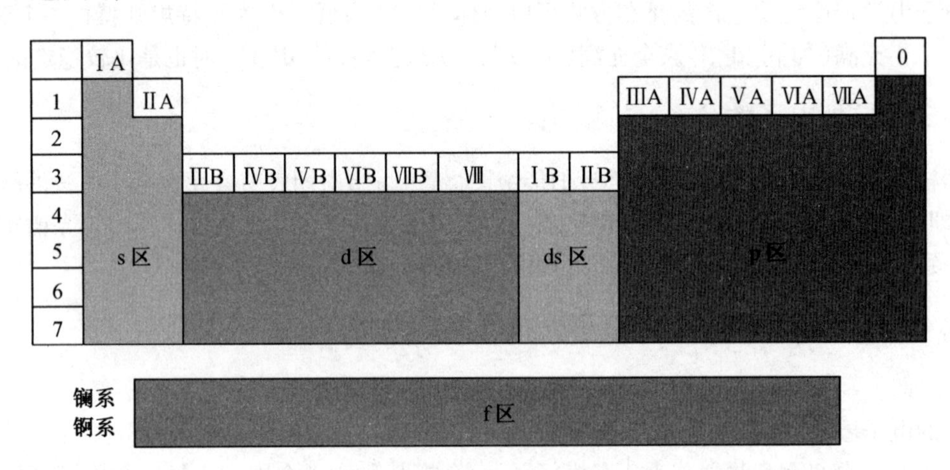

图4-5　周期表分区示意图

(3) 区。

如图4-5所示,根据元素原子价电子构型的不同,可以把周期表划分成s、p、d、ds、f 5个区。

s区元素,指最后一个电子填在ns能级上的元素,位于周期表左侧,包括ⅠA(碱金属)和ⅡA(碱土金属)。它们易失去最外层1个或2个电子,形成+1或+2价正离子,属于活泼金属。

p区元素,指最后一个电子填在np能级上的元素,位于周期表右侧,包括ⅢA ~ ⅦA及零族(ⅧA)元素。

d区元素,指最后一个电子填在$(n-1)d$能级上的元素,位于周期表中部。这些元素性质相近,有可变氧化态。往往把d区元素进一步分为d区和ds区,d区的价电子构型为$(n-1)d^{1-9}ns^{1-2}$,ds区的价电子构型为$(n-1)d^{10}ns^{1-2}$(如ⅠB铜族和ⅡB锌族)。

f区元素,指最后一个电子填在$(n-2)f$能级上的元素,即镧系、锕系元素(但镧和锕属d区),价电子构型为$(n-2)f^{1-14}(n-1)d^{0-2}ns^2$,该区元素特点是性质极为相似。

2016年11月28日，IUPAC正式确认113号、115号、117号、118号4个新发现元素的英文名称及符号，分别为nihonium(Nh)、moscovium(Mc)、tennessine(Ts)、oganesson(Og)。2017年5月9日，中国科学院、国家语言文字工作委员会、全国科技名词委员会联合发布4个新元素的中文命名，分别为鉨、镆、鿬和鿫。这4种元素补齐了元素周期表的第7行(第7周期)。

2019年是IUPAC成立100周年，同时也是联合国确立的国际化学元素周期表年，也是化学元素周期表150周岁生日。化学元素周期表是现代科学中最重要、最具影响力的成就之一，它不仅反映了化学的本质，也反映了物理学、生物学和其他基础学科的本质，是化学、物理学、生物学等方面重要的工具。元素周期表反映了元素间的内在联系，打破了人们曾经认为的元素是互相孤立的形而上学的观点。通过对元素周期表的学习可以加深对物质世界对立统一规律的认识。元素周期表也为发展物质结构理论提供客观依据。利用元素周期表可以启发人们在周期表中一定的区域内寻找新的物质，比如半导体材料、特定领域内优良的催化剂等。

4.3.5　元素基本性质的周期性

1. 原子半径

由于电子云没有明显界面，因此原子大小的概念是比较模糊的，通常所说的原子半径是根据物质的聚集状态，人为规定的一种物理量。常用的有以下3种。

(1) 共价半径。

同种元素的两个原子以共价键连接时，它们核间距的一半，称为该原子的共价半径(covalent radius)。例如，氯分子中两原子的核间距等于198 pm，则氯原子的共价半径为99 pm。原子核间距可以通过晶体衍射、光谱等实验测得。

(2) 范德瓦耳斯半径。

在分子晶体中，分子间是以范德瓦耳斯力(即分子间力)结合的，这时两个同种原子间距的一半，称为范德瓦耳斯半径(van der waals radius)。例如，在氖分子的晶体中测得两原子核间距为320 pm，则氖原子的范德瓦耳斯半径为160 pm。

(3) 金属半径。

金属单质的晶体中，相邻两金属原子核间距的一半，称为金属原子的金属半径(metallic radius)。例如，在锌晶体中，测得了两原子的核间距为266 pm，则锌原子的金属半径为113 pm。

周期表中各元素原子半径见表4-2，其中金属用金属半径表示，非金属用共价半径表示，稀有气体用范德瓦耳斯半径表示。

原子半径在周期表中的变化规律如下：

同一周期，从左到右，核电荷逐渐增加，电子层数保持不变，因此核对外层电子的吸引力逐渐增大，原子半径逐渐减小。

同一主族，从上到下，电子层构型相同，电子层数增加，原子半径逐渐增加。副族元素的原子半径，从第4周期过渡到第5周期是增大的，但由于镧系收缩的影响，第5周期和第6周期同族的过渡元素的原子半径很相近。

表4－2　元素的原子半径(pm)

H																	He
37.1																	122
Li	Be											B	C	N	O	F	Ne
152.0	111.3											88	77.2	70	66	64	160
Na	Mg											Al	Si	P	S	Cl	Ar
185.8	159.9											143.2	117.6	110.5	104	99.4	191
K	Ca	Sc	Ti	V	Cr	Mn	Fe	Co	Ni	Cu	Zn	Ga	Ge	As	Se	Br	Kr
227.2	197.4	164.1	144.8	131.1	124.9	124	124.1	125.3	124.6	127.8	133.3	122.1	122.5	121	117	114.2	198
Rb	Sr	Y	Zr	Nb	Mo	Tc	Ru	Rh	Pd	Ag	Cd	In	Sn	Sb	Te	I	Xe
247.5	215.2	180.3	159.0	142.9	136.3	135.2	132.5	134.5	137.6	144.5	149.0	162.6	141	141	137	133.3	217
Cs	Ba	Lu	Hf	Ta	W	Re	Os	Ir	Pt	Au	Hg	Tl	Pb	Bi	Po	At	Rn
265.5	217.4	173	156.4	143	137.1	137.1	133.8	135.7	138.8	144.2	150.3	170.4	175.0	154.8	153		

La	Ce	Pr	Nd	Pm	Sm	Eu	Gd	Tb	Dy	Ho	Er	Tm	Yb
187.7	182.4	182.8	182.2	181	180.2	198.3	180.1	178.3	177.5	176.7	175.8	174.7	193.9

2. 电离能 I

从原子中移去电子，必须消耗能量以克服核电荷的吸引力。原子失去电子的难易可用电离能(ionization energy，I) 来衡量。元素的气态原子在基态时失去一个电子成为一价正离子所消耗的能量称为第一电离能 I_1；从一价气态正离子再失去一个电子成为二价气态正离子所需要的能量称为第二电离能 I_2。依此类推，还可以有第三电离能 I_3、第四电离能 I_4 等。随着原子逐步失去电子所形成的离子正电荷越来越多，失去电子逐渐变难。因此，同一元素的原子其第二电离能大于第一电离能，第三电离能大于第二电离能，即 $I_1 < I_2 < I_3 < I_4 < \cdots$。例如

$$Al(g) \longrightarrow Al^{+}(g) + e^{-} \qquad I_1 = 578\ kJ \cdot mol^{-1}$$

$$Al^{+}(g) \longrightarrow Al^{2+}(g) + e^{-} \qquad I_2 = 1\ 823\ kJ \cdot mol^{-1}$$

$$Al^{2+}(g) \longrightarrow Al^{3+}(g) + e^{-} \qquad I_3 = 2\ 751\ kJ \cdot mol^{-1}$$

通常所说的电离能，如果不加标明，都是指第一电离能。

周期系各元素的第一电离能见表4－3。电离能的大小反映了原子失去电子的难易。电离能越大，原子失去电子时吸收的能量越大，原子失去电子越难；反之，电离能越小，原子失去电子越易。

元素的电离能在周期和族中都呈现规律性的变化。同一周期中，从左到右，主族元素的电离能逐渐增大；副族元素从左向右过渡时，电离能变化不规律。

同一主族从上到下，电离能逐渐减小。副族元素从上向下电离能变化没有明显的规律。

需要说明的是，电离能的大小只能衡量气态原子失去电子变为气态离子的难易程度，对于金属在溶液中发生化学反应形成阳离子的倾向，还是应该根据金属的电极电势来估量。

3. 电负性 X

元素的电负性(electronegativity) 是指元素的原子在分子中吸引电子能力的相对大小。1932年，鲍林定义元素的电负性是原子在分子中吸引电子的能力。他指定最活泼的非金属元素氟的电负性 X_F 为4.0，并根据热化学数据比较各元素原子吸引电子的能力，得出其他元素的电负性 X_P，见表4－4。元素的电负性数值越大，表示原子在分子中吸引电子的能力越强。

表4－3　各元素的第一电离能（$kJ \cdot mol^{-1}$）

H 1312																	He 2372
Li 520.2	Be 899.4											B 800.6	C 1086	N 1402	O 1314	F 1681	Ne 2081
Na 495.8	Mg 737.9											Al 577.5	Si 786.4	P 1019	S 999.5	Cl 1251	Ar 1520
K 418.8	Ca 598.8	Sc 631	Ti 658	V 650	Cr 652.8	Mn 717.3	Fe 759.3	Co 758	Ni 736.6	Cu 745.4	Zn 906.3	Ga 578.8	Ge 762.1	As 946	Se 940.9	Br 1140	Kr 1351
Rb 403	Sr 549.5	Y 616	Zr 660	Nb 664	Mo 684.9	Tc 702	Ru 711	Rh 720	Pd 805	Ag 730.9	Cd 867.6	In 558.2	Sn 708.6	Sb 833.6	Te 869.2	I 1008	Xe 1170
Cs 356.4	Ba 502.9	Lu 523.4	Hf 642	Ta 743.1	W 768	Re 759.4	Os 840	Ir 878	Pt 868	Au 890	Hg 1007	Tl 589.1	Pb 715.5	Bi 703.2	Po 812	At 916.7	Rn 1037
Fr [386]	Ra 509.3	Lr 490															
		La 538.1	Ce 528	Pr 523	Nd 530	Pm 536	Sm 549	Eu 546.7	Gd 592	Tb 564	Dy 571.9	Ho 581	Er 589	Tm 596.7	Yb 603.8		

表4－4　元素的电负性 X_p

H 2.1																
Li 1	Be 1.5											B 2	C 2.5	N 3	O 3.5	F 4
Na 0.9	Mg 1.2											Al 1.5	Si 1.8	P 2.1	S 2.5	Cl 3
K 0.8	Ca 1	Sc 1.3	Ti 1.5	V 1.6	Cr 1.6	Mn 1.5	Fe 1.8	Co 1.9	Ni 1.9	Cu 1.9	Zn 1.6	Ga 1.6	Ge 1.8	As 2	Se 2.4	Br 2.8
Rb 0.8	Sr 1	Y 1.2	Zr 1.4	Nb 1.6	Mo 1.8	Tc 1.9	Ru 2.2	Rh 2.2	Pd 2.2	Ag 1.9	Cd 1.7	In 1.7	Sn 1.8	Sb 1.9	Te 2.1	I 2.5
Cs 0.7	Ba 0.9	La-Lu 1.0-1.2	Hf 1.3	Ta 1.5	W 1.7	Re 1.9	Os 2.2	Ir 2.2	Pt 2.2	Au 2.4	Hg 1.9	Tl 1.8	Pb 1.9	Bi 1.9	Po 2	At 2.2
Fr 0.7	Ra 0.9	Ac-No 1.1-1.3														

在周期表中，电负性也呈现有规律的递变。同一周期从左到右，元素的电负性逐渐增大。同一主族从上到下，元素的电负性基本上呈减小趋势。

4.4　价键理论

1916年，英国化学家路易斯（G. N. Lewis）提出了共价键理论，认为分子的形成是原子间共享电子对的结果。这种原子与原子之间由共用电子对所产生的化学结合力称为共价键（covalent bond），由共价键形成的化合物称为共价化合物。经典的共价键理论初步揭示了共价键不同于离子键的本质，但并不能说明原子间共用电子对生成稳定的分子及共价键的本质是什么。1927年，德国科学家海特勒（W. H. Heitler）和伦敦（F. W. London）应用量子力学研究氢分子的结构，揭示了共价键的本质，并发展了共价键理论，开创了现代的共价键理论。

4.4.1 价键理论的基本要点

以 H_2 分子的形成说明共价键的形成。实验测得 H_2 分子的核间距为74 pm,而H原子的玻尔半径为53 pm,可见 H_2 分子的核间距比两个H原子的玻尔半径之和要小。这说明两个H原子在形成 H_2 分子的过程中,原子轨道发生了重叠。轨道的重叠使得两核间形成了一个电子出现概率密度较大的区域。这样不仅削弱了两核间的正电排斥力,而且还增强了核间电子云对两氢核的吸引力,使得体系的能量降低,形成共价键。

由此可见,共价键是指原子间由于成键电子的原子轨道重叠而形成的化学键。

价键理论又称为电子配对法,其基本要点为:

(1) 键和原子双方各提供自旋方向相反的未成对电子互相配对。若A、B两原子各有1个未成对电子,则可形成一个共价单键(A—B);若A、B两原子各有2个或3个未成对电子,则可形成双键(A═B)或叁键(A≡B);若A原子有2个未成对电子,B原子有1个,则A与2个B结合而成 AB_2 分子。

(2) 已键和的电子不能再形成新的化学键。例如,H_2 不能再和H或Cl结合形成 H_3 或 H_2Cl。

(3) 在形成共价键时原子轨道总是尽可能地达到最大限度的重叠使体系能量最低。

4.4.2 共价键的特征

根据上述基本要点,可以推断共价键有两个特征。

(1) 饱和性。

根据自旋方向相反的单电子可以配对成键的论点,在形成共价键时,几个未成对电子只能和几个自旋方向相反的单电子配对成键,这便是共价键的"饱和性"。

(2) 方向性。

根据价键理论,在形成共价键时,两个原子的轨道必须最大重叠。除了s轨道是球形外,p、d、f轨道在空间都有一定的伸展方向。因此,除了s轨道与s轨道成键没有方向限制,其他原子轨道只有沿着一定的方向才会有最大的重叠。这就是共价键有方向性的原因。

4.4.3 共价键的类型

共价键的形成是原子与原子接近时它们的原子轨道相互重叠的结果,根据轨道重叠的方向、方式及重叠部分的对称性划分为不同的类型,最常见的是σ键和π键。

(1)σ键。

两原子轨道沿键轴(两原子的核间连线)方向进行同号重叠,所形成的键称为σ键。σ键原子轨道重叠部分对键轴呈圆柱形对称(沿键轴方向旋转任何角度,轨道的形状、大小、符号都不变,这种对称性称圆柱形),如 H_2 分子中的键 s－s 轨道重叠,HCl分子中的键 $s-p_x$ 轨道重叠,Cl_2 分子中的键 p_x-p_x 轨道重叠等都是σ键。

(2)π键。

两原子轨道沿键轴方向在键轴两侧平行同号重叠,所形成的键称为π键。π键原子轨道重叠部分对等地分布在包括键轴在内的对称平面上下两侧,呈镜面反对称(通过镜面,原子轨道的形状、大小相同,符号相反,这种对称性称镜面反对称)。因此,p_y-p_y、p_z-p_z 轨道重叠形

成的共价键都是 π 键。

共价单键一般是 σ 键。共价双键和叁键则包括 σ 键和 π 键。

4.4.4　键参数

表征键的性质的某些物理量称为共价键参数。键参数通常指键能、键长、键角和键的极性。

(1) 键能 E。

在298.15 K标准状态下,将气态AB分子的1 mol键断开生成气态A、B原子所需要的能量称为键能,用符号 E 表示,单位为 $kJ \cdot mol^{-1}$。

对于双原子分子而言,在上述温度压力下,将1 mol理想气态分子解离为理想气态原子所需要的能量称解离能(D),解离能就是键能。例如

$$H_2(g) \longrightarrow 2H(g) \qquad D_{H—H} = E_{H—H} = 436.00\ kJ \cdot mol^{-1}$$

$$N_2(g) \longrightarrow 2N(g) \qquad D_{N—N} = E_{N—N} = 941.69\ kJ \cdot mol^{-1}$$

对于多原子分子,要断裂其中的键成为单个原子,需要多次解离,因此解离能不等于键能,而是多次解离能的平均值才等于键能,例如

$$CH_4(g) \longrightarrow CH_3(g) + H(g) \qquad D_1 = 435.34\ kJ \cdot mol^{-1}$$

$$CH_3(g) \longrightarrow CH_2(g) + H(g) \qquad D_2 = 460.46\ kJ \cdot mol^{-1}$$

$$CH_2(g) \longrightarrow CH(g) + H(g) \qquad D_3 = 426.97\ kJ \cdot mol^{-1}$$

$$CH(g) \longrightarrow C(g) + H(g) \qquad D_4 = 339.07\ kJ \cdot mol^{-1}$$

$$CH_4(g) \longrightarrow C(g) + H(g) \qquad D_{总} = 1\ 661.84\ kJ \cdot mol^{-1}$$

$$E_{C—H} = D_{总}/4 = 1661.84/4 = 415.46\ (kJ \cdot mol^{-1})$$

通常共价键的键能指的是平均键能,一般键能越大,表明键越牢固。

(2) 键长 L。

分子中两原子核间的平衡距离称为键长。例如,氢分子中两个氢原子的核间距为74 pm,所以H—H键的键长为74 pm。键长可用分子光谱或X射线衍射方法测定。一些化学键的键长和键能数据见表4－5。

表4－5　一些化学键的键长和键能数据

共价键	键长/pm	键能/($kJ \cdot mol^{-1}$)	共价键	键长/pm	键能/($kJ \cdot mol^{-1}$)
H—H	74.0	436	Cl—Cl	198.8	239.70
H—F	91.8	565 ±4	Br—Br	228.4	190.16
H—Cl	127.4	431.2	I—I	266.6	148.95
H—Br	140.8	362.3	C—C	154.0	345.60
H—I	160.8	294.6	C═C	134.0	602 ±21
F—F	141.8	154.8	C≡C	120.0	835.10

大量实验数据表明:同一种键在不同分子中的键长数值基本为定值。两个确定的原子之间如果形成不同的化学键,其键长越短,键能越大,键越牢固。

(3) 键角 θ。

分子中两个相邻化学键之间的夹角称为键角。对于双原子分子无所谓键角,分子的形状总是直线型的。对于多原子分子,由于分子中的原子在空间排布情况不同,有不同的几何构型,也就有键角问题。知道一个分子的键角和键长,即可确定分子的几何构型。键角通过分子光谱或X射线衍射等实验测定。

4.4.5 键的极性

形成共价键的对象是两种元素的电负性相差不太大或者完全相同的原子,因此共价键又分为非极性键和极性键。

同种元素的两个原子形成共价键时,共用电子对将均匀地绕两原子核运动,原子轨道相互重叠造成电子云密度的最大区域恰好在两原子中间,所以电荷分布对称,正负电荷中心重合,这种共价键称为非极性共价键,简称非极性键。例如,H_2、Cl_2、N_2 等非金属单质分子中的共价键都是非极性键。不同元素的两个原子形成共价键时,两原子吸引电子的能力各不相同,共用电子对会偏向吸引电子能力较大的原子一边,原子重叠造成的电子云密度最大区域会靠近吸引电子能力更大的原子一边,所以电荷的分布是不对称的,这种具有极性的键称为极性共价键,简称极性键。例如,HCl、H_2O、CO_2 等化合物分子中的共价键都是极性键。

一般两个成键原子的电负性差值 Δx 越大,共用电子对偏离的程度越大,共价键的极性越大。当 $\Delta x > 1.7$ 时共用电子对完全偏向某一方,形成离子键。因此离子键和非极性键是共价键的两个极端,而极性键则是离子键和非极性共价键之间的过渡状态。

4.5 杂化轨道理论

价键理论较好地说明了一些双原子分子价键的形成,但随着近代物理技术的发展,许多分子的几何构型被实验确定。价键理论不能说明它们的形成以及几何构型。比如对水分子来说,氧原子的价电子层结构为 $2s^2 2p_x^2 2p_y^1 2p_z^1$,即有两个未成对电子。根据价键理论形成两个共价键,而且两个p轨道是互相垂直的,键角应该是90°。而事实上,水分子的键角为104°45′。为了解释这类情况,鲍林于1931年在价键理论基础上提出了杂化轨道理论。

4.5.1 杂化轨道理论的基本要点

杂化轨道理论的基本要点如下:

(1) 原子在形成分子时,中心原子的若干不同类型、能量相近的原子轨道经过混杂平均化,重新分配能量和调整空间方向组成数目相同、能量相等的新原子轨道,这种混杂平均化过程称为原子轨道"杂化(hybridization)",所得新原子轨道称为杂化原子轨道,或简称杂化轨道(hybrid orbital)。

(2) 不同电子亚层中的原子轨道杂化时,电子会从能量低的层跃迁到能量高的层,其所需的能量完全由成键时放出的能量予以补偿,形成的杂化轨道成键能力大于未杂化轨道。

(3) 一定数目的原子轨道杂化后可得到能量相等的相同数目的杂化轨道,各杂化轨道能量高于原来的能量较低的电子亚层的能量而低于原来能量较高的电子亚层的能量,不同类型的杂化所得杂化轨道空间取向不同。

杂化后的电子轨道与原来相比在角度分布上更加集中，从而使它在与其他原子的原子轨道成键时重叠的程度更大，形成的共价键更加牢固。

4.5.2　杂化类型与分子几何构型

1. sp 杂化

sp 杂化轨道是1个 ns 轨道与1个 np 轨道杂化。例如，$BeCl_2$ 分子中的 Be 原子的价电子层原子轨道取 sp 杂化，形成2个 sp。杂化过程示意如图4－6所示。

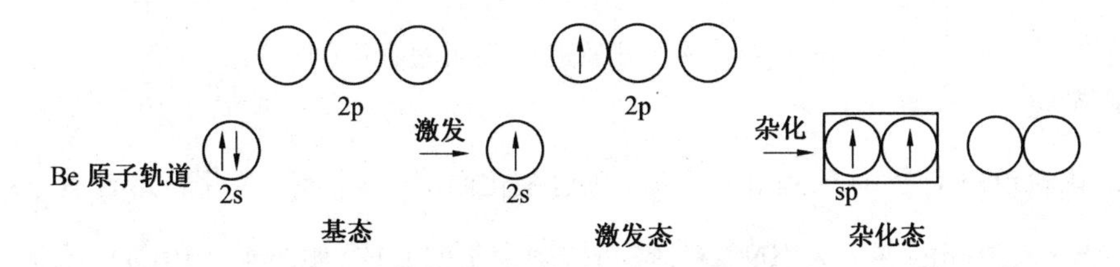

图4－6　Be 原子轨道 sp 杂化过程示意图

每个 sp 杂化轨道含有$\frac{1}{2}$s 成分和$\frac{1}{2}$p 成分，每个 sp 轨道的形状都是一头大、一头小。这2个杂化轨道在空间的分布呈直线形，如图4－7(a)所示。

Be 原子的2个 sp 杂化轨道与 Cl 原子的 p 轨道沿键轴方向重叠而成2个根等同的 Be—Cl 键，$BeCl_2$ 分子呈直线形结构，如图4－7(b)所示。

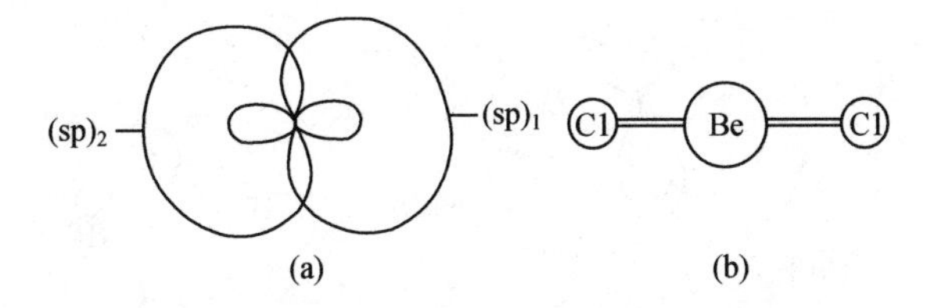

图4－7　sp 杂化轨道及 $BeCl_2$ 分子的构型示意图

2. sp^2 杂化

sp^2 杂化轨道由1个 ns 轨道和2个 np 轨道杂化而成，每个杂化轨道的形状也是一头大、一头小，含有$\frac{1}{3}$s 和$\frac{2}{3}$p 的成分，杂化轨道间的夹角为120°，呈平面三角形，如图4－8(a)所示。例如，BF_3 中的 B 原子与3个 F 原子结合时，其价电子首先被激发成$2s^12p^2$，然后杂化为能量等同的3个 sp^2 杂化轨道，杂化过程示意图如图4－9所示。

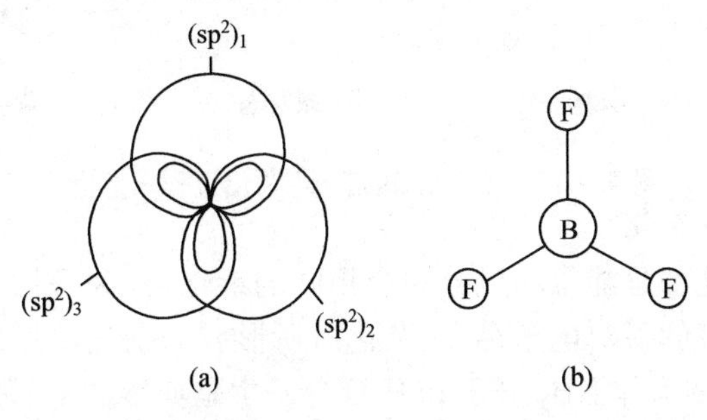

图4－8　sp^2 杂化轨道及 BF_3 分子的结构示意图

在 BF_3 分子中,3个F原子的2p轨道与B原子的3个 sp^2 杂化轨道沿着平面三角形的3个顶点相对重叠形成3个等同的B—Fσ键,整个分子呈平面三角形结构,如图4－8(b)所示。

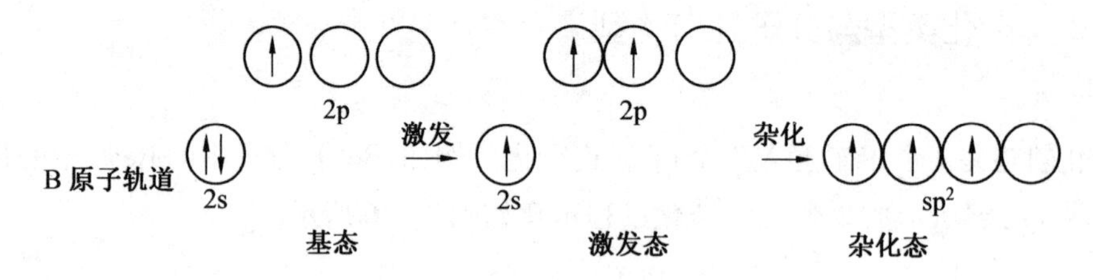

图4－9 B原子轨道 sp^2 杂化过程示意图

3. sp^3 杂化

sp^3 杂化轨道由1个ns轨道和3个np轨道杂化而成,每个 sp^3 杂化轨道含有 $\frac{1}{4}$s和 $\frac{3}{4}$p的成分,sp^3 杂化轨道间的夹角为109°28′,空间构型为正四面体,如图4－10(a)所示。

例如:CH_4 分子中的C原子与4个H原子结合时,由于C原子的2s和2p轨道的能量比较相近,2s电子首先被激发到2p轨道上,然后1个s轨道与3个p轨道杂化而成能量等同的4个 sp^3 杂化轨道,杂化过程示意如图4－11所示。

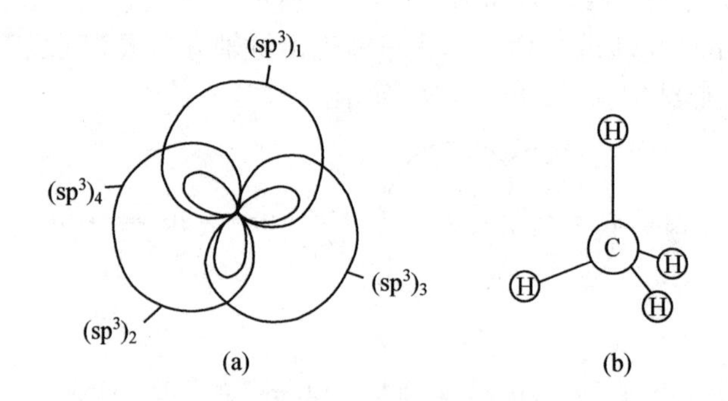

图4－10 sp^3 杂化轨道及 CH_4 的分子构型示意图

4个氢原子的s轨道分别与C原子的4个 sp^3 杂化轨道沿四面体的4个顶点相对互相重叠,形成4个等同的C—Hσ键,键角为109°28′,CH_4 分子呈正四面体结构,如图4－10(b)所示。

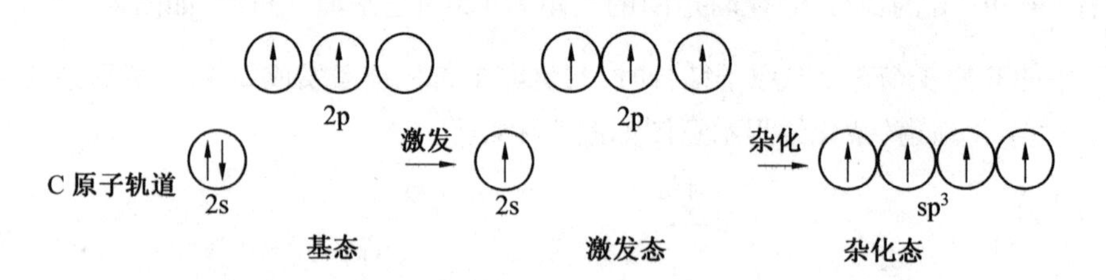

图4－11 C原子轨道 sp^3 杂化过程示意图

4. 等性杂化和不等性杂化

上述介绍的几种杂化都是能量和成分完全相同的杂化,称为等性杂化。如果参加杂化的原子轨道中有不参加成键的孤对电子存在,杂化后所形成的杂化轨道的形状和能量不完全相同,这类杂化称为不等性杂化。NH_3 分子和 H_2O 分子中是典型的 sp^3 不等性杂化轨道,其分子结构示意图分别如图4－12和图4－13所示。

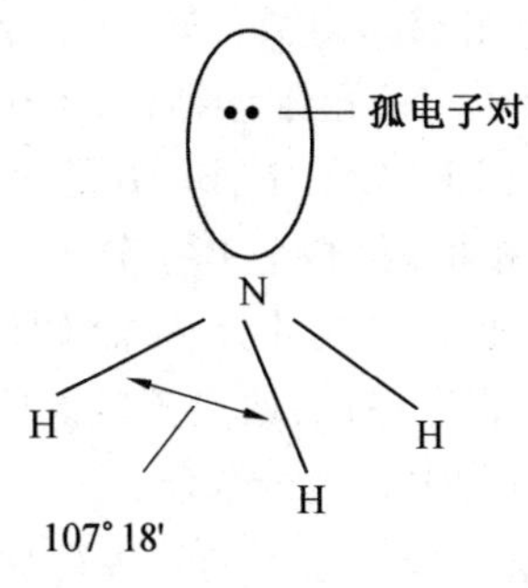

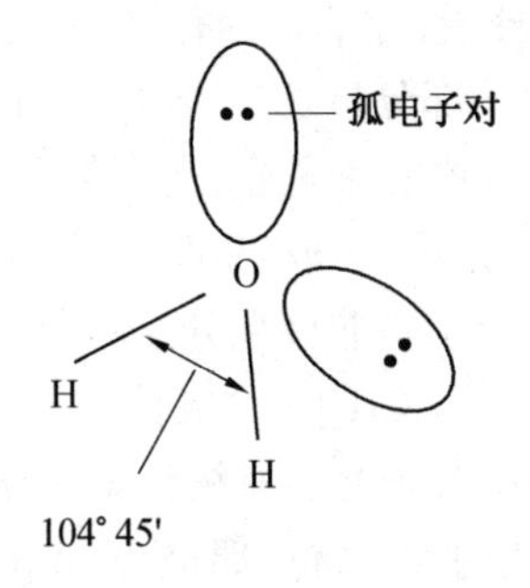

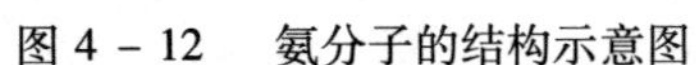
图 4 - 12　氨分子的结构示意图

图 4 - 13　水分子的结构示意图

(1) NH_3 分子结构。

NH_3 分子中的 N 原子($1s^22s^22p^3$)成键时进行 sp^3 不等性杂化。成键时,含未成对电子的3个 sp^3 杂化轨道分别与3个H原子的1s轨道重叠,形成3个N－Hσ键,另1个含孤对电子的杂化轨道没有参加成键。由于孤电子对的电子云比较集中于N原子的附近,在N原子外占据着较大的空间,对3个N—H键的电子云有较大的静电排斥力,使键角从109°28′被压缩到107°18′,以至 NH_3 分子呈三角锥形。同时其所在的杂化轨道含有较多的s轨道成分,其余3个杂化轨道则含有较多的p轨道成分,使这4个 sp^3 杂化轨道不完全等同。

(2) H_2O 分子结构。

H_2O 分子中的O原子($1s^22s^22p^4$)有2对孤对电子,氧原子成键时也采用 sp^3 不等性杂化,2个杂化轨道与氢的原子轨道重叠形成O—Hσ键,而2个含孤对电子的杂化轨道不参加成键,同样对成键电子存在排斥作用,使∠HOH键角更小,实测 H_2O 分子中∠HOH的键角为104°45′,所以 H_2O 分子呈V形。

上述所涉及的 CH_4、NH_3 和 H_2O 分子中的中心原子都采取 sp^3 杂化,成键杂化轨道中,等性杂化的s轨道成分含量为25%,而不等性杂化的s轨道成分含量 NH_3、H_2O 分别为22.6%和20.2%,成键轨道间的夹角分别为109°28′、107°18′和104°45′,可见键角随s成分的减少而相应缩小。杂化轨道理论成功地解释了许多分子中键合状况以及分子的形状、键角、键长等实验。

4.6　分子间力和氢键

4.6.1　分子的极性

分子中正负电荷中心重合的,称为非极性分子(nonpolar molecular);正负电荷中心不重合,形成带正、负电的两极,称为极性分子(polar molecular)。

同核双原子分子如 H_2、Cl_2、N_2 等,由于两个元素的电负性相同,两个原子对共用电子对的吸引能力相同,正、负电荷中心必然重合,因此它们是非极性分子。异核双原子分子如HCl、CO、NO等,由于两元素的电负性不相同,其中电负性大的元素的原子吸引电子的能力较强,负电荷中心必靠近电负性大的一方,而正电荷中心则较靠近电负性小的一方,正负电荷中心不重合,因此它们是极性分子。

多原子分子,分子是否有极性,主要取决于分子的组成和构型。如 NH_3 分子中,N—H 键有极性(氮原子部分带负电,氢原子部分带正电),氨分子为三角锥形结构,各个键的极性不能抵消,正负电荷中心不重合,所以氨分子是极性分子;在 BF_3 分子中,B—F 键为极性键,但 BF_3 是一个平面三角形,互成 120°,三个 B—F 键的极性互相抵消,整个 BF_3 分子正负电荷中心重合,所以 BF_3 分子是非极性分子;同样正四面体的 CCl_4 也是非极性分子;而 CH_3Cl 由于键的极性不能抵消,所以 CH_3Cl 是极性分子。总之,共价键是否有极性,取决于成键原子间共用电子对是否有偏移,分子是否有极性取决于整个分子正负电荷中心是否重合。

分子极性的大小常用偶极矩(dipole moment)衡量。极性分子的偶极矩 $\boldsymbol{p}$ 等于分子中电荷中心上的电荷量 δ 与正负电荷中心间距 d 的乘积,即

$$\boldsymbol{p} = \delta \cdot d$$

式中 $\boldsymbol{p}$—— 偶极矩,C · m;

δ—— 偶极上的电荷,C;

d—— 正负电荷中心间距或偶极长度,m。

偶极矩是一个矢量,其方向规定为从正到负。

分子偶极矩的大小可用实验方法直接测定。表4-6为某些气态分子的偶极矩的实验值,由表4-6可见分子几何构型对称(如平面三角形、正四面体形)的多原子分子,其偶极矩为零。从分子偶极矩可推出其分子的几何构型。反过来,知道了分子的几何构型,也可以知道其分子的偶极矩是否等于零。偶极矩越大,分子的极性越强。

表4-6 某些分子的偶极矩和分子的几何构型

分子	$p/(10^{-30}$ C · m)	几何构型	分子	$p/(10^{-30}$ C · m)	几何构型
H_2	0.0	直线形	HF	6.4	直线形
N_2	0.0	直线形	HCl	3.61	直线形
CO_2	0.0	直线形	HBr	2.63	直线形
CS_2	0.0	直线形	HI	1.27	直线形
BF_3	0.0	平面三角形	H_2O	6.23	V形
CH_4	0.0	正四面体	H_2S	3.67	V形
CCl_4	0.0	正四面体	SO_2	5.33	V形
CO	0.33	直线形	NH_3	5.00	三角锥形
NO	0.53	直线形	PH_3	1.83	三角锥形

4.6.2 分子间力

化学键是决定物质化学性质的主要因素,但化学键的性质还不能说明物质的全部性质及其所处的状态。例如,在温度足够低时许多气体能凝聚为液体,甚至凝固为固体,这说明还存在某种相互吸引的作用力,即分子间力,又称范德瓦耳斯力(van der Waals force)。

分子间力相当微弱,一般为0.2 ~ 50 kJ · mol^{-1}(共价键能量为15 ~ 500 kJ · mol^{-1}),但对物质的许多性质,如熔点、沸点、表面张力、稳定性等都有相当大的影响。

分子间力一般包括以下3种:

(1) 取向力。

当极性分子与极性分子相邻时，由于极性分子的固有偶极必然发生同极相斥，异极相吸，分子发生相对转动，并且定向排列，这种固有偶极与固有偶极间的相互作用称为取向力(orientation force)。取向力大小主要取决于固有偶极，即分子的偶极矩越大，分子间的取向力越大。取向力只存在于极性分子之间。

(2) 诱导力。

极性分子本身存在固有偶极，相当于一个外电场，当极性分子与非极性分子相邻时，非极性分子受极性分子的诱导正负电荷中心彼此分离，同时分子产生变形，这种现象称为分子的极化，极化作用产生诱导偶极，这种固有偶极与诱导偶极之间的相互作用称为诱导力(induced force)。极性分子偶极矩越大，极性与非极性两种分子的极化率越大，则诱导力越大。

(3) 色散力。

非极性分子相互靠近时，由于电子和原子核的相对运动，因此分子内的正负电荷中心经常瞬间不重合，产生瞬时偶极。瞬时偶极又诱导临近分子产生瞬时偶极，这种瞬时偶极之间的相互作用称为色散力(dispersion force)。不仅非极性分子内部会出现瞬时偶极，极性分子内部也会出现瞬时偶极。因此极性分子和非极性分子之间，极性分子和极性分子之间都会出现色散力。相互作用的分子其质量越大，变形性越大，色散力越大；电离能越小，色散力越大。

分子间力均为电性引力，它们既没有方向性也没有饱和性，某些物质的分子间力见表4－7。

表4－7　某些物质的分子间力　　$kJ \cdot mol^{-1}$

物质	两分子间的相互作用力		
	取向力	诱导力	色散力
He	0	0	0.05
Ar	0	0	2.9
Xe	0	0	18
CO	0.000 21	0.003 7	4.6
HCl	1.2	0.36	7.8
HBr	0.39	0.28	15
HI	0.021	0.1	33
NH_3	5.2	0.63	5.6
H_2O	11.9	0.65	2.6

(4) 分子间力对物质性质的影响。

分子间力对物质物理性质的影响是多方面的。液态物质分子间力越大，汽化热就越大，沸点也就越高；固态物质分子间力越大，熔化热就越大，熔点也就越高。一般而言，结构相似的同系列物质分子质量越大，分子变形性也就越大，分子间力越强，物质的沸点、熔点也就越高。例如，稀有气体、卤素等，其沸点和熔点随着分子质量的增大而升高。

分子间力对液体的互溶性以及固、气态非电解质在液体中的溶解度也有一定影响。溶质和溶剂的分子间力越大，则在溶剂中的溶解度越大。

另外，分子间力对分子型物质的硬度也有一定的影响。极性小的聚乙烯、聚异丁烯等物质,分子间力较小,硬度也小;含有极性基团的有机玻璃等物质,分子间力较大,硬度也大。

4.6.3 氢键

(1) 氢键的形成。

当氢原子与电负性很大而半径很小的原子(例如F、O、N)形成共价型氢化物时,由于原子间共用电子对的强烈偏移,氢原子几乎呈质子状态,便可和另一个高电负性且含有孤对电子的原子产生静电吸引作用,这种引力称为氢键(hydrogen bond)。氢键是一种很弱的键,其键能一般在40 $kJ \cdot mol^{-1}$ 以下,但比范德瓦耳斯力强。氢键的键能与元素的电负性及原子半径有关,元素电负性越大,原子半径越小,形成的氢键越强。

氢键的结合可用X—H⋯Y通式表示,式中X、Y代表F、O、N等电负性大而半径小的原子,X和Y可以是同种元素,也可以是不同种元素。

拆开1 mol H⋯Y键所需的能量为氢键的键能。氢键的键能一般为15 ~ 35 $kJ \cdot mol^{-1}$,大约与分子间力相当,但比化学键要弱得多。

氢键不同于分子间力,它有方向性和饱和性。氢键的饱和性是因为氢体积非常小,当X—H分子中的H与Y形成氢键后,已被电子云所包围,这时若有另一个Y靠近时必被排斥,所以每个X—H只能和一个Y相互吸引而形成氢键。氢键的方向性是因为Y吸引X—H形成氢键时,将取H—X键轴的方向,即X—H⋯Y一般在一直线上。

(2) 氢键对物质性质的影响。

氢键的形成对物质性质将产生重大影响。

① 对熔点、沸点的影响。HF在卤化氢中分子质量最小,那么,它的熔点、沸点应该最低,但事实上却很高,这是因为HF分子间形成了氢键,其气化、液化都需消耗一定的能量来破坏部分氢键。而HCl、HBr、HI分子间不能形成氢键,因分子间力的依次增加,熔、沸点依次升高。

② 对溶解度的影响。如果溶质分子与溶剂分子间能形成氢键,将有利于溶质分子的溶解。例如,乙醇和乙醚都是有机化合物,前者能溶于水,而后者则不溶于水。同样 NH_3 易溶于 H_2O 也是形成氢键的缘故。

【阅读拓展】

船舶防腐涂料

随着人们对海洋资源开发的加快,海洋工程装备的腐蚀问题成为亟须解决的难题。目前常用的金属防腐蚀的方法有很多,比如采用金属保护层、阴极保护、添加缓蚀剂以及涂装防腐涂料等。在所有的防腐措施中,涂装防腐涂料是目前性价比最高、操作简单、效果最好的方法。

涂料的种类有很多,比如:氨基树脂类、丙烯酸树脂类、醇酸树脂类、酚醛树脂类、环氧树脂类、聚氨基甲酸酯类等。涂料经过处理会在基材表面形成一层坚韧的薄膜,称为漆膜或涂层。漆膜附着在基材的表面,可以将基材与大气及其他的腐蚀介质隔离,起到防止腐蚀、延长基材使用寿命的作用。漆膜和基材之间存在原子、分子之间的作用力,这种作用力包括化学键、氢键和范德瓦耳斯力。其中,化学键的强度要比范德瓦耳斯力强得多,因此如果涂料和基材之间能形成氢键或化学键,附着力要强得多。如果聚合物上带有氨基、羟基和羧基时,由于能和基材表面氧原子或氢氧基团等发生氢键作用,也会有较强的附着力。此外,聚合物上的活性基团也可以和金属发生化学反应。比如酚醛树脂可以在较高的温度下和铝、不锈钢等发生化学作用,环氧树脂也可和铝表面发生一定的化学作用。

石墨烯是一种 sp^2 杂化的二维六角形蜂巢晶格碳纳米材料,单层石墨烯厚度只有 0.335 nm,约是头发直径的二十万分之一,1 mm 厚的石墨中将近有 150 万层的石墨烯。石墨烯的碳 — 碳键长为 0.142 nm,键与键之间的夹角为 120°,形成稳定的六边形,其结构非常稳定。石墨烯是目前已知的强度和硬度最高的晶体材料。人们研究发现采用石墨烯材料对涂料进行改性,漆膜的耐化学介质性能可以大大提高。在石墨烯改性后的漆膜中,具有片层结构的石墨烯层层叠加,可以形成迷宫一样致密的隔绝层,可以有效地隔绝腐蚀介质的透过,增强了漆膜的物理隔绝作用。石墨烯经改性后,石墨烯粒子表面具有一定数量的官能团(羟基和羧基等),不仅能够与漆膜中的主体树脂很好地结合,而且这些官能团还能够与基材表面进行很好的吸附,漆膜与基材的吸附作用可以进一步提高与基材的附着力。另外,由于石墨烯硬度高,层间具有润滑作用,可以大大提高漆膜的机械强度、耐冲击性、柔韧性等机械性能。

习　题

1. 试区别:

(1) 基态和激发态。

(2) 外电子层构型和外电子层结构。

(3) 孤对电子和键对电子。

(4) 单键、双键和叁键;共价键和配位键;极性键和非极性键;极性分子和非极性分子。

(5) 氢键、分子间力和化学键。

2. 试述 4 个量子数的物理意义和它们取值的规则。

3. (1) 何谓电离能?它的大小取决于哪些因素?如何用元素的电离能来衡量元素金属性的强弱?

(2) 何谓电负性?通常采用哪一种电负性标度?如何用电负性来衡量元素的金属性和非金属性的强弱?

4. 下列说法对不对?若不对试改正。

(1) s 电子与 s 电子间形成的键是 σ 键,p 电子与 p 电子间形成的键是 π 键;

(2) 通常 σ 键的键能大于 π 键的键能;

(3) sp^3 杂化轨道指的是 1s 轨道和 3p 轨道混合后形成的 4 个 sp^3 杂化轨道。

5. 下列的电子运动状态是否存在?为什么?

(1) $n=2\quad l=2\quad m=0\quad m_s=+\frac{1}{2}$

(2) $n=3\quad l=1\quad m=2\quad m_s=-\frac{1}{2}$

(3) $n=4\quad l=2\quad m=0\quad m_s=+\frac{1}{2}$

(4) $n=2 \quad l=1 \quad m=1 \quad m_s=+\frac{1}{2}$

6. 写出$_{21}Sc$、$_{42}Mo$、$_{48}Cd$的电子排布式。

7. 若元素最外层仅有一个电子,该电子的量子数为$n=4, l=0, m=0, m_s=+1/2$。问:

(1) 符合上述条件的元素可以有几个?原子序数各为多少?

(2) 写出相应元素原子的电子结构,并指出在同期表中所处的区域和位置。

8. 在下列各组中填入合适的量子数:

(1) $n=2 \quad l=? \quad m=1 \quad m_s=-\frac{1}{2}$

(2) $n=3 \quad l=1 \quad m=? \quad m_s=+\frac{1}{2}$

(3) $n=4 \quad l=0 \quad m=0 \quad m_s=?$

9. 试用s、p、d、f符号来表示下列各元素原子的电子结构:

(1) $_{18}Ar$ (2) $_{26}Fe$ (3) $_{53}I$ (4) $_{47}Ag$

并指出它们各属于第几周期?第几族?

10. 已知4种元素的原子的外电子层结构分别为

(a) $4s^2$ (b) $3s^23p^5$ (c) $3d^24s^2$ (d) $5d^{10}6s^2$

试指出:

(1) 它们在周期系中各处哪一区?哪一周期?哪一族?

(2) 它们的最高正氧化值各为多少?

(3) 电负性的相对大小。

11. 第4周期某元素,其原子失去3个电子,在$l=2$的轨道内电子半充满,试推断该元素的原子序数,并指出该元素名称;第5周期某元素,其原子失去2个电子,在$l=2$的轨道内电子半充满,试推断该元素的原子序数、电子结构,并指出位于周期表中的哪一族?是什么元素?

12. 对多电子原子来说,当主量子数$n=4$时,有几个能级?各能级有几个轨道?最多能容纳几个电子?

13. 指出相应于下列各特征元素的名称:

(1) 具有$1s^22s^22p^63s^23p^5$电子层结构的元素;

(2) ⅡA族中第一电离能最大的元素。

14. 指出具有下列性质的元素(不查表,且稀有气体除外):

(1) 原子半径最大和最小　　(2) 电离能最大和最小

(3) 电负性最大和最小

15. 指出下列分子的中心原子采用的杂化轨道类型,并判断它们的几何构型。

(1) BeH_2 (2) SiH_4 (3) BBr_3 (4) CO_2

16. 指出下列各分子间存在哪几种分子间力(包括氢键)。

(1) H_2分子间 (2) O_2分子间 (3) H_2O分子间 (4) $HCl—H_2O$分子间 (5) H_2S分子间 (6) $H_2S—H_2O$分子间 (7) $H_2O—O_2$分子间 (8) CH_3Cl分子间

17. 指出下列各对分子间存在的分子间作用力的类型(①取向力;②诱导力;③色散力;④氢键)。

(1) 苯和四氯化碳 (2) 甲醇和水 (3) 二氧化碳和水 (4) 溴化氢和碘化氢

第 5 章　定量分析基础

【学习要求】

(1) 了解定量分析的过程和常用方法。

(2) 掌握定量分析结果的表示方法。

(3) 掌握定量分析的误差和分析结果的数据处理及评价方法。

5.1　定量分析的一般程序

定量分析(quantitative analysis) 的任务是确定样品中有关组分的含量,其一般程序包括试样的采集和制备、试样的分解、测定方法的选择和测定数据处理 4 个步骤。

定量分析在方法论、研究范式、逻辑过程、研究方式和资料获取方式等多个方面都有别于定性分析,特别强调实证性,每一个分析过程都离不开数学方法对表征分析对象所获得数据的分析,最后给出明确的、可受实践检验的分析结果。

定量分析特别注重"量" 的概念和本质,以保障分析结果的准确性,特别是微量成分分析、仲裁分析等,否则可能会得出错误的结论,导致产品报废,甚至发生事故。定量分析中方法的选择、分析仪器的精度、分析人员的主观意识和操作方法等对保障分析结果的准确性至关重要,不同分析方法所能达到的准确度不同,不同精度仪器检测误差不同,不同分析人员态度和能力不同。

而任一物理量的测定,准确度都是有一定的限度的,因此在分析过程中数据的记录和运算应遵循有效数字原则,测量中的数字记录包括全部准确数字和一位可疑数字,不允许随意增加或减少,记录的数位取决于测定方法及所应用仪器的精度。

5.1.1　试样的采集和制备

分析工作中被分析的物质称为样品或试样(sample),可以是固体、液体或气体。试样采集是从被检测的总体物料中取得具有代表性的样品,在组成和含量上能够代表原始物料。因此,为保证采集具有代表性的样品,应依据相关的国家标准和行业标准进行采样。

面对种类繁多的各种样品,制样过程通常是对采集的固态原始平均试样进行破碎、过筛、混合及缩分等,对液态样品固液分离、稀释或富集浓缩等,最后得到分析试样。气态样品采用吸收法制样或直接作为试样进行分析。

固态原始平均试样的最小采集量或缩分后分析试样的最小保留量与试样的均匀度、粒度大小、易破碎程度有关,可按照切乔特采样公式(Qeqott formula) 估算:

$$Q = Kd^2 \tag{5-1}$$

式中　Q—— 原始平均试样的最小采集量或缩分后分析试样的最小保留量,kg;

d—— 试样中最大颗粒的直径,mm;

K—— 表征物料特性的缩分系数,物料均匀度好的,一般取0.1 ~ 0.3;物料均匀度差的,一般取0.7 ~ 1.0。

5.1.2 试样的分解

一般分析工作中,除干法分析[如发射光谱分析(emission spectrum analysis)、差热分析(differential thermal analysis)等]外,固体试样通常被制成符合分析要求的溶液,把待测组分转变为适合测定的形态,或将组成复杂的试样处理成简单、便于分离和测定的形式。固体试样分解方法主要有湿法和干法,无论采用何种处理方法,都要求:

① 试样溶解或分解应完全,使被测组分全部转入试液。

② 溶解或分解过程中,被测组分不能损失。

③ 不能从外部混入待测组分,并尽可能避免引入干扰物质。

(1) 湿法分解。

采用水、酸或碱溶液为溶剂分解试样的方法,是无机物试样分解最常用的方法。湿法分解溶剂选择原则为:能溶于水的以水为溶剂,不溶于水的酸性物质用碱性溶剂,碱性物质用酸性溶剂,还原性物质用氧化性溶剂,氧化性物质用还原性溶剂。主要溶剂的性质及应用范围见附录4。

有机物湿法消解常用硝酸、硫酸或混合酸为溶剂,与试样一起置于克氏烧瓶内,在一定温度下进行煮解,其间硝酸破坏大部分有机物,过量硝酸分解或挥发,瓶内留下无机成分和硫酸,变为透明溶液,此时制得分析试液。

(2) 干法分解。

干法采用固体酸性或固体碱性物质为熔剂与试样熔融、半熔(烧结)进行复分解,或试样直接灰化分解,待测组分转变为可溶于水、酸或碱的化合物,然后用水、酸或碱液浸取熔块制备试样的待测溶液。

熔融是指将试样与熔剂在不低于熔点的温度下,固相物质液化、进行化学反应的过程;半熔是指将试样与熔剂在低于样品熔点的温度下进行反应的过程,加热时间较长;灰化处理适用于有机物中灰分分析,将试样置于马弗炉中高温分解,以空气中的氧为氧化剂,氧化分解有机物留下的无机残余物即灰分的过程;灰化也可采用射频放电产生活性氧游离基,在低温下(一般保持温度低于100 ℃)破坏有机物质,最大限度地减少挥发性物质的损失。干法分解常用酸性或碱性固体熔剂见附录5。

熔融或烧结适用于无机试样,加入熔剂量大(一般为试样的6 ~ 12倍),易带入熔剂离子及溶剂所含的杂质,因此慎选熔剂避免引入干扰组分。溶块浸取中,将不溶部分过滤,再用少量的熔剂再次熔融、浸取,将两次浸取液合并,制成分析试液。

(3) 干扰消除。

对于背景复杂的待测试液,其中存在的对待测组分的测定易产生干扰的共存组分应设法消除。消除方法主要有两种:掩蔽法和分离法。常用的掩蔽法有沉淀法、配位法、氧化还原法,分离法有沉淀法、萃取法、离子交换法、色谱法。

5.1.3 测定方法的选择

制样后的试液中待测组分的定量测定方法的选择应具体情况具体对待,一般原则有以下几个方面。

(1) 根据测定要求选择。如测定组分、测定准确度及完成测定任务的速度等。一般对标准物质成品分析,准确度要求很高,应选用准确度高、灵敏度高的分析方法,大多选用标准方法或经典方法;微量或痕量成分分析(如环境样品) 灵敏度要求较高,通常选用仪器分析法;中间控制过程分析等要求快速简便,能迅速提供分析结果,准确度和灵敏度要求相对较低,一般宜选择快速分析法,如滴定分析法。

(2) 根据待测组分的含量范围选择。常量组分分析多采用滴定分析法或质量分析法,它们的相对误差一般为千分之几,其中滴定分析法快速简便,优先考虑;微量组分的测定,可选用光谱法、色谱法等灵敏度较高的仪器分析法;对痕量组分,如果分析方法的检测限大于待测组分的含量,应先进行富集处理,然后再选用高灵敏度的分析方法,如仪器分析法。

(3) 根据待测组分的性质和基体的组成选择。选择分析方法之前,一定要了解待测组分的性质和分析试样基体的组成,不同的待测组分和试样基体应选择不同的分析方法。如大部分金属离子可与 EDTA 形成稳定的配合物,因此配位滴定法是测定金属离子的重要方法之一,但不适用于钠离子等的分析;钠离子能发射或吸收一定波长的特征谱线,火焰光度法是较好的测定钠离子的方法;黄铜中铜含量测定,若采用碘量法,干扰较多,尤其是 Fe^{3+},若用选用原子吸收分光光度法,铁、锌等的干扰均可消除;环境水样品中阴离子含量的分析,首选离子色谱法;环境样品中有机物(农药残留量) 的测定,选择气相色谱法。

(4) 根据实验分析室的现状选择。选择的方法应是实验室有条件或能够开展的方法,如测量环境水中阴离子,虽然离子色谱法较为适合,但如果实验室没有离子色谱仪,则可选用光度法等其他方法,或送往其他实验室检测。同时,还应考虑分析人员的分析水平,如分析低含量的钙时,可用电感耦合等离子发射光谱仪,但如实验室的人员对电感耦合等离子发射光谱仪不太熟悉,则选取其他方法。

测定方法一旦选择,应先用与分析试样组成相近的标准样品试做,以确定该方法的准确度和精密度是否符合要求,只有符合要求,才可以用于样品分析。试样分析过程中,要做标准样品(又称管理样品) 和空白样品测定,用以监控分析的质量。

5.1.4　测定数据处理

样品经过分析测试得出一系列数据,一般先将这些数据加以整理,剔除明显不正确的数据,然后根据统计学数据处理的规则决定异常数据取舍,再计算平均值、偏差、平均偏差、标准偏差、置信区间等,最后得到分析结果。

5.2　定量分析方法

定量分析在科学研究和人类各项活动中都发挥着重要的作用,如新物质发现、化学合成研究与生产制备过程、食品药品成分分析,环境污染源、污染物及其转化规律、危害性和消除方法等的确定,资源、能源变化过程量化分析,核材料、煤炭、石油、天然气及金属资源的探测、开采、冶炼、应用等,化肥、农药、抗生素残留检验等。可见定量分析直接影响科学技术的发展、人类物质文明和社会财富的创造、人类生存和政治决策等。

根据分析的原理和使用仪器的不同,定量分析方法可分为化学分析法(chemical analysis)

和仪器分析法(instrumentalanalysis)。

5.2.1 化学分析法

以物质的化学反应为基础的分析方法,称为化学分析法。化学分析法历史悠久,是分析化学的基础,也是本节的主要内容。根据反应类型、操作方法的不同,又可分为:

(1) 滴定分析法。

滴定分析法是根据滴定过程所消耗标准溶液的浓度和体积以及被测物质与标准溶液所进行的化学反应计量关系,计算得到被测组分含量的分析法。根据反应的类型不同,又将其分为酸碱滴定、配位滴定、氧化还原滴定、沉淀滴定等。滴定分析操作简便、快速,常量分析准确度高,相对误差为0.1% 左右。

(2) 质量分析法。

质量分析法是根据物质的化学性质,选择合适的化学反应,将被测组分转化为一种组成固定的沉淀或气体形式,通过纯化、干燥、灼烧或吸收剂的吸收等一系列处理后,精确称量,从而求出被测组分含量的分析法。质量分析不需要标准样品比较,常量分析有较高的准确度,相对误差一般小于0.1%。常作为国家或行业颁布的标准分析方法,但操作烦琐,分析速度较慢。

5.2.2 仪器分析法

依据物质的物理或物理化学性质,使用特殊的仪器进行分析测定的方法称为仪器分析法。根据分析原理和使用仪器的不同可将仪器分析法分为光学分析法、电化学分析法、色谱分析法等。

(1) 光学分析法。

以物质的光学性质为基础的分析方法,称为光学分析法。主要包括:

① 吸光光度分析法。根据物质对光的选择性吸收建立的定性、定量或结构分析的方法,称为吸光光度分析法。如可见、紫外、红外吸光光度分析法。

②原子发射光谱分析法。根据物质吸收能量(原子化)激发后,原子所产生的特征辐射进行的定性、定量的分析方法,称为原子发射光谱分析法。

③ 原子吸收光谱分析法。物质吸收能量而原子化,根据基态原子对特征谱线的吸收进行分析的方法,称为原子吸收光谱分析法。

④ 分子发射光谱分析法。依据对特征谱线、化学能或其他能量的吸收而发光建立起来的分析方法,称为分子发射光谱分析法。如分子荧光分析、磷光分析和化学发光分析等。

此外,光学分析法还有X射线分析、光声光谱分析、光导纤维传感分析、激光拉曼光谱分析等。

(2) 电化学分析法。

以物质的电学或电化学性质为基础的分析方法,称为电化学分析法。主要包括:

① 电导分析法。以测量溶液电导为基础确定物质含量的分析方法,称为电导分析法。包括直接电导法和电导滴定法。

② 电位分析法。通过测定无电流通过时溶液的电位差而确定物质含量的分析方法,称为电位分析法。包括直接电位法和电位滴定法。

③ 电解及库仑分析法。应用外加直流电源电解试液后,直接称量电极上析出的被测物质

质量的分析方法,称为电解(电质量)分析法。根据电解过程中消耗的电量求得被测物质含量的方法,称为库仑分析法。

④ 极谱分析与伏安分析法。极谱分析与伏安分析法是通过对试液电解得到的电流 - 电压关系曲线进行定性、定量分析的方法。凡使用滴汞电极或其他表面周期性更新的液体电极,则称为极谱分析法;凡使用固体电极或表面静止的电极,则称为伏安分析法。

(3) 色谱分析法。

利用物质物理化学性质(如吸附、分配、分子体积、极性强弱、电化学等性质)的差异进行分离分析的方法,称为色谱分析法。如气相色谱分析法、高效液相色谱分析法、薄层色谱分析法、毛细管电泳分析法等。

(4) 热分析法。

利用物质的温度与其性质(如体积、质量、反应热等)之间的关系建立起来的分析方法,称为热分析法。如测温滴定法、热质量法、差示热分析法等。

(5) 放射分析法。

依据物质的放射性辐射特性进行分析的方法,称为放射分析法。如同位素稀释法、中子活化分析法等。

随着科学技术的快速发展,学科之间相互渗透,许多新兴的分析技术不断引入,尤其是物理学和电子学的引入,使得仪器分析的新方法、新技术不断问世。如色谱 - 质谱 - 计算机联用分析,色谱 - 红外 - 计算机联用分析,色谱 - 核磁共振波谱 - 计算机联用分析,电化学扫描探针显微技术分析,等等。

化学分析和仪器分析是定量分析的重要组成部分。仪器分析方法的优点是快速、灵敏、操作简便、自动化程度高、易于实现在线分析等,是分析化学的发展方向,但不太适用于高含量组分的测定,仪器设备较为复杂、价格比较昂贵,维护、检修较为费事,使用、保存的环境条件要求较为苛刻,这是影响仪器分析普及推广的主要因素。化学分析一般应用于常量组分分析,准确度较高。

5.2.3　常量分析、半微量分析、微量分析和超微量分析

定量分析中,根据分析试样用量的多少,分为常量分析、半微量分析、微量分析和超微量分析。或根据分析试样中待测组分含量多少,分为微量组分分析(质量分数为0.01% ~ 1%)、痕量组分分析(质量分数 < 0.01%)、超痕量组分分析(质量分数 < 0.000 1%)。

一般情况下,常量组分分析取样量较多,大都采用化学分析法;而微量和痕量分析,则采用仪器分析的方法。

表5 - 1　分析试样用量对应的方法

方法	试样用量 /g	试液体积 /mL
常量分析	> 0.1	> 10
半微量分析	0.01 ~ 0.1	1 ~ 10
微量分析	0.000 1 ~ 0.01	0.01 ~ 1
超微量分析	< 0.000 1	< 0.01

5.2.4 常规分析、快速分析和仲裁分析

常规分析是指厂矿企业分析实验室配合生产所进行的日常分析,也称为例行分析。快速分析则是要求在很短的时间内快速给出分析结果,例如,炼钢过程的炉前分析。当不同单位对同一试样给出的分析结果有较大差异、产生争议时,则要求具有一定权威的部门,采用指定的标准分析方法进行分析,以确定原分析结果的可靠性,称为仲裁分析或裁判分析。

5.3 定量分析误差和分析结果的数据处理

在实际分析工作中,受分析方法、测量仪器、所用试剂和分析人员等客观条件的影响,测定结果不可能和真值完全一致,误差是客观存在的。通过分析误差产生的原因及其出现的规律实现误差减小,经一系列的数据归纳、取舍等分析处理,测定结果尽量接近客观真实值。

5.3.1 定量分析误差的产生及表示方法

1. 误差和准确度

误差(error)是指测定结果x与真值x_T的差值;准确度(accuracy)表示分析测定值与真值的接近程度。两者可相互衡量,误差越小,分析结果的准确度越高。误差可用绝对误差(absolute error)和相对误差(relative error)表示,有正负之分,正值表示测定结果偏高,负值表示测定结果偏低。相对误差是指绝对误差占真值的比率,通常以百分率(%)表示。

绝对误差E为

$$E = x - x_T \tag{5-2}$$

相对误差E_r为

$$E_r = \frac{x - x_T}{x_T} \times 100\% = \frac{E}{x_T} \times 100\% \tag{5-3}$$

【例5.1】 万分之一天平称量绝对误差是 ±0.000 1 g,25 mL滴定管的读数绝对误差是±0.01 mL。真实值为2.123 3 g的某试样,称量读数为2.123 4 g,则$E = +0.000\ 1$ g,$E_r = 0.005\%$;若真实值为0.212 3 g的试样称量读数为0.212 4 g,$E = 0.000\ 1$ g,则$E_r = 0.05\%$。

可以看出,两个物体的质量比相差近10倍,两次测量绝对误差相同,相对误差却相差10倍,表明物体质量大者相对误差小,准确度较高,即相对误差更好地反映了测定结果的准确度,更具有实际意义,实际工作中分析结果的准确度多用相对误差表示。

真值指某一物理量本身具有的客观存在的真实数值,一般是不可能精确地测知的,那么如何计算准确度和误差呢? 下列几种情况可认为真值已知:

(1) 理论真值。如某化合物的理论组成等。

(2) 计量学约定的真值。如国际计量大会上确定的长度、质量、物质的量单位等。

(3) 相对真值。认定精度高一个数量级的测定值作为低一级的测量值的真值。如公认的权威机构发布的标准物质的标准值。

2. 误差分类及产生原因

根据误差产生的原因和性质,可将误差分为系统误差(systematic error)和偶然误差(accidental error)。

(1) 系统误差。

由分析测定过程中的固定因素引起的一种非随机性误差,具有单向性,重复测定时重复出现。系统误差的大小、正负可以测定,若能找出系统误差产生的原因,可设法消除。系统误差产生的原因主要有以下几种:

① 方法误差。由所采用的分析方法所致。例如,在质量分析中沉淀的溶解损失或吸附杂质、灼烧时沉淀物分解或挥发等产生的误差;在滴定分析中,反应不完全、干扰离子影响、滴定终点与化学计量点不符、副反应等所产生的误差都属于方法误差。

② 仪器误差。仪器不够准确或未校准所导致。例如,天平不等臂、砝码腐蚀和量器刻度不准等造成的误差。

③ 试剂误差。分析中所用的试剂纯度不够、去离子水含微量杂质等引起的误差。

④ 操作误差。分析人员所掌握的分析操作与规范分析操作的差异引起的误差。例如,滴定管读数偏高或偏低、颜色变化观察不够敏锐等产生的误差。

⑤ 主观误差。个人的一些固有习惯导致的误差。

(2) 偶然误差。

由某些偶然因素(如操作中的温度、湿度、气压等波动)产生的误差,又称不可测误差或随机误差,具有抵偿性,不能完全消除,符合正态分布规律,即正误差和负误差出现的概率相等,小误差出现的概率大,大误差出现的概率小。

(3) 过失误差。

由于操作不规范、仪器不清洁、试样丢失、试剂加错、读数看错、记录及计算错误等产生的误差,属于过失误差,应及时纠正或重做。

(4) 误差消除。

测定中偶然误差不能完全消除,过失误差易于消除,系统误差采取以下措施也能消除。

① 空白实验。在不加待测试样的情况下,按试样分析规程在同样操作条件下进行分析。所得结果称为空白值。然后从试样结果中扣除空白值就得到比较可靠的分析结果,即消除了因试剂、溶剂、器皿等可能含有的被测组分或干扰组分而产生的误差。

② 仪器校正。对固、液、气量器,如滴定管、移液管、容量瓶和分析天平等,应进行校正,消除仪器引起的系统误差。而且测量数据产生的误差在数据处理中将会传递到最终结果。

③ 对照试验。用同样的分析方法在同样的条件下,用标样代替试样进行平行测定。将对照试验的测定结果与标样的含量比对,其比值称为校正系数,即

$$\text{校正系数} = \text{标准试样组分的标准含量} / \text{标准试样测定的含量}$$

$$\text{被测试样的组分含量} = \text{实际测得的含量} \times \text{校正系数}$$

分析过程中是否存在系统误差,对照试验是最有效的判别方法,可以校正测试结果,消除系统误差。

3. 偏差和精密度

精密度(precision)是指在相同条件下重复测量同一试样时,各测定值彼此接近的程度,反映测定值的重复性和再现性。精密度的高低通常用偏差来衡量,偏差越小,精密度越高。精密度可用绝对偏差、平均偏差、相对平均偏差、标准偏差和相对标准偏差来表示。

(1) 偏差。

偏差(deviation)是指个别测定值与几次测定值的平均值的差值。与误差相似,偏差也可

用绝对偏差和相对偏差表示。

① 绝对偏差为

$$d_i = x_i - \bar{x} \quad (i = 1,2,3,4,\cdots,n) \tag{5-4}$$

式中 x_i—— 个别测定值;

d_i—— 个别测定值的绝对偏差。

② 相对偏差为

$$d_r = \frac{d_i}{\bar{x}} \times 100\% \tag{5-5}$$

③ 平均偏差为

$$\bar{d} = \frac{1}{n}\sum_{i=1}^{n} |x_i - \bar{x}| = \frac{1}{n}\sum_{i=1}^{n} |d_i| \tag{5-6}$$

④ 相对平均偏差为

$$\bar{d}_r = \frac{\bar{d}}{\bar{x}} \times 100\% \tag{5-7}$$

用平均偏差表示精密度比较简单,但由于在一系列的测定结果中,小偏差占多数,大偏差占少数,如果按总的测定次数求算平均偏差,所得结果会使大偏差得不到应有的反映。

例如,对同一试样进行测定,得两组测定值,其中偏差分别为

第一组: +0.11, -0.73, +0.24, +0.51, -0.14,0.00, +0.30, -0.20 ($n = 8, \bar{d}_1 = 0.28$)

第二组: +0.26, +0.18, -0.25, -0.37, +0.32, -0.28, +0.31, -0.27 ($n = 8, \bar{d}_1 = 0.28$)

虽然两组测定结果的平均偏差相同,实际上,由于第一组数据中出现了两个较大的偏差 -0.73 和 +0.51,因此测定结果的精密度不如第二组。为更好地反映测定结果的精密度,常采用标准偏差表示。

(2) 标准偏差。

标准偏差(standard deviation) 分为总体标准偏差 σ 和样本标准偏差 s。总体是指定条件下无限次测量所得到的数据的集合。在总体中随机抽出的一组测量值称为样本。样本中所含测量值的数目 n 称为样本容量或样本大小。

当测定次数趋于无穷大时,总体标准偏差表示如下:

$$\sigma = \sqrt{\frac{\sum_{i=1}^{n}(x_i - \mu)^2}{n}} \tag{5-8}$$

式中 μ—— 无限多次测定的平均值,称为总体平均值,即

$$\lim_{n\to\infty} \bar{x} = \mu \tag{5-9}$$

在校正系统误差的情况下,μ 为真值。

一般的分析测定只能进行有限次测定,此时标准偏差为样本标准偏差 s,表达式为

$$s = \sqrt{\frac{\sum_{i=1}^{n}(x_i - \bar{x})^2}{n-1}} = \sqrt{\frac{\sum_{i=1}^{n} d_i^2}{n-1}} \tag{5-10}$$

上述两组数据的平均偏差虽然相同,但样本标准偏差分别为 $s_1 = 0.38, s_2 = 0.30, s_1 > s_2$。可见标准偏差比平均偏差更能灵敏地反映出大偏差的存在,因而,能更好地反映测定结果的精

密度。

实际工作中也使用相对标准偏差（用 s_r）表示测定结果的精密度。其表达式为

$$s_r = \frac{s}{\bar{x}} \times 100\%$$

【例5.2】 分析铁矿中铁的质量分数，得如下数据：37.45%、37.20%、37.50%、37.30%、37.25%。计算此结果的平均值、平均偏差、标准偏差、相对标准偏差。

解 $\bar{x} = \frac{37.45\% + 37.20\% + 37.50\% + 37.30\% + 37.25\%}{5} = 37.34\%$

各次测量偏差分别为

$d_1 = +0.11\%$， $d_2 = -0.14\%$， $d_3 = +0.16\%$， $d_4 = -0.04\%$， $d_5 = -0.09\%$

$$\bar{d} = \frac{\sum_{i=1}^{n} |d_i|}{n} = \left(\frac{0.11 + 0.14 + 0.16 + 0.04 + 0.09}{5}\right)\% = 0.11\%$$

$$s = \sqrt{\frac{\sum_{i=1}^{n} d_i^2}{n-1}} = \sqrt{\frac{0.11^2 + 0.14^2 + 0.16^2 + 0.04^2 + 0.09^2}{5-1}}\% = 0.13\%$$

$$s_r = \frac{s}{\bar{x}} \times 100\% = \frac{0.13}{37.34} \times 100\% = 0.35\%$$

4. 准确度与精密度

系统误差是定量分析中误差的主要来源，主要影响分析结果的准确性；偶然误差则主要影响分析结果的精密度。精密度是保证准确度的先决条件，精密度差则测定结果不可靠，也就失去了衡量准确度的前提；但高的精密度不一定保证高的准确度；准确度高的分析结果精密度一定高。

5. 提高分析结果准确度的方法

要得到精密而又可靠的分析结果，应绝对避免发生过失误差，尽可能减小系统误差和随机误差。下面结合实际情况，简要讨论如何减小分析过程中的误差。

（1）选择合适的分析方法。

各种分析方法的准确度和灵敏度各有侧重，合适的方法可减小系统误差。化学分析法（如质量法和滴定法）对高含量组分的测定准确度高，但灵敏度低，一般适用于常量组分的测定。而对低含量组分的测定，仪器分析法虽然误差较大，但是灵敏度高，适用于微量（质量分数为0.01% ~ 1%）和痕量（质量分数小于0.01%）组分的测定。在选择分析方法时，一定要根据组分含量及准确度的要求，在可能条件下选择最佳分析方法。

（2）消除系统误差。

对照实验是检查有无系统误差的最有效方法，通常有三种。一是标准试样法，选用组成与试样相近的标准试样进行测定，将测定结果与标准值进行统计学检验，确定有无系统误差；二是标准方法，采用标准方法和所选方法同时测定同一试样，两种测定结果进行统计学检验，确定有无系统误差；三是加标回收法，称取两份试样，在其中一份试样中加入已知量的待测组分，平行进行两份试样的测定，以加入的被测组分量能否定量回收判断有无系统误差。回收率为

$$回收率 = \frac{测得总量 - 试样含量}{加入量} \times 100\%$$

回收率越接近100%,则分析结果的系统误差越小。

① 空白实验。消除试剂、蒸馏水及器皿等引入的杂质所导致的系统误差。不加试样但仍按照试样分析步骤和条件进行分析实验,再在样品分析结果中扣除空白实验值,所得结果可认定为可靠结果。

② 校准仪器。消除仪器不准所引起的系统误差。如对砝码、移液管、容量瓶与滴定管进行校准,校准后再使用。

(3) 减小测量误差。

分析过程中准确称量常用分析天平的称量误差为 ±0.000 1g,跨度为0.000 2 g,为了使称量的相对误差小于0.1%,试样的质量应大于0.2 g,即 m = 0.000 2/0.1% = 0.2 g。

同理,准确测量一定体积的液体,读数误差为 ±0.01 mL,跨度为0.02 mL,为了使称量的相对误差小于0.1%,试液的体积应大于20 mL,即 m = 0.02/0.1% = 20 mL。

在一次滴定中,需要读数两次,可能造成的最大误差是 ±0.02 mL,为了使测量体积的相对误差小于0.1%,消耗滴定剂必须在20 mL以上,一般在滴定分析中,消耗的滴定剂体积通常控制在20 ~ 40 mL范围内。

(4) 减小偶然误差。

增加平行测定次数可以减少随机误差,但测定次数大于10次时,偶然误差的减小不很明显。因此在实际分析测定中,一般平行测定3 ~ 7次。

5.3.2 分析结果的数据处理

分析测定工作的目的在于获得真值,而实际工作中只能进行有限次测定。采用数理统计的方法,对获得的有限次测定数据进行合理的数据处理,便可对真值的取值范围作出科学的论断,这在分析化学数据处理中越来越广泛地被采用。

1. 偶然误差的正态分布性

无限次测量过程中产生的偶然误差符合正态分布(normal distribution),即高斯分布,曲线图如图5 - 1、图5 - 2、图5 - 3所示,它的数学表达式为

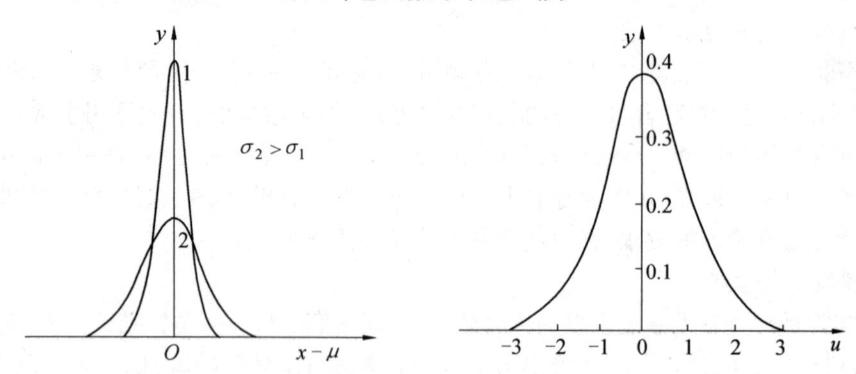

图5 - 1 真值相同、精密度不同的曲线　　图5 - 2 标准正态分布曲线

$$y = f(x) = \frac{1}{\sigma\sqrt{2\pi}}e^{-\frac{(x-\mu)^2}{2\sigma^2}} \tag{5 - 11 a}$$

式中 y—— 概率密度;

x—— 测量值、随机样本值;

μ—— 总体平均值，即无限次测定数据的平均值，对应于曲线最高点的横坐标值，没有系统误差时，μ 就是真值；

σ—— 标准偏差，它是总体平均值 μ 到曲线两个拐点中任何一个的距离。

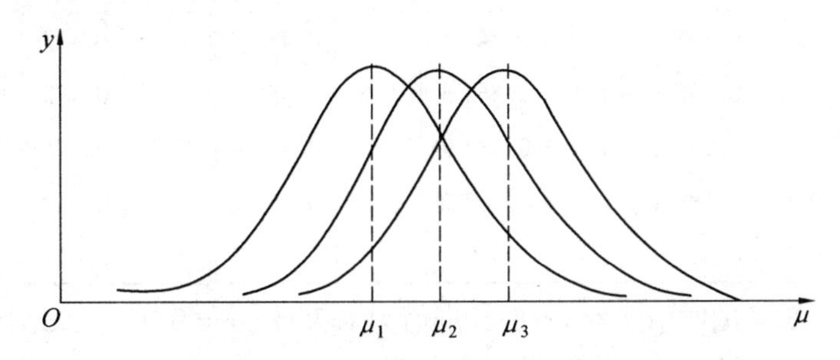

图 5 - 3　精密度相同、真值不同的三个系列测定的正态分布曲线

μ 决定曲线在 x 轴上的位置，σ 决定曲线的形状，σ 越小，数据精密度越好，曲线越高。$x-\mu$ 为偶然误差；$(x-\mu)/\sigma$ 为标准正态变量，以 u 表示，因此 $(x-\mu)/\sigma$ 常称为 u 值。此时正态分布表达式可表示为

$$y=\varphi(x)=\frac{1}{\sigma\sqrt{2\pi}}e^{-\frac{u^2}{2}} \tag{5-11 b}$$

若以 $x-\mu$ 作为横坐标，则曲线最高点对应的横坐标为零，这时曲线即为偶然误差的正态分布密度曲线。

由图 5 - 1、图 5 - 2、图 5 - 3 可以得出：

(1) $x=\mu$ 时，y 值最大，即分布曲线的最高点，说明误差为 0 的测量值出现的概率最大，体现了测量值的集中趋势，大多数测量值集中在算术平均值的附近。

(2) 曲线以过 $x=\mu$ 这一点的垂直线为对称轴，表明正误差和负误差出现的概率相等。此时，σ 值越大，测量精密度越差，曲线越平坦，反之曲线越尖锐。因此，可根据 μ 值、σ 值估算分析结果 x 落在标准值 μ 附近某个范围内的概率，即图 5 - 4 中定积分面积。见【例 5.3】。

(3) 当 x 趋向于 $-\infty$ 和 $+\infty$ 时，曲线以 x 轴为渐近线，说明小误差出现的概率大，大误差出现的概率小，出现很大误差的概率极小，趋近于零，随着测定次数的增加，偶然误差的算术平均值将逐渐接近于零。

(4) 正态分布曲线与横坐标之间所夹的总面积即为概率密度函数在 $-\infty$ 和 $+\infty$ 区间的积分值，代表了具有各种大小偏差的测量值出现的概率总和，值取 1，图 5 - 4 中阴影部分即为测量值出现在 $-u$ 和 $+u$ 区间的概率。

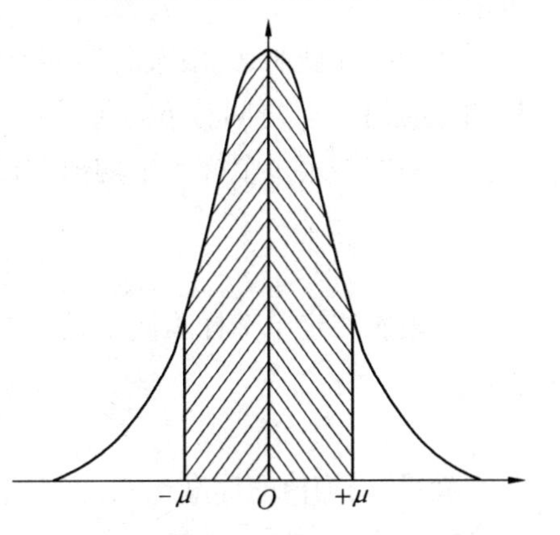

图 5 - 4　偶然误差在某一区间出现的概率(面积)

表 5 - 2 为正态分布概率(面积) 积分，由表可见分析结果落在 $\mu\pm1.5\sigma$ 范围内的概率达 86.64%，即误差大于 $\pm1.5\sigma$ 的分析结果还是较多的，达 13.36%。而分析结果落在 $\mu\pm3\sigma$ 范围内的概率达 99.74%，误差超出 $\pm3\sigma$ 的分析结果很少，仅为 0.26%。在实际工作中，如果多次重复测量中个别数据误差的绝对值大于 3σ，则这个极端值一般被舍

去。

表5－2　正态分布概率(面积)积分

$\lvert u \rvert$	面积	$\lvert u \rvert$	面积	$\lvert u \rvert$	面积	$\lvert u \rvert$	面积	$\lvert u \rvert$	面积	$\lvert u \rvert$	面积
0.0	0.000 0	0.5	0.191 5	1.0	0.341 3	1.5	0.433 2	2.0	0.477 3	2.5	0.493 8
0.1	0.039 8	0.6	0.225 8	1.1	0.364 3	1.6	0.445 2	2.1	0.482 1	2.6	0.495 3
0.2	0.079 3	0.7	0.258 0	1.2	0.384 9	1.7	0.455 4	2.2	0.486 1	2.7	0.496 5
0.3	0.117 9	0.8	0.188 1	1.3	0.403 2	1.8	0.464 1	2.3	0.489 3	2.8	0.497 4
0.4	0.155 4	0.9	0.315 9	1.4	0.419 2	1.9	0.471 3	2.4	0.491 8	3.0	0.498 7

【例5.3】　已知某试样中元素Co的标准值为1.75%，$\sigma = 0.10$，又知测量时没有系统误差，求分析结果落在(1.75 ±0.15)% 范围内的概率。

解　$u = \dfrac{|x-\mu|}{\sigma} = \dfrac{|x-1.75|}{0.10} = 0.15/0.10 = 1.5$

查表5－2，得到面积为0.433 2，则概率为2 × 0.433 2 = 0.866 4 = 86.64%。

2. 总体平均值的估计

以数理统计方法处理分析测定的数据，使人们能够认识到测定结果的精密度、准确度、可信度等。在实际分析测定中，因为测定次数的限制，进行数据处理时使用的是样本，只是得到最佳的点估计量。最好的方法是对总体平均值进行估计，给出测定结果的可靠性或可信度，以说明真实结果(总体平均值μ)所在范围(置信区间)及落在此范围内的概率(置信度)。

(1) 平均值的标准偏差。

从总体中分别抽出m个样本，每个样本各进行n次平行测定(通常进行的分析只是从总体中抽出一个样本进行n次平行测定)，由m个样本的m个平均值再得到的平均值$\bar{x}$比只用一个样本的平均值来估算总体平均值要好。用m个样本平均值再计算标准偏差就是平均值的标准偏差。无限次测定多个样本平均值的标准偏差以$\sigma_{\bar{x}}$表示，单个样本测量结果的标准偏差以$s_{\bar{x}}$表示。

数理统计证明，无限次测定多个样本平均值的标准偏差$\sigma_{\bar{x}}$与有限次测定单个样本测量结果的标准偏差$s_{\bar{x}}$之间有下列关系：

无限次测定多个样本平均值的标准偏差为

$$\sigma_{\bar{x}} = \frac{\sigma}{\sqrt{n}} \tag{5-12}$$

有限次测定单个样本测量结果的标准偏差为

$$s_{\bar{x}} = \frac{s}{\sqrt{n}} \tag{5-13}$$

显然，平均值的标准偏差$s_{\bar{x}}$要比单个样本测量结果的标准偏差s小，适当增加测定次数可提高结果的精密度。

(2) 少量实验数据的统计处理。

正态分布是无限次测量数据的偶然误差的分布规律，实际工作中测量次数是有限的，其偶然误差的分布不服从正态分布。如何以统计的方法处理有限次测量数据，使其能合理地推断总体的特征？

①t 分布曲线。当测量数据不多时，无法求得总体平均值 μ 和总体标准偏差 σ，只能用有限次测量的样本标准差 s 代替总体标准差 σ 来估算测量数据的分散情况，这必然使分布曲线变得平坦，从而引起误差。为了得到同样的置信度（面积），必须用一个新的因子代替 u，这个因子由英国统计学家兼化学家 Cosset 提出，称为置信因子 t，定义为

$$t = \frac{\bar{x} - \mu}{s}\sqrt{n} \qquad (5-14)$$

以 t 为统计量的分布称为 t 分布。t 分布可说明当 n 不大时（$n < 20$）偶然误差分布的规律性。t 分布曲线的纵坐标仍为概率密度，但横坐标则为统计量 t，相应的概率为纵坐标，作图得 t 分布曲线，如图 5－5 所示。

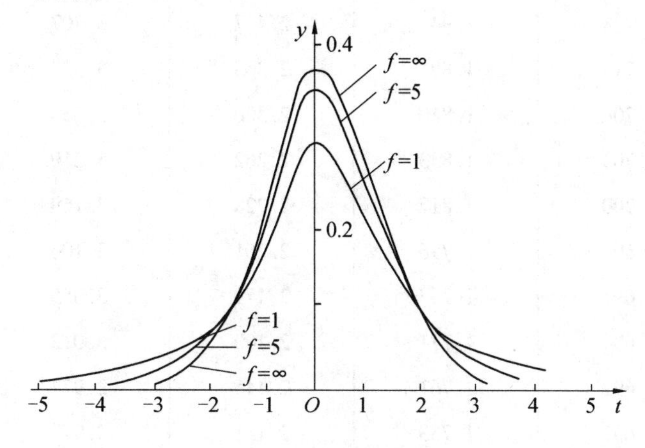

图 5－5　t 分布曲线

从图可以看出，t 分布曲线与正态分布曲线相似，以 0 为中心左右对称，形状与样本数 n 有关，随自由度 f（degree of freedom，$f = n - 1$）而改变。在 $f < 10$ 时，与正态分布曲线差别较大；在 $f > 20$ 时，与正态分布曲线很近似；当 $f \to \infty$ 时，t 分布曲线与正态分布曲线严格一致。

与正态分布曲线一样，t 分布曲线下面一定区间内的积分面积，就是该区间内偶然误差出现的概率。不同的是，对于正态分布曲线，只要 u 值一定，相应的概率也一定。但是对于 t 分布曲线，当 t 值一定时，由于 f 值不同，相应曲线所包括的面积也不同，即 t 分布中的区间概率不仅随着 t 值而改变，还与 f 值有关。不同 f 值及概率所对应的 t 值已由统计学家计算出来，表5－3 列出了最常用的部分 t 值，表中置信度（confidence）用 P 表示，它表示在某一 t 值时，测定值落在（$\mu \pm ts$）范围内的概率。显然，测定值落在此范围之外的概率为 $1 - P$，称为显著性水平（significance level），用 α 表示。由于 t 值与置信度及自由度有关，一般表示为 $t_{\alpha,f}$。例如，$t_{0.05,10}$ 表示置信度为95%、自由度为10时的 t 值。f 值小时则 t 值较大，理论上只有当 $f = \infty$ 时，各置信度对应的 t 值才与相应的 u 值一致，但从表5－3 中可以看出，当 $f = 20$ 时，t 值与 u 就已经很接近了。

表 5－3　$t_{\alpha,f}$ 值（双边）

自由度 $f = n - 1$	置信度 P 和显著性水准 α				
	$P = 50\%$，$\alpha = 0.50$	$P = 90\%$，$\alpha = 0.10$	$P = 95\%$，$\alpha = 0.05$	$P = 99\%$，$\alpha = 0.01$	$P = 99.5\%$，$\alpha = 0.005$
1	1.000	6.314	12.706	63.657	127.32

续表5-3

自由度 $f=n-1$	置信度 P 和显著性水准 α				
	$P=50\%$, $\alpha=0.50$	$P=90\%$, $\alpha=0.10$	$P=95\%$, $\alpha=0.05$	$P=99\%$, $\alpha=0.01$	$P=99.5\%$, $\alpha=0.005$
2	0.816	2.920	4.303	9.925	14.089
3	0.765	2.353	3.182	5.841	7.453
4	0.741	2.132	2.776	4.604	5.598
5	0.727	2.015	2.571	4.032	4.773
6	0.718	1.943	2.447	3.707	4.317
7	0.711	1.895	2.365	3.500	4.026
8	0.706	1.860	2.306	3.355	3.832
9	0.703	1.833	2.262	3.250	3.690
10	0.700	1.812	2.228	3.169	3.581
11	0.697	1.796	2.201	3.106	3.497
12	0.695	1.782	2.179	3.055	3.428
13	0.694	1.771	2.160	3.012	3.372
14	0.692	1.761	2.145	2.977	3.326
15	0.691	1.753	2.131	2.947	3.286
16	0.690	1.746	2.120	2.921	3.252
17	0.689	1.740	2.110	2.898	3.222
18	0.688	1.734	2.101	2.878	3.197
19	0.688	1.729	2.093	2.861	3.174
20	0.687	1.725	2.086	2.845	3.153
∞	0.674	1.645	1.960	2.576	2.807

② 置信度和置信区间。由偶然误差的正态分布性和表5-2可知,用单次测量结果(x)来估计总体平均值 μ 的范围,则 μ 被包括在区间($x\pm1\sigma$)内的概率为68.26%,在区间($x\pm1.64\sigma$)内的概率为90.00%,在区间($x\pm1.96\sigma$)内的概率为95.00%,…,它的数学表达式为

$$\mu = x \pm u\sigma \tag{5-15}$$

不同置信度的 u 值可查表5-2得到。

若以样本平均值来估计总体平均值可能存在的区间,则可用下式表示:

$$\mu = \bar{x} \pm \frac{u\sigma}{\sqrt{n}} \tag{5-16}$$

对于少量测量数据,必须根据 t 分布统计处理,按 t 的定义式可得

$$\mu = \bar{x} \pm ts_{\bar{x}} = \bar{x} \pm t\frac{s}{\sqrt{n}} \tag{5-17}$$

式(5-17)表示在某一置信度下,以平均值 $\bar{x}$ 为中心,包括总体平均值 μ 在内的可靠性范围,称为平均值的置信区间(confidence interval)。

【例5.4】 用高效液相色谱法测定药物的某一成分,5次测定的标准偏差为0.032%,平均值为0.54%,估计真实值在95%和99%置信度时应为多少?

解 (1)$P=0.95, t_{0.05,4}=2.776$

$$\mu=\bar{x}\pm t\frac{s}{\sqrt{n}}=0.54+\frac{2.776\times0.032}{\sqrt{5}}=(0.54\pm0.04)\%$$

(2)$P=0.95, t_{0.01,4}=4.604$

$$\mu=\bar{x}\pm t\frac{s}{\sqrt{n}}=0.54+\frac{4.604\times0.032}{\sqrt{5}}=(0.54\pm0.07)\%$$

从例5.4可看出,置信度越低,同一体系的置信区间越窄;反之越置信区间越宽,所估计的区间包括真值的可能性也越大。但置信度过高或过低,置信区间过宽失去实用价值,过窄则可靠性难以保证。在分析化学中统计推断时,通常取95%的置信度。

5.3.3 数据的评价

1.可疑数据的取舍

在实验中,当对同一试样进行多次平行测定时,常常发现某一组测量值中有个别数据与其他数据相差较大,这一数据称为可疑值(也称离群值或极端值),如果确定这是由过失造成的,则可以弃去不要,否则不能随意舍弃或保留,应采用统计检验方法,确定该可疑值与其他数据是否来源于同一总体,以决定取舍。统计学中对可疑值的取舍方法有多种,下面简单介绍Q检验法、格鲁布斯(Grubbs)法等较简单的处理方法。

(1)Q检验法。

首先将一组数据由小到大以递增顺序排列为$x_1, x_2, x_3, \cdots, x_{n-1}, x_n$,那么通常$x_1$或$x_n$为可疑值,则统计量$Q$为

$$Q_{计}=\frac{|x_{可疑}-x_{相邻}|}{x_n-x_1}$$

统计学家已计算出不同置信度时的Q值(表5-4),当计算的$Q_{计}$大于表5-4中的$Q_{表}$,则该可疑值应舍去,反之则保留。

表5-4　不同置信度下的Q值

测定次数	3	4	5	6	7	8	9	10
Q(90%)	0.94	0.76	0.64	0.56	0.51	0.47	0.44	0.41
Q(95%)	0.97	0.84	0.73	0.64	0.59	0.54	0.51	0.49
Q(99%)	0.99	0.93	0.82	0.74	0.68	0.63	0.60	0.57

【例5.5】 测定环境水中NO_2^-的含量,所得结果分别为$7.590\times10^{-2}\ mg\cdot mL^{-1}$、$7.534\times10^{-2}\ mg\cdot mL^{-1}$、$7.056\times10^{-2}\ mg\cdot mL^{-1}$、$6.732\times10^{-2}\ mg\cdot mL^{-1}$、$7.596\times10^{-2}\ mg\cdot mL^{-1}$,试问$6.732\times10^{-2}$这个数是否应当保留(置信度为95%)。

解 $$Q=\frac{|6.372\times10^{-2}-7.056\times10^{-2}|}{7.596\times10^{-2}-6.732\times10^{-2}}=0.38$$

查表5-4,置信度为95%,$n=5$,$Q_{表}=0.73$,$Q<Q_{表}$,故6.732×10^{-2}这个数应当保留。

(2)格鲁布斯法。

首先将测量值由小到大以递增顺序排列为 $x_1, x_2, x_3, \cdots, x_{n-1}, x_n$,那么通常 x_1 或 x_n 为可疑值,然后计算出测量值的平均值及标准偏差,再根据统计量 T 进行判断。

若 x_1 是可疑的,则

$$T_{计} = \frac{\bar{x} - x_1}{s} \qquad (5-18\text{ a})$$

若 x_n 是可疑的,则

$$T_{计} = \frac{x_n - \bar{x}}{s} \qquad (5-18\text{ b})$$

最后将 $T_{计}$ 按置信度要求与表5-5中的 $T_{\alpha,n}$ 比较,如果 $T_{计} > T_{\alpha,n}$,则可疑值应舍去,否则应保留。格布斯法引入了两个重要的参数 $\bar{x}$ 及 s,准确性较好。

表5-5 $T_{\alpha,n}$ 值

n	显著性水平 α		
	0.05	0.025	0.01
3	1.15	1.15	1.15
4	1.46	1.48	1.49
5	1.67	1.71	1.75
6	1.82	1.89	1.94
7	1.94	2.02	2.10
8	2.03	2.13	2.22
9	2.11	2.21	2.32
10	2.18	2.29	2.41
11	2.23	2.36	2.48
12	2.29	2.41	2.55
13	2.33	2.46	2.61
14	2.37	2.51	2.63
15	2.41	2.55	2.71
20	2.56	2.71	2.88

2. 显著性检验

显著性检验主要是对分析方法的准确度进行判断。实际分析测量工作中,所采用的方法、操作过程等常存在系统误差和显著性差异,t 检验法可同时判断显著性差异和系统误差大小,F 检验法可判断两组数据的精密度,即标准偏差的显著性检验。

(1)t 检验法。

① 平均值与标准值的比较。首先假设 $\mu = \mu_0$,对标准试样的多次平行分析结果数据按式(5-14)计算 t 值,最后依据给定的显著性水平 α,查表5-3,若 $t_{计} > t_{\alpha,f}$,则 μ 和 μ_0 有显著性差异,存在系统误差。

【例5.6】 采用某种新方法测定明矾中铝的质量分数,得到下列9个分析结果:10.74%、

10.77%、10.77%、10.77%、10.81%、10.82%、10.73%、10.86%、10.81%。已知该明矾中铝的质量分数标准值为10.77%，试问采用该新方法后，是否引起系统误差（置信度为95%）？

解　$n=9$，计算得 $\bar{x}=10.79\%$、$s=0.042\%$，则

$$t=\frac{|\bar{x}-\mu|}{s}\sqrt{n}=\frac{|10.79-10.77|}{0.042}\sqrt{9}=1.43$$

查表5－3得，$t<t_{0.05,8}=2.03$，$\bar{x}$ 与 μ 之间不存在显著差异，即采用新方法的系统误差较小。

② 两组平均值比较。同理，若是不同分析人、不同实验室或同一分析人采用不同方法分析同一试样，所得平均值经常不完全相等。要从这两组数据的平均值来判断它们之间是否存在显著性差异，可采用 t 检验法。这首先需要使用下面介绍的 F 检验法检验两组数据的精密度，即 s_1 和 s_2 之间是否存在显著性差异，若无显著性差异，则可认为 $s_1\approx s_2$，然后再用 t 检验法检验这两组数据的平均值有无显著性差异。

假设 $s_1=s_2$，则

$$s_{合}=\sqrt{\frac{偏差平方和}{总自由度}}=\sqrt{\frac{\sum(x_{1i}-\bar{x}_1)^2+(x_{2i}-\bar{x}_2)^2}{(n_1-1)+(n_i-1)}} \tag{5－19}$$

也可直接计算 $S_{合}$，即

$$s_{合}=\sqrt{\frac{(n_1-1)s_1^2+(n_2-1)s_2^2}{n_1+n_2-2}} \tag{5－20}$$

则 $t_{计}$ 值为

$$t_{计}=\frac{\bar{x}_1-\bar{x}_2}{s}\sqrt{\frac{n_1n_2}{n_1+n_2}} \tag{5－21}$$

最后依据给定的显著性水平 α，查表5－3，若 $t_{计}>t_{表}$，表明两组数据有显著差异。反之，两组数据不存在显著差异。

(2) F 检验法。

F 检验法是通过比较两组数据的方差 s^2，以确定它们的精密度是否有显著性差异的方法。统计量 F 定义为“两组数据方差的比值，分子为大方差，分母为小方差”，即

$$F=\frac{s_{大}^2}{s_{小}^2} \tag{5－22}$$

然后依据给定的置信度和一定自由度，将计算所得的 F 值与表5－6中 F 值比较，若 $F_{计}<F_{表}$，说明两组数据的精密度没有显著性差异，反之说明两组数据的精密度存在显著性差异。表5－6所列的 F 值为单边值，可直接用于单侧检验。

表5－6　置信度为95%时的 F 值（单边）

$f_{小}$	$f_{大}$									
	2	3	4	5	6	7	8	9	10	∞
2	19.00	19.16	19.25	19.30	19.33	19.36	19.37	19.38	19.39	19.50
3	9.55	9.28	9.12	9.01	8.84	8.88	8.84	8.81	8.78	8.53
4	6.94	6.59	6.39	6.26	6.16	6.19	6.04	6.00	5.96	5.63
5	5.79	5.41	5.19	5.05	4.95	4.88	4.82	4.78	4.74	4.36

续表5-6

$f_小$	$f_大$									
	2	3	4	5	6	7	8	9	10	∞
6	5.14	4.76	4.53	4.39	4.28	4.21	4.15	4.10	4.06	3.67
7	4.74	4.35	4.12	3.97	3.87	3.79	3.73	3.68	3.63	3.23
8	4.46	4.07	3.84	3.69	3.58	3.50	3.44	3.39	3.34	2.93
9	4.26	3.86	3.63	3.48	3.37	3.29	3.23	3.18	3.13	2.71
10	4.10	3.71	3.48	3.33	3.22	3.14	3.07	3.02	2.97	2.54
∞	3.00	2.60	2.37	2.21	2.10	2.01	1.94	1.88	1.83	1.00

3. 相关性检验

分析化学中,特别是仪器分析中,常使用标准曲线法(也称校正曲线法或工作曲线法)获得未知溶液的浓度。因为仪器本身的精密度和测量条件的微小变化,同一浓度的溶液再次测量结果也常常不完全一致,各测量点往往偏离以直线方程为基础建立的直线,这需要数理统计的方法找到一条最接近各测量点的直线即标准曲线,它对各测量点误差最小。如何得到这条直线,如何估计直线上各占的精密度及数据间的相关性呢?较好的方法是对数据进行回归分析,最简单的单一组分测定可采用一元线性回归(linear regression),这是处理变量间相互关系的有力工具。

(1) 一元线性回归方程。

当预测变量是连续的,则称为回归。回归分析中,若只有一个自变量和一个因变量,且两者关系可用一条直线近似表示,这种回归分析称为一元线性回归分析,此直线方程为一元线性回归方程。

一元线性回归模型可表示为

$$y = a + bx + \varepsilon$$

式中 x—— 自变量;

y—— 因变量;

a—— 回归常数或直线的截距;

b—— 回归系数或直线的斜率;

ε—— 偶然误差。

设作标准曲线时取 n 个测量点,自变量和应变量值为(x_1,y_1),(x_2,y_2),…,(x_n,y_n),采用最小二乘法(ordinary least square) 估计参数 a 和 b,得

$$b = \frac{\sum_{i=1}^{n}(x_i - \bar{x})(y_i - \bar{y})}{\sum_{i=1}^{n}(x_i - \bar{x})^2} \tag{5-23}$$

$$a = y - bx \tag{5-24}$$

(2) 相关系数。

实际工作中,两个变量间不是严格的线性关系,数据偏离较严重时,虽然可求得回归直线,但直线是否有意义、变量之间关系的密切程度如何,可用相关系数 r(correlation coefficient) 检

验，即

$$r = \frac{\sum_{i=1}^{n}(x_i - \bar{x})(y_i - \bar{y})}{\sqrt{\sum_{i=1}^{n}(x_i - \bar{x})^2 \cdot \sum_{i=1}^{n}(y_i - \bar{y})^2}} \text{ 或 } r = \frac{\sum_{i=1}^{n}x_iy_i - n\bar{x}\bar{y}}{\sqrt{(\sum_{i=1}^{n}x_i^2 - n\bar{x}^2)(\sum_{i=1}^{n}y_i^2 - n\bar{y}^2)}} \quad (5-25)$$

$|r| = 0$ 为不相关；$|r| < 0.3$ 为微相关；$0.3 < |r| < 0.5$ 为低度相关；$0.5 < |r| < 0.8$ 为显著相关；$0.8 < |r| < 1$ 为高度相关；$r > 0$ 为正相关；$r < 0$ 为负相关。相关系数的意义如图5－6所示。

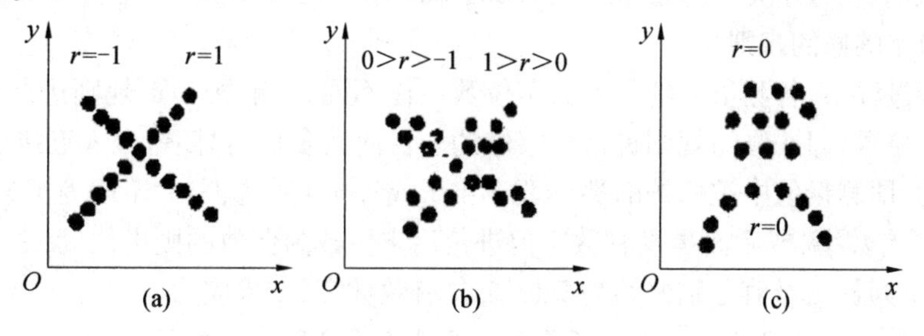

图5－6　相关系数的意义

【例5.7】　色谱法测定生物样品中大黄素含量，测得各点样量(μg)大黄素与色谱峰面积 A 见表5－7，试以相关系数说明点样量与色谱峰面积之间的相关性。

表5－7　各点样量大黄素与色谱峰面积 A

点样量/μg	0.95	1.90	2.85	3.80	4.75
色谱峰面积 A	19 172	33 340	49 203	63 506	77 434

解　设以 x 代表点样量，y 代表色谱峰面积，计算相关系数，得

$$r = \frac{\sum_{i=1}^{n}x_iy_i - n\bar{x}_i\bar{y}_i}{\sqrt{(\sum_{i=1}^{n}x_i^2 - n\bar{x}^2)(\sum_{i=1}^{n}y_i^2 - n\bar{y}^2)}} = 0.999\ 8$$

表明点样量与峰面积之间高度相关，线性关系好。

5.3.4　有效数字及运算规则

1. 有效数字

任何一个物理量，其测量结果必然存在误差。因此，表示一个物理量测量结果的数字取值是有限的。根据测量仪器、分析方法的准确度将测量结果中可靠的几位数字，加上可疑的一位数字，称为测量结果的有效数字(significant figures)。

如滴定管上刻度读数得到23.43 mL，前3位数字是根据刻度读得的可靠准确数，第4位数字因为没有刻度，是估计出来的，为可疑数字，记录时应保留，此时的绝对误差为±0.01 mL，相对误差为(±0.01/23.43)×100%＝±0.04%，因此滴定管内液体的读数有效数字为4位；再如万分之一分析天平称取某物质的质量为0.501 0 g，这一数值中最后一位数字是可疑数字，而前3位数字是根据砝码或显示读得准确可靠数，此时的绝对误差为±0.000 1 g，相对误差为(±0.000 1/0.501 0)×100%＝±0.02%。若将上述称量结果记为0.501 g，则绝对误差

为0.001 g,而相对误差为 ±0.2%。由此可见,记录时有效数字反映了测量精确度,必须严格根据测量仪器、分析方法记录。

其中"0",末位"0" 和数字中间的"0" 均属于有效数字,在实意数字前的"0" 如0.025 7 只起定位作用,与测量精度无关。而2 500 等之类的数值表示的标准形式是用10 的方幂来表示其数量级,前面的数字是测得的有效数字,并只保留一位数在小数点的前面,表示为 2.5×10^3。

对于 pH、pM、lg $K^{\ominus}$ 等对数数值,有效数字的位数仅取决于尾数部分的位数,整数部分只代表相应真数的10的方次。例如,pH = 11.02,即 $c(H^+) = 9.6 \times 10^{-12}$,因此有效数字为2位。

2. 有效数字的修约规则

数据处理过程中,各测量值的有效数字位数往往不同,一般按一定规则进行留、弃处理以统一有效数字位数,即按修约规则进行数字修约。目前大多采用"四舍六入五成双" 的修约规则一次性修约,即测量值中被修约的那个数字小于或等于4时舍去,大于或等于6时进位;等于5时,若后面还有数字,或后面虽没有数字但进位后末位数为偶数的则进位,反之舍去。

例如,将下列各测量值分别修约为2位、3位有效数字,结果应为

(1) 修约为2位:3.223 → 3.2,5.678 5 → 5.7,4.562 8 → 4.6,2.354 8 → 2.4;

(2) 修约为3位:3.223 → 3.22,5.678 5 → 5.68,4.562 8 → 4.56,2.354 8 → 2.35。

3. 有效数字的运算规则

在有效数字的运算过程中,为了不因运算而引进误差或损失有效数字,影响测量结果的精确度,并尽可能地简化运算过程,规定有效数字的运算规则如下:

(1) 有效数字的加减。

有效数字的加减运算中,有效数字位数以小数点后位数最少的即绝对误差最大的数字为准修约。

【例5.8】 计算0.012 1 + 25.64 + 1.057 82 =?

3个数值中25.64 小数点后位数最少仅2位,因此,按修约规则各数值修约为保留小数点后两位,即

$$0.012\,1 + 25.64 + 1.057\,82 = 0.01 + 25.64 + 1.06 = 26.71$$

(2) 有效数字的乘除。

有效数字的乘除运算中,有效数字位数以有效数字的位数最少即相对误差最大的数字为准。

【例5.9】 计算0.012 1 × 25.64 × 1.057 82 =?

3个数值中0.012 1 有效数字的位数最少,相对误差 $E_r = 0.000\,1/0.012\,1 \times 100\% = 0.8\%$,其他2个个数值的相对误差分别为0.04%、0.000 09%,因此,按修约规则各数值修约为3位有效数字,即

$$0.012\,1 \times 25.64 \times 1.057\,82 = 0.012\,1 \times 25.6 \times 1.06 = 0.328$$

有效数字运算过程中,若第一位有效数字大于或等于8,则有效数字的位数可多一位,如8.87 和9.46,可看作4位有效数字的数值。

分析化学计算处理过程中,一般高含量组分(例如,质量分数大于10%) 分析结果记录4位有效数字,中含量组分(例如,质量分数为1% ~ 10%) 记录3位有效数字,微量组分(例如,小于1%) 记录2位有效数字;标准偏差和RSD表示平均值精密度时一般保留2位有效数字。

5.4　滴定分析法

滴定分析法(titration analysis),又称容量分析法,是化学分析法的一种重要的分析方法。将一种已知准确浓度的试剂溶液(称为标准溶液,standard solution)滴加到被测物质的溶液中,直到所加的标准溶液与被测物质按化学计量关系(stoichiometry)定量反应为止,然后根据标准溶液的浓度和消耗体积,求得被测组分的含量,这种方法称为滴定分析法。

已知准确浓度的试剂溶液、与被测物质按化学计量关系定量反应的溶液称为标准溶液,也称为滴定液或滴定剂(titrant)。加标准溶液操作过程称为滴定(titration),标准溶液与被测物质按化学计量关系定量反应完全时的一点称为化学计量点(stoichiometric poin),是由一种能在计量点时发生颜色变化的指示剂指示的;但在计量点时,指示剂颜色变化需要达到一定的量才能观察,通常把指示剂的变色点称为滴定终点(titration end point),滴定终点与计量点往往不一致,由此产生的误差,称为终点误差(end point error)。

滴定分析法是一种简便、快速和应用广泛的定量分析方法,在常量分析中有较高的准确度,相对误差一般小于0.5%。

滴定分析中若被测物A与滴定剂B的滴定反应式为

$$aA + bB \longrightarrow dD + eE$$

它表示A和B是按照物质的量比$a:b$的关系进行定量反应的。这就是滴定反应的定量关系,它是滴定分析定量测定的依据。

例如,计算被测定物质A的百分含量(A%):A的摩尔质量为M,A的称样量为G(g),滴定剂B的标准溶液浓度为c(mol·L^{-1}),滴定消耗的体积为V(mL),则A%计算式为

$$A\% = [\frac{a}{b}cVM/1\,000G] \times 100\%$$

【例5.10】　为标定HCl溶液浓度,移取25.00 mL的HCl溶液,以NaOH标准溶液滴定,消耗浓度为0.105 0 mol·L^{-1}的NaOH标准溶液23.66 mL。求HCl溶液的浓度。

解

$$HCl + NaOH \longrightarrow H_2O + NaCl$$

$$n_{HCl} = c_{HCl} \cdot V_{HCl},\quad n_{NaOH} = c_{NaOH} \cdot V_{NaOH}$$

$$c_{HCl} \cdot V_{HCl} = \frac{1}{1}c_{NaOH} \cdot V_{NaOH}$$

$$c_{HCl} = \frac{c_{NaOH} \cdot V_{NaOH}}{V_{HCl}} = \frac{0.105\,0 \times 23.66}{25.00} = 0.099\,4\ (\mathrm{mol \cdot L^{-1}})$$

【例5.11】　为标定HCl溶液浓度,称取硼砂($Na_2B_4O \cdot 10H_2O$)基准物0.471 0 g,溶解。然后用HCl溶液滴定至化学计量点,消耗HCl溶液25.20 mL。求HCl溶液的浓度。

解

$$2HCl + Na_2B_4O_7 + 5H_2O \longrightarrow 2NaCl + 4H_3BO_3$$

$$n_{HCl} = c_{HCl} \cdot V_{HCl}\quad n_{Na_2B_4O_7 \cdot 10H_2O} = c_{Na_2B_4O_7 \cdot 10H_2O} \cdot V_{Na_2B_4O_7 \cdot 10H_2O}$$

$$n_{HCl} = \frac{2}{1}n_{Na_2B_4O_7 \cdot 10H_2O}$$

$$n_{HCl} = 2n_{Na_2B_4O_7 \cdot 10H_2O} = c_{HCl} \cdot V_{HCl}$$

$$c_{HCl} = \frac{2m_{Na_2B_4O_7 \cdot 10H_2O}}{M_{Na_2B_4O_7 \cdot 10H_2O}V_{HCl}} = \frac{2 \times 0.471\,0}{381.36 \times 25.20 \times 10^{-3}} = 0.098\,02\ (\mathrm{mol \cdot L^{-1}})$$

5.4.1 滴定分析法分类和反应条件

1. 滴定分析法反应条件

适合滴定分析的化学反应,应该具备以下几个条件:

(1) 反应必须有确定的化学计量关系,反应应按方程式定量地完成,通常要求在99.9%以上,这是定量计算的基础。

(2) 反应能够迅速地完成,对于反应速率慢的反应,应采取适当措施,如加热或用催化剂以加速反应。

(3) 共存物质不干扰主要反应,或有适当的消除干扰的方法。

(4) 有比较简便的确定计量点即指示滴定终点的方法,即有合适的终点指示剂。

2. 滴定分析法方法分类

根据标准溶液和待测组分间的反应类型的不同,滴定分析法可分为4类:

(1) 酸碱滴定法(acid - base titration)。

酸碱滴定法是以质子传递反应为基础的一种滴定分析方法。例如,氢氧化钠测定醋酸,即

$$HAc + NaOH = H_2O + Na^+ + Ac^-$$

(2) 氧化还原滴定法(oxidation - reduction titration)。

氧化还原滴定法是以氧化还原反应为基础的一种滴定分析方法。例如,高锰酸钾测定铁含量,即

$$MnO_4^- + 5Fe^{2+} + 8H^+ = Mn^{2+} + 5Fe^{3+} + 4H_2O$$

(3) 沉淀滴定法(precipitation titration)。

沉淀滴定法是以沉淀反应为基础的一种滴定分析方法。例如,食盐中氯的测定,即

$$Ag^+ + Cl^- = AgCl \downarrow$$

(4) 配位滴定法(coordination titration)。

配位滴定法是以配位反应为基础的一种滴定分析方法。例如,EDTA测定水的硬度,即

$$M^{2+} + Y^{4-} = MY^{2-}$$

3. 滴定分析法分析方式

(1) 直接滴定法(direct titration)。

直接滴定法是用标准溶液直接滴定被测物质的一种滴定方法。凡是能同时满足上述滴定反应条件的化学反应,都可以采用直接滴定法。直接滴定法是滴定分析法中最常用、最基本的滴定方法。例如,用HCl滴定NaOH,用$K_2Cr_2O_7$滴定Fe^{2+}等。

有些化学反应不能同时满足滴定分析反应条件,这时可选用下列方法之一进行滴定。

(2) 返滴定法(back titration)。

当遇到下列几种情况下,不能直接滴定的,可采用返滴定法。

第一,当试液中被测物质与滴定剂的反应慢,如Al^{3+}与EDTA的反应,被测物质有水解作用时,不能采用直接滴定法。此时,可加入过量的EDTA标准溶液,使Al^{3+}完全形成Al - EDTA,然后以Zn^{2+}或Cu^{2+}标准溶液返滴定剩余的EDTA。

第二,用滴定剂直接滴定固体试样时,反应不能立即完成。如HCl滴定固体$CaCO_3$、酸性溶液中Cl^-。这时可先加入已知准确浓度的过量HCl标准溶液,反应完成后,再用NaOH标准溶液返滴定剩余的HCl;对于酸性溶液中Cl^-的滴定,可先加入已知准确浓度的过量$AgNO_3$标

准溶液使Cl^-沉淀完全后,再以三价铁盐作指示剂,用NH_4SCN标准溶液返滴定过量的Ag^+,出现$[Fe(SCN)]^{2+}$淡红色即为终点。

第三,某些反应没有合适的指示剂或被测物质对指示剂有封闭作用时,如在酸性溶液中用$AgNO_3$滴定Cl^-缺乏合适的指示剂。

(3) 置换滴定法(displacement titration)。

一些不能直接滴定、但可定量置换出能被滴定的物质,以适当的滴定剂滴定置换出的物质的滴定方法为置换滴定法。例如,硫代硫酸钠不能用来直接滴定重铬酸钾和其他强氧化剂,因为酸性溶液中氧化剂可将$S_2O_3^{2-}$氧化为$S_4O_6^{2-}$或SO_4^{2-}等混合物,没有确定的计量关系。但硫代硫酸钠是一种很好的碘滴定剂,可通过重铬酸钾与过量碘化钾作用,定量氧化I^-生成I_2,然后用硫代硫酸钠标准溶液直接滴定生成的碘,计量关系明确。

(4) 间接滴定法(indirect titration)。

有些物质虽然不能与滴定剂直接进行化学反应,但可以通过其他化学反应间接滴定进行测定。

例如,高锰酸钾法测定钙含量时,两者无氧化还原关系,不能采用氧化还原滴定法,但可将Ca^{2+}沉淀为CaC_2O_4,过滤洗涤后用H_2SO_4溶解释放出$C_2O_4^{2-}$,再以$KMnO_4$标准溶液滴定与$C_2O_4^{2-}$,间接测定钙含量。

显然,由于返滴定法、置换滴定法、间接滴定法的应用,大大扩展了滴定分析的应用范围。

5.4.2 基准物和标准溶液配制

1. 基准物

能直接配制标准溶液的物质为基准物(primary standard)。基准物必须具备以下条件:

(1) 组成恒定。试剂组成与化学式符合,含结晶水的物质在常温下稳定,如草酸$H_2C_2O_4 \cdot 2H_2O$等。

(2) 纯度高。一般纯度应在99.9%以上。

(3) 基准物与被测物反应符合滴定分析要求。

(4) 性质稳定,保存或称量过程中不分解、不吸湿、不风化、不易被氧化等。

(5) 具有较大的摩尔质量,减少称量误差小。

(6) 使用条件下易溶于水(或稀酸、稀碱)。

2. 标准溶液配制

(1) 标准溶液(standard solution)配制方法有直接配制法和间接配制法。滴定分析用标准溶液的制备,一般要求依据《化学试剂 标准滴定溶液的制备》(GB/T 601—2002)中的10条规定:

① 试剂纯度。分析纯以上,称量基准试剂的质量小于0.5 g时,按精确至0.01 mg称量;质量大于0.5 g,按精确至0.1 mg称量。

② 配制标准物质的标准溶液的浓度。指20 ℃时的浓度。

③ 分析天平、滴定管、容量瓶和移液管,均需定期校正。

④ 标定使用时的滴定速度一般应保持在6 ~ 8 $mL \cdot min^{-1}$。

⑤ 制备的浓度值范围。应在规定浓度值的 ±5% 范围以内。

⑥ 标定标准滴定溶液的浓度。需两人进行试验,分别各做4个平行,两人共8个平行,最

后取8个平行的平均值为测定结果。浓度值报出结果,取4位有效数字。

⑦ 浓度平均值的扩展不确定度。一般不应大于0.2%。

⑧ 低浓度标准溶液配制。配制小于或等于0.02 $mol \cdot L^{-1}$ 的标准溶液时,临用前,以高浓度标准溶液稀释制得。

⑨ 储存标准溶液的容器。材料不应与标准溶液起理化作用,壁厚最薄处不小于0.2 mm。

⑩ 保存时间。常温(15 ~ 25 ℃)下,保存时间一般不超过2个月,当溶液出现浑浊、颜色变化等现象时,应重新制备。

(2) 标准溶液配制。

① 直接配制。准确称取一定量的基准物,溶于适量溶剂后定量转入容量瓶中,稀释到刻度(定容),然后根据称取基准物质的质量和容量瓶的体积计算该标准溶液的准确浓度。常用基准物有 Na_2CO_3、$Na_2B_4O_7 \cdot 10H_2O$(硼砂)、$H_2C_2O_4 \cdot 2H_2O$(二水合草酸)、$K_2Cr_2O_7$、KIO_3、Cu、Zn、$AgNO_3$ 等。

② 间接配制。对于非基准试剂,先配制成近似浓度,然后用基准物或标准溶液标定。标定是对已配制的近似浓度溶液,用基准试剂或标准溶液采用滴定的方法,测定其准确浓度的操作。标定法配制的标准溶液有很多,常见的有盐酸、氢氧化钠、EDTA、硝酸银、高锰酸钾、硫代硫酸钠等,如 NaOH 标准溶液配制,用邻苯二钾酸氢钾基准物标定。

当一种标准溶液的标定有多种标定法存在时,应该选择化学毒性小、有利于环保的标定法。例如,硫代硫酸钠的标定,首选碘酸钾法,而不是重铬酸钾法。

3. 滴定分析滴定误差

滴定误差分主要有称量误差、量器误差和方法误差,滴定误差以不确定度表示,要求小于或等于 ±0.2%。

(1) 称量误差。

直接称量法误差 ±0.000 1 g,减量法称量误差 ±0.000 2 g。

若控制相对误差 ±0.1%,则每一份试样的称量至少为0.000 2/0.1% = 0.2 g。

(2) 量器误差。

滴定管读数误差 ±0.01 mL,一份试样量取误差 ±0.02 mL。

若控制相对误差 ±0.1%,则每一份试样体积量至少为0.02/0.1% = 20 mL

(3) 方法误差。

主要是终点误差,其原因是指示剂不能准确地在化学计量点时改变颜色,标准溶液的滴加量没能恰好是指示剂变色时所需量,指示剂本身消耗了少量标准溶液,杂质消耗了少量标准溶液。

【阅读拓展】

定量分析样品前处理

定量分析中的样品前处理(样品预处理)是指采用一定的方法对待分析样品处理,使被测组分定量地转化为适合分析的状态的过程。无机物常用酸溶法、碱溶法,熔融法、烧结法;有机物或生物样品可采用干灰化法、湿消化法或微波消解法。

1. 固体样品前处理

将固体试样分解处理成溶液,或将组成复杂的试样处理为便于分离、组成简单、适合测定的形式,为各组分的分析操作创造最佳条件。在选择分解试样的方法时,应充分考虑测定对象、测定方法和干扰元素等方面的因素,不能只考虑物质的可溶性或分解速度,应尽量将试样的分解和干扰消除相结合。试样分解一定要完全,待测组分应全部转入溶液中,不应有挥发损失,避免引入待测组分和干扰物质。

(1) 称样。

从供分析用的样品中称量进行测试所需样品,称取试样的多少应根据待测组分在样品中的大致含量、测定方法可能达到的准确度、量器的精确程度、分析测定目的与要求来确定。

(2) 试样的分解。

在一般分析工作中,除一些干法分析(如扫描电子显微镜、透射电子显微镜、差热分析等)以外,化学定量分析法往往是在溶液中进行测定。因此,对可溶性试样一般采用溶解法处理,对难溶性试样则采用分解 - 溶解法,使试样中的被测组分全部转入溶液中并呈可测定的状态。

对于难溶性无机物分解方法主要有熔融法、烧结法或闭管法,然后将可溶性试样、熔融法及烧结法或闭管法处理后的样品置于水、酸、碱或其他溶剂中,经浸提、消解、溶解作用使被测组分定量地转化为适合分析的状态。

其中熔融法是在高温下使酸性或碱性熔剂与试样发生复分解反应或氧化还原反应,使试样中的被测组分转化成易溶于水或酸的化合物。烧结法(半熔法)是在低于熔点的温度下使试样与固体熔剂发生反应。闭管法也称密闭增压酸溶解法,是将试样和酸或混合酸溶剂置于合适的容器中,再将容器装在保护套中,在密闭情况下进行分解。

试样经溶解或分解后所得溶液,称为试液(或待测液)。在溶解或分解试样时,应根据试样的化学性质采用适当的处理方法,同时,不仅要考虑对准确度和测定速度的影响,而且要求分解后杂质的分离和测定都易进行。

不论采用何种方法处理,都要求:

① 溶解或分解应完全,使被测组分全部转入试液。

② 在溶解或分解过程中,被测组分不能损失。

③ 不能从外部混入欲测组分,并尽可能避免引进干扰物质。

2. 液体样品前处理

在进行液体样品分析前,首先去除其中的固态物质,环境样品需要进行消解处理。

消解处理的作用是破坏有机物、溶解颗粒物,并将各种价态的待测元素氧化成单一高价态或转换成易于分解的无机化合物。

3. 气体样品前处理

气体样品分析前,其前处理主要采用吸收法。

利用气体的化学特性,使混合气和特定试剂接触则混合气体中的被测组分与试剂发生物理或化学反应被定量吸收,其他组成则不发生反应(或不干扰)。如果吸收前后的温度及压力不一致,则吸收前后的体积之差即为被测组分的体积,有

$$\text{混合气} \longrightarrow \text{仪器(特定试剂)} \xrightarrow{\text{吸收}} \text{被测物与试剂反应} \xrightarrow{\text{产生}} \text{体积差} \xrightarrow{\text{定}} w$$

根据吸收前后体积之差 = 被测组分体积计算出体积比(V/V) 的分数,有

$$\text{液固试样} \xrightarrow{\text{转化}} \text{气体} \xrightarrow{\text{特定试剂}} \text{吸收} \xrightarrow{\text{测体积差}} V_{\text{损测}} \longrightarrow w$$

例如:混合气(吸收前后体积之差即为 CO_2 的体积),即

$$\begin{cases} O_2 \\ CO_2 \end{cases} \xrightarrow{\text{KOH(特定试剂)}} O_2 \text{ 不被吸收}$$

对于液态和固态物料,也可利用同样的原理,使物料中的被测组分经过化学反应转变为气体,然后用特点试剂吸收,根据气体体积进行定量测定。

习　　题

1. 正确理解准确度和精密度,误差和偏差的概念。

2. 下列情况分别引起什么误差? 如果是系统误差,应如何消除?

(1) 砝码被腐蚀;

(2) 天平两臂不等长;

(3) 天平称量时最后一位读数估计不准;

(4) 试剂中含有少量被测组分;

(5) 容量瓶和吸管不配套;

(6) 重量分析中杂质被共沉淀;

(7) 以质量分数为 98% 的草酸作为基准物标定碱溶液;

(答案:(3) 为偶然误差,其他为系统误差)

3. 用标准偏差和算术平均偏差表示结果,哪一种更合理?

(答案:标准偏差更合理)

4. 如何减少偶然误差? 如何减少系统误差?

(答案:见教材)

5. 某铁矿石中含铁39.16%(质量分数),若甲分析的结果为39.12%、39.15% 和39.18%,乙分析的结果为 39.19%、39.24% 和 39.28%。试比较甲、乙两人分析结果的准确度和精密度。

(答案:甲的测定结果比乙好)

6. 已知分析天平能称准至 ±0.1 mg,要使试样的称量误差不大于0.1%,则至少要称取试样多少克?

(答案:0.2 g)

7. 某试样经分析测得锰的质量分数分别为 41.24%、41.27%、41.23%、41.26%。求分析结果的平均偏差、标准偏差。

(答案:0.015%、0.018%)

8. 测定某样品中氮的质量分数,6 次平行测定的结果分别为 20.48%、20.55%、20.58%、20.60%、20.53%、20.50%。

(1) 求这组数据的平均值、平均偏差、标准偏差、相对标准偏差。

(2) 若此样品是标准样品,氮的质量分数为 20.45%,计算以上测定结果的绝对误差和相

对误差。

（答案：(1)20.54%、0.037%、0.046%、0.22%；(2)0.09%、0.44%）

9. 水中 Cl^- 质量浓度经6次测定，求得平均值为35.2 $mg \cdot L^{-1}$，$s = 0.7\ mg \cdot L^{-1}$，计算置信度为90% 时平均值的置信区间。

（答案：$(35.2 \pm 0.58)\ mg \cdot L^{-1}$）

10. 某矿石中钨的质量分数测定结果分别为20.39%、20.41%、20.43%。计算标准偏差 s 及置信度为95% 时的置信区间。

（答案：0.02；(20.41 ±0.05)%）

11. 用 Q 检验法判断下列数据中有无舍去？置信度选为90%。

(1)24.26、24.50、24.73、24.63；

(2)6.400、6.416、6.222、6.408；

(3)31.50、31.68、31.54、31.82。

（答案：(1)$Q = 0.51 < 0.76$，保留；(2)$Q = 0.92 > 0.76$，舍去；(3)$Q = 0.44 < 0.76$，保留）

12. 测定试样中 P_2O_5 的质量分数分别为8.44%、8.32%、8.45%、8.52%、8.69%、8.38%。用Grubbs法及 Q 检验法对可疑数据决定取舍，求平均值、平均偏差 $\bar{d}$、标准偏差 s 和置信度选90% 及99% 的平均值的置信范围。

（答案：8.47%；0.09%；0.13%；(8.47 ±0.11)%；(8.47 ±0.21)%）

13. 有一标准样，其标准值为0.123%，现用一新方法测定，得4次数据分别为0.112%、0.118%、0.115% 和0.119%，判断新方法是否存在系统误差（置信度选95%）。

（答案：$s = 0.039$，$t = 0.179\,5 < 1.46$，系统误差较小）

14. 用两种不同方法测得数据如下：

方法Ⅰ：$n_1 = 6$，$\bar{x}_1 = 71.26\%$，$s_1 = 0.13\%$；

方法Ⅱ：$n_2 = 9$，$\bar{x}_2 = 71.38\%$，$s_2 = 0.11\%$。

判断两种方法间有无显著性差异？

（答案：$F = 1.40 < 3.69$，两组方法间无显著性差异）

15. 下列数据中包含几位有效数字

(1)0.025 1；(2)0.218 0；(3)1.8×10^{-5}；(4)pH = 2.50

（答案：3；4；2；2）

16. 按有效数字运算规则，计算下列各式：

(1)$2.187 \times 0.854 + 9.6 \times 10^{-5} - 0.032\,6 \times 0.008\,14$；

(2)51.38/(8.709 × 0.094 60)；

(3) $\dfrac{9.827 \times 50.62}{0.005\,164 \times 136.6}$；

(4) $\sqrt{\dfrac{1.5 \times 10^{-8} \times 6.1 \times 10^{-8}}{3.3 \times 10^{-6}}}$。

（答案：1.868；62.36；705.2；1.7×10^{-5}）

第6章　酸碱平衡与酸碱滴定法

【学习要求】

(1) 了解强电解质离子活度、离子强度。

(2) 掌握酸碱理论、酸碱质子理论、酸碱解离平衡及相关计算。

(3) 掌握缓冲溶液的原理和相关计算。

(4) 掌握酸碱滴定方法及滴定过程的相关计算。

化工、农业、冶金、材料、生物、食品、轻工、环境等工业都需要酸、碱,教学、科研也常常涉及酸、碱,日常生活也离不开酸、碱。

6.1　酸碱理论与酸碱平衡

6.1.1　酸碱理论

人类对于酸、碱的认识,经历了由浅到深、特殊到普遍、宏观到微观、实践到理论及机理研究的过程。从最初的简单直观开始认识,如酸是有酸味,能使蓝色石蕊(litmus) 变红的物质;碱是具有涩味、滑腻感,能使红色石蕊变蓝的物质,初步区分并确定酸碱的特征和性质,这对酸碱的应用、酸碱分析测定等具有重要意义。但这些简单表观不能反映酸、碱本质,更不能揭示酸、碱变化的规律。随着对自然界的认识和科学技术的发展,人类先后创建了多种酸碱理论,比较经典的有以下几种。

1. 阿仑尼乌斯(Arrbenius) 酸碱电离理论

1887 年,瑞典物理化学家阿仑尼乌斯(S. A. Arrbenius) 提出酸碱电离理论(theory of acid - base ionization):凡能在水中能电离出 H^+ 且电离出的全部阳离子都是 H^+ 的物质为酸;能在水中电离出 OH^- 且电离出的全部阴离子都是 OH^- 的物质为碱,酸碱中和反应的实质是 H^+ 和 OH^- 结合成水。这个理论以物质在水中电离为基础定义酸碱,将酸、碱与电离过程联系,使人们从本质上去深刻认识和了解酸碱,是酸碱理论发展的重要里程碑,至今还在广泛使用。

该理论有一定局限性:仅适用于水溶剂体系;把碱仅限于氢氧化物,无法解释 CO_3^{2-}、S^{2-} 等物质的碱性;不能解释 $NH_3(g)$ 和 $HCl(g)$ 直接反应生成盐 NH_4Cl 的原理。对于该理论难以解释的化学现象,人们先后又提出了“酸碱溶剂理论”“酸碱质子理论”“酸碱电子理论”“软硬酸碱原理” 等,最著名的是 1923 年布朗斯特和劳莱提出的酸碱质子理论、路易斯酸碱电子理论。

2. 布朗斯特 - 劳莱(Brønsted - Lowry) 酸碱质子理论

1923 年,丹麦化学家 J. N. Brønsted 和英国化学家 T. M. Lowry 各自独立提出酸碱质子理论(acid - base proton theory):凡能给出质子的分子或离子为酸,能接受质子的分子或离子为碱。酸给出质子转变为相应的碱,称为该酸的共轭碱;碱接受质子转变为相应的酸,称为该碱的共轭酸。这种因质子得失而相互转变的一对酸碱称为共轭酸碱对,是以质子得失关系联系起来的酸和碱对应存在,这种关系称为共轭关系,体现出与电离理论的很大差异。质子理论只有酸碱概念,没有盐概念。如醋酸(HAc)和醋酸根(Ac^-)、氨(NH_3)和铵离子(NH_4^+)等均为共轭酸碱对。在分析化学中,这种共轭体系常被作为酸碱缓冲体系,弱酸及其共轭碱、弱碱及其共轭酸体系,以保持分析体系 pH 不受或少受外界加入少量强酸碱以及溶液稀释的影响。

酸碱质子理论认为酸和碱不是孤立的,是相互依存可逆转化的。如在水溶液中:

$$HAc(aq) \rightleftharpoons H^+(aq) + Ac^-(aq)$$

$$NH_4^+(aq) \rightleftharpoons H^+(aq) + NH_3(aq)$$

$$H_2PO_4^-(aq) \rightleftharpoons H^+(aq) + HPO_4^{2-}(aq)$$

其中,HAc、NH_4^+、$H_2PO_4^-$ 都能给出质子,所以都是酸,那么 Ac^-、NH_3、HPO_4^{2-} 都是碱。酸与对应的碱的辩证关系可表示为

$$\text{酸} \rightleftharpoons \text{碱} + \text{质子}$$

$$HAc + NH_3 \rightleftharpoons Ac^- + NH_4^+$$

$$HAc + H_2O \rightleftharpoons Ac^- + H_3O^+$$

$$H_2O + NH_3 \rightleftharpoons OH^- + NH_4^+$$

$$H_2O + H_2O \rightleftharpoons OH^- + H_3O^+$$

(可简单写为:$H_2O \rightleftharpoons OH^- + H^+$)

酸碱质子理论认为酸碱反应的实质是两个共轭酸碱对之间的质子传递反应,如下所示。

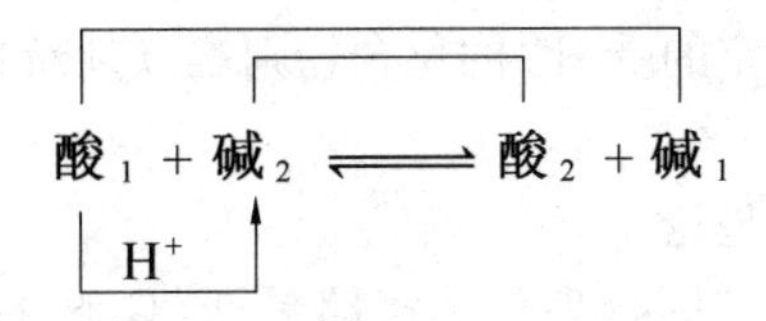

酸碱反应方向是较强碱夺取较强酸放出的质子而转化为各自的共轭弱酸和弱碱。若相互作用的酸、碱性越强,则反应进行得越完全,如

强酸　强碱　　　　　　弱碱　弱酸

$$HCl + NaOH \rightleftharpoons Na^+ + Cl^- + H_2O$$

H^+

质子传递过程并不要求必须在水溶液中,酸碱反应也可在非水溶液、无溶剂条件下。由此可见,酸碱质子理论不仅扩大了酸碱范围,而且还扩大了酸碱反应的范围,从质子传递的观点来看,电离理论中所有酸碱盐之间的离子平衡,都可视为质子酸碱反应。一些常见的共轭酸碱对见表6－1。

表6-1 一些常见的共轭酸碱对

酸性变化	酸⇌质子+碱	碱性变化
↑	$HCl \rightleftharpoons H^+ + Cl^-$	↓
	$H_3O^+ \rightleftharpoons H^+ + H_2O$	
	$HSO_4^- \rightleftharpoons H^+ + SO_4^{2-}$	
	$H_3PO_4 \rightleftharpoons H^+ + H_2PO_4^-$	
	$HAc \rightleftharpoons H^+ + Ac^-$	
酸性增强	$H_2CO_3 \rightleftharpoons H^+ + HCO_3^-$	碱性增强
	$H_2S \rightleftharpoons H^+ + HS^-$	
	$H_2PO_4^- \rightleftharpoons H^+ + HPO_4^{2-}$	
	$NH_4^+ \rightleftharpoons H^+ + NH_3$	
	$HCO_3^- \rightleftharpoons H^+ + CO_3^{2-}$	
	$H_2O \rightleftharpoons H^+ + OH^-$	

表6-1表明,酸碱可以是中性分子、正离子或负离子,还有一些像H_2O、$H_2PO_4^-$、HCO_3^-、HS^-、$H_2PO_4{}^{2-}$等物质既可以得到质子又可以失去质子,既是酸也是碱,称为两性物质。两性物质遇强酸表现碱性,遇强碱表现酸性。根据酸碱共轭关系,越易给出质子的酸其酸性越强,共轭碱越难接受质子,碱性越弱;反之,酸性越弱,其共轭碱性越强。

实验测得,298.15 K时,纯水中$c(H^+) = c(OH^-) = 10^{-7}\ mol \cdot L^{-1}$。

酸碱质子理论得到广泛应用,也是当前酸碱研究和应用的基础理论。因限于给出与接受H^+,对没有活泼氢或难以形成稳定的受H^+的化合物则难以判断其酸碱性,对此路易斯建立了酸碱电子理论。

3. 路易斯(Lewis)酸碱电子理论

酸碱质子理论提出的同年,美国物理化学家路易斯(G. N. Lewis)提出了酸碱电子理论(electronic theory of acids and bases),也称广义酸碱理论、路易斯酸碱理论,该理论认为:凡能接受电子对的物质(分子、离子或原子团)都称为酸,凡能给出电子对的物质(分子、离子或原子团)都称为碱。酸是电子对的受体,碱是电子对的给体,它们也称为路易斯酸(Lewis酸)和路易斯碱(Lewis碱)。酸碱反应的实质是碱提供电子对与酸形成配位键,反应产物称为酸碱配合物。

Lewis酸主要有正离子、金属阳离子等,中心原子或离子外层电子结构通过价层电子重排或扩大配位层接纳更多电子对,常见的有金属离子、烷基正离子、硝基正离子,受电子分子(缺电子化合物)如三氟化硼、三氯化铝、三氧化硫、二氯卡宾,有机化学中的亲电试剂等。

Lewis碱主要有阴离子、具有孤对电子的中性分子、含有C═C的分子等,常见的负离子如卤离子、氢氧根离子、烷氧基离子、烯烃、芳香化合物,带有孤电子对的化合物如氨、氰、胺、醇、醚、硫醇、二氧化碳,有机化学中的亲核试剂等。Lewis碱显然包括所有布朗斯特碱(Bronsted碱),但Lewis酸与布朗斯特酸(Bronsted酸)不一致,如HCl是Bronsted酸,但不是Lewis酸,而是酸碱加合物。Lewis酸碱电子理论也没有盐的概念,但有酸、碱和酸碱配位物;酸、碱不能脱离具体反应判断,即使是同一种物质,在不同的反应环境中,既可能是酸,也可能是碱。

该理论扩大了酸碱范围,特别是对许多有机反应和无溶剂反应,但也使酸碱特征不明显,酸碱相对强弱没有统一标准,酸碱反应方向难以判断。皮尔逊提出的软硬酸碱理论弥补了该理论的缺陷。

4. 软硬酸碱理论

软硬酸碱理论简称 HSAB(Hard - Soft - Acid - Base) 理论,是一种尝试解释酸碱反应及其性质的现代理论,在化学研究中得到了应用,其中最重要的是对配合物稳定性的判别和其反应机理的解释。软硬酸碱理论的基础是酸碱电子论,即以电子对得失作为判定酸、碱的标准。

该理论将体积小、正电荷数高、可极化性低的中心原子称为硬酸;体积大、正电荷数低、可极化性高的中心原子称为软酸。将电负性高、极化性低、难被氧化的配位原子称为硬碱;反之为软碱。硬酸和硬碱以库仑力为主要作用力,软酸和软碱以共价键为主要作用力。

在软硬酸碱理论中,酸、碱被分别归为"硬""软" 两种。硬的特点是粒子(离子、原子、分子) 电荷密度较高、半径较小(电荷密度与粒子半径的比值较大)、极性较大、极化性较低;软的特点是电荷密度较低、粒子半径较大、极性较小、极化性较高。该理论认为,硬亲硬,软亲软,生成的化合物较稳定。

6.1.2　酸碱解离平衡

1. 弱酸的解离平衡和解离平衡常数

(1) 弱电解质解离平衡和解离平衡常数。

弱酸为一种弱电解质,和其他弱电解一样,在水溶液中只是部分电离,绝大部分以分子状态存在,体系存在已解离的弱电解质的离子和未解离的弱电解质分子之间的平衡,是一种解离平衡。电解质在水溶液中的解离,产生了分别带正、负电荷的离子,所以也称为电离。

弱电解质醋酸 HAc、氨在水溶液中存在如下解离平衡:

$$\mathrm{HAc} \rightleftharpoons \mathrm{H^+} + \mathrm{Ac^-}$$

$$K_a = \frac{c(\mathrm{H^+}) \cdot c(\mathrm{Ac^-})}{c(\mathrm{HAc})} \tag{6-1}$$

$$\mathrm{NH_3} + \mathrm{H_2O} \rightleftharpoons \mathrm{OH^-} + \mathrm{NH_4^+}$$

解离常数为

$$K_b = \frac{c(\mathrm{OH^-}) \cdot c(\mathrm{NH_4^+})}{c(\mathrm{NH_3})} \tag{6-2}$$

K_a、K_b 具有一般平衡常数(equilibrium constant) 的特性,与温度有关,与浓度无关。一般弱酸解离常数用 K_a 表示,弱碱解离常数用 K_b 表示。由于弱电解质解离过程中的 ΔH 较小,所以温度对 K_a、K_b 的影响也较小,可忽略。解离常数 K 是衡量酸、碱解离程度大小的特性常数,K 越小说明酸、碱解离程度越小,酸、碱性越弱,一般 $K \leqslant 10^{-5}$ 为弱酸、碱,K 介于 $10^{-2} \sim 10^{-3}$ 之间为中强酸、碱,$K > 10^{-2}$ 为强酸、碱。解离常数 K 可以由实验测得,也可以根据公式 $\ln K = -\Delta_r G_m / RT$ 计算求得。一些常见的弱酸、弱碱的解离常数见附录6。

(2) 解离度。

弱酸或弱碱在溶液中的电离能力大小,也可以用解离度 α 来表示,即

$$\alpha = \frac{\text{已解离的酸或碱分子数}}{\text{溶液中原有的酸或碱分子数}} \times 100\% \tag{6-3}$$

解离度(dissociation degree) 犹如化学平衡中的转化率,其大小主要取决于弱酸或弱碱的

本性,也受溶液的浓度、温度和其他电解质存在等因素的影响,通常浓度减小、温度升高、非同种离子的存在,都会促使弱酸或弱碱解离度的增大。

2. 同离子效应和盐效应

(1) 同离子效应。

向弱电解质溶液中加入带有与弱电解质相同离子的强电解质,导致弱电解质的解离度下降的作用称为同离子效应(homoion effect),弱酸或弱碱的解离也存在此现象。如向HAc溶液中加入 H^+ 或 Ac^-,HAc解离度下降。

向两支盛有10 mL、1 mol·L^{-1} 的HAc溶液加入酸碱指示剂甲基橙2滴,溶液呈红色,表明HAc溶液为酸性。若在其中一支试管加入少量固体NaAc,振荡混匀,发现红色逐渐转为黄色,表明HAc解离产生的 H^+ 减少,体系pH升高(甲基橙在pH ≤ 3.1时显红色,pH = 3.1 ~ 4.4时显橙色,pH ≥ 4.4时显黄色)。可见在HAc溶液中,加入的强电解质NaAc完全解离产生的 Ac^- 使体系 Ac^- 的总浓度增加,HAc解离平衡向生成HAc方向移动,使 H^+ 浓度降低,即HAc解离度降低,有

$$HAc \rightleftharpoons H^+ + Ac^-$$

同样,向氨水中加入强电解质 NH_4Cl 时,使体系 NH_4^+ 的总浓度增加,$NH_3 \cdot H_2O$ 的解离平衡将向着生成 $NH_3 \cdot H_2O$ 方向移动,使 OH^- 浓度减少,即氨水解离度降低,有

$$NH_3 \cdot H_2O \rightleftharpoons NH_4^+ + OH^-$$

(2) 盐效应。

若在HAc溶液中加入不同离子的强电解质(如NaCl)时,由于溶液中离子间的相互牵制作用增强,Ac^- 和 H^+ 结合成HAc分子的机会减小,HAc的解离度略有所增加,这种效应称为盐效应(salt effect)。

例如,在1 L、0.10 mol·L^{-1}HAc溶液中加入0.1 mol NaCl,能使解离度从1.3%增加为1.7%,溶液中 H^+ 浓度从 1.3×10^{-1} mol·L^{-1} 增加为 1.7×10^{-1} mol·L^{-1}。

一般情况下,和同离子效应相比,盐效应的影响较小。

3. 强电解质溶液。

(1) 表观解离度。

过去人们认为强电解质在水溶液中全部解离为相应的阴、阳离子,但科学实验表明,很多强电解质即使在稀溶液中也并不是全部以离子状态存在。如0.1 mol·L^{-1} 的 KNO_3 溶液有97%成为离子状态,其余3%的 KNO_3 是以 K^+ 和 NO_3^- 离子对(带相反电荷的离子由于库仑力作用短暂松弛结合的缔合体)、离子氛(也称为离子云,离子间静电引力使离子周围吸引一定数量的带相反电荷的离子,形成一种离子被相反电荷离子包围的氛围或云体)形式存在于溶液中的,并非象弱电解质那样以分子形式存在。所以实验测得的解离度,并非真正的解离度,称为表观解离度(apparent dissociation degree)。

(2) 离子活度和活度系数。

在电解质溶液中,离子间的相互作用使得离子通常不能完全发挥作用,一些与浓度有关的性质(如导电性、溶液的依数性等)受到影响,其中离子实际发挥作用的浓度称为有效浓度,或称为活度(activity),通常用 a 表示,显然活度的数值通常比其对应的浓度数值要小,两者关系为

$$a = fc \qquad (6-4)$$

式中　f—— 活度系数(activity coefficient),$f < 1$。

活度系数f反映了溶液中离子间相互牵制作用的强弱,f越大,离子间相互牵制作用越小,离子自由活动程度越大,溶液越稀,f越接近于1,当溶液无限稀释时,$f=1$。因此,弱电解质、难溶电解质等溶液浓度较小时,可以用浓度代替活度进行计算。

(3) 离子强度。

离子强度(ionic strength) 是溶液中离子浓度的量度,是溶液中所有离子浓度的函数。离子化合物溶于水中时,会解离成离子。水溶液中任一电解质的浓度(离子浓度和电荷) 都会影响其他盐类的溶解度或解离状况(离子活度或活度系数),影响的强弱程度称为离子强度。离子强度I定义式为

$$I = \frac{1}{2}\sum_i b_i z_i^2 \qquad (6-5)$$

式中　b_i—— 溶液中i种离子的质量摩尔浓度,$mol \cdot kg^{-1}$;

z_i—— 溶液中i种离子的电荷数。

当强电解质浓度较稀时,可直接用物质的摩尔浓度来代替质量摩尔浓度计算。

【例6.1】　计算0.01 $mol \cdot kg^{-1}$ $CaCl_2$ 溶液中的离子强度。

解　$I = \frac{1}{2}\sum_i b_i z_i^2 = \frac{1}{2}(0.01 \times 2^2 + 0.02 \times 1^2) = 0.03\ (mol \cdot kg^{-1})$

当溶液浓度、离子强度较大时,计算结果与实验测定结果相差较大。

4. 酸碱解离平衡及标准平衡常数

(1) 水的解离平衡。

实验证明,纯水有微弱的导电能力,它是一种极弱的电解质,纯水的解离实质上是一个水分子从另一个分子中夺取 H^+ 形成 H_3O^+ 和 OH^- 的过程,即

$$H_2O + H_2O \rightleftharpoons H_3O^+ + OH^-$$

可简写成

$$H_2O \rightleftharpoons H^+ + OH^-$$

实验证明,295 K时,1 L纯水中仅有1.0×10^{-7} mol水分子发生解离,所以

$$c(H^+) = c(OH^-) = 1.0 \times 10^{-7}\ mol \cdot L^{-1}$$

那么

$$K_w^{\ominus} = \{c(H^+)/c^{\ominus}\}\{c(OH^-)/c^{\ominus}\} = 10^{-7} \times 10^{-7} = 10^{-14} \qquad (6-6)$$

式(6-6)表明,在一定温度下,水解离平衡时平衡常数$K_w^{\ominus}$为氢离子浓度和氢氧根离子浓度的乘积,这个常数K_w也称为水的离子积。

水的解离是吸热反应,温度升高解离度增大,水的离子积也增大,但离子积常数K_w随温度变化不是很明显,K_w与温度T的关系见表6-2,因此一般计算时,$K_w^{\ominus}$取1.0×10^{-14}。

表6-2　K_w与温度T的关系

T/K	273	283	291	295	298	313	333
$K_w/\times 10^{-14}$	0.13	0.36	0.74	1.0	1.27	3.8	12.6

(2) 一元弱酸(弱碱) 解离平衡。

$$HAc \xrightleftharpoons{\text{酸式解离}} H^+ + Ac^-$$

$$K_a^\ominus = \frac{\{c(H^+)/c^\ominus\}\{c(Ac^-)/c^\ominus\}}{c(HAc)/c^\ominus} \tag{6-7}$$

$$NH_3 + H_2O \xrightleftharpoons{碱式解离} OH^- + NH_4^+$$

$$K_a^\ominus = \frac{\{c(OH^-)/c^\ominus\}\{c(NH_4^+)/c^\ominus\}}{c(NH_3)/c^\ominus} \tag{6-8}$$

(3) 多元弱酸(弱碱)解离平衡。

含有一个以上可置换的氢原子的酸称为多元酸,如 H_2CO_3、H_2S、H_2SO_3 是二元酸,H_3PO_4 是三元酸;能够接受一个以上氢离子的碱称为多元碱,如 CO_3^{2-}、S^{2-}、SO_3^{2-} 是二元碱,PO_4^{3-} 是三元碱。多元酸碱的解离是分级进行的,每一级都有一个解离常数,如二元酸 H_2CO_3 和二元碱 CO_3^{2-}。

一级解离:

酸为

$$H_2CO_3 \rightleftharpoons H^+ + HCO_3^-$$

$$K_{a_1}^\ominus = \frac{\{c(H^+)/c^\ominus\}\{c(HCO_3^-)/c^\ominus\}}{c(H_2CO_3)/c^\ominus} = 4.2 \times 10^{-7}$$

碱为

$$H_2N—NH_2 + H_2O \rightleftharpoons N_2H_5^+ + OH^-$$

$$K_{b_1}^\ominus = \frac{\{c(OH^-)/c^\ominus\}\{c(N_2H_5^+)/c^\ominus\}}{c(H_2N—NH_2)/c^\ominus} = 3.0 \times 10^{-6}$$

二级解离:

酸为

$$HCO_3^- \rightleftharpoons H^+ + CO_3^{2-}$$

$$K_{a_2}^\ominus = \frac{\{c(H^+)/c^\ominus\}\{c(CO_3^{2-})/c^\ominus\}}{c(HCO_3^-)/c^\ominus} = 5.6 \times 10^{-11}$$

碱为

$$N_2H_5^+ + H_2O \rightleftharpoons N_2H_6^{2+} + OH^-$$

$$K_{b_2}^\ominus = \frac{\{c(OH^-)/c^\ominus\}\{c(N_2H_6^{2+})/c^\ominus\}}{c(N_2H_5^+)/c^\ominus} = 7.6 \times 10^{-15}$$

式中　K_{a_1} 和 K_{a_2}——H_2CO_3 的一级解离常数和二级解离常数;

K_{b_1} 和 K_{b_2}——$H_2N—NH_2$ 的一级解离常数和二级解离常数。$K_{a1} \gg K_{a2}$,$K_{b1} \gg K_{b2}$,说明二级解离比一级解离困难得多。

以酸为例,因为带有两个负电荷的 CO_3^{2-} 对 H^+ 的吸引要比带一个负电荷的 HCO_3^- 对 H^+ 的吸引强得多,加之一级解离产生的 H^+ 将对二级解离产生同离子效应,抑制后者解离,两者作用结果表现为 $K_{a1} \gg K_{a2}$。因此多元弱酸或碱的强弱主要取决于 $K_{a1}(K_{b1})$ 值的大小。

6.2　酸碱平衡组分分布及浓度计算

分析化学中所用试剂很多是弱酸或弱碱,在弱酸或弱碱平衡体系中,往往存在多种酸碱形式，这些形式在平衡体系中的浓度称为平衡浓度，各种形式的平衡浓度总和称为总浓度或分析浓度，某一存在形式的平衡浓度占总浓度的分数称为分布分数(distribution fraction)，用δ表示。当溶液pH改变时，组分的分布分数也将发生变化，组分分布分数与溶液pH的关系曲线称为分布曲线。

6.2.1　不同pH溶液中各组分的分布分数δ

1. 一元酸溶液

以HAc为例，设总浓度为c，在溶液中以HAc及Ac^-两种形式存在，$c=c(HAc)+c(Ac^-)$，HAc及Ac^-分别为

$$\delta_{HAc}=\frac{c(HAc)}{c(HAc)+c(Ac^-)}=\frac{1}{1+\dfrac{c(Ac^-)}{c(HAc)}}=\frac{1}{1+\dfrac{K_a}{c(H^+)}}=\frac{c(H^+)}{c(H^+)+K_a} \quad (6-9\text{a})$$

$$\delta_{Ac^-}=\frac{c(Ac^-)}{c(HAc)+c(Ac^-)}=\frac{c(Ac^-)/c(HAc)}{1+c(Ac^-)/c(HAc)}=\frac{K_a/c(H^+)}{1+K_a/c(H^+)}=\frac{K_a}{c(H^+)+K_a} \quad (6-9\text{b})$$

$$\delta_{HAc}+\delta_{Ac^-}=1$$

δ_{HAc}、δ_{Ac^-}为HAc及Ac^-两种形式存在的分布分数，从它们的计算式可见，分布分数与$c(H^+)$即pH有关。图6-1所示为HAc-Ac^-的δ-pH曲线，当pH升高，δ_{Ac^-}增加，δ_{HAc}下降；pH降低，δ_{Ac^-}降低，δ_{HAc}增加。当$pH=pK_a$，$\delta_{HAc}=\delta_{Ac^-}=0.5$，HAc与$Ac^-$各占一半。当$pH \ll pK_a$、$\delta_{HAc} \gg \delta_{Ac^-}$，此时HAc将以HAc分子为主要形式存在，反之以$Ac^-$为主要形式存在。

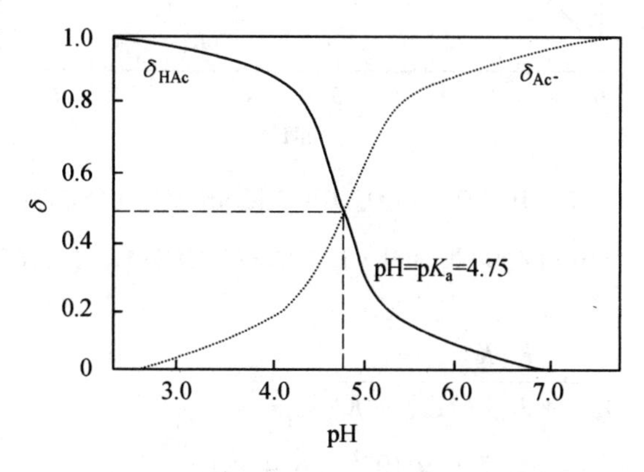

图6-1　HAc-Ac^-的δ-pH曲线

2. 二元酸溶液

以草酸为例，它在溶液中以$H_2C_2O_4$、$HC_2O_4^-$和$C_2O_4^{2-}$这3种形式存在，设总浓度为c，则

$$c=c(H_2C_2O_4)+c(HC_2O_4^-)+c(C_2O_4^{2-})$$

$$\delta_{H_2C_2O_4}=\frac{c(H_2C_2O_4)}{c(H_2C_2O_4)+c(HC_2O_4^-)+c(C_2O_4^{2-})}=\frac{1}{1+\frac{c(HC_2O_4^-)}{c(H_2C_2O_4)}+\frac{c(C_2O_4^{2-})}{c(H_2C_2O_4)}}$$

$$=\frac{1}{1+\frac{K_{a_1}}{c(H^+)}+\frac{K_{a_1}K_{a_2}}{c(H^+)^2}}=\frac{\{c(H^+)\}^2}{\{c(H^+)\}^2+K_{a_1}c(H^+)+K_{a_1}K_{a_2}} \tag{6-10 a}$$

同理可求

$$\delta_{HC_2O_4^-}=\frac{K_{a_1}c(H^+)}{\{c(H^+)\}^2+K_{a_1}c(H^+)+K_{a_1}K_{a_2}} \tag{6-10 b}$$

$$\delta_{C_2O_4^{2-}}=\frac{K_{a_1}K_{a_2}}{\{c(H^+)\}^2+K_{a_1}c(H^+)+K_{a_1}K_{a_2}} \tag{6-10 c}$$

$pH \ll pK_{a_1}(1.23)$ 时，$H_2C_2O_4$ 为主要存在形式；$pH \gg pK_{a_2}(4.19)$ 时，溶液中 $C_2O_4^{2-}$ 为主要的存在形式；当 $1.23 \ll pH \ll 4.19$ 溶液中 $HC_2O_4^-$ 为主要存在形式，图 6－2 所示为草酸在溶液中以 $H_2C_2O_4$、$HC_2O_4^-$ 和 $C_2O_4^{2-}$ 这 3 种存在形式随 pH 变化的分布曲线。

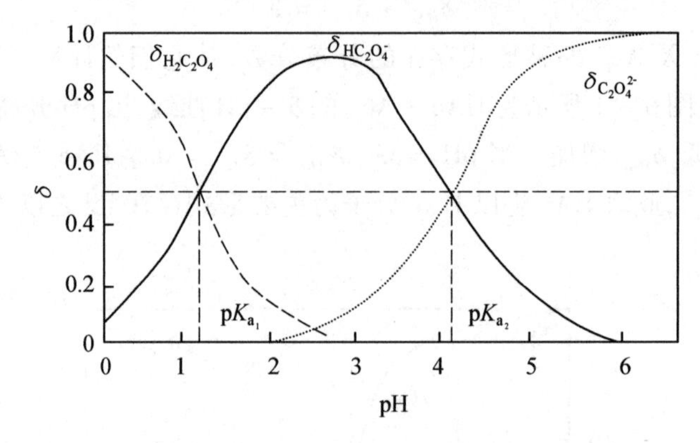

图 6－2　$H_2C_2O_4$、$HC_2O_4^-$、$C_2O_4^{2-}$ 随 pH 变化的分布曲线

【例 6.2】　求 pH = 5.00 时，0.20 $mol \cdot L^{-1}$ 草酸溶液中 $C_2O_4^2$ 的浓度。

解

$$\delta_{C_2O_4^{2-}}=\frac{K_{a_1}K_{a_2}}{\{c(H^+)\}^2+K_{a_1}c(H^+)+K_{a_1}K_{a_2}}$$

$$=\frac{5.9\times10^{-2}\times6.4\times10^{-5}}{(10^{-5})^2+5.9\times10^{-2}\times10^{-5}+5.9\times10^{-2}\times6.4\times10^{-5}}=0.86$$

$$c(C_2O_4^{2-})=\delta_2 c=0.86\times0.20=0.172\ (mol\cdot L^{-1})$$

3. 三元酸溶液

以 H_3PO_4 为例，它在溶液中以 H_3PO_4、$H_2PO_4^-$、HPO_4^{2-}、PO_4^{3-} 这 4 种形式存在(图 6－3)，设总浓度为 c，则

$$c=c(H_3PO_4)+c(H_2PO_4^-)+c(HPO_4^{2-})+c(PO_4^{3-})$$

同样方法处理得到

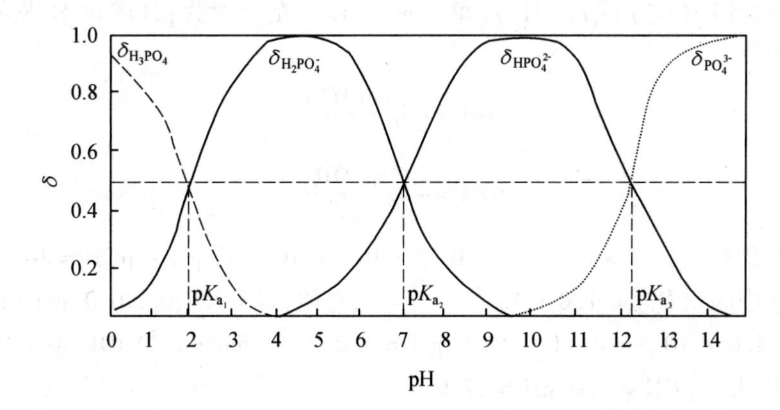

图 6－3　H_3PO_4、$H_2PO_4^-$、HPO_4^{2-}、PO_4^{3-} 的分布曲线

$$\delta_{H_3PO_4}=\frac{c(H_3PO_4)}{c}=\frac{\{c(H^+)\}^3}{\{c(H^+)\}^3+K_{a_1}\{c(H^+)\}^2+K_{a_1}K_{a_2}c(H^+)+K_{a_1}K_{a_2}K_{a_3}} \tag{6-11 a}$$

$$\delta_{H_2PO_4^-}=\frac{c(H_2PO_4^-)}{c}=\frac{K_{a_1}\{c(H^+)\}^2}{\{c(H^+)\}^3+K_{a_1}\{c(H^+)\}^2+K_{a_1}K_{a_2}c(H^+)+K_{a_1}K_{a_2}K_{a_3}} \tag{6-11 b}$$

$$\delta_{HPO_4^{2-}}=\frac{c(HPO_4^{2-})}{c}=\frac{K_{a_1}K_{a_2}c(H^+)}{\{c(H^+)\}^3+K_{a_1}\{c(H^+)\}^2+K_{a_1}K_{a_2}c(H^+)+K_{a_1}K_{a_2}K_{a_3}} \tag{6-11 c}$$

$$\delta_{PO_4^{3-}}=\frac{c(PO_4^{3-})}{c}=\frac{K_{a_1}K_{a_2}K_{a_3}}{\{c(H^+)\}^3+K_{a_1}\{c(H^+)\}^2+K_{a_1}K_{a_2}c(H^+)+K_{a_1}K_{a_2}K_{a_3}} \tag{6-11 d}$$

6.2.2　溶液酸碱性和 pH 计算

1. 溶液酸碱性

溶液酸碱性在历史上的不同阶段，有着不同的定义，一般来说是指水溶液中 $c(H^+)$ 和 $c(OH^-)$，并以 pH 或 pOH 表示酸碱性。

K_w 反映了水溶液中 $c(H^+)$ 和 $c(OH^-)$ 的关系，知道 $c(H^+)$ 就可计算出 $c(OH^-)$，反之亦然。根据水溶液中 H^+ 和 OH^- 相互依存、相互制约的关系，可知在室温范围内：

中性溶液中，有

$$c(H^+)=c(OH^-)=1.0\times10^{-7}\ \text{mol}\cdot\text{L}^{-1}$$

酸性溶液中，有

$$c(H^+)>c(OH^-),\quad c(H^+)>1.0\times10^{-7}\ \text{mol}\cdot\text{L}^{-1}$$

碱性溶液中，有

$$c(H^+)<c(OH^-),\quad c(H^+)<1.0\times10^{-7}\ \text{mol}\cdot\text{L}^{-1}$$

在生产和科学研究中，经常使用一些弱酸或弱碱溶液，$c(H^+)$ 或 $c(OH^-)$ 很小，使用很不方便。因此,通常用 $c(H^+)$ 或 $c(OH^-)$(单位 $mol \cdot L^{-1}$)的负对数 pH 或 pOH 来表示溶液的酸碱性,定义式为

$$pH = -\lg \frac{c(H^+)}{c^{\ominus}} \tag{6-12 a}$$

$$pOH = -\lg \frac{c(OH^-)}{c^{\ominus}} \tag{6-12 b}$$

水溶液中,总有 $c(H^+) \times c(OH^-) = 10^{-7} \times 10^{-7} = 10^{-14}$ 或 $pH + pOH = 14.0$。

例如:纯水中的 $c(H^+) = 1.0 \times 10^{-7}\ mol \cdot L^{-1}$,它的 $pH = 7.0$;$0.001\ 0\ mol \cdot L^{-1}$ 的 HCl 溶液中,$c(H^+) = 1.0 \times 10^{-3}\ mol \cdot L^{-1}$,它的 $pH = 3.0$;$0.01\ mol \cdot L^{-1}$ NaOH 溶液中,$c(OH^-) = 1.0 \times 10^{-2}\ mol \cdot L^{-1}$,$pOH = 2.0$,$pH = 12.0$。

pH 和 pOH 都可作为溶液酸碱性的量度,但一般都习惯用 pH 来表示,pH 的常用范围是 0 ~ 14,中性溶液 pH = 7,酸性溶液 pH < 7,碱性溶液 pH > 7。当溶液的 pH < 0 或pH > 14,就直接用 $c(H^+)$ 或 $c(OH^-)$ 来表示溶液的酸碱性。

测定和控制溶液的酸碱性十分重要。如正常情况下人体血液的 pH 为 7.35 ~ 7.45,如不在此范围内,将会引起酸中毒或碱中毒,如果 pH > 7.8 或 pH < 7.0,则人将可能死亡;再如,很多化学反应或化工生产过程必须控制在一定 pH 范围才能进行或完成,精制硫酸铜除铁杂质过程必须控制 pH 在 4 左右才能收到良好的效果;此外,各种农作物的生长发育都要求土壤保持一定 pH 范围,水稻为 6 ~ 7、小麦为 6.3 ~ 7.5、玉米为 6 ~ 7、大豆为 6 ~ 7、棉花为 6 ~ 8、马铃薯为 4.8 ~ 5.5 等。

2. pH 计算

(1) 质子条件式。

酸碱反应是共轭酸碱间的质子转移,准确反映整个平衡体系中质子转移的严格的数量关系式称为质子条件式。通过质子条件式能够计算溶液中的 $c(H^+)$,列写质子条件式的步骤为:

① 选择溶液中大量存在并且参加质子转移的物质为参考标准(也称零水准);

② 判断得、失质子的物质;

③ 根据得、失质子的物质的量相等的原则列出等式。

如:对于一元弱酸 HA 水溶液,存在下列电离反应:

$$HA + H_2O \rightleftharpoons H_3O^+ + A^-$$

$$H_2O + H_2O \rightleftharpoons H_3O^+ + OH^-$$

两式分别可得

$$c(H^+) = c(A^-), \quad c(H^+) = c(OH^-)$$

则

$$c(H^+) = c(A^-) + c(OH^-)\text{(质子条件式)} \tag{6-13}$$

且

$$K_a^{\ominus} = \frac{\frac{c(H^+)}{c^{\ominus}} \cdot \frac{c(A^-)}{c^{\ominus}}}{\frac{c(HA)}{c^{\ominus}}}, \quad K_w^{\ominus} = \frac{c(H^+)}{c^{\ominus}} \cdot \frac{c(OH^-)}{c^{\ominus}}$$

所以

$$c(H^+)=\frac{K_a^{\ominus}c(HA)}{c(H^+)}+\frac{K_w}{c(H^+)}\Rightarrow[c(H^+)]^2=K_a^{\ominus}c(HA)+K_w^{\ominus} \quad (6-14)$$

(2) 强酸(强碱)pH 计算。

以浓度为 c 的一元强酸 HCl 的 pH 计算为例,强酸的解离近似认为全部解离。

$$HCl \longrightarrow H^+ + Cl^-$$

根据质子平衡,有

$$c(H^+)=c(OH^-)+c(Cl^-)=K_w/c(H^+)+c(HCl)=K_w/c(H^+)+c$$

$$c(H^+)=\frac{1}{2}(c+\sqrt{c^2+4K_w^{\ominus}}) \quad (6-15)$$

若 $c \geqslant 1.00\times10^{-6}\ mol\cdot L^{-1}$,可忽略水解离产生的 H^+,则 $c(H^+)=c$。若 $c \leqslant 1.00\times10^{-8}\ mol\cdot L^{-1}$,溶液中的 H^+ 则主要来自于 H_2O 的解离,则 $c(H^+)=\sqrt{K_w^{\ominus}}$。若为一元强碱,同理进行推导和计算,仅需将 $c(H^+)$ 换成 $c(OH^-)$。若为多元强酸或强碱,可分步按一元强酸或强碱计算,再合计。

(3) 一元弱酸(弱碱) 解离度和 pH 计算。

① 解离度计算。

	$HA \rightleftharpoons H^+ + A^-$		
初始浓度 /($mol\cdot L^{-1}$)	c		
平衡浓度 /($mol\cdot L^{-1}$)	$c-c\alpha$	$c\alpha$	$c\alpha$

则

$$K_a^{\ominus}=\frac{c(H^+)/c^{\ominus}\cdot c(A^-)/c^{\ominus}}{c(HA)/c^{\ominus}}=\frac{c\alpha\cdot c\alpha}{(c-c\alpha)c^{\ominus}}=\frac{c\alpha^2}{(1-\alpha)c^{\ominus}}$$

当 $c/K_a^{\ominus}>380$ 时,$K_a^{\ominus}$ 较小,$\alpha\leqslant5\%$,$1-\alpha\approx1$,上式化简为

$$K_a^{\theta}=\frac{c}{c^{\ominus}}\alpha^2$$

则解离度 α 为

$$\alpha=\sqrt{\frac{K_a^{\theta}}{c/c^{\ominus}}} \quad (6-16)$$

② pH 计算。

由式(6 - 14) 得到 $c(H^+)$ 计算式为

$$c(H^+)=\sqrt{K_a^{\ominus}c(HA)+K_w^{\ominus}} \quad (6-17)$$

设一元弱酸 HA 初始浓度为 c_0,在溶液中将以 HA、A^- 两种形式存在,即

$$c(HA)+c(A^+)=c$$

HA 所占份额为

$$\delta_{HA}=\frac{c(HA)}{c(HA)+c(A^-)}=\frac{1}{1+c(A^-)/c(HA)}=\frac{1}{1+K_a/c(H^+)}=\frac{c(H^+)}{c(H^+)+K_a}$$

将 $c(HA)=c\cdot\delta_{HA}=c\cdot\dfrac{c(H^+)}{c(H^+)+K_a}$ 代入式(6 - 17) 并整理 $c(H^+)$ 精确求解方程得

$$c(H^+)^3+K_ac(H^+)^2-(cK_a+K_w)c(H^+)-K_aK_w=0 \quad (6-18)$$

a. 若 $cK_a^{\ominus}\geqslant10K_w^{\ominus}$,则可忽略 H_2O 解离产生的 $c(H^+)$,则 $c(H^+)\approx c(A^-)$,$c(HA)=c-$

$c(A^+) \approx c - c(H^+)$,且可忽略 $K_w^\ominus$,计算结果相对误差小于或等于 ±5%,则 $c(H^+)$ 计算式(6 - 17)可化简为

$$c(H^+) = \sqrt{K_a^\ominus[c - c(H^+)]} \text{ 或 } c(H^+) = \frac{1}{2}[-K_a^\ominus + \sqrt{(K_a^\ominus)^2 + 4cK_a^\ominus}] \quad (6-19\text{a})$$

b. 若 $c/K_a^\ominus \geqslant 380$,表明弱酸的解离度很小,可认为 $c(HA) \approx c$,则式(6 - 17)可化简为

$$c(H^+) = \sqrt{cK_a^\ominus + K_w^\ominus} \quad (6-19\text{b})$$

c. 若 $cK_a^\ominus \geqslant 10K_w^\ominus$、$c/K_a^\ominus \geqslant 380$ 同时成立,则式(6 - 17)可化简为最简式:

$$c(H^+) = \sqrt{cK_a^\ominus} \quad (6-19\text{c})$$

同理,可推导出计算一元弱碱溶液的计算公式,只需将 $c(H^+)$ 替换为 $c(OH^-)$、$K_a^\ominus$ 替换为 $K_b^\ominus$。

因此,一元弱碱溶液 $c(OH^-)$ 计算的最简式为

$$c(OH^-) = \sqrt{cK_b^\ominus} \quad (6-20)$$

【例 6.3】 计算 $0.010\ mol \cdot L^{-1}$ HAc 溶液 pH。

解 因为

$$cK_a^\ominus = 0.010K_a^\ominus = 0.010 \times 1.75 \times 10^{-5} = 1.75 \times 10^{-7} > 10K_w^\ominus$$

$$c/K_a^\ominus = \frac{0.010}{1.75 \times 10^{-5}} = 5.71 \times 10^2 > 380$$

所以用最简式计算 $c(H^+)$:

$$c(H^+) = \sqrt{cK_a^\ominus} = \sqrt{0.010 \times 1.75 \times 10^{-5}} = 4.18 \times 10^{-4}(mol \cdot L^{-1})$$

则

$$pH = -\lg c(H^+) = 3.38$$

【例 6.4】 计算 $1.00 \times 10^{-4}\ mol \cdot L^{-1}$ 的一元弱酸 H_3BO_3 溶液的 pH,已知 $pK_a^\ominus = 9.24$。

解 因为

$$cK_a^\ominus = 1.00 \times 10^{-4} \times 10^{-9.24} = 5.8 \times 10^{-14} < 10K_w^\ominus = 1.0 \times 10^{-13}$$

$$c/K_a^\ominus = 1.00 \times 10^{-4}/10^{-9.24} = 10^{5.24} \gg 380$$

所以

$$c(H^+) = \sqrt{cK_a^\ominus + K_w^\ominus} = \sqrt{1.00 \times 10^{-4} \times 10^{-9.24} + 1.00 \times 10^{-14}} = 2.6 \times 10^{-7}(mol \cdot L^{-1})$$

则

$$pH = -\lg c(H^+) = 6.59$$

【例 6.5】 试求 $0.12\ mol \cdot L^{-1}$HA 溶液 pH,已知 $pK_a^\ominus = 2.86$。

解 因为

$$cK_a^\ominus = 0.12 \times 10^{-2.86} \gg 10K_w^\ominus$$

$$c/K_a^\ominus = 0.12/10^{-2.86} = 87 < 380$$

所以 $c(H^+) = \sqrt{c_{HA}K_a^\ominus + K_w^\ominus} = \sqrt{K_a^\ominus[c - c(H^+)]}$,整理得到

$$c(H^+) = \frac{1}{2} \times [-K_a^\ominus + \sqrt{(K_a^\ominus)^2 + 4cK_a^\ominus}]$$

$$= \frac{1}{2}[-10^{-2.86} + \sqrt{(10^{-2.86})^2 + 4 \times 0.12 \times 10^{-2.86}}] = 0.012\ (mol \cdot L^{-1})$$

则

$$pH = -\lg c(H^+) = 1.92$$

【例6.6】 计算0.12 mol·L^{-1} NH_3 溶液的pH。

解 NH_3 在水溶液中平衡方程式为

$$NH_3 + H_2O = NH_4^+ + OH^-$$

因为

$$cK_b^{\ominus} = 0.12 \times 1.75 \times 10^{-5} = 2.1 \times 10^{-6} > 10K_w^{\ominus} = 1.0 \times 10^{-13}$$

$$c/K_b^{\ominus} = 0.12/1.75 \times 10^{-5} = 6.86 \times 10^3 > 380$$

所以采用最简式计算：

$$c(OH^-) = \sqrt{cK_b^{\ominus}} = \sqrt{0.12 \times 1.75 \times 10^{-5}} = 1.45 \times 10^{-3}(\text{mol} \cdot \text{L}^{-1})$$

$$pOH = -\lg c(OH^-) = -\lg(1.45 \times 10^{-3}) = 2.84$$

$$pH = 14.00 - 2.84 = 11.16$$

(4) 多元弱酸(弱碱)pH计算。

如：对于二元弱酸 H_2A 水溶液，存在下列电离反应：

$$H_2A + H_2O \rightleftharpoons H_3O^+ + HA^-$$

$$HA^- + H_2O \rightleftharpoons H_3O^+ + A^-$$

$$H_2O + H_2O \rightleftharpoons H_3O^+ + OH^-$$

这里是 H_2A 和 H_2O 为参考标准，A^- 是 H_2A 给出2个 H^+ 后的产物，所以在列质子条件式时应在 $c(A^-)$ 前乘以2，以使得失质子的物质量相等，因此质子条件式为

$$c(H^+) = c(HA^-) + 2c(A^-) + c(OH^-) \tag{6-21}$$

则

$$c(H^+) = \frac{K_{a_1}^{\ominus}c(H_2A)}{c(H^+)} + \frac{2K_{a_2}^{\ominus}K_{a_1}^{\ominus}c(H_2A)}{[c(H^+)]^2} + \frac{K_w^{\ominus}}{c(H^+)}$$

$$c(H^+) = \sqrt{K_{a_1}^{\ominus}c(H_2A)\left[1 + \frac{2K_{a_2}^{\ominus}K_{a_1}^{\ominus}c(H_2A)}{c(H^+)}\right] + K_w^{\ominus}} \tag{6-22 a}$$

得到 $c(H^+)$ 精确求解方程为

$$c(H^+) = \sqrt{K_{a_1}^{\ominus}c(H_2A)\left[1 + \frac{2K_{a_2}^{\ominus}}{c(H^+)}\right] + K_w^{\ominus}} \tag{6-22 b}$$

若 $K_{a_1}^{\ominus}c(H_2A) \approx cK_{a_1}^{\ominus} \geqslant 10K_w^{\ominus}$，则忽略 H_2O 解离产生的 $c(H^+)$，计算结果相对误差小于或等于 ±5%。

若 $K_{a_2}^{\ominus}/c(H^+) \approx K_{a_2}^{\ominus}/\sqrt{cK_{a_1}^{\ominus}} < 0.05$，则二级解离也可忽略，此时二元弱酸可按一元弱酸处理，$c(H^+)$ 近似求解公式为

$$c(H^+) = \sqrt{K_{a_1}^{\ominus}c(H_2A)} = \sqrt{K_{a_1}^{\ominus}[c - c(H^+)]} \tag{6-22 c}$$

若 $cK_{a_1}^{\ominus} \geqslant 10K_w^{\ominus}$，$K_{a_2}^{\ominus}/c(H^+) \approx K_{a_2}^{\ominus}/\sqrt{cK_{a_1}^{\ominus}} < 0.05$，且当 $c/K_{a_1}^{\ominus} \geqslant 380$，得最简公式：

$$c(H^+) = \sqrt{cK_{a_1}^{\ominus}} \tag{6-22 d}$$

同理，可推导出计算二元弱碱溶液的计算公式，只需将 $c(H^+)$ 替换为 $c(OH^-)$、$K_a^{\ominus}$ 替换为

$K_b^{\ominus}$。

因此,二元弱碱溶液 $c(OH^-)$ 计算的最简式为

$$c(OH^-)=\sqrt{cK_{b_1}^{\ominus}} \tag{6-23}$$

(5) 两性物质溶液 pH 的计算。

有一些物质,在溶液中既可给出质子,显示酸性,又可接受质子,显示碱性,既要考虑酸式解离平衡,又要考虑碱式解离平衡。如:$NaHCO_3$、K_2HPO_4、NaH_2PO_4 及邻苯二钾酸氢等水溶液。

以 NaHA 为例,溶液中存在下列平衡:

酸式解离

$$HA^- \rightleftharpoons H^+ + A^{2-}$$

碱式解离

$$HA^- + H_2O \rightleftharpoons H_2A + OH^-$$

水解离

$$H_2O \rightleftharpoons H^+ + OH^-$$

质子条件式为

$$c(H^+)=c(A^{2-})+c(OH^-)-c(H_2A) \longrightarrow c(H^+)+c(H_2A)=c(A^{2-})+c(OH^-)$$

根据二元弱酸 H_2A 离解平衡关系,得到 $c(H^+)$ 精确式为

$$\frac{c(H^+)c(HA^-)}{K_{a_1}^{\ominus}}+c(H^+)=\frac{K_{a_2}^{\ominus}c(HA^-)}{c(H^+)}+\frac{K_w^{\ominus}}{c(H^+)}$$

$$c(H^+)=\sqrt{\frac{K_{a_1}^{\ominus}[K_{a_2}^{\ominus}c(HA^-)+K_w^{\ominus}]}{K_{a_1}^{\ominus}+c(HA^-)}} \tag{6-24 a}$$

依照弱酸或弱碱 pH 计算方法,当 HA^- 解离出质子与接受质子都比较弱,$c(HA^-)\approx c$,则得近似式为

$$c(H^+)=\sqrt{\frac{K_{a_1}^{\ominus}(K_{a_2}^{\ominus}c+K_w^{\ominus})}{K_{a_1}^{\ominus}+c}} \tag{6-24 b}$$

如果 $cK_{a_2}\geqslant 10K_w$,$c/K_{a_1}^{\ominus}<10$,可忽略 K_w,得近似公式为

$$c(H^+)=\sqrt{\frac{cK_{a_1}^{\ominus}K_{a_2}^{\ominus}}{K_{a_1}^{\ominus}+c}} \tag{6-24 c}$$

如果 $cK_{a_2}\leqslant 10K_w$,$c/K_{a_1}^{\ominus}>10$,则 $K_{a_1}^{\ominus}+c\approx c$ 得最简式为

$$c(H^+)=\sqrt{\frac{K_{a_1}^{\ominus}(K_{a_2}^{\ominus}+K_w^{\ominus})}{c}} \tag{6-24 d}$$

如果 $cK_{a_2}\geqslant 10K_w$,$c/K_{a_1}^{\ominus}>10$,得最简式为

$$c(H^+)=\sqrt{K_{a_1}^{\ominus}K_{a_2}^{\ominus}} \tag{6-24 e}$$

【例 6.7】 计算 0.15 $mol \cdot L^{-1}$ $NaHCO_3$ 溶液 pH。

解 因为

$$cK_{a_2}^{\ominus}=0.15\times 5.6\times 10^{-11}=8.4\times 10^{-12}\gg 10K_w^{\ominus}$$

$$\frac{c}{K_{a_1}^{\ominus}} = \frac{0.15}{4.2 \times 10^{-7}} = 3.6 \times 10^5 > 10$$

所以采用最简公式计算，得到

$$c(H^+) = \sqrt{K_{a_1}^{\ominus} K_{a_2}^{\ominus}} = \sqrt{4.2 \times 10^{-7} \times 5.6 \times 10^{-11}} = 4.9 \times 10^{-9} (mol \cdot L^{-1})$$

$$pH = -\lg c(H^+) = 8.31$$

【例6.8】 分别计算 $0.050\ mol \cdot L^{-1}$ 的 NaH_2PO_4 和 $1.0 \times 10^{-2}\ mol \cdot L^{-1}$ 的 Na_2HPO_4 溶液的 pH。

解 对于 $0.050\ mol \cdot L^{-1}$ 的 NaH_2PO_4 溶液，因为

$$cK_{a_2}^{\ominus} = 0.050 \times 6.2 \times 10^{-8} \gg 10K_w^{\ominus}, \quad \frac{c}{K_{a_1}^{\ominus}} = \frac{0.05}{7.1 \times 10^{-3}} = 7.04 < 10$$

所以采用式(6 - 24c) 计算 $c(H^+)$，有

$$c(H^+) = \sqrt{\frac{cK_{a_1}^{\ominus} K_{a_2}^{\ominus}}{K_{a_1}^{\ominus} + c}} = \sqrt{\frac{0.050 \times 7.1 \times 10^{-3} \times 6.2 \times 10^{-8}}{7.1 \times 10^{-3} + 0.050}} = 1.96 \times 10^{-5} (mol \cdot L^{-1})$$

$$pH = -\lg c(H^+) = 4.71$$

对于 $1.0 \times 10^{-2}\ mol \cdot L^{-1}$ 的 Na_2HPO_4 溶液，因为

$$cK_{a_3}^{\ominus} = 0.050 \times 4.5 \times 10^{-13} < 10K_w^{\ominus}, \quad \frac{c}{K_{a_2}^{\ominus}} = \frac{0.05}{6.2 \times 10^{-8}} = 8.06 \times 10^5 \gg 10$$

所以 K_w 不可忽略，应用类似式(6 - 24d) 计算 $c(H^+)$，有

$$c(H^+) = \sqrt{\frac{K_{a_2}^{\ominus}(K_{a_3}^{\ominus} c + K_w^{\ominus})}{c}}$$

$$= \sqrt{\frac{6.2 \times 10^{-8}(4.5 \times 10^{-13} \times 1.0 \times 10^{-2} + 1.0 \times 10^{-14})}{1.0 \times 10^{-2}}} = 3.0 \times 10^{-10} (mol \cdot L^{-1})$$

$$pH = -\lg c(H^+) = 9.52$$

6.2.3　盐类的水解和溶液酸碱性

酸和碱发生中和反应生成盐和水。实验表明，有些盐如 NaCl、KCl 的水溶液呈中性，但大多数盐的水溶液或者呈酸性(如强酸弱碱盐 NH_4Cl_3、$FeCl_3$ 等) 水溶液，或者呈碱性(如强碱弱酸盐 NaAc、Na_2CO_3 等) 水溶液，这是由盐类水解作用所致。

盐类水解作用的实质是盐类的离子与水解离产生的 H^+ 或 OH^- 结合生成弱酸或弱碱，破坏了水的解离平衡，使溶液中 $c(H^+)$ 或 $c(OH^-)$ 发生变化而呈酸性或碱性。这种盐类的离子与水的复分解反应，称为盐类的水解。

1. 强碱弱酸盐水解

例如：NaCN 在水溶液中的水解过程可表示为

$$NaOH \longrightarrow Na^+ + CN^-$$

$$+$$

$$H_2O \rightleftharpoons OH^- + H^+$$

$$\Updownarrow$$

$$HCN$$

溶液中 CN^- 与 H^+ 结合生成弱酸 HCN,$c(H^+)$ 降低,H_2O 的解离平衡向右移动,溶液中 $c(OH^-)$ 不断升高,直至 $c(H^+)$ 同时满足 HCN 的解离平衡和 H_2O 的解离平衡,此时溶液因 $c(OH^-) > c(H^+)$ 呈碱性。

NaCN 水解离子方程式为

$$CN^- + H_2O \rightleftharpoons HCN + OH^-$$

由此可见,强碱和弱酸作用形成的盐水解作用使溶液呈碱性。

2. 强酸弱碱盐水解

例如:NH_4Cl 在水溶液中的水解过程可表示为

$$NaH_4Cl \longrightarrow NH_4^+ + Cl^-$$

$$H_2O \rightleftharpoons OH^+ + H^+$$

$$NH_3 \cdot H_2O$$

溶液中 NH_4^+ 与 OH^- 作用生成 $NH_3 \cdot H_2O$,$c(OH^-)$ 降低,H_2O 的解离平衡向右移动,溶液中 $c(H^+)$ 不断升高,直至 $c(OH^-)$ 同时满足 $NH_3 \cdot H_2O$ 解离平衡和 H_2O 解离平衡,此时溶液因 $c(H^+) > c(OH^-)$ 呈酸性。

NH_4Cl 水解的离子方程式为

$$NH_4^+ + H_2O \rightleftharpoons NH_3 \cdot H_2O + H^+$$

由此可见,强酸和弱碱作用形成的盐的水解作用使溶液呈酸性。

3. 弱酸弱碱盐水解

弱酸弱碱盐的阳离子和阴离子都能与水作用生成弱酸和弱碱,溶液的酸碱性由所生成的弱酸或弱碱的相对强度决定。若 $K_a > K_b$,则溶液呈酸性;若 $K_a < K_b$,则溶液呈碱性;若 $K_a = K_b$,则溶液呈中性。

现以 NH_4Ac、NH_4CN、NH_4F 分别进行讨论。

因为 $K_a(HAc) = K_b(NH_3 \cdot H_2O)$,所以 NH_4Ac 溶液呈中性,有

$$NH_4Ac \longrightarrow NH_4^+ + Ac^-$$

$$NH_4^+ + Ac^- + H_2O \rightleftharpoons NH_3 \cdot H_2O + HAc$$

因为 $K_a(HCN) < K_b(NH_3 \cdot H_2O)$,所以 NH_4CN 溶液呈碱性,有

$$NH_4CN \longrightarrow NH_4^+ + CN^-$$

$$NH_4^+ + CN^- + H_2O \rightleftharpoons NH_3 \cdot H_2O + HCN$$

因为 $K_a(HF) > K_b(NH_3 \cdot H_2O)$,所以 NH_4F 溶液呈酸性,有

$$NH_4F \longrightarrow NH_4^+ + F^-$$

$$NH_4^+ + F^- + H_2O \rightleftharpoons NH_3 \cdot H_2O + HF$$

4. 多元弱酸强碱盐的水解

多元弱酸强碱是分级水解的,以 Na_2CO_3 为例,有

$$CO_3^{2-} + H_2O \rightleftharpoons HCO_3^- + OH^- \quad (K_{b_1}^{\ominus})$$

$$HCO_3^- + H_2O \rightleftharpoons H_2CO_3 + OH^- \quad (K_{b_2}^{\ominus})$$

$$K_{b_1}^{\ominus}=\frac{\{c(HCO_3^-)/c^{\ominus}\}\{c(OH^-)/c^{\ominus}\}}{\{c(CO_3^{2-})/c^{\ominus}\}}=\frac{K_w^{\ominus}}{K_{a_2}^{\ominus}} \quad (6-25)$$

$$K_{b_2}^{\ominus}=\frac{\{c(H_2CO_3)/c^{\ominus}\}\{c(OH^-)/c^{\ominus}\}}{\{c(HCO_3^-)/c^{\ominus}\}}=\frac{K_w^{\ominus}}{K_{a_1}^{\ominus}} \quad (6-26)$$

由于 $K_{a_1} \gg K_{a_2}$，只需考虑第一级水解，第二级水解可忽略不计。

【例6.9】 计算0.10 mol·L^{-1} NH_4Ac 溶液的pH。

解 NH_4Ac 是一元弱酸弱碱盐，有

$$NH_4^+ + Ac^- + H_2O \rightleftharpoons NH_3\cdot H_2O + HAc$$

平衡浓度　$c(NH_4^+)$　$c(Ac^-)$　$c(NH_3\cdot H_2O)$　$c(HAc)$

水解平衡时　$c(NH_4^+)=c(Ac^-)$　$c(NH_3\cdot H_2O)=c(HAc)$

$$c(H^+)=K_a^{\ominus}\frac{c(HAc)}{c(Ac^-)}=\sqrt{\frac{K_a^{\ominus}K_w^{\ominus}}{K_b^{\ominus}}}$$

因为 $K_a \approx K_b$，所以 $c(H^+)=\sqrt{K_w^{\ominus}}=\sqrt{1.0\times10^{-14}}=1.0\times10^{-7}(mol\cdot L^{-1})$。

pH = 7.0，溶液呈中性。

由计算可知，一元弱酸弱碱盐的pH和盐的浓度无关。

5. 影响盐类水解的因素

(1) 盐类本性。

盐类水解的程度主要取决于盐类本身的性质，盐类水解后生成的弱酸或弱碱越弱，即 K_a 或 K_b 越小时，水解程度越大；如果水解产物既是弱电解质又是难溶物质或挥发性气体，则水解程度极大，甚至完全水解。

例如：

$$Al_2S_3 + 6H_2O \longrightarrow 2Al(OH)_3 + 3H_2S$$

$$SnCl_2 + H_2O \longrightarrow \underset{(白色)}{Sn(OH)Cl} + HCl$$

$$SbCl_3 + H_2O \longrightarrow \underset{(白色)}{SbOCl} + 2HCl$$

所以，若将上述物质直接溶于水，得到的是水解产物而得不到水溶液。

(2) 盐的浓度。

一定温度下，盐的浓度越小，水解程度越大。如水玻璃（Na_2SiO_3 的水溶液）稀释将能促使部分硅酸沉淀，溶液成为白色混浊液。

(3) 温度。

盐水解反应是吸热反应，升高温度，平衡向水解方向移动，故加热促使盐类水解。

(4) 同离子效应。

在盐溶液中加入酸（碱），由于同离子效应使平衡向生成盐的方向移动，可降低水解程度。如KCN在水溶液中有明显的水解现象：

$$CN^- + H_2O \rightleftharpoons HCN + OH^-$$

水解反应产生挥发性的剧毒氢氰酸（HCN）。因此，配制KCN溶液时，一般先在水中加入适量强碱（如KOH），因同离子效应抑制 CN^- 的水解，阻止有毒的HCN气体生成。

【例6.10】 计算0.20 mol·L^{-1} 氨基乙酸溶液pH。

解 氨基乙酸在水溶液中存在两种平衡,即

$$H_3N^+—CH_2COOH \rightleftharpoons H_2N—CH_2COOH + H^+ \ (K_{a_1}^{\ominus} = 4.5 \times 10^{-3})$$

$$H_2N—CH_2COOH \rightleftharpoons H_2N—CH_2COO^- + H^+ \ (K_{a_2}^{\ominus} = 2.5 \times 10^{-10})$$

$$c(H^+) = \sqrt{\frac{K_{a_1}^{\ominus}(K_{a_2}^{\ominus}c(HA) + K_w^{\ominus})}{K_{a_1}^{\ominus} + c(HA)}}$$

由于 c 较大,用最简式计算:

$$c(H^+) = \sqrt{K_{a_1}^{\ominus}K_{a_2}^{\ominus}} = \sqrt{4.5 \times 10^{-3} \times 2.5 \times 10^{-10}} = 1.1 \times 10^{-6}(mol \cdot L^{-1})$$

$$pH = 5.9$$

6.3 缓冲溶液及酸碱指示剂

6.3.1 缓冲溶液

1. 缓冲作用和缓冲溶液

一般水溶液若受到酸、碱等作用,pH 易发生明显的变化,而许多化学反应和生产过程常要求在一定的 pH 范围内进行,缓冲溶液(buffer solution) 能够较好地保持溶液 pH 的稳定性,对抗外来少量强酸、强碱或稍加稀释作用,使溶液 pH 基本保持不变。

溶液对外来少量强酸、强碱或稍加稀释作用,其 pH 基本保持不变的性能称为缓冲或缓冲作用。具有缓冲作用的溶液称为缓冲溶液。

缓冲溶液的组成通常有以下几种:

(1) 弱酸及其弱酸盐或共轭碱,例如 HAc - NaAc 的混合液。

(2) 弱碱及其弱碱盐或共轭酸,例如 $NH_3 \cdot H_2O$ - NH_4Cl 的混合液。

(3) 多元酸的酸式盐及其次级酸盐,例如 $NaHCO_3$ - Na_2CO_3、NaH_2PO_4 - $Na_2H_2PO_4$ 的混合液。

2. 缓冲溶液原理和缓冲溶液 pH 计算

(1) 缓冲溶液原理(cushioning principle)。

缓冲溶液为什么具有对抗外界少量强酸、强碱或稀释的作用呢? 这是由缓冲溶液的组成决定的。现以 HAc - NaAc 为例说明缓冲原理。

HAc 为弱酸,在溶液中部分解离:

$$HAc \rightleftharpoons H^+ + Ac^-$$

NaAc 是强电解质,在溶液中完全电离:

$$NaAc \longrightarrow Na^+ + Ac^-$$

由于大量 Ac^- 的存在,产生了同离子效应,HAc 解离平衡向左移动,从而抑制了 HAc 的解离。因此缓冲溶液中存在大量的 HAc 和 Ac^-,而 $c(H^+)$ 很小。

当向缓冲溶液中加入少量强酸(如HCl)时,溶液中大量的 Ac^- 将与 H^+ 结合形成弱电解质 HAc,结果溶液中 $c(H^+)$ 没有明显升高,溶液 pH 没有明显降低。此时,Ac^- 起到了抗酸作用,成为缓冲溶液的抗酸成分。

$$\underset{\text{大量}}{HAc} \rightleftharpoons \underset{\text{少量}}{H^+} + \underset{\text{大量}}{Ac^-}$$

$$\xleftarrow[\text{外加少量酸　　平衡向左移动}]{}$$

反之,向缓冲溶液加入少量强碱(如 NaOH),溶液中 H^+ 将与加入的 OH^- 结合成难解离的水。溶液中 $c(H^+)$ 稍有降低,此时溶液中大量的 HAc 解离释放 H^+ 来补充溶液中减少的 H^+,结果溶液 $c(H^+)$ 没有明显降低,溶液 pH 没有明显升高。此时,HAc 起到了抗碱作用,为缓冲溶液的抗碱成分。

$$\underset{\text{大量}}{HAc} \rightleftharpoons \underset{\text{少量}}{H^+} + \underset{\text{大量}}{Ac^-}$$

$$\xrightarrow[\text{外加少量碱　　平衡向右移动}]{}$$

如果加入大量的强酸强碱,超出了溶液的缓冲能力,溶液的 pH 将发生明显变化。

根据酸解离平衡常数表达式,$c(H^+) = K_a^\ominus c_a/c_b$。当加入适量水稀释时,$c_a$ 和 c_b 等比例减小,c_a/c_b 比值不变,所以仍可维持溶液的 pH 基本不变,但稀释的倍数过大,溶液浓度过小,则水解离产生的 H^+ 不能忽略。

(2) 缓冲溶液 pH 计算。

缓冲溶液 pH 计算以弱酸 - 共轭碱组成的缓冲溶液 HAc - NaAc 为例,即

$$HAc \rightleftharpoons H^+ + Ac^-$$

$$NaAc \longrightarrow Na^+ + Ac^-$$

$$K_a^\ominus = \frac{\dfrac{c(H^+)}{c^\ominus}\,\dfrac{c(Ac^-)}{c^\ominus}}{\dfrac{c(HAc)}{c^\ominus}}$$

$$c(H^+) = K_a^\ominus \frac{\dfrac{c(HAc)}{c^\ominus}}{\dfrac{c(Ac^-)}{c^\ominus}} \tag{6 - 27}$$

弱酸 HAc 的解离度很小,同时受 Ac^- 的同离子效应影响,解离度变得更小。因此,式(6 - 27) 中解离平衡时 $c(HAc) \approx c(\text{酸}) = c_a$,$c(Ac^-) \approx c(\text{盐}) = c_b$,代入式(6 - 27) 得

$$c(H^+) = K_a^\ominus \frac{c(HAc)/c^\ominus}{c(Ac^-)/c^\ominus} = K_a^\ominus \frac{c_{\text{酸}}}{c_{\text{碱}}} = K_a^\ominus \frac{c_a}{c_b}$$

则

$$pH = pK_a^\ominus - \lg \frac{c_a}{c_b} = pK_a^\ominus + \lg \frac{c_b}{c_a} \tag{6 - 28}$$

同理,对于弱碱及其共轭酸组成的缓冲溶液,pH 的计算公式为

$$NH_3 + H_2O \xrightleftharpoons{\text{碱式解离}} OH^- + NH_4^+$$

$$K_b^\ominus = \frac{\{c(OH^-)/c^\ominus\}\{c(NH_4^+)/c^\ominus\}}{c(NH_3)/c^\ominus}$$

$$c(OH^-) = K_b^\ominus \frac{c(NH_3)/c^\ominus}{c(NH_4^+)/c^\ominus} = K_b^\ominus \frac{c_b}{c_a}$$

则

$$pOH = pK_b^{\ominus} - \lg \frac{c_b}{c_a}$$

$$pH = 14 - pK_b^{\ominus} + \lg \frac{c_b}{c_a} \qquad (6-29)$$

【例 6.11】 0.20 mol·L^{-1}HCl 溶液与 0.50 mol·L^{-1}NaAc 溶液等体积混合后,试计算:

(1) 溶液的 pH 是多少?

(2) 在混合溶液中加入溶液体积的 1/20 的 0.50 mol·L^{-1} 的 NaOH 溶液,溶液的 pH 改变了多少?

(3) 在混合溶液中加入溶液体积的 1/20 的 0.50 mol·L^{-1} 的 HCl 溶液,溶液的 pH 改变了多少?

(4) 将最初的混合溶液用水稀释一倍,溶液的 pH 改变了多少?

从以上计算结果中能得出什么结论?

解 (1) 溶液等体积混合后,$c(HCl) = 0.1$ mol·L^{-1},$c(NaAc) = 0.25$ mol·L^{-1},有

$$HCl + NaAc \longrightarrow NaCl + HAc$$

由于反应生成 HAc 0.1 mol·L^{-1},还剩余 NaAc 0.15 mol·L^{-1},所以组成 HAc – NaAc 缓冲溶液。

$$pH = pK_a^{\ominus} - \lg \frac{c_a}{c_b} = 4.76 - \lg \frac{0.10}{0.15} = 4.94$$

(2) 在缓冲溶液中加入溶液体积的 1/20 的 0.50 mol·L^{-1} 的 NaOH 溶液后,有

$$c(HAc) = \frac{0.10 - 0.50 \times (1/20)}{1 + (1/20)} (mol \cdot L^{-1})$$

$$c(NaAc) = \frac{0.15 + 0.50 \times (1/20)}{1 + (1/20)} (mol \cdot L^{-1})$$

$$pH = pK_a^{\ominus} - \lg \frac{c_a}{c_b} = 4.76 - \lg \frac{0.075}{0.175} = 5.13$$

$$\Delta(pH) = 5.13 - 4.94 = 0.19$$

(3) 在缓冲溶液中加入溶液体积的 1/20 的 0.50 mol·L^{-1} 的 HCl 溶液后,有

$$c(HAc) = \frac{0.10 + 0.50 \times (1/20)}{1 + (1/20)} (mol \cdot L^{-1})$$

$$c(NaAc) = \frac{0.15 - 0.50 \times (1/20)}{1 + (1/20)} (mol \cdot L^{-1})$$

$$pH = pK_a^{\ominus} - \lg \frac{c_a}{c_b} = 4.76 - \lg \frac{0.125}{0.125} = 4.76$$

$$\Delta(pH) = 4.76 - 4.94 = -0.18$$

(4) 稀释一倍后,$c(HCl) = 0.05$ mol·L^{-1},$c(NaAc) = 0.075$ mol·L^{-1},有

$$pH = pK_a^{\ominus} - \lg \frac{c_a}{c_b} = 4.76 - \lg \frac{0.05}{0.075} = 4.94$$

$$\Delta(pH) = 4.94 - 4.94 = 0$$

从以上计算结果可以看出,在缓冲溶液中加入少量的酸、碱或适当稀释,溶液的 pH 改变值很小。

3. 缓冲溶液的选择和配制

各种弱酸(或弱碱)及其共轭碱(或酸)所组成的缓冲溶液,其pH是不同的,所以在实际工作中应根据所需要的pH来选择和配制缓冲溶液的体系。

(1) 缓冲容量。

缓冲容量(buffering capacity)是指单位体积的缓冲溶液的pH改变一个单位所需要加入的强酸或强碱的物质的量。

缓冲容量的大小主要取决于缓冲溶液的总浓度($c_a + c_b$)和缓冲比(c_a/c_b或c_b/c_a)两个重要因素。

对于同一缓冲体系(buffer systems),缓冲比一定时,总浓度越大,抗酸成分和抗碱成分越多,外加同样量的酸碱后,缓冲比变化越小,缓冲容量越大,缓冲能力越强;反之,总浓度越小,缓冲容量越小,缓冲能力越弱。缓冲溶液总浓度一般控制在$0.05 \sim 0.5\ mol \cdot L^{-1}$。

同一缓冲体系,总浓度一定时,缓冲比越接近1,缓冲容量越大,缓冲能力越强;反之,缓冲比越偏离1,缓冲容量越小,缓冲能力越弱。实验表明,当缓冲比为1/10 ~ 10时,即溶液的pH在$pK_a \pm 1$之间时,溶液缓冲能力大。具有缓冲作用的pH范围称为缓冲溶液的缓冲范围。当缓冲比等于1时,缓冲容量最大。

当溶液稀释时,缓冲比值虽然不变,pH不变,但总浓度降低,因而缓冲容量将减小。

当缓冲溶液的体系确定后,$K_a(K_b)$也确定了,通过改变c_a/c_b或c_b/c_a的比值(通常在0.1 ~ 10变化),可得到不同pH的缓冲溶液。

以HAc－NaAc缓冲溶液为例,$pK_a = 4.75$,酸与碱浓度的比值和对应的溶液pH见表6－3。

表6－3　酸与碱浓度的比值和对应的溶液pH

$c(HAc)/c(Ac^-)$	pH
10∶1	3.75
1∶1	4.75
1∶10	5.75

由表6－3可见,在表中酸与碱浓度比值范围内,HAc－NaAc缓冲溶液的pH范围为3.75 ~ 5.75。同理,对于其他弱酸及其弱酸盐所组成的缓冲溶液,一般有

$$pH = pK_a \pm 1.00$$

(2) 缓冲溶液的选择和配制。

从缓冲容量及影响因素分析可知,选择和配制缓冲溶液的方法是:根据要求选择与所需pH相近的一种pK_a弱酸及其共轭碱(或与所需pOH相近的一种pK_b弱碱及共轭酸)为缓冲溶液,再调节c_a/c_b或c_b/c_a的比值达到所要求的pH,常见缓冲溶液的pH范围见表6－4。

表6－4　常见缓冲溶液的pH范围

缓冲溶液	pK_a或pK_b	pH范围
HAc－NaAc	$pK_a = 4.76$	3.76 ~ 5.76
$NH_3 \cdot H_2O - NH_4Cl$	$pK_b = 4.76$	8.25 ~ 10.25
$NaH_2PO_4 - Na_2HPO_4$	$pK_a = 7.21$	6.20 ~ 8.20
$NaHCO_3 - Na_2CO_3$	$pK_a = 10.25$	9.33 ~ 11.33

【例6.12】　欲配制250 mL、pH为5.00的缓冲溶液,问在12.0 mL、$6.00\ mol \cdot L^{-1}$ HAc溶

液中应加入固体 $NaAc \cdot 3H_2O$ 多少克?

解

$$pH = pK_a - \lg \frac{c_a}{c_b}$$

$$5.00 = 4.76 - \lg \frac{(120/250) \times 6.00}{c(NaAc)}$$

$$c(NaAc) = 0.5\ mol \cdot L^{-1}$$

应加入固体 $NaAc \cdot 3H_2O$ 质量为

$$(250/1\,000) \times 0.5 \times 136 = 17.0\ (g)$$

4. 缓冲溶液的应用

缓冲溶液在工农业生产、医学、生物学、化学等方面都有重要的意义。例如,在半导体工业中常用HF和 NH_4F 混合腐蚀液除去硅片表面的氧化物(SiO_2);电镀液常需用缓冲溶液来调节pH;土壤中含有 $H_2CO_3 - NaHCO_3$、$NaHPO_4 - Na_2HPO_4$、腐殖酸 - 腐植酸盐等缓冲体系,能使土壤维持一定的pH,有利于微生物的正常活动和农作物的发育生长。

人体血液pH维持在7.35 ~ 7.45,最适于细胞代谢及整个机体的生存。人体血液的酸碱度能够保持恒定的原因,一是各种排泄器官将过多酸、碱物质排出体外;二是血液中具有多种缓冲体系,如 $H_2CO_3 - NaHCO_3$、$NaHPO_4 - Na_2HPO_4$、血浆蛋白 - 血浆蛋白盐、血红蛋白 - 血红蛋白盐等,其中以 $H_2CO_3 - NaHCO_3$ 起主要缓冲作用。当机体新陈代谢过程中产生的酸(如磷酸、乳酸等)进入血液时,则发生 $HCO_3^- + H^+ \longrightarrow H_2CO_3$,$H_2CO_3$ 分子被血液带到肺部以 CO_2 的形式排出体外;当代谢产生的碱进入血液时,则发生 $H_2CO_3 + OH^- \longrightarrow HCO_3^- + H_2O$,$H_2O$ 通过肾、毛孔排出体外,从而防止酸、碱中毒。

上述讨论的弱酸(碱)溶液、两性物质、盐溶液、缓冲溶液的 $c(H^+)$ 计算公式及使用条件见表6 - 5。

表6 - 5　几种酸溶液 $c(H^+)$ 计算公式及使用条件

酸类型	计算公式	使用条件(允许误差5%)
一元弱酸HA	精确式 $c(H^+)^3 + K_a c(H^+)^2 - (cK_a + K_w)c(H^+) - K_aK_w = 0$ 近似式1 $c(H^+) = \frac{1}{2}[-K_a^{\ominus} + \sqrt{(K_a^{\ominus})^2 + 4cK_a^{\ominus}}]$ 近似式2 $c(H^+) = \sqrt{cK_a^{\ominus} + K_w^{\ominus}}$ 最简式 $c(H^+) = \sqrt{cK_a^{\ominus}}$	$cK_a^{\ominus} \geqslant 10K_w^{\ominus}$ $c/K_a^{\ominus} \geqslant 380$ $c/K_a^{\ominus} \geqslant 100cK_a^{\ominus} \geqslant 10K_w^{\ominus}$
二元弱酸 H_2A	精确式 $c(H^+) = \sqrt{K_{a_1}^{\ominus}c(H_2A)[1 + \frac{2K_{a_2}^{\ominus}}{c(H^+)}] + K_w^{\ominus}}$ 近似式1 $c(H^+) = \sqrt{K_{a_1}^{\ominus}[c - c(H^+)]}$ 近似式2 $c(H^+) = \sqrt{K_{a_1}^{\ominus}c(H_2A)}$ 最简式 $c(H^+) = \sqrt{cK_{a_1}^{\ominus}}$	$cK_{a_1}^{\ominus} \geqslant 10K_w^{\ominus}$ $cK_{a_1}^{\ominus} \geqslant 10K_w^{\ominus}, K_{a_2}^{\ominus}/c(H^+) < 0.05$ $cK_{a_1}^{\ominus} \geqslant 10K_w^{\ominus}, K_{a_2}^{\ominus}/c(H^+) <$ 0.05, $c/K_{a_1}^{\ominus} > 380$

续表6-5

酸类型	计算公式	使用条件（允许误差5%）
两性物质 HA^-	精确式　$c(H^+) = \sqrt{\dfrac{K_{a_1}^\ominus[K_{a_2}^\ominus c(HA^-) + K_w^\ominus]}{K_{a_1}^\ominus + c(HA^-)}}$	
	近似式1　$c(H^+) = \sqrt{\dfrac{K_{a_1}^\ominus(cK_{a_2}^\ominus + K_w^\ominus)}{K_{a_1}^\ominus + c}}$	$K_{a_2}^\ominus$、$K_{b_1}^\ominus$ 都较小，则 $c(HA^-) \approx c$
	近似式2　$c(H^+) = \sqrt{\dfrac{cK_{a_1}^\ominus K_{a_2}^\ominus}{K_{a_1}^\ominus + c}}$	若 $cK_{a_2}^\ominus \geqslant 10K_w^\ominus, c/K_{a_1}^\ominus < 10, K_{a_1}^\ominus + c \approx c$
	近似式3　$c(H^+) = \sqrt{\dfrac{K_{a_1}^\ominus(K_{a_2}^\ominus + K_w^\ominus)}{c}}$	若 $cK_{a_2} \leqslant 10K_w, c/K_{a_1}^\ominus > 10, K_{a_1}^\ominus + c \approx c$
	最简式　$c(H^+) = \sqrt{K_{a_1}^\ominus K_{a_2}^\ominus}$	若 $cK_{a_2}^\ominus \geqslant 10K_w^\ominus, c/K_{a_1}^\ominus > 10, K_{a_1}^\ominus + c \approx c$
一元强酸	精确式　$c(H^+) = \dfrac{1}{2}(c + \sqrt{c^2 + 4K_w^\ominus}$	
	最简式1　$c(H^+) = c$	$c \geqslant 4.7 \times 10^{-7}\ mol \cdot L^{-1}$
	最简式2　$c(H^+) = \sqrt{K_w^\ominus}$	$c \leqslant 1.0 \times 10^{-8}\ mol \cdot L^{-1}$
缓冲溶液	弱酸及其共轭碱体系　$pH = pK_a - \lg \dfrac{c_a}{c_b}$	
	弱碱及其共轭酸体系　$pOH = 14 - pK_a + \lg \dfrac{c_a}{c_b}$	

【例6.13】　试求 $3 \times 10^{-7}\ mol \cdot L^{-1}$ 的 NaOH 溶液的 $c(OH^-)$、$c(H^+)$。

解　因为碱浓度小于 $4.7 \times 10^{-7}\ mol \cdot L^{-1}$，采用精确公式计算 $c(H^+)$。

所以根据质子平衡，有

$$c(OH^-) = c(H^+) + c(Na^+) = \frac{K_w}{c(OH^-)} + c$$

$$c(OH^-) = \frac{1}{2}(c + \sqrt{c^2 + 4K_w^\ominus}) = \frac{1}{2}(3.0 \times 10^{-7} + \sqrt{(3.0 \times 10^{-7})^2 + 4 \times 10^{-14}})$$

$$= 3.3 \times 10^{-7}(mol \cdot L^{-1})$$

$$c(H^+) = \frac{K_w^\ominus}{c(OH^-)} = \frac{1.0 \times 10^{-14}}{3.3 \times 10^{-7}} = 3.0 \times 10^{-8}(mol \cdot L^{-1})$$

6.3.2　酸碱指示剂

借助颜色变化来指示溶液 pH 的物质称为酸碱指示剂（acid - base indicator），常用于酸碱滴定的终点指示或判断溶液的酸碱性。

1. 酸碱指示剂变色原理

酸碱指示剂通常是一类结构较复杂的有机弱酸或有机弱碱，当溶液的 pH 改变时，它们自身结构将发生变化,或解离失去氢离子(或接受氢离子)成碱式结构或酸式结构。而指示剂的碱式结构和酸式结构具有不同的颜色,因而在不同 pH 溶液中呈现不同颜色以指示滴定终点或溶液的酸碱性。

常用的酸碱指示剂主要有以下 4 类:

(1) 硝基酚类。硝基酚类是一类酸性显著的指示剂,如对 - 硝基酚等。

(2) 酚酞类。酚酞类有酚酞、百里酚酞和 α - 萘酚酞等,它们都是有机弱酸。

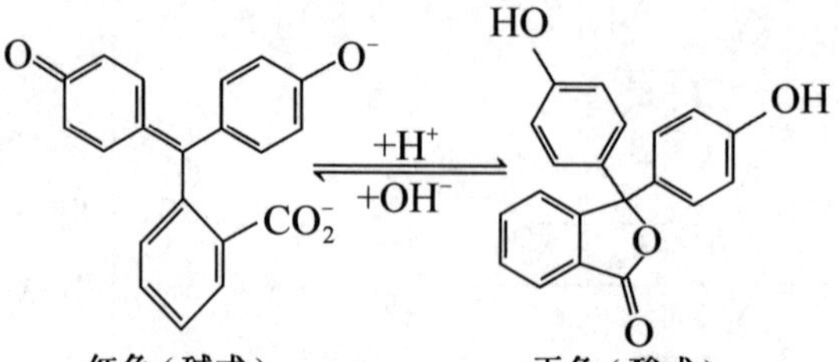

$+H^+$ / $+OH^-$

红色(碱式)　　　　无色(酸式)

(3) 磺代酚酞类。磺代酚酞类有酚红、甲酚红、溴酚蓝、百里酚蓝等,它们都是有机弱酸。

(4) 偶氮化合物类。偶氮化合物类有甲基橙、中性红等,它们都是两性指示剂,既可作为酸式离解也可作为碱式离解。

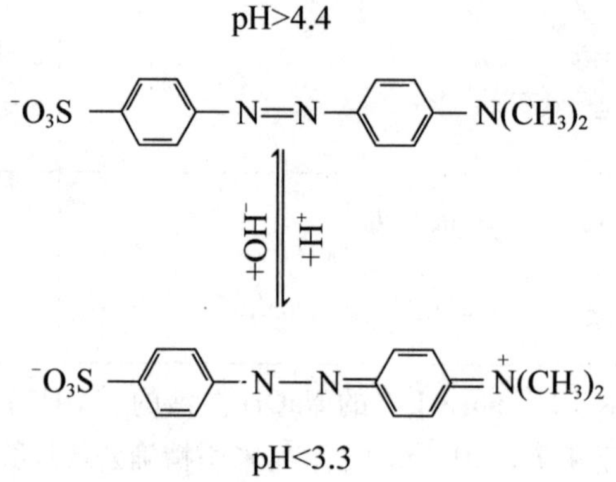

$\mathrm{pH}>4.4$

$^-O_3S-C_6H_4-N{=}N-C_6H_4-N(CH_3)_2$

$+OH^-$ / $+H^+$

$^-O_3S-C_6H_4-NH-N{=}C_6H_4{=}\overset{+}{N}(CH_3)_2$

$\mathrm{pH}<3.3$

2. 酸碱指示剂的变色范围

各种指示剂的解离平衡常数不同,其变色范围(colour - changing ranges)也不同。指示剂的变色范围是靠人的眼睛观察得到的,肉眼对颜色变化的观察反应不同,加之颜色相互影响,实际结果往往有差别。

$$\mathrm{HIn} \rightleftharpoons \mathrm{H^+ + In^-}$$

$$K_{\mathrm{HIn}}^{\ominus}=\frac{\dfrac{c(\mathrm{H^+})}{c^{\ominus}}\,\dfrac{c(\mathrm{In^-})}{c^{\ominus}}}{\dfrac{c(\mathrm{HIn})}{c^{\ominus}}}\Rightarrow\frac{c^{\ominus}\cdot K_{\mathrm{HIn}}^{\ominus}}{c(\mathrm{H^+})}=\frac{\dfrac{c(\mathrm{In^-})}{c^{\ominus}}}{\dfrac{c(\mathrm{HIn})}{c^{\ominus}}}=\frac{c(\mathrm{In^-})}{c(\mathrm{HIn})}$$

指示剂的 $K_{\mathrm{HIn}}^{\ominus}$ 在一定条件为常数,$c(\mathrm{In^-})/c(\mathrm{HIn})$ 的浓度关系与 $c(\mathrm{H^+})$ 相关,$c(\mathrm{H^+})$ 决定指示剂在溶液中的颜色。

但并非 $c(\mathrm{In^-})/c(\mathrm{HIn})$ 比值的任何微小改变引起的溶液颜色变化都能被肉眼观察到,只有当 $c(\mathrm{In^-})/c(\mathrm{HIn})$ 比值为 10 倍关系或 1/10 关系时,肉眼才能分辨,并能观察到溶液颜色变化。

当$c(In^-)/c(HIn) \leqslant 0.1$时,$c(H^+)/K_{HIn}^{\ominus} \geqslant 10(pH \leqslant pK_{HIn}^{\ominus} - 1)$,溶液呈现指示剂酸式颜色;当$c(In^-)/c(HIn) \geqslant 10$时,$c(H^+)/K_{HIn}^{\ominus} \leqslant 10(pH \geqslant pK_{HIn}^{\ominus} + 1)$,溶液呈现指示剂碱式颜色;当$1/10 \leqslant c(In^-)/c(HIn) \leqslant 10$或$pK_{HIn}^{\ominus} - 1 \leqslant pH \leqslant pK_{HIn}^{\ominus} + 1$时,溶液呈现指示剂酸碱式复合色。

可见指示剂的理论变色范围为$pH = pK_{HIn}^{\ominus} \pm 1$,理论变色点为$pH = pK_{HIn}^{\ominus}$,$c(In^-)/c(HIn) = 1$,或者$c(In^-) = c(HIn)$。

为使指示剂变色和肉眼判断敏锐、结果准确,选用的指示剂变色范围越窄越好,$pK_{HIn}^{\ominus}$要尽可能接近化学计量点的pH,以减小终点误差。而且实际与理论的变色范围有差别,深色比浅色灵敏。

3. 酸碱指示剂变色的影响因素

(1) 指示剂用量。

指示剂本身就是酸或碱,变色转化要消耗一定的滴定剂,从而产生测定的误差。对于单色指示剂而言,用量过多,会增大滴定的误差。

例如:用$0.1\ mol \cdot L^{-1}$的NaOH滴定$0.1\ mol \cdot L^{-1}$的HAc,计量点$pH \approx 8.73$,突跃范围为$pH = 7.76 \sim 9.70$,滴定体积若为50 mL,滴入2 ~ 3滴酚酞,在$pH \approx 9$时出现红色;若滴入10 ~ 15滴酚酞,则在$pH \approx 8$时就出现红色。显然后者的滴定误差要大得多。

指示剂用量过多,还会影响变色的敏锐性。例如:以甲基橙为指示剂,HCl滴定NaOH时,终点为橙色,若甲基橙用量过多则终点颜色变化敏锐性差。

(2) 温度和溶剂。

温度的变化会引起指示剂解离平衡常数$K_{HIn}^{\ominus}$和水的离子积常数$K_w^{\ominus}$均发生变化,指示剂的变色范围亦将随之改变,对碱性指示剂的影响较酸性指示剂更为明显。例如,18 ℃时,甲基橙的变色范围为3.1 ~ 4.4,而100 ℃时,变色范围为2.5 ~ 3.7。因此,滴定宜在室温下进行。如必须加热,应该将溶液冷却后再进行滴定。

不同的溶剂具有不同的介电常数和酸碱性,指示剂在不同溶剂中其$pK_{HIn}^{\ominus}$值不同,因此在不同溶剂中的变色范围不同。例如,甲基橙在水溶液中$pK_{HIn} = 3.4$,在甲醇中$pK_{HIn} = 3.8$。

(3) 中性电解质溶液。

中性电解质的存在增加了溶液的离子强度,易改变指示剂解离平衡常数,影响指示剂的变色范围。此外,某些电解质还具有吸收不同波长光波的性质,会引起指示剂颜色深度、色调及变色灵敏度的改变。所以在滴定溶液中不宜有大量盐类存在。

(4) 指示剂的选择。

指示剂选择不当和肉眼辨色灵敏度,都会给测定结果带来误差。因此,在多种指示剂中,选择指示剂的依据是:选择一种变色范围恰好在滴定曲线的突跃范围之内,或者至少占滴定曲线突跃范围一部分的指示剂。这样当滴定正好在滴定曲线突跃范围之内结束时,其最大误差不超过0.1%,这是滴定分析允许的。尽量选用单色指示剂,从无色到有色,颜色变化敏锐易于肉眼观察;如果只有双色指示剂,滴定程序应保持溶液由浅色到深色、冷色到暖色的变化趋势,便于观察终点颜色的变化。提高滴定终点判断的准确性,还可以采用混合指示剂,如指示剂+惰性染料型的"甲基橙+靛蓝(紫色→绿色)",两种指示剂混合型的"溴甲酚绿+甲基红(酒红色→绿色)",其变色敏锐,变色范围窄,利于滴定终点判断的准确性。几种常用酸碱指示剂见表6-6。

表6-6 几种常用酸碱指示剂

指示剂	变色范围(pH)	颜色变化 酸式→碱式	$pK_{HIn}^{\ominus}$	质量分数	用量(滴·10 mL⁻¹)
百里酚蓝	1.2～2.8	红→黄	1.7	0.1%(溶剂:体积分数20%乙醇溶液)	1～2
甲基黄	2.9～4.0	红→黄	3.3	0.1%(溶剂:体积分数90%乙醇溶液)	1
甲基橙	3.1～4.4	红→黄	3.4	0.05%的水溶液	1
溴酚蓝	3.0～4.6	黄→紫	4.1	0.1%(溶剂:体积分数20%乙醇或其钠盐水溶液)	1
溴甲酚绿	3.8～5.4	黄→蓝	4.9	0.1%(溶剂:体积分数20%乙醇或其钠盐水溶液)	1～3
甲基红	4.4～6.2	红→黄	5.0	0.1%(溶剂:体积分数60%乙醇或其钠盐水溶液)	1
溴百里酚蓝	6.2～7.6	黄→蓝	7.3	0.1%(溶剂:体积分数20%乙醇或其钠盐水溶液)	1
中性红	6.8～8.0	红→黄橙	7.4	0.1%(溶剂:体积分数60%乙醇溶液)	1
苯酚红	6.7～8.4	黄→红	8.0	0.1%(溶剂:体积分数60%乙醇或其钠盐水溶液)	1
酚酞	8.0～10.0	无→红	9.1	0.5%(溶剂:体积分数90%乙醇溶液)	1～3
百里酚酞	9.4～10.6	无→蓝	10.0	0.1%(溶剂:体积分数90%乙醇溶液)	1～2

6.4 酸碱滴定法

酸碱滴定方法可应用于一般酸碱反应、能与酸或碱直接或间接反应的物质的定量分析,酸碱滴定过程中随着滴定剂的加入,pH将随之变化,可根据该酸碱反应的化学计量关系计算计量点时的pH,选择滴定终点指示剂。

6.4.1 酸碱滴定法的基本原理

酸碱滴定法是以酸碱中和反应为基础,依据酸碱平衡原理,通过滴定操作定量地测定物质含量的方法,是重要的滴定分析方法之一。通常滴定剂为强酸或强碱,被滴定的是各种具有碱性或酸性的物质。

根据酸碱平衡原理,通过计算滴定过程中溶液pH的变化情况,确定pH的突跃范围

(jumping range)、终点 pH,选择指示剂,计算滴定误差(titration error)等。

1. 强酸与强碱滴定

如 HCl、HNO_3、H_2SO_4、$HClO_4$ 与 NaOH、KOH、$(CH_3)_4NOH$ 之间的相互滴定即为强酸与强碱的滴定。现以 0.100 0 $mol \cdot L^{-1}$ 的 NaOH 滴定 20.00 mL、0.100 0 $mol \cdot L^{-1}$HCl 为例,讨论强酸与强碱滴定过程中 pH 的变化情况、滴定曲线和突跃范围、指示剂的选择。

(1) 滴定前。

NaOH 加入量为 0.00 mL,溶液为盐酸体系,$c(H^+) = 0.100\,0\ mol \cdot L^{-1}$,$pH = -\lg c(H^+) = 1.00$。

(2) 滴定开始至化学计量点前。

滴定开始至化学计量点前,溶液为剩余盐酸和酸碱中和产物混合体系,$c(H^+)$ 取决于剩余盐酸的浓度。设盐酸的浓度为 c_1、体积为 V_1,加入 NaOH 的浓度为 c_2、体积为 V_2,则溶液中 $c(H^+)$ 为

$$c(H^+) = \frac{c_1V_1 - c_2V_2}{V_1 + V_2} \tag{6-30}$$

当滴入 NaOH 溶液 18.00 mL 时:

$$c(H^+) = \frac{(20.00 - 18.00) \times 0.100\,0}{20.00 + 18.00} = 5.26 \times 10^{-3}(mol \cdot L^{-1}),\quad pH = 2.28$$

当滴入 NaOH 溶液 19.98 mL 时:

$$c(H^+) = \frac{(20.00 - 19.98) \times 0.100\,0}{20.00 + 19.98} = 5.00 \times 10^{-5}(mol \cdot L^{-1}),\quad pH = 4.30$$

(3) 化学计量点。

当滴入 NaOH 溶液达 20.00 mL 时,HCl 恰好完全被中和反应,溶液为强酸强碱盐体系,呈中性,即

$$c(H^+) = c(OH^-) = 1.00 \times 10^{-7}\ mol \cdot L^{-1},\quad pH = 7.00$$

(4) 化学计量点后。

化学计量点后,溶液体系为过量 NaOH 和酸碱中和产物混合体系,$c(H^+)$ 取决于过量 NaOH 的浓度。当滴入 NaOH 溶液为 20.02 mL 时:

$$c(OH^-) = \frac{(20.02 - 20.00) \times 0.100\,0}{20.00 + 20.02} = 5.0 \times 10^{-5}(mol \cdot L^{-1})$$

$$pOH = 4.30,\quad pH = 14.00 - 4.30 = 9.70$$

用类似方法可计算得到滴定过程中溶液各阶段的 pH(表 6-7)。以 NaOH 溶液加入量为横坐标,溶液对应的 pH 为纵坐标绘制 pH - V 关系曲线,即酸碱滴定曲线(图 6-4)。

表 6-7　0.100 0 $mol \cdot L^{-1}$NaOH 滴定 20.00 mL、0.100 0 $mol \cdot L^{-1}$HCl 溶液的 pH 变化

V_{NaOH}/mL	$V_{剩余HCl}$/mL	$V_{过量NaOH}$/mL	pH
0.00	20.00	0.00	1.00
18.00	2.00	0.00	2.28
19.80	0.20	0.00	3.30
19.98	0.02	0.00	4.30

续表6-7

V_{NaOH}/mL	$V_{剩余HCl}$/mL	$V_{过量NaOH}$/mL	pH
20.00	0.00	0.00	7.00
20.02	0.00	0.02	9.70
20.20	0.00	0.20	10.70
22.00	0.00	2.00	11.70
40.00	0.00	20.00	12.50

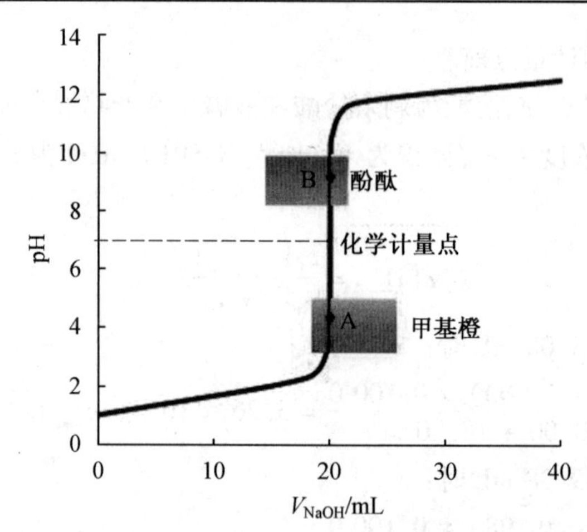

图6-4　0.100 0 $mol \cdot L^{-1}$ NaOH 滴定20.00 mL、0.100 0 $mol \cdot L^{-1}$ HCl 的滴定曲线

从表6-7和图6-4中可以看出,从滴定开始到加入19.80 mLNaOH溶液,即中和了盐酸溶液中99%的HCl,溶液的pH从1.00增大到3.30,pH仅改变了2.30个单位,曲线比较平坦。这是因为溶液中还存在一定量的HCl,酸度较大。当NaOH从19.80 mL继续滴加至19.98 mL时,随着NaOH的不断滴入,HCl的量逐渐减少到只剩余0.1%,pH逐渐增大到4.30;再继续滴入NaOH 0.02 mL,此时加入NaOH的物质的量与溶液中HCl的物质的量相等,恰好反应完毕,体系到达化学计量点,溶液的pH迅速上升至7.00。如果再滴入0.02 mL的NaOH,此时NaOH过量0.1%,溶液的pH快速上升至9.70,之后虽然继续滴加NaOH溶液,但pH变化越来越小,上升越来越缓慢。

整个滴定过程中,化学计量点前后0.1%,即从剩余0.1%的HCl到NaOH过量0.1%,相对误差为-0.1%~0.1%,溶液的pH有一个突变区间4.30~9.70,变化了5.40个单位,曲线呈现近似垂直。这一现象被称为滴定突跃,这一区间被称为滴定突跃范围。

滴定突跃范围是滴定终点选择指示剂的依据,理想的指示剂变色pH范围应该全部或部分落在突跃范围内。因此,凡是变色范围全部或部分落在突跃范围内的指示剂,都可以被选定为该酸碱滴定的指示剂。如甲基红(pH=4.4~6.2)、酚酞(pH=8.0~9.6),甲基橙(pH=3.1~4.4)等,都可作为强酸强碱滴定的指示剂,但甲基橙为双色的指示剂,肉眼辨别敏锐性较弱,误差会大一些,最好选择甲基红、酚酞作为指示剂。

滴定突跃的大小与溶液浓度有关。用1.000 $mol \cdot L^{-1}$ NaOH滴定1.000 $mol \cdot L^{-1}$ HCl,突跃为3.3~10.7,此时可选用甲基橙为指示剂,滴定误差将小于0.1%。用

0.010 00 mol·L^{-1}NaOH 滴定0.010 0 mol·L^{-1} HCl,突跃为5.3 ~ 8.7,若选甲基橙指示剂,误差达1% 以上,应该选择甲基红、酚酞作为指示剂。

如果是盐酸滴定 NaOH 溶液,随盐酸加入量增加,溶液 pH 的变化趋势与上述情况正好相反。

2. 强碱滴定弱酸

实验室中常用 NaOH 滴定甲酸、醋酸、乳酸等有机酸,都属于这种类型。下面以0.100 0 mol·L^{-1}NaOH 滴定20.00 mL、0.100 0 mol·L^{-1} HAc 为例,计算滴定过程中溶液的pH。

基本反应式为 $HAc + OH^- \longrightarrow Ac^- + H_2O$。

(1) 滴定前。

NaOH 加入量为0.00 mL,溶液为醋酸体系。因此,$c(H^+)$ 根据醋酸浓度计算。因为醋酸 $K_a = 1.75 \times 10^{-5}$,浓度为0.100 0 mol·$L^{-1}$,依据式(6 - 19c),有

$$c(H^+) = \sqrt{cK_{HAc}} = \sqrt{0.100\,0 \times 1.8 \times 10^{-5}} = 1.34 \times 10^{-3}(mol \cdot L^{-1}),\quad pH = 2.87$$

(2) 滴定开始至化学计量点前。

滴定开始至化学计量点前,溶液体系为剩余醋酸和酸碱中和产物混合体系,根据6.3 节此体系为缓冲溶液体系,$c(H^+)$、pH 按缓冲溶液计算,有

$$c(H^+) = K_a \frac{c(HAc)}{c(Ac^-)} pH = pK_a - \lg \frac{c(HAc)}{c(Ac^-)}$$

当滴入 x% 的 NaOH 时,有 x% 的 HAc 反应生成 Ac^-,剩余的 HAc 为$(100 - x)$%,则

$$pH = pK_a - \lg \frac{c(HAc)}{c(Ac^-)} = pK_a - \lg \frac{100 - x}{x}$$

如滴入99.9% 的 NaOH 时,有99.9% 的 HAc 反应生成 Ac^-,剩余的 HAc 为0.1%,则

$$pH = pK_a - \lg \frac{c(HAc)}{c(Ac^-)} = pK_a - \lg \frac{0.1}{99.9} = pK_a + 3$$

即滴入19.98 mL NaOH 时,有

$$c(HAc) = \frac{(20.00 - 19.98) \times 0.100\,0}{20.00 + 19.98} = 5.00 \times 10^{-5}(mol \cdot L^{-1})$$

$$c(Ac^-) = \frac{19.98 \times 0.100\,0}{20.00 + 19.98} = 5.00 \times 10^{-2}(mol \cdot L^{-1})$$

$$pH = pK_a - \lg \frac{c(HAc)}{c(Ac^-)} = pK_a - \lg \frac{5.00 \times 10^{-5}}{5.00 \times 10^{-2}} = 4.76 + 3 = 7.76$$

(3) 化学计量点。

当滴入NaOH溶液达20.00 mL时,HAc恰好完全被中和反应,溶液为弱酸强碱盐 NaAc 体系,依据6.1.4 节,按 Ac^- 水解模式计算溶液的 pH,即

$$HAc + OH^- = Ac^- + H_2O$$

$$c(OH^-) = \sqrt{c(Ac^-)K_b} = \sqrt{c(Ac^-)\frac{K_w}{K_{HAc}}} = \sqrt{0.050\,00 \times \frac{10^{-14}}{1.8 \times 10^{-5}}}$$

$$= 5.27 \times 10^{-6}(mol \cdot L^{-1})$$

$$pOH = 5.28,\quad pH = 14.00 - 5.28 = 8.72$$

(4) 化学计量点后。

化学计量点后,溶液体系为过量 NaOH 和酸碱中和产物 NaAc 混合体系,$c(H^+)$ 取决于过量 NaOH 的浓度。当滴入 NaOH 溶液为 20.02 mL 时:

$$c(OH^-) = \frac{(20.02 - 20.00) \times 0.1000}{20.00 + 20.02} = 5.0 \times 10^{-5}(mol \cdot L^{-1})$$

$$pOH = 4.30, \quad pH = 14.00 - 4.30 = 9.70$$

用类似方法可计算得到滴定过程中溶液各阶段的pH(表6-8)。以NaOH溶液加入量为横坐标,溶液对应的 pH 为纵坐标得到强碱 NaOH 滴定弱酸 HAc 的 pH - V 关系曲线(图6-5)。

滴定过程 pH 计算得出:

① 滴加0.1000 mol·L^{-1}NaOH 0 ~ 19.98 mL,pH 变化值为Δ(pH) = 7.74 - 2.87 = 4.87;

② 滴加 19.98 ~ 20.02 mL,pH 变化值为Δ(pH) = 9.7 - 7.74 = 1.96 ≈ 2;

③ 滴定开始起点 pH 升高到 2.87;

④ 滴定突跃范围变小,突跃 pH 范围为 7.74 ~ 9.70;

⑤ 终点指示剂可选用酚酞、百里酚蓝、百里酚酞指示终点,但甲基橙不再适合。

表6-8　0.1000 mol·L^{-1}NaOH 滴定 20.00 mL、0.1000 mol·L^{-1}HAc 溶液的 pH 变化

V_{NaOH}/mL	$V_{剩余HAc}$/mL	$V_{过量NaOH}$/mL	pH
0.00	20.00	0.00	2.87
10.00	10.00	0.00	4.74
18.00	2.00	0.00	5.70
19.80	0.20	0.00	6.74
19.98	0.02	0.00	7.74
20.00	0.00	0.00	8.72
20.02	0.00	0.02	9.70
20.20	0.00	0.20	10.70
22.00	0.00	2.00	11.70
40.00	0.00	20.00	12.50

图6-6所示为0.1000 mol·L^{-1}NaOH 滴定 20.00 mL、0.1000 mol·L^{-1} 一元酸的滴定曲线,可以看出如果被滴定的酸更弱,离解平衡常数小于 10^{-7},滴定开始起点 pH 更高,化学计量点时 pH 也更高,突跃区间更小,终点指示剂可选择的就更少。当 K_a 在 10^{-9} 左右时,突跃消失,不再有合适的终点指示剂可选择。

实践证明,突跃范围必须在0.3个pH单位以上才能通过指示剂变色准确地判断滴定终点,此时

$$c_a \cdot K_a^{\ominus} \geqslant 10^{-8} \qquad (6-31)$$

这是弱酸能否用强碱直接准确滴定并有酸碱指示剂指示滴定终点的判断依据。如果不能满足此条件,那么可以用仪器检测滴定终点,如电位仪检测滴定终点,即电位滴定法。

3. 强酸滴定弱碱

滴定曲线形状类似强碱滴定弱酸,pH 变化相反;滴定突跃范围决定于弱碱平衡常数和浓

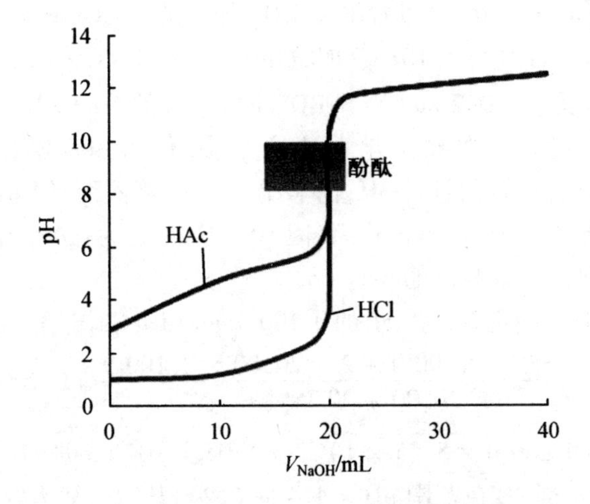

图 6－5　0.100 0 mol · L^{-1} NaOH 滴定 20.00 mL、0.100 0 mol · L^{-1} HAc 的滴定曲线

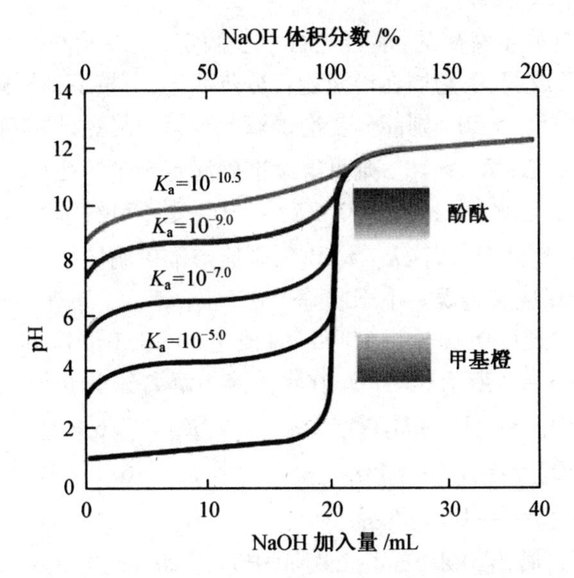

图 6－6　0.100 0 mol · L^{-1} NaOH 滴定 20.00 mL、0.100 0 mol · L^{-1} 一元酸的滴定曲线

度；指示剂选用甲基橙、甲基红。

弱酸能用强碱直接准确滴定并有酸碱指示剂指示滴定终点的判别式为 $c_b \cdot K_b \geqslant 10^{-8}$。

例如，用 HCl 标准溶液滴定硼砂（$Na_2B_4O_7 \cdot 10H_2O$），或硼砂标定盐酸。盐酸为非基准物，其标准溶液的配制常用硼砂、Na_2CO_3 等基准物进行标定，为强酸与弱碱的中和反应。硼砂是由 NaH_2BO_3 和 H_3BO_3 按 1∶1 结合，并脱去水而组成的，可以看作是 H_3BO_3 被 NaOH 中和了一半的产物。硼砂溶于水发生下列反应：

$$B_4O_7^{2-} + 5H_2O \xlongequal{\quad} 2H_2BO_3^- + 2H_3BO_3$$

$$2HCl + 2H_2BO_3^- \xlongequal{\quad} 2H_3BO_3$$

根据酸碱质子理论，所得产物之一 $H_2BO_3^-$ 是 H_3BO_3 的共轭碱，已知 H_3BO_3 的 $pK_a = 9.24$，

它的共轭碱 $H_2BO_3^-$ 的 $pK_b = 4.76$,可以看出 $H_2BO_3^-$ 能够满足 $cK_b \geq 10^{-8}$ 要求,可用酸目视判断直接滴定,用 HCl 滴定 $Na_2B_4O_7 \cdot 10H_2O$ 时,1 mol 的 $Na_2B_4O_7 \cdot 10H_2O$ 水解产生 2 mol 的 $H_2BO_3^-$,需要 2 mol 盐酸反应生成 2 mol 的 H_3BO_3,即 1 mol 的 $Na_2B_4O_7 \cdot 10H_2O$ 可与 2 mol H^+ 中和反应,这相当于滴定二元弱碱。化学计量点前,体系因水解作用溶液中同时存在 $H_3BO_3/H_2BO_3^-$,因此可用此缓冲对计算 pH;化学计量点时,溶液稀释 1 倍,产物为 H_3BO_3,因此按弱酸 H_3BO_3 计算溶液的 pH;化学计量点后,因 HCl 过量,且为强酸,同离子作用抑制 H_3BO_3 的解离,所以以过量的 HCl 计算溶液的 pH。

如 $0.200\ mol \cdot L^{-1}$ HCl 滴定 20.00 mL 的 $0.100\ 0 mol \cdot L^{-1} Na_2B_4O_7$ 溶液,化学计量点时,有

$$c(H_3BO_3) = \frac{2 \times 20.00 \times 0.100\ 0 + 2 \times 20.00 \times 0.100\ 0}{20.00 + 20.00} = 0.200\ 0\ (mol \cdot L^{-1})$$

$$c(H^+) = \sqrt{cK_a} = \sqrt{0.200\ 0 \times 5.75 \times 10^{-10}} = 1.07 \times 10^{-5}(mol \cdot L^{-1}), \quad pH = 4.97$$

可以选用甲基红指示剂(变色范围 pH = 4.4 ~ 6.2),从黄色变为红色为终点。

4. 多元酸、混合酸和多元碱的滴定

(1) 多元酸碱的滴定。

多元酸碱在溶液中是分步解离的,能否进行分步滴定,是多元酸碱滴定中的一个重要问题。多元酸碱多数是弱酸或弱碱,它们在溶液能否分步滴定,可按下列原则大致判断:

若 $cK_1 \geq 10^{-8}$,且 $K_1/K_2 \geq 10^4$,则能分步准确滴定至第一终点,即能够准确滴定第一级解离的 H^+;若 $cK_2 \geq 10^{-8}$,且 $K_2/K_3 \geq 10^4$,则可继续准确滴定至第二终点,即能够准确滴定第二级解离的 H^+;若 $cK_1 \geq 10^{-8}$、$cK_2 \geq 10^{-8}$,但 $K_2/K_3 < 10^4$,则不可继续准确滴定至第二终点,即不能够准确滴定第二级解离的 H^+;若 $cK_3 \geq 10^{-8}$,则能够准确滴定第三级解离的 H^+。

满足上述条件,才能保证滴定误差小于或等于 0.5%。

① 强碱滴定多元酸。现以 $0.10 mol \cdot L^{-1}$ NaOH 滴定 20 mL、$0.10\ mol \cdot L^{-1}\ H_3PO_4$ 为例进行分析讨论,滴定曲线如图 6 – 7 所示。H_3PO_4 在水溶液中解离分三步进行,对应为三级解离:

$$H_3PO_4 \rightleftharpoons H^+ + H_2PO_4^- \qquad K_{a_1} = 7.6 \times 10^{-3}$$

$$H_2PO_4^- \rightleftharpoons H^+ + HPO_4^{2-} \qquad K_{a_2} = 6.3 \times 10^{-8}$$

$$HPO_4^{2-} \rightleftharpoons H^+ + PO_4^{3-} \qquad K_{a_3} = 4.4 \times 10^{-13}$$

根据分步滴定条件,可看出,$0.10\ mol \cdot L^{-1}$ NaOH 滴定 20 mL、$0.10\ mol \cdot L^{-1}\ H_3PO_4$,能够准确滴定第一级、第二级解离产生的 H^+,即能完成第一步和第二步滴定反应,但不能准确滴定第三级解离的 H^+,即无法对第三级解离的 H^+ 直接准确滴定。

第一化学计量点时,根据 6.1.4 节的 pH 计算,$c(H_2PO_4^-)$ 为 $(20 \times 0.10)/(20 + 20) = 0.050\ (mol \cdot L^{-1})$,因为 $cK_{a_2} > 10K_w$,$c/K_{a_1} > 10$,所以

$$c(H^+) = \sqrt{K_{a_1}K_{a_2}} = \sqrt{7.6 \times 10^{-3} \times 6.3 \times 10^{-8}} = 2.2 \times 10^{-5}(mol \cdot L^{-1}), \quad pH = 4.66$$

选用甲基橙为指示剂,终点由红变黄。

第二化学计量点时,同理得到,$c(HPO_4^{2-}) = 0.10/3 = 0.033\ (mol \cdot L^{-1})$,$cK_{a_3} \leq 10K_w$,$c/K_{a_2} > 10$,但 $cK_{a_3} \approx K_w$,所以

$$c(H^+) = \sqrt{\frac{K_{a_2}(cK_{a_3} + K_w)}{c}} = \sqrt{\frac{6.3 \times 10^{-8}(4.4 \times 10^{-13} \times 0.033 + 1.0 \times 10^{-14})}{0.033}}$$

$$= 2.2 \times 10^{-10}(mol \cdot L^{-1})$$

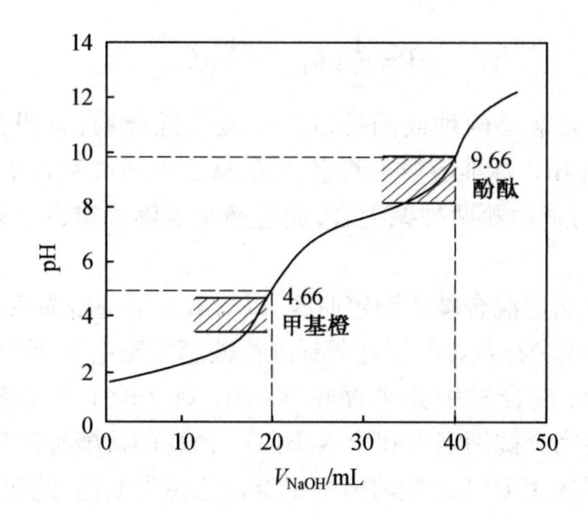

图 6 - 7　NaOH 滴定 H_3PO_4 的滴定曲线

$$pH = 9.66$$

选用酚酞(变色点 pH = 9)、百里酚酞(变色点 pH = 10)作为指示剂。由于 K_{a_3} 太小,第三级解离的 H^+ 不能被准确直接滴定。可加入 $CaCl_2$ 溶液,与第三级解离产生的 PO_4^{3-} 形成 $Ca_3(PO_4)_2$ 沉淀,使三级解离平衡不断地向解离方向移动,第三个 H^+ 可以被直接准确滴定。

② 强酸滴定多元碱。如 HCl 滴定 Na_2CO_3,也可以基准物 Na_2CO_3 标定 HCl,滴定过程和基本原理与 NaOH 滴定 H_3PO_4 类似,但滴定过程 pH 是逐级下降。图 6 - 8 所示为 HCl 滴定 Na_2CO_3 的滴定曲线。

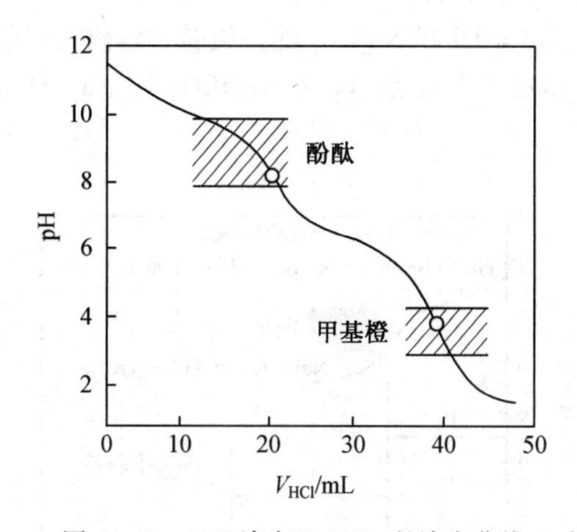

图 6 - 8　HCl 滴定 Na_2CO_3 的滴定曲线

(2) 混合酸或混合碱滴定。

强碱滴定的混合酸通常是两种或两种以上的弱酸(HA + HB)混合物,HA 和 HB 离解平衡常数分别 K_{HA}、K_{HB},浓度分别为 c_1、c_2。当 $c_1K_{HA}/c_2K_{HB} > 10^5$,且 $c_{HA}K_{HA} \geqslant 10^{-8}$ 时,能准确滴定第一种弱酸 HA。

第一种酸滴定的化学计量点时,有

$$c(H^+) = \sqrt{K_{HA}K_{HB}}$$

$$pH = \frac{1}{2}pK_{HA} + \frac{1}{2}pK_{HB}$$

强酸滴定的混合碱通常是两种或两种以上的碱的混合物，常见的有 $NaOH + Na_2CO_3$、$NaHCO_3 + Na_2CO_3$，常用 HCl 标准溶液来测定，用酚酞或甲酚红和百里酚蓝等混合指示剂法，滴定前首先判断混合碱可能由哪两种碱混合，通过滴定能够确定混合碱的组成、Na_2CO_3 能否直接滴定，有几个突跃？

图6－9所示为HCl滴定混合碱的滴定曲线，以酚酞和甲基橙为双指示剂指示滴定计量终点(化学计量点)，先以酚酞为指示剂，用盐酸标准溶液滴定至指示剂的红色恰好消失，此时为第一终点(化学计量点)，混合碱中如果存在 NaOH，则 NaOH 全部被滴定完毕，如果存在 Na_2CO_3 则一级碱式解离完全被滴定中和至 $NaHCO_3$，消耗的盐酸标准溶液的体积为 V_1 mL；然后以甲基橙为指示剂，继续用 HCl 标准溶液滴定至黄色转为橙色，此时为第二终点(化学计量点)，混合碱中如果存在 $NaHCO_3$，则 $NaHCO_3$ 被滴定完全(包括如果存在 Na_2CO_3，其一级碱式解离被滴定产生的 $NaHCO_3$)，全部转化为 $H_2CO_3(H_2O + CO_2)$，消耗的盐酸标准溶液的体积为 V_2，总计消耗盐酸标准溶液($V_1 + V_2$) mL。

V_1 为

$$H_2CO_3 \rightleftharpoons H^+ + HCO_3^-, \quad pK_{a_1} = 6.38 \quad OH^- + H^+ \rightleftharpoons H_2O$$

V_2 为

$$HCO_3^- \rightleftharpoons H^+ + CO_3^{2-}, \quad pK_{a_2} = 10.25$$

若 $V_1 = 0$，该碱体系仅存在 $NaHCO_3$，为 $NaHCO_3$ 体系；$V_1 = V_2$，该碱体系仅存在 Na_2CO_3，为 Na_2CO_3 体系；$V_2 = 0$，该碱体系仅存在 NaOH，为 NaOH 体系；$V_1 > V_2$，该碱体系为 NaOH($V_1 - V_2$)、Na_2CO_3(V_2) 体系，V_1 为 NaOH 和 Na_2CO_3 的一级碱式解离消耗的 HCl；$V_1 < V_2$，该碱体系为 $NaHCO_3$($V_2 - V_1$)、Na_2CO_3(V_1) 体系，V_2 为 $NaHCO_3$ 和 Na_2CO_3 的二级碱式解离消耗的 HCl。

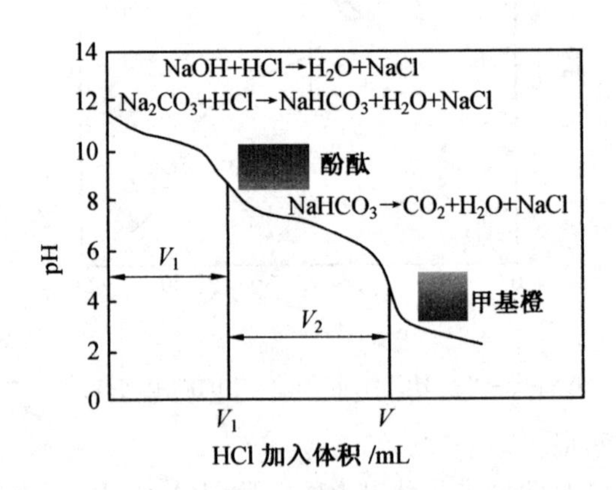

图6－9　HCl 滴定混合碱的滴定曲线

6.4.2　酸碱滴定法的计算与误差分析

酸碱滴定法的应用十分广泛，可以直接滴定酸、碱性物质，也可间接滴定非酸、非碱性物质，涉及计算也很多，甚至很复杂。

1. 烧碱中 Na_2CO_3 和 NaOH 含量①测定和计算。

NaOH 俗称烧碱，是重要的工业原料，在生产和储存过程中常因吸收空气中的 CO_2 而含有少量 Na_2CO_3。烧碱中 Na_2CO_3 和 NaOH 含量测定可采用双指示剂法酸碱滴定进行分析。

（1）测定原理。

依据 6.4.1 节中强酸滴定混合碱的方法和原理。

（2）含量计算。

$$w_{NaOH} = \frac{c_{HCl}(V_1 - V_2) \times 10^{-3} M_{NaOH}}{m} \times 100\%$$

$$w_{Na_2CO_3} = \frac{c_{HCl} V_2 \times 10^{-3} M_{Na_2CO_3}}{m} \times 100\%$$

【例 6.14】　称取含 Na_2CO_3 和 NaOH 混合碱试样 1.200 g，溶于水中，用 0.501 0 $mol \cdot L^{-1}$ HCl 标准溶液滴定至酚酞褪色，消耗 HCl 标准溶液 30.10 mL。然后加入甲基橙，继续滴加 HCl 标准溶液至呈现橙色，又消耗 HCl 标准溶液 4.98 mL，求试样中 Na_2CO_3 和 NaOH 的质量分数。

解　酚酞为指示剂，Na_2CO_3 与 HCl 反应生成 $NaHCO_3$，NaOH 完全被中和，V_1 = 30.10 mL。甲基橙作为指示剂，$NaHCO_3$ 被 HCl 中和为 H_2CO_3，V_2 = 4.98 mL。根据题意，NaOH 所需的酸为(30.10 − 4.98) = 25.12 (mL)，Na_2CO_3 与 HCl 反应共消耗(2 × 4.98) mL 的 HCl，则

$$w_{NaOH} = \frac{c_{HCl}(V_1 - V_2) \times 10^{-3} M_{NaOH}}{m} \times 100\%$$

$$= \frac{0.501\,0 \times (30.10 - 4.98) \times 10^{-3} \times 40.01}{1.2} \times 100\% = 41.95\%$$

$$w_{Na_2CO_3} = \frac{c_{HCl} V_2 \times 10^{-3} M_{Na_2CO_3}}{m} \times 100\% = \frac{0.501\,0 \times 4.98 \times 10^{-3} \times 106.0}{1.2} \times 100\% = 22.04\%$$

2. 硅酸盐中 SiO_2 含量测定和计算

（1）测定原理。

玻璃、陶瓷、水泥、耐火砖、某些矿石等都是硅酸盐，经碳酸钾熔融分解生成 K_2SiF_6，热水溶解并水解产生 HF，以碱标准溶液滴定，酚酞作为指示剂，间接滴定法测定试样中 SiO_2 的含量，简便、快速。有关化学反应式如下：

$$2K^+ + SiO_3^{2-} + 6F^- + 6H^+ \xlongequal{\quad} K_2SiF_6 \downarrow + 3H_2O$$

$$K_2SiF_6 + 3H_2O \xlongequal{\quad} 2KF + 4HF + H_2SiO_3$$

$$4HF + 4NaOH \xlongequal{\quad} 4NaF + 4H_2O$$

$$4n_{SiO_2} = n_{HF} = n_{NaOH}$$

（2）含量计算。

$$w_{SiO_2} = \frac{c_{NaOH} V_{NaOH} \times 10^{-3} M_{SiO_2}}{4m} \times 100\%$$

① 本书含量除特殊说明外均指质量分数。

【例6.15】 称取硅酸盐试样0.100 0 g,经熔融分解,沉淀出K_2SiF_6,然后过滤、洗净,水解产生的HF用0.147 7 mol·L^{-1}NaOH标准溶液滴定,以酚酞作为指示剂,耗去标准溶液24.72 mL。计算试样中w_{SiO_2}。

解

$$w_{SiO_2}=\frac{c_{NaOH}V_{NaOH}\times 10^{-3}M_{SiO_2}}{4m}\times 100\%=\frac{0.147\,7\times 24.72\times 10^{-3}\times 60.08}{4\times 0.100\,0}\times 100\%=54.84\%$$

3. 混合碱中Na_3PO_4、Na_2HPO_4含量测定和计算

(1) 测定原理。

依据6.4.1节中强酸滴定混合碱的方法和原理。

(2) 含量计算。

以酚酞作为指示剂,盐酸为滴定剂,则

$$Na_3PO_4+HCl═══Na_2HPO_4+NaCl$$

$$w_{Na_3PO_4}=\frac{c_{HCl}V''_{HCl}\times 10^{-3}M_{Na_3PO_4}}{m}\times 100\%$$

当滴定到甲基橙变色时,发生下列反应:

$$Na_2HPO_4+HCl═══NaH_2PO_4+NaCl$$

滴定全部Na_2HPO_4所需HCl的体积为V'_{HCl},则混合物中Na_2HPO_4的含量为

$$w_{Na_2HPO_4}=\frac{c_{HCl}(V'_{HCl}-2V''_{HCl})\times 10^{-3}M_{Na_3PO_4}}{m}\times 100\%$$

【例6.16】 已知试样含Na_3PO_4、Na_2HPO_4混合物,以及其他不与酸作用的物质。称取试样1.800 0 g,溶解后用甲基橙指示终点,以0.484 2 mol·L^{-1}溶液滴定时需用30.12 mL,同样质量的试样,当用酚酞指示终点,需用HCl标准溶液11.80 mL。求试样中各组分的质量分数。

解 滴定至酚酞指示终点即为Na_3PO_4至Na_2HPO_4需要消耗11.80 mL HCl,有

$$w_{Na_3PO_4}=\frac{c_{HCl}V''_{HCl}\times 10^{-3}M_{Na_3PO_4}}{m}\times 100\%=\frac{0.484\,2\times 11.80\times 10^{-3}\times 163.9}{1.800\,0}\times 100\%=52.03\%$$

滴定Na_3PO_4至NaH_2PO_4需要消耗(2×11.80) mL HCl,原Na_2HPO_4所需HCl的体积为

$$30.12-2\times 11.80=6.52\ (\text{mL})$$

$$w_{Na_2HPO_4}=\frac{c_{HCl}(V'_{HCl}-2V''_{HCl})\times 10^{-3}M_{Na_3PO_4}}{m}\times 100\%$$

$$=\frac{0.484\,2\times(30.12-2\times 11.8)\times 10^{-3}\times 142.0}{1.800\,0}\times 100\%=24.91\%$$

【例6.17】 称取尿素样品0.298 8 g,加入H_2SO_4和K_2SO_4煮解,加入硒作为催化剂,提高煮解效率。此时,所有的尿素氮都转化为NH_4HSO_4或$(NH_4)_2SO_4$。在上述煮解液中加入NaOH呈碱性,产生的氨利用水蒸气蒸馏法馏出,并收集于饱和硼酸溶液中,加入溴甲酚绿和甲基红混合指示剂,以0.198 8 mol·L^{-1}HCl溶液滴定至灰色终点,消耗36.50 mL,计算试样中尿素的质量分数。

解 吸收反应为

$$NH_3 + H_3BO_3 \longrightarrow NH_4^+ + H_2BO_3^-$$

滴定反应为

$$H^+ + H_2BO_3^- \longrightarrow H_3BO_3$$

因为

$$n_{NH_3} : n_{H_2BO_3^-} = 1 : 1, \quad n_{HCl} : n_{H_2BO_3^-} = 1 : 1$$

所以

$$n_{NH_3} : n_{HCl} = 1 : 1, \quad n_{NH_3} : n_{尿素} = 2 : 1$$

则

$$w_{尿素} = \frac{c_{HCl}V_{HCl} \times 10^{-3} M_{尿素}}{2m} \times 100\% = \frac{0.198\,8 \times 36.50 \times 10^{-3} \times 60.05}{2 \times 0.298\,8} \times 100\% = 72.91\%$$

4. 终点误差分析

滴定分析中，利用指示剂颜色的变化来确定滴定终点时，如果指示的终点与反应的化学计量点不一致，即滴定不是在化学计量点时结束，这将给滴定分析造成误差，这种误差称为终点误差。

酸碱滴定中的终点误差，说明滴定终点时溶液中有剩余的酸或碱没有被完全中和，或者是多加了酸或碱，将剩余的或过量的酸或碱的物质的量，除以应加入的或应发生中和反应的酸或碱的物质的量，即得出终点误差。

【例6.18】　用0.100 0 mol·L^{-1} NaOH滴定25.00 mL、0.100 0 mol·L^{-1}HCl。①以甲基橙为指示剂，滴定至pH = 4.00为终点；②以酚酞为指示剂，滴定至pH = 9.00为终点。分别计算终点误差。

解　①等浓度的一元强碱NaOH滴定一元强酸HCl，理论化学计量点pH = 7.00，现以甲基橙为指示剂，滴定至pH = 4.00为终点，即HCl未完全被中和。此时pH = 4.00，$c(H^+) = c(HCl) = 1.0 \times 10^{-4}$ mol·L^{-1}，溶液总体积约为2 × 25.00 = 50.00 (mL)，则

$$滴定误差\ E_T = \frac{-\ 未被中和的\ HCl\ 摩尔数}{原来\ HCl\ 总摩尔数} \times 100\%$$

$$= \frac{-1.0 \times 10^{-4} \times 50.0}{0.100\,0 \times 25.0} \times 100\% = -0.2\%$$

②等浓度的一元强碱NaOH滴定一元强酸HCl，理论化学计量点pH = 7.00，现以酚酞为指示剂，滴定至pH = 9.00为终点，即NaOH过量，此时$c(NaOH) = c(OH^-) = 1.0 \times 10^{-5}$ mol·L^{-1}，溶液总体积约为2 × 25.00 = 50.00 (mL)，则

$$滴定误差\ E_T = \frac{过量\ NaOH\ 摩尔数}{应加入\ NaOH\ 摩尔数} \times 100\% = \frac{1.0 \times 10^{-5} \times 50}{0.100\,0 \times 25.0} \times 100\% = 0.02\%$$

可见一元强碱NaOH滴定一元强酸HCl，无论以甲基橙还是酚酞为指示剂，因变色点偏离化学计量点，皆存在滴定误差。

【例6.19】　用0.100 0 mol·L^{-1} NaOH溶液滴定20.00 mL、0.100 0 mol·L^{-1}HAc，终点pH比化学计量点pH高0.28单位，计算终点误差。

解　等浓度的NaOH溶液滴定HAc，反应产物NaAc为强碱弱酸盐，易水解使溶液呈碱性。

化学计量点时，有

$$c(Ac^-) = 0.100\,0/2 = 0.050\,00\ (mol \cdot L^{-1})$$

$$c(OH^-) = \sqrt{cK_b} = \sqrt{0.050\,00 \times 5.6 \times 10^{-10}} = 5.3 \times 10^{-6}(mol \cdot L^{-1})$$

$$pOH = 5.28 \longrightarrow pH = 8.72$$

依题意终点 $pH = 8.72 + 0.28 = 9.00 \longrightarrow c(H^+) = 10^{-9}\ mol \cdot L^{-1}$，或 $c(OH^-) = 10^{-5}(mol \cdot L^{-1})$。

这里的 OH^- 来自三个方面，一部分来自于过量的 NaOH 解离产生，一部分由水解离产生，再有一部分来自于 Ac^- 水解，且后一部分产生 OH^- 的同时产生等量的 HAc，则

水解反应为

$$Ac^- + H_2O \xlongequal{\quad} HAc + OH^-$$

$$H_2O \xlongequal{\quad} H^+ + OH^-$$

$$NaOH \xlongequal{\quad} Na^+ + OH^-$$

质子平衡为

$$c(OH^-) = c(HAc) + c(H^+)_{很小} + c(OH^-)_{过量}$$

$$c(OH^-) - c(H^+)_{很小} = c(HAc) + c(OH^-)_{过量}$$

$$c(OH^-)_{过量} = c(OH^-) - c(HAc)$$

其中，$c(HAc) = c \cdot \delta_{HAc}$，由于滴定作用，溶液总体积增加了一倍，因此：

醋酸总量为

$$c = c(HAc) + c(Ac^-) = 0.100\,0/2 = 0.05\ (mol \cdot L^{-1})$$

而

$$\delta_{HAc} = \frac{c(HAc)}{c} = \frac{c(HAc)}{c(Ac^-) + c(HAc)} = \frac{c(HAc)}{k_a c(HAc)/c(H^+) + c(HAc)}$$

$$= \frac{c(H^+)}{c(H^+) + K_a^{\ominus}} = \frac{10^{-9}}{10^{-9} + 10^{-4.75}} = 10^{-4.25}$$

所以

$$c(HAc) = c\delta_{HAc} = 0.05 \times 10^{-4.25} = 2.7 \times 10^{-6}(mol \cdot L^{-1})$$

那么

$$c(OH^-)_{过量} = c(OH^-) - c(HAc) = 10^{-5} - 2.7 \times 10^{-6} = 7.3 \times 10^{-6}(mol \cdot L^{-1})$$

所以终点误差为

$$E_T = \frac{7.3 \times 10^{-6} \times 20 \times 2}{0.10 \times 20} = 1.5 \times 10^{-4} \approx 0.02\%$$

由此可见，用 NaOH 滴定 HCl、HAc 等，以酚酞、甲基橙指示剂都可以获得十分准确的分析结果，指示的终点与化学计量点是非常接近的。

以上所举例介绍了强碱滴定强酸和一元弱酸这两种情况的终点误差计算问题，目的在于帮助读者理解终点误差的计算原则，当然也可以通过其他途径求算终点误差。至于其他更为复杂的情况，如多元酸碱的滴定误差计算，有兴趣的读者可参阅其他书籍。

【阅读拓展】

海水的酸碱性、新型固体酸碱催化剂

1. 海水的酸碱性

海水酸碱度以 pH 为测量标志。海水的 pH 变化主要由 CO_2 的增加或减少引起，也与温度有关，一般在 7.5 ~ 8.2 的范围变化，变化幅度很小，表层海水通常稳定在 8.1 ±0.2，中、深层海水一般在 7.8 ~ 7.5 之间变动，有利于海洋生物的生长。在温度、压力、盐度一定的情况下，海水的 pH 主要取决于溶解于海水的 CO_2 形成的 H_2CO_3 各种离解形式的比值。夏季时，由于增温和强烈的光合作用，因此上层海水中二氧化碳含量和氢离子浓度下降引起 pH 上升，冬季时则相反，pH 下降。在溶解氧高的海区，pH 较高；反之，pH 较低。海水 pH 是海洋化学研究的重要参数之一，测定海水 pH 对研究开发利用海洋资源具有十分重要的意义。

(1) 根据所测的 pH，结合其他一些可测的物量参量，即可计算海水二氧化碳体系中各分量的含量，从而得到不同海区、不同水层中二氧化碳平衡体系比较明确的图像，以避免一一直接测定这些分量；

(2) 借助于 pH 的分布，有助于认识各种海洋动植物的生活环境，进而掌握海洋动植物的生长繁殖规律；

(3) 海水的 pH 也直接影响海洋中各种元素的存在形态及其反应过程。

海水的 pH 的测定可采用 pH 计在线测量，但测量前应先对 pH 进行预热、校准，然后将电极侵入待测的海水中，待平衡后从显示器读出海水的 pH。测量完毕后，取出电极应用蒸馏水冲洗干净，并用洁净滤纸吸干水分，放入保护液中。

海水的 pH 计算：

$$pH_w = pH_{测} + \gamma(t'_w - t_w) - \beta \times d \tag{6-32}$$

式中　γ—— 温度校正系数；

t'_w—— 测定时的温度，℃；

t_w—— 现场温度，℃；

β—— 压力校正系数；

d—— 深度，m。

因为海水的 pH 随温度升高和海水静压增大会略有降低，实际测定时的水温与现场温度不同，因水深信度不同海水静压不同，需进行校正。

海水 pH 还与海水盐度相关，随着海水盐度的增加，海水离子强度增大，海水中碳酸的电离度降低，从而氢离子的活度系数及活度均减小，即海水的 pH 增大。海水 pH 还与季节相关，夏季时白天表层海水光照时间长，浮游植物光合作用强度大于生物呼吸及有机质氧化分解强度，结果海水中出现 CO_2 的净消耗，pH 逐渐上升；午后 3 ~ 4 h 内，pH 几乎达到最大值；晚间光合作用停止，但呼吸作用和有机质降解作用照常进行，产生的 CO_2 逐渐积累，海水 pH 逐渐下降。冬季时水温低，生物的光合作用与有机质的分解速率均下降，pH 的昼夜变化幅度比夏季小。

2. 新型固体酸碱催化剂

(1) 固体酸的定义及分类。

固体酸碱催化剂是一类重要催化剂,催化功能来源于固体表面上存在的具有催化活性的酸性部位,称酸中心。固体酸催化剂具有给出质子和接受电子对能力,同时具有 Bronsted 酸活性中心和 Lewis 酸活性中心,多数为非过渡金属元素的氧化物或混合氧化物或混合氧化物、阳离子交换树脂等,其催化性能不同于含过渡元素的氧化物催化剂。这类催化剂广泛应用于离子型机理的催化反应,种类很多(表6-9)。此外,还有润载型固体酸催化剂,是将液体酸附载于固体载体上而形成的,如固体磷酸催化剂等。

表6-9 固体酸的分类

分类	代表催化剂
天然黏土矿物	高岭土、膨润土、蒙脱石、漂白土等
固体负载酸	SO_4^{2-}/Al_2O_3、SO_4^{2-}/ZrO_2、碳基固体酸等
杂多酸及杂多酸盐	硅钨酸、磷钨酸、Ni-Mo-Zr 杂多酸盐等
金属氧化物及复合物	Al_2O_3、ZrO_2、Mn_2O_7、$SiO_2-Al_2O_3$、SiO_2-ZrO_2 等
无机盐及其复合物	$Fe_2(SO_4)_3$、$AlCl_3$、$CuCl_2$ 等
沸石分子筛	KA、NaX、NaY、CaX、ZSM-5 等
阳离子交换树脂等	聚苯乙烯型磺酸树脂、全氟磺酸树脂

在同一固体表面通常有多种酸强度不同的酸中心,数量也有差异,故酸强度分布也是固体酸碱催化剂的重要性质之一。由某些固体酸的酸强度范围,可知 $SiO_2-Al_2O_3$、$B_2O_3-Al_2O_3$ 等均有强酸性,其酸强度相当于质量分数为90%以上的硫酸水溶液的酸强度。不同的催化反应对催化剂的酸强度有一定的要求,例如在金属硫酸盐上进行醛类聚合、丙烯聚合、丙烯水合等,有效催化剂的酸强度范围分别为 $H_0 \leqslant 3.3$,$H_0 \leqslant 1.5$,$-3 < H_0 < +1.5$。在同类型的催化剂上进行同一反应时,催化活性与催化剂的酸度有关,例如在 $SiO_2-Al_2O_3$ 上异丙苯裂解,催化活性与催化剂的酸度有近似的线性关系。固体催化剂绝大多数为多孔物质,除考虑其表面的酸功能外,还应考虑孔隙构造对反应物的扩散及传热过程的影响。经过最近几十年的不断研究,固体酸得到快速的发展,特别是新颖的多孔固体酸的开发和利用。固体酸催化的反应有烷烃异构化、聚合、加成、裂化、烷基化、醚化等,在工业催化中起到了举足轻重的作用。随着研究固体酸的深入,人工合成固体酸的数量已达数百种,因此固体酸的分类也更复杂,根据其组成可归纳于表6-9。

到目前为止,多孔固体酸催化剂根据其结构和组成大致可以分为以下几种:多孔杂多酸固体酸、多孔碳基固体酸、多孔 SO_4^{2-}/M_xO_y 型固体酸、沸石分子筛固体酸和多孔离子交换树脂。表6-9列出了常用的固体酸,其中黏土矿物主要成分为氧化硅和氧化铝,成分结构复杂,催化性质不够稳定;杂多酸是由不同的含氧酸缩合而制得的缩合含氧酸,具有类似于分子筛的笼型结构特征,对多种有机反应表现出很高的催化活性和选择性,而且其酸强度可通过改变分子组成来调节,水介质中酸性会因为液相的形成而改变分子筛的内晶,表面高度极化,表面积大,表面具有很高的酸量和酸强度,能引起正碳离子型的催化反应;强酸型阳离子交换树脂含有强酸性的反应基团如磺酸基(—SO_3H),可以交换所有的阳离子。随着研究的不断深入,不同类型固体酸间的组合形成的复合催化剂,也在催化性能上起到了不错的效果。

酸强度,可用哈梅特酸强度函数 H_0 表示固体酸的酸强度,H_0 越小,酸强度越高。酸度,即单位质量或单位表面积上酸中心的数目或毫摩尔数。

(2) 固体酸的定义及分类。

① 多孔杂多酸固体酸。杂多酸(如 $H_3PW_{12}O_{40}$、$H_4PW_{12}O_{40}$、$H_3PMo_{12}O_{40}$)是由配位原子和中心原子通过氧原子配位桥键作用形成具有特定空间结构的一类含氧多元酸。杂多酸具有 L 型和 B 型酸性中心,作为强酸催化剂,具有非常高的活性。一般的杂多酸是无孔固体,低表面积,将其负载在多孔材料上是一种增大表面积的有效方法,其形成的固体酸为多孔杂多酸固体酸。

② 多孔碳基固体酸。由于多孔碳材料具有高比表面积、化学惰性、大孔容、高机械稳定性、表面疏水性、高热稳定性等优良特性,因此其研究范围和应用范围不断扩大,在多相催化方面,以碳源为原料或多孔碳材料为模板合成多孔碳基固体酸的研究也越来越多。如以有序介孔炭为载体,经过质量分数为98% 的浓硫酸对其表面进行酸处理,得到介孔碳基固体酸催化剂,用于催化异丙醇脱水反应,其中介孔碳表面羟基与磷酸基团结合,实现了其功能化,因为存在有序介孔孔道结构,所以反应底物更容易接触到活性位点,催化活性明显提高。

③ 多孔 SO_4^{2-}/M_xO_y 型固体酸。SO_4^{2-}/M_xO_y 型固体酸(如 SO_4^{2-}/TiO_2、SO_4^{2-}/ZrO_2、SO_4^{2-}/Fe_2O_3 等)主要是指金属氧化物负载硫酸基团的固体超强酸,由于其具有不腐蚀设备、催化温度低、不污染环境、制备方法简便、稳定性能好、便于工业化等优点,因此得到了广泛的研究和应用。但其仍有许多不足,包括比表面积小、失活问题、孔径小、反应时间常等问题,限制了其进一步运用。其中,一个有效解决办法是将其与多孔材料结合使用,从而得到多孔 SO_4^{2-}/M_xO_y 型固体酸。

④ 沸石分子筛固体酸。自从科学家 Cronstedt 发现天然沸石后,沸石便成为工业催化反应中常用的催化剂或者催化剂载体,其主要是利用了沸石合成的固体酸通常具有优越的催化活性和较高的酸强度。沸石分子筛固体酸主要经历了传统天然沸石材料、介孔基分子筛材料以及复合分子筛材料三个阶段,其酸性中心主要来源于硅铝氧桥上的羟基和非骨架铝上的羟基等骨架结构中的一些羟基结构。其酸强度和酸性中心具有宽泛的调控范围,因此能够满足不同酸度要求的催化反应。沸石分子筛作为催化剂或者催化剂载体,自身具有均匀的孔径、高的表面积和孔容、易于修饰和调控的酸位点和酸强度、好的水热稳定性等独特的优越性,但是沸石分子筛仍存在许多不足之处,如孔结构易堵塞、积碳现象严重、表面酸位点稳定性差、酸位点易脱落。

⑤ 多孔离子交换树脂。多孔离子交换树脂主要是指具有多孔结构的酸性树脂催化剂,其中代表性的两类催化剂是阳离子交换树脂(如 Amberlyst - 15)和全氟磺酸树脂。该树脂类固体酸具有易分离、选择性高、对设备腐蚀性小、环境友好等优点,在许多的反应中都有应用。但其也有不足之处,如材料的孔隙率低、表面积较低、酸位点利用率低。为了增加酸位点利用率,提高固体酸催化性能,研究者已经做了大量的工作。

(3) 多孔固体酸催化剂的制备方法。

到目前为止,多孔固体酸催化剂的制备方法主要包括乳液模板法、溶胶 - 凝胶法、溶剂热法以及其他合成方法。

① 乳液模板法。在外力和乳化剂或者粒子作用下,溶剂在有机单体或者无机物种中分散形成乳液。乳液液滴外的有机单体或者无机物种通过聚合或者沉积过程,再经过干燥和热处

理得到具有高度有序的纳米或者微米级别孔径的大孔或者介孔材料,其球形孔来自于乳液液滴。有机单体或者无机物种不溶或微溶于分散相,属热力学稳定系统,能合理地解决散热。乳液液滴具有易脱除性和可变形性,且这种乳液模板可以通过简单的溶解或蒸发而除去。该方法是一种简单易行、可以大批量生产并且可以调控孔形态的方法。

②溶胶 - 凝胶法。溶胶 - 凝胶(sol - gel)法是指在酸、碱或盐的催化作用下将金属醇盐或者酯类化合物等前驱体溶于水或有机溶剂中,经过水解过程形成溶胶,同时向其中加入其他物质,如致孔剂等,再经过进一步的处理(如加热、溶剂挥发、焙烧等)使其变为凝胶。经过进一步的处理后,溶胶 - 凝胶网络的基质中的掺杂物(如致孔剂)被除去,原来致孔剂占有的空间被保留下来而形成多孔结构。与其他方法相比,sol - gel 法具有其独特的优点:a. 制备的聚合物与溶剂具有好的相容性;b. 通过控制各组分的比例和反应条件可以很容易地对材料进行改性;c. 复合组分分散均匀,反应条件温和。但是,sol - gel 法也有许多不足,如大多数前驱体有毒且价格昂贵;反应过程所需时间过长;制备过程中可能的高温处理会导致某些聚合物基体被破坏;溶剂挥发很容易使材料内部收缩而脆裂;等。因此还需进一步研究以克服这些问题。

③溶剂热法。溶剂热法是将前驱体与特定的成模剂(酸、碱或者胺)在合适的溶剂中按一定比例混合均匀,然后将混合物放入密封的反应容器中,在高温高压下反应一段时间。溶剂热法具有以下优点:a. 大多数固体都能找到适合的溶剂;b. 成模剂的选择能够有效地改变产物的形貌。但是,该方法也有不足之处,如产率低、产物尺寸分布很广等。

④其他合成方法。除了以上几种方法以外,自组装技术、原位聚合法、原子转移自由基聚合法等也普遍用来制备多孔固体酸催化剂。自组装技术是指在平衡条件下,分子之间依赖非共价键力(如范德瓦耳斯力、静电力、氢键、表面张力)自发地结合成性能特殊和结构稳定的聚集体过程;原位聚合法是将有机聚合物单体和无机或聚合物基体前驱体在溶液中混合,加入催化剂引发各单体或者聚合物的原位聚合。原位聚合法具有分散性好、体系黏度低、各组分性能稳定等优点,但是其也具有一些不足之处,如制备设备精密、制备工艺复杂、工业化成本高,运用原子转移自由基聚合法可以将一些有特殊性质的聚合物高分子或者基团修饰在样品上,使其具有特殊的理化性质。

习　　题

1. 某酸碱指示剂的 $K_{HIn} = 1 \times 10^{-5}$,从理论上推算,其 pH 变色范围是(　　)

A. 4 ~ 5　　B. 5 ~ 6　　C. 4 ~ 6　　D. 5 ~ 7

(答案:C)

2. 用 $c(NaOH) = 0.10\ mol \cdot L^{-1}$ 的 NaOH 溶液滴定 $c(HCOOH) = 0.10\ mol \cdot L^{-1}$ 的甲酸($pK_a = 3.74$)溶液,选用哪种指示剂为宜?(　　)

A. 百里酚蓝($pK_{a1} = 1.7$)　　B. 甲基橙($pK_a = 3.4$)

C. 中性红($pK_a = 7.4$)　　D. 酚酞($pK_a = 9.1$)

(答案:略)

3. 写出下列各种物质的共轭酸。

CO_3^{2-}　HS^-　H_2O　HPO_4^{2-}　S^{2-}　$[Al(OH)(H_2O)_5]^{2+}$　(答案:略)

4. 写出下列各种物质的共轭碱。

H_3PO_4　　HAc　　HS^-　　HNO_3　　HClO　　H_2CO_3　　$[Zn(H_2O)_6]^{2+}$（答案：略）

5. 计算下列溶液的 pH。

(1)0.20 mol·L^{-1} 的 $HClO_4$ 溶液；

(2)4.0×10^{-3} mol·L^{-1} 的 $Ba(OH)_2$ 溶液；

(3)0.02 mol·L^{-1} 的氨水溶液；

(4) 将 pH 为 8.00 和 10.00 的 NaOH 溶液等体积混合；

(5) 将 pH 为 2.00 的强酸和 pH 为 13.00 的强碱溶液等体积混合；

(6)0.30 mol·L^{-1} NaAc 溶液；

(7)0.20 mol·L^{-1} NH_4Cl 溶液。

（答案：(1)3.60；(2)9.20；(3)10.54；(4)8.30；(5)12.99；(6)9.11；(7)4.97）

6. 某浓度为 0.1 mol·L^{-1} 的一元弱酸溶液，其 pH 为 2.77，求这一弱酸的解离常数及该条件下的解离度。

（答案：$K_a=10^{-4.54}$；$\alpha=0.0017$）

7. 已知 HAc 溶液的浓度为 0.20 mol·L^{-1}，求：

(1) 求该溶液中的 $c(H^+)$、pH 和解离度；

(2) 在上述溶液中加入 NaAc 晶体，使其溶解的 NaAc 的浓度为 0.20 mol·L^{-1}，求所得溶液中 $c(H^+)$、pH 和 HAc 解离度；

(3) 比较上述(1)、(2) 两小题的计算结果，说明了什么？

（答案：(1)1.87×10^{-3}，2.73，2.96×10^{-3}；(2)2×10^{-5}，4.75，10^{-4}(3) 略）

8. 写出下列各种盐水解反应的离子方程式，并判断这些盐溶液的 pH 大于 7，等于 7，还是小于 7。

$NaNO_2$　　NaF　　Na_2S　　NH_4HCO_3　　NH_4Ac

（答案：>7；>7；>7；>7；=7）

9. 取 50.0 mL、0.100 mol·L^{-1} 某一元弱酸溶液，与 20.0 mL、0.100 mol·L^{-1}KOH 溶液混合，将混合溶液稀释至 100 mL，测得此溶液的 pH 为 5.25，求此一元弱酸的解离常数。

（答案：$10^{-5.43}$）

10. 现有 125 mL、1.0 mol·L^{-1}NaAc 溶液，欲配制 250 mL、pH 为 5.0 的缓冲溶液，需加入 6.0 mol·L^{-1} HAc 溶液多少 mL？

（答案：11.72）

11. 今有 $(CH_3)_2AsO_2H$、$ClCH_2COOH$、CH_3COOH 三种酸，它们的标准解离常数分别为 6.4×10^{-7}、1.4×10^{-5}、1.76×10^{-5}，试问：

(1) 欲配制 pH = 6.50 缓冲溶液，用哪种酸最好？

(2) 需要多少克这种酸和多少克 NaOH 以配制 1.0 L 缓冲溶液？其中酸和其对应盐的总浓度等于 1.00 mol·L^{-1}。

（答案：(1)$(CH_3)_2AsO_2H$；(2)NaOH 26.8 g，$(CH_3)_2AsO_2H$ 137.92 g）

12. 在烧杯中盛放 20.00 mL、0.100 mol·L^{-1} 氨的水溶液，逐步加入 0.100 mol·L^{-1}HCl 溶液。试计算：

(1) 当加入10.00 mL HCl后,混合液的pH;

(2) 当加入20.00 mL HCl后,混合液的pH;

(3) 当加入30.00 mL HCl后,混合液的pH。

(答案:(1)9.25;(2)5.27;(3)1.69)

13. 已知琥珀酸$(CH_2COOH)_2$(以H_2A表示)的$pK_{a_1}=4.19$、$pK_{a_2}=5.57$,计算在pH = 4.88和5.0时H_2A、HA^-和A^{2-}的分布系数δ_2、δ_1和δ_0。若该酸的总浓度为0.01 $mol \cdot L^{-1}$,求pH = 4.88时的三种形式的平衡浓度。

(答案:0.145,0.710,0.145;0.109,0.702,0.189;1.45×10^{-3},7.10×10^{-3},1.45×10^{-3})

14. 计算下列溶液的pH:(1)0.10 $mol \cdot L^{-1}$ NaH_2PO_4;(2)0.05 $mol \cdot L^{-1}$ K_2HPO_4。

(答案:(1)4.66;(2)9.70)

15. 用0.010 00 $mol \cdot L^{-1}$ HNO_3溶液滴定20.00 mL、0.010 00 $mol \cdot L^{-1}$ NaOH溶液时,化学计量点时pH为多少?化学计量点附近的滴定突跃是怎样的?

(答案:7.00;8.70 ~ 5.30)

16. 某弱酸的$pK_a=9.21$,现有共轭碱NaA溶液20.00 mL,浓度为0.100 0 $mol \cdot L^{-1}$,当用0.100 0 $mol \cdot L^{-1}$ HCl溶液滴定时,化学计量点的pH为多少?化学计量点附近的滴定突跃为多少?应选用何种指示剂指示终点?

(答案:5.26;6.21 ~ 4.30)

17. 标定HCl溶液时,以甲基橙为指示剂,用Na_2CO_3为基准物,称取Na_2CO_3 0.613 5 g;用去HCl溶液24.96 mL,求HCl溶液的浓度。

(答案:0.463 7 $mol \cdot L^{-1}$)

18. 称取混合碱试样0.947 6 g,加酚酞指示剂,用0.278 5 $mol \cdot L^{-1}$ HCl溶液滴定至终点,耗去酸溶液34.12 mL。再加甲基橙指示剂,滴定至终点,又耗去酸溶液23.66 mL。求试样中各组分的质量分数。

(答案:$w(Na_2CO_3)=73.71\%$,$w(NaOH)=12.30\%$)

19. 写出下列溶液的质子条件式。

(1)c_1 $mol \cdot L^{-1}$ NH_3 + c_2 $mol \cdot L^{-1}$ NH_4Cl;

(2)c_1 $mol \cdot L^{-1}$ H_3PO_4 + c_2 $mol \cdot L^{-1}$ HCOOH。

(答案:(1)$c(H^+)+c(NH_4^+)=c(NH_3)+c(OH^-)$;(2)$c(H^+)=c(H_2PO_4^-)+2c(HPO_4^{2-})+3c(PO_4^{3-})+c(HCOO^-)+c(OH^-)$)

第7章　电化学与氧化还原滴定法

【学习要求】

(1) 掌握氧化还原方程式的配平，根据标准电极电势表判断氧化剂或还原剂的强弱，Nernst 方程及其计算，判断氧化还原反应进行的方向，电动势的计算，平衡常数和溶度积常数的计算，元素电势图及其应用，氧化还原滴定突跃范围的确定以及指示剂的选择。

(2) 理解原电池电动势与吉布斯自由能变的关系，浓度及酸度对电极电势的影响。

(3) 熟悉原电池的组成及表示方法、条件电极电势、高锰酸钾滴定法、重铬酸钾滴定法、碘量法。

(4) 了解电极电势的概念及产生原理、Nernst 方程式的推导。

氧化还原反应(redox reaction) 是一类非常重要且常见的化学反应，与工业生产过程和人类日常生活都密切相关。如金属的冶炼、电池的放电或充电、钢铁的腐蚀、矿物燃料的燃烧、氨的合成、动植物体内的新陈代谢过程等。在氧化还原反应中，一个反应失电子(或共用电子对偏离) 使物质被氧化，一个反应得电子(或共用电子对偏向) 使物质被还原，所以氧化和还原是对立、相互矛盾的两个过程。它们不能孤立地存在，是同时发生的，彼此是反应进行下去的条件，同时促进自身反应的进行，因而氧化和还原是相互联系、统一的。对于发生氧化反应的过程，其逆过程为还原反应；对于发生还原反应的过程，其逆过程为氧化反应，二者又是统一、不可分割的。将氧化还原反应设计成原电池或电解池，研究电池中氧化还原反应过程及电能和化学能相互转化的科学称为电化学(electrochemistry)。化学能和电能的相互转化是能量守恒定律在电化学科学中的体现与应用。以氧化还原反应为基础的滴定分析方法称为氧化还原滴定法(redox titration)，可用于直接测定具有氧化性和还原性的物质，或间接测定不具有氧化性或还原性，但能与氧化剂或还原剂定量反应的物质，应用范围广。

本章首先介绍了氧化还原的基本概念及氧化还原反应方程式的配平，将氧化还原反应与电极电势和原电池电动势联系起来，着重讨论了 Nernst 方程式和影响电极电势的因素，氧化剂和还原剂相对强弱的比较，氧化还原反应进行的方向和程度，元素电势图及其应用，最后介绍了条件电极电势和氧化还原滴定法及其应用。

7.1　氧化还原反应的特征

7.1.1　氧化和还原

还原是物质获得电子的作用，氧化是物质失去电子的作用。在氧化还原反应中，得电子者为氧化剂，氧化剂自身被还原；失电子者为还原剂，还原剂自身被氧化。氧化剂得电子的数目等于还原剂失去电子的数目。在另一些反应中，如 $H_2 + Cl_2 \xlongequal{} 2HCl$，$H_2$ 和 Cl_2 并不发生电子的得失而是共用电子对偏向氯的一方,这类反应也属于氧化还原反应。因此,氧化还原反应的本质在于电子的得失或者偏移。

7.1.2 氧化数

氧化数(oxidation number)是指某元素一个原子的表观电荷数(apparent charge number),这种表观电荷数包括电子的得失数或者共用电子对的偏移数。针对后一种情况,假设把化合物中成键的电子都归于电负性更大的原子,从而求得原子所带的电荷,据此电荷数即为该原子在该化合物中的氧化数。

结构复杂的化合物,它们的电子结构式本身不易给出,电子的划分更是很难确定,因此,人们从经验中总结出一套规则,可以很方便地用来确定氧化数,具体如下:

(1) 单质的氧化数为零。

(2) 所有元素的原子,其氧化数的代数和在多原子的分子中等于零,在多原子的离子中等于离子所带的电荷数。

(3) 氢在化合物中的氧化数一般为 +1,但在活泼金属的氢化物(如 NaH、CaH_2 等)中,氢的氧化数为 -1。

(4) 氧在化合物中的氧化数一般为 -2,但在过氧化物(如 H_2O_2)中,氧的氧化数为 -1;在超氧化合物(如 KO_2)中,氧化数为1/2(注意氧化数可以是分数);在 OF_2 中,氧化数为 +2。

在大多数离子化合物中,原子的氧化数与化合价(valence,电价)往往相同,但在共价化合物中,两者并不一致。共价数一般是指形成共价键时共用电子对的数目(不分正负)。例如,在 CH_4、CH_3Cl、CH_2Cl_2、$CHCl_3$ 和 CCl_4 中,C 的氧化数依次为 -4、-2、0、+2 和 +4,而 C 的化合价(共价)皆为 4。此外,化合价总为整数,而氧化数可以是分数。例如,连四硫酸钠 $Na_2S_4O_6$ 中硫的氧化数为 +5/2,所以,氧化数和化合价虽然有一定的联系,但又是互不相同的两个概念。

根据氧化数的概念,氧化数降低的过程称为还原(reduction),氧化数升高的过程称为氧化(oxidation)。氧化数升高的物质是还原剂(reducing agent),氧化数降低的物质是氧化剂(oxidizing agent)。

7.1.3 氧化还原反应方程式的配平

氧化还原反应一般比较复杂,反应方程式的配平相对较难。常用的反应方程式配平方法有氧化数法和离子 - 电子法。

1. 氧化数法

氧化数法配平氧化还原反应方程式的具体步骤如下。

(1) 首先写出基本反应式。

以硝酸与硫黄作用生成二氧化硫和一氧化氮为例,则

$$S + HNO_3 \longrightarrow SO_2 + NO + H_2O$$

(2) 找出氧化剂中原子氧化数降低的数值和还原剂中原子氧化数升高的数值。

上述反应中,氮原子的氧化数由 +5 变为 +2,它降低的值为3,因此它是氧化剂。硫原子的氧化数由 0 变为 +4,它升高的值为4,因此它是还原剂,即

$$\overset{0}{S}+H\overset{+5}{N}O_3 \longrightarrow \overset{+4}{S}O_2+\overset{+2}{N}O+H_2O$$

（S 的氧化数变化：+4；N 的氧化数变化：−3）

(3) 按照最小公倍数的原则对各氧化数的变化值乘以相应的系数4和3，使氧化数降低值和升高值相等，都是12，即

$$\overset{0}{S}+H\overset{+5}{N}O_3 \longrightarrow \overset{+4}{S}O_2+\overset{+2}{N}O+H_2O$$

（$(+4)\times3=+12$；$(-3)\times4=-12$）

(4) 将找出的系数分别乘在氧化剂和还原剂的分子式前面，并使方程式两边的氮原子和硫原子的数目相等，即

$$3S + 4HNO_3 \longrightarrow 3SO_2 + 4NO + H_2O$$

(5) 用观察法配平氧化数未变化的元素原子数目，则得

$$3S + 4HNO_3 \longrightarrow 3SO_2 + 4NO + 2H_2O$$

(6) 最后把反应方程式的"⟶"换成"═══"，方程式配平。

$$3S + 4HNO_3 = 3SO_2\uparrow + 4NO\uparrow + 2H_2O$$

2. 离子－电子法

在有些化合物中，元素原子的氧化数确定比较困难，给氧化数法配平这些氧化还原方程式带来不便，例如

$$MnO_4^- + H_2C_2O_4 \longrightarrow Mn^{2+} + CO_2$$

对于这一类的反应，用离子－电子法来配平比较方便。另外，在离子之间进行的氧化还原反应，除用氧化数法外也常用离子－电子法来配平反应式。

任何一个氧化还原反应都是由两个半反应组成的，一个代表氧化，另一个代表还原。离子－电子法配平氧化还原方程式，可以先将方程式改写为两个半反应式，将半反应式配平，然后把这些半反应式加合起来，消去其中的电子而完成。具体配平步骤如下。

(1) 用离子方程式写出反应的主要物质，例如：

$$MnO_4^- + H_2C_2O_4 \longrightarrow Mn^{2+} + CO_2$$

(2) 写出两个半反应式中的电对，即

$$H_2C_2O_4 \longrightarrow 2CO_2\text{（氧化）}$$

$$MnO_4^- \longrightarrow Mn^{2+}\text{（还原）}$$

(3) 调整计量系数并加一定数目的电子使半反应式两端的原子数和电荷数相等，即

$$H_2C_2O_4 \longrightarrow 2CO_2 + 2H^+ + 2e^-\text{（氧化半反应）}$$

$$MnO_4^- + 8H^+ + 5e^- \longrightarrow Mn^{2+} + 4H_2O\text{（还原半反应）}$$

(4) 根据氧化剂获得的电子数和还原剂失去的电子数必须相等的原则，将两个半反应式加合为一个配平的离子反应式，即

$$5H_2C_2O_4 \longrightarrow 10CO_2 + 10H^+ + 10e^-$$

$$+)\ 2MnO_4^- + 16H^+ + 10e^- \longrightarrow 2Mn^{2+} + 8H_2O$$

$$2MnO_4^- + 5H_2C_2O_4 + 6H^+ = 2Mn^{2+} + 10CO_2 + 8H_2O$$

如果在半反应式中反应物和产物的氧原子数不同,可以依照反应是在酸性或碱性介质中进行,而在半反应式中加 H^+ 或 OH^-,并利用水的解离平衡使两侧的氧原子数和电荷数均相等。下面举例来说明配平方法。

【例7.1】 配平反应方程式

$$KMnO_4 + K_2SO_3 \longrightarrow MnSO_4 + K_2SO_4\text{(酸性介质)}$$

解 第一步,写出主要的反应物和生成物的离子式,即

$$MnO_4^- + SO_3^{2-} \longrightarrow Mn^{2+} + SO_4^{2-}$$

第二步,写出两个半反应式中的电对,即

$$MnO_4^- \longrightarrow Mn^{2+}\text{(还原)}$$

$$SO_3^{2-} \longrightarrow SO_4^{2-}\text{(氧化)}$$

第三步,配平两个半反应式,即

$$MnO_4^- + 8H^+ + 5e^- \longrightarrow Mn^{2+} + 4H_2O\text{(还原半反应)}$$

$$SO_3^{2-} + H_2O \longrightarrow SO_4^{2-} + 2H^+ + 2e^-\text{(氧化半反应)}$$

由于反应是在酸性介质中进行的,在还原半反应式中,产物的氧原子数比反应物少,应在左侧加 H^+ 使所有的氧原子都化合成 H_2O,并使氧原子数和电荷数均相等;在氧化半反应式的左边加水分子,使两边的氧原子和电荷均相等。

第四步,根据获得和失去电子数必须相等的原则,将两个半反应式加合而成一个配平了的离子反应式,即

$$\begin{array}{r} 2MnO_4^- + 16H^+ + 10e^- \longrightarrow 2Mn^{2+} + 8H_2O \\ +)\ 5SO_3^{2-} + 5H_2O - 10e^- \longrightarrow 5SO_4^{2-} + 10H^+ \\ \hline 2MnO_4^- + 5SO_3^{2-} + 6H^+ \xlongequal{\quad} 2Mn^{2+} + 5SO_4^{2-} + 3H_2O \end{array}$$

【例7.2】 配平反应方程式

$$I_2 \longrightarrow IO_3^- + I^-\text{(碱性介质)}$$

解 第一步,写出主要的反应物和生成物的离子式,即

$$I_2 + OH^- \longrightarrow IO_3^- + I^-$$

第二步,写出两个半反应式中的电对,即

$$I_2 \longrightarrow IO_3^-\text{(氧化)}$$

$$I_2 \longrightarrow I^-\text{(还原)}$$

第三步,由于反应是在碱性介质中进行的,在半反应 $I_2 \longrightarrow IO_3^-$ 中,产物有氧原子,而反应物无氧原子,所以应在左边加足够的 OH^-,使右侧生成水分子,并且使两边的电荷数相等,即

$$\frac{1}{2}I_2 + 6OH^- \longrightarrow IO_3^- + 3H_2O + 5e^-\text{(氧化半反应)}$$

另一个半反应式用观察法进行,即

$$\frac{1}{2}I_2 + e^- \rightarrow I^-\text{(还原半反应)}$$

第四步,根据得失电子数必须相等的原则,将两个半反应式加合成一个配平了的离子反应式,即

$$\begin{array}{rl} & \frac{1}{2}I_2 + 6OH^- - 5e^- \longrightarrow IO_3^- + 3H_2O \\ +) & \frac{5}{2}I_2 + 5e^- \longrightarrow 5I^- \\ \hline & 3I_2 + 6OH^- = IO_3^- + 5I^- + 3H_2O \end{array}$$

在配平半反应式时，如果反应物和生成物内所含的氧原子的物质的量（通常不规范地说成氧原子的数目）不等，可根据介质的酸碱性，分别在半反应方程式中加 H^+、OH^- 或 H_2O 使半反应式两边的氧原子的物质的量相等，其经验规则见表 7 - 1。

表 7 - 1　不同介质条件下配平氧原子的物质的量的经验规则

介质条件	比较方程式两边氧原子的物质的量	配平时左边应加入物质	生成物
酸性	左边 O 多	H^+	H_2O
	左边 O 少	H_2O	H^+
碱性	左边 O 多	H_2O	OH^-
	左边 O 少	OH^-	H_2O
中性（或弱碱性）	左边 O 多	H_2O	OH^-
	左边 O 少	H_2O（中性）	H^+
		OH^-（弱碱性）	H_2O

综上所述，氧化数法既可配平分子反应式也可配平离子反应式，是一种常用的配平反应式的方法。离子 - 电子法除对于用氧化数法难以配平的反应式比较方便之外，还可通过学习离子 - 电子法掌握书写半反应式的方法，而半反应式是电极反应的基本反应式。

7.2　原电池和电极电势

7.2.1　原电池

原电池（galvanic cell）是利用自发的氧化还原反应产生电流的装置，它可使化学能转化为电能，如 Cu - Zn 原电池，如图 7 - 1 所示。

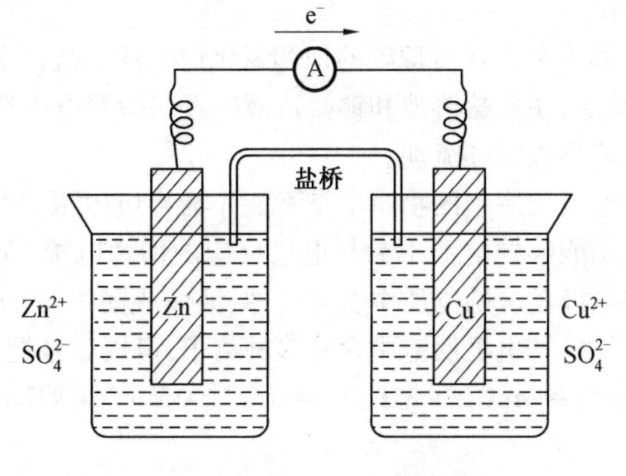

图 7 - 1　Xu - Zn 原电池

将锌片插入含有 $ZnSO_4$ 溶液的烧杯中,铜片插入含有 $CuSO_4$ 溶液的烧杯中,用盐桥(salt bridge)将两个烧杯中的溶液沟通,将铜片、锌片用导线与检流计相连形成外电路,就会发现有电流通过。在原电池中,组成原电池的导体称为电极,并规定电子流出的电极为负极(anode),电子流入的电极为正极(cathode)。负极发生氧化反应,正极发生还原反应。实验证明,上面 Cu - Zn 原电池的两极发生的反应为

负极

$$Zn - 2e^- \rightleftharpoons Zn^{2+} \qquad \text{(氧化反应)}$$

正极

$$Cu^{2+} + 2e^- \rightleftharpoons Cu \qquad \text{(还原反应)}$$

电池反应为

$$Zn + Cu^{2+} \rightleftharpoons Zn^{2+} + Cu$$

原电池是由两个半电池(half cell)组成的。在 Cu - Zn 原电池中,Zn 和 $ZnSO_4$ 溶液组成锌半电池,Cu 和 $CuSO_4$ 溶液组成铜半电池。每一个半电池是由同一种元素不同氧化数的两种物质所构成。一种是处于低氧化数的、可作为还原剂的物质,称为还原态物质(reduction state),例如锌半电池中的 Zn,铜半电池中的 Cu;另一种是处于高氧化数的、可作为氧化剂的物质,称为氧化态物质(oxidation state),例如锌半电池中的 Zn^{2+},铜半电池中的 Cu^{2+}。这种由同一元素的氧化态物质和其对应的还原态物质所构成的整体,称为氧化还原电对(oxidation - reduction couples),常用氧化态/还原态表示。原电池是由两个氧化还原电对组成的,如 Zn^{2+}/Zn 和 Cu^{2+}/Cu 电对。氧化态物质和还原态物质在一定条件下可相互转化,即

$$\text{氧化态} \rightleftharpoons \text{还原态}$$

这种关系式称为电极反应(half cell reaction)。理论上,任何氧化还原反应均可设计成原电池,但实际操作有时会很困难,特别是有些复杂的反应。

为了简便和统一,原电池的装置可以用符号(cell diagrams)表示,如 Cu - Zn 原电池可表示为

$$(-)Zn(s) \mid ZnSO_4(c_1) \parallel CuSO_4(c_2) \mid Cu(s)(+)$$

习惯上把负极(-)写在左边,正极(+)写在右边。其中,"|"表示两相界面;"‖"表示盐桥;c_1 和 c_2 表示溶液的浓度,当溶液浓度为 $1\ mol \cdot L^{-1}$ 时可略去不写。若有气体参加的电极反应,还需注明气体的分压。

盐桥通常是U形管,其中装入含有琼胶的饱和氯化钾溶液。盐桥中的 K^+ 和 Cl^- 分别向硫酸铜溶液和硫酸锌溶液移动,使锌盐溶液和铜盐溶液一直保持着电中性。因此,锌的溶解和铜的析出得以继续进行,电流得以继续流动。

需要注意的是,如果电极反应中的物质本身不能作为导电电极,也就是说,若电极反应中无金属导体时,则必须使用能够导电但不参与电极反应的惰性电极(如铂电极、石墨电极等)作为导电电极,而且参加电极反应的物质中有纯气体、液体或固体时,如 $Cl_2(g)$、$Br_2(l)$、$I_2(s)$ 应写在导电电极一边。另外,若电极反应中含有多种离子,可用逗号把它们分开,例如

$$5Fe^{2+} + MnO_4^- + 8H^+ = 5Fe^{3+} + Mn^{2+} + 4H_2O$$

对应的原电池符号为

$$(-)Pt \mid Fe^{2+}(c_1), Fe^{3+}(c_2) \parallel MnO_4^-(c_3), Mn^{2+}(c_4), H^+(c_5) \mid Pt(+)$$

又如

$$Sn^{2+} + Hg_2Cl_2 \longrightarrow Sn^{4+} + 2Hg + 2Cl^-$$

对应的原电池符号为

$$(-)Pt \mid Sn^{2+}(c_1), Sn^{4+}(c_2) \parallel Cl^-(c_3) \mid Hg_2Cl_2, Hg(+)$$

7.2.2　电极电势

在上述 Cu - Zn 原电池中，为什么电子从 Zn 原子转移给 Cu^{2+} 而不是从 Cu 原子转移给 Zn^{2+}，这与金属在溶液中的情况有关。

金属晶体中，有金属离子和自由运动的电子存在，当把金属 M 板（棒）放入其盐溶液中时，一方面金属 M 表面构成晶格的金属离子和极性大的水分子互相吸引，有一种使金属板（棒）上留下过剩电子而自身以水合离子 M^{n+} 的形式进入溶液的倾向，金属越活泼，溶液越稀，这种倾向越强；另一方面盐溶液中的 M^{n+} 又有一种从金属 M 表面获得电子而沉积在金属表面上的倾向，金属越不活泼，溶液越浓，这种倾向越大，这两种对立着的倾向在某种条件下达到动态平衡，即

$$M \underset{\text{沉积}}{\overset{\text{溶解}}{\rightleftharpoons}} M^{n+} + ne^-$$

在某一给定浓度的溶液中，若失去电子的倾向大于获得电子的倾向，到达平衡时的最后结果将是金属离子进入溶液，形成金属板（棒）带负电荷，靠近金属板（棒）的溶液带正电荷的双电层结构，如图 7 - 2(a) 所示；相反，如果离子沉积的趋势大于金属溶解的趋势，达到平衡时，金属和溶液的界面上形成了金属带正电溶液带负电的双电层结构，如图 7 - 2(b) 所示。这时在金属和盐溶液之间产生电势差，这种产生在金属和它的盐溶液之间的电势差称为金属的电极电势（electrode potential）。金属的电极电势除与金属本身的活泼性和金属离子在溶液中的浓度有关外，还取决于温度。

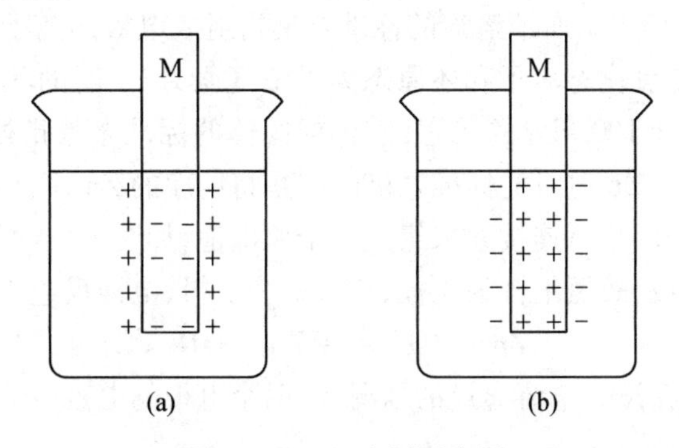

图 7 - 2　双电层示意图

在 Cu - Zn 原电池中，Zn 片与 Cu 片分别插在它们各自的盐溶液中，构成 Zn^{2+}/Zn 电极与 Cu^{2+}/Cu 电极。实验告诉人们，如将两电极连以导线，电子流将由锌电极流向铜电极，这说明 Zn 片上留下的电子要比 Cu 片上多，也就是 Zn^{2+}/Zn 电极的上述平衡比 Cu^{2+}/Cu 电极的平衡更偏于右方，或 Zn^{2+}/Zn 电对与 Cu^{2+}/Cu 电对两者具有不同的电极电势，Zn^{2+}/Zn 电对的电极电势比 Cu^{2+}/Cu 电对要负一些。由于两极电势不同，电子流（或电流）可以通过这根导线。

1. 标准氢电极

电极电势的绝对值无法测量，只能选定某种电极作为标准，其他电极与之比较，求得电极电势的相对值，通常选定的是标准氢电极（Standard Hydrogen Electrode，SHE）。

标准氢电极的构成:将镀有铂黑的铂片置于氢离子浓度为1 mol·L^{-1}(活度为1)的酸溶液中,在298.15 K时,从玻璃管上部的支管中不断地通入压力为100 kPa的纯氢气,使铂黑吸附氢气达到饱和,形成一个标准氢电极,如图7-3所示。在这个电极的周围建立了动态平衡,即

$$2H^+ + 2e^- \rightleftharpoons H_2$$

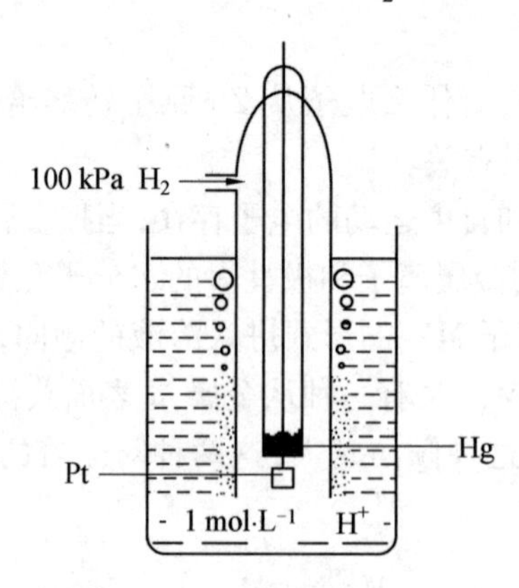

图7-3 标准氢电极

此时产生在标准压力下的H_2饱和了的铂片和H^+浓度为1 mol·L^{-1}的酸溶液之间的电势差称为氢的标准电极电势,将它作为电极电势的相对标准,令其为零,即$\varphi^\ominus(H^+/H_2) = 0.000\ 0$ V或$\varphi_{H+/H_2} = 0.000\ 0$ V。

2. 标准电极电势的测定

用标准氢电极与其他各种标准态下的电极组成原电池,测得这些电池的电动势(cell potential),再通过计算就可以得出各种电极的标准电极电势(standard electrode potential),通常测定时的温度为298.15 K。所谓溶液的标准态是指组成电极的离子浓度为1 mol·L^{-1}(对于氧化还原电极,指的是氧化态离子和还原态离子浓度比为1)时的状态;气体的标准态为气体的分压处于标准压力即100 kPa的状态;液体或固体的标准态是指处于标准压力下纯物质的状态。例如,测定Zn^{2+}/Zn电对的标准电极电势是将纯净的Zn片放在1 mol·L^{-1} $ZnSO_4$溶液中,把它和标准氢电极用盐桥连接起来组成一个原电池,如图7-4所示,用直流电压表测知电流从氢电极流向锌电极,故氢电极为正极,锌电极为负极,电池反应为

$$Zn + 2H^+ \rightleftharpoons Zn^{2+} + H_2$$

原电池的电动势是在没有电流通过的情况下,两个电极的电极电势之差,即

$$E = \varphi_+ - \varphi_- \qquad (7-1)$$

在298.15 K用电位计测得标准氢电极和标准锌电极所组成的原电池电动势为0.763 V,根据式(7-1)计算Zn^{2+}/Zn电对的标准电极电势$\varphi^\ominus(Zn^{2+}/Zn)$。

因为

$$E^\ominus = \varphi_+^\ominus - \varphi_-^\ominus \qquad (7-2)$$

所以

$$E^\ominus = \varphi^\ominus(H^+/H_2) - \varphi^\ominus(Zn^{2+}/Zn)$$

即

$$0.763\ V = 0 - \varphi^\ominus(Zn^{2+}/Zn)$$

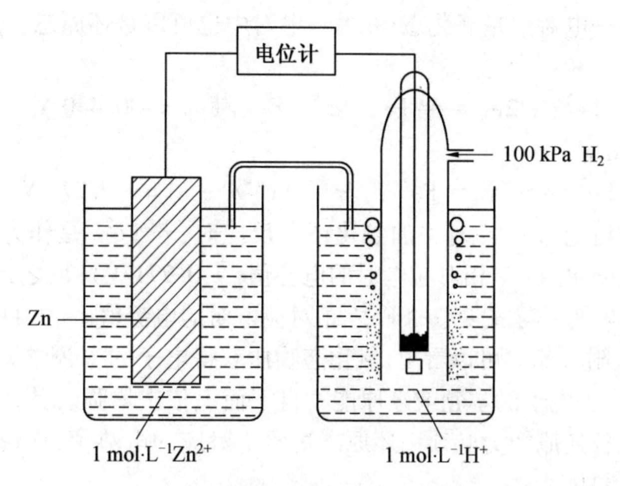

图7－4　测量锌电极标准电极电势的装置

所以

$$\varphi^{\ominus}(Zn^{2+}/Zn) = -0.763\ V$$

用同样的方法可测得 Cu^{2+}/Cu 电对的电极电势。在标准 Cu^{2+}/Cu 电极与标准氢电极组成的原电池中，铜电极为正极，氢电极为负极。在298.15 K，测得铜氢电池的电动势为0.342 V，即

$$E^{\ominus} = \varphi^{\ominus}(Cu^{2+}/Cu) - \varphi^{\ominus}(H^+/H_2)$$

即

$$0.342\ V = \varphi^{\ominus}(Cu^{2+}/Cu) - 0$$

所以

$$\varphi^{\ominus}(Cu^{2+}/Cu) = +0.342\ V$$

从上面测定的数据来看，Zn^{2+}/Zn 电对的标准电极电势带有负号，Cu^{2+}/Cu 电对的标准电极电势带有正号。带负号表明锌失去电子的倾向大于 H_2，或者说 Zn^{2+} 获得电子变成金属Zn的倾向小于 H^+；带正号表明铜失去电子的倾向小于 H_2，或者说 Cu^{2+} 获得电子变成金属铜的倾向大于 H^+，也可以说Zn比Cu活泼，因为Zn比Cu更容易失去电子转变为 Zn^{2+}。

如果把锌和铜组成一个电池，电子必定从锌极向铜极流动，电动势为

$$E^{\ominus} = \varphi^{\ominus}(Cu^{2+}/Cu) - \varphi^{\ominus}(Zn^{2+}/Zn) = +0.342\ V - (-0.763\ V) = 1.105\ V$$

上述原电池装置不仅可以用来测定金属的标准电极电势，而且可以用来测定非金属离子和气体的标准电极电势。对某些与水剧烈反应而不能直接测定的电极，例如 K^+/K、F_2/F^- 等电极，则可以通过热力学数据用间接方法来计算标准电极电势。一些物质在水溶液中的标准电极电势见附录8.1、附录8.2。

正确使用标准电极电势表，需要注意以下几个方面。

（1）使用电极电势时，一定要注明相应的电对。如电极反应

$$M^{n+} + ne^- \rightleftharpoons M$$

式中　M^{n+}——物质的氧化态；

　　　M——物质的还原态，即

$$氧化态 + ne^- \rightleftharpoons 还原态$$

同一种物质在某一电对中是氧化态,在另一电对中也可以是还原态。例如,Fe^{2+} 在电极反应

$$Fe^{2+} + 2e^- \rightleftharpoons Fe, \quad \varphi^{\ominus}(Fe^{2+}/Fe) = -0.440\ V$$

中是氧化态,在电极反应

$$Fe^{3+} + e^- \rightleftharpoons Fe^{2+}, \quad \varphi^{\ominus}(Fe^{3+}/Fe^{2+}) = +0.771\ V$$

中是还原态。所以在讨论与 Fe^{2+} 有关的氧化还原反应时,若 Fe^{2+} 是作为还原剂而被氧化为 Fe^{3+},则必须用与还原态的 Fe^{2+} 相对应电对的电势值(+0.771 V);反之,若 Fe^{2+} 是作为氧化剂而被还原为 Fe,则必须用与氧化态的 Fe^{2+} 相对应电对的电势值(-0.440 V)。

(2) 从附录8.1、附录8.2 可以看出,氧化态物质获得电子的本领或氧化能力自上而下依次增强;还原态物质失去电子的本领或还原能力自下而上依次增强。其强弱程度可从电极电势值大小来判别。比较还原能力必须用还原态物质所对应的电势值;比较氧化能力必须用氧化态物质所对应的电势值。

(3) 由于氧化还原反应常常与介质的酸度有关,因此标准电极电势表又分为酸表($\varphi_A^{\ominus}$)和碱表($\varphi_B^{\ominus}$)。应用时应根据实际的反应情况查表。如电极反应中有 H^+ 应查酸表,电极反应中有 OH^- 应查碱表;若电极反应中没有出现 H^+ 或 OH^-,则应根据物质的实际存在条件去查表,如查 Fe^{3+}/Fe^{2+} 电对的标准电极电势,由于 Fe^{3+} 和 Fe^{2+} 只能存在于酸性条件,所以应查酸表。

(4) 标准电极电势值反映物质得失电子趋势的大小,是强度因素,与电极反应的书写形式无关。例如

$$Cu^{2+} + 2e^- \rightleftharpoons Cu, \quad \varphi^{\ominus}(Cu^{2+}/Cu) = +0.342\ V$$
$$Cu^{2+} \rightleftharpoons Cu - 2e^-, \quad \varphi^{\ominus}(Cu^{2+}/Cu) = +0.342\ V$$
$$2Cu^{2+} + 4e^- \rightleftharpoons {}^2Cu, \quad \varphi^{\ominus}(Cu^{2+}/Cu) = +0.342\ V$$

(5) 附录8.1、附录8.2为298.15 K时的标准电极电势,由于电极电势随温度变化,因此在室温下可以借用表列数据。

7.2.3 电池的电动势和化学反应吉布斯自由能变

由热力学可知体系的吉布斯自由能的减少,等于体系在恒温恒压下所做的最大有用功(非体积功),即 $-\Delta G = W_{max}$。如果某一氧化还原反应可以设计成原电池,那么在恒温、恒压下,电池所做的最大有用功就是电功。电功($W_{电}$)等于电动势(E)与通过的电量(Q)的乘积,即

$$W_{电} = Q \cdot E = E \cdot nF = nFE$$

在原电池中如果非膨胀功只有电功一种,那么自由能和电池电动势之间就有下列关系:

$$\Delta G = -W_{电} = -QE = -nFE$$

即

$$\Delta G = -nFE \tag{7-3}$$

式中 n—— 电池反应中电子转移数;

F—— 法拉第(Faraday)常数,即1 mol电子所带的电量,其值等于96 485 C·mol^{-1}(通常采用近似值 96 500 C·mol^{-1} 用于计算);

E—— 电池的电动势。

式(7-3)说明电池的电能来源于化学反应。在反应中,当电子自发地从低电势区流至高

电势区,即从负极流向正极,反应自由能减少(ΔG)转变为电能并做电功。若电池中的所有物质都是处在标准态下而进行的 1 mol 反应,则电池的电动势就是标准电动势 $E^{\ominus}$,在这种情况下,ΔG 就是标准摩尔吉布斯自由能变化 $\Delta_r G_m^{\ominus}$,则式(7－3)可以写为

$$\Delta_r G_m^{\ominus} = -nFE^{\ominus} \tag{7－4}$$

这个关系式把热力学和电化学联系起来,所以测得原电池的标准电动势 $E^{\ominus}$,就可以计算出该电池的最大电功,以及反应的标准摩尔吉布斯自由能变化 $\Delta_r G_m^{\ominus}$。反之,已知某个氧化还原反应的标准摩尔吉布斯自由能变化 $\Delta_r G_m^{\ominus}$ 的数据,即可求得该反应所构成原电池的标准电动势 $E^{\ominus}$。由 ΔG(或 E)或 $\Delta_r G_m^{\ominus}$(或 $E^{\ominus}$)可判断氧化还原反应进行的方向和限度。恒温、恒压条件下有

(1)$\Delta G < 0, E > 0$,反应正向自发进行;

(2)$\Delta G > 0, E < 0$,反应正向不自发进行,逆向自发;

(3)$\Delta G = 0, E = 0$,反应达到平衡状态。

如果电池反应是在标准态下进行,则用 $E^{\ominus}$ 判断即可。

【例7.3】 试写出下列电池的反应式,并计算在 298.15 K 时电池的 $E^{\ominus}$ 值和 $\Delta_r G_m^{\ominus}$ 值。

$$(-)Zn \mid ZnSO_4(1\ mol \cdot L^{-1}) \parallel CuSO_4(1\ mol \cdot L^{-1}) \mid Cu(+)$$

解 从上述电池看出锌是负极,铜是正极,电池反应式为

$$Zn + Cu^{2+} \rightleftharpoons Cu + Zn^{2+}$$

查附录 8.1 可知

$$\varphi^{\ominus}(Zn^{2+}/Zn) = -0.763\ V, \quad \varphi^{\ominus}(Cu^{2+}/Cu) = +0.342\ V$$

$$E^{\ominus} = \varphi^{\ominus}(Cu^{2+}/Cu) - \varphi^{\ominus}(Zn^{2+}/Zn) = +0.342\ V - (-0.763\ V) = 1.105\ V$$

即

$$E^{\ominus} = 1.105\ V$$

将 $E^{\ominus}$ 代入式(7－4),得

$$\Delta_r G_m^{\ominus} = -nFE^{\ominus} = -2 \times 96.5\ kJ \cdot V^{-1}\ mol^{-1} \times 1.105\ V = -213.3\ (kJ \cdot mol^{-1})$$

即

$$\Delta_r G_m^{\ominus} = -213.3\ kJ \cdot mol^{-1}$$

【例7.4】 求下列电池在298.15 K时的电动势 $E^{\ominus}$ 值和 $\Delta_r G_m^{\ominus}$ 值,试回答此反应是否能够进行?

$$(-)Cu \mid CuSO_4(1\ mol \cdot L^{-1}) \parallel H^+(1\ mol \cdot L^{-1}) \mid H_2(100\ kPa) \mid Pt(+)$$

解 从上述电池看出铜是负极,氢是正极,电池反应式为

$$Cu + 2H^+ \rightleftharpoons Cu^{2+} + H_2(100\ kPa)$$

查附录 8.1 可知

$$\varphi^{\ominus}(Cu^{2+}/Cu) = +0.342\ V$$

$$E^{\ominus} = \varphi^{\ominus}(H^+/H_2) - \varphi^{\ominus}(Cu^{2+}/Cu) = 0 - 0.342\ V = -0.342\ V$$

即

$$E^{\ominus} = -0.342\ V$$

将 $E^{\ominus}$ 代入式(7－4),得

$$\Delta_r G_m^{\ominus} = -nFE^{\ominus} = -2 \times 96.5\ kJ \cdot V^{-1}\ mol^{-1} \times (-0.342\ V) = 66.01\ (kJ \cdot mol^{-1})$$

即

$$\Delta_r G_m^{\ominus} = 66.01\ \text{kJ} \cdot \text{mol}^{-1} > 0$$

一般认为 $|\Delta_r G_m^{\ominus}| > 40\ \text{kJ} \cdot \text{mol}^{-1}$,可以用 $\Delta_r G_m^{\ominus}$ 代替 $\Delta_r G_m$ 判断反应方向。$\Delta_r G_m^{\ominus}$ 是正值,所以此反应不可能进行,反之,逆反应能自发进行。

【例 7.5】 已知反应 $H_2(g) + Cl_2(g) \xlongequal{} 2HCl(g)$,$\Delta_r G_m^{\ominus} = -262.4\ \text{kJ} \cdot \text{mol}^{-1}$,计算 298.15 K 时该电池的电动势 $E^{\ominus}$ 和 $\varphi^{\ominus}(Cl_2/Cl^-)$。

解 设上述反应在原电池中进行,电极反应为

负极:

$$2H^+ + 2e^- \rightleftharpoons H_2, \quad \varphi^{\ominus}(H^+/H_2) = 0$$

正极:

$$Cl_2 + 2e^- \rightleftharpoons 2Cl^-, \quad \varphi^{\ominus}(Cl_2/Cl^-)$$

由式(7-4)得

$$-262.4\ \text{kJ} \cdot \text{mol}^{-1} = -2 \times 96.5\ \text{kJ} \cdot \text{V}^{-1}\ \text{mol}^{-1} \times E^{\ominus}$$

即

$$E^{\ominus} = +1.360\ \text{V}$$

又

$$E^{\ominus} = \varphi^{\ominus}(Cl_2/Cl^-) - \varphi^{\ominus}(H^+/H_2)$$

所以

$$+1.360\ \text{V} = \varphi^{\ominus}(Cl_2/Cl^-) - \varphi^{\ominus}(H^+/H_2) = \varphi^{\ominus}(Cl_2/Cl^-) - 0 = \varphi^{\ominus}(Cl_2/Cl^-)$$

即

$$\varphi^{\ominus}(Cl_2/Cl^-) = +1.360\ \text{V}$$

7.2.4 影响电极电势的因素

前面已经指出,电极电势的大小,不仅取决于电极的本质,而且与溶液中离子的浓度、气体的压力和温度等因素有关。

1. 能斯特(Nernst)方程

对于任意一个氧化还原反应

$$a\text{Ox}_1 + b\text{Red}_2 = c\text{Ox}_2 + d\text{Red}_1$$

式中 Ox_1/Red_1、Ox_2/Red_2——氧化还原电对;

a、b、c 和 d——各物质的计量系数。

恒温恒压下,由热力学等温方程式可知

$$\Delta_r G_m = \Delta_r G_m^{\ominus} + RT\ln Q$$

将 $\Delta_r G_m = -nFE$,$\Delta_r G_m^{\ominus} = -nFE^{\ominus}$ 代入上式并整理得

$$-nFE = -nFE^{\ominus} + RT\ln Q$$

即

$$E = E^{\ominus} - \frac{RT}{nF}\ln Q \tag{7-5}$$

式中 n——电池反应电子转移数;

Q——反应商。

式(7－5)称为电动势的Nernst(德国化学家W. Nernst)方程式。电动势的Nernst方程式表达了一个氧化还原反应任意状态下电池电动势E与标准电池电动势$E^{\ominus}$及反应熵Q之间的关系。同时,电动势的Nernst方程式也是计算任意状态下电池电动势的理论依据。

将$E=\varphi_{+}-\varphi_{-}$,$E^{\ominus}=\varphi_{+}^{\ominus}-\varphi_{-}^{\ominus}$,$Q=\dfrac{[c(\mathrm{Red_1})/c^{\ominus}]^{d}[c(\mathrm{Ox_2})/c^{\ominus}]^{c}}{[c(\mathrm{Ox_1})/c^{\ominus}]^{a}[c(\mathrm{Red_2})/c^{\ominus}]^{b}}$代入式(7－5),经整理可得

$$E=E^{\ominus}-\frac{RT}{nF}\ln\frac{[c(\mathrm{Red_1})/c^{\ominus}]^{d}[c(\mathrm{Ox_2})/c^{\ominus}]^{c}}{[c(\mathrm{Ox_1})/c^{\ominus}]^{a}[c(\mathrm{Red_2})/c^{\ominus}]^{b}}$$

或

$$E=\left\{\varphi_{+}^{\ominus}+\frac{RT}{nF}\ln\frac{[c(\mathrm{Ox_1})/c^{\ominus}]^{a}}{[c(\mathrm{Red_1})/c^{\ominus}]^{d}}\right\}-\left\{\varphi_{-}^{\ominus}+\frac{RT}{nF}\ln\frac{[c(\mathrm{Ox_2})/c^{\ominus}]^{c}}{[c(\mathrm{Red_2})/c^{\ominus}]^{b}}\right\}$$

由于在原电池中两个电极是相互独立的,φ值大小在一定温度时只与电极本性及参加电极反应的物质浓度有关,因此上式可分解为两个独立的部分,即

$$\varphi_{+}=\varphi_{+}^{\ominus}+\frac{RT}{nF}\ln\frac{[c(\mathrm{Ox_1})/c^{\ominus}]^{a}}{[c(\mathrm{Red_1})/c^{\ominus}]^{d}} \tag{7－6 a}$$

$$\varphi_{-}=\varphi_{-}^{\ominus}+\frac{RT}{nF}\ln\frac{[c(\mathrm{Ox_2})/c^{\ominus}]^{c}}{[c(\mathrm{Red_2})/c^{\ominus}]^{b}} \tag{7－6 b}$$

上面两式的形式完全一样,它具有普遍的意义。设电极反应为

$$a\mathrm{Ox}+ne^{-}\rightleftharpoons b\mathrm{Red}$$

则

$$\varphi=\varphi^{\ominus}(\mathrm{Ox/Red})+\frac{RT}{nF}\ln\frac{[c(\mathrm{Ox})/c^{\ominus}]^{a}}{[c(\mathrm{Red})/c^{\ominus}]^{b}} \tag{7－7}$$

式中 φ—— 氧化还原电对在某一浓度时的电极电势;

$\varphi^{\ominus}$—— 该电对的标准电极电势;

n—— 电极反应式中转移电子数。

式(7－7)称为电极电势的Nernst方程式,该式表明在任意状态时的电极电势与标准态下的电极电势及电极反应物质浓度之间的关系。

在实际上作中,测定的是溶液的浓度,而Nernst方程式中用的应为活度。当溶液无限稀释时,离子间的相互作用趋于零,活度也就接近于浓度。在本书中,如无特别说明,Nernst方程式中的活度均用相对浓度($c/c^{\ominus}$)代替。

若在298.15 K时将自然对数变换为常用对数并代入摩尔气体常数R(R为8.314 $\mathrm{J\cdot mol^{-1}\cdot K^{-1}}$)和法拉第常数$F$等数值,则有

$$\varphi=\varphi^{\ominus}(\mathrm{Ox/Red})+\frac{0.059\,2\ \mathrm{V}}{n}\lg\frac{[c(\mathrm{Ox})/c^{\ominus}]^{a}}{[c(\mathrm{Red})/c^{\ominus}]^{b}} \tag{7－8}$$

式(7－7)和式(7－8)是两个十分重要的公式,它们是计算非标准态下电极电势的理论依据。

在应用电极电势的Nernst方程式时应注意以下两个方面:

(1)若电极反应中有固态物质(如Zn)、纯液体(如Br_2)和水参加电极反应,则其不出现在方程式中。若为气体物质,则以气体的相对分压($p/p^{\ominus}$)来表示。

(2) 若电极反应中,除氧化态、还原态物质外,还有参加电极反应的其他物质,如 H^+、OH^- 存在,则这些物质的相对浓度项也应出现在 Nernst 方程式中。

2. 浓度对电极电势的影响

电极电势的 Nernst 方程式表明,对于一个固定的电极,在一定的温度下,其电极电势值的大小只与参加电极反应的物质的浓度有关。电极电势的 Nernst 方程式的重要应用之一就是分析电极物质浓度的变化对电极电势的影响。下面通过举例来讨论浓度对电极电势的影响。

【例 7.6】 计算当 $c(Zn^{2+}) = 0.001\ mol \cdot L^{-1}$ 时,电对 Zn^{2+}/Zn 在 298.15 K 时的电极电势。

解 此电对的电极反应是

$$Zn^{2+} + 2e^- \rightleftharpoons Zn$$

按式(7-8),写出其 Nernst 方程式为

$$\varphi(Zn^{2+}/Zn) = \varphi^{\ominus}(Zn^{2+}/Zn) + \frac{0.059\,2\ V}{2}\lg[(Zn^{2+})/c^{\ominus}]$$

代入有关数据,则

$$\varphi(Zn^{2+}/Zn) = -0.763\ V + \frac{0.059\,2\ V}{2}\lg(0.001) = -0.852\ (V)$$

即

$$\varphi(Zn^{2+}/Zn) = -0.852\ V$$

【例 7.7】 计算 298.15 K 下,pH = 13 时的电对 O_2/OH^- 的电极电势。($p(O_2) = 100\ kPa$)

解 此电对的电极反应是

$$O_2 + 2H_2O + 4e^- \rightleftharpoons 4OH^-$$

当 pH = 13 时,$c(OH^-) = 0.1\ mol \cdot L^{-1}$,按式(7-8),写出其 Nernst 方程式为

$$\varphi(O_2/OH^-) = \varphi^{\ominus}(O_2/OH^-) + \frac{0.059\,2\ V}{4}\lg\frac{p(O_2)/p^{\ominus}}{[c(OH^-)/c^{\ominus}]^4}$$

代入有关数据,则

$$\varphi(O_2/OH^-) = +0.401\ V + \frac{0.059\,2\ V}{4}\lg\frac{1}{(0.1)^4} = +0.460\ (V)$$

即

$$\varphi(O_2/OH^-) = +0.460\ V$$

通过上述两个例题可以看出,当氧化态或还原态的离子浓度变化时,电极电势的代数值将受到影响,不过这种影响不大。当氧化态(如 Zn^{2+})浓度减少时,其电极电势的代数值减少,这表明此电对(如 Zn^{2+}/Zn)中还原态(如 Zn)的还原性将增强;当还原态(如 OH^-)浓度减少时,其电极电势的代数值增大,这表明此电对(如 O_2/OH^-)中的氧化态(如 O_2)的氧化性将增强。

3. 酸度对电极电势的影响

【例 7.8】 在 298.15 K 下,将 Pt 片浸入 $c(Cr_2O_7^{2-}) = c(Cr^{3+}) = 1.0\ mol \cdot L^{-1}$,$c(H^+) = 10.0\ mol \cdot L^{-1}$ 溶液中。计算电对 $Cr_2O_7^{2-}/Cr^{3+}$ 的电极电势。

解 此电对的电极反应是

$$Cr_2O_7^{2-} + 14H^+ + 6e^- \rightleftharpoons 2Cr^{3+} + 7H_2O$$

按式(7-8),写出其 Nernst 方程式为

$$\varphi(Cr_2O_7^{2-}/Cr^{3+}) = \varphi^{\ominus}(Cr_2O_7^{2-}/Cr^{3+}) + \frac{0.059\ 2\ V}{n}\lg\frac{[c(Cr_2O_7^{2-})/c^{\ominus}][c(H^+)/c^{\ominus}]^{14}}{[c(Cr^{3+})/c^{\ominus}]^2}$$

代入有关数据，则

$$\varphi(Cr_2O_7^{2-}/Cr^{3+}) = +1.33\ V + \frac{0.059\ 2\ V}{6}\lg\frac{1 \times (10.0)^{14}}{1} = +1.47\ V$$

即

$$\varphi(Cr_2O_7^{2-}/Cr^{3+}) = +1.47\ V$$

由上例可以看出，介质的酸碱性对氧化还原电对的电极电势影响较大。当 $c(H^+)$ 从 $1.0\ mol \cdot L^{-1}$ 增加到 $10.0\ mol \cdot L^{-1}$ 时，φ 从 $+1.33$ V 增大到 $+1.47$ V，使重铬酸根的氧化能力增强。可见，重铬酸根在酸性介质中的氧化能力较强。

7.3　电极电势的应用

7.3.1　判断氧化剂和还原剂的相对强弱

电极电势的高低表明得失电子的难易，也就是表明了氧化还原能力的强弱。电极电势越正，氧化态的氧化性越强，还原态的还原性越弱。电极电势越负，还原态的还原性越强，氧化态的氧化性越弱。因此，判断两个氧化剂（或还原剂）的相对强弱时，可用对应的电极电势的大小来判断。若处于标准态，标准电极电势是很有用的。对于标准电极电势对应的电极反应，如

$$\text{氧化态} + ne^- \rightleftharpoons \text{还原态}$$

则 $\varphi^{\ominus}$ 越大，$\Delta_r G_m^{\ominus}$ 越小，电极反应向右进行的趋势越强，即 $\varphi^{\ominus}$ 越大，电对的氧化态的得电子能力越强，还原态失电子能力越弱。或者说，某电对的 $\varphi^{\ominus}$ 越大，其氧化态是越强的氧化剂，还原态是越弱的还原剂；反之，某电对的 $\varphi^{\ominus}$ 越小，其还原态是越强的还原剂，氧化态是越弱的氧化剂。若处于非标准态，则用 φ 判断，φ 由电极电势的 Nernst 方程计算求得，然后再比较氧化剂或还原剂相对强弱。

例如，判断 Zn 与 Fe 还原性的强弱，查附录 8.1 可知，$\varphi^{\ominus}(Fe^{2+}/Fe) = -0.440$ V，$\varphi^{\ominus}(Zn^{2+}/Zn) = -0.763$ V。这表示在酸性介质中处于标准态时，Zn 的还原性强于 Fe，Zn^{2+} 的氧化性弱于 Fe^{2+}。

7.3.2　判断氧化还原反应进行的方向和程度

在7.2节中已经知道，由 ΔG（或 E）或 $\Delta_r G_m^{\ominus}$（或 $E^{\ominus}$）可判断氧化还原反应进行的方向和限度。恒温、恒压条件下，$\Delta G < 0, E > 0$，反应正向自发进行；$\Delta G > 0, E < 0$，反应正向不自发进行，逆向自发；$\Delta G = 0, E = 0$，反应达到平衡状态。如果电池反应是在标准态下进行，则有 $\Delta_r G_m^{\ominus} < 0, E^{\ominus} > 0$，反应正向自发进行；$\Delta_r G_m^{\ominus} > 0, E^{\ominus} < 0$，反应正向不自发进行，逆向自发；$\Delta_r G_m^{\ominus} = 0, E^{\ominus} = 0$，反应达到平衡状态。通常对非标准态下的氧化还原反应，也可以用标准电池电动势来粗略判断。在电极反应中，若没有 H^+ 或 OH^- 参加，也无沉淀生成，且 $E^{\ominus} > 0.2$ V时，反应一般正向进行，浓度或分压的变化不易引起反应方向的变化；若 $E^{\ominus} < 0.2$ V，则需通过 Nernst 方程计算后，再用 E 判断。若电极反应有 H^+ 或 OH^- 参加，$E^{\ominus} > 0.5$ V，反应一般正向进行；若 $E^{\ominus} < 0.5$ V，则需通过 Nernst 方程计算后，再用 E 判断。事实上参与反应的氧化态和还

原态物质,其浓度和分压并不都是1 mol·L^{-1}或标准气压。不过在大多数情况下,用标准电极电势来判断,结论还是正确的,这是因为人们经常遇到的大多数氧化还原反应,如果组成原电池,其电动势都是比较大的,一般大于0.2 V。在这种情况下,浓度或分压的变化虽然会影响电极电势,但不会因为浓度的变化而使 $E^\ominus$ 值正负变号。但也有个别的氧化还原反应组成原电池后,它的电动势相当小,这时判断反应方向,必须考虑浓度对电极电势的影响,否则会出差错,例如判断下列反应的进行方向:

$$Sn + Pb^{2+}(0.1\ mol\cdot L^{-1}) \rightleftharpoons Pb + Sn^{2+}(1.0\ mol\cdot L^{-1})$$

按式(7-8),写出其 Nernst 方程式为

$$\varphi(Pb^{2+}/Pb) = \varphi^\ominus(Pb^{2+}/Pb) + \frac{0.059\,2\ V}{2}\lg[c(Pb^{2+})/c^\ominus]$$

从附录8.1可查得 $\varphi^\ominus(Pb^{2+}/Pb) = -0.126\ V$,代入有关数据,则

$$\varphi(Pb^{2+}/Pb) = -0.126\ V + \frac{0.059\,2\ V}{2}\lg(0.1) = -0.156\ V$$

$$\varphi^\ominus(Sn^{2+}/Sn) = -0.138\ V = \varphi(Sn^{2+}/Sn) > \varphi(Pb^{2+}/Pb) = -0.156\ V$$

所以上述反应将逆向进行。

在用电极电势来判断氧化还原反应进行的方向和进行的程度时,应该注意下列两点:

(1) 从电极电势只能判断氧化还原反应能否进行,进行的程度如何,但不能说明反应的速率,因热力学和动力学是两回事。

(2) 含氧化合物(例如 $K_2Cr_2O_7$) 参加氧化还原反应时,用电极电势判断反应进行的方向和程度,还要考虑溶液的酸度,这是因为有时酸度能影响到反应的方向和反应的程度。

7.3.3 求标准平衡常数和溶度积常数

1. 求标准平衡常数

氧化还原反应同其他反应一样,在一定条件下会达到化学平衡。那么,氧化还原反应的标准平衡常数怎样求得呢?

在化学平衡一章中,已介绍过标准摩尔吉布斯自由能变化和标准平衡常数之间的关系为

$$\Delta_r G_m^\ominus = -RT\ln K^\ominus$$

而所有的氧化还原反应从原则上讲又都可以设计成原电池,电池的电动势与反应吉布斯自由能变化之间的关系为

$$\Delta_r G_m^\ominus = -nFE^\ominus$$

所以由以上两式可得

$$\ln K^\ominus = \frac{nFE^\ominus}{RT} \tag{7-9 a}$$

在298.15 K时,有

$$\ln K^\ominus = \frac{nE^\ominus}{0.025\,7\ V} \tag{7-9 b}$$

或

$$\lg K^\ominus = \frac{nE^\ominus}{0.059\,2\ V} \tag{7-9 c}$$

由式(7-9)可知,若知道了电池的标准电动势和电子的转移数,便可计算氧化还原反应

的标准平衡常数了。但是在应用式(7－9)时,应注意准确地取用 n 的数值,因为同一个电池反应,可因反应方程式中的计量数不同而有不同的电子转移数 n。

【例7.9】 求反应 $Sn + Pb^{2+}(1\ mol \cdot L^{-1}) \rightleftharpoons Pb + Sn^{2+}(1\ mol \cdot L^{-1})$ 的标准平衡常数。($\varphi^{\ominus}(Sn^{2+}/Sn) = -0.138\ V$)

解 从附录8.1标准电极电势表可查得 $\varphi^{\ominus}(Pb^{2+}/Pb) = -0.126\ V$,则

$$E^{\ominus} = \varphi^{\ominus}(Pb^{2+}/Pb) - \varphi^{\ominus}(Sn^{2+}/Sn) = -0.126\ V - (-0.138\ V) = 0.012\ V$$

将 $E^{\ominus} = 0.012\ V$ 和 $n = 2$ 代入式(7－9c)得

$$\lg K^{\ominus} = \frac{nE^{\ominus}}{0.059\,2\ V} = \frac{2 \times 0.012\ V}{0.059\,2\ V} = 0.405\ V$$

即

$$K^{\ominus} = 2.54$$

2. 求溶度积常数

【例7.10】 求AgCl的溶度积常数 $K_{sp}^{\ominus}$。

解 可设计一种由AgCl/Ag和 Ag^{+}/Ag 两个电对所组成的原电池,测定AgCl的溶度积常数 $K_{sp}^{\ominus}$。在AgCl/Ag半电池中,Cl^{-} 浓度为 $1\ mol \cdot L^{-1}$,在 Ag^{+}/Ag 半电池中,Ag^{+} 的浓度为 $1\ mol \cdot L^{-1}$。这个原电池可设计为

$$(-)Ag(s) \mid AgCl(s) \mid Cl^{-}(1\ mol \cdot L^{-1}) \parallel Ag^{+}(1\ mol \cdot L^{-1}) \mid Ag(s)(+)$$

正极反应为

$$Ag^{+} + e^{-} \rightleftharpoons Ag, \quad \varphi^{\ominus}(Ag^{+}/Ag) = +0.799\ V$$

负极反应为

$$AgCl + e^{-} \rightleftharpoons Ag + Cl^{-}, \quad \varphi^{\ominus}(AgCl/Ag) = +0.222\ V$$

电池反应为

$$Ag^{+} + Cl^{-} \rightleftharpoons AgCl, \quad E^{\ominus} = +0.799\ V - 0.222\ V = 0.577\ V$$

将 $E^{\ominus} = 0.577\ V$ 和 $n = 1$ 代入式(7－9c)得

$$\lg K^{\ominus} = \frac{nE^{\ominus}}{0.059\,2\ V} = \frac{1 \times 0.577\ V}{0.059\,2\ V}$$

即

$$K^{\ominus} = 5.58 \times 10^{9}$$

$$K_{sp}^{\ominus}(AgCl) = \frac{1}{K^{\ominus}} = \frac{1}{5.58 \times 10^{9}} = 1.79 \times 10^{-10}$$

由于AgCl在水中的溶解度很小,用一般的化学方法很难测得其 $K_{sp}^{\ominus}$ 值,而利用原电池的方法来测定AgCl的溶度积常数是很容易的。

根据氧化还原反应的标准平衡常数与原电池的标准电动势间的定量关系,同样可以用测定原电池电动势的方法来推算弱酸的解离常数、水的离子积和配离子的稳定常数等。

7.4　元素电势图及其应用

7.4.1　元素电势图

在周期表中,除碱金属和碱土金属外,其余元素几乎都存在多种氧化态,各氧化态之间都

有相应的标准电极电势,美国化学家 W. M. Latimer 把它们的标准电极电势以图解方式表示,这种图称为元素电势图或 Latimer 图。比较简单的元素电势图是把同一种元素的各种氧化态按照高低顺序排列出横列,关于氧化态的高低顺序有两种书写方式:一种是从左到右,氧化态由高到低排列(氧化态在左边,还原态在右边,本书采用此法);另一种是从左到右,氧化态由低到高排列。两者的排列顺序恰好相反,所以使用时应加以注意。在两种氧化态之间若构成一个电对,就用一条直线把它们连起来,并在上方标出这个电对所对应的标准电极电势。物质不同,物质的存在形式不同,电极电势数值也不同。所以根据溶液的 pH 不同,又可以分为两类:$\varphi_A^{\ominus}$(A 表示酸性溶液)表示溶液的 pH = 0;$\varphi_B^{\ominus}$(B 表示碱性溶液)表示溶液的 pH = 14。写某一元素的元素电势图时,既可以将全部氧化态列出,也可以根据需要列出其中的一部分。

例如,碘元素电势图为

$$\varphi_A^{\ominus}/V$$

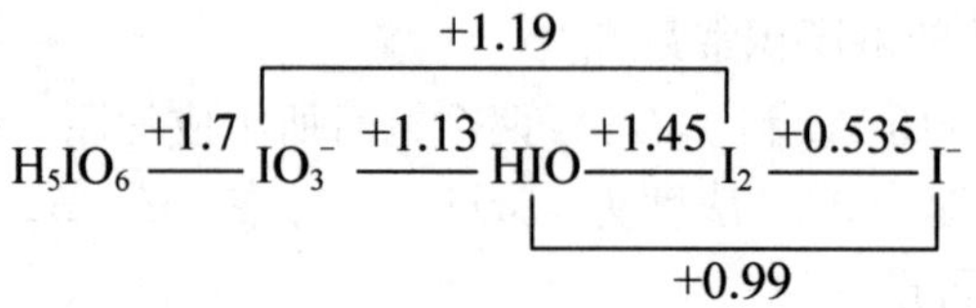

$$H_5IO_6 \xrightarrow{+1.7} IO_3^- \xrightarrow{+1.13} HIO \xrightarrow{+1.45} I_2 \xrightarrow{+0.535} I^-$$

$$IO_3^- \xrightarrow{+1.19} I_2 \qquad HIO \xrightarrow{+0.99} I^-$$

$$\varphi_B^{\ominus}/V$$

$$H_3IO_6^{2-} \xrightarrow{+0.70} IO_3^- \xrightarrow{+0.145} IO^- \xrightarrow{+0.44} I_2 \xrightarrow{+0.535} I^-$$

$$IO^- \xrightarrow{+0.49} I^-$$

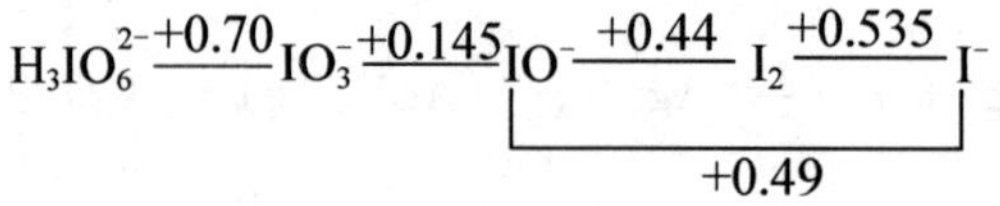

也可以列出其中的一部分,例如

$$\varphi_A^{\ominus}/V$$

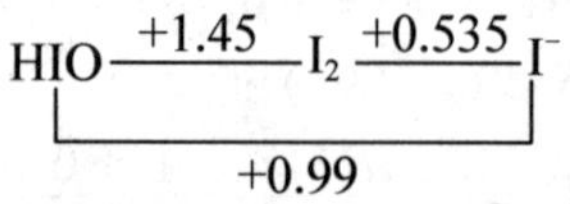

$$HIO \xrightarrow{+1.45} I_2 \xrightarrow{+0.535} I^-$$

$$HIO \xrightarrow{+0.99} I^-$$

因此,连线上的数字表示连线左右的化学物质组成电对时的标准电极电势,或者说,连线上的数字表示其左边物质在此介质中的氧化能力,同时也说明其右边物质在此介质中的还原能力。

由于元素电势图中省去了介质及其产物的化学式,书写电对的离子平衡式时,要运用介质及其产物的书写原则:在酸性介质中,方程式中不应出现 OH^-;在碱性介质中,方程式中不应出现 H^+。

7.4.2 元素电势图的应用

元素电势图不仅能直观全面地看出一个元素各氧化态之间的关系和电极电势的高低,还可直观地判断各氧化态的稳定性,计算一些未知电对的电极电势。现分别讨论如下。

1. 判断元素各氧化态氧化还原性的强弱

元素电势图很直观地反映了元素各氧化态的氧化还原性的强弱。下面以锰的元素电势图为例进行讨论。从锰的元素电势图可知:在酸性介质中,除 Mn^{2+} 和 Mn 外,其余各氧化态都表现出较强的氧化性,其中 MnO_4^{2-} 在酸性介质中还原为 MnO_2 表现的氧化性最强;这些氧化态在酸性介质中的氧化性比对应氧化态在碱性介质中的氧化性都强；金属锰在酸性介质和碱性介质都有较强的还原性。

$\varphi_A^\ominus/V$

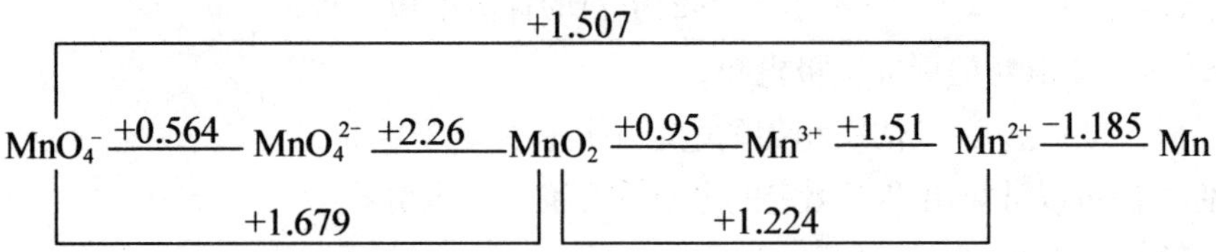

$$\underbrace{\overbrace{\underbrace{MnO_4^- \xrightarrow{+0.564} MnO_4^{2-} \xrightarrow{+2.26} MnO_2}_{+1.679} \underbrace{\xrightarrow{+0.95} Mn^{3+} \xrightarrow{+1.51} Mn^{2+}}_{+1.224}}^{+1.507}}_{} \xrightarrow{-1.185} Mn$$

$\varphi_B^\ominus/V$

$$\underbrace{MnO_4^- \xrightarrow{+0.564} MnO_4^{2-} \xrightarrow{+0.6} MnO_2}_{+0.595} \underbrace{\xrightarrow{-0.2} Mn(OH)_3 \xrightarrow{+0.1} Mn(OH)_2}_{-0.05} \xrightarrow{-1.56} Mn$$

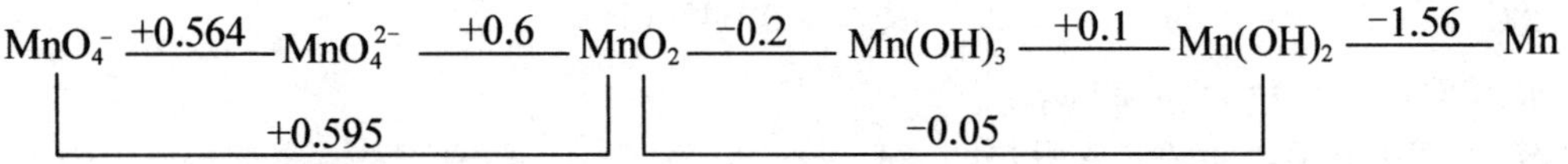

2. 判断元素各氧化态稳定性——歧化反应是否能够进行

如果某元素具有各种高低不同的氧化态，则处于中间氧化态的物质就可能在适当条件下（加热或加酸、碱）发生反应，一部分转化为较低氧化态，而另一部分转化为较高氧化态。这种反应称为自身氧化还原反应，它是一种歧化反应（disproportionation reaction）。

将含有某氧化态的两个电对设计成原电池，若 $\varphi_+^\ominus > \varphi_-^\ominus$，即 $\varphi_{右}^\ominus > \varphi_{左}^\ominus$，表示反应能自发进行，说明该氧化态不稳定，能发生歧化反应。若 $\varphi_+^\ominus < \varphi_-^\ominus$，即 $\varphi_{右}^\ominus < \varphi_{左}^\ominus$，表示该氧化态稳定，不发生歧化反应。从 Mn 的元素电势图可知：在酸性介质中，MnO_4^{2-} 不稳定，易歧化为 MnO_4^- 和 MnO_2；Mn^{3+} 不稳定，易歧化为 MnO_2 和 Mn^{2+}；Mn^{2+} 的氧化性弱，还原性也弱，故 Mn^{2+} 在酸性溶液中最稳定。在碱性介质中，$Mn(OH)_3$ 不稳定，易歧化为 MnO_2 和 $Mn(OH)_2$；$Mn(OH)_2$ 的氧化性弱，但有较强的还原性，易被空气氧化为 MnO_2，故 MnO_2 最稳定。

3. 计算未知电对的标准电极电势

如果同种元素有三种不同的氧化态，已知其中两个电极反应的标准电极电势值，利用吉布斯自由能变化和电极电势关系可计算出第三个电极反应的标准电极电势值。例如，

$$Fe^{2+} + 2e^- \rightleftharpoons Fe, \quad \varphi^\ominus(Fe^{2+}/Fe) = -0.440\ V$$
$$Fe^{3+} + e^- \rightleftharpoons Fe^{2+}, \quad \varphi^\ominus(Fe^{3+}/Fe^{2+}) = +0.771\ V$$

因为

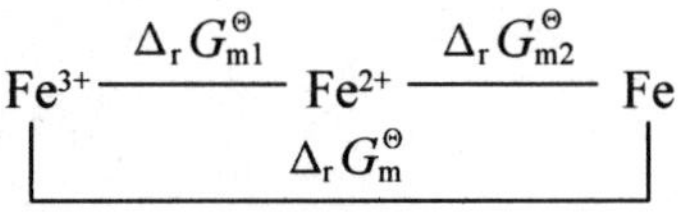

$$\underbrace{Fe^{3+} \xrightarrow{\Delta_r G_{m1}^\ominus} Fe^{2+} \xrightarrow{\Delta_r G_{m2}^\ominus} Fe}_{\Delta_r G_m^\ominus}$$

所以

$$\Delta_r G_m^\ominus = \Delta_r G_{m1}^\ominus + \Delta_r G_{m2}^\ominus$$

即

$$-n_3 F\varphi_3^\ominus = -n_1 F\varphi_1^\ominus - n_2 F\varphi_2^\ominus$$
$$3 \times F\varphi^\ominus(Fe^{3+}/Fe) = 1 \times F\varphi^\ominus(Fe^{3+}/Fe^{2+}) + 2 \times F\varphi^\ominus(Fe^{2+}/Fe)$$
$$\varphi^\ominus(Fe^{3+}/Fe) = \frac{1 \times F \times (+0.771) + 2 \times F \times (-0.440)}{3 \times F} = -0.036\ (V)$$

写成一个通式为

$$\varphi^{\ominus}=\frac{n_1F\varphi_1^{\ominus}+n_2F\varphi_2^{\ominus}+n_3F\varphi_3^{\ominus}+\cdots+n_iF\varphi_i^{\ominus}}{n_1+n_2+n_3+\cdots+n_i} \tag{7-10}$$

式中 $\varphi_1^{\ominus},\varphi_2^{\ominus},\varphi_3^{\ominus},\cdots,\varphi_i^{\ominus}$——依次相邻的电对的标准电极电势;

$\varphi^{\ominus}$——新电对的标准电极电势;

$n_1,n_2,n_3,\cdots,n_i$——依次相邻的电对中转移的电子数。

用这种方法可以计算出难以测定的电对的标准电极电势。

【例7.11】 已知

①$Cu^{2+}+e^-\rightleftharpoons Cu^+$, $n_1=1$, $\varphi_1^{\ominus}=+0.159\ V$

②$Cu^{2+}+2e^-\rightleftharpoons Cu$, $n_2=2$, $\varphi_2^{\ominus}=+0.342\ V$

求:③$Cu^++e^-\rightleftharpoons Cu$ 的 $\varphi_3^{\ominus}$?

解 画出有关物质的元素电势图,即

$Cu^{2+}\xrightarrow{+0.159\ V}Cu^+\xrightarrow{\ ?\ }Cu$(+0.342 V:$Cu^{2+}$—Cu)

根据式(7-10)可得

$$n_2\varphi_2^{\ominus}=n_1\varphi_1^{\ominus}+n_3\varphi_3^{\ominus}$$

即

$$\varphi_3^{\ominus}=\frac{n_2\varphi_2^{\ominus}-n_1\varphi_1^{\ominus}}{n_3}=\frac{2\times(+0.342\ V)-1\times(+0.159\ V)}{1}=+0.525\ V$$

7.5 氧化还原滴定法

氧化还原滴定法是以氧化还原反应为基础的滴定分析法。在分析化学中,氧化还原反应广泛应用在溶解、分离和测定步骤中。在氧化还原反应中,除了主反应外,还经常伴有各种副反应,介质对反应也有较大的影响,有的反应速度较慢,有时还要加入催化剂,或在加热时滴定。因此,进行氧化还原滴定时,应考虑反应机理、反应速度、反应条件及滴定条件等问题。根据所用的氧化剂和还原剂不同,可将氧化还原滴定法分为高锰酸钾法、重铬酸钾法、碘量法、溴酸钾法及铈量法等。

7.5.1 氧化还原平衡

1. 条件电极电势 $\varphi^{\ominus\prime}$

对于氧化还原电对的电极反应

$$Ox+ne^-=Red$$

Nernst 方程式为

$$\varphi=\varphi^{\ominus}(Ox/Red)+\frac{RT}{nF}\ln\frac{a_{Ox}}{a_{Red}} \tag{7-11 a}$$

在298.15 K时,有

$$\varphi = \varphi^{\ominus}(\mathrm{Ox/Red}) + \frac{0.059\ 2\ \mathrm{V}}{n}\lg\frac{a_{\mathrm{Ox}}}{a_{\mathrm{Red}}} \tag{7-11 b}$$

式中　a_{Ox} 和 a_{Red}——氧化态和还原态的活度。

由7.2节可知，Nernst方程式中用的应为活度，只是当溶液无限稀释时，离子间的相互作用很弱，活度接近于浓度，就用浓度替代。但溶液不是由简单离子组成，在实际工作中还需要考虑离子强度。当溶液组成改变时，例如有副反应发生的情况，电对的氧化态和还原态的存在形式往往也随之变化，从而引起电极电势的变化。因此，用浓度表示的Nernst方程式计算有关电对的电极电势时，计算的结果与实际情况就会相差较大。因此，下面引进条件电极电势。

例如，计算HCl溶液中Fe(Ⅲ)/Fe(Ⅱ)体系的电极电势时，由Nernst方程式得到

$$\varphi = \varphi^{\ominus} + 0.059\ 2\ \lg\frac{a_{\mathrm{Fe^{3+}}}}{a_{\mathrm{Fe^{2+}}}} = \varphi^{\ominus} + 0.059\ 2\ \lg\frac{\gamma_{\mathrm{Fe^{3+}}}\{c(\mathrm{Fe^{3+}})/c^{\ominus}\}}{\gamma_{\mathrm{Fe^{2+}}}\{c(\mathrm{Fe^{2+}})/c^{\ominus}\}} \tag{7-11 c}$$

在HCl溶液中，除了Fe^{2+}、Fe^{3+}外，还存在$FeOH^{2+}$、$FeCl^{2+}$、$FeCl_2^{+}$、$FeCl_4^{-}$、$FeCl_6^{3-}$、$FeCl^{+}$、$FeCl_2$、…，若用$c_{\mathrm{Fe(Ⅲ)}}$、$c_{\mathrm{Fe(Ⅱ)}}$分别表示溶液中三价态铁和二价态铁的总浓度，$\alpha_{\mathrm{Fe(Ⅲ)}}$、$\alpha_{\mathrm{Fe(Ⅱ)}}$分别表示HCl溶液中Fe^{3+}、Fe^{2+}的副反应系数，则

$$\alpha_{\mathrm{Fe(Ⅲ)}} = \frac{c_{\mathrm{Fe(Ⅲ)}}}{c(\mathrm{Fe^{3+}})}$$

$$c(\mathrm{Fe^{3+}}) = \frac{c_{\mathrm{Fe(Ⅲ)}}}{\alpha_{\mathrm{Fe(Ⅲ)}}} \tag{7-11 d}$$

$$\alpha_{\mathrm{Fe(Ⅱ)}} = \frac{c_{\mathrm{Fe(Ⅱ)}}}{c(\mathrm{Fe^{2+}})}$$

$$c(\mathrm{Fe^{2+}}) = \frac{c_{\mathrm{Fe(Ⅱ)}}}{\alpha_{\mathrm{Fe(Ⅱ)}}} \tag{7-11 e}$$

将式(7-11d)、式(7-11e)代入式(7-11c)得

$$\varphi = \varphi^{\ominus} + 0.059\ 2\lg\frac{\gamma_{\mathrm{Fe^{3+}}}\cdot\alpha_{\mathrm{Fe(Ⅱ)}}\cdot c_{\mathrm{Fe(Ⅲ)}}}{\gamma_{\mathrm{Fe^{2+}}}\cdot\alpha_{\mathrm{Fe(Ⅲ)}}\cdot c_{\mathrm{Fe(Ⅱ)}}}$$

$$= \varphi^{\ominus} + 0.059\ 2\lg\frac{\gamma_{\mathrm{Fe^{3+}}}\cdot\alpha_{\mathrm{Fe(Ⅱ)}}}{\gamma_{\mathrm{Fe^{2+}}}\cdot\alpha_{\mathrm{Fe(Ⅲ)}}} + 0.059\ 2\lg\frac{c_{\mathrm{Fe(Ⅲ)}}}{c_{\mathrm{Fe(Ⅱ)}}}$$

当$c_{\mathrm{Fe(Ⅲ)}} = c_{\mathrm{Fe(Ⅱ)}} = 1\ \mathrm{mol\cdot L^{-1}}$时，上式变为

$$\varphi = \varphi^{\ominus} + 0.059\ 2\lg\frac{\gamma_{\mathrm{Fe^{3+}}}\cdot\alpha_{\mathrm{Fe(Ⅱ)}}}{\gamma_{\mathrm{Fe^{2+}}}\cdot\alpha_{\mathrm{Fe(Ⅲ)}}} = \varphi^{\ominus\prime} \tag{7-11 f}$$

则$\varphi^{\ominus\prime}$称为条件电极电势。在引入条件电极电势后，处理问题就比较实际。

因此

$$\varphi = \varphi^{\ominus\prime} + 0.059\ 2\lg\frac{c_{\mathrm{Fe(Ⅲ)}}}{c_{\mathrm{Fe(Ⅱ)}}}$$

一般通式为

$$\varphi(\mathrm{Ox/Red}) = \varphi^{\ominus\prime}(\mathrm{Ox/Red}) + \frac{0.059\ 2}{n}\lg\frac{c_{\mathrm{Ox}}}{c_{\mathrm{Red}}} \tag{7-11 g}$$

条件电极电势反映了离子强度与各种副反应的总结果，它的大小说明在外界因素影响下，氧化还原电对的实际氧化还原能力。应用条件电极电势比用标准电极电势能更正确地判断氧

化还原反应的方向、次序和反应完成的程度。附录8.3列出了部分氧化还原反应电对的条件电极电势。由于条件电极电势数据比较少,在缺乏数据的情况下,可用标准电极电势近似计算。

【例7.12】 计算1 mol·L^{-1}HCl溶液中$c(Ce^{4+}) = 1.00 \times 10^{-2}$ mol·L^{-1},$c(Ce^{3+}) = 1.00 \times 10^{-3}$ mol·L^{-1}时,Ce^{4+}/Ce^{3+}电对的电极电势。

解 在1 mol·L^{-1}HCl介质中,$\varphi^{\ominus}{}'(Ce^{4+}/Ce^{3+}) = 1.28$ V

$$\varphi = \varphi^{\ominus}{}'(Ce^{4+}/Ce^{3+}) + 0.059\,2\lg\frac{c(Ce^{4+})/c^{\ominus}}{c(Ce^{3+})/c^{\ominus}} = 1.28 + 0.059\,2\lg\frac{1.00\times10^{-2}}{1.00\times10^{-3}} = 1.339\ (V)$$

【例7.13】 计算KI浓度为1 mol·L^{-1}时,Cu^{2+}/Cu^{+}电对的条件电极电势(忽略酸强度的影响),其中$Cu^{+} + I^{-} \rightleftharpoons CuI\downarrow$。

解
$$Cu^{2+} + e^{-} \rightleftharpoons Cu^{+}$$

$$\varphi(Cu^{2+}/Cu^{+}) = \varphi^{\ominus}(Cu^{2+}/Cu^{+}) + 0.059\,2\lg\frac{\{c(Cu^{2+})/c^{\ominus}\}}{\{c(Cu^{+})/c^{\ominus}\}}$$

$$= \varphi^{\ominus}(Cu^{2+}/Cu^{+}) + 0.059\,2\lg\frac{\{c(Cu^{2+})/c^{\ominus}\}\{c(I^{-})/c^{\ominus}\}}{K_{sp}(CuI)}$$

$$= \varphi^{\ominus}(Cu^{2+}/Cu^{+}) + 0.059\,2\lg\frac{\{c(I^{-})/c^{\ominus}\}}{K_{sp}(CuI)} + 0.059\,2\lg\{c(Cu^{2+})/c^{\ominus}\}$$

当$c(Cu^{2+}) = c(I^{-}) = 1$ mol·L^{-1}时,则

$$\varphi^{\ominus}{}'(Cu^{2+}/Cu^{+}) = \varphi^{\ominus}(Cu^{2+}/Cu^{+}) + 0.059\,2\lg\frac{1}{K_{sp}(CuI)}$$

$$= 0.159 - 0.059\,2\lg1.27\times10^{-12} = 0.863\ (V)$$

上述计算未考虑Cu^{2+}发生副反应的情况。

外界条件会对条件电极电势产生影响。离子强度因影响活度系数而影响条件电极电势,但影响程度相对较小。氧化还原过程中若存在沉淀反应,会使电对的氧化剂和还原剂的浓度发生变化,从而影响条件电极电势。有沉淀生成时,必须考虑K_{sp}对条件电极电势的影响。另外,若半反应中有H^{+}或OH^{-}参加时,酸度也会直接影响电对的电极电势。

【例7.14】 计算298.15 K时,pH = 8.0,As(Ⅴ)/As(Ⅲ)电对的条件电极电势。

解 As(Ⅴ)/As(Ⅲ)电对的电极反应为

$$H_3AsO_4 + 2H^{+} + 2e^{-} \rightleftharpoons HAsO_2 + 2H_2O$$

根据Nernst方程式

$$\varphi(H_3AsO_4/HAsO_2) = \varphi^{\ominus}(H_3AsO_4/HAsO_2) + \frac{0.059\,2}{2}\lg\frac{\{c(H_3AsO_4)/c^{\ominus}\}\{c(H^{+})/c^{\ominus}\}^2}{\{c(HAsO_2)/c^{\ominus}\}}$$

因为

$$c(H_3AsO_4) = c_{H_3AsO_4}\cdot\delta_{H_3AsO_4}$$
$$c(HAsO_2) = c_{HAsO_2}\cdot\delta_{HAsO_2}$$

$$\varphi(H_3AsO_4/HAsO_2) = \varphi^{\ominus}(H_3AsO_4/HAsO_2) + \frac{0.059\,2}{2}\lg\frac{\delta_{H_3AsO_4}\{c(H^{+})\}^2}{\delta_{HAsO_2}} + \frac{0.059\,2}{2}\lg\frac{c_{H_3AsO_4}}{c_{HAsO_2}}$$

条件电极电势为

$$\varphi^{\ominus}{}'(H_3AsO_4/HAsO_2) = \varphi^{\ominus}(H_3AsO_4/HAsO_2) + \frac{0.059\,2}{2}\lg\frac{\delta_{H_3AsO_4}\{c(H^{+})\}^2}{\delta_{HAsO_2}}$$

pH = 8.0 时，$\delta_{HAsO_2} \approx 1$，有

$$\delta_{H_3AsO_4} = \frac{\{c(H^+)/c^{\ominus}\}^3}{\{c(H^+)/c^{\ominus}\}^3 + \{c(H^+)/c^{\ominus}\}^2 K_{a_1} + \{c(H^+)/c^{\ominus}\} K_{a_1} K_{a_2} + K_{a_1} K_{a_2} K_{a_3}}$$

$$= \frac{10^{-24}}{10^{-24} + 10^{(-16-2.2)} + 10^{(-8-2.2-6.93)} + 10^{(-2.2-6.93-11.5)}} = 10^{-6.87}$$

所以

$$\varphi^{\ominus}{}'(H_3AsO_4/HAsO_2) = 0.560 + \frac{0.059\,2}{2}\lg 10^{-6.87} \times (10^{-8})^2 = -0.117\ (V)$$

2. 氧化还原反应平衡常数

氧化还原反应进行的程度，可通过氧化还原反应的平衡常数的数值来衡量。平衡常数 K 可用标准电极电势求得，实际情况下最好用条件电极电势求得，求得的平衡常数用 K' 表示。

若氧化还原反应为

$$n_2 Ox_1 + n_1 Red_2 = n_2 Red_1 + n_1 Ox_2$$

其电极反应为

$$Ox_1 + n_1 e^- = Red_1$$

$$Ox_2 + n_2 e^- = Red_2$$

氧化剂和还原剂两个电对的电极电势分别为

$$\varphi_1 = \varphi_1^{\ominus}{}' + \frac{0.059\,2}{n_1}\lg\frac{c_{Ox_1}}{c_{Red_1}}$$

$$\varphi_2 = \varphi_2^{\ominus}{}' + \frac{0.059\,2}{n_2}\lg\frac{c_{Ox_2}}{c_{Red_2}}$$

反应达到平衡时 $\varphi_1 = \varphi_2$，有

$$\varphi_1^{\ominus}{}' + \frac{0.059\,2}{n_1}\lg\frac{c_{Ox_1}}{c_{Red_1}} = \varphi_2^{\ominus}{}' + \frac{0.059\,2}{n_2}\lg\frac{c_{Ox_2}}{c_{Red_2}}$$

整理得到

$$\lg K' = \lg\left[\left(\frac{c_{Red_1}}{c_{Ox_1}}\right)^{n_2}\left(\frac{c_{Ox_2}}{c_{Red_2}}\right)^{n_1}\right] = \frac{(\varphi_1^{\ominus}{}' - \varphi_2^{\ominus}{}')n_1 n_2}{0.059\,2} \tag{7-12}$$

式(7 - 12)中 K' 为条件平衡常数，相应的浓度以总浓度代替。K' 值的大小与 $n_{总} = n_1 n_2$、$\varphi_1^{\ominus}{}' - \varphi_2^{\ominus}{}'$ 差值有关，$\Delta\varphi^{\ominus}{}'$ 越大，K' 越大。

【例 7.15】　计算在 1 mol · L^{-1}KCl 介质中 Fe^{3+} 与 Sn^{2+} 反应的平衡常数及化学计量点时的反应进行的程度。

解　反应为

$$2Fe^{3+} + Sn^{2+} = 2Fe^{2+} + Sn^{4+}$$

已知

$$\varphi^{\ominus}{}'(Fe^{3+}/Fe^{2+}) = 0.680\ V,\quad \varphi^{\ominus}{}'(Sn^{4+}/Sn^{2+}) = 0.140\ V,\quad n_{总} = 2$$

$$\lg K' = \frac{[\varphi^{\ominus}{}'(Fe^{3+}/Fe^{2+}) - \varphi^{\ominus}{}'(Sn^{4+}/Sn^{2+})]n_{总}}{0.059\,2} = \frac{(0.680 - 0.140) \times 2}{0.059\,2} = 18.24$$

$$K' = 10^{18.24}$$

当用 Fe^{3+} 滴定 Sn^{2+} 至化学计量点时,$\frac{c_{Fe^{2+}}}{c_{Fe^{3+}}}=\frac{c_{Sn^{4+}}}{c_{Sn^{2+}}}$,则

$$K'=\frac{(c_{Fe^{2+}})^2 c_{Sn^{4+}}}{(c_{Fe^{3+}})^2 c_{Sn^{2+}}}=\frac{(c_{Fe^{2+}})^3}{(c_{Fe^{3+}})^3}=10^{18.24}$$

所以

$$\frac{c_{Fe^{2+}}}{c_{Fe^{3+}}}=\frac{c_{Sn^{4+}}}{c_{Sn^{2+}}}=10^{6.08}$$

该比值表示了反应进行的完全程度,可以得出未反应的 $Fe^{3+}(Sn^{2+})$ 仅占

$$\frac{c_{Fe^{3+}}}{c_{Fe^{2+}}+c_{Fe^{3+}}}=10^{-6.08}=10^{-4.08}\%$$

要使反应完全程度达99.9%以上,$n_1=n_2=1$,$n_1=n_2=2$ 时,$\Delta\varphi^{\ominus}{}'$ 值是各不相同的,即当反应式为

$$n_2\mathrm{Ox}_1+n_1\mathrm{Red}_2 \xlongequal{} n_2\mathrm{Red}_1+n_1\mathrm{Ox}_2$$

$$\frac{c_{\mathrm{Red}_1}}{c_{\mathrm{Ox}_1}}\geqslant 10^3,\quad \frac{c_{\mathrm{Ox}_2}}{c_{\mathrm{Red}_2}}\geqslant 10^3$$

$$\lg K'=\lg\left[\left(\frac{c_{\mathrm{Red}_1}}{c_{\mathrm{Ox}_1}}\right)^{n_2}\cdot\left(\frac{c_{\mathrm{Ox}_2}}{c_{\mathrm{Red}_2}}\right)^{n_1}\right]\geqslant\lg(10^{3n_2}\times 10^{3n_1})=\lg 10^{(3n_2+3n_1)}=(3n_2+3n_1)$$

当 $n_1=n_2=1$ 时,则

$$\lg K'\geqslant(3\times1+3\times1)=6$$

$$\varphi_1^{\ominus}{}'-\varphi_2^{\ominus}{}'\geqslant\frac{0.059\ 2}{n_1n_2}\lg K'=\frac{0.059\ 2}{1\times1}\times6=0.355\ (\mathrm{V})$$

当 $n_1=n_2=2$,有

$$\varphi_1^{\ominus}{}'-\varphi_2^{\ominus}{}'\geqslant\frac{0.059\ 2}{n_1n_2}\lg K'=\frac{0.059\ 2}{2\times2}\lg 10^{(3n_2+3n_1)}=\frac{0.059\ 2}{4}(3\times2+3\times2)=0.178\ (\mathrm{V})$$

因此,对于 $n_{总}=2$、4,条件电极电势差分别为0.355 V和0.178 V时,这样的反应才能定量进行。一般认为,两个电对间的 $\Delta\varphi^{\ominus}{}'>0.4$ V时的氧化还原反应可用于滴定分析。当然,除了电势满足以外,还要考虑反应速率快、没有副反应才能实际用于滴定分析。

7.5.2 氧化还原反应的速率

有的氧化还原反应从反应进行可能性考虑是可以的,但反应速率较慢,氧化剂与还原剂间并没有反应发生。因此,必须考虑反应的现实性。

影响反应速率的因素主要有以下几方面。

(1) 氧化剂、还原剂的性质。氧化剂、还原剂的性质与它们的电子层结构、条件电极电势的差值、反应历程等因素有关。

(2) 反应物浓度。反应物的浓度越大,反应速率越快。

(3) 反应温度。对大多数反应,升高温度可提高反应速率。根据阿累尼乌斯理论,升高温度,不仅增加了反应物之间的碰撞概率,更重要的是增加了活化分子或活化离子的数目,所以提高了反应速率。

(4) 催化剂。加入催化剂,降低活化能,提高反应速率。例如,

$$2MnO_4^- + 5C_2O_4^{2-} + 16H^+ \xlongequal{\quad} 2Mn^{2+} + 5CO_2 + 8H_2O$$

上述反应,为了能准确滴定,两个反应物必须有足够的浓度,并将溶液加热到75 ~ 85 ℃,以 Mn^{2+} 为催化剂,在酸性介质中进行。

对于反应

$$MnO_4^- + 5Fe^{2+} + 8H^+ \xlongequal{\quad} Mn^{2+} + 5Fe^{3+} + 4H_2O$$

从反应物浓度考虑,需在强酸(HCl) 中进行,但 Cl^- 的存在会产生副反应,Cl^- 被氧化成 Cl_2,这样影响了测定的准确度,即

$$2MnO_4^- + 10Cl^- + 16H^+ \xlongequal{\quad} 2Mn^{2+} + 5Cl_2 + 8H_2O$$

更重要的是,由于 Fe^{2+} 与 MnO_4^- 反应会加快 Cl^- 与 MnO_4^- 的反应,这种现象称为诱导作用,前一反应称为诱导反应,后一反应称为受诱反应。MnO_4^- 与 Fe^{2+} 的反应过程中会形成一系列锰的中间产物,它们能与 Cl^- 反应而产生诱导作用。但若在 MnO_4^- 滴定 Fe^{2+} 过程中加入大量 Mn^{2+},就能使中间产物迅速转化为Mn(Ⅲ),且在大量 Mn^{2+} 存在下,Mn(Ⅲ)/Mn(Ⅱ)电对的电极电势降低,不再能氧化 Cl^-,从而抑制了 MnO_4^- 与 Cl^- 的反应,这在实际滴定中已得到应用。如在HCl介质中 $KMnO_4$ 法滴定 Fe^{2+} 时,加入 $MnSO_4 - H_3PO_4 - H_2SO_4$ 混合液,防止诱导作用发生。

7.5.3　氧化还原滴定

1. 氧化还原滴定曲线

在氧化还原滴定中,随着滴定剂的加入,氧化剂与还原剂及产物浓度不断改变,电对的电极电势也随之改变。这种以电极电势为纵坐标、以加入滴定剂的量为横坐标得到的曲线称为氧化还原滴定曲线。滴定曲线可通过Nernst方程及实验方法测得。

用0.100 0 $mol \cdot L^{-1}Ce(SO_4)_2$ 标准溶液滴定20.00 mL、0.100 0 $mol \cdot L^{-1}$ Fe^{2+} 溶液,溶液酸度用1 $mol \cdot L^{-1}H_2SO_4$ 保持。

滴定反应为

$$Ce^{4+} + Fe^{2+} \xlongequal{\quad} Ce^{3+} + Fe^{3+}$$

滴定前,Fe^{3+}、Ce^{3+} 浓度未知,电极电势无法计算。

滴定开始,溶液中存在 Fe^{3+}/Fe^{2+}、Ce^{4+}/Ce^{3+} 两个电对,此时有

$$\varphi(Fe^{3+}/Fe^{2+}) = \varphi^{\ominus\prime}(Fe^{3+}/Fe^{2+}) + 0.059\ 2\lg\frac{c_{Fe^{3+}}/c^{\ominus}}{c_{Fe^{2+}}/c^{\ominus}}$$

$$\varphi(Ce^{4+}/Ce^{3+}) = \varphi^{\ominus\prime}(Ce^{4+}/Ce^{3+}) + 0.059\ 2\lg\frac{c_{Ce^{4+}}/c^{\ominus}}{c_{Ce^{3+}}/c^{\ominus}}$$

例如,滴定 Ce^{4+} 溶液12.00 mL时,形成 Fe^{3+} 的物质的量为12.00 × 0.100 0 = 1.20 (mmol),剩余 Fe^{2+} 的物质的量为8.00 × 0.100 0 = 0.80 (mmol),有

$$\varphi(Fe^{3+}/Fe^{2+}) = 0.674 + 0.059\ 2\lg\frac{1.2/32}{0.8/32} = 0.68\ (V)$$

当99.9% Fe^{2+} 全部生成 Fe^{3+},$c(Fe^{2+})$ 还剩0.1%时,则

$$\varphi(Fe^{3+}/Fe^{2+}) = 0.674 + 0.059\ 2\lg\frac{99.9\%}{0.1\%} = 0.86\ (V)$$

化学计量点时电极电势为 φ_{sp},则有

$$\varphi_{sp} = \varphi^{\ominus}{}'(Ce^{4+}/Ce^{3+}) + 0.059\,2\lg\frac{c_{Ce^{4+}}/c^{\ominus}}{c_{Ce^{3+}}/c^{\ominus}}$$

$$\varphi_{sp} = \varphi^{\ominus}{}'(Fe^{3+}/Fe^{2+}) + 0.059\,2\lg\frac{c_{Fe^{3+}}/c^{\ominus}}{c_{Fe^{2+}}/c^{\ominus}}$$

达到平衡时,两电对的电极电势相等,两式相加,有

$$2\varphi_{sp} = \varphi^{\ominus}{}'(Fe^{3+}/Fe^{2+}) + \varphi^{\ominus}{}'(Ce^{4+}/Ce^{3+}) + 0.059\,2\lg\frac{c_{Ce^{4+}}c_{Fe^{3+}}}{c_{Ce^{3+}}c_{Fe^{2+}}}$$

平衡时,$c_{Ce^{4+}} = c_{Fe^{2+}}$,$c_{Ce^{3+}} = c_{Fe^{3+}}$,此时

$$\lg\frac{c_{Ce^{4+}}c_{Fe^{3+}}}{c_{Ce^{3+}}c_{Fe^{2+}}} = 0$$

所以

$$\varphi_{sp} = \frac{\varphi^{\ominus}{}'(Fe^{3+}/Fe^{2+}) + \varphi^{\ominus}{}'(Ce^{4+}/Ce^{3+})}{2} = \frac{0.674 + 1.45}{2} = 1.06\ (V)$$

对于一般氧化还原反应 $n_2Ox_1 + n_1Red_2 \longrightarrow n_2Red_1 + n_1Ox_2$,有

$$\varphi_{sp} = \varphi^{\ominus}{}'_1 + \frac{0.059\,2}{n_1}\lg\frac{c_{Ox_1}/c^{\ominus}}{c_{Red_1}/c^{\ominus}} \qquad (7-13\,a)$$

$$\varphi_{sp} = \varphi^{\ominus}{}'_2 + \frac{0.059\,2}{n_2}\lg\frac{c_{Ox_2}/c^{\ominus}}{c_{Red_2}/c^{\ominus}} \qquad (7-13\,b)$$

式(7-13a)乘 n_1,式(7-13b)乘 n_2,然后相加,得

$$(n_1 + n_2)\varphi_{sp} = n_1\varphi^{\ominus}{}'_1 + n_2\varphi^{\ominus}{}'_2 + 0.059\,2\lg\frac{c_{Ox_1}c_{Ox_2}}{c_{Red_1}c_{Red_2}}$$

从反应式可知

$$\frac{c_{Ox_1}}{c_{Red_2}} = \frac{n_2}{n_1}, \qquad \frac{c_{Ox_2}}{c_{Red_1}} = \frac{n_1}{n_2}$$

故

$$\lg\frac{c_{Ox_1}c_{Ox_2}}{c_{Red_1}c_{Red_2}} = 0$$

$$\varphi_{sp} = \frac{n_1\varphi_1^{\ominus}{}' + n_2\varphi_2^{\ominus}{}'}{n_1 + n_2} \qquad (7-13\,c)$$

化学计量点后当 Ce^{4+} 过量0.1% 时,电极电势为

$$\varphi^{\ominus}(Ce^{4+}/Ce^{3+}) = \varphi^{\ominus}{}'(Ce^{4+}/Ce^{3+}) + 0.059\,2\lg\frac{c_{Ce^{4+}}}{c_{Ce^{3+}}} = 1.45 + 0.059\,2\lg\frac{0.1}{100} = 1.26\ (V)$$

从计算可知,该滴定反应在从化学计量点前 Fe^{2+} 剩余0.1% 到化学计量点后 Ce^{4+} 过量0.1%,电极电势由0.86 V突增至1.26 V,即在此电极电势范围内,有一明显的电势突跃,滴定曲线如图7-5所示。电势突跃范围与氧化剂和还原剂的条件电极电势差值 $\Delta\varphi'$ 有关,$\Delta\varphi'$ 越大,突跃范围越大,反之越小。

根据电势突跃范围可以选择适宜的氧化还原指示剂,但氧化还原滴定曲线常因滴定时介质的不同而改变其电极电势值和突跃区间的大小,特别是会因生成配合物使突跃区间产生变化。根据电势突跃范围选择指示剂确定滴定终点时,指示剂变色电势要处在突跃区间,一般在

化学计量点电势的附近。

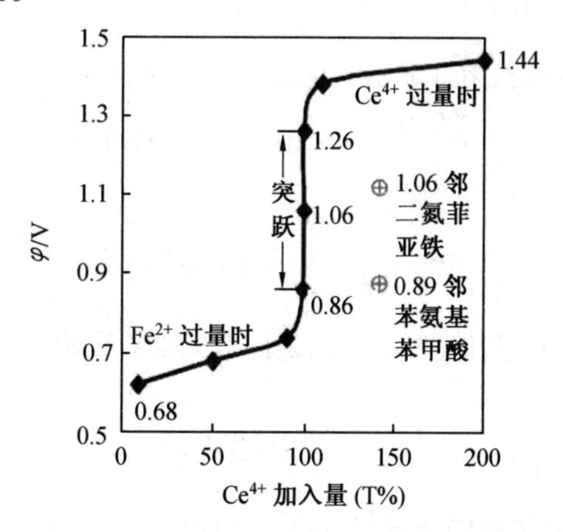

图 7－5　0.100 0 mol · L^{-1} $Ce(SO_4)_2$ 溶液滴定 0.100 0 mol · L^{-1} Fe^{2+} 溶液的滴定曲线(在 1 mol · L^{-1} H_2SO_4 介质中)
(滴定分数 $T\%$ ＝ 加入 Ce^{4+} 溶液的体积/Fe^{2+} 溶液的体积 × 100)

2. 氧化还原滴定中的指示剂与终点误差

氧化还原滴定过程中,除了用电势法滴定终点外,还可用指示剂在化学计量点附近颜色的改变来指示滴定终点。常用的指示剂有以下几种类型:

(1) 自身指示剂。

某些标准溶液或被滴定的物质本身有颜色,滴定时无须另外加入指示剂,滴定反应后颜色变为无色或浅色。例如,$KMnO_4$ 法滴定时,MnO_4^- 本身显紫红色,滴定产物 Mn^{2+} 几乎无色,当滴定到化学计量点,稍过量 $KMnO_4$ 便使溶液呈粉红色,此时 $KMnO_4$ 的浓度约为 2×10^{-6} mol · L^{-1},指示滴定终点到达。

(2) 显色指示剂。

有的物质本身不具有氧化还原性,本身无特征颜色,但它能与滴定剂或被滴定物产生显色反应。例如,可溶性淀粉与游离碘生成蓝色配合物,当 I_2 被还原为 I^- 时,蓝色消失,当 I^- 被氧化为 I_2,蓝色出现。常用的碘量法,就是根据这种变色原理来指示滴定终点。淀粉可检出约 10^{-5} mol · L^{-1} 的碘溶液,反应灵敏,属于专用指示剂。

(3) 氧化还原指示剂。

氧化还原指示剂本身是有氧化还原性质的有机化合物,它的氧化态和还原态具有不同颜色,当氧化态变为还原态,或由还原态变为氧化态,颜色突变,从而指示滴定终点。例如,二苯胺磺酸钠指示剂,还原态无色,氧化态为紫红色。当用 $K_2Cr_2O_7$ 溶液滴定 Fe^{2+} 到化学计量点时,稍过量的 $K_2Cr_2O_7$ 会将二苯胺磺酸钠由无色氧化为紫红色,即为滴定终点。

如果用 In_{Ox} 和 In_{Red} 分别表示指示剂的氧化态和还原态,则

$$In_{Ox} + ne^- \rightleftharpoons In_{Red}$$

$$\varphi = \varphi^{\ominus}(In) + \frac{0.059\ 2}{n}\lg \frac{\{c(In_{Ox})/c^{\ominus}\}}{\{c(In_{Red})/c^{\ominus}\}}$$

当 $c(In_{Ox})/c(In_{Red}) \leqslant 1/10$ 时,溶液显示还原态 In_{Red} 的颜色,此时

$$\varphi \leqslant \varphi^{\ominus}(\text{In}) + \frac{0.059\ 2}{n}\lg\frac{1}{10} = \varphi^{\ominus}(\text{In}) - \frac{0.059\ 2}{n}$$

当 $c(\text{In}_{\text{Ox}})/c(\text{In}_{\text{Red}}) \geqslant 10$ 时,溶液显示氧化态的颜色,此时

$$\varphi \geqslant \varphi^{\ominus}(\text{In}) + \frac{0.059\ 2}{n}\lg 10 = \varphi^{\ominus}(\text{In}) + \frac{0.059\ 2}{n}$$

故指示剂变色的电势范围为

$$\varphi^{\ominus}(\text{In}) \pm \frac{0.059\ 2}{n}\ \text{V}$$

实际应用时,由于介质温度、其他副反应,用条件电极电势更确切,因此指示剂变色的电势范围为

$$\varphi^{\ominus\prime}(\text{In}) \pm \frac{0.059\ 2}{n}\ \text{V}$$

当 $n=1$ 时,指示剂变色电势范围为 $\varphi^{\ominus\prime}(\text{In}) \pm 0.059\ 2\ \text{V}$;当 $n=2$ 时,指示剂变色电势范围为 $\varphi^{\ominus\prime}(\text{In}) \pm 0.029\ 6\ \text{V}$。

由于滴定终点与化学计量点存在条件电势差 ΔE,n_1、n_2 分别为得、失电子数,$\Delta E^{\ominus\prime} = \varphi_1^{\ominus\prime} - \varphi_2^{\ominus\prime}$,因此滴定误差为

$$E_{\text{t}} = \frac{10^{n_1\Delta E/0.059\ 2} - 10^{-n_2\Delta E/0.059\ 2}}{10^{n_1 n_2 \Delta E^{\ominus\prime}/(n_1+n_2)0.059\ 2}}$$

一些常用的氧化还原指示剂的条件电极电势及颜色变化见表7－2。

表7－2　一些常用的氧化还原指示剂的条件电极电势及颜色变化

指示剂	$\varphi^{\ominus\prime}$ ($c(\text{H}^+) = 1\ \text{mol}\cdot\text{L}^{-1}$)	颜色变化	
		氧化剂	还原剂
亚甲基蓝	0.53	蓝色	无色
二苯胺	0.76	紫色	无色
二苯胺磺酸钠	0.85	紫红	无色
邻苯氨基苯甲酸	0.89	紫红	无色
邻二氮菲－亚铁	1.06	浅蓝	红色
硝基邻二氮菲－亚铁	1.25	浅蓝	紫红

7.5.4　氧化还原滴定法中的预处理

在氧化还原滴定中,通常将待测组分预氧化为高价态,或预还原为低价态后,再进行滴定,这一处理过程称为待测组分的预处理。例如,测定试样中 Mn^{2+} 的含量,可以将 Mn^{2+} 在酸性条件下氧化为MnO_4^-,然后用 Fe^{2+} 直接滴定。之所以实施预氧化,是因为 $\varphi^{\ominus}(MnO_4^-/Mn^{2+}) = +1.507\ \text{V}$,要找一个电极电势比它还高的适宜氧化剂比较困难,故而先将 Mn^{2+} 氧化成 MnO_4^-,再选用适宜还原剂进行滴定。

预处理通常应符合下列要求:

① 反应速率快。

② 能将待测组分定量地氧化或还原。

③ 氧化还原反应应具有一定的选择性。例如,Zn 为预还原剂的选择性较差,这是因为 $\varphi^{\ominus}$

$\varphi^\ominus(Zn^{2+}/Zn)=-0.763\ V$，电极电势比它高的金属离子都有可能被其还原。而 $SnCl_2$ 的电极电势较高（$\varphi^\ominus(Sn^{4+}/Sn^{2+})=+0.151\ V$），以其为预还原剂的选择性也随之提高。

④ 过量的预氧化剂或预还原剂易于除去。可以采用过滤、加热或使其发生化学反应等方法。

7.5.5　常用的氧化还原滴定法

根据使用滴定剂的名称，分成几种氧化还原滴定法。常用的有高锰酸钾法、重铬酸钾法、碘量法、铈量法、溴酸钾法等。下面介绍三种最常见的氧化还原滴定法。

1. 高锰酸钾法

高锰酸钾是一种强氧化剂，在强酸溶液中，存在反应为

$$MnO_4^- + 8H^+ + 5e^- \Longrightarrow Mn^{2+} + 4H_2O,\quad \varphi^\ominus = 1.507\ V$$

在微酸性、中性或弱碱性溶液中，存在反应为

$$MnO_4^- + 2H_2O + 3e^- \Longrightarrow MnO_2 + 2OH^-,\quad \varphi^\ominus = 0.595\ V$$

在强碱性溶液中，很多有机物与 MnO_4^- 反应，即

$$MnO_4^- + e^- \Longrightarrow MnO_4^{2-},\quad \varphi^\ominus = 0.564\ V$$

应用高锰酸钾滴定法，可根据待测物质的性质采用不同的方法：

（1）直接滴定法。

测定许多还原性物质，如 Fe^{2+}、As(Ⅳ)、Sn(Ⅲ)、H_2O_2、$C_2O_4^{2-}$、NO_2^- 等，可用 $KMnO_4$ 标准溶液直接滴定。

（2）间接滴定法。

如测定 Ca^{2+} 时，先将 Ca^{2+} 沉淀为 CaC_2O_4，再用稀 H_2SO_4 将沉淀溶解，然后用 $KMnO_4$ 标准溶液滴定 $C_2O_4^{2-}$，从而间接求得 Ca^{2+} 含量。

（3）返滴定法。

如测定 MnO_2 含量时，可在 H_2SO_4 溶液中加入过量的 $Na_2C_2O_4$ 标准溶液，使 MnO_2 与 $C_2O_4^{2-}$ 作用完毕后，用 $KMnO_4$ 标准溶液滴定过量的 $C_2O_4^{2-}$。

$KMnO_4$ 氧化能力强，本身有颜色，不需要另加指示剂。但由于可以与很多的还原性物质发生作用，因此干扰比较严重。市售的 $KMnO_4$ 常含有少量杂质和少量 MnO_2，而且蒸馏水中也常含有微量还原性物质，它们可与 MnO_4^- 反应而析出 $MnO(OH)_2$ 沉淀，因此 $KMnO_4$ 标准溶液不够稳定。通常先配制成一近似浓度的 $KMnO_4$ 溶液，然后进行标定。

标定 $KMnO_4$ 溶液的基准物质，可选用 $Na_2C_2O_4$、$H_2C_2O_4\cdot 2H_2O$ 和纯铁丝等。其中，草酸钠不含结晶水，容易提纯，是最常用的基准物质，在 H_2SO_4 溶液中，反应为

$$2MnO_4^- + 5C_2O_4^{2-} + 16H^+ \Longrightarrow 2Mn^{2+} + 10CO_2\uparrow + 8H_2O$$

为了使这个反应能够定量地快速进行，应注意以下几点：

（1）温度。

室温下反应慢，常将溶液加热至 70 ~ 85 ℃ 时进行滴定。大于 90 ℃，$H_2C_2O_4$ 会发生分解，即

$$H_2C_2O_4 \longrightarrow CO_2 + CO + H_2O$$

(2) 酸度。

滴定开始时的酸度为0.5 ~ 1 mol · L^{-1},酸度不够,会生成 MnO_2 沉淀,酸度过高,$H_2C_2O_4$ 会分解。

(3) 滴定速率。

开始滴定时不要过快,否则加入 $KMnO_4$ 溶液来不及与 $C_2O_4^{2-}$ 反应,使 MnO_4^- 发生分解,导致标定结果偏低,有

$$4MnO_4^- + 12H^+ \longrightarrow 4Mn^{2+} + 5O_2 + 6H_2O$$

(4) 催化剂。

通常加入几滴 $MnSO_4$ 溶液,加快该氧化还原反应的进行。

(5) 滴定终点。

到达化学计量点时,$KMnO_4$ 会与空气中的还原性气体和灰尘作用,使粉红色逐渐消失。因此,出现粉红色且在半分钟内不褪色,就可以认为到达滴定终点。已标定的 $KMnO_4$ 溶液放置一段时间后,应重新标定。

高锰酸钾法应用实例:

(1)H_2O_2 的测定。

在少量 Mn^{2+} 存在下,H_2O_2 能还原 MnO_4^-,其反应为

$$2MnO_4^- + 5H_2O_2 + 6H^+ \longrightarrow 5O_2 + 2Mn^{2+} + 8H_2O$$

碱金属及碱土金属的过氧化物,可采用同样的方法进行测定。

(2)Ca^{2+} 的测定。

先用 $C_2O_4^{2-}$ 将 Ca^{2+} 沉淀为 CaC_2O_4,沉淀经过滤、洗涤后,溶于热的稀 H_2SO_4 溶液中,再用 $KMnO_4$ 标准溶液滴定试样中的 $C_2O_4^{2-}$。因测定过程中首先要生成 CaC_2O_4,故需要保证 Ca^{2+} 与 $C_2O_4^{2-}$ 有 1∶1 的定量关系。为了便于过滤和洗涤,要求得到颗粒较大的晶形沉淀。沉淀后要陈化一段时间,并将沉淀用冷水洗涤,"少量多次" 洗去 $C_2O_4^{2-}$。凡是能与 $C_2O_4^{2-}$ 定量地生成沉淀的金属离子,都可用上述间接法测定,例如 Th^{4+} 和稀土元素的测定。

(3) 化学需氧量 COD 的测定。

COD 是量度水体受还原性物质污染程度的综合性指标,它是指水体中被强氧化剂氧化的还原性物质所消耗的氧化剂量,换算成氧的量(mg · L^{-1})。在水样中加入 H_2SO_4 及一定量的 $KMnO_4$ 溶液,置沸水浴中加热,使其中的还原性物质氧化。剩余的 $KMnO_4$,用一定过量的 $Na_2C_2O_4$ 还原,再以 $KMnO_4$ 标准溶液返滴定 $Na_2C_2O_4$ 的过量部分。

(4) 有机物的测定。

在强碱性溶液中,$KMnO_4$ 与有机物质反应后,还原为绿色的 MnO_4^{2-} 利用这一反应,可用 $KMnO_4$ 法测定某些有机化合物。例如,$KMnO_4$ 与甲醇反应为

$$CH_3OH + 6MnO_4^- + 8OH^- \longrightarrow CO_3^{2-} + 6MnO_4^{2-} + 6H_2O$$

2. 重铬酸钾法

$K_2Cr_2O_7$ 是一种较强的氧化剂,在酸性条件下与还原剂作用,$Cr_2O_7^{2-}$ 被还原为 Cr^{3+},即

$$Cr_2O_7^{2-} + 14H^+ + 6e^- \rightleftharpoons 2Cr^{3+} + 7H_2O, \quad \varphi^{\ominus} = 1.330 \text{ V}$$

与 $KMnO_4$ 相比,$K_2Cr_2O_7$ 容易提纯,可以作为基准物质直接配制成标准溶液。$K_2Cr_2O_7$ 标准溶液稳定,存放于密闭容器中可以长期保存和使用。$K_2Cr_2O_7$ 滴定反应速率快,在常温下即

可滴定。但 $K_2Cr_2O_7$ 氧化能力较弱,因此测定范围较窄。产物 Cr^{3+} 呈深绿色,需要氧化还原指示剂判断滴定终点。常用的氧化还原指示剂有二苯胺磺酸钠和邻苯氨基苯甲酸等。但是,$K_2Cr_2O_7$ 有毒,使用时要注意废液的处理,以免污染环境。

重铬酸钾法也有直接法和间接法之分。

重铬酸钾法应用实例:

(1) 铁的测定。

重铬酸钾法测定铁有下列反应:

$$6Fe^{2+} + Cr_2O_7^{2-} + 14H^+ = 6Fe^{3+} + 2Cr^{3+} + 7H_2O$$

试样一般用 HCl 加热分解,在热的浓 HCl 溶液中,用 $SnCl_2$ 将 Fe(Ⅲ)还原为 Fe(Ⅱ)。过量的 $SnCl_2$ 用 $HgCl_2$ 氧化,此时溶液中析出 Hg_2Cl_2 丝状的白色沉淀。在 1 ~ 2 $mol \cdot L^{-1}$ $H_2SO_4-H_3PO_4$ 混合酸介质中,以二苯胺磺酸钠作为指示剂,用 $K_2Cr_2O_7$ 标准溶液滴定 Fe(Ⅱ)。由于 $HgCl_2$ 有剧毒,为了避免环境污染,保护操作人员健康,近年来采用无汞测铁法。

如 $SnCl_2-TiCl_3-K_2Cr_2O_7$ 法,此法已作为铁矿石中全铁含量测定的国家标准(GB/T 6730.5—2007)。当试样用热浓 HCl 分解和用 $SnCl_2$ 将大部分 Fe(Ⅲ)还原为 Fe(Ⅱ)后,加入钨酸钠指示剂,滴加 $TiCl_3$ 还原剩余的 Fe(Ⅲ)。反应方程式为

$$2Fe^{3+} + SnCl_4^{2-} + 2Cl^- = 2Fe^{2+} + SnCl_6^{2-}$$

$$Fe^{3+} + Ti^{3+} + H_2O = Fe^{2+} + TiO^{2+} + 2H^+$$

当全部 Fe(Ⅲ)定量还原为 Fe(Ⅱ)之后,稍过量的 $TiCl_3$ 将无色的钨酸钠还原为蓝色的钨蓝,再滴加少量的 $K_2Cr_2O_7$ 稀溶液至蓝色恰好褪去。再加入 $H_2SO_4-H_3PO_4$ 混合酸和二苯胺磺酸钠指示剂,用 $K_2Cr_2O_7$ 标准溶液滴定溶液由绿色(Cr^{3+} 颜色)变为紫色,即为终点。

H_3PO_4 可与 Fe^{3+} 生成 $Fe(HPO_4)_2^-$ 无色配位物,降低 Fe^{3+}/Fe^{2+} 电对的电极电势,增大滴定突跃范围,使 $Cr_2O_7^{2-}$ 与 Fe^{2+} 的反应更完全,减小终点误差。

(2)COD 的测定。

在酸性介质中以重铬酸钾为氧化剂,测定化学需氧量的方法记作 COD_{Cr},这是水样测定的常用指标。于水样中加入 $HgSO_4$ 消除 Cl^- 的干扰,加入过量 $K_2Cr_2O_7$ 标准溶液,在浓 H_2SO_4 介质中,以 Ag_2SO_4 为催化剂,回流加热,氧化作用完全后,以 1,10 - 二氮菲 - 亚铁为指示剂,用 Fe^{2+} 标准溶液滴定过量的 $K_2Cr_2O_7$。重铬酸钾法也常用于测定污水中化学需氧量,缺点是不能完全氧化芳香烃类物质,存在 Hg^{2+}、Cr^{3+} 有害物质对环境的污染危险。

3. 碘量法

碘量法是利用 I_2 的氧化性来进行滴定的方法。其反应为

$$I_2 + 2e^- = 2I^-$$

I_2 溶解度小,实际应用时将 I_2 溶解在 KI 溶液里,以 I_3^- 形式存在,即

$$I_2 + I^- = I_3^-$$

I_3^- 滴定时的基本反应为

$$I_3^- + 2e^- = 3I^-, \quad \varphi^\ominus = 0.545\ V$$

I_2 是较弱的氧化剂,能与较强的还原剂作用,而 I^- 是中等强度的还原剂,能与许多的氧化剂作用。据此,碘量法可采用直接的和间接的两种方法进行。

钢铁中硫转化为SO_2,可用I_2直接滴定,为直接碘量法(iodometry),淀粉作为指示剂,当溶液变为蓝色即为滴定终点,有

$$I_2 + SO_2 + 2H_2O = 2I^- + SO_4^{2-} + 4H^+$$

直接碘量法还可以测定As_2O_3、Sn(Ⅱ)等还原性物质。

间接碘量法(indirect iodometry)是将I^-加入到氧化剂$K_2Cr_2O_7$、$KMnO_4$、H_2O_2等物质中,I^-被定量氧化,析出I_2,例如:

$$2MnO_4^- + 10I^- + 16H^+ = 2Mn^{2+} + 5I_2 + 8H_2O$$

析出的I_2用$Na_2S_2O_3$溶液滴定,以淀粉作为指示剂,当溶液蓝色消失时到达滴定终点,即

$$I_2 + 2S_2O_3^{2-} = 2I^- + S_4O_6^{2-}$$

I_2和$Na_2S_2O_3$的反应须在中性或弱酸性溶液中进行,在强碱性溶液中I_2会发生歧化反应,即

$$3I_2 + 6OH^- = IO_3^- + 5I^- + 3H_2O$$

I^-在酸性溶液中易为空气中氧所氧化,即

$$4I^- + 4H^+ + O_2 = 2I_2 + 2H_2O$$

I_2具有挥发性,析出I_2的反应最好在碘瓶中进行,滴定时不要剧烈摇动,以减少I_2的挥发。

间接碘量法可以测定MnO_4^-、ClO^-、过氧化物、Ce^{4+}等很多具有氧化性的物质。

碘量法应用实例:

(1)S^{2-}或H_2S的测定。

直接碘量法测定硫是基于在酸性溶液中I_2能氧化H_2S,即

$$H_2S + I_2 = S\downarrow + 2H^+ + 2I^-$$

(2)铜的测定。

采用间接碘量法测定铜。铜合金试样可用HNO_3分解,低价氮的氧化物会氧化I^-干扰测定,需用浓H_2SO_4蒸发将它们除去。也可用H_2O_2和HCl分解试样。调节$pH = 3.2 \sim 4.0$,加入过量KI析出I_2,再络合生成I_3^-,即

$$2Cu^{2+} + 4I^- = 2CuI\downarrow + I_2$$

$$I_2 + I^- = I_3^-$$

生成的I_2用$Na_2S_2O_3$标准溶液滴定,以淀粉为指示剂。由于CuI吸附I_2,因此测定结果偏低,可在接近终点时加入KSCN,使CuI转化为溶解度更小的CuSCN,释放出吸附的I_2,产生的I^-继续与剩余的Cu^{2+}反应,故而使用较少的KI就能使反应完全进行,有

$$CuI + SCN^- = CuSCN\downarrow + I^-$$

Fe^{3+}能氧化I^-,所以加入NH_4HF_2,使Fe^{3+}生成稳定的FeF_6^{3-}配离子,从而防止Fe^{3+}氧化I^-。测定时,最好用纯铜标定$Na_2S_2O_3$溶液,以抵消方法的系统误差。

7.5.6 氧化还原滴定结果的计算

氧化还原反应较为复杂,在不同介质中,反应不同。因此,计算滴定结果,首先要书写正确方程式,再根据化学计量系数,求正确的解。

【例7.16】 称取软锰矿0.100 0 g,试样经碱溶后,得到MnO_4^{2-}。煮沸溶液以除去过氧化

物。酸化溶液，此时 MnO_4^{2-} 歧化为 MnO_2 和 MnO_4^-。然后滤去 MnO_2，用0.101 2 mol·L^{-1} Fe^{2+} 标准溶液滴定 MnO_4^-，用去25.80 mL。计算试样中 MnO_2 的质量分数。

解 有关反应式为

$$MnO_2 + Na_2O_2 \xlongequal{\quad} Na_2MnO_4$$

$$3MnO_4^{2-} + 4H^+ \xlongequal{\quad} 2MnO_4^- + MnO_2 + 2H_2O$$

$$MnO_4^- + 5Fe^{2+} + 8H^+ \xlongequal{\quad} Mn^{2+} + 5Fe^{3+} + 4H_2O$$

$$1MnO_2 \propto 1MnO_4^{2-} \propto \frac{2}{3}MnO_4^- \propto \frac{2}{3} \times 5Fe^{2+}$$

$$1MnO_2 \propto \frac{10}{3}Fe^{2+}$$

$$w(MnO_2) = \frac{\frac{3}{10}c_{Fe^{2+}}V_{Fe^{2+}} \times \frac{M_{MnO_2}}{1\ 000}}{m} \times 100\% = \frac{\frac{3}{10} \times 0.101\ 2 \times 25.80 \times \frac{86.94}{1\ 000} \times 100\%}{0.100\ 0} = 68.10\%$$

【例7.17】 $K_2Cr_2O_7$ 标准溶液，浓度为0.016 83 mol·L^{-1}。称取某含铁试样0.280 1 g按测试方法溶样还原为 Fe^{2+}，然后用上述 $K_2Cr_2O_7$ 标准溶液滴定，用去25.60 mL。求试样中铁的质量分数，分别以 $w(Fe)$ 和 $w(Fe_2O_3)$ 表示。

解 反应方程式为

$$6Fe^{2+} + Cr_2O_7^{2-} + 14H^+ \xlongequal{\quad} 6Fe^{3+} + 2Cr^{3+} + 7H_2O$$

$$6Fe^{2+} \propto Cr_2O_7^{2-},\quad 3Fe_2O_3 \propto Cr_2O_7^{2-}$$

$$n_{Fe} = 6n_{K_2Cr_2O_7}$$

$$n_{Fe_2O_3} = n_{Fe}/2 = 3n_{K_2Cr_2O_7}$$

$$w(Fe) = \frac{6c_{K_2Cr_2O_7} \times V_{K_2Cr_2O_7} \times M_{Fe} \times 10^{-3}}{m_{试样}} \times 100\%$$

$$= \frac{6 \times 0.016\ 83 \times 25.60 \times 55.84 \times 10^{-3}}{0.280\ 1} \times 100\% = 51.52\%$$

$$w(Fe_2O_3) = \frac{3c_{K_2Cr_2O_7} \times V_{K_2Cr_2O_7} \times M_{FeO_3} \times 10^{-3}}{m_{试样}} \times 100\%$$

$$= \frac{3 \times 0.016\ 83 \times 25.60 \times 159.7 \times 10^{-3}}{0.280\ 1} \times 100\% = 73.69\%$$

【例7.18】 用碘量法测定铜合金或铜矿石中铜时：

(1) 配制0.10 mol·L^{-1} $Na_2S_2O_3$ 溶液2 L，需要 $Na_2S_2O_3 \cdot 5H_2O$ 多少克？

(2) 称取0.490 3 g $K_2Cr_2O_7$，用水溶解并稀释至100 mL，称取此溶液25.00 mL，加入 H_2SO_4 和KI，用24.95 mL $Na_2S_2O_3$ 溶液滴定至终点，计算 $Na_2S_2O_3$ 溶液的浓度。

(3) 称取铜合金试样0.200 0 g，用上述 $Na_2S_2O_3$ 溶液25.13 mL滴定至终点，计算铜的质量分数。

解 (1) $0.10 \times 2 \times M_{Na_2S_2O_7 \cdot 5H_2O} = 0.10 \times 2 \times 248.17 \approx 50\ (g)$

(2) $Cr_2O_7^{2-} + 6I^- + 14H^+ \xlongequal{\quad} 2Cr^{3+} + 3I_2 + 7H_2O$

$$I_2 + 2S_2O_3^{2-} \xlongequal{\quad} 2I^- + S_4O_6^{2-}$$

$$1\ Cr_2O_7^{2-} \propto 3I_2 \propto 6\ S_2O_3^{2-}$$

$$1\ Cr_2O_7^{2-} \propto 6\ S_2O_3^{2-}$$

$$c_{Cr_2O_7^{2-}} V_{Cr_2O_7^{2-}} = \frac{1}{6} c_{S_2O_3^{2-}} V_{S_2O_3^{2-}}$$

$$\frac{0.490\ 3 \times 1\ 000}{294.2 \times 100} \times 25.00 = \frac{1}{6} c_{S_2O_3^{2-}} \times 24.95$$

$$c_{S_2O_3^{2-}} = \frac{0.490\ 3 \times 1\ 000 \times 25.00 \times 6}{294.2 \times 100 \times 24.95} = 0.100\ 2\ (\mathrm{mol \cdot L^{-1}})$$

(3) $2Cu^{2+} + 4I^- \xlongequal{} 2CuI \downarrow + I_2$

$$I_2 + 2S_2O_3^{2-} \xlongequal{} 2I^- + S_4O_6^{2-}$$

$$Cu^{2+} \propto \frac{1}{2} I_2 \propto 2 \times \frac{1}{2} S_2O_3^{2-}$$

$$1Cu \propto 1S_2O_3^{2-}$$

$$w(\mathrm{Cu}) = \frac{c_{S_2O_3^{2-}} V_{S_2O_3^{2-}} \times 10^{-3} \times M_{Cu}}{m_{试样}} \times 100\% = \frac{0.100\ 2 \times 25.13 \times 10^{-3} \times 63.55}{0.200\ 0} \times 100\% = 80.01\%$$

【阅读拓展】

1. 金属腐蚀及其应用

金属或合金,由于坚固、耐用,因此在工农业生产、交通运输和日常生活中广泛应用。金属受环境(大气中的氧气、水蒸气、酸雾,以及酸、碱、盐等各种物质)作用发生化学变化而失去其优良性能的过程称为金属腐蚀。金属腐蚀非常普遍,小到人们日常生活中钢铁制品生锈,大到各种大型机器设备、建筑会因腐蚀而报废,造成的经济损失也非常惊人。全世界每年由于腐蚀而损失的金属约为1亿t,占年产量的20% ~40%。因此,了解金属腐蚀的原理及如何有效地防止金属腐蚀是十分必要的。

根据金属腐蚀的原理不同,将金属腐蚀分为化学腐蚀(chemical corrosion)和电化学腐蚀(electrochemical corrosion)两类。

(1) 化学腐蚀。

单纯由化学作用引起的腐蚀称为化学腐蚀。化学腐蚀的特征是,腐蚀介质为非电解质溶液或干燥气体,腐蚀过程中电子在金属与氧化剂之间直接传递而无电流产生。当金属在一定温度下与某些气体(如 O_2、SO_2、H_2S、Cl_2 等)接触时,会在金属表面生成相应的化合物(氧化物、硫化物、氯化物等)而使金属表面腐蚀。例如,在高温下钢铁容易被氧化生成 FeO、Fe_2O_3 和 Fe_3O_4 氧化层,同时钢铁中的渗碳体 Fe_3C 与周围的 H_2O、CO_2 等可发生下列脱碳反应,即

$$Fe_3C + O_2 \xlongequal{} 3Fe + CO_2$$

$$Fe_3C + CO_2 \xlongequal{} 3Fe + 2CO$$

$$Fe_3C + H_2O \xlongequal{} 3Fe + CO + H_2$$

脱碳反应的发生,致使碳不断地从邻近的尚未反应的金属内部扩散到反应区。于是金属内部的碳逐渐减少,形成脱碳层,如图7-6所示。同时,反应生成的 H_2 向金属内部扩散,使钢铁产生氢脆。脱碳和氢脆的结果都会使钢铁表面硬度和抗疲劳性降低。

金属在一些液态有机物(如苯、氯仿、煤油、无水乙醇等)中的腐蚀,也是化学腐蚀,其中最

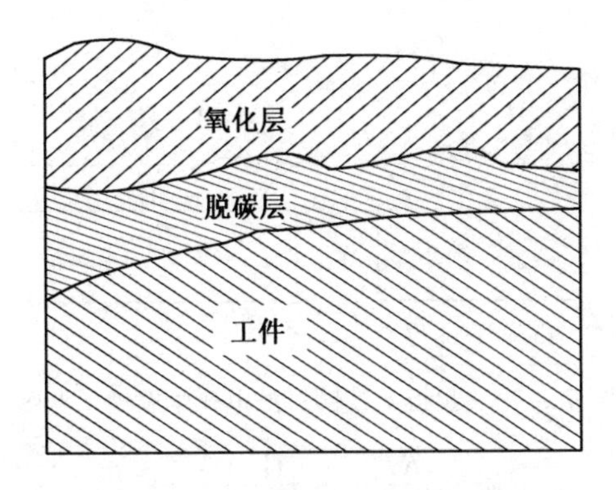

图7-6　工件表面氧化脱碳示意图

值得注意的是金属在原油中的腐蚀。原油中含有多种形式的有机硫化物，与钢铁作用生成疏松的硫化亚铁是原油输送管道及贮器腐蚀的原因之一。

(2) 电化学腐蚀。

金属与周围的物质发生电化学反应(原电池作用)而产生的腐蚀，称为电化学腐蚀。电化学腐蚀的特征是，电子在金属与氧化剂之间的传递是间接的，即金属的氧化与介质氧化剂的还原在一定程度上可以各自独立地进行，从而形成腐蚀微电池。电化学腐蚀在通常条件下比化学腐蚀速度快、更普遍，危害性更大，所以了解电化学腐蚀的原理及如何防止电化学腐蚀显得更为迫切。

将纯金属锌片插入稀硫酸中，几乎看不到有气体 H_2 产生，但向溶液中滴加几滴 $CuSO_4$ 溶液，锌片上立刻有大量的气体 H_2 产生。纯金属不易被腐蚀，但加入 $CuSO_4$ 后，锌置换出铜覆盖在锌表面，形成了微型的原电池，即

锌为负极

$$Zn - 2e^- \rightleftharpoons Zn^{2+}$$

铜为正极

$$Cu^{2+} + 2e^- \rightleftharpoons Cu$$

$$2H^+ + 2e^- \rightleftharpoons H_2$$

因而加大了锌的溶解和氢气的产生。

当两种金属或两种不同的金属制成的物体相接触，同时又与其他介质(如潮湿空气、其他潮湿气体、水或电解质溶液等)相接触时，就形成了一个原电池，进行原电池的电化学作用。例如，在铜板上有一些铁的铆钉，长期暴露在潮湿的空气中，在铆钉的部位就容易生锈，如图7-7所示。这是因为铜板暴露在潮湿的空气中时表面上会凝结一层薄薄的水膜，空气里的 CO_2，工厂区的 SO_2，沿海地区潮湿空气中的 NaCl 都能溶解到这一薄层水膜中形成电解质溶液，形成原电池，其中铁是负极，铜是正极。在负极上一般都是金属溶解的过程(即金属被腐蚀的过程)，如 Fe 发生氧化反应，即

$$Fe^{2+} + 2e^- \rightleftharpoons Fe$$

在正极上，由于条件不同可能发生不同的反应，如在正极 Cu 上发生下列两种还原反应：

① 氢离子还原成 $H_2(g)$ 析出(也称为析氢腐蚀)，即

$$2H^+ + 2e^- \rightleftharpoons H_2$$

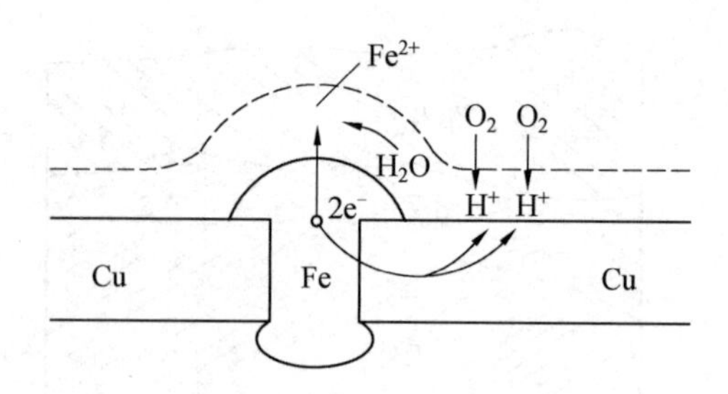

图 7－7　铜板上铁铆钉的电化学腐蚀示意图

$$\varphi_1 = \frac{RT}{2F}\ln \frac{[c(H^+)/c^{\ominus}]^2}{p(H_2)/p^{\ominus}}$$

② 大气中的氧气在正极上获得电子,发生还原反应(也称为吸氧腐蚀),即

$$O_2 + 4H^+ + 4e^- \rightleftharpoons 2H_2O$$

$$\varphi_2 = \varphi^{\ominus}(O_2/H_2O) + \frac{RT}{4F}\ln\{[p(O_2)p^{\ominus}] \cdot [c(H^+)/c^{\ominus}]^4\}$$

一般工业生产中钢铁在大气中的腐蚀主要是吸氧腐蚀。尽管钢铁表面处于一些酸性水膜中,但是,只要空气中的氧气不断溶解于水膜,并扩散到正极,由于 $\varphi^{\ominus}(O_2/H_2O) = +1.229$ V,在空气中 $p(O_2) \approx 21$ kPa,显然 φ_2 比 φ_1 大得多,虽然腐蚀速率很慢,但是空气中的氧气可不断溶于水膜中,即反应②比反应①容易发生,也就是说当有氧气存在时Fe的腐蚀更为严重。即使纯铁在浓度为0.5 mol·L^{-1} 的硫酸溶液的薄膜下,也是如此。但是,如果将铁完全浸没在浓度为0.5 mol·L^{-1} 的硫酸溶液中时,铁与酸反应速率快,空气中的氧气来不及不断进入水溶液中,这时便可能发生析氢腐蚀。例如,在钢铁酸洗时可能发生析氢腐蚀。

由于两种金属紧密连接,电池反应不断地进行,Fe 变成 Fe^{2+} 而进入溶液,多余的电子移向铜极,在铜极上氧气和氢离子被消耗,生成水,Fe^{2+} 与溶液中的 OH^- 结合,生成氢氧化亚铁 $Fe(OH)_2$,然后又与潮湿空气中的水分和氧发生作用,最后生成铁锈(铁的各种氧化物和氢氧化物的混合物),即

$$4Fe(OH)_2 + 2H_2O + O_2 \rightleftharpoons 4Fe(OH)_3$$

结果铁受到腐蚀。

普通金属通常含有杂质(如碳等),当金属表面在介质如潮湿空气、电解质溶液等中,易形成微型原电池,金属做负极,杂质做正极,从而发生电化学作用造成金属的腐蚀。钢铁制品在潮湿空气中腐蚀就是实例。如在酸雾较大的环境下,金属表面形成一层水膜,钢铁的主要成分是铁和少量的碳,它们被浸在电解质溶液中,以 Fe 为负极,C 为正极形成了无数的微型原电池,从而发生类似于铜板上铁铆钉电化学腐蚀的两种主要情况。

电化学腐蚀在常温下就能较快地进行,因此也比较普遍,危害性也比化学腐蚀大得多。例如,钢铁一旦生锈,由于铁锈质地疏松又能导电,因此腐蚀蔓延,不仅破坏钢铁表面,还会逐渐向内部发展从而加剧了钢铁的腐蚀。

(3) 金属的防护。

金属腐蚀过程是很复杂的过程,腐蚀的类型也不是单一的,但不管哪种类型的腐蚀均是金属与周围的介质发生作用引起的。因此,金属的防护应从金属和介质两方面考虑。常用的金属防腐蚀方法有以下几种。

①隔离介质。化学腐蚀或电化学腐蚀都是由于介质参与,因此金属被氧化而腐蚀。设法让金属与介质隔离即可起到防护作用。因此,可以在金属表面上涂一层非金属材料,如油漆、搪瓷、橡胶、高分子(如塑料)等,也可以在金属表面镀一层耐腐蚀的金属或合金形成保护层,使金属与腐蚀介质隔开,从而有效地防止金属腐蚀。

常用的白铁皮是在铁皮上镀上一层锌。由于锌的标准电极电势比铁低(锌比铁活泼),在空气中由于锌表面易形成致密的碱式碳酸锌保护层而起到了防腐蚀作用。当锌镀层破裂后,在破裂处的水膜与锌和铁便可形成腐蚀微电池。由于锌较活泼而做负极(阳极),它进一步被氧化;铁做正极(阴极)而不受腐蚀,直到锌镀层完全被腐蚀破坏。这种比基体金属活泼的金属镀层称为阳极镀层或阳极保护层。做食品罐头用的马口铁是镀锡铁皮,在镀层完好时可以很好地保护基体铁皮,但是镀锡层(阴极镀层或阴极保护层)一经破坏,由于锡的标准电极电势比铁高(锡比铁不活泼),形成腐蚀微电池后,锡为正极(阴极)而铁作负极(阳极),这样基体就会很快被氧化腐蚀。食品罐头一经打开,断口处会迅速出现棕红色锈斑就是这个道理。当保护层完好时,以上两类保护层没有原则性的区别,但保护层受到损坏而变得不完整时情况就不同了。另外,应注意的是锌化合物有一定毒性,所以不宜用白铁皮制作盛放食物的器皿。

②改变金属性质。在金属中添加其他金属或非金属元素制成合金,可以降低金属的活泼性和减少被腐蚀的可能。这种方法一方面是改变金属本性提高防腐蚀性能的根本措施;另一方面还是改善金属的使用性能的有效措施。如含 Cr 18%(质量分数)的不锈钢具有极强的抗腐蚀能力,被广泛用于制作不锈钢制品。

③金属钝化。铁在稀硝酸中溶解很快,但不溶于浓硝酸。这是因为铁在浓硝酸中被钝化了。除了用浓 HNO_3,浓 H_2SO_4、$AgNO_3$、$HClO_3$、$K_2Cr_2O_7$、$KMnO_4$ 等都可以使金属钝化。金属变成钝态之后,其电极电势向正的方向移动,甚至可以升高到接近于贵金属(如Pt、Au)的电极电势,钝化后的金属失去了它原来的特性。

④电化学防护。a. 牺牲阳极保护法。由金属的电化学腐蚀原理可知,在腐蚀过程中被腐蚀的金属做负极,失去电子。为防止腐蚀,可在被保护金属表面上连接一些更活泼的金属,使之成为原电池的负极,失去电子被腐蚀,被保护金属作正极得到保护。在轮船底部及海底设备上焊装一定数量的锌块,在海水中形成原电池,以保护船体。

⑤外加电流的阴极保护法。根据原电池的阴极不受腐蚀的原理,可在被保护的金属表面外接直流电源的负极作为阴极。正极接在一些废钢铁上成为阳极。这时只要维持一定的外加电流,即可使金属构件免受腐蚀。地下输油管道及某些化工设备均可采用外加电流的阴极保护法。

c. 缓蚀剂法。在腐蚀性介质中加入少量添加剂,改变介质的性质,从而大大降低金属的腐蚀速率。这样的添加剂称为缓蚀剂。缓蚀剂的添加量一般在0.1% ~ 1%(质量分数)。在碱性或中性介质中常使用无机缓蚀剂硝酸钠、硅酸盐、亚硝酸钠、磷酸盐铬酸盐和重铬酸盐等。在酸性介质中常用有机缓蚀剂琼脂、糊精、动物胶和生物碱等。

2. 电势 - pH 图在金属腐蚀与防护中的应用

电势 - pH 图是著名的比利时腐蚀学家 M. Pourbaix 教授于1938年首先提出来的,也被人们称为 Pourbaix 图。该图以元素的电极电势(E)为纵坐标,水溶液的 pH 为横坐标,将元素与水溶液之间大量的、复杂的均相和非均相化学反应以及电化学反应于给定条件下的平衡关系,简单明了地图示在一个很小的平面或空间里。根据电势 - pH 图,可方便地推断出反应的可能性及生成物的稳定性,这为材料腐蚀的研究提供了极大的方便。同时,还可以对现有生产工艺进行理论剖析,改进完善现有生产方法,预测新方法、新工艺。

(1) 电势 - pH 图的原理。

在金属腐蚀过程中,电势是控制金属离子化过程的因素,表征溶液酸度的 pH 则是控制腐蚀产物的稳定性的因素,因此溶液 pH 和氧化还原电势是金属腐蚀中的两个重要因素。一般来说,在许多反应过程中,化学反应的方向和限度都可由电势、pH 和反应物、产物的活度所组成的热力学方程式来预见。而这样的方程式可以用电势 - pH 图简明地表示出来。

(2) 理论电势 - pH 图的绘制。

理论电势 - pH 图是根据体系的热力学数据绘制的。作此类图时,首先要知道这一体系中可能存在的各种化合物,以及这些化合物的生成自由能或化学势、标准电极电势、固态化合物的溶度积、反应的平衡常数等数据,然后分别计算出给定体系各重要反应的反应物浓度、溶液 pH 和电极电势的关系,即可绘出电势 - pH 图。

(3) 理论电势 - pH 图的应用。

① 判断氧化还原反应进行的方向。根据高电极电势的电对氧化态的氧化能力强,低电极电势的电对还原态的还原能力强,二者易起氧化还原反应的原理可以得出结论:位于高位置曲线的氧化态易与低位置曲线的还原态反应,两条直线之间的距离越大,即两电对的电极电势差越大,氧化还原反应的自发倾向就越大。若高位曲线与低位曲线有交点,在交点处两电对的氧化能力和还原能力相等,则随着 pH 的改变氧化还原反应的方向将发生逆转。

例如:$H_3AsO_4 + 2I^- + 2H^+ \longrightarrow H_3AsO_3 + I_2 + H_2O$,由 I_2/I^- 和 H_3AsO_4/H_3AsO_3 两个电对所组成的电势 - pH 图(图 7 - 8)可见:在 pH = 0 时,上线 H_3AsO_4 的氧化能力强于 I_2,H_3AsO_3 的还原能力弱于 I^-,所以反应向正方向进行;当 pH = 0.34 时两线相交,两种氧化态的氧化能力相等,两种还原态的还原能力相等,两电对处于平衡状态;当 pH > 0.34 时,I_2 的氧化能力强于 H_3AsO_4,I^- 的还原能力弱于 H_3AsO_3,上述反应向逆方向进行。

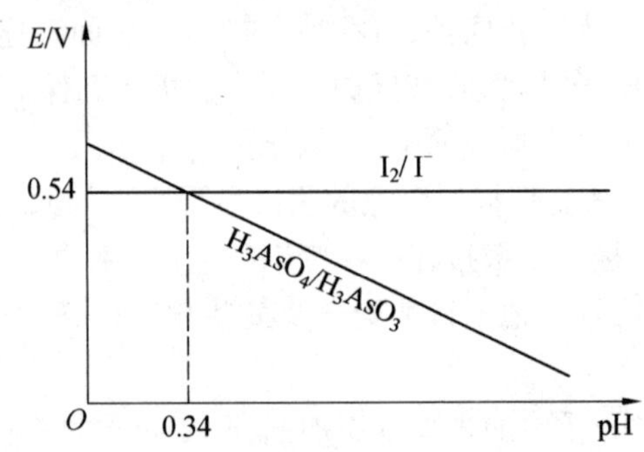

图 7 - 8 I_2/I^- 和 H_3AsO_4/H_3AsO_4 电对的电势 - pH 图

② 推测氧化剂或还原剂在水溶液中的稳定性。对于水溶液中的化学反应:aA + mH$^+$ + ne^- $\longrightarrow$ bB + H_2O,根据 Nernst 方程,在一定的 pH 时,E 值大,说明 A 的浓度大;E 值小,说明 B 的浓度大。若 E 一定,pH 大,说明 A 的浓度大;pH 小,说明 B 的浓度大。所以当电势和 pH 较高时,只允许氧化态存在;当电势和 pH 较低时,则只允许还原态存在。由此可以得出结论:对于一条电势 - pH 线,线的上方为该直线所代表的电对氧化态的稳定区,线的下方为电对还原态的稳定区;对于一个电势 - pH 图,则图的右上方为高氧化态的稳定区,图的左下方为低氧化态的稳定区。而图中由横、竖和斜的电势 - pH 线所围成的平面恰是某些物种稳定存在的区

域。各曲线的交点所处的电势和 pH 是各电极的氧化态和还原态共存的条件。据此,可将电势 - pH 图应用于推测氧化剂或还原剂在水溶液中的稳定性。

以金属元素 Fe 为例。从图 7 - 9 中可以看出,只有 Fe 处于(b) 线之下,即 Fe 处于水的不稳定区(氢区),才能自发地将水中的 H_2O 还原为 H_2,而其他各物种都处于水的稳定区,因而能在水中稳定存在。若向 Fe^{2+} 的溶液中加入 OH^-,当 pH ≥ 7.45 时则生成 $Fe(OH)_2$;而在 Fe^{3+} 溶液中加入 OH^-,当 pH ≥ 2.2 时,就以 $Fe(OH)_3$ 形式稳定存在。

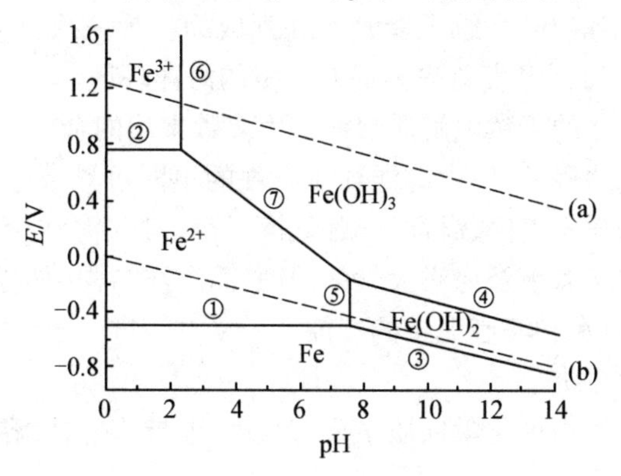

图 7 - 9　Fe - H_2O 体系的电势 - pH 图

③ 电势 - pH 图在腐蚀中的应用。将 Fe - H_2O 体系的电势 - pH 图(图 7 - 9) 简化成 Fe - H_2O 腐蚀体系的稳定、腐蚀、钝态图(图 7 - 10),可以明确地显示出电势 - pH 图从理论上对金属腐蚀情况及防护方法的预测。从图 7 - 10 中可以看出,若铁位于 *A* 点位置,因该区是 Fe 和 H_2 的稳定区,故不会发生腐蚀;若 Fe 处于 *B* 点位置,由于该区是 Fe^{2+} 和 H_2 的稳定区,因此会发生析氢腐蚀;若 Fe 处于 *C* 点位置,因该区对 Fe^{2+} 和 H_2O 是稳定的,则铁也将被腐蚀,但此时不会发生 H^+ 还原,而是发生氧的还原过程。

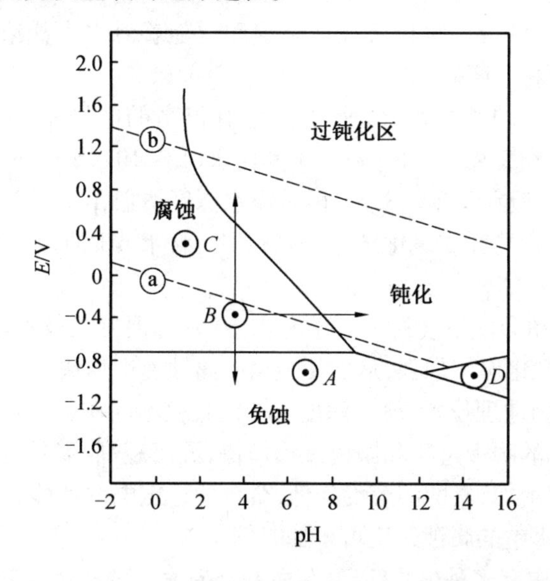

图 7 - 10　Fe - H_2O 腐蚀体系的稳定、腐蚀、钝态图

(4) 电势 - pH 图在今后的发展。

近几年来随着科技的发展,人们把金属的电势 - pH 图同金属的腐蚀与防护的实际情况紧密结合起来,建立了三元、四元等多元体系的电势 - pH 图,少数学者还试制了浓溶液的电势 - pH 图,同时涵盖内容也已扩展到包括配位体在内,使电势 - pH 图表达内容更为丰富。相信在不久的将来,电势 - pH 图在金属腐蚀领域会得到越来越广泛的应用。

3. 金属在海洋环境中的腐蚀

近年来,海洋开发与宇宙开发、原子能开发并列成为世界三大开发方向。21 世纪将是一个"海洋开发的新时代"。海洋开发首先要面对恶劣的海洋环境。

海水是地球表面最丰富的天然电解质溶液。大多数常用的金属结构材料在海上极易遭受海水和海洋大气环境介质的侵蚀,但由海洋环境条件的不同可导致金属腐蚀行为产生差异。通常将海洋环境划分为海洋大气区、海洋飞溅区、海洋潮汐区、海洋全浸区及海底泥土区。近海及远洋船舶主要遭受表层海水及海洋大气的侵蚀,而海洋结构(如导管架等)则同时遭受海洋大气、飞溅、潮汐、全浸海水和海底泥土的侵蚀。

(1) 海水的物理化学性质。

海水与金属腐蚀有关的物理化学性质主要有盐度、电导率、pH、溶解氧、温度、流速及海洋生物等。

① 盐度。海水中溶有以氯化钠为主的大量盐类,其含盐量可用盐度来表示。盐度是指 1 000 g 海水中溶解的固体盐类物质的克数。海水盐度在 32 ~ 37.5 之间,通常取 35 作为大洋海水盐度的平均值。因此,人们常把海水近似地看作 3% 或 3.5%(质量分数)的 NaCl 溶液。

② 溶解氧。海水溶解的氧含量是海水腐蚀的主要因素,因为绝大多数金属在海水中的腐蚀受氧去极化作用控制,即氧是海水腐蚀的去极化剂。在不同环境下,海水含氧量会在较大范围($0 \sim 8.5\ mg \cdot L^{-1}$)内波动,它主要受温度、盐度、植物光合作用及海水运动的影响。海水表面总是与大气接触,且接触表面积很大,海水不断受海浪的搅拌作用而有剧烈的自然对流,所以海水表层和近表层的含氧量通常接近或达到饱和。随着海水中盐浓度的增加和温度的升高,海水中溶解氧的含量将下降。

③ 电导率。由于海水的总盐度高,所以海水有很高的电导率,海水的电导率约为 $4 \times 10^{-2}\ S \cdot cm^{-1}$,远超过河水($2 \times 10^{-4}\ S \cdot cm^{-1}$)和雨水($1 \times 10^{-6}\ S \cdot cm^{-1}$)。

④pH。海水的 pH 一般在 7.2 ~ 8.6。随着海水深度增加,pH 降低。海水的 pH 可因光合作用而稍有变化,白天植物消耗二氧化碳,并影响 pH。海水 pH 的微小日变化,对金属的腐蚀行为几乎没有影响。

⑤ 流速。海水的运动会使空气易于溶于海水中,并且促使溶解氧易于扩散到金属表面,所以流速增大后氧的去极化作用加强,从而使金属的腐蚀速度加快。

⑥温度。海水温度因地理位置、海洋深度、季节、昼夜不同在 0 ~ 35 ℃ 变化。海水的温度升高,必然会使腐蚀电池的阴极过程和阳极过程加快,温度越高,腐蚀速度越快。海水温度升高,也会使海水的电导率增加,氧的溶解度降低,金属的稳定电位负移。综合以上因素,大约温度升高 10 ℃,钢铁在海水中的腐蚀速度可增加一倍左右。

⑦ 海洋生物。海水中有多种生物活动,附着在金属表面的栖居生物对海洋中金属的腐蚀影响较大。如果海洋生物(如贻贝、牡蛎、藤壶、苔藓等)能布满海洋结构物表面,则可起到覆盖保护作用。均匀致密的甲壳动物附着层下面的钢腐蚀速度可减少一半,在苔藓、贻贝附着物

下面钢的腐蚀速度可减少20% ~30%。但大多数船舶和海洋工程结构物不会发生均匀致密的生物覆盖层,而仅局部表面形成海洋生物附着,这会加速金属的腐蚀。

海水中还生活着各种各样的微生物。一类为亲氧微生物,它们维持生命需要氧气,这些微生物一般均匀分布在金属表面上,因消耗氧而降低海水中氧的浓度,所以钢的腐蚀程度减缓;另一类为厌氧微生物,它们一般生活在海水深处或海底泥土中。如果船体表面有腐蚀产物或其他覆盖层,也会造成缺氧条件。厌氧性硫酸还原菌还原硫酸盐时可使铁氧化为硫化亚铁腐蚀产物。

(2) 钢铁在海水中的腐蚀过程和腐蚀产物。

① 钢铁在海水中的腐蚀过程。钢铁在海水中的腐蚀过程可由下列反应表示:

阳极过程(负极) 为

$$Fe = Fe^{2+} + 2e^-$$

阴极过程(正极) 为

$$O_2 + 2H_2O + 4e^- = 4OH^-$$

氧的去极化作用对钢铁在海水中的腐蚀速度具有控制作用,或者说海水腐蚀主要受溶解氧到达金属表面阴极区的扩散速度的控制。所以在海水流速不大的情况下,用调整钢铁阴极成分的方法来提高其耐蚀性,其作用是不大的。

由于海水中含有大量的 Cl^-,它对钢铁的活化作用较强,所以钢铁在海水腐蚀过程中的阳极极化作用很小,腐蚀速度相当大。因此,用提高阳极阻滞的办法来提高钢铁在海水中的腐蚀抗力效果很不理想,即使是不锈钢,由于 Cl^- 的活化作用,钝化膜局部易受到破坏,容易发生点状腐蚀。但是,不锈钢中加入能提高钝化膜对 Cl^- 稳定性的合金元素 Mo 时,则能降低对钝化膜的破坏作用。

由于海水中的电导率很大,钢铁在海水中无论形成微观腐蚀电池或宏观腐蚀电池的活性都很大。当形成电偶腐蚀或因氧化皮的存在而形成浓差电池时,其腐蚀速度比在其他介质(如土壤) 中要大很多。

② 钢铁在海水中腐蚀时的腐蚀产物。钢铁在海水中首先以 Fe^{2+} 溶解而转移到水中,即

$$Fe = Fe^{2+} + 2e^-$$

当水中的 pH 大于5 而又缺氧时,Fe^{2+} 和海水中的 OH^- 反应,生成溶解度很低的白色氢氧化亚铁,即

$$Fe^{2+} + 2OH^- = Fe(OH)_2$$

氢氧化亚铁被溶于水中的氧很快地氧化成几乎不溶于水的褐色氢氧化铁,即

$$4Fe(OH)_2 + 2H_2O + O_2 = 4Fe(OH)_3$$

钢铁在海洋条件下的腐蚀产物在水和氧的作用下,成分随时会发生改变。碳钢的腐蚀产物疏松地覆盖在金属表面上,因而不能有效防止碳钢进一步腐蚀,当有氧供应时,会一直腐蚀下去。

在氧供应不足的情况下,腐蚀产物有着不同的颜色,从淡绿色到黑色。当氧过剩时,它们具有特殊的橙黄色到褐色。在不致密的涂层下面,在附着生物下面,在狭窄的缝隙中腐蚀产物呈黑色。

在研究金属腐蚀时涉及表面状态。钢铁在轧制或以后的热处理,由于高温铁被氧化,表面生成了氧化铁皮。氧化铁皮由三种铁的氧化物组成,并按一定的顺序分布在金属表面上。紧

贴着钢铁的是FeO,最外层是Fe_2O_3。氧化铁皮具有较高的电位,在水中的稳定电位比普通钢的电极电势高0.2 ~ 0.5 V,且有好的导电性,所以钢铁表面的氧化皮加速了钢在海水中的腐蚀,且腐蚀速度随氧化层表面积的增加而明显增大。

(3) 海水腐蚀的特点。

海水是典型的电解质溶液,有关电化学腐蚀的基本规律对于海水中金属的腐蚀都是适用的,但海水腐蚀的电化学过程具有自己的特点。

① 海水接近中性,含有大量溶解氧,因此除了特别活泼的金属,如Mg及其合金外,大多数金属及其合金在海水中的腐蚀过程都是氧去极化过程,腐蚀速度由阴极极化控制。

② 海水中Cl^-浓度高,对Fe、Zn、Cd等金属,它们在海水中发生腐蚀时阳极过程的阻滞作用很小,故增加阳极过程阻力对减轻海水腐蚀的效果并不显著。即使是不锈钢,海水中的Cl^-也会破坏表面保护膜而形成点蚀。

③ 海水是良好的导电介质,电阻比较小,在海水中不仅发生微观电池腐蚀,还有宏观腐蚀电池作用。在海水中由于异种金属接触腐蚀有很大的破坏作用,应该特别注意加以防护。

④ 海水中的金属易发生局部腐蚀破坏。除上面提到的接触电偶腐蚀外,还有点蚀、缝隙腐蚀、湍流腐蚀和空泡腐蚀。

⑤ 不同地域的海水组成及盐的浓度差别不大,因此地理因素的海水腐蚀显得并不重要,但各地区的水温、海流、风浪差异甚大,对海水的腐蚀和防护将有重要影响。

21世纪,海洋资源的开发和利用是国民经济发展的重点。海洋的腐蚀环境对海洋工程结构的腐蚀始终阻碍着人们对海洋资源开发的进程。为此必须研究海洋开发、海军建设用金属材料在海洋环境中的腐蚀行为和规律,研制新材料,完善防蚀技术,是沿海工业发展、海洋资源开发和环境保护的基础科学问题。

习　　题

1. 下列关于条件电势的叙述中正确的是(　　)

A. 条件电势是任意温度下的电极电势

B. 条件电势是任意浓度下的电极电势

C. 条件电势是电对氧化态和还原态浓度都等于1 mol · L^{-1}时的电势

D. 条件电势是一定条件下,氧化态和还原态的总浓度都为1.0 mol · L^{-1}校正了各种外界因素影响的实际电势

(答案:略)

2. 已知在1 mol · L^{-1}HCl介质中,$\varphi^{\ominus}{}'(Cr_2O_7^{2-}/Cr^{3+}) = 1.00$ V,$\varphi^{\ominus}{}'(Fe^{3+}/Fe^{2+}) = 0.72$ V,以$K_2Cr_2O_7$滴定Fe^{2+}时,选择下述那种指示剂合适(　　)

A. 二苯胺($\varphi^{\ominus}{}' = 0.76$)　　B. 二甲基邻二氮菲($\varphi^{\ominus}{}' = 0.97$)

C. 二甲基蓝($\varphi^{\ominus}{}' = 0.53$)　　D. 中性红($\varphi^{\ominus}{}' = 0.24$)

(答案:略)

3. 用氧化数法或离子电子法配平下列各反应方程式:

(1) $Fe^{3+} + I^- \longrightarrow Fe^{2+} + I_2$

(2) $MnO_4^- + Cl^- \longrightarrow Mn^{2+} + Cl_2 + H_2O$(酸性介质)

(3) $Cr_2O_7^{2-}$ + + $H_2S \longrightarrow Cr^{3+} + S$

(4) $Cu_2S + HNO_3 \longrightarrow Cu(NO_3)_2 + H_2SO_4 + NO$

（答案：略）

4. 根据标准电极电势，判断下列氧化剂的氧化能力的大小并排列。

O_2　　$Cr_2O_7^{2-}$　　MnO_4^-　　Zn^{2+}　　Fe^{3+}　　Sn^{4+}　　F_2

（答案：略）

5. 根据标准电极电势，判断下列还原剂的还原能力的大小并排列。

Sn^{2+}　　Sn　　Fe　　Fe　　Cl^-　　Br^-　　I^-

（答案：略）

6. 写出下列各原电池的电极反应式和电池反应式，并计算各原电池的电动势(298.15 K)：

(1) $Sn \mid Sn^{2+}(1\ mol \cdot L^{-1}) \parallel Pb^{2+}(1\ mol \cdot L^{-1}) \mid Pb$

(2) $Sn \mid Sn^{2+}(1\ mol \cdot L^{-1}) \parallel Pb^{2+}(0.1\ mol \cdot L^{-1}) \mid Pb$

(3) $Sn \mid Sn^{2+}(0.1\ mol \cdot L^{-1}) \parallel Pb^{2+}(0.01\ mol \cdot L^{-1}) \mid Pb$

（答案：0.012 V，－0.017 6 V，－0.017 6 V）

7. 计算说明，$K_2Cr_2O_7$ 能否与 10 $mol \cdot L^{-1}$ 盐酸作用放出氯气。（设其他物质均处于标准态）

（$\varphi(Cr_2O_7^{2-}/Cr^{3+}) = 1.468\ V > \varphi^{\ominus}(Cl_2/Cl^-) = 1.358\ V$，能放出氯气）

8. 计算下列反应在 298.15 K 时的平衡常数 $K^{\ominus}$。

$$\frac{1}{2}O_2(p^{\ominus}) + H_2 = H_2O(l)$$

（答案：3.3×10^{41}）

9. 已知 298.15 K 时，$\varphi^{\ominus}(PbSO_4/Pb) = -0.359\ V$，$\varphi^{\ominus}(Pb^{2+}/Pb) = -0.126\ V$，求 $PbSO_4$ 溶度积 $K_{sp}^{\ominus}$。

（答案：1.35×10^{-8}）

10. 已知碘在酸性介质中的部分电势图为

$$\varphi_A^{\ominus}/V$$

$$IO_3^- \xrightarrow{+1.13} HIO \xrightarrow{+1.45} I_2 \xrightarrow{+0.535} I^-$$

在图中碘的哪些氧化态不稳定易发生歧化反应？

（答案：略）

11. 根据 $\varphi^{\ominus}(Hg_2^{2+}/Hg)$ 和 Hg_2Cl_2 的溶度积计算 $\varphi^{\ominus}(Hg_2Cl_2/Hg)$。如果溶液中 Cl^- 浓度为 0.1 $mol \cdot L^{-1}$，Hg_2Cl_2/Hg 电对的电势为多少？

（答案：0.268 V，0.327 V）

12. 在酸性溶液中用高锰酸钾法测定 Fe^{2+} 时，$KMnO_4$ 溶液的浓度是 0.024 84 $mol \cdot L^{-1}$，求用(1) Fe；(2) Fe_2O_3；(3) $FeSO_4 \cdot 7H_2O$ 表示的滴定度。

（答案：$6.937 \times 10^{-3}\ g \cdot mL^{-1}$；$9.917 \times 10^{-3}\ g \cdot mL^{-1}$；$3.453 \times 10^{-2}\ g \cdot mL^{-1}$）

13. 分析铜试样 0.600 0 g，用去 $Na_2S_2O_3$ 溶液 20.00 mL。1 mL$Na_2S_2O_3$ $\propto$ 0.004 175 g $KBrO_3$。计算试样中的 $w(Cu_2O)$。

(答案:35.77%)

14. 在 H_2SO_4 介质中，用 0.100 0 $mol \cdot L^{-1}$ Ce^{4+} 溶液滴定 0.100 0 $mol \cdot L^{-1}$ Fe^{2+} 时，若选变色点电势为 0.94 的指示剂，终点误差为多少？

(答案：-0.003 2%)

15. 简述金属腐蚀对日常生活和国民经济的危害。

(答案:略)

第 8 章　沉淀溶解平衡与沉淀分析法

【学习要求】

(1) 掌握溶度积概念、沉淀溶解平衡的特点和有关计算。

(2) 熟练掌握影响沉淀反应的因素及沉淀的形成条件。

(3) 掌握质量分析的过程。

(4) 掌握沉淀滴定法的基本原理及应用。

沉淀溶解平衡是指在一定温度下难溶电解质与溶解在溶液中的离子之间存在溶解(dissolution)和沉淀(precipitation)的平衡,称为沉淀溶解平衡(precipitation dissolution equilibrium),这种平衡是一种动态平衡,溶解和沉淀同时发生,同时存在。沉淀溶解平衡与酸碱平衡、氧化还原平衡、配位平衡一起组成四大平衡体系。沉淀溶解平衡在生活生产中有着重要应用,利用沉淀溶解反应可以进行物质的提纯、分离、制备、鉴定以及测定等。本章首先讨论沉淀的生成、溶解以及转化的相关理论,然后以沉淀反应为基础介绍两种沉淀分析方法:质量分析法和沉淀滴定法。

8.1　沉淀溶解平衡和溶度积

严格说来,在水中没有绝对不溶的物质,通常把溶解度(solubility)小于 $0.01\ g \cdot (100\ g)^{-1}\ H_2O$ 的物质称为难溶物质,溶解度在 $(0.01 \sim 0.1\ g) \cdot (100\ g)^{-1}\ H_2O$ 之间的物质称为微溶物质,溶解度大于 $0.1\ g \cdot (100\ g)^{-1}\ H_2O$ 的物质称为易溶物质,本节主要介绍与难溶电解质和微溶电解质溶解性有关的特征常数 —— 溶度积。

8.1.1　溶度积

在一定温度下,将难溶电解质晶体放入水中时,就会发生溶解和沉淀两个过程,以 AgCl 为例,AgCl(s) 是由 Ag^+ 和 Cl^- 组成的晶体,将其放入水中时,晶体中的 Ag^+ 和 Cl^- 在水分子的作用下,不断由晶体表面溶入溶液中,成为无规则运动的水合离子,把这一过程称为溶解过程。与此同时,已经溶解在溶液中的 Ag^+(aq) 和 Cl^-(aq) 在不断运动中相互碰撞或与未溶解的 AgCl(s) 表面碰撞,也会不断地从液相回到固相表面,并且以 AgCl(s) 形式析出,这一过程称为沉淀。难溶电解质的溶解和沉淀过程是可逆的,开始时,溶解速率大于沉淀速率,经过一定时间后,溶解和沉淀速率相等时,溶液成为 AgCl(s) 的饱和溶液,同时溶液中建立了一种动态的多相离子平衡。把在固体难溶电解质的饱和溶液中,存在着的电解质与由它解离产生的离子之间的平衡称为沉淀溶解平衡。以 AgCl(s) 为例可表示为

$$AgCl(s) \rightleftharpoons Ag^+(aq) + Cl^-(aq)$$

该动态平衡的标准平衡常数表达为

$$K^{\ominus}=K_{sp}^{\ominus}(AgCl)=\frac{c(Ag^+)}{c^{\ominus}}\frac{c(Cl^-)}{c^{\ominus}} \tag{8-1}$$

对于难溶电解质的解离平衡，其平衡常数 $K_{sp}^{\ominus}$ 称为溶度积常数(solubility product constant),简称溶度积,记为 $K_{sp}^{\ominus}$,$c(Ag^+)$ 和 $c(Cl^-)$ 是饱和溶液中 Ag^+ 和 Cl^- 的浓度。

对于一般的沉淀反应

$$A_nB_m(s) \rightleftharpoons nA^{m+}(aq)+mB^{n-}(aq)$$

溶度积通式为

$$K_{sp}^{\ominus}(A_nB_m)=\left\{\frac{c(A^{m+})}{c^{\ominus}}\right\}^n\left\{\frac{c(B^{n-})}{c^{\ominus}}\right\}^m \tag{8-2}$$

由于 $c^{\ominus}=1\ mol\cdot L^{-1}$,式(8-2)常简写为

$$K_{sp}^{\ominus}(A_nB_m)=\{c(A^{m+})\}^n\{c(B^{n-})\}^m \tag{8-3}$$

式(8-3)表明:在一定温度下,难溶电解质的饱和溶液中,各组分离子浓度幂的乘积为一常数,$K_{sp}^{\ominus}$ 的大小间接反映了难溶电解质溶解能力的大小,同时它也表示了难溶的强电解质处于沉淀溶解平衡的一种状态。任何难溶的强电解质,无论其溶解度多么小,它们的饱和溶液中总有达成沉淀溶解平衡的离子;任何沉淀反应,无论进行得多么完全,溶液中总有沉淀物的组分离子,并且离子浓度的幂的乘积为常数。$K_{sp}^{\ominus}$ 只受温度的影响,常见难溶强电解质的溶度积常数见附录9。值得注意的是,上述溶度积常数表达式虽是根据难溶强电解质多相离子平衡推导而来,其结论同样运用于难溶弱电解质的多相离子平衡。

8.1.2 溶解度和溶度积的相互换算

溶度积和溶解度都可以用来表示难溶电解质的溶解性,两者既有联系又有区别。从相互联系考虑,它们之间可以相互换算,既可以从溶解度求得溶度积,也可以从溶度积求得溶解度。它们之间的区别在于,溶度积是未溶解的固相与溶液中相应离子达到沉淀溶解平衡时的离子浓度的幂乘积,只与温度有关。溶解度不仅与温度有关,还与系统的组成、pH 的改变、配合物的生成等因素有关。换算时,应注意浓度单位必须采用 $mol\cdot L^{-1}$ 来表示,另外,由于难溶电解质的溶解度很小,溶液浓度很小,难溶电解质饱和溶液的密度可近似认为等于水的密度。一般溶解度用符号 s 表示,s 与 $K_{sp}^{\ominus}$ 之间的关系与物质的类型有关,下面分别进行讨论。

对于 AB 型难溶强电解质,如 AgBr、$BaSO_4$ 等为

$$AB(s) \rightleftharpoons A^{n+}(aq)+B^{n-}(aq)$$

平衡离子浓度 $\qquad s \qquad s$

$$K_{sp}^{\ominus}(AB)=c(A^{n+})c(B^{n-})=s^2$$

$$s=\sqrt{K_{sp}^{\ominus}(AB)}$$

对于 AB_2 或 A_2B 型难溶强电解质,如 CaF_2、Ag_2CrO_4、$Mg(OH)_2$ 等。以 AB_2 为例,有

$$AB_2(s) \rightleftharpoons A^{2n+}(aq)+2B^{n-}(aq)$$

平衡离子浓度 $\qquad s \qquad 2s$

$$K_{sp}^{\ominus}(AB_2)=c(A^{2n+})\{c(B^{n-})\}^2=s(2s)^2=4s^3$$

$$s=\sqrt[3]{\frac{K_{sp}^{\ominus}(AB_2)}{4}}$$

由此可推广至任一 A_nB_m 型难溶强电解质,其溶解度和溶度积的关系为

$$A_nB_m(s) \rightleftharpoons nA^{m+}(aq) + mB^{n-}(aq)$$

平衡离子浓度　　　　　　ns　　　　ms

$$K_{sp}^{\ominus}(A_nB_m) = \{c(A^{m+})\}^n\{c(B^{n-})\}^m = (ns)^n(ms)^m = m^m n^n s^{m+n}$$

$$s = \sqrt[(m+n)]{\frac{K_{sp}^{\ominus}(A_nB_m)}{m^m n^n}} \tag{8-4}$$

【例8.1】　已知在298.15 K时，AgCl和Ag_2CrO_4的溶度积分别为1.80×10^{-10}和1.12×10^{-12}。试求该温度下，AgCl和Ag_2CrO_4的溶解度。

解　AgCl属于AB型难溶电解质，其溶解度为

$$s_1 = \sqrt{K_{sp}^{\ominus}(AgCl)} = \sqrt{1.80 \times 10^{-10}} = 1.34 \times 10^{-5}(mol \cdot L^{-1})$$

Ag_2CrO_4属于A_2B型难溶电解质，其溶解度为

$$s_2 = \sqrt[3]{\frac{K_{sp}^{\ominus}(Ag_2CrO_4)}{4}} = \sqrt[3]{\frac{1.12 \times 10^{-12}}{4}} = 6.54 \times 10^{-5}(mol \cdot L^{-1})$$

由计算可见，虽然$K_{sp}^{\ominus}(Ag_2CrO_4)$小于$K_{sp}^{\ominus}(AgCl)$，但$Ag_2CrO_4$溶解度大于AgCl，这是由于两者的溶度积表示式类型不同。所以，$K_{sp}^{\ominus}$虽然也可表示难溶电解质的溶解大小，但只能用来比较相同类型的电解质，如同是AB型或是AB_2型等，此时$K_{sp}^{\ominus}$越小，其溶解度也越小，而对于不同类型的难溶电解质不能简单地用$K_{sp}^{\ominus}$直接判断溶解度的大小。

必须指出的是：溶解度s与溶度积$K_{sp}^{\ominus}$之间的换算是有条件的，包括：

(1) 仅适合于溶解度很小的难溶电解质溶液。因为溶解度小，溶液的离子强度小，浓度才可以近似地等于活度。对于溶解度较大的强电解质，离子强度较大将会引致较大误差，例如$CaSO_4$、$CaCrO_3$等。

(2) 仅适用于离解出来的阴离子不发生其他副反应（水解、缔合等）的物质。对于难溶硫化物、碳酸盐和磷酸盐，由于阴离子的水解作用，不能利用上述方法计算。

(3) 仅适用于在水溶液中的溶解部分全部解离的场合。对于如Hg_2Cl_2等共价性较强的物质，由于它们不能在水中完全解离，计算将会有误差。

(4) 只适合难溶电解质一步完全解离的场合。在分步电离场合，由于平衡的相互牵制，浓度关系复杂，不能做上述简单处理，例如：

$$Fe(OH)_3 \rightleftharpoons Fe(OH)_2^+ + OH^-$$

$$Fe(OH)_2^+ \rightleftharpoons Fe(OH)^{2+} + OH^-$$

$$Fe(OH)^{2+} \rightleftharpoons Fe^{3+} + OH^-$$

显然，$c(Fe^{3+}) \neq c(OH^-) \times 1/3$，但$c(Fe^{3+}) \cdot \{c(OH^-)\}^3 = K_{sp}^{\ominus}(Fe(OH)_3)$的关系仍然是正确的。

8.1.3　溶度积规则

根据吉布斯自由能变判据，即

$$\Delta G = RT\ln\frac{Q}{K^{\ominus}}\begin{cases} < 0 & \text{反应正向进行} \\ = 0 & \text{反应处于平衡状态} \\ > 0 & \text{反应逆向进行} \end{cases}$$

应用于沉淀－溶解平衡，即

$$A_nB_m(s) \rightleftharpoons nA^{m+}(aq) + mB^{n-}(aq)$$

此时 $Q=\left\{\frac{c(A^{m+})}{c^{\ominus}}\right\}^n\left\{\frac{c(B^{n-})}{c^{\ominus}}\right\}^m$,$Q$ 和 $K_{sp}^{\ominus}$ 表达式相近,但意义不同,Q 称为离子积(又称浓度商),表示在任何情况下的溶液中离子浓度的幂乘积,而 $K_{sp}^{\ominus}$ 是指难溶电解质和溶液中的离子达到平衡(饱和溶液)时的离子浓度的幂乘积,$K_{sp}^{\ominus}$ 是平衡条件下的 Q。

在任何给定的溶液中,可根据 Q 和 $K_{sp}^{\ominus}$ 的大小来判断沉淀的生成和溶解。

(1)$Q < K_{sp}^{\ominus}$ 时,$\Delta G < 0$,溶液为不饱和溶液,反应向沉淀溶解的方向进行。

(2)$Q = K_{sp}^{\ominus}$ 时,$\Delta G = 0$,溶液为饱和溶液,沉淀溶解达到动态平衡。

(3)$Q > K_{sp}^{\ominus}$ 时,$\Delta G > 0$,溶液为过饱和溶液,反应向沉淀生成的方向进行。

这一规则称为溶度积规则,它是判断沉淀生成和溶解的定量依据。

8.2 沉淀的生成和溶解

8.2.1 沉淀的生成

1. 加入沉淀剂使沉淀析出

根据溶度积规则,在某难溶电解质溶液中,如果 $Q > K_{sp}^{\ominus}$,就有该物质的沉淀生成,这是沉淀生成的必要条件。

【例8.2】 在0.1 $mol \cdot L^{-1}$ $FeCl_3$ 溶液中,加入等体积的含有0.20 $mol \cdot L^{-1}$ $NH_3 \cdot H_2O$ 和2.0 $mol \cdot L^{-1}$ NH_4Cl 的混合溶液,问能否产生 $Fe(OH)_3$ 沉淀?

解 由于等体积混合,各物质的浓度均减小一倍,即

$c(Fe^{3+}) = 0.05\ mol \cdot L^{-1}$, $c(NH_4Cl) = 1.0\ mol \cdot L^{-1}$, $c(NH_3 \cdot H_2O) = 0.10\ mol \cdot L^{-1}$

设 $c(OH^-)$ 为 $x\ mol \cdot L^{-1}$,即

$$NH_3 \cdot H_2O \rightleftharpoons NH_4^+ + OH^-$$

平衡浓度 $\quad 0.10 - x \quad 1.0 + x \quad x$

$$K_b^{\ominus}(NH_3 \cdot H_2O) = \frac{\frac{c(NH_4^+)}{c^{\ominus}}\frac{c(OH^-)}{c^{\ominus}}}{\frac{c(NH_3 \cdot H_2O)}{c^{\ominus}}} = 1.75 \times 10^{-5}$$

$$\frac{(1.0 + x)x}{0.10 - x} = 1.75 \times 10^{-5}$$

因为 $0.10/K_b^{\ominus} = 0.10/(1.75 \times 10^{-5}) \gg 380$,$x$ 很小,所以

$$0.10 - x \approx 0.1, \quad 1.0 + x \approx 1.0$$

$$\frac{1.0x}{0.10} = 1.75 \times 10^{-5}, \quad x = 1.75 \times 10^{-6}$$

$$Q = c(Fe^{3+})\{c(OH^-)\}^3 = 0.05 \times (1.75 \times 10^{-6})^3$$
$$= 2.7 \times 10^{-19} > K_{sp}^{\ominus}(Fe(OH)_3) = 4.0 \times 10^{-38}$$

所以溶液中有 $Fe(OH)_3$ 沉淀生成。

2. 同离子效应

在难溶的强电解质的饱和溶液中,加入具有相同离子的易溶强电解质,难溶电解质的多相

离子平衡将发生移动，如同弱酸或弱碱溶液中的同离子效应一样，使难溶强电解质的溶解度减小。

【例 8.3】 计算 25 ℃ 下 $CaF_2(s)$

(1) 在水中的溶解度；

(2) 在 0.01 mol·L^{-1} 的 $Ca(NO_3)_2$ 溶液中的溶解度；

(3) 在 0.01 mol·L^{-1} 的 NaF 溶液中的溶解度。

并比较三种情况下溶解度的大小。

解 从附录 9 中查得 25 ℃ 时，$K_{sp}^{\ominus}(CaF_2) = 5.3 \times 10^{-9}$。

(1) 设 CaF_2 在水中溶解度为 s_1，则

$$s_1 = \sqrt[3]{\frac{K_{sp}^{\ominus}(CaF_2)}{4}} = \sqrt[3]{\frac{5.3 \times 10^{-9}}{4}} = 1.1 \times 10^{-3}(\text{mol} \cdot \text{L}^{-1})$$

(2) 设 CaF_2 在 0.01 mol·L^{-1} 的 $Ca(NO_3)_2$ 溶液中的溶解度为 s_2，则

$$CaF_2(s) \rightleftharpoons Ca^{2+}(aq) + 2\,F^-(aq)$$

平衡浓度　　$0.010 + s_2$　　$2\,s_2$

$$(0.01 + s_2) \times (2\,s_2)^2 = 5.3 \times 10^{-9}$$

因为 $K_{sp}^{\ominus}(CaF_2)$ 值很小，所以

$$0.01 + s_2 \approx 0.01$$

$$0.01 \times 4(s_2)^2 = 5.3 \times 10^{-9}$$

所以 $s_2 = 3.64 \times 10^{-4}$ mol·L^{-1}。

(3) 设 CaF_2 在 0.01 mol·L^{-1} 的 NaF 溶液中的溶解度为 s_3，则

$$CaF_2(s) \rightleftharpoons Ca^{2+}(aq) + 2\,F^-(aq)$$

平衡浓度　　s_3　　$0.01 + 2\,s_3$

$$s_3 \times (0.01 + 2s_3)^2 = 5.3 \times 10^{-9}$$

因为 $K_{sp}^{\ominus}(CaF_2)$ 值很小，所以

$$0.01 + 2s_3 \approx 0.01$$

$$s_3 \times 0.01^2 = 5.3 \times 10^{-9}$$

$$s_3 = 5.3 \times 10^{-5}\ \text{mol} \cdot \text{L}^{-1}$$

比较 s_1、s_2、s_3 发现水中 CaF_2 的溶解度 s_1 最大，在 $Ca(NO_3)_2$ 和 NaF 溶液中由于含有和 CaF_2 解离出的相同离子 Ca^{2+} 和 F^-，造成 CaF_2 的溶解度均有所降低，这种现象称为难溶电解质的同离子效应。

在实际应用中，可利用沉淀反应来分离溶液中的离子。依据同离子效应，加入适当过量的沉淀试剂(precipitant)，如生成 CaF_2 沉淀时所加 NaF 溶液过量，这样可使沉淀反应趋于完全。所谓完全，并不是使溶液中的某种被沉淀离子浓度等于零，实际上这是做不到的。一般情况下，只要溶液中被沉淀的离子浓度不超过 10^{-5} mol·L^{-1}，即认为这种离子沉淀完全了。在洗涤沉淀时，也常应用同离子效应。从溶液中析出的沉淀常含有杂质，要得到纯净的沉淀，就必须洗涤。为了减少洗涤过程中沉淀的损失，常用与沉淀含有相同离子的溶液来洗涤，而不用纯水来洗涤。例如，可使用 NH_4Cl 溶液来洗涤 AgCl 沉淀。

同离子效应在分析鉴定和分离提纯中应用很广泛，但任何事物都具有两重性，在实际应用

中,如果认为沉淀试剂过量越多沉淀越完全,因而大量使用沉淀试剂,不仅不会产生明显的同离子效应,往往还会因其他副反应的发生,反而使沉淀的溶解度增大。如 AgCl 沉淀中加入过量的 HCl,可以生成配离子$[AgCl_2]^-$,而使 AgCl 溶解度增大,甚至能使沉淀溶解。另外,盐效应也能使沉淀的溶解度增大。

3. 盐效应

因加入易溶强电解质而使难溶电解质溶解度增大的效应,称为盐效应。盐效应的产生,主要是由于溶液中离子强度增大,在阴、阳离子周围形成"离子氛",降低了难溶电解质解离出来的离子的有效浓度,从而使沉淀过程变慢,平衡向溶解方向移动,这样难溶电解质溶解度增大。

不仅加入不具有相同离子的电解质能产生盐效应,加入具有相同离子的电解质,在产生同离子效应的同时,也能产生盐效应。所以,在利用同离子效应降低沉淀溶解度时,沉淀试剂不能过量太多,否则将会引起盐效应,使沉淀的溶解度增大。一般情况下,沉淀剂过量 20% ~ 50% 为宜。$PbSO_4$ 在 Na_2SO_4 溶液中的溶解度见表 8 - 1。当 Na_2SO_4 的浓度从 0 增加到 0.04 $mol \cdot L^{-1}$ 时,$PbSO_4$ 溶解度逐渐变小,这时同离子效应起主导作用;当 Na_2SO_4 的浓度为 0.04 $mol \cdot L^{-1}$ 时,$PbSO_4$ 的溶解度最小;当 Na_2SO_4 的浓度大于 0.04 $mol \cdot L^{-1}$ 时,$PbSO_4$ 溶解度逐渐增大,这时盐效应起主导作用。

表 8 - 1　$PbSO_4$ 在 Na_2SO_4 溶液中的溶解度

$c(Na_2SO_4)/(mol \cdot L^{-1})$	0	0.001	0.01	0.02	0.04	0.100	0.200
$s(PbSO_4)/(mmol \cdot L^{-1})$	0.15	0.024	0.016	0.014	0.013	0.016	0.023

一般来说,若难溶电解质的溶度积很小时,盐效应的影响很小,可忽略不计;若难溶电解质的溶度积较大,溶液中各种离子的总浓度也较大时就要考虑盐效应的影响。

4. pH 对沉淀反应的影响

某些难溶电解质如氢氧化物和硫化物,它们的溶解度与溶液的酸度有关,因此控制溶液的 pH 就可以促使某些沉淀生成。

【例 8.4】 一溶液中含有 Fe^{3+} 和 Fe^{2+},它们的浓度均为 0.050 $mol \cdot L^{-1}$,如果要求 $Fe(OH)_3$ 沉淀完全而 Fe^{2+} 不生成 $Fe(OH)_2$ 沉淀,需控制溶液 pH 为何值?

解　查附录 9 知 $K_{sp}^{\ominus}(Fe(OH)_3) = 4.0 \times 10^{-38}$,$K_{sp}^{\ominus}(Fe(OH)_2) = 8.0 \times 10^{-16}$,沉淀完全时有

$$c(Fe^{3+}) = 1 \times 10^{-5}\ mol \cdot L^{-1}$$

$Fe(OH)_3$ 完全沉淀时所需 $c(OH^-)$ 为

$$c(OH^-) = \sqrt[3]{\frac{K_{sp}^{\ominus}(Fe(OH)_3)}{c(Fe^{3+})}} = \sqrt[3]{\frac{4 \times 10^{-38}}{1 \times 10^{-5}}} = 1.59 \times 10^{-11}(mol \cdot L^{-1})$$

$$pH = 14.0 - pOH = 14.0 - 10.8 = 3.2$$

Fe^{2+} 开始沉淀所需要的 $c(OH^-)$ 为

$$c(OH^-) = \sqrt{\frac{K_{sp}^{\ominus}(Fe(OH)_2)}{c(Fe^{2+})}} = \sqrt{\frac{8 \times 10^{-16}}{0.050}} = 1.26 \times 10^{-7}(mol \cdot L^{-1})$$

$$pH = 14.0 - pOH = 14.0 - 6.9 = 7.1$$

所以,溶液的 pH 应控制在 3.2 ~ 7.1,这样既可使 Fe^{3+} 完全沉淀而又使 Fe^{2+} 不沉淀。

难溶金属氢氧化物的 $K_{sp}^{\ominus}$ 各不相同,故开始沉淀和沉淀完全时的 OH^- 浓度或 pH 也不相同。在沉淀分离中,常根据金属氢氧化物 $K_{sp}^{\ominus}$ 之间的差别,通过调节、控制溶液的 pH,使某些金属氢氧化物沉淀出来,另一些金属离子则仍保留在溶液中,从而达到分离、提纯的目的。

5. 分步沉淀

如果在溶液中有两种或两种以上的离子都能与加入的试剂发生沉淀反应,它们将根据溶度积的大小而先后生成沉淀。例如,在含有相同浓度的 Cl^- 和 I^- 的混合溶液中,逐滴加入 $AgNO_3$ 溶液,先是产生淡黄色的 AgI 沉淀,后来才出现白色的 AgCl 沉淀,这种先后沉淀的现象,称为分步沉淀。

为什么沉淀次序会有先后呢?可以根据溶度积的规则来说明。假定溶液中 Cl^- 和 I^- 浓度都是 0.010 $mol \cdot L^{-1}$,在此溶液中加入 $AgNO_3$ 溶液,由于 AgCl、AgI 的溶度积不同,析出相应沉淀所需的 Ag^+ 浓度也就不同。

AgI 开始析出时所需的 Ag^+ 浓度为

$$c(Ag^+) = \frac{K_{sp}^{\ominus}(AgI)}{c(I^-)} = \frac{8.3 \times 10^{-17}}{0.01} = 8.3 \times 10^{-15}(mol \cdot L^{-1})$$

AgCl 开始析出时所需 Ag^+ 浓度为

$$c(Ag^+) = \frac{K_{sp}^{\ominus}(AgCl)}{c(Cl^-)} = \frac{1.8 \times 10^{-10}}{0.01} = 1.8 \times 10^{-8}(mol \cdot L^{-1})$$

从计算结果可以看出,沉淀 I^- 所需要的 Ag^+ 浓度比沉淀 Cl^- 所需要的 Ag^+ 浓度要小得多,所以在含有相同浓度的 Cl^- 和 I^- 混合溶液中逐滴加入 $AgNO_3$ 溶液,首先析出的是 AgI 沉淀而不是 AgCl 沉淀。

在用 $AgNO_3$ 沉淀 I^- 时,随着 $AgNO_3$ 的逐渐加入和 AgI 的继续沉淀,溶液中的 Ag^+ 浓度不断增加,I^- 浓度相应减小。当 Ag^+ 增加到能使 AgCl 开始沉淀所需的浓度时,则 AgI、AgCl 同时沉淀,溶液中存在着两个固相。此时溶液对 AgI 和 AgCl 均达饱和,因此 Ag^+ 浓度必须同时满足下列两个溶度积关系式,即

$$c(Ag^+)c(I^-) = K_{sp}^{\ominus}(AgI)$$

$$c(Ag^+)c(Cl^-) = K_{sp}^{\ominus}(AgCl)$$

$$\frac{c(I^-)}{c(Cl^-)} = \frac{K_{sp}^{\ominus}(AgI)}{K_{sp}^{\ominus}(AgCl)} = \frac{8.3 \times 10^{-17}}{1.8 \times 10^{-10}} = 4.6 \times 10^{-7}$$

计算结果表明:当 I^- 和 Cl^- 浓度比值为 4.6×10^{-7} 时,若溶液中加入 Ag^+,此两种离子会同时沉淀。

当 AgCl 开始沉淀时,$c(Cl^-) = 0.01$ $mol \cdot L^{-1}$ 时,则溶液中 $c(I^-) = 4.6 \times 10^{-9}$ $mol \cdot L^{-1}$,已经远小于 1×10^{-5} $mol \cdot L^{-1}$,这就是说当 AgCl 开始沉淀时,I^- 已沉淀得很完全了。

从上面讨论可以看出,如果是同一类型的难溶电解质,溶度积数值差别越大,混合离子有可能被分离得越完全。此外,分步沉淀的顺序不仅与溶度积有关,还与溶液中被沉淀离子的浓度有关。

总之,当溶液中同时存在几种离子时,生成沉淀的顺序取决于相应的离子积达到并超过溶度积的先后顺序。在实际工作中,常利用分步沉淀原理来控制条件以达到分离实验目的。

【例 8.5】 在 0.10 $mol \cdot L^{-1}$ 的 Co^{2+} 盐溶液中含有 Cu^{2+} 杂质,用硫化物分步沉淀去除 Cu^{2+} 的条件是什么?

解 开始析出CoS沉淀所需S^{2-}的最低浓度为

$$c(S^{2-})=\frac{K_{sp}^{\ominus}(CoS)}{c(Co^{2+})}=\frac{4.0\times10^{-21}}{0.10}=4.0\times10^{-20}(mol\cdot L^{-1})$$

Cu^{2+}完全沉淀时S^{2-}的浓度为

$$c(S^{2-})=\frac{K_{sp}^{\ominus}(CuS)}{c(Cu^{2+})}=\frac{6.3\times10^{-36}}{1.0\times10^{-5}}=6.3\times10^{-31}(mol\cdot L^{-1})$$

只要将加入钴盐溶液中S^{2-}的浓度控制在$6.3\times10^{-31}\sim4.0\times10^{-20}\ mol\cdot L^{-1}$即可将$Cu^{2+}$以CuS形式完全去除,而$Co^{2+}$能保留下来。

$$H_2S\rightleftharpoons H^++HS^-,\quad K_{a_1}^{\ominus}=1.3\times10^{-7}$$

$$HS^-\rightleftharpoons H^++S^{2-},\quad K_{a_2}^{\ominus}=7.1\times10^{-15}$$

$$H_2S\rightleftharpoons 2H^++S^{2-},\quad K_{a}^{\ominus}=K_{a_1}^{\ominus}\times K_{a_2}^{\ominus}$$

$$K^{\ominus}=\frac{\left\{\frac{c(H^+)}{c^{\ominus}}\right\}^2\frac{c(S^{2-})}{c^{\ominus}}}{\frac{c(H_2S)}{c^{\ominus}}}$$

饱和溶液中$c(H_2S)=0.10\ mol\cdot L^{-1}$,当$c(S^{2-})=4.0\times10^{-20}\ mol\cdot L^{-1}$,有

$$\left\{\frac{c(H^+)}{c^{\ominus}}\right\}^2\frac{c(S^{2-})}{c^{\ominus}}=K_{a}^{\ominus}\frac{c(H_2S)}{c^{\ominus}}$$

$$\left\{\frac{c(H^+)}{c^{\ominus}}\right\}^2\times4.0\times10^{-20}=K_{a_1}^{\ominus}K_{a_2}^{\ominus}\times0.10$$

解得

$$c(H^+)=0.048\ mol\cdot L^{-1}$$

所以只要控制溶液中$c(H^+)>0.048\ mol\cdot L^{-1}$,即可用硫化物分步沉淀法将$Cu^{2+}$杂质去除。

8.2.2 沉淀的溶解

根据溶度积规则,沉淀溶解的必要条件为$Q<K_{sp}^{\ominus}$,因此一切能降低多相离子平衡系统中有关离子浓度的方法,都能促使平衡向沉淀溶解的方向移动。

1. 酸碱溶解法

利用酸、碱或某些盐类(如铵盐)与难溶电解质组分离子结合成弱电解质(包括弱酸、弱碱和水),以溶解某些弱碱盐、弱酸盐、酸性或碱性氧化物和氢氧化物等难溶物的方法,称为酸碱溶解法。如

$$Fe(OH)_3+3H^+\rightleftharpoons Fe^{3+}+3H_2O$$

$$CaCO_3+2H^+\rightleftharpoons Ca^{2+}+H_2O+CO_2$$

$$Mg(OH)_2+2NH_4^+\rightleftharpoons Mg^{2+}+2NH_3+2H_2O$$

以难溶弱酸盐$CaCO_3$溶于盐酸为例,有

(1) $CaCO_3(s)\rightleftharpoons Ca^{2+}(aq)+CO_3^{2-}(aq),\qquad K_1^{\ominus}=K_{sp}^{\ominus}(CaCO_3)=2.8\times10^{-9}$

(2) $CO_3^{2-}+H^+\rightleftharpoons HCO_3^-,\qquad K_2^{\ominus}=\frac{1}{K_{a_2}^{\ominus}(H_2CO_3)}=\frac{1}{5.6\times10^{-11}}$

(3) $HCO_3^- + H^+ \rightleftharpoons H_2CO_3 \longrightarrow CO_2 + H_2O$，　$K_3^{\ominus} = \dfrac{1}{K_{a_1}^{\ominus}(H_2CO_3)} = \dfrac{1}{4.2 \times 10^{-7}}$

(1) + (2) + (3) 得

$$CaCO_3 + 2H^+ \rightleftharpoons Ca^{2+} + H_2O + CO_2$$

$CaCO_3$ 溶于盐酸的平衡常数为

$$K^{\ominus} = K_1^{\ominus}K_2^{\ominus}K_3^{\ominus} = \frac{K_{sp}^{\ominus}(CaCO_3)}{K_{a_1}^{\ominus}(H_2CO_3)K_{a_2}^{\ominus}(H_2CO_3)} = \frac{2.8 \times 10^{-9}}{4.2 \times 10^{-7} \times 5.6 \times 10^{-11}} = 1.2 \times 10^{8}$$

平衡常数 $K^{\ominus}$ 很大，溶解反应进行得相当彻底，所以 $CaCO_3$ 能溶于盐酸中。

难溶弱酸盐溶于酸的难易程度与难溶盐的溶度积和酸溶反应生成的弱电解质的解离常数有关。$K_{sp}^{\ominus}$ 越大，$K_a^{\ominus}$ 值越小，难溶弱酸盐的酸溶反应越易进行。

对于难溶性的两性氢氧化物，如 $Zn(OH)_2$、$Al(OH)_3$、$Sn(OH)_2$ 等，不仅易溶于强酸，而且易溶于强碱，以 $Zn(OH)_2$ 为例，其原理如下：

$$2H^+ + ZnO_2^{2-} \rightleftharpoons Zn(OH)_2 \rightleftharpoons Zn^{2+} + 2OH^-$$

+　　　　　　　　　　　　　　　　+

$2OH^-$　加碱平衡左移　　　　　　$2H^+$　加酸平衡右移

↓　　　　　　　　　　　　　　　　↓

$2H_2O$　　　　　　　　　　　　　$2H_2O$

2. 氧化还原法

有些金属硫化物，如 CuS、HgS 等，其溶度积特别小，在饱和溶液中，S^{2-} 浓度特别低，不能溶于非氧化性强酸，只能用具有强氧化性的酸将 S^{2-} 氧化，降低其浓度，以达到溶解沉淀的目的。

$$CuS(s) \rightleftharpoons Cu^{2+}(aq) + S^{2-}(aq)$$

$$S^{2-} \xrightarrow{+HNO_3} S + NO + H_2O$$

溶解反应方程式为

$$3CuS(s) + 2NO_3^-(aq) + 8H^+(aq) \rightleftharpoons 3Cu^{2+}(aq) + 3S(s) + 2NO(g) + 4H_2O(l)$$

3. 配位溶解法

通过加入配位剂，难溶电解质的组分离子形成稳定的配离子，降低难溶电解质组分离子的浓度，从而使其溶解。如 AgCl 难溶于稀硝酸，但可溶于氨水，其溶解过程为

$$AgCl(s) \rightleftharpoons Ag^+(aq) + Cl^-(aq)$$

+

$2NH_3(aq)$

⇅

$[Ag(NH_3)_2]^+(aq)$

总溶解反应方程式为

$$AgCl(s) + 2NH_3(aq) \rightleftharpoons [Ag(NH_3)_2]^+(aq) + Cl^-(aq)$$

由于 Ag^+ 与 NH_3 形成了稳定的配离子$[Ag(NH_3)_2]^+$，因此溶液中 Ag^+ 的浓度降低，从而

$c(Ag^+) \cdot c(Cl^-) < K_{sp}^{\ominus}(AgCl)$,故 AgCl 沉淀能溶解于氨水中。

对于溶度积特别小的难溶电解质来说,必须同时降低难溶电解质所解离出的正、负离子的浓度,才能有效地使难溶物的离子积小于其溶度积,从而达到溶解的目的。例如,HgS 的溶度积($K_{sp}^{\ominus} = 4.0 \times 10^{-53}$)特别小,它既不溶于非氧化性强酸,也不溶于氧化性硝酸,但可溶于王水中,总的溶解反应方程式为

$$3HgS(aq) + 2NO_3^-(aq) + 12Cl^-(aq) + 8H^+(aq) \rightleftharpoons$$
$$3[HgCl_4]^{2-}(aq) + 3S(s) + 2NO(g) + 4H_2O(l)$$

利用王水的氧化性可把 S^{2-} 氧化为单质 S。同时,王水中大量的 Cl^- 还可与 Hg^{2+} 配位形成稳定的配离子$[HgCl_4]^{2-}$,从而同时降低了 S^{2-} 和 Hg^{2+} 的浓度,使 $c(Hg^{2+}) \cdot c(S^{2-}) < K_{sp}^{\ominus}$,这样 HgS 便溶于王水中。

8.2.3 沉淀的转化

在含有沉淀的溶液中,加入相应试剂使一种沉淀转化为另一种沉淀的过程,称为沉淀的转化。沉淀的转化在生产和科研中是常常遇到的问题。例如工业上锅炉用水,时间久了锅炉底部结成锅垢,如不及时清除将因传热不匀而易发生危险,燃料耗费也增多。由于锅垢中含有的 $CaSO_4$ 微溶于水,较难除去,若加入一种试剂 Na_2CO_3,可使 $CaSO_4$ 转化为 $CaCO_3$ 沉淀,后者易溶于酸,锅垢即可被除去。

$CaSO_4$ 转化为 $CaCO_3$ 的反应为

(1) $CaSO_4(s) \rightleftharpoons Ca^{2+}(aq) + SO_4^{2-}(aq)$, $K_1^{\ominus} = K_{sp}^{\ominus}(CaSO_4)$

加入 Na_2CO_3 后,提供了大量的 CO_3^{2-},即

(2) $Ca^{2+}(aq) + CO_3^{2-}(aq) \rightleftharpoons CaCO_3(s)$, $K_2^{\ominus} = 1/K_{sp}^{\ominus}(CaCO_3)$

(1) + (2) 得

$$CaSO_4(s) + CO_3^{2-}(aq) \rightleftharpoons CaCO_3(s) + SO_4^{2-}(aq)$$

总反应的平衡常数为

$$K^{\ominus} = \frac{c(SO_4^{2-})}{c(CO_3^{2-})} = K_1^{\ominus}K_2^{\ominus} = \frac{K_{sp}^{\ominus}(CaSO_4)}{K_{sp}^{\ominus}(CaCO_3)} = \frac{9.1 \times 10^{-6}}{2.8 \times 10^{-9}} = 3.3 \times 10^3$$

上述计算表明,这一沉淀转化反应向右进行的趋势相当大,所以可利用沉淀转化反应来去除锅垢。对于类型相同的难溶电解质,沉淀转化程度的大小取决于两种难溶电解质溶度积的相对大小。一般地说,溶度积较大的难溶电解质容易转化为溶度积较小的难溶电解质,两种沉淀物的溶度积相差越大,沉淀转化越完全。

8.3 沉淀分析法

8.3.1 沉淀反应的影响因素及沉淀形成的条件

利用沉淀反应进行质量分析,希望反应进行得越完全越好,沉淀物中杂质的含量越少越好。沉淀反应是否完全,可根据反应达到平衡后,溶液中未被沉淀的被测组分的量来衡量,即根据沉淀溶解度的大小来判断,溶解度越小,沉淀越完全,当沉淀从溶液中析出时,会或多或少

地夹杂溶液中的其他组分,使沉淀玷污。因此,有必要掌握沉淀反应的原理、影响沉淀溶解度的主要因素以及沉淀形成的条件。

1. 影响沉淀溶解度的因素

在质量分析中,为满足定量分析的要求,必须考虑影响沉淀溶解度的各种因素。影响沉淀溶解度的因素很多,如同离子效应、盐效应、酸效应(acidic effect)、配位效应(coordination effect)等。此外,温度、介质、晶体结构和颗粒大小也对沉淀溶解度有影响。

2. 沉淀的形成条件

(1)沉淀的形成过程及沉淀的类型。

一般认为,要形成沉淀,首先要有构晶离子,其次是构晶离子在过饱和溶液中形成晶核(grain of crystallization),然后晶核进一步生长。晶核的形成有两种情况,一种是均相成核(homogeneous nucleation)作用,另一种是异相成核(heterogeneous nucleation)作用。均相成核作用是指构晶粒子在过饱和的溶液中,通过离子的缔合作用,自发地形成晶核;异相成核作用是指溶液中混有固体微粒,在沉淀的过程中,这些微粒起着晶种作用,诱导沉淀的形成。例如硫酸钡的均相成核过程可以表示为

$$Ba^{2+} + SO_4^{2-} \rightleftharpoons Ba^{2+}SO_4^{2-}\text{(离子对)}$$

$$Ba^{2+}SO_4^{2-} + Ba^{2+} \rightleftharpoons [Ba_2SO_4]^{2+}$$

$$Ba^{2+}SO_4^{2-} + SO_4^{2-} \rightleftharpoons [Ba(SO_4)_2]^{2-}$$

$$[Ba_2SO_4]^{2+} + SO_4^{2-} \rightleftharpoons [BaSO_4]_2$$

$$[Ba(SO_4)_2]^{2-} + Ba^{2+} \rightleftharpoons [BaSO_4]_2$$

$$[BaSO_4]_2 + Ba^{2+} \rightleftharpoons [Ba_3(SO_4)_2]^{2+}$$

$$[BaSO_4]_2 + SO_4^{2-} \rightleftharpoons [Ba_2(SO_4)_3]^{2-}$$

$$\vdots$$

在过饱和溶液中,由于静电作用,Ba^{2+} 和 SO_4^{2-} 缔合为离子对($Ba^{2+}SO_4^{2-}$),离子对进一步结合 Ba^{2+} 或 SO_4^{2-},形成离子群,当离子长到一定大小时,就成为晶核。在一般情况下,溶液中不可避免地混有其他杂质,如硫酸钡沉淀,烧杯壁上常吸附有大量的其他杂质,它们的存在可诱导晶核的形成,起着晶种作用。所以,在进行沉淀时,异相成核作用总是客观存在的,在某些情况下,溶液中可能只有异相成核作用,这时溶液中的晶核数目取决于混入固体微粒的数目。这种情况下,由于晶核的数目固定,所以随着构晶离子浓度的增加,沉淀晶粒的尺寸增大。但是,当溶液相对过饱和度较大时,由于构晶离子本身也可以形成晶核,这时既有异相成核作用又有均相成核作用,如果继续加入沉淀剂,因为有新的晶核形成,所以获得的沉淀晶粒的数目多但尺寸小。

沉淀颗粒的大小与进行沉淀反应时构晶离子的浓度和沉淀的溶解度有关,Von Weimarn根据有关实验现象,指出沉淀形成的初始速率 v 与溶液的相对饱和度有关,即

$$v = K \times \frac{Q - s}{s} \tag{8-5}$$

式中 Q—— 加入沉淀剂瞬时生成沉淀物质的浓度,对于 M_mA_n 型沉淀,Q 按下式计算,即

$$Q = \sqrt[(m+n)]{c(M^{n+})^m c(A^{m-})^n} \tag{8-6}$$

Q 是形成沉淀的构晶离子的浓度的几何平均值;

s—— 沉淀物质的溶解度。

$Q-s$ 为开始形成沉淀瞬间的过饱和度,它是引起沉淀作用的动力。$\frac{Q-s}{s}$ 为相对过饱和度,分母中的 s 表示对沉淀的阻力,即使沉淀重新溶解的能力。

K—— 常数,它与沉淀的性质、介质、温度等因素有关。

溶液的相对过饱和度越大,沉淀形成的初始速率 v 也越大,形成的晶核数目就越多,得到的是小晶形沉淀;反之,溶液的相对过饱和度越小,沉淀形成的初始速率 v 也越小,形成的晶核数目就越少,得到的是大晶形沉淀。应该指出,沉淀的溶解度与其颗粒的大小有关,在开始沉淀时,析出的沉淀为小晶体,其溶解度较大。但由于小晶体沉淀的溶解度通常不知道,一般就将大晶体沉淀的溶解度代入式(8-5)中进行近似计算。

不同的沉淀,形成均相成核作用所需的相对过饱和程度不同。溶液的相对过饱和度越大,越易引起均相成核作用。

图8-1所示为沉淀硫酸钡时,溶液的浓度与晶核数目的关系曲线。从图中可以看出,开始沉淀时,若溶液中硫酸钡的瞬时浓度在 $10^{-2}\ mol\cdot L^{-1}$ 以下,由于此时溶液中含有大量的不溶微粒,因此主要为异相成核作用,其晶核数目基本保持不变。当硫酸钡的瞬时浓度继续增大至 $10^{-2}\ mol\cdot L^{-1}$ 以上时,晶核数目剧增,显然,这是均相成核作用引起的。曲线上出现的转折点,相当于沉淀反应由异相成核作用转化为既有异相成核作用又有均相成核作用。根据图8-1可以求得沉淀硫酸钡时转折点处 Q 与 s 的比值,即

$$\frac{Q}{s}=\frac{10^{-2}}{10^{-5}}=1\ 000$$

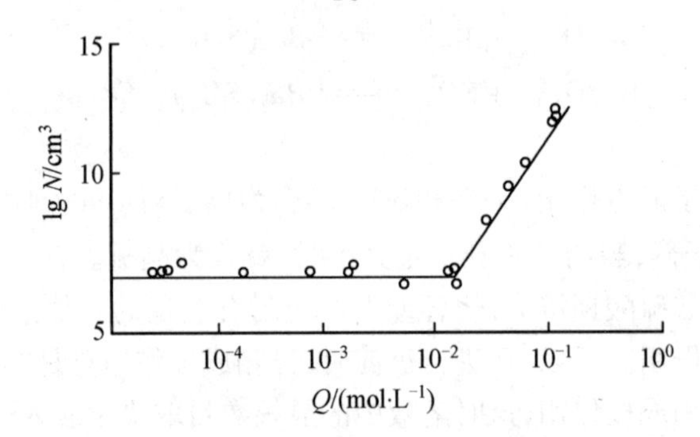

图8-1　沉淀硫酸钡时,溶液的浓度与晶核数目的关系

一种沉淀的临界 Q/s 值越大,表明该沉淀越不易形成均相成核作用,即它只有在较大的相对过饱和度的情况下,才出现均相成核作用。不同的沉淀临界 Q/s 值是不一样的,它是由沉淀的性质决定的。几种微溶电解质的临界值 Q/s 和临界晶核半径见表8-2。

按物理性质不同,可以将沉淀分为晶形沉淀(crystalline precipitate)和无定形沉淀(amorphous precipitate)两类。无定形沉淀又称为胶体沉淀或非晶形沉淀,它们最大的差别是沉淀的颗粒不同,最大的晶形沉淀,其颗粒直径为0.1 ~ 1 μm;无定形沉淀的颗粒很小,直径一般小于0.02 μm,介于两者之间的是凝乳状沉淀颗粒。$BaSO_4$ 是典型的晶形沉淀,$Fe_2O_3\cdot nH_2O$ 是典型的无定形沉淀,AgCl 是一种凝乳状沉淀。根据沉淀临界 Q/s 值可以粗略地判断沉淀的类型,如 $BaSO_4$ 的 Q/s 值为1 000,沉淀类型是晶形沉型,AgCl 的 Q/s 值为5.5,沉

淀类型是凝乳状沉淀。

表8-2　几种微溶电解质的临界值 Q/s 和临界晶核半径

微溶电解质名称	Q/s 值	晶核半径/nm
$BaSO_4$	1 000	0.43
$CaC_2O_4 \cdot H_2O$	31	0.58
AgCl	5.5	0.54
$SrSO_4$	39	0.51
$PbSO_4$	28	0.53
$PbCO_3$	106	0.45
$SrCO_3$	30	0.50
CaF_2	21	0.43

由于晶形沉淀是由大颗粒组成,结构紧密,内部排列较规则,所以整个沉淀占的体积很小,极易沉降于容器的底部;而无定形沉淀,因为由许多疏松的聚集在一起的微小颗粒组成,沉淀颗粒排列毫无规律性,往往又含有大量的数目不定的水分子,所以是疏松的絮状沉淀,整个体积很大,不容易沉降至容器的底部。在质量分析中,最好能获得晶形沉淀,不但便于洗涤,而且还能使沉淀的纯度最好,所以在质量分析时,应该控制沉淀反应的条件,得到晶形沉淀,如是无定形沉淀,也应严格控制条件,以获得符合质量分析要求的沉淀。

(2) 沉淀条件的选择。

① 晶形沉淀的沉淀条件。

a. 沉淀晶形沉淀需要在适当稀的溶液中进行。溶液的相对过饱和度不大,均相成核作用不显著,容易得到大颗粒的晶形沉淀,这样的沉淀不但容易过滤、洗涤,而且由于晶粒大,结构紧密,比表面积小,溶液稀,杂质的浓度相应减小,有利于得到纯净的沉淀。但是,对于沉淀溶解度较大的沉淀,溶液不宜过稀,因为过稀,溶液中未沉淀的构晶成分的含量就较高,所以沉淀不完全,从而质量分析的结果偏低。

b. 加入沉淀剂时应该在不断搅拌下缓慢加入,不出现局部过浓现象。当沉淀剂加入到溶液中,由于来不及扩散,在两种溶液混合的地方,沉淀剂的浓度比溶液中其他地方的浓度高出许多,产生局部过浓,使该部分溶液相对过饱和度变得很大,导致产生严重的均相成核作用,形成大量的晶核,以至于获得颗粒小,纯度差的沉淀。

为了消除局部过浓的现象,分析化学家提出了均匀沉淀法,在这种方法中,加入到溶液中的沉淀剂是通过化学反应逐步地、均匀地在溶液内部产生出来的,从而使沉淀在溶液中缓慢地、均匀地析出。因为均匀沉淀法得到的沉淀颗粒较大,表面吸附杂质少,易过滤,易洗涤,在生产实践中得到非常广泛的应用。例如,在用均匀沉淀法沉淀钙离子时,向含有钙离子的酸性溶液中加入草酸,由于酸效应的影响不能析出草酸钙沉淀。如果向溶液中加入尿素,当溶液被加热至90 ℃ 时,尿素发生水解,即

$$CO(NH_2)_2 + H_2O \longrightarrow CO_2\uparrow + 2NH_3$$

水解产生的氨气均匀分布在溶液的各个部分,随着氨气的不断产生,溶液的酸度逐渐降低,$C_2O_4^{2-}$ 的浓度逐渐增大,最后从溶液中均匀而缓慢地析出草酸钙沉淀。在沉淀过程中,溶液的相对过饱和度始终是比较小的,所以得到的是粗大晶粒的草酸钙沉淀。也可以利用配合

物分解反应或氧化还原反应进行均匀沉淀。如利用配合物分解的方法沉淀 SO_4^{2-}，可先将 EDTA－Ba^{2+} 的配合物加入含 SO_4^{2-} 溶液中，然后加氧化剂破坏EDTA，使配合物逐渐分解，Ba^{2+} 在溶液中均匀地被释放出来，使硫酸钡均匀沉淀。

均匀沉淀法中使用的沉淀剂有很多，如 $C_2O_4^{2-}$、PO_4^{3-}、SO_4^{2-} 等应用很广，均匀沉淀法中使用的沉淀剂及其应用见表8－3。

表8－3　均匀沉淀法中使用的沉淀剂及其应用

沉淀剂	加入试剂	反应	被测组分
OH^-	尿素	$CO(NH_2)_2 + H_2O \longrightarrow CO_2 + 2NH_3$	Al^{3+}、Fe^{3+}、Th(Ⅳ)等
OH^-	六亚甲基四胺	$(CH_2)_6N_4 + 6H_2O \longrightarrow 6HCHO + 4NH_3$	Th(Ⅳ)
PO_4^{3-}	磷酸三甲酯	$(CH_3)_3PO_4 + 3H_2O \longrightarrow 3CH_3OH + H_3PO_4$	Zr(Ⅳ)、Hf(Ⅳ)
$C_2O_4^{2-}$	草酸二甲酯	$(CH_3)_3C_2O_4 + 2H_2O \longrightarrow 2CH_3OH + H_2C_2O_4$	稀土、Ca^{2+}、Th(Ⅳ)
SO_4^{2-}	硫酸二甲酯	$(CH_3)_2SO_4 + 2H_2O \longrightarrow 2CH_3OH + SO_4^{2-} + 2H^+$	Ba^{2+}、Sr^{2+}、Pb^{2+}
S^{2-}	硫代乙酰胺	$CH_3CSNH_2 + H_2O \longrightarrow CH_3CONH_2 + H_2S$	各种硫化物

c. 沉淀反应需要在热的溶液中进行。因为在热溶液中，可以增大沉淀的溶解度，降低溶液的相对过饱和度，且增加构晶离子的扩散速度，加快晶体的生长，有利于获得大尺寸的晶粒。同时在热溶液中，能减少沉淀对杂质的吸附，可以获得纯度较高的沉淀。

d. 陈化(aging)。沉淀反应结束后，让初生的沉淀与母液一起放置一段时间，即陈化。因为在同样的条件下，小晶体的溶解度比大晶体的溶解度大。在同一种溶液中，对大晶体而言为饱和溶液时，对小晶体却是不饱和溶液，因此，经过适当的时间后，小晶体将溶解，溶液中的构晶离子会在大晶体上沉积，沉积到一定程度以后，溶液对大晶体为饱和溶液时，对小晶体又为不饱和溶液，小晶体又要溶解，如此反复进行，最后小晶体逐渐消失，大晶体不断长大，其过程如图8－2所示，其效果如图8－3所示。

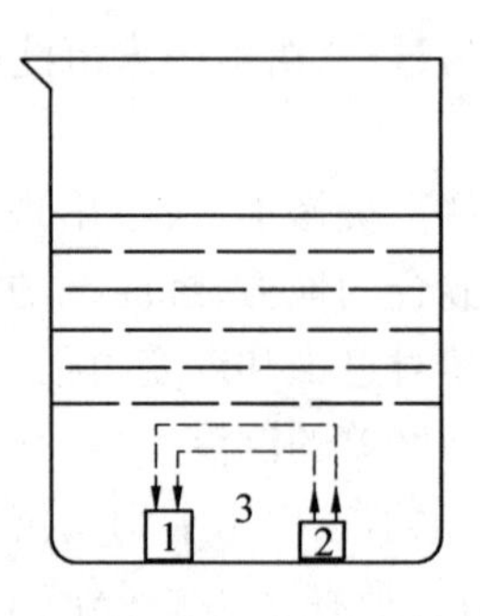

图8－2　陈化过程

1—大晶体；2—晶体；3—溶液

沉淀经过陈化后，由于小晶体的溶解，原来吸附的杂质又重新进入溶液中。由于沉淀的表面积减少，沉淀吸附的杂质量也减少，这样大大地提高了沉淀的纯度。

必须引起重视的是，陈化作用不是对任何沉淀都适用，如对有混晶共沉淀的沉淀，不一定能提高纯度，对有继续沉淀的沉淀，不仅不能提高纯度，有时反而会降低纯度。

②无定形沉淀的沉淀条件。无定形沉淀如 $Al_2O_3 \cdot nH_2O$、$Fe_2O_3 \cdot nH_2O$ 的溶解度一般都很小，所以很难通过减小溶液的相对饱和度来改变沉淀的物理性质。无定形颗粒是由许多沉淀

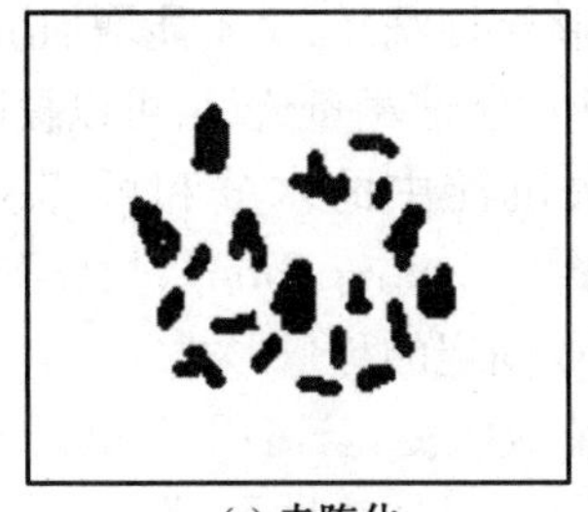

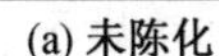

(a) 未陈化　　(b) 室温下陈化四天

图 8－3　硫酸钡沉淀陈化效果

微粒聚集而成的，沉淀的结构疏松，比表面积大，吸附杂质多，又容易胶溶，而且含水量大，不易过滤和洗涤。对于无定形沉淀，主要是设法破坏胶体，防止胶溶，加速沉淀微粒的凝聚和减少杂质吸附。因此，无定形沉淀的沉淀条件有以下几点。

a. 无定形沉淀需要在较浓的溶液中进行。因为在较浓的溶液中，离子的水化程度较小，得到的沉淀含水量少，体积较小，结构较紧密。同时，沉淀微粒也容易凝聚。但是在浓溶液中，杂质的浓度也相应提高，增大了杂质被吸附的可能性。因此，在沉淀反应完毕后，需要加热水稀释，充分搅拌，使大部分吸附在沉淀表面上的杂质离开沉淀表面而转移到溶液中去。

b. 沉淀反应需要在热溶液中进行。因为在热溶液中，离子的水化程度大为减小，有利于得到含水量少、结构紧密的沉淀。同时，在热溶液中，可以促进沉淀微粒的凝聚，防止形成胶体溶液，而且还可以减少沉淀表面对杂质的吸附，有利于提高沉淀的纯度。

c. 沉淀时加入大量电解质或某些能引起沉淀微粒凝聚的胶体。电解质可以防止胶体溶液的形成，这是因为电解质能中和胶体微粒的电荷，降低其水化程度，有利于胶体微粒的凝聚。为了防止洗涤沉淀时发生胶溶现象，洗涤液中也应加入适量的电解质。通常采用易挥发的铵盐或稀的强酸溶液作为洗涤液。有时于溶液中加入某些胶体，可使被测组分沉淀完全。例如测定 SiO_2 时，通常是在强酸性介质中析出硅胶沉淀，但由于硅胶能形成带负电荷的胶体，所以沉淀不完全。如果向溶液中加入带正电荷的动物胶，由于相互凝聚作用，因此硅胶沉淀较完全。

d. 无须陈化。沉淀完毕后，趁热过滤，无须陈化。否则，无定形沉淀放置后，逐渐失去水分后聚集得更为紧密，使已吸附的杂质难以洗去。

3. 沉淀的过滤、洗涤、烘干或灼烧

① 沉淀的过滤、洗涤。沉淀常用滤纸或玻璃砂芯滤器过滤。对于需要灼烧的沉淀，应根据沉淀的性状选用紧密程度不同的滤纸。一般非晶形沉淀，应用疏松的快速滤纸过滤，粗粒的晶形沉淀，可用较紧密的中速滤纸，较细粒的晶形沉淀，应用最紧密的慢速滤纸，以防沉淀穿过滤纸。

洗涤沉淀是为了洗去沉淀表面吸附的杂质和混杂在沉淀中的母液。洗涤时要尽量减少沉淀的溶解损失和避免形成胶体，因此需选择合适的洗液。选择洗液的原则是：对于溶解度很小而又不易形成胶体的沉淀，可用蒸馏水洗涤，对于溶解度较大的晶形沉淀，可用沉淀剂洗涤，但沉淀剂必须在烘干或灼烧时易挥发或易分解除去。

用热液洗涤，则过滤较快，且能防止形成胶体，但溶解度随温度升高而增大较快的沉淀不能用热液洗涤。洗涤必须连续进行，一次完成，不能将沉淀干涸放置太久，尤其是一些非晶形沉淀,放置凝聚后不易洗净。洗涤沉淀时,既要将沉淀洗净,又不能增加沉淀的溶解损失,用适当少的洗液,分多次洗涤,每次加入洗液前,使前次洗液尽量流尽,可以提高洗涤效果。

② 沉淀的烘干或灼烧。烘干是为了除去沉淀中的水分和可挥发物质,使沉淀形式(precipitation form)转化为组成固定的称量形式(weighing form),灼烧沉淀除有上述作用外,有时还可以使沉淀形式在较高温度下分解成组成固定的称量形式。

灼烧温度一般在800 ℃以上,常用瓷坩埚盛放沉淀,若需用氢氟酸处理沉淀,则应用铂坩埚。用滤纸包好沉淀,放入已灼烧至恒重的坩埚中,再加热烘干、焦化、灼烧至恒重。

8.3.2 质量分析法

1. 质量分析法的分类

质量分析法(gravimetric analysis)是通过称量物质的质量进行测定的方法。测定时,通常先用适当的方法使被测组分与其他组分分离,然后称重,由称得的质量计算该组分的含量。根据被测组分与试样中其他组分分离的方法不同,质量分析法可分为沉淀质量分析法、气化法(或挥发法)、电解法等。

(1) 沉淀质量分析法。

沉淀质量分析法是使待测组分以生成难溶化合物的形式沉淀出来,再经过过滤、洗涤、干燥后称重,计算待测组分含量。如测定硅酸盐矿石中二氧化硅时,将矿石分解后,使硅生成难溶的硅酸沉淀,再经过过滤、洗涤、灼烧,转化为二氧化硅,然后称重,即可求出试样中二氧化硅的含量。

(2) 气化法。

气化法一般是通过加热或其他方法使试样中被测组分转化为挥发性物质逸出,然后根据试样质量的减少来计算试样中该组分的含量,或选择适宜的吸收剂将逸出的该组分的气体全部吸收,根据吸收剂质量的增加来计算该组分的含量。如测定试样含水量时,加热使水变为水蒸气挥发,然后根据试样质量的减轻计算样品的含水量,也可将逸出的水蒸气吸收在干燥剂中,根据干燥剂增加的质量求得试样的含水量。

(3) 电解法。

利用电解法使待测元素的离子在电极上析出,然后称重,求出其含量。

以上三种方法中,以沉淀质量分析法为多,故本节主要讨论沉淀质量分析法。

2. 质量分析法的特点

(1) 质量分析法不需要标准试样或标准物质。滴定法需用标准样品或基准物质求得滴定度,光度法要通过标准样品或基准物质绘制标准曲线,而质量分析法直接用分析天平获得分析结果。

(2) 质量分析法适合高含量组分的测定,且误差较小。由于分析过程一般不需要基准物质,也没有容量器皿引入的数据误差,对高含量组分的精确测定,质量法比较准确,测定的相对误差小于0.1%。很多仲裁分析方法选择质量分析法就是因为该法的相对误差较小。

(3) 质量分析法一般操作烦琐,耗时较多,不适合生产中的控制分析,也不适合微量或痕量分析。

3. 质量分析法对沉淀的要求

利用沉淀反应进行质量分析时,沉淀是经过烘干或燃烧后称量的,在烘干或灼烧过程中可能发生化学变化,如用草酸钙质量法测定 Ca^{2+} 时,沉淀形式是 $CaC_2O_4 \cdot H_2O$,灼烧后转化为 CaO,两者不同。而用 $BaSO_4$ 质量法测定 Ba^{2+} 时沉淀形式是 $BaSO_4$,两者相同,所以沉淀形式和称量形式可以相同,也可以不同。

(1) 沉淀质量分析法对沉淀形式的要求。

① 沉淀的溶解度要小,保证被测组分沉淀完全。沉淀溶解损失应不超过分析天平的称量误差(±0.2 mg),否则影响测定准确度。

② 沉淀应易于过滤和洗涤,经过过滤、洗涤后,沉淀要纯净。这就要求沉淀为颗粒较粗的晶形沉淀,如为非晶形沉淀,必须选择适当的沉淀条件,以满足沉淀形式的要求。

③ 沉淀易于转化为称量形式。

④ 沉淀纯度要高。

(2) 沉淀质量分析法对称量形式的要求。

① 称量形式必须有确定的化学组成,否则无法计算结果。

②称量形式必须稳定,不受空气中水分、CO_2、O_2 等的影响,否则影响测定结果的准确度。

③ 称量形式的摩尔质量要大,这样可由少量待测组分得到较大量的称量形式,从而减少称量误差,提高测定准确度。

4. 质量分析的计算

质量分析是根据沉淀经烘干或灼烧后所得的称量形式的质量来计算待测组分的含量。沉淀的称量形式和沉淀形式可能相同,也可能不同。在计算时需要把称得的称量形式的质量换算成待测组分的质量。待测组分的摩尔质量与称量形式的摩尔质量之比为一常数,通常称为"化学因数"或"换算因数"。在计算化学因数时,必须在待测组分的摩尔质量和称量形式的摩尔质量乘上适当系数,使分子分母中待测元素的原子数目相等。计算待测组分的质量可写成下列通式,即

$$\text{待测组分的质量} = \text{称量形式的质量} \times \text{化学因数}$$

【例8.6】 测定某试样中硫的质量分数时,称取试样 0.225 8 g,使之沉淀为 $BaSO_4$,灼烧后称量 $BaSO_4$ 沉淀,其质量为 0.556 2 g,则求试样中的 $w(S)$。

解 233.4 g $BaSO_4$ 中含有 S 32.06 g,故得

$$m(S) = \frac{m(BaSO_4) \times M(S)}{M(BaSO_4)} = \frac{0.556\ 2 \times 32.06}{233.4} = 0.076\ 4\ (g)$$

$$w(S) = \frac{0.076\ 4}{0.225\ 8} \times 100\% = 33.84\%$$

【例8.7】 在镁的测定中,先将镁离子沉淀为磷酸铵镁($MgNH_4PO_4$)沉淀,再灼烧成 $Mg_2P_2O_7$ 称量。若 $Mg_2P_2O_7$ 的质量为 0.351 5 g,则镁的质量为多少?

解 每一个 $Mg_2P_2O_7$ 分子含有两个镁原子,故得

$$m(Mg) = m(Mg_2P_2O_7)\frac{2 \times M(Mg)}{M(Mg_2P_2O_7)} = 0.351\ 5 \times \frac{2 \times 24.31}{222.6} = 0.076\ 8\ (g)$$

8.3.3 沉淀滴定法

1. 概述

沉淀滴定法(precipitation titration)是基于沉淀反应的滴定分析法。沉淀反应很多,但能

用于准确沉淀滴定的沉淀反应并不多。主要是很多沉淀的组成不恒定,溶解度较大,易形成过饱和溶液,或达到平衡的速度慢,或共沉淀严重。因此,用于沉淀滴定法的沉淀反应必须符合下列几个条件。

(1) 沉淀物溶解度必须很小,生成的沉淀具有恒定的组成。

(2) 沉淀反应速度大,定量进行。

(3) 能够用适当的指示剂确定滴定终点。

目前,应用较广泛的是生成难溶银盐的反应,例如

$$Ag^+ + Cl^- \longrightarrow AgCl\downarrow$$

$$Ag^+ + SCN^- \longrightarrow AgSCN\downarrow$$

以银盐反应为基础的沉淀滴定法称为银量法(argentometry),主要用于测定 Cl^-、Br^-、I^-、Ag^+ 及 SCN^- 等。

除了银量法,还有其他的沉淀反应,如

$$2K_4Fe(CN)_6 + 3Zn^{2+} \longrightarrow K_2Zn_3[Fe(CN)_6]_2\downarrow + 6K^+$$

$$NaB(C_6H_5)_4 + K^+ \longrightarrow KB(C_6H_5)_4\downarrow + Na^+$$

也可用于沉淀滴定法。

本节仅讨论银量法。银量法又分为直接法和返滴定法。直接法是用 $AgNO_3$ 标准溶液直接滴定被沉淀的物质。返滴定法是在测定卤素阴离子时,首先加入过量的 $AgNO_3$ 标准溶液,然后以铁铵矾为指示剂,用 NH_4SCN 标准溶液返滴定过量的 Ag^+。

2. 莫尔(Mohr)法 —— 用铬酸钾作为指示剂

用铬酸钾作为指示剂的银量法称为莫尔法。

(1) 莫尔法原理。

在含有 Cl^- 的中性或弱碱性溶液中,以 K_2CrO_4 作为指示剂,用 $AgNO_3$ 溶液滴定 Cl^-。由于 AgCl 溶解度比 Ag_2CrO_4 小,根据分步沉淀的原理,AgCl 首先沉淀。当 AgCl 沉淀完全后,过量的 $AgNO_3$ 溶液与指示剂 K_2CrO_4 反应生成砖红色的 Ag_2CrO_4 沉淀,即为滴定终点。反应分别为

$$Ag^+ + Cl^- \longrightarrow AgCl\downarrow\text{(白色)}$$

$$2Ag^+ + CrO_4^{2-} \longrightarrow Ag_2CrO_4\downarrow\text{(砖红色)}$$

(2) 滴定条件。

指示剂 K_2CrO_4 的浓度必须合适,浓度过高,会引起滴定终点出现在化学计量点之前;指示剂的浓度过低,滴定终点会推迟出现,从而引起滴定误差。因此,必须确定指示剂 K_2CrO_4 的最佳浓度。从理论上可以计算出化学计量点所需的 CrO_4^{2-} 浓度。

① 指示剂 K_2CrO_4 溶液的浓度。根据溶度积原理有

$$c(Ag^+)c(Cl^-) = K_{sp}^{\ominus}(AgCl) = 1.80\times10^{-10}$$

化学计量点时有

$$c(Ag^+) = c(Cl^-)$$

$$\{c(Ag^+)\}^2 = 1.80\times10^{-10}$$

$$c(Ag^+) = 1.34\times10^{-5}\ \text{mol}\cdot\text{L}^{-1}$$

若此时生成砖红色的 Ag_2CrO_4 沉淀,则

$$\{c(Ag^+)\}^2\{c(CrO_4^{2-})\} = K_{sp}^{\ominus}(Ag_2CrO_4)$$

$$c(CrO_4^{2-})=\frac{K_{sp}^{\ominus}(Ag_2CrO_4)}{\{c(Ag^+)\}^2}=\frac{1.12\times10^{-12}}{(1.34\times10^{-5})^2}=6.2\times10^{-3}(mol\cdot L^{-1})$$

实际分析中，CrO_4^{2-} 浓度约为 $5\times10^{-3}\ mol\cdot L^{-1}$，因为 K_2CrO_4 呈黄色，浓度较高时颜色较深，难判断砖红色沉淀的出现，因此指示剂浓度略低一些为好。

② 溶液的酸度。用 $AgNO_3$ 标准溶液滴定 Cl^- 时，反应需在中性或弱性介质（$pH=6.5\sim10.5$）中进行。在酸性溶液中，CrO_4^{2-} 与 H^+ 发生如下反应：

$$CrO_4^{2-}+H^+ = HCrO_4^-$$

使 CrO_4^{2-} 的浓度降低，终点推迟，甚至不产生 Ag_2CrO_4 沉淀。

在强碱性或氨性溶液中，滴定剂会与碱反应生成 Ag_2O 沉淀或与氨反应生成配合物而使 AgCl 沉淀溶解，即

$$2Ag^++2OH^- = Ag_2O\downarrow+H_2O$$

$$AgCl+2NH_3 = [Ag(NH_3)_2]^++Cl^-$$

所以如果试液为酸性或强碱性，可用酚酞作为指示剂，以稀 NaOH 或稀 H_2SO_4 溶液调节至酚酞的红色刚好褪去，也可用 $NaHCO_3$、$CaCO_3$ 或 $Na_2B_4O_7$ 等预先中和，然后再滴定。

③ 滴定时要充分摇动。在化学计量点前，AgCl 沉淀容易吸附溶液中过量的 Cl^-，使 Ag_2CrO_4 沉淀过早出现，引入误差。为了消除这种误差，滴定时必须剧烈摇动，使被沉淀吸附的 Cl^- 释放出来，以获得准确的终点。测定 Br^- 时，AgBr 吸附 Br^- 更严重，故滴定时要剧烈摇动，否则会引入较大误差。

（3）测定范围。

① 莫尔法主要用于测定氯化物中 Cl^- 或溴化物中 Br^-，当 Cl^- 和 Br^- 共存时，测定的是总量。

② 不适用滴定 I^- 和 SCN^-，因为 AgI 和 AgSCN 沉淀强烈吸附 I^- 和 SCN^-。

③ 测定时，PO_4^{3-}、AsO_4^{3-}、CO_3^{2-}、S^{2-}、$C_2O_4^{2-}$ 等阴离子能与 Ag^+ 生成沉淀，Ba^{2+}、Pb^{2+} 等阳离子与 CrO_4^{2-} 能生成沉淀。在弱碱性溶液中，Fe^{3+}、Al^{3+}、Bi^{3+}、Sn^{4+} 等离子发生水解，这些离子对测定都有干扰，应预先将其分离。

3. 佛尔哈德（Volhard）法——用铁铵矾作为指示剂

（1）佛尔哈德法原理。

用铁铵矾 $[NH_4Fe(SO_4)_2\cdot12H_2O]$ 作为指示剂的银量法称为佛尔哈德法，佛尔哈德法分为直接滴定法和返滴定法两种。

① 直接滴定法。在含有 Ag^+ 的酸性溶液中，加入铁铵矾指示剂，用 NH_4SCN（或 KSCN）标准溶液直接进行滴定时，首先析出白色 AgSCN 沉淀。达到化学计量点时，过量的 SCN^- 与溶液中 Fe^{3+} 生成红色的 $[Fe(SCN)]^{2+}$ 配合物，即指示终点。用直接滴定法可以测定银离子的浓度。

② 返滴定法。用佛尔哈德法测定卤素阴离子时采用返滴定法，先加入已知过量的 $AgNO_3$ 标准溶液，再以铁铵矾作为指示剂，用 NH_4SCN 标准溶液返滴定剩余的 Ag^+。返滴定法可以测定 Cl^-、Br^-、I^- 和 SCN^- 等离子。

（2）滴定条件。

①溶液的酸度。滴定反应要在 HNO_3 溶液中进行，HNO_3 浓度以 $0.2\sim0.5\ mol\cdot L^{-1}$ 较为

适宜,在中性、碱性介质中,Fe^{3+}、Ag^+ 会生成沉淀。

② 铁铵矾溶液浓度。50 mL 的 HNO_3 溶液(0.2 ~ 0.5 mol · L^{-1}),加入1 ~ 2 mL 质量分数为4% 的铁铵矾溶液。

③ 采用返滴定法测 Cl^- 时,由于 AgSCN 的溶解度小于 AgCl 的溶解度,在使用 NH_4SCN 回滴过量的 Ag^+ 达化学计量点后,稍过量的 SCN^- 可能与 AgCl 沉淀起反应使之转化为溶解度更小的 AgSCN 沉淀,即

$$AgCl + SCN^- \xlongequal{} AgSCN\downarrow + Cl^-$$

为了抑制上述反应的发生,必须在生成 AgCl 沉淀以后,煮沸溶液,使 AgCl 沉淀凝聚,再过滤去除沉淀,用稀 HNO_3 充分洗涤沉淀,然后用 NH_4SCN 回滴 Ag^+。或者在滴入 NH_4SCN 标准溶液前加入硝基苯1 ~ 2 mL,在摇动后,AgCl 沉淀进入硝基苯层中,使其不与滴定溶液接触,避免沉淀转化反应的发生。

(3) 应用范围。

① 佛尔哈德法在 HNO_3 介质中进行,PO_4^{3-}、AsO_4^{3-}、CrO_4^{2-} 不会与 Ag^+ 生成沉淀,不干扰滴定的进行,因此此法选择性比莫尔法高。可测烧碱中 Cl^- 和银合金中银的含量。

② 与 SCN^- 能起反应的 Cu^{2+}、Hg^{2+}、强氧化剂,必须预先除去。

4. 法扬司(Fajans)法 —— 吸附指示剂法

吸附指示剂是一类有色的有机化合物,它被吸附在胶体微粒表面后,发生分子结构的改变,从而引起颜色的变化。用吸附指示剂指示滴定终点的银量法称为法扬司法。

胶体具有很强的吸附能力,以 AgCl 胶体为例,当溶液中 Cl^- 过量,AgCl 胶体表面吸附 Cl^-,使胶粒带负电荷,与阳离子组成扩散层;若 Ag^+ 过量,则 AgCl 胶体表面吸附 Ag^+,使胶粒带正电荷,与阴离子组成扩散层。

吸附指示剂可分为两类:一类是酸性染料,如荧光黄及其衍生物,是一类有机弱酸,离解出指示剂阴离子;另一类是碱性染料,如甲基紫、罗丹明6G 等,离解出阳离子。例如,荧光黄 HFl,在溶液中 Fl^- 呈黄绿色。用荧光黄作为 $AgNO_3$ 滴定 Cl^- 的指示剂时,在化学计量点以前,溶液中 Cl^- 过量,AgCl 胶粒带负电荷,故 Fl^- 不被吸附。在化学计量点后,过量 $AgNO_3$ 使 AgCl 胶粒带正电荷。这时带正电荷的胶粒强烈地吸附 Fl^-,导致指示剂结构发生改变从而使颜色发生变化,使沉淀表面呈现出淡红色,溶液由黄绿色变成淡红色,从而指示滴定终点。反应可写为

$$AgCl\downarrow \cdot Ag^+ + Fl^- \xrightarrow{\text{吸附}} AgCl\downarrow \cdot Ag^+ \cdot Fl^-$$

(黄绿色)　　(淡红色)

为了使终点变色敏锐,应用吸附指示剂时,应考虑下面几个因素。

(1) 由于吸附指示剂吸附在沉淀微粒表面上,因此应尽可能使沉淀颗粒小一些,使之具有较大的表面积,滴定时要防止 AgCl 聚集,可以选择加入糊精、淀粉与高分子化合物等作为保护剂。

(2) 卤化银沉淀对光敏感,遇光易分解出金属银,使沉淀很快转变为灰黑色,因此,滴定过程中应避免光照射。

(3) 溶液浓度不能太稀,太稀沉淀很少,观察终点困难。用荧光黄作为指示剂,$AgNO_3$ 溶液滴定 Cl^- 时,Cl^- 浓度要求在 0.005 mol · L^{-1} 以上。滴定 Br^-、I^-、SCN^-,浓度为

0.001 mol·L^{-1}时仍可准确滴定。

(4) 根据不同吸附指示剂、不同的$K_a^\ominus$，来确定滴定溶液的pH。选择荧光黄($K_a^\ominus = 10^{-7}$)为指示剂，溶液pH应为7～10，当溶液的pH低时，荧光黄主要以HFl形式存在，不会被卤化银沉淀吸附，因而无法指示终点；选择二氯荧光黄($K_a^\ominus = 10^{-4}$)为指示剂，溶液pH应为4～10。

(5) 胶体微粒对指示剂离子的吸附能力，应略小于对待测离子的吸附能力，但吸附能力太差，终点时变色不敏锐。

【阅读拓展】

电质量分析法

电质量分析法(electrogravimetry)是通过电解使被测离子在电极上以金属或其他形式析出，由电极所增加的质量计算出其含量的方法。

电质量分析法可应用于物质的分离和测定。

1. 控制电位电解分析法

控制电位电解分析法(controlled potential electrolysis)是在控制阴极或阳极电位为一定值的条件下进行电解的方法。在控制电位电解过程中，开始时被测物质析出速度较快，随着电解的进行，浓度越来越小，电极反应的速率逐渐变慢，因此电流越来越小。当电流趋近于零时，电解完成。

控制电位电解分析法选择性高，主要用于物质的分离。用于从含少量不易还原的金属离子溶液中分离大量的易还原的金属离子，常用的工作电极有Pt网阴极和汞阴极。

Pt网阴极：洗净，烘干，称重。可以分离铜合金(含Cu、Sn、Pb、Ni和Zn)溶液中的Cu。

汞阴极：如果以Hg作为阴极即构成所谓的Hg阴极电解法，但因Hg密度大、用量多，不易称量、干燥和洗涤，因此只用于电解分离，而不用于电解分析。

具体做法：将工作电极(阴极)和参比电极放入电解池中，控制工作电极电位(或控制工作电极与参比电极间的电压)不变。开始时，电解速度快，随着电解的进行，c变小，电极反应速率下降，当$i = 0$时，电解完成。

与Pt网阴极进行电解的方法相比较，Hg阴极具有以下特点：

(1) 可以与沉积在Hg上的金属形成汞齐，因此在汞电极上金属的活度减小，析出电位变正，易于还原，并能防止其再次氧化；

(2) H_2在Hg上的超电位较大，因此当H_2析出前，除了那些很难还原的金属离子如铝、钛、碱金属及碱土金属等外，许多重金属离子都能在汞阴极上还原为金属或汞齐。一般用汞阴极在弱酸性溶液中进行电解时，在电动顺序中位于锌以下的金属离子均能在汞阴极上还原析出——扩大电解分析范围；

(3) Hg密度大，易挥发除去。

这些特点使该法特别适合用于分离。

应用例子：① Cu、Pb、Cd在Hg阴极上沉积而与其他离子分离；

② 伏安分析和酶法分析中高纯度电解质的制备等。

2. 恒电流电解分析法

恒电流电解法(constant current electrolysis)是在恒定的电流条件下进行电解,然后直接称量电极上析出物质的质量来进行分析。这种方法也可用于分离。

只能分离电动势顺序中氢以上与氢以下的金属离子。电解测定时,氢以下的金属离子先在阴极上析出,当其完全析出后若继续电解,将会析出氢气。所以,在酸性溶液中,氢以上的金属不能析出。

电解时,通过电解池的电流是恒定的。一般来说,电流越小,镀层越均匀牢固,但所需时间越长。在实际工作中,一般控制电流在0.5 ~ 2 A。

电极反应速率比控制电位电解分析快,但选择性差,往往第一种金属离子还没有完全沉积时,由于电位变化,第二种金属离子也会在电极上析出而产生干扰。

为了防止干扰,可使用阳极或阴极去极剂(也称电位缓冲剂),以维持电极电位不变,防止发生干扰的氧化还原反应。

若加入的去极剂比干扰物质先在阴极上还原,使阴极电位维持不变,这种去极剂称为阴极去极剂,其还原反应并不影响沉积物的性质,但可以防止电极上发生其他干扰性的反应。

例如:在 Cu^{2+} 和 Pb^{2+} 混合溶液中分离沉积 Cu 时,在试液中加入 NO_3^- 能防止 Pb 的沉积。NO_3^- 在阴极上还原生成 NH_4^+:

$$NO_3^- + 10H^+ + 8e^- \rightleftharpoons NH_4^+ + 3H_2O$$

由于 NO_3^- 还原电位比 Pb^{2+} 更正,因此该反应发生在 Pb^{2+} 还原之前。当 Cu^{2+} 电解完成时,因 NO_3^- 的还原防止了 Pb 的沉积。在本例中,铅能在阳极上沉积为 PbO_2:

$$Pb^{2+} + 2H_2O \rightleftharpoons PbO_2 + 4H^+ + 2e^-$$

称量每支电极上的纯沉积物的质量,可以求得金属的含量。

若加入的去极剂比干扰物质先在阳极上氧化,使阳极电位维持不变,这种去极剂称为阳极去极剂,其氧化反应并不影响沉积物的性质,但可以防止电极上发生其他干扰性的反应。

例如:介质中若存在 Cl^- 会在阳极上发生氧化而产生干扰。这时一般在试液中加入盐酸肼或盐酸羟胺。肼的电极反应为

$$N_2H_4 \rightleftharpoons N_2 + 4H^+ + 4e^-$$

可以有效地消除 Cl^- 的干扰。

习　　题

1. 根据 PbI_2 的溶度积,计算 25 ℃ 时:

(1) PbI_2 在水中的溶解度($mol \cdot L^{-1}$);

(2) PbI_2 饱和水溶液中 Pb^{2+} 和 I^- 的浓度;

(3) PbI_2 在 0.010 $mol \cdot L^{-1}$ KI 溶液中的溶解度;

(4) PbI_2 在 0.010 $mol \cdot L^{-1}$ $Pb(NO_3)_2$ 溶液中的溶解度。

(答案:(1) 1.35×10^{-3} $mol \cdot L^{-1}$;(2) 1.35×10^{-3} $mol \cdot L^{-1}$, 2.7×10^{-3} $mol \cdot L^{-1}$;(3) 9.8×10^{-5} $mol \cdot L^{-1}$;(4) 4.95×10^{-4} $mol \cdot L^{-1}$)

2. 将 $Pb(NO_3)_2$ 溶液与 NaCl 溶液混合,设混合液中 $Pb(NO_3)_2$ 的浓度为 0.20 $mol \cdot L^{-1}$,

问：

(1) 当在混合溶液中 Cl^- 的浓度等于 $5.0\times10^{-4}\ mol\cdot L^{-1}$ 时，是否有沉淀生成？

(2) 当在混合溶液中 Cl^- 的浓度等于多少时，开始生成沉淀？

(3) 当在混合溶液中 Cl^- 的浓度等于 $6.0\times10^{-2}\ mol\cdot L^{-1}$ 时，残留于溶液中 Pb^{2+} 的浓度为多少？

(答案：(1) 无沉淀生成；(2) $9.22\times10^{-3}\ mol\cdot L^{-1}$；(3) $4.72\times10^{-3}\ mol\cdot L^{-1}$)

3. (1) 在 10 mL、$1.5\times10^{-3}\ mol\cdot L^{-1}$ $MnSO_4$ 溶液中，加入 5.0 mL、$0.15\ mol\cdot L^{-1}$ 氨水溶液，能否生成 $Mn(OH)_2$ 沉淀？

(2) 若在原 $MnSO_4$ 溶液中，先加入 0.495 g $(NH_4)_2SO_4$ 固体(忽略体积变化)，然后再加入上述氨水 5.0 mL，能否生成 $Mn(OH)_2$ 沉淀？

(答案：(1) 有沉淀生成；(2) 无沉淀生成)

4. 在 100 mL、$0.20\ mol\cdot L^{-1}$ $MnCl_2$ 溶液中加入 100 mL 含有 NH_4Cl 的 $0.010\ mol\cdot L^{-1}$ 氨水溶液，问在此氨水溶液中需含有多少克 NH_4Cl 才不致生成 $Mn(OH)_2$ 沉淀？

(答案：0.678 3 g)

5. 一种混合溶液中含有 $3.0\times10^{-2}\ mol\cdot L^{-1}$ Pb^{2+} 和 $2.0\times10^{-2}\ mol\cdot L^{-1}$ Cr^{3+}，若向其中逐滴加入浓 NaOH 溶液(忽略溶液体积的变化)，Pb^{2+} 与 Cr^{3+} 均有可能形成氢氧化物沉淀。问：

(1) 哪种离子先被沉淀？

(2) 若要分离这两种离子，溶液的 pH 应控制在什么范围？

(答案：(1) Cr^{3+}；(2) 5.6 ~ 7.3)

6. 试计算下列沉淀转化反应的平衡常数：

(1) $PbCrO_4(s) + S^{2-} \rightleftharpoons PbS(s) + CrO_4^{2-}$；

(2) $Ag_2CrO_4(s) + 2Cl^- \rightleftharpoons 2AgCl(s) + CrO_4^{2-}$；

(3) $ZnS(s) + Cu^{2+} \rightleftharpoons CuS(s) + Zn^{2+}$。

(答案：(1) 3.50×10^{14}；(2) 3.46×10^{7}；(3) 3.97×10^{13})

7. 将固体溴化银和氯化银加入到 50.0 mL 纯水中，不断搅拌使其达到平衡，计算溶液中银离子的浓度。

(答案：$1.34\times10^{-5}\ mol\cdot L^{-1}$)

8. 称取某一纯铁的氧化物试样 0.543 4 g，然后通入氢气将其中的氧全部还原除去后，残留物为 0.380 1 g。计算该铁的氧化物的化学式。

(答案：Fe_2O_3)

9. 为了测定长石中 K、Na 的含量，称取试样 0.503 4 g，首先使其中的 K、Na 定量转化为 KCl 和 NaCl 0.120 8 g，然后溶解于水，再用 $AgNO_3$ 溶液处理，得到 AgCl 0.251 3 g。计算长石中 K_2O 和 Na_2O 的质量分数各为多少？

(答案：10.76%，3.69%)

10. 称取含硫的纯有机化合物 1.000 0 g，首先用 Na_2O_2 熔融，使其中的硫定量地转化为 Na_2SO_4，然后溶解于水，用 $BaCl_2$ 溶液处理，定量地转化为 $BaSO_4$ 1.089 0 g。计算：(1) 有机化合物中硫的质量分数；(2) 若有机化合物的摩尔质量为 $214.33\ g\cdot mol^{-1}$，求该化合物中的硫原子个数。

(答案：(1) 14.97%，(2) 1)

11. 称取含砷试样 0.500 0 g,溶解后在弱碱性介质中使砷处理为 AsO_4^{3-},然后沉淀为 Ag_3AsO_4。将沉淀过滤、洗涤,最后将沉淀溶于酸中。以 0.100 0 mol · L^{-1} NH_4SCN 溶液滴定其中的 Ag^+ 至终点,消耗 45.45 mL。计算试样中砷的质量分数。

(答案:22.70%)

12. 称取 CaC_2O_4 和 MgC_2O_4 纯混合试样 0.624 0 g,在 500 ℃ 下加热,定量转化为 $CaCO_3$ 和 $MgCO_3$ 后为 0.483 0 g。(1) 计算试样中 CaC_2O_4 和 MgC_2O_4 的质量分数;(2) 若在 900 ℃ 加热该混合物,定量转化为 CaO 和 MgO 的质量为多少克?

(答案:(1)76.16%,23.84%;(2)0.261 3 g)

13. 仅含有纯 NaCl 及纯 KCl 的试样 0.132 5 g,用 0.103 2 mol · L^{-1} $AgNO_3$ 标准溶液滴定,用去 $AgNO_3$ 溶液 21.84 mL。试求试样中 w(NaCl) 和 w(KCl)。

(答案:97.35%,2.65%)

14. 将 12.34 L 的空气试样通过 H_2O_2 溶液,使其中的 SO_2 转化成 H_2SO_4,以 0.012 1 mol · L^{-1} $Ba(ClO_4)_2$ 溶液 7.68 mL 滴定至终点。计算空气试样中 SO_2 的质量和 1 L 空气试样中 SO_2 的质量。

(答案:5.96 mg,0.48 mg)

第9章　配位化学基础与配位滴定法

【学习要求】

(1) 掌握配位化合物的结构特点及命名方法。

(2) 掌握配位化合物价键理论，了解配位化合物的空间结构与中心离子杂化形式的关系。

(3) 掌握配位平衡理论，了解其应用。

(4) 掌握配位滴定法的基本原理及应用。

配位化合物(coordination compound，complex)，简称配合物，是以具有接受电子对的空轨道的离子或原子(称为配合物的形成体)为中心，一定数目可以给出电子对的离子或分子为配位体，两者以配位键相结合形成具有一定空间构型的复杂化合物。通常认为配位化学始于1798年$CoCl_3 \cdot 6NH_3$的发现。1893年瑞士苏黎世(Zurich)大学化学教授维尔纳(A. Werner)提出了配合物的正确化学式和成键本质，于1913年获得诺贝尔化学奖，被认为是近代配位化学的创始人。在维尔纳提出配位学说的同时，另一位学者约尔更生也提出了一种链理论。后来维尔纳用实验证明了自己该理论的正确，而约尔更生做了一个有诚信的科学家应该做的事：发表了实验结果，说明自己的理论是错误的。

配位化学在科学研究和生产实践中起着越来越重要的作用，它研究的内容实际上已经打破了传统的无机化学、有机化学、物理化学和分析化学的界限，成为各分支化学的交叉点。金属的分离和提取、工业分析、催化、电镀、环保、医药工业、印染工业、化学纤维工业以及生命科学、人体健康等，无一不与配位化合物有关，近年来，这一领域的充分发展已形成了一门独立的分支学科——配位化学。

9.1　配位化合物的组成和命名

9.1.1　配位化合物的组成

$CoCl_3 \cdot 6NH_3$实际上是一种含复杂离子的化合物，其结构式为$[Co(NH_3)_6]Cl_3$，方括号内是由1个Co^{3+}和6个NH_3牢固地结合而形成的复杂离子$[Co(NH_3)_6]^{3+}$，称为配离子，它十分稳定，在水溶液中很难解离。其中，简单阳离子Co^{3+}称为中心离子，NH_3称为配位体。

中心离子与配位体之间以配位键相连接。配位体也可以是阴离子，如Cl^-、CN^-等。这样形成的配离子就可能是阴离子，如$[AuCl_4]^-$、$[Fe(CN)_6]^{4-}$等。

配位化合物$[Co(NH_3)_6]Cl_3$方括号内的一部分又称为内界，内界是配合物的特征部分，方括号外的部分称为外界，外界与内界之间以离子键结合。但也有些配合物不存在外界，只有内界，如$[PtCl_2(NH_3)_2]$、$[Co(NO_2)_3(NH_3)_3]$等。

中心离子(或中心原子)称为配合物的形成体。中心离子绝大多数是金属离子,最常见的是一些过渡金属元素的离子,例如 Fe^{3+}、Fe^{2+}、Co^{3+} 和 Cu^{2+} 等。少数高氧化态的非金属元素也可以作为中心离子,如 B 和 Si 形成 $[BF_4]^-$、$[SiF_6]^-$ 等配离子。有少数配合物的形成体不是离子而是中性原子,如 $[Ni(CO)_4]$ 中的 Ni 原子、$[Fe(CO)_5]$ 中的 Fe 原子等。

对配位体而言,它以一定的数目和形成体相结合。在配体中直接和形成体连接的原子称为配位原子,常见的配位原子有 14 种,除 H 和 C 外,有周期表中第 ⅤA 族的 N、P、As 和 Sb;第 ⅥA 族的 O、S、Se 和 Te;第 ⅦA 族的 F、Cl、Br 和 I。一个形成体所结合的配位原子的总数称为该中心原子的配位数。如 $[Co(NH_3)_6]^{3+}$ 中 Co^{3+} 的配位数为 6。配体 NH_3 只有一个配位原子 N,这样的配体称为单齿配体。又如 $[Cu(en)_2]^{2+}$(en 为乙二胺 $NH_2CH_2CH_2NH_2$ 的简写)中 Cu^{2+} 的配位数为 4 而不是 2。因为每个 en 有两个配位原子 N,像 en 这样一个配体中的两个或两个以上配位原子的配体称为多齿配体。

中心离子(原子)的配位数一般有 2、4、6 和 8,最常见的是 4 和 6。配位数的多少取决于配合物中的中心离子和配体的体积大小、电荷多少、彼此间的极化作用、配合物生成时的外界条件(浓度、温度)等。如果中心离子的半径越大,则周围能结合的配体越多,配位数越大。例如:Al^{3+} 和 F^- 形成 $[AlF_6]^{3-}$,而体积较小的 B^{3+} 只能与 F^- 形成 $[BF_4]^-$。但中心离子的体积越大,它和配体间的吸引力越弱,这就使它达不到最高配位数。中心离子和配体的体积关系并非决定配位数的唯一因素。中心离子电荷的增加,或配体电荷的减少,均有利于配位数的增加。另外,增大配体浓度、降低反应温度将有利于形成高配位数的配合物。

9.1.2 配位化合物的命名

根据中国化学会无机化学学科委员会制定的汉语命名原则,配位化合物命名规则如下:若配合物为配离子化合物,则命名时配阴离子在前,配阳离子在后;若为配阳离子化合物,则称为某化某或某酸某;若为配阴离子化合物,则在配阴离子与外界阳离子之间用“酸”字连接,称为某酸某;若外界为氢离子,则在配阴离子之后缀以“酸”字。

以下举一些配合物命名的实例,做进一步阐述:

(1) 含配阳离子的配合物。

$[Cu(NH_3)_4]SO_4$　　硫酸四氨合铜(Ⅱ)

配体与中心离子之间加“合”字,中心离子的氧化值用带括号的罗马数字表示。

$[Fe(en)_3]Cl_3$　　三氯化三(乙二胺)合铁(Ⅲ)

$[CoCl_2(H_2O)_4]Cl$　　一氯化二氯·四水合钴(Ⅲ)

有多种配体时,配体之间用中圆点“·”分开,命名次序为先阴离子后中性分子,同类配体按配位原子元素符号的英文字母顺序的先后命名。

$[Co(NH_3)_5(H_2O)]Cl_3$　　三氯化五氨·一水合钴(Ⅲ)

(2) 含配阴离子的配合物。

$K_4[Fe(CN)_6]$　　六氰合铁(Ⅱ)酸钾(俗名黄血盐)

$K[PtCl_5(NH_3)]$　　五氯·一氨合铂(Ⅳ)酸钾

(3) 中性配合物。

$[PtCl_2(NH_3)_2]$　　二氯·二氨合铂(Ⅱ)

$[Co(NO_2)_3(NH_3)_3]$　　三硝基·三氨合钴(Ⅲ)

$[Fe(CO)_5]$　　　　　　　　五羰基合铁(铁为中性原子)

9.1.3　螯合物

1. 螯合物的概念

一个配体以2个或2个以上的配位原子(即多齿配体)和同一中心离子配位而形成一种环状结构的配合物,称为螯合物(chelate complex)。这个名称是因为同一配体的双齿好像一对蟹钳螯住中心离子的缘故。环状结构是螯合物的特点。

例如:多齿配体乙二胺(en)中有2个N原子可以作为配位原子,当其与Cu^{2+}作用时,生成二乙二胺合铜(Ⅱ)配阳离子$[Cu(en)_2]^{2+}$:

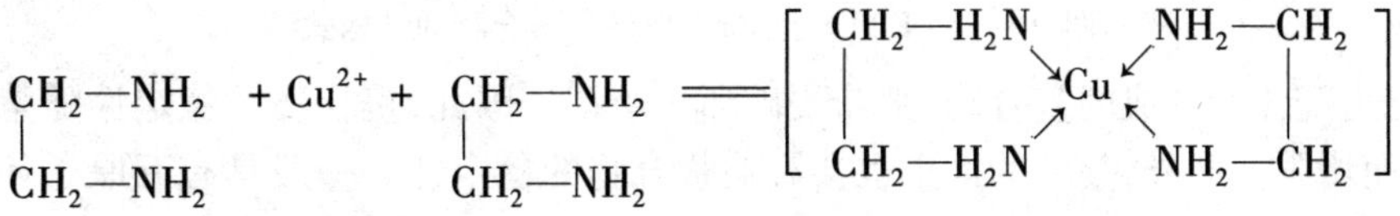

$$\begin{array}{l} CH_2—NH_2 \\ | \\ CH_2—NH_2 \end{array} + Cu^{2+} + \begin{array}{l} CH_2—NH_2 \\ | \\ CH_2—NH_2 \end{array} = \left[\begin{array}{ccccc} CH_2—H_2N & & & & NH_2—CH_2 \\ | & \searrow & & \swarrow & | \\ & & Cu & & \\ | & \nearrow & & \nwarrow & | \\ CH_2—H_2N & & & & NH_2—CH_2 \end{array} \right]$$

二乙二胺合铜(Ⅱ)离子

其中有2个五原子环,每个环皆由2个碳原子、2个氮原子和中心离子Cu^{2+}构成。大多数螯合物具有五原子环或六原子环。

2. 螯合剂

能与中心离子形成螯合物的多齿配体,称为螯合剂。一般常见的螯合剂是含有N、O、S、P等配位原子的有机化合物。螯合剂有以下一些特点:

(1) 含有2个或2个以上能给出孤电子对的配位原子,一定是多齿配体。

(2) 这些配位原子在螯合剂的分子结构中必须处于适当的位置,即配位原子之间一般间隔2个或3个其他原子,只有这样才能形成稳定的五原子环或六原子环。

最常用的有机螯合剂是含有氨基乙二酸$—N(CH_2COOH)_2$基团的一类有机化合物,称为氨羧配位剂。其中,应用最广泛的是乙二胺四乙酸(Ethylene Diamine Tetraacetic Acid, EDTA):

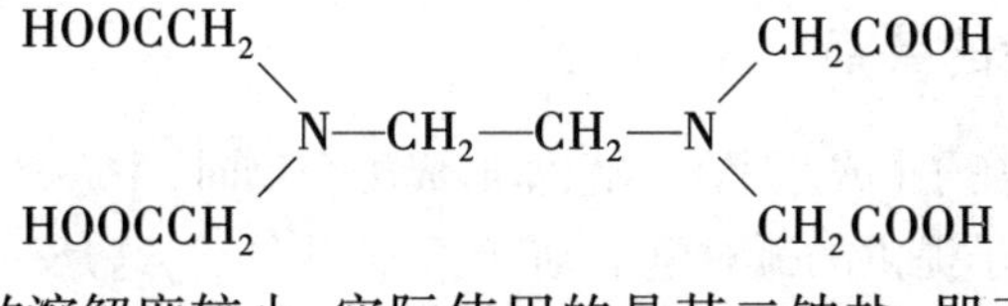

$$\begin{array}{ccccc} HOOCCH_2 & & & & CH_2COOH \\ & \searrow & & \nearrow & \\ & & N—CH_2—CH_2—N & & \\ & \nearrow & & \searrow & \\ HOOCCH_2 & & & & CH_2COOH \end{array}$$

考虑EDTA在水中的溶解度较小,实际使用的是其二钠盐,即乙二胺四乙酸二钠,也称EDTA。

一分子的EDTA中有6个配位原子:4个氧原子(羧羟基中的氧)和2个氮原子。它几乎能与所有的金属离子形成十分稳定的螯合物,且配位比简单,多为1∶1,因此,常将其配成标准溶液来测定未知液中的金属离子浓度。

3. 螯合物的特殊稳定性

螯合物比具有相同配位原子的非螯合物要稳定得多,在水中更难解离,主要原因是生成了稳定的环状化合物(螯环)。如果多齿配体中的配位原子得到充分利用,则一个二齿配体(如乙二胺)与金属离子配合时,可形成一个螯环,一个四齿配体(如氨三乙酸)可形成3个螯环,一个六齿配体(如EDTA)则可形成5个螯环,如图9-1所示。

要使螯合物完全解离为金属离子和配体,对于二齿配体所形成的螯合物,需要破坏2个

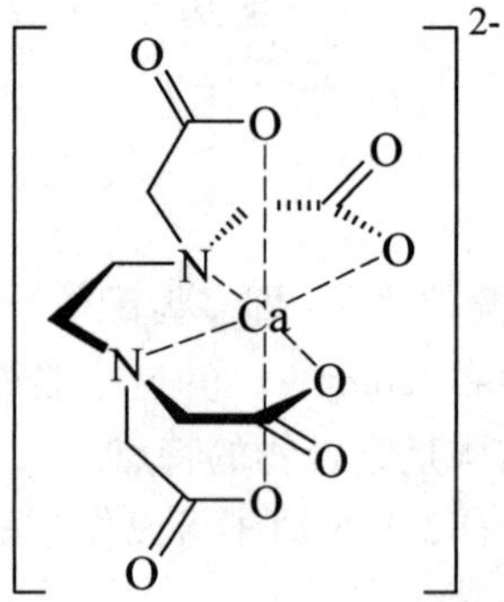

图 9－1　EDTA 与 Ca^{2+} 形成的螯合物的结构式

键;对于三齿配体所形成的螯合物,则需要破坏3个键。因此,螯合物的稳定性随螯合物中环数的增多而增强。此外,螯环的大小也会影响螯合物的稳定性。一般具有五原子环或六原子环的螯合物最稳定。

9.2　配位化合物的价键理论

用来解释配合物中化学键的本质,配合物结构和稳定性,以及一般性质(如磁性、光谱等)的理论主要有价键理论、晶体场理论和分子轨道理论。1931年,鲍林(L. Pauling,美国当代化学家,获1954年诺贝尔化学奖)首先将分子结构的价键理论应用于配合物,后经发展逐步完善形成了近代配合物价键理论。价键理论较成功地解释了配合物的结构、稳定性及磁性的差别,但也有其局限性,它不能解释过渡金属配合物普遍具有特征颜色的现象,也不能解释配合物的可见和紫外吸收光谱等。因此,在近代,价键理论的地位逐渐为配合物的晶体场理论和分子轨道理论所取代。但价键理论简单明了,易于被初学者接受,所以颇受人们的欢迎。本节主要介绍配位化合物的价键理论。

9.2.1　价键理论的要点

价键理论认为:中心离子(或原子)与配体形成配合物时,中心离子(或原子)以空的杂化轨道,接受配体中配位原子提供的孤对电子,形成配位共价键,这是一种特殊的共价键,共用电子对由单一原子提供。中心离子(或原子)杂化轨道的类型与形成的配离子的空间结构密切相关,也决定配位键型(内轨或外轨配键)。

9.2.2　外轨配键和内轨配键

配合物的配位键是一种极性共价键,具有一定的方向性和饱和性。

以$[Zn(NH_3)_4]^{2+}$为例,Zn^{2+}的外围电子层结构为$3s^23p^63d^{10}$,它的4s和4p轨道是空的。且能量相近,在与NH_3形成配离子时,这4个空轨道杂化形成4个等价sp^3杂化轨道,容纳配体中4个N原子提供4对孤电子对,而形成4个等性的p—sp^3 σ配键,即

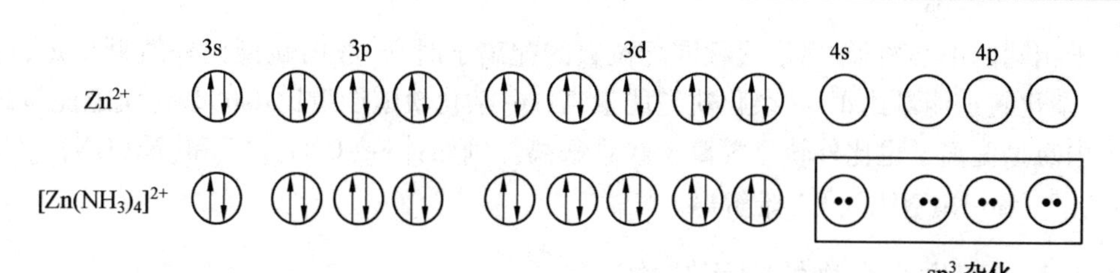

其中,"↑"表示中心离子的电子,"·"表示配位原子的电子。若中心金属离子d轨道未充满电子,如 Fe^{2+},则形成配合物时的情况比较复杂。Fe^{2+} 的3d能级上有6个电子,其中4个轨道中是单电子(洪特规则)。在形成 $[Fe(H_2O)_6]^{2+}$ 配离子时,中心离子的电子层不受配体影响。H_2O 中配位原子氧的孤对电子进入 Fe^{2+} 的4s、4p和4d空轨道形成 sp^3d^2 杂化轨道,形成6个 p—$sp^3d^2\sigma$ 配键。

这种中心离子仍保持其自由离子状态的电子结构,配位原子的孤对电子仅进入外层空轨道而形成的配键,称为外轨配键,其对应的配离子称为外轨型配离子。$[Zn(NH_3)_4]^{2+}$ 和 $[Fe(H_2O)_6]^{2+}$ 都是外轨型配离子,它们的配合物称为外轨型配合物(outer - orbital coordination compound)。外轨型配合物中心离子的杂化形式有 sp、sp^2、sp^3、sp^3d^2 等。

Fe^{2+} 在形成 $[Fe(CN)_6]^{4-}$ 配离子时,由于配体 CN^- 对中心离子d电子的作用特别强,能将 Fe^{2+} 的电子"挤成"只占3个d轨道并全都自旋配对,使2个d轨道空出来。6个 CN^- 中配位原子碳的孤对电子进入 Fe^{2+} 的3d、4s和4p空轨道形成的 d^2sp^3 杂化轨道,单电子数为零,磁性也没有了。像这样中心离子的电子结构改变,未成对的电子重新配对,从而在内层腾出空轨道来形成的配键称为内轨配键。用这种键型结合的配离子称为内轨型配离子,如 $[Fe(CN)_6]^{2+}$、$[Co(NH_3)_6]^{3+}$、$[PtCl_6]^{2-}$ 等都是内轨型配离子,它的配合物称为内轨型配合物(inner - orbital coordination compound)。内轨型配合物中心离子的杂化形式有 dsp^2、d^2sp^3 等。

以上关于 $[Fe(H_2O)_6]^{2+}$ 和 $[Fe(CN)_6]^{4-}$ 配离子键型结构的叙述可以示意如下,即

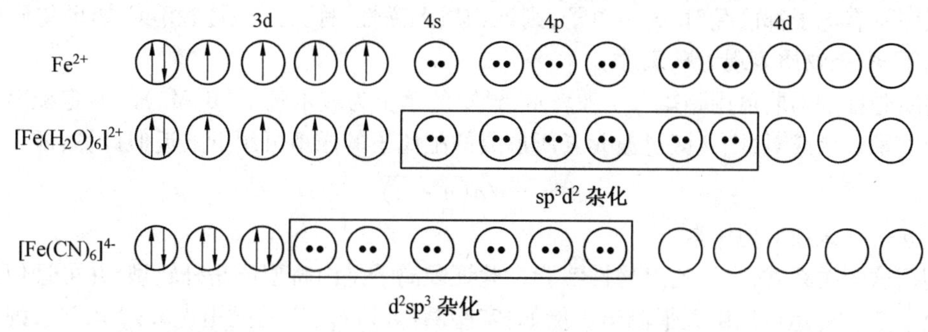

配合物是内轨型还是外轨型,主要决定于中心离子的电子构型、离子所带的电荷和配位体的性质。具有 d^{10} 构型的离子,只能用外层轨道形成外轨型配合物;具有 d^8 构型的离子如 Ni^{2+}、Pt^{2+}、Pd^{2+} 等,大多数情况下形成内轨型配合物;具有其他构型的离子,既可形成内轨型,也可形成外轨型配合物。

中心离子电荷增多,有利于形成内轨型配合物。中心离子与配位原子电负性相差很大时,易生成外轨型配合物;电负性相差较小时,则生成内轨型配合物。如配位原子 $F(F^-)$、$O(H_2O)$ 常生成外轨型;$C(CN^-)$、$N(NO_2^-)$ 等生成内轨型;NH_3 及其衍生物(如 RNH_2 等)作为配体时,有时为外轨型,有时为内轨型,视中心离子的情况而定。

对于相同的中心离子,当形成相同配位数的配离子时,一般内轨型比外轨型稳定,这是因为 sp^3d^2 杂化轨道能量比 d^2sp^3 杂化轨道能量高;sp^3 杂化轨道能量比 dsp^2 杂化轨道能量高。在溶液中内轨型配离子也比外轨型配离子较难解离。例如:$[Fe(CN)_6]^{3-}$ 和 $[Ni(CN)_4]^{2-}$ 分别比 $[FeF_6]^{3-}$ 和 $[Ni(NH_3)_4]^{2+}$ 难解离。

9.2.3 配位化合物的空间结构

配位化合物的空间结构取决于中心离子杂化轨道的类型。中心离子杂化轨道类型与配离子的空间结构见表 9 - 1。

表 9 - 1 中心离子杂化轨道类型与配离子的空间结构

杂化轨道类型	配离子空间结构	配位数	实例
sp	直线型	2	$[Cu(NH_3)_2]^+$, $[Ag(NH_3)_2]^+$, $[Ag(CN)_2]^-$
sp^2	平面三角型	3	$[CuCl_3]^{2-}$, $[HgI_3]^-$
sp^3	正四面体	4	$[Ni(NH_3)_4]^{2+}$, $[Zn(NH_3)_4]^{2+}$, $[Ni(CO)_4]$
dsp^2	正方型	4	$[Cu(NH_3)_4]^{2+}$, $[Ni(CN)_4]^{2+}$, $[PtCl_4]^{2-}$
dsp^3	三角双锥型	5	$[Ni(CN)_5]^{3-}$, $[Fe(CO)_5]$
sp^3d^2	正八面体	6	$[Co(NH_3)_6]^{2+}$, $[Fe(H_2O)_6]^{3+}$, $[FeF_6]^{3-}$
d^2sp^3			$[Fe(CN)_6]^{3-}$, $[Fe(CN)_6]^{4-}$, $[Co(NH_3)_6]^{3+}$

9.2.4 配位化合物的磁性

物质的磁性是指在外加磁场影响下,物质所表现出来的顺磁性或反磁性。顺磁性物质可被外磁场所吸引,反磁性物质不被外磁场吸引。

物质表现为顺磁性或反磁性,取决于组成物质的分子、原子或离子中电子的运动状态。如果物质中所有电子都已配对,无单电子,则该物质无磁性,称为反磁性;相反,如果物质中有未成对电子,则该物质表现为顺磁性。

物质磁性的强弱可用磁矩(μ)来表示,磁矩的单位为玻尔磁子(B. M.)。假定配离子中配体内的电子皆已成对,则 d 区过渡元素所形成的配离子的磁矩可用下式近似计算,即

$$\mu = \sqrt{n(n+2)}$$

式中 n—— 未成对电子数。

利用这个关系式,可以通过磁性实验来验证配离子是内轨型还是外轨型,并可近似计算未成对电子数。磁矩可用磁天平测出。例如:实验测得 $[FeF_6]^{3-}$ 的磁矩为5.90 B. M.,则$n \approx 5$,可见,在 $[FeF_6]^{3-}$ 中 Fe^{3+} 仍保留5个未成对电子,以 sp^3d^2 杂化轨道与配位原子 F 形成外轨配键;再如:实验测得 $[Fe(CN)_6]^{4-}$ 的磁矩为0,则 $n=0$,说明在 $[Fe(CN)_6]^{4-}$ 中 Fe^{2+} 的杂化形式为 d^2sp^3,$[Fe(CN)_6]^{4-}$ 是内轨型配合物。

9.3　配位平衡

9.3.1　配位平衡和平衡常数

配离子虽然是十分稳定的原子团,但在水溶液中也能少部分解离为中心离子和配体。比如:在$[Cu(NH_3)_4]^{2+}$中加入Na_2S溶液,即有黑色的CuS沉淀生成。这是因为$[Cu(NH_3)_4]^{2+}$在水溶液中可像弱电解质一样,部分解离出Cu^{2+}和NH_3,Cu^{2+}与S^{2-}反应生成了溶解度极小的CuS沉淀,即$[Cu(NH_3)_4]^{2+}$在水溶液中存在如下平衡:

$$[Cu(NH_3)_4]^{2+} \rightleftharpoons Cu^{2+} + 4NH_3$$

或

$$Cu^{2+} + 4NH_3 \rightleftharpoons [Cu(NH_3)_4]^{2+}$$

由化学平衡原理,可得到

$$\frac{c([Cu(NH_3)_4]^{2+})/c^{\ominus}}{\{c(Cu^{2+})/c^{\ominus}\}\{c(NH_3)/c^{\ominus}\}^4} = \beta_4^{\ominus}$$

式中　$\beta_4^{\ominus}$——$[Cu(NH_3)_4]^{2+}$的标准累积稳定常数(standard overall stability constant)或标准总稳定常数($\beta^{\ominus}$在右下角的数字表示此配离子中的配体数)。$\beta^{\ominus}$越大,表示形成配离子的倾向越大,此配合物越稳定。有时也可用$\beta^{\ominus}$的倒数来表示,即

$$\frac{1}{\beta^{\ominus}} = \beta^{\ominus\prime}$$

式中　$\beta^{\ominus\prime}$——累积不稳定常数(overall instability constant)或累积解离常数。$\beta^{\ominus}$越大,$\beta^{\ominus\prime}$越小。表9-2列出了一些常见配离子的累积稳定常数。

表9-2　一些常见配离子的累积稳定常数

配离子	$\beta_n^{\ominus}$	$\lg\beta_n^{\ominus}$	配离子	$\beta_n^{\ominus}$	$\lg\beta_n^{\ominus}$
$[AgCl_2]^-$	1.1×10^5	5.04	$[Co(NH_3)_6]^{3+}$	1.58×10^{35}	35.2
$[CdCl_4]^{2-}$	6.31×10^2	2.8	$[Cu(NH_3)_4]^{2+}$	2.09×10^{13}	13.32
$[CuCl_4]^{2-}$	4.17×10^5	5.62	$[Ni(NH_3)_6]^{2+}$	5.49×10^8	8.74
$[HgCl_4]^{2-}$	1.17×10^{15}	15.07	$[Zn(NH_3)_4]^{2+}$	2.88×10^9	9.46
$[PdCl_3]^-$	25	1.4	$[AlF_6]^{3-}$	6.9×10^{19}	19.84
$[SnCl_4]^{2-}$	30.2	1.48	$[FeF_2]^+$	2.00×10^9	9.30
$[SnCl_6]^{2-}$	6.6	0.82	$[Zn(OH)_4]^{2-}$	1.4×10^{15}	15.15
$[Ag(CN)_2]^-$	1.26×10^{21}	21.1	$[CdI_4]^{2-}$	2.57×10^5	5.41
$[Cd(CN)_4]^{2-}$	6.03×10^{18}	18.78	$[HgI_4]^{2-}$	6.76×10^{29}	29.83
$[CuCl_4]^{3-}$	5×10^{30}	30.7	$[Fe(SCN)_2]^+$	2.29×10^3	3.36
$[Fe(CN)_6]^{4-}$	1.0×10^{35}	35.00	$[Fe(SCN)]^{2+}$	8.91×10^2	2.95
$[Fe(CN)_6]^{3-}$	1.0×10^{42}	42.00	$[Hg(SCN)_4]^{2-}$	1.70×10^{21}	21.23
$[Hg(CN)_4]^{2-}$	2.51×10^{41}	41.51	$[Ag(en)_2]^+$	5.01×10^7	7.70

续表9-2

配离子	$\beta_n^\ominus$	$\lg\beta_n^\ominus$	配离子	$\beta_n^\ominus$	$\lg\beta_n^\ominus$
$[Ni(CN)_4]^{2-}$	1.0×10^{22}	22.00	$[Co(en)_3]^{2+}$	8.69×10^{13}	13.94
$[Zn(CN)_4]^{2-}$	5.75×10^{16}	16.76	$[Al(C_2O_4)_3]^{3-}$	2.00×10^{16}	16.3
$[Ag(NH_3)_2]^+$	1.12×10^{7}	7.21	$[Fe(C_2O_4)_3]^{4-}$	1.66×10^{5}	5.22
$[Cd(NH_3)_4]^{2+}$	3.63×10^{6}	6.56	$[Fe(C_2O_4)_3]^{3-}$	1.58×10^{20}	20.20
$[Co(NH_3)_6]^{2+}$	1.29×10^{5}	5.11	$[Co(C_2O_4)_3]^{4-}$	5.01×10^{9}	9.70

在用稳定常数比较配离子的稳定性时，只有同种类型配离子才能直接比较，如$[Ag(CN)_2]^-$的稳定常数大于$[Ag(NH_3)_2]^+$，故稳定性$[Ag(CN)_2]^- > [Ag(NH_3)_2]^+$。两种同类型配合物稳定性的不同，配合物形成的先后次序也不同。例如：若在含有NH_3和CN^-的溶液中加入Ag^+，则必定首先形成很稳定的$[Ag(CN)_2]^-$配离子，只有在CN^-与Ag^+的配位反应进行完全后，才可能形成$[Ag(NH_3)_2]^+$配离子。同样，两种金属离子能与同一配位剂形成同类型配合物时，其配位先后次序也是这样。但是必须指出，只有当两者的稳定常数相差足够大时，才能完全分步配位。

多配体的配离子在水溶液中的解离与多元弱酸（弱碱）的解离相类似，是分步进行的。例如$[Ag(NH_3)_2]^+$：

$$[Ag(NH_3)_2]^+ \rightleftharpoons [Ag(NH_3)]^+ + NH_3$$
$$[Ag(NH_3)]^+ \rightleftharpoons Ag^+ + NH_3$$

其对应的逐级平衡常数称为配离子的逐级不稳定常数。它们的倒数称为逐级稳定常数(stepwise stability constant)，用$K_1^\ominus$、$K_2^\ominus$表示。

各逐级稳定常数的乘积，即为该配离子的累积稳定常数$\beta^\ominus$。例如$[Ag(NH_3)_2]^+$：

$$K_1^\ominus K_2^\ominus = \frac{c([Ag(NH_3)]^+)/c^\ominus}{\{c(Ag^+)/c^\ominus\}\{c(NH_3)/c^\ominus\}} \times \frac{c([Ag(NH_3)_2]^+)/c^\ominus}{\{c([Ag(NH_3)]^+)/c^\ominus\}\{c(NH_3)/c^\ominus\}}$$
$$= \frac{c([Ag(NH_3)_2]^+)/c^\ominus}{\{c(Ag^+)/c^\ominus\}\{c(NH_3)/c^\ominus\}^2} = \beta_2^\ominus$$

同理可推得

$$K_1^\ominus K_2^\ominus K_3^\ominus = \beta_3^\ominus K_1^\ominus K_2^\ominus \cdots K_n^\ominus = \beta_n^\ominus$$

一般配离子的逐级稳定常数彼此相差不大，因此在计算离子浓度时，必须考虑各级配离子的存在。但在实际工作中，一般总是加入过量配位剂，这时金属离子绝大部分处在最高配位数的状态，故其他较低级配离子可忽略不计。如果只求简单金属离子的浓度，只需按累积稳定常数$\beta^\ominus$进行计算，这样计算就大为简化了。

【例9.1】 在10.0 mL、0.040 mol·L^{-1} $AgNO_3$溶液中，加入10.0 mL、2.0 mol·L^{-1}氨水溶液，计算平衡后溶液中的Ag^+浓度。

解 由于溶液的体积增加一倍，则各相应浓度减少一半，即$AgNO_3$的浓度为0.020 mol·L^{-1}，氨溶液的浓度为1.0 mol·L^{-1}。设平衡后$c(Ag^+) = x$ mol·L^{-1}，则

$$Ag^+ + 2NH_3 \rightleftharpoons [Ag(NH_3)_2]^+$$

起始浓度/(mol·L^{-1})　　0.020　　1.0　　　0

平衡浓度/(mol·L^{-1})　　x　　$[1.0-2(0.020-x)]$　　$(0.020-x)$

$$\beta_2^{\ominus} = \frac{c([Ag(NH_3)_2]^+)/c^{\ominus}}{\{c(Ag^+)/c^{\ominus}\}\{c(NH_3)/c^{\ominus}\}^2} = 1.12 \times 10^7$$

$$\frac{(0.02-x)}{x[1.0-2(0.020-x)]^2} = 1.12 \times 10^7$$

由于$0.020 - x \approx 0.020$（NH_3 大大过量，故可认为全部 $AgNO_3$ 都已生成$[Ag(NH_3)_2]^+$），则上式解得 $x = 1.94 \times 10^{-9}$ mol·L^{-1}，即平衡后溶液中 Ag^+ 浓度为 1.94×10^{-9} mol·L^{-1}。

9.3.2　配位平衡的移动

配位平衡的移动符合化学平衡移动的一般规律。若在某一个配位平衡的体系中加入某种化学试剂（如酸、碱、沉淀剂或氧化还原剂等），会导致该平衡的移动，即原平衡的各组分的浓度发生了改变。如果在同一溶液中具有多重平衡关系，且各种平衡是同时发生的，则其浓度必须同时满足几个平衡条件，这样溶液中一种组分浓度的变化，就会引起配位平衡的移动。

1. 配位平衡和酸碱平衡

若在含有 $[Fe(C_2O_4)_3]^{3-}$ 的水溶液中加入盐酸，则发生下列反应：

$$[Fe(C_2O_4)_3]^{3-} \rightleftharpoons Fe^{3+} + 3C_2O_4^{2-}$$
$$+$$
$$6H^+ \rightleftharpoons 3H_2C_2O_4$$

结果是配离子$[Fe(C_2O_4)_3]^{3-}$ 被破坏，生成了难解离的弱电解质草酸 $H_2C_2O_4$，配位平衡为弱电解质的解离平衡所取代。显然，最终的结果取决于配离子及弱电解质的相对稳定性，在本例中弱酸 $H_2C_2O_4$ 比配离子$[Fe(C_2O_4)_3]^{3-}$ 更稳定。

2. 配位解离平衡和氧化还原平衡

在氧化还原平衡中，若加入配位剂，由于配离子的形成，因此某些电对的电极电势值发生改变，很可能影响甚至改变化学反应的方向。

【例9.2】　在氧化还原反应 $2Fe^{3+} + 2I^- \rightleftharpoons 2Fe^{2+} + I_2$ 中加入 CN^-，下列反应是否仍能正向进行？

$$2[Fe(CN)_6]^{3-} + 2I^- \rightleftharpoons [Fe(CN)_6]^{4-} + I_2$$

解　查附录 8.1 得 $\varphi^{\ominus}(I_2/I^-)$ 为 0.535 V，$\varphi^{\ominus}(Fe^{3+}/Fe^{2+})$ 为 0.771 V，从标准电极电势判断，反应 $2Fe^{3+} + 2I^- \rightleftharpoons 2Fe^{2+} + I_2$ 可以正向进行。

对于电对$[Fe(CN)_6]^{3-}/[Fe(CN)_6]^{4-}$，由能斯特方程，其电极电势为

$$\varphi^{\ominus}\{[Fe(CN)_6]^{3-}/[Fe(CN)_6]^{4-}\} = \varphi^{\ominus}(Fe^{3+}/Fe^{2+}) + 0.059\lg\frac{c(Fe^{3+})/c^{\ominus}}{c(Fe^{2+})/c^{\ominus}}$$

其中，$c(Fe^{3+})$ 为$[Fe(CN)_6]^{3-}$ 解离出的浓度，$c(Fe^{2+})$ 为$[Fe(CN)_6]^{4-}$ 离解出的浓度，其计算方法为

$$[Fe(CN)_6]^{3-} \rightleftharpoons Fe^{3+} + 6CN^-$$

$$\frac{[c(Fe^{3+})/c^{\ominus}][c(CN^-)/c^{\ominus}]^6}{c\{[Fe(CN)_6]^{3-}\}/c^{\ominus}} = \frac{1}{\beta_6^{\ominus}} = \frac{1}{1.0 \times 10^{42}}$$

根据题意,标准状态时配体和配离子的浓度均为 1.0 mol·L^{-1},则

$$c(Fe^{3+}) = \frac{1}{1.0\times10^{42}}\ mol\cdot L^{-1}$$

同样

$$c(Fe^{2+}) = \frac{1}{1.0\times10^{35}}\ mol\cdot L^{-1}$$

所以

$$\varphi^{\ominus}\{[Fe(CN)_6]^{3-}/[Fe(CN)_6]^{4-}\} = 0.771 + 0.059\lg\frac{1.0\times10^{35}}{1.0\times10^{42}} = 0.358\ (V)$$

小于 $\varphi^{\ominus}(I_2/I^-)$ 的0.535 V,则反应 $2[Fe(CN)_6]^{3-}+2I^- \rightleftharpoons [Fe(CN)_6]^{4-}+I_2$ 不能正向进行,只能逆向进行。

3. 配位平衡和沉淀溶解平衡

配位平衡与沉淀溶解平衡的关系可用下列事实说明。将 $AgNO_3$ 溶液和 NaCl 溶液混合,则立即产生白色 AgCl 沉淀。然后加入浓氨水,由于生成 $[Ag(NH_3)_2]^+$,AgCl 不断溶解,直至消失。若再加入 KBr 溶液,则有淡黄色的 AgBr 沉淀析出。接着加入 $Na_2S_2O_3$ 溶液,则 AgBr 沉淀溶解,这是因为生成了 $[Ag(S_2O_3)_2]^{3-}$ 配离子。若加入 KI 溶液,则有黄色 AgI 沉淀析出;加入 KCN 溶液,AgI 沉淀溶解,生成 $[Ag(CN)_2]^-$。最后加入 Na_2S 溶液,生成黑色 Ag_2S 沉淀。这些化学反应可以简单表示如下($K_{sp}^{\ominus}$ 为难溶化合物的溶度积常数):

$$AgNO_3 \xrightarrow{NaCl} AgCl \xrightarrow{NH_3} [Ag(NH_3)_2]^+ \xrightarrow{KBr} AgBr\downarrow \xrightarrow{Na_2S_2O_3}$$
$$(K_{sp}^{\ominus}\ 1.80\times10^{-10})\quad(\beta_2^{\ominus}\ 1.12\times10^{7})\quad(K_{sp}^{\ominus}\ 5.35\times10^{-13})$$

$$[Ag(S_2O_3)_2]^{3-} \xrightarrow{KI} AgI\downarrow \xrightarrow{KCN} [Ag(CN)_2]^- \xrightarrow{Na_2S} Ag_2S\downarrow$$
$$(\beta_2^{\ominus}\ 2.88\times10^{13})(K_{sp}^{\ominus}\ 8.3\times10^{-17})(\beta_2^{\ominus}\ 1.26\times10^{21})\quad(K_{sp}^{\ominus}\ 6.3\times10^{-50})$$

【例9.3】 完全溶解0.010 mol AgCl 需 NH_3 的最低浓度为多少?AgCl 溶解后,若在此溶液中加入0.010 mol·L^{-1}KBr溶液(设体积不变),问是否有AgBr沉淀析出?已知AgCl和AgBr的溶度积分别为 $K_{sp}^{\ominus}(AgCl)=1.80\times10^{-10}$;$K_{sp}^{\ominus}(AgBr)=5.35\times10^{-13}$。

解 AgCl 在氨水中的溶解反应为

$$AgCl + 2NH_3 \rightleftharpoons [Ag(NH_3)_2]^+ + Cl^-$$

平衡时,其平衡常数为

$$K^{\ominus} = \frac{\{c([Ag(NH_3)_2^+])/c^{\ominus}\}[c(Cl^-)/c^{\ominus}]}{[c(NH_3)/c^{\ominus}]^2}$$

上式分子、分母同乘以 $c(Ag^+)/c^{\ominus}$ 则得

$$K^{\ominus} = \frac{\{c([Ag(NH_3)_2^+])/c^{\ominus}\}[c(Cl^-)/c^{\ominus}][c(Ag^+)/c^{\ominus}]}{[c(NH_3)/c^{\ominus}]^2[c(Ag^+)/c^{\ominus}]}$$
$$= \beta_2^{\ominus}K_{sp}^{\ominus}(AgCl) = 1.12\times10^{7}\times1.80\times10^{-10} = 2.02\times10^{-3}$$

平衡时有

$$c(NH_3) = \sqrt{\frac{\{c[Ag(NH_3)^+]/c^{\ominus}\}[c(Cl^-)/c^{\ominus}]}{K^{\ominus}}}\cdot c^{\ominus}$$

设 AgCl 溶解后全部转化为 $[Ag(NH_3)_2]^+$,则

$$c([Ag(NH_3)_2]^+) = 0.010\ \text{mol} \cdot L^{-1}, \quad c(Cl^-) = 0.010\ \text{mol} \cdot L^{-1}$$

$$c(NH_3) = \sqrt{\frac{0.010 \times 0.010}{2.02 \times 10^{-3}}} = 0.222\ (\text{mol} \cdot L^{-1})$$

溶解过程中要消耗氨水,消耗氨水的浓度可根据反应方程式求出,即

$$2 \times 0.010\ \text{mol} \cdot L^{-1} = 0.020\ \text{mol} \cdot L^{-1}$$

所以,溶解 0.010 mol AgCl 至少需要氨水的浓度为

$$0.222\ \text{mol} \cdot L^{-1} + 0.020\ \text{mol} \cdot L^{-1} = 0.242\ \text{mol} \cdot L^{-1}$$

此时,溶液中 $c(Ag^+)$ 为

$$c(Ag^+) = \frac{c([Ag(NH_3)_2^+])/c^{\ominus}}{\beta_2^{\ominus} \times [c(NH_3)/c^{\ominus}]^2} \cdot c^{\ominus} = \frac{0.010}{1.12 \times 10^7 \times (0.222)^2}$$

$$= 1.81 \times 10^{-8}(\text{mol} \cdot L^{-1})$$

加入 0.010 $\text{mol} \cdot L^{-1}$ KBr 溶液后:

$$[c(Ag^+)/c^{\ominus}][c(Br^-)/c^{\ominus}] = 1.81 \times 10^{-10} > K_{sp}^{\ominus}(AgBr)$$

所以,必然会有 AgBr 沉淀析出。

总之,究竟发生配位反应还是沉淀反应,取决于配位剂和沉淀剂的能力以及它们的浓度。它们能力的大小主要取决于稳定常数和溶度积。如果配位剂的配位能力大于沉淀剂的沉淀能力,则沉淀消失或不析出沉淀,而生成配离子,例如 AgCl 沉淀溶解于氨水中,可生成 $[Ag(NH_3)_2]^+$。反之,如果沉淀剂的沉淀能力大于配位剂的配位能力,则配离子被破坏,而有新的沉淀产生,例如在 $[Ag(NH_3)_2]^+$ 中加入 Br^-,则有 AgBr 沉淀析出。

9.4　配位滴定法

配位滴定法是以配合物反应为基础的滴定分析方法。配位反应除了滴定,还广泛用于其他方面。作为显色反应、萃取剂、沉淀剂、掩蔽剂都可利用配位剂的有关反应。本节综合考虑配位反应中有关平衡、酸效应系数、配位效应系数及条件平衡常数,并阐述配位滴定的基本原理。

9.4.1　EDTA 配位滴定法基本原理

在配位滴定中,最常见的配位剂为 EDTA,可用 H_4Y 表示。它在水中的溶解度很小,(22 ℃时,100 mL水仅可溶解0.02 g),难溶于酸和有机溶剂,易溶于NH_3溶液或NaOH溶液中形成相应的盐。在配位滴定中,使用的是EDTA的二钠盐,也简称EDTA,用 $Na_2H_2Y \cdot 2H_2O$ 表示。$Na_2H_2Y \cdot 2H_2O$ 溶解度较大,22 ℃ 时,100 mL 水可溶解 11.1 g,此时溶液的浓度约为 0.3 $\text{mol} \cdot L^{-1}$,pH 约为 4.8。

1. EDTA 的解离平衡

当酸度较高时,H_4Y 的 2 个羟基可再接受 H^+ 生成 H_6Y^{2+},相当于六元酸的形式。这样 EDTA 在水溶液中存在六级解离平衡,即

$$H_6Y^{2-} \rightleftharpoons H^+ + H_5Y^+; \quad K_{a_1} = \frac{\{c(H^+)/c^{\ominus}\}\{c([H_5Y]^+)/c^{\ominus}\}}{\{c([H_6Y]^{2-}/c^{\ominus})\}} = 10^{-0.9}$$

$$H_5Y^+ \rightleftharpoons H^+ + H_4Y; \quad K_{a_2} = \frac{\{c(H^+)/c^{\ominus}\}\{c(H4Y)/c^{\ominus}\}}{\{c([H_5Y]^+)/c^{\ominus}\}} = 10^{-1.6}$$

$$H_4Y \rightleftharpoons H^+ + H_3Y^-; \quad K_{a_3} = \frac{\{c(H^+)/c^{\ominus}\}\{c([H_3Y]^-)/c^{\ominus}\}}{\{c([H_4Y])/c^{\ominus}\}} = 10^{-2.0}$$

$$H_3Y^- \rightleftharpoons H^+ + H_2Y^{2-}; \quad K_{a_4} = \frac{\{c(H^+)/c^{\ominus}\}\{c([H_2Y]^{2-})/c^{\ominus}\}}{\{c([H_3Y]^-)/c^{\ominus}\}} = 10^{-2.67}$$

$$H_2Y^{2-} \rightleftharpoons H^+ + HY^{3-}; \quad K_{a_5} = \frac{\{c(H^+)/c^{\ominus}\}\{c([HY]^{3-})/c^{\ominus}\}}{\{c([H_2Y]^{2-})/c^{\ominus}\}} = 10^{-6.16}$$

$$HY^{3-} \rightleftharpoons H^+ + Y^{4-}; \quad K_{a_6} = \frac{\{c(H^+)/c^{\ominus}\}\{c([Y]^{4-})/c^{\ominus}\}}{\{c([HY]^{3-})/c^{\ominus}\}} = 10^{-10.26}$$

在 EDTA 水溶液中,总是以 H_6Y^{2+}、H_5Y^+、H_4Y、H_3Y^-、H_2Y^{2-}、HY^{3-} 和 Y^{4-} 7 种形式存在。在不同的 pH 条件下,各种存在形式的浓度是不相同的。在 pH < 1 的强酸性溶液中,主要以 H_6Y^{2+} 形式存在;pH 为 2.67 ~ 6.16 的溶液中,主要以 H_2Y^{2-} 形式存在;在 pH > 10.26 的碱性溶液中,主要以 Y^{4-} 形式存在。

2. 配位反应的副反应系数和条件稳定常数

金属离子与EDTA反应大多形成1∶1的配合物。由于溶液的酸度会影响EDTA的解离平衡,既影响EDTA在溶液中的存在形式,也影响金属离子与EDTA形成的配合物的稳定性。同时,溶液的酸度也会影响金属离子的存在形式,从而影响配合物的稳定性。另外,溶液中如果存在其他的金属离子或配体也会影响配合物的稳定性。总之,配位滴定中所涉及的化学平衡比较复杂。除了被测金属离子与 EDTA 之间的主反应外,还存在其他副反应。副反应的发生会影响主反应的进行程度。引入副反应系数(α) 可以定量地表示副反应进行的程度。

(1)EDTA 的酸效应与酸效应系数 $\alpha_{Y(H)}$。

EDTA 的副反应系数首先考虑 EDTA 的酸效应和酸效应系数(acidic effective coefficient)$\alpha_{Y(H)}$。由于EDTA与 H^+ 的反应,因此 Y 的平衡浓度降低,导致 Y 与金属离子 M 的配位能力下降。这种由于 H^+ 的存在,配位体参加主反应能力降低的现象,称为酸效应。其大小用酸效应系数 $\alpha_{Y(H)}$ 来描述。$\alpha_{Y(H)}$ 表示未参加主反应的 EDTA 的总浓度 $c(Y')$ 与配体 EDTA 的平衡浓度 $c(Y)$ 之比,即

$$\alpha_{Y(H)} = \frac{c(Y')}{c(Y)}$$

$\alpha_{Y(H)}$ 越小,$c(Y)$ 越大,H^+ 形成的副反应越小,如果 pH > 13,可认为 $\alpha_{Y(H)} = 1$,溶液中都可近似为以 Y^{4-} 形式存在。在其他 pH 范围里,$\alpha_{Y(H)}$ 可用下面公式计算,即

$$\alpha_{Y(H)} = \frac{c(Y')}{c(Y)} = 1 + \beta_1 c(H^+) + \beta_2\{c(H^+)\}^2 + \beta_3\{c(H^+)\}^3 + \beta_4\{c(H^+)\}^4 + \beta_5\{c(H^+)\}^5 + \beta_6\{c(H^+)\}^6$$

$$\beta_1 = \frac{1}{K_{a_6}}$$

$$\beta_2 = \frac{1}{K_{a_6}K_{a_5}}$$

$$\beta_3 = \frac{1}{K_{a_6}K_{a_5}K_{a_4}}$$

$$\beta_4 = \frac{1}{K_{a_6}K_{a_5}K_{a_4}K_{a_3}}$$

$$\beta_5 = \frac{1}{K_{a_6}K_{a_5}K_{a_4}K_{a_3}K_{a_2}}$$

$$\beta_6 = \frac{1}{K_{a_6}K_{a_5}K_{a_4}K_{a_3}K_{a_2}K_{a_1}}$$

$c(H^+)$ 越大，$\alpha_{Y(H)}$ 越大，酸效应系数随溶液酸度增加而增大。也就是说，酸度越大，由酸效应引起的副反应也越大。表 9 - 3 列出了 EDTA 在不同 pH 时的 $\lg \alpha_{Y(H)}$。

表 9 - 3　EDTA 在不同 pH 时的 $\lg \alpha_{Y(H)}$

pH	$\lg \alpha_{Y(H)}$	pH	$\lg \alpha_{Y(H)}$	pH	$\lg \alpha_{Y(H)}$
0	23.64	3.6	9.27	7.2	3.10
0.2	22.47	3.8	8.85	7.4	2.88
0.4	21.32	4.0	8.44	7.6	2.68
0.6	20.18	4.2	8.04	7.8	2.47
0.8	19.08	4.4	7.64	8.0	2.27
1.0	18.01	4.6	7.24	8.2	2.07
1.2	16.98	4.8	6.84	8.4	1.87
1.4	16.02	5.0	6.45	8.6	1.67
1.6	15.11	5.2	6.07	8.8	1.48
1.8	14.27	5.4	5.69	9.0	1.28
2.0	13.51	5.6	5.33	9.2	1.10
2.2	12.82	5.8	4.98	9.6	0.75
2.4	12.19	6.0	4.65	10.0	0.45
2.6	11.62	6.2	4.34	10.5	0.20
2.8	11.09	6.4	4.06	11.0	0.07
3.0	10.60	6.6	3.79	11.5	0.02
3.2	10.14	6.8	3.55	12.0	0.01
3.4	9.70	7.0	3.32	13.0	0.00

【例 9.4】　计算 pH = 2.0 时，EDTA 的酸效应系数。

解　$\alpha_{Y(H)} = 1 + 10^{10.26} \times 10^{-2} + 10^{10.26} \times 10^{6.10}(10^{-2})^2 + 10^{10.26} \times 10^{6.10} \times 10^{2.67}(10^{-2})^3 + 10^{10.26} \times 10^{6.10} \times 10^{2.67} \times 10^{2.0}(10^{-2})^4 + 10^{10.26} \times 10^{6.10} \times 10^{2.67} \times 10^{2.0} \times 10^{1.6}(10^{-2})^5 + 10^{10.26} \times 10^{6.10} \times 10^{2.67} \times 10^{2.0} \times 10^{1.6} \times 10^{0.9}(10^{-2})^6 = 1 + 10^{8.26} + 10^{12.42} + 10^{13.09} + 10^{13.09} + 10^{12.69} + 10^{11.59} = 3.25 \times 10^{13}$

$\lg \alpha_{Y(H)} = 13.51$。

(2) 金属离子 M 的副反应及副反应系数 $\alpha_{M(L)}$。

当 M 与 Y 反应时，如果有另一配位剂 L 存在，L 与 M 生成配合物 ML，使金属离子 M 与主反应配位剂 EDTA 反应能力降低的现象称为配位效应。其他配位剂 L 的存在引起副反应时的副反应系数称为配位效应系数,用 $\alpha_{M(L)}$ 表示。$\alpha_{M(L)}$ 表示没有参加主反应时的金属离子总浓度 $c(M')$ 与游离金属离子浓度 $c(M)$ 之比,即

$$\alpha_{M(L)}=\frac{c(M')}{c(M)}=\frac{c(M)+c(ML)+\cdots+c(ML_n)}{c(M)}$$

$$=1+\beta_1c(L)+\beta_2\{c(L)\}^2+\cdots+\beta_n\{c(L)\}^n$$

游离金属离子的浓度为

$$c(M)=\frac{c(M')}{\alpha_{M(L)}}$$

【例9.5】 0.01 $mol\cdot L^{-1}$ AlF_6^{3-} 溶液中,游离 F^- 的浓度为0.01 $mol\cdot L^{-1}$,求溶液中游离的 Al^{3+} 浓度。

解 $\alpha_{Al(F)}=1+1.4\times10^6\times0.010+1.4\times10^{11}\times(0.010)^2+1.0\times10^{15}\times(0.010)^3+5.6\times10^{17}\times(0.010)^4+2.3\times10^{19}\times(0.010)^5+6.9\times10^{19}\times(0.010)^6=8.9\times10^9$

$$c(Al^{3+})=\frac{0.010}{8.9\times10^9}=1.1\times10^{-11}(mol\cdot L^{-1})$$

如果金属离子 M 有两种配位剂 L 和 A(包括 OH^-) 反应。总副反应系数为

$$\alpha_M=\frac{c(M')}{c(M)}=\frac{c(M)+c(ML)+\cdots+c(ML_n)}{c(M)}+\frac{c(M)+c(MA)+\cdots+c(MA_m)}{c(M)}-\frac{c(M)}{c(M)}$$

$$=\alpha_{M(L)}+\alpha_{M(A)}-1$$

若 A 为 OH^-,则 $\alpha_M=\alpha_{M(L)}+\alpha_{M(OH)}-1$。

【例9.6】 在0.01 $mol\cdot L^{-1}$ Zn^{2+} 溶液中,加入 pH = 10 的氨缓冲溶液,使溶液中氨的浓度为0.01 $mol\cdot L^{-1}$,计算溶液中游离 Zn^{2+} 的浓度。

解 $\alpha_{Zn(NH_3)}=1+\beta_1c(NH_3)+\beta_2\{c(NH_3)\}^2+\beta_3\{c(NH_3)\}^3+\beta_4\{c(NH_3)\}^4=1+10^{2.27}\times10^{-1}+10^{4.61}\times10^{-2}+10^{7.01}\times10^{-3}+10^{9.06}\times10^{-4}=10^{5.10}$

$$pH=10\alpha_{Zn(OH)}=10^{2.4}$$

$$\alpha_{Zn}=\alpha_{Zn(NH_3)}+\alpha_{Zn(OH)}-1=10^{5.10}+10^{2.4}-1=10^{5.10}$$

$$c(Zn^{2+})=\frac{c_{Zn^{2+}}}{\alpha_{Zn}}=\frac{0.01}{10^{5.10}}=7.9\times10^{-8}(mol\cdot L^{-1})$$

(3) 条件稳定常数。

在副反应存在的条件下,用稳定常数衡量配位反应进行的程度会产生较大的误差。因此引入条件稳定常数(conditional stability constant),用 K'_{MY} 表示条件稳定常数,即

$$K'_{MY}=\frac{c(MY')/c^\ominus}{\{c(M')/c^\ominus\}\{c(Y')/c^\ominus\}}\approx\frac{c(MY)/c^\ominus}{\{c(M')/c^\ominus\}\{c(Y')/c^\ominus\}}=\frac{c(MY)/c^\ominus}{\alpha_M\{c(M)/c^\ominus\}\alpha_{Y(H)}\{c(Y)/c^\ominus\}}$$

$$=K_{MY}\frac{1}{\alpha_M\alpha_{Y(H)}}$$

式中 K_{MY}—— 稳定常数;

$c(M')$ 和 $c(Y')$—— 没有参加主反应的金属离子及 EDTA 的总浓度;

$c(MY')$—— 形成的配合物的总浓度。

上式两边取对数得

$$\lg K'_{MY}=\lg K_{MY}-\lg\alpha_M-\lg\alpha_{Y(H)}$$

如果溶液中无共存离子效应，酸度又高于金属离子的水解酸度，不存在其他引起金属离子副反应的配位剂，此时只有 EDTA 的酸效应，则上式可简化为

$$\lg K'_{MY} = \lg K_{MY} - \lg \alpha_{Y(H)}$$

一些金属离子 EDTA 配合物的 $\lg K_{MY}$ 见表 9－4。

表 9－4　一些金属离子 EDTA 配合物的 $\lg K_{MY}$

离子	$\lg K_{MY}$	离子	$\lg K_{MY}$	离子	$\lg K_{MY}$
Ag^+	7.32	Ga^{3+}	20.3	Pm^{3+}	16.75
Al^{3+}	16.3	Gd^{3+}	17.37	Pr^{3+}	16.40
Ba^{2+}	7.86	HfO^{2+}	19.1	Sc^{3+}	23.1
Be^{2+}	9.3	Hg^{2+}	21.7	Sm^{3+}	17.14
Bi^{3+}	27.94	Ho^{3+}	18.7	Sn^{2+}	22.11
Ca^{2+}	10.69	In^{3+}	25.0	Sr^{2+}	8.73
Cd^{2+}	16.46	La^{3+}	15.50	Tb^{3+}	17.67
Ce^{3+}	15.98	Li^+	2.79	Th^{4+}	23.2
Co^{2+}	16.31	Lu^{3+}	19.83	Ti^{3+}	21.3
Co^{3+}	36	Mg^{2+}	8.7	TiO^{2+}	17.3
Cr^{3+}	23.4	Mn^{2+}	13.87	Tl^{3+}	37.8
Cu^{2+}	18.80	Mo^{2+}	28	Tm^{3+}	19.07
Dy^{3+}	18.30	Na^+	1.66	VO^{2+}	18.8
Er^{3+}	18.85	Nd^{3+}	16.6	Y^{3+}	18.09
Eu^{3+}	17.35	Ni^{2+}	18.62	Yb^{3+}	19.57
Fe^{2+}	14.32	Pb^{2+}	18.04	Zn^{2+}	16.50
Fe^{3+}	25.1	Pd^{2+}	18.5	ZrO^{2+}	29.5

【例 9.7】　计算 pH = 2.00 和 pH = 5.00 时 ZnY 的条件稳定常数。

解　$\lg K'_{ZnY} = \lg K_{ZnY} - \lg \alpha_{Y(H)}$

pH = 2.00 时，$\lg K'_{ZnY} = 16.50 - 13.51 = 2.99$；

pH = 5.00 时，$\lg K'_{ZnY} = 16.50 - 6.45 = 10.05$。

（4）配位滴定条件。

允许的最小 pH 取决于允许的误差和检测终点的准确度。配位滴定的目测终点与化学计量点 pM 差值 ΔpM 一般为 $\pm(0.2 \sim 0.5)$，即至少为 ± 0.2。若允许相对误差 E_T 为 0.1%，则根据终点误差公式可得

$$\lg c \cdot K'_{MY} \geqslant 6 \qquad (9-1)$$

因此通常将 $\lg c \cdot K'_{MY} \geqslant 6$ 作为能否用配位滴定法测定单一金属离子的条件。如果 $c = 10^{-2}\ mol \cdot L^{-1}$，则 $\lg K'_{MY} \geqslant 8$。不考虑金属离子的其他配位反应，代入式(9－1)得

$$\lg \alpha_{Y(H)} \leqslant \lg K_{MY} - 8 \qquad (9-2)$$

将不同金属离子的 $\lg K_{MY}$ 代入式(9－2)，可求出最大 $\lg \alpha_{Y(H)}$ 值，再从表 9.3 查得与它对应的最小 pH。例 $c = 10^{-2}\ mol \cdot L^{-1} Zn^{2+}$ 的滴定，$\lg K_{ZnY} = 16.50$ 代入式(9－2)可得

$\lg \alpha_{Y(H)} \leq 8.5$,从表中可查得 pH = 4.0 是 Zn 允许的最小 pH。

9.4.2 EDTA 配位滴定曲线

在配位滴定中,若被滴定的是金属离子,则随着配位滴定剂的加入,金属离子不断被配位,其浓度不断减少。与其他滴定类似,在化学计量点附近 pM 值($-\lg c(M)$)发生突变,利用适当的方法,可以指示终点,完成滴定。用 pM - EDTA 加入量绘制的滴定曲线来表示。对 EDTA 滴定,金属离子在滴定介质中,不水解,也不易与其他配位剂配位,仅考虑 EDTA 的酸效应,并先求出条件稳定常数,然后计算 pM 突变范围。

【例 9.8】 在 pH = 10 的强碱介质中,0.010 00 $mol \cdot L^{-1}$ EDTA 二钠盐标准溶液滴定 20.00 mL、0.010 00 $mol \cdot L^{-1}$ Ca^{2+} 溶液时 pCa 的变化情况。

解 查表 9 - 3 和表 9 - 4 可知

$$\lg K_{CaY} = 10.69, \quad \lg \alpha_{Y(H)} = 0.45$$

$$\lg K'_{CaY} = \lg K_{CaY} - \lg \alpha_{Y(H)} = 10.69 - 0.45 = 10.24$$

$$K'_{CaY} = 1.8 \times 10^{10}$$

(1) 滴定前 $c(Ca^{2+}) = 0.01\ mol \cdot L^{-1}$,即

$$pCa = -\lg c(Ca^{2+}) = -\lg 0.01 = 2.00$$

(2) 滴定开始至化学计量点前,体系中 $c(Ca^{2+})$ 取决于剩余 Ca^{2+} 的浓度。如加入 EDTA 溶液 19.98 mL,则

$$c(Ca^{2+}) = \frac{0.010\,0 \times 0.02}{20.00 + 19.98} = 5 \times 10^{-6}(mol \cdot L^{-1}), \quad pCa = 5.30$$

(3) 化学计量点时,Ca^{2+} 与 EDTA 完全反应,Ca^{2+} 来自于配合物 CaY 的解离,则

$$c(CaY) = 0.010\,0 \times \frac{20.00}{20.00 + 20.00} = 5 \times 10^{-3}(mol \cdot L^{-1})$$

CaY 解离会产生等浓度的 $c(Ca^{2+\prime})$ 和 $c(Y')$,即

$$c(Ca^{2+\prime}) = c(Y') = x\ mol \cdot L^{-1}$$

$$K'_{CaY} = \frac{c(CaY)}{c(Ca^{2+\prime}) \cdot c(Y')} = \frac{5 \times 10^{-3}}{x^2} = 1.8 \times 10^{10}$$

$$x = c(Ca^{2+\prime}) = 5.3 \times 10^{-7}\ mol \cdot L^{-1}$$

$$pCa = 6.3$$

(4) 化学计量后,加入 EDTA 20.02 mL,EDTA 过量 0.02 mL,有

$$c(Y') = \frac{0.010\,0 \times 0.02}{20.00 + 20.02} = 5 \times 10^{-6}(mol \cdot L^{-1})$$

由于在计量点时 EDTA 过量很少,可认为 $c(CaY) \approx 5 \times 10^{-3}\ mol \cdot L^{-1}$,则

$$\frac{5 \times 10^{-3}}{c(Ca^{2+\prime}) \times 5 \times 10^{-6}} = 1.8 \times 10^{10}$$

$$c(Ca^{2+\prime}) = 5.6 \times 10^{-8}\ mol \cdot L^{-1}$$

$$pCa' = 7.3$$

同理,可以计算出过量不同体积 EDTA 时的 pCa 值,列表并绘制出滴定曲线图。由上述计算也可知 pH 不同,滴定突跃区间不同(图 9 - 2),pH 越大,$\lg K'_{CaY}$ 越大,所以突跃区间越宽。

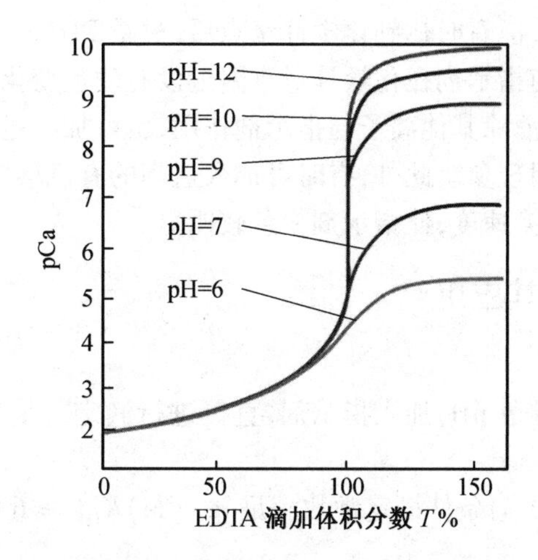

图 9 - 2 不同pH时0.010 0 mol·L^{-1}EDTA滴定20.00 mL、0.010 0 mol·L^{-1} Ca^{2+} 的滴定曲线

9.4.3 金属离子指示剂

配位滴定中,判断滴定终点的方法有多种,其中最常用的是用金属离子指示剂判断滴定终点。

1. 金属离子指示剂的作用原理

通常利用一种能与金属离子生成有色配合物的显色剂来指示滴定过程中金属离子浓度的变化,这种显色剂称为金属离子指示剂,简称金属指示剂(metallochromic indictor,In)。金属离子指示剂与被滴定金属离子反应,形成一种与指示剂本身颜色不同的显色配合物(MIn),即

$$\underset{\text{颜色甲}}{\text{M} + \text{In}} \rightleftharpoons \underset{\text{颜色乙}}{\text{MIn}}$$

随着 EDTA 的滴入,金属离子逐步与 EDTA 反应,在接近化学计量点附近,金属离子的浓度降至很低,加入的 EDTA 夺取了 MIn 中的 M,释放出指示剂 In,即

$$\underset{\text{颜色乙}}{\text{MIn}} + \text{Y} \rightleftharpoons \text{MY} + \underset{\text{颜色甲}}{\text{In}}$$

如:

$$\underset{\text{酒红色}}{\text{M - 铬黑 T}} + \text{EDTA} \rightleftharpoons \text{M - EDTA} + \underset{\text{蓝色}}{\text{铬黑 T}}$$

一般来说,金属离子指示剂应具备下列条件:

(1) 在滴定 pH 范围内 MIn 与 In 的颜色应显著不同。

(2) 指示剂与金属离子形成的有色配合物要有适当的稳定性。既要有足够的稳定性,又要比该金属离子的 EDTA 配合物的稳定性小。如果稳定性太低,终点会提前出现;如果稳定性太高,有可能使 EDTA 不能夺出其中的金属离子,显色反应失去可逆性,得不到滴定终点。

(3) 显色反应灵敏、迅速,有良好的可逆变色反应。

2. 常用金属离子指示剂的选择

最常见的指示剂有铬黑 T(Eriochrome Black T,EBT)、二甲酚橙(Xylenol Orange,XO)、钙指示剂(calcon - carboxylic acid)、PAN(1 - (2 - pyridylazo) - 2 - naphrhol)等。指示剂在计

量点附近有敏锐的颜色变化,但有时达到化学计量点后,过量 EDTA 不能夺取金属指示剂有色配位物中的金属离子,因而使指示剂在化学计量点附近没有颜色变化,这种现象称为指示剂封闭现象。可适当加入掩蔽剂消除其他离子与指示剂作用,也可加入过量 EDTA,然后进行返滴定,以避免出现指示剂的封闭现象。此外,有时可加入适当的有机溶剂,增大其溶解度,使颜色变化敏锐;适当加热,加快置换速度,使指示剂变色较明显。

9.4.4 配位滴定及其应用

1. 直接滴定法

将试样处理成溶液后,调节 pH,加入指示剂,直接进行滴定。采用直接滴定法,必须符合下列条件:

(1) 被测离子浓度 $c(\mathrm{M})$ 与条件稳定常数满足 $\lg c(\mathrm{M})K'_{\mathrm{MY}} \geq 6$ 的要求。

(2) 配位反应速度快。

(3) 有变色敏锐的指示剂,没有封闭现象。

(4) 被测离子不发生水解和沉淀反应。

2. 间接滴定法

有些金属离子和非金属离子不与 EDTA 配位或生成的配合物不稳定,可以采用间接滴定法。如测定 Na^+ 时,可生成醋酸铀酰锌钠 $NaAc \cdot Zn(Ac)_2 \cdot 3UO_2(Ac)_2 \cdot 9H_2O$,将沉淀分离、洗净、溶解后,用 EDTA 滴定 Zn^{2+},从而间接求出 Na^+。

3. 返滴定

加入过量的 EDTA 标准溶液,待配位或沉淀完全后,用其他金属离子标准溶液返滴定过量的 EDTA。测定 Al^{3+} 时,先加入一定量过量的 EDTA 标准溶液,在 pH = 3.5 时,煮沸溶液。生成稳定的 AlY^- 配合物。配位完全后,调节 pH = 5 ~ 6,加入二甲酚橙,即可顺利地用 Zn^{2+} 标准溶液进行返滴定。

4. 置换滴定法

利用置换反应,置换出等物质的量的另一金属离子,或置换出 EDTA,然后滴定。例如滴定 Ag^+ 时,先将 Ag^+ 加入到 $[Ni(CN)_4]^{2-}$ 溶液中,则

$$2Ag^+ + [Ni(CN)_4]^{2-} = 2[Ag(CN)_2]^- + Ni^{2+}$$

在 pH = 10 的氨性溶液中,以紫脲酸铵作为指示剂,用 EDTA 滴定置换出来的 Ni^{2+} 即可求得 Ag^+ 的含量。又如:测定 Ca^{2+}、Zn^{2+} 等离子共存时的 Al^{3+},可先加入过量 EDTA,并加热使之都生成配合物,调节 pH = 5.6,以 PAN 作为指示剂,用铜盐标准溶液滴定过量的 EDTA。再加入 NH_4F,使 AlY^- 转变为更稳定的配合物 AlF_6^{3-},置换出 EDTA,再用铜盐标准溶液滴定。反应如下:

$$AlY^- + 6F^- = AlF_6^{3-} + Y^{4-}$$

$$Y^{4-} + Cu^{2+} = CuY^{2-}$$

9.4.5 混合离子的分别滴定

混合离子如何进行分别滴定,可由下面几种方法解决。

1. 分别滴定

两种金属 M、N 都与 Y 生成配合物 MY、NY,$c(\mathrm{M}) = c(\mathrm{N})$ 时,$\Delta\lg K = \lg K_{\mathrm{MY}} - \lg K_{\mathrm{NY}} = 6$,

就可进行分别滴定。有时通过控制 pH 来达到分别滴定。例如 $\lg K_{FeY} = 25.1$,$\lg K_{AlY} = 16.3$,$\Delta\lg K = 25.1 - 16.3 = 8.8 > 6$,可以滴定 Fe^{3+},共存 Al^{3+} 没有干扰,滴定 Fe^{3+} 时允许最小 pH 约为1,考虑 Fe^{3+} 的水解,pH 范围为1 ~ 2.2。

2. 掩蔽滴定

掩蔽滴定方法所用反应类型不同,可分为配位掩蔽法、沉淀掩蔽法和氧化还原掩蔽法。

(1) 配位掩蔽法。

例如:用 EDTA 滴定水中的 Ca^{2+}、Mg^{2+} 时,Fe^{3+}、Al^{3+} 等离子的存在对测定有干扰。加入三乙醇胺使其与 Fe^{3+}、Al^{3+} 生成更稳定的配合物,则 Fe^{3+}、Al^{3+} 被掩蔽而不能发生干扰,Al^{3+} 有时用 NH_4F 掩蔽,生成稳定的 AlF_6^{3-} 配离子。

(2) 沉淀掩蔽法。

例如:Ca^{2+}、Mg^{2+} 两种离子共存的溶液中,加入 NaOH 溶液,使 $pH > 12$,则 Mg^{2+} 生成 $Mg(OH)_2$ 沉淀,用钙指示剂可用 EDTA 滴定钙。

(3) 氧化还原掩蔽法。

例如:用 EDTA 滴定 Bi^{3+}、Zr^{4+}、Th^{4+} 等离子时,Fe^{3+} 干扰,可加入抗坏血酸或羟胺等,将 Fe^{3+} 还原成 Fe^{2+}。Fe^{2+} - EDTA 稳定常数小,难以配位。常用的还原剂有抗坏血酸、羟胺、联胺、硫脲、半胱氨酸等。

3. 解蔽后滴定

在滴定铜合金中 Cu^{2+}、Zn^{2+}、Pb^{2+} 三种离子,测定 Zn^{2+} 和 Pb^{2+} 时,用氨水中和试液,加 KCN,以掩蔽 Cu^{2+}、Zn^{2+} 两种离子。Pb^{2+} 不被掩蔽,加酒石酸,pH = 10,用铬黑 T 作为指示剂,用 EDTA 滴定 Pb。然后加入甲醛或三氯乙醛作为解蔽剂,发生解蔽反应,即

$$[Zn(CN)_4]^{2-} + 4HCHO + 4H_2O = Zn^{2+} + 4H_2\underset{\displaystyle OH}{\underset{|}{C}}\text{—}CN + 4OH^-$$

释放出的 Zn^{2+},再用 EDTA 继续滴定。

4. 分离后滴定

控制酸度或掩蔽干扰离子都有困难,只能进行分离。例如:Ca^{2+}、Ni^{2+} 测定,须先进行分离;又如:磷矿石中一般含 Fe^{3+}、Al^{3+}、Ca^{2+}、Mg^{2+}、PO_4^{3-} 及 F^- 等离子,F^- 严重干扰,必须首先加酸、加热,使 F^- 生成 HF 挥发出去。

【阅读拓展】

MOFs 材料

金属有机骨架材料(MOFs) 是由金属离子(簇) 和有机配体通过配位键自组装形成的一类具有周期性网络结构的晶态多孔框架材料。比如 MIL - 101(Cr) 中金属离子为 Cr^{3+},有机配体为对苯二甲酸;ZIF - 8 中配位金属离子为 Zn^{2+},有机配体为2 - 甲基咪唑。HKUST - 1 中金属离子为 Cu^{2+},有机配体为均三苯甲酸;MOF - 5(Zn) 中金属离子为 Zn^{2+},有机配体为对苯二甲酸。据不完全统计,目前有超过2 万种 MOF 材料被研究和报道。MOFs 材料具有高的比表面积、孔道有序可调、组成结构多样化、易于功能化等特点,在气体存储、催化、超级电容器等

方面有着广泛的应用前景。

气体存储是对MOFs最早开发的性能,已有超过200多种MOFs材料用于储氢性能测试,研究结果表明它们在室温条件下的氢气吸附量远高于活性炭和游离碳材料。比如知名的MOF－5在室温及2 MPa条件时可吸附质量分数为1.0%的氢气,在77 K及20 atm条件下最多可以吸附质量分数为4.5%的氢气。而活性炭和游离碳材料只能吸附质量分数为0.1%和0.3%的氢气。除了氢气外,MOFs材料还可存储甲烷、乙炔。此外,MOFs材料还可以用于气体的分离,比如乙烯/乙烷分离、丙烯/丙烷分离、乙炔/乙烯分离、乙炔/二氧化碳分离、丙烯/丙炔分离,二氧化碳的捕获和分离以及有毒气体的去除。

相对于传统的多孔催化剂沸石和活性炭来说,MOFs材料具有更加多样化的架构,孔径大小可调(通常为0～3 nm,最大可达9.8 nm),并且孔径尺寸介于微孔分子筛和介孔材料之间。因为均匀的孔径和形状使得具有特殊结构的反应物或产物可以进入,所以MOFs催化剂具有选择性。此外,MOFs中的金属离子除了和有机配体配位,还可能和溶剂分子配位,而溶剂分子可以通过加热或抽真空很容易地去除。这样骨架结构被保留下来,同时产生了不饱和的金属位点——活性中心。这些活性中心可以作为Lewis酸中心,接收来自反应物的电子,从而促进反应的进行。MOFs高的比表面积也有利于反应物分子在活性中心周围的吸附和富集。比如经典的HKUST－1材料,通过加热可以使和Cu^{2+}配位的水分子除去,产生Cu^{2+}活性中心,它在苯甲醛的氰硅化反应萜烯衍生物的异构化反应中显示出良好的Lewis酸活性。另一种典型的MIL－101(Cr),在醛的氰基硅烷化反应中,由于Cr^{3+}比Cu^{2+}的酸性更大,因此比HKUST－1的活性更高。

超级电容器是介于电池和传统电容器之间的电化学储能器件。它具有功率密度高、循环寿命长、充放电速度快、可靠性高、绿色环保等特性,在移动通信、电动汽车、航空航天等领域有着巨大的应用潜力。电极材料是超级电容器的关键所在,常用的电极材料包括碳材料、过渡金属氧化物或氢氧化物材料、导电聚合物材料等。这些材料的比表面积和孔隙率较低,使电极活性组分和电解质的有效接触面积降低,导致超级电容器的能量密度和功率密度难以提升。

而MOFs材料具有高的比表面积、孔隙率,结构可调,高暴露且均匀分散的活性位点等优势,有望实现高性能的超级电容。比如有报道Ni基的MOF材料$Ni_3(HITP)_2$,呈现二维层状堆积结构,具有较高的导电性,该材料显示了优秀的超级电容器性能,并且稳定性良好。

习　题

1. 用EDTA滴定金属离子M,若要求相对误差小于0.1%,则滴定的条件必须满足(　　)

A. $c_M K_{MY} \geqslant 10^6$　　B. $c_M K'_{MY} \geqslant 10^6$　　C. $c_M / K_{MY} \geqslant 10^6$　　D. $c_M / K'_{MY} \geqslant 10^6$

2. 在EDTA配位滴定中,下列有关酸效应的叙述中,正确的是(　　)

A. 酸效应系数越大,配合物的稳定性越大

B. 酸效应系数越小,配合物的稳定性越大

C. pH越大,酸效应系数越大

D. 酸效应系数越大,配合滴定曲线的pM突跃范围越大

3. 命名下列配合物,并指出配离子的中心离子、配体、配位原子、配位数。

$K_3[Cr(CN)_6]$　　$[Zn(OH)(H_2O)_3]NO_3$　　$(NH_4)[Ni(CN)_4]$　　$[Cu(NH_3)_4][PtCl_4]$

4. 写出下列配合物(配离子)的化学式:

(1) 硫酸四氨合铜(Ⅱ);

(2) 四硫氰·二氨合铬(Ⅲ)酸铵;

(3) 二羟基·四水合铝(Ⅲ)配离子;

(4) 六氟硅(Ⅳ)酸钾。

5. 试用价键理论说明下列配离子的键型(内轨型或外轨型)几何构型和磁性大小。

(1) $[Co(NH_3)_6]^{2+}$;　　(2) $[Co(CN)_6]^{3-}$

(答案:外轨型,顺磁性;内轨型,抗磁性)

6. 实验测得下列化合物的磁矩数值(B.M.)如下:

$[CoF_6]^{3-}$,4.5;　　$[Ni(NH_3)_4]^{2+}$,3.2;　　$[Fe(CN)_6]^{4-}$,0

试指出它们的杂化类型,判断哪个是内轨型,哪个是外轨型?并预测它们的空间结构。

(答案:外轨型,正八面体;外轨型,正四面体;内轨型,正八面体)

7. 试解释为何螯合物有特殊的稳定性?EDTA与金属离子形成的配合物为何其配位比大多为1∶1?

8. 计算下列反应的平衡常数:

(1) $[Fe(C_2O_4)_3]^{3-} + 6\,CN^- \rightleftharpoons [Fe(CN)_6]^{3-} + 3\,C_2O_4^{2-}$

(2) $[Ag(NH_3)_2]^+ + 2\,S_2O_3^{2-} \rightleftharpoons [Ag(S_2O_3)_2]^{3-} + 2\,NH_3$

(答案:(1) 6.3×10^{21};(2) 2.57×10^{6})

9. 已知$[Ag(CN)_4]^{3-}$的累积稳定常数$\beta_2^{\ominus}=3.5\times10^7$,$\beta_3^{\ominus}=1.4\times10^9$,$\beta_4^{\ominus}=1.0\times10^{10}$,试求配合物的逐级稳定常数$K_3^{\ominus}$和$K_4^{\ominus}$。　(答案:40,7.14)

10. 0.1 g固体AgBr能否完全溶解于100 mL、1 $mol\cdot L^{-1}$氨水中?　(答案:不能)

11. 通过计算说明反应$[Cu(NH_3)_4]^{2+} + Zn \rightleftharpoons [Zn(NH_3)_4]^{2+} + Cu$能否向右进行。

(答案:能)

12. 在50 mL、0.10 $mol\cdot L^{-1}$ $AgNO_3$溶液中加入密度为0.93 $g\cdot mL^{-1}$、质量分数为18.2%的氨水30 mL后,加水稀释到100 mL,计算溶液中Ag^+、$[Ag(NH_3)_2]^+$和NH_3的浓度各是多少?若在此混合溶液中又加入KCl 1.0 mmol,是否有AgCl沉淀析出?

(答案:$c(Ag^+)=3.7\times10^{-10}\ mol\cdot L^{-1}$;$c([Ag(NH_3)_2]^+)=0.05\ mol\cdot L^{-1}$;$c(NH_3)=2.9\ mol\cdot L^{-1}$)

13. 计算:(1) pH = 4.0时EDTA的酸效应系数$\alpha_{Y(H)}$;(2)此时$[Y^{4+}]$在EDTA溶液中所占百分数是多少?

(答案:$10^{8.44}$,$3.7\times10^{-7}\%$)

14. pH = 5.0时,锌和EDTA配合物的条件稳定常数是多少?假设Zn^{2+}和EDTA的浓度皆为$10^{-2}\ mol\cdot L^{-1}$(不考虑羟基配位等副效应)。pH = 5.0时,能否用EDTA标准溶液滴定Zn^{2+}?

(答案:$K'_{ZnY}=10^{10.05}$)

15. 用配位滴定法测定氯化锌($ZnCl_2$)的含量。称取0.250 0 g试样,溶于水后,稀释至250 mL,吸取25.00 mL,pH = 5 ~ 6时,用二甲酚橙作为指示剂,用0.010 24 $mol\cdot L^{-1}$ EDTA标准溶液滴定,用去17.61 mL,计算试样中含$ZnCl_2$的质量分数。

(答案:98.08%)

16. 在 pH = 10.00 的氨性缓冲溶液中含有 0.020 $mol \cdot L^{-1}$ Cu,若以 PAN 作为指示剂,0.020 $mol \cdot L^{-1}$ EDTA 滴定至终点,计算终点误差。(终点时,游离氨为 0.10 $mol \cdot L^{-1}$,pCu = 13.8)

(答案:-0.36%)

第10章　吸光光度法

【学习要求】

(1) 掌握吸光光度法基本原理。

(2) 掌握显色反应与测量条件的选择。

(3) 了解吸光光度法和仪器。

(4) 掌握吸光光度法的一些应用。

10.1　概　述

吸光光度法是基于物质对光的选择性吸收而建立的分析方法，也称分光光度法(spectrophotometry)。吸光光度法包括比色法(colorimetry)、紫外可见分光光度法及红外光谱法等。比色法是利用比较溶液颜色的深浅来测定溶液中某种组分含量的分析方法，可以是目视比色。利用分光光度计测试仪器进行比色的方法称为分光光度法。随着分光光度计的发展，光吸收的测量从可见光拓展到了紫外光和红外光区。

10.1.1　比色法与分光光度法的特点

比色法和分光光度法主要应用于测定试样中微量组分的含量，它们具有以下特点。

(1) 灵敏度高。可测定试样中10^{-3}% ~ 1% 的微量组分，甚至可测定10^{-5}% ~ 10^{-4}% 的痕量组分。

(2) 准确度较高。一般比色法相对误差为5% ~ 10%，分光光度法相对误差为2% ~ 5%。对微量、痕量分析已完全能满足要求。精密分光光度计测量，误差可减少至1% ~ 2%，但用于常量组分的测定，准确度低于质量法和滴定法。

(3) 应用广泛。几乎所有的无机离子和许多有机化合物都可以直接或间接地用比色法或分光光度法进行测定。

(4) 操作简单、快捷，仪器设备不复杂。由于新的显色剂和掩蔽剂的出现，可不经分离即进行比色或分光光度测定。

(5) 应用计算机数值计算，可测得多组分物质含量，使分光光度法具有巨大的吸引力，已广泛应用于化工、医学、环境、生命科学、材料工程等领域中的多组分测定及光谱特性研究。

10.1.2　物质对光的选择性吸收

当入射光束照射到均匀溶液时，光的反射近似忽略。如果用一束白光通过某一有色溶液时，一些波长的光被溶液吸收，另一些波长的光则透过。波长在200 ~ 400 nm范围的光称为紫外光。人眼能感觉到的波长在400 ~ 750 nm之间，称为可见光。白光或日光是一种混合光，是由红、橙、黄、绿、青、蓝、紫等色光按一定比例混合而成的。不同波长的光呈现出不同的颜色，溶液的颜色由透射光的波长决定。透射光和吸收光混合而成白光,故称这两种光为互补光,两种颜色称为互补色。例如,$KMnO_4$ 溶液为紫红色,是由于吸收白光中的绿光而呈紫红色。

以上简单地说明了物质呈现的颜色是物质对不同波长的光选择吸收的结果。将不同波长的光透过某一固定浓度和厚度的有色溶液,测量每一波长下有色溶液对光的吸收程度(即吸光度),以波长为横坐标,吸光度为纵坐标作图,即可得一曲线。这种曲线描述了物质对不同波长光的吸收能力,称为吸收曲线或吸收光谱。不同浓度的 $KMnO_4$ 溶液的光吸收曲线如图 10 - 1 所示,从图可以看出:

(1)$KMnO_4$ 溶液的光吸收曲线为带状光谱;

(2)$KMnO_4$ 溶液有最大吸收波长 λ_{max} = 525 nm,相当于吸收绿色光;

(3) 浓度不同,峰的形状相似,最大吸收波长不变,但吸光度不同。

吸光度随着物质浓度的增大而增大,这是物质定性分析的依据。不同物质的溶液,其最大吸收波长不同,这是物质定量分析的依据。

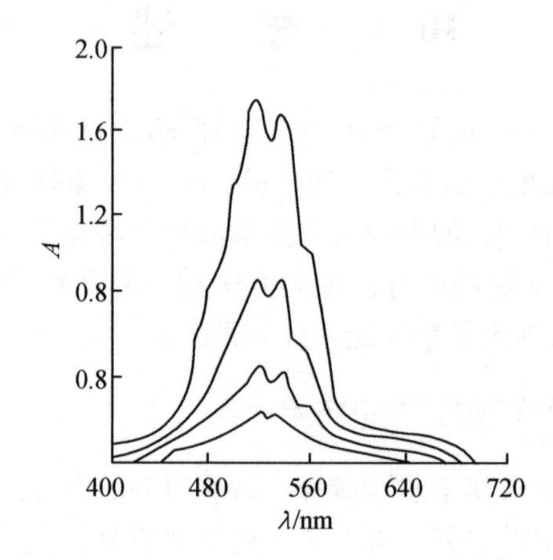

图 10 - 1 不同浓度的 $KMnO_4$ 溶液的光吸收曲线

10.2 光吸收的基本定律

10.2.1 朗伯 - 比尔定律

当一束平行单色光通过任何均匀、非散射的固体、液体或气体介质时,光的一部分被吸收,一部分透过溶液,一部分被器皿的表面反射。当表面反射可忽略时,入射光强度 I_0 等于吸收光强度 I_a 与透过光强度 I_t 之和,即

$$I_0 = I_a + I_t \qquad (10 - 1\,a)$$

透过光强度 I_t 与入射光强度 I_0 之比称为透光率或透光度(transmittance),用 T 表示:

$$T = \frac{I_t}{I_0} \qquad (10 - 1\,b)$$

溶液的透光率越大,表示它对光的吸收强度越小;相反,透光率越小,对光的吸收强度越大。

溶液对光的吸收强度与溶液浓度、液层厚度及入射光波长等因素有关。如果入射光波长不变,则溶液对光的吸收程度只与溶液的浓度和层厚有关。朗伯和比尔分别于1760年和1852年研究了光的吸收与溶液液层的厚度及溶液浓度的定量关系,称为朗伯 - 比尔定律。

$$A = \lg \frac{I_0}{I_t} = Kbc \qquad (10-1\text{c})$$

式中　A—— 吸光度(absorbance);

K—— 比例系数,它的取值随 b、c 单位的不同而不同;

b—— 液层厚度,通常以 cm 为单位;

c—— 浓度。

若 c 的单位以 $g \cdot L^{-1}$ 表示时,K 的单位为 $L \cdot g^{-1} \cdot cm^{-1}$,此时用 a 来表示,称为吸光系数(absorptivity)。式(10 - 1c) 写为

$$A = abc \qquad (10-1\text{d})$$

若 c 以 $mol \cdot L^{-1}$ 为单位,此时的吸光系数称为摩尔吸光系数(molar absorptivity),用 ε 表示,单位为 $L \cdot mol^{-1} cm^{-1}$。式(10 - 1c) 写为

$$A = \varepsilon bc \qquad (10-1\text{e})$$

其中,ε 是吸光物质在特定波长和溶剂情况下的一个特征常数,数值上等于吸光物质浓度为1 $mol \cdot L^{-1}$、液层厚度为1 cm时的吸光度。它反映了吸光物质对光的吸收能力,可作为定性鉴定的参数,ε 值越大,表明该吸光物质对某一波长光的吸收能力越强。

ε 与 a 的关系为

$$\varepsilon = Ma \qquad (10-1\text{f})$$

式中　M—— 物质的摩尔质量。

【例10.1】　用1,10 - 二氮菲比色测定铁,已知含 Fe^{2+} 的质量浓度为500 $\mu g \cdot L^{-1}$,吸收池长度为 2 cm,在波长 508 nm 处测得吸光度 $A = 0.19$,计算摩尔吸光系数 ε 及吸光系数 a。

解　$c(Fe^{2+}) = \dfrac{500 \times 10^{-6}}{55.85} = 8.9 \times 10^{-6}(mol \cdot L^{-1})$

$$\varepsilon = \frac{A}{bc} = \frac{0.19}{2 \times 8.9 \times 10^{-6}} = 1.1 \times 10^4 (L \cdot mol^{-1} \cdot cm^{-1})$$

$$a = \frac{\varepsilon}{M} = \frac{1.1 \times 10^4}{55.85} = 1.97 \times 10^2 (L \cdot g^{-1} \cdot cm^{-1})$$

式(10 - 1d) 和式(10 - 1e) 是朗伯 - 比尔定律的数学表达式。其物理意义是在特定波长和其他条件相同下,一束平行单色光通过均匀的、非散射的吸光溶液时,溶液的吸光度与溶液的浓度和液层厚度的乘积成正比。此式不仅适用于溶液,也适用于吸光气体或固体,是各类吸光光度法定量分析的基础。

10.2.2　偏离朗伯 - 比尔定律的原因

在实际中,经常出现偏离朗伯 - 比尔定律的现象,吸光度 A 与 c 不呈直线,出现弯曲,如图10 - 2 所示,从图中可以看出在一定浓度区间 A 与 c 呈直线。当浓度比较高时,直线呈弯曲状,这种情况称为偏离朗伯 - 比尔定律。偏离的原因来自仪器和溶液两个方面。

(1) 非单色光引起的偏离。

朗伯 - 比尔定律只适用于单色光,但由于仪器所提供的是波长范围较窄的光带组成的复

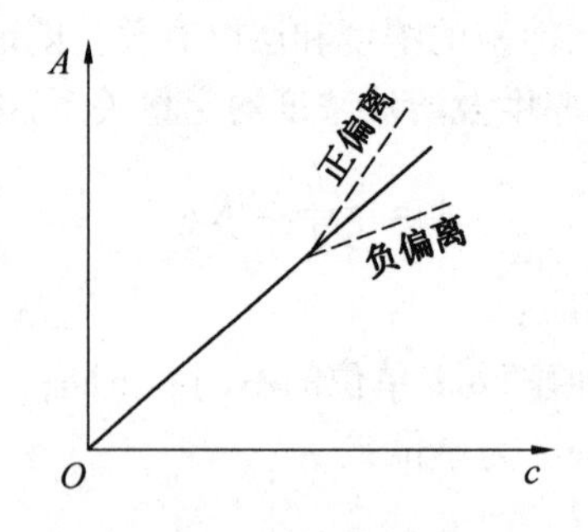

图 10-2　吸光光度法工作曲线

合光,物质对不同波长光吸收程度不同,而引起对朗伯-比尔定律的偏离。为了方便起见,假设入射光仅由 λ_1 和 λ_2 两种光组成,两种波长都服从朗伯-比尔定律。

对 λ_1 有

$$A_1 = \lg\frac{I_{01}}{I_1} = \varepsilon_1 bc \quad I_1 = I_{01}10^{-\varepsilon_1 bc}$$

对 λ_2 有

$$A_2 = \lg\frac{I_{02}}{I_2} = \varepsilon_2 bc \quad I_2 = I_{02}10^{-\varepsilon_2 bc}$$

因入射光总强度 $I_0 = I_{01} + I_{02}$,透射光强度 $I = I_1 + I_2$。所以整个谱带系统:

$$A = \lg\frac{(I_{01} + I_{02})}{(I_1 + I_2)} = \lg\frac{(I_{01} + I_{02})}{(I_{01}10^{-\varepsilon_1 bc} + I_{02}10^{-\varepsilon_2 bc})}$$

当 $\varepsilon_1 = \varepsilon_2$ 时,上式 $A = \varepsilon bc$,A 与 c 呈线性关系,如果 $\varepsilon_1 \neq \varepsilon_2$,$A$ 与 c 不呈线性关系。并且 ε_1 与 ε_2 差别越大,直线偏离越大。因此,实际中选用一束吸光度随波长变化不大的复合光作为入射光来进行测量,由于 ε 变化不大,所引起的偏离较小,标准曲线呈直线。在选择波长时,尽量选择最大吸收波长,即 $A-\lambda$ 曲线波峰处,能使 $A-c$ 在很宽的浓度范围呈线性。若选择 A 变化较大的谱带,则误差较大。$A-c$ 曲线会出现明显的弯曲。

(2) 化学因素引起的偏离。

被测试液是胶体溶液、乳纯液或悬浮物质时,会出现光的散射现象,使透光率减少,实测吸光度增加,导致偏离朗伯-比尔定律。溶液中的吸光物质常会发生解离、缔合、形成新化合物等原因导致偏离。例如:重铬酸钾在水溶液中存在如下平衡:

$$\underset{\text{橙色}}{Cr_2O_7^{2-}} + H_2O \rightleftharpoons 2H^+ + \underset{\text{黄色}}{2CrO_4^{2-}}$$

如果稀释溶液或增大 pH,就变成 CrO_4^{2-},化学成分发生变化,引起偏离。

另一种偏离,在浓度高时,直线出现弯曲。由于吸收组分粒子间的平均距离减少,以致每个粒子产生作用,使电荷分布产生变化,由于相互作用的程度与浓度有关,随浓度增大,吸光度与浓度关系偏离线性关系。所以朗伯-比尔定律适用于稀溶液。

10.3　显色反应与测量条件的选择

10.3.1　显色反应的选择

显色反应可分为两大类,即配位反应和氧化还原反应,而配位反应是最主要的显色反应。同一组分常可与多种显色剂反应,生成不同的有色物质,选择何种显色反应,应考虑以下方面:

(1) 选择性好、干扰少或干扰易消除。

(2) 灵敏度高,光度法一般用于微量组分的测定,因此选择灵敏的显色反应。一般来说 ε 值为 $10^4 \sim 10^5$ 时,可认为该反应灵敏度较高。

(3) 有色化合物与显色剂之间的颜色差别要大。这种显色时的颜色变化鲜明,试剂空白较小。通常要求两种有色物质最大吸收波长之差 $\Delta\lambda \geqslant 60$ nm。

(4) 反应生成的有色化合物组成恒定,化学性质稳定,至少保证在测量过程中溶液的吸光度变化小。有色化合物不容易受外界环境条件的影响,也不受溶液中其他化学因素的影响。

10.3.2　显色条件的选择

吸光光度法测定显色反应达到平衡后溶液的吸光度,了解影响显色反应的因素,控制显色条件,使显色反应完全和稳定。

1. 显色剂用量

为了保证显色反应尽可能地进行完全,一般需加入过量显色剂(color reagent)。但显色剂不能太多,否则会引起副反应,显色剂用量常通过实验来确定。实验方法为固定被测组分的浓度和其他条件,只改变显色剂的加入量,测量吸光度,绘制吸光度 - 显色剂用量关系曲线,当显色剂用量达到某一数值,而吸光度无明显增大时,表明显色剂用量已足够。

2. 酸度

酸度对显色反应的影响有以下几个方面。

(1) 酸度影响显色剂平衡浓度和颜色。

大多数显色剂是有机弱酸,在溶液中存在下列平衡:

$$HR \rightleftharpoons H^+ + R^-$$

$$nR^- + M^{n+} \rightleftharpoons MR_n\text{(有色化合物)}$$

酸度改变,影响 R^- 浓度,从而影响生成 MR_n 的浓度,也可能影响 n 的数目,引起颜色的改变,一种离子与显色剂反应的适宜酸度范围,可以通过实验来确定。作 A - pH 关系曲线,选择曲线平坦部分 pH 为测定条件。

(2) 影响被测离子的存在状态。

金属离子在不同 pH 溶液中会产生不同的水解产物。比如 Al^{3+} 在不同 pH 条件下,可生成 $Al(H_2O)_6^{3+}$、$Al(H_2O)_5OH^{2+}$ 等氢氧基配离子。pH 再增高,可水解成碱式盐或氢氧化物沉淀,严重影响显色反应。

(3) 影响配合物的组成。

对某些生成逐级配合物的显色反应,酸度不同,配合物的配比往往不同,其颜色也不同。

3. 显色反应温度

大多数的显色反应在室温下就能进行。但是,有的显色反应必须加热,才能使显色反应速度加快,完成发色,有的有色物质温度偏高时又容易分解。因此,对不同反应可通过实验找出各自的适宜温度范围。

4. 显色反应时间

有些显色反应速度很快,溶液颜色很快达到稳定状态,并在较长时间内保持不变。有的显色反应速度很快,但放置一段时间,容易褪色,有的显色反应速度很慢,放置一段时间后才稳定。因此,根据实际情况,确定最合适的时间进行测定。

5. 干扰的消除

在显色反应中,共存离子会影响主反应的显色,干扰测定,消除干扰可采用下列方法:

(1) 选择适当的显色条件以避免干扰,例如:磺基水杨酸测定 Fe^{3+} 时,Cu^{2+} 与试剂形成配合物,干扰测定,若控制 pH = 2.5,则 Cu^{2+} 不与试剂反应。

(2) 加入配位掩蔽剂或氧化还原掩蔽剂,使干扰离子生成无色配合物或无色离子。通常 Fe^{3+}、Al^{3+} 可加入 NH_4F 掩蔽,形成 FeF_6^{3-}、AlF_6^{3-} 配合物。

(3) 分离干扰离子,可采用测定、离子交换或溶剂萃取等分离方法除去干扰离子。

10.3.3 吸光度测量误差和测量条件的选择

为了使光度法有较高的灵敏度和准确度,除了要注意选择和控制适当的显色条件外,还必须选择和控制适当的吸光度测量条件。应考虑以下几点。

1. 吸光度读数范围的选择

在不同吸光度范围内读数对测定带来不同程度的误差。推证如下:

$$A = \lg\frac{I_o}{I} = \varepsilon bc \text{ 或 } A = -\lg T = \varepsilon bc$$

将上式微分,得

$$-\mathrm{d}\lg T = -0.434\mathrm{d}\ln T = \frac{-0.434}{T}\mathrm{d}T = \varepsilon b\mathrm{d}c$$

两式相除,得

$$\frac{\mathrm{d}c}{c} = \frac{0.434}{T\lg T}\mathrm{d}T \qquad (10-2\,\mathrm{a})$$

或写成近似值

$$\frac{\Delta c}{c} = \frac{0.434}{T\lg T}\Delta T \qquad (10-2\,\mathrm{b})$$

浓度相对误差与$\frac{\Delta T}{T\lg T}$成正比,ΔT 误差为($\pm 0.2\% \sim 2\%$),基本不变,要使 $\Delta c/c$ 最小,$T\lg T$ 最大。

令$\frac{\mathrm{d}(T\lg T)}{\mathrm{d}T} = 0$,求 T 的极值,有

$$\frac{0.434\mathrm{d}(T\ln T)}{\mathrm{d}T} = 0.434 \times (\ln T + T \times \frac{1}{T}) = 0$$

$$\ln T = -1 \qquad 2.303\lg T = -1$$

$$\lg T = -0.434 \qquad T = 0.368$$

$$A = -\lg T = -\lg 0.368 = 0.434 \tag{10-2c}$$

可见,当透光率为36.8%或吸光度为0.434时,浓度测量的相对标准偏差最小。一般当透光率为15%～65%(吸光度为0.2～0.8)时,浓度测量的相对标准偏差都不太大。这就是吸光光度分析中比较适宜的吸光度范围。

2. 入射光波长的选择

入射光的波长根据吸收光谱曲线,应选择波长等于被测物质的最大吸收波长的光作为入射光,这称为"最大吸收原则",不仅在此波长处摩尔吸光系数值最大,测定具有较高的灵敏度。而且,在此波长处的一个较小范围内,吸光度变化不大,偏离朗伯-比尔定律的程度减少,具有较高的准确度。

3. 参比溶液的选择

在测量吸光度时,利用参比溶液来调节仪器的零点,消除吸收池器壁及溶剂对入射光的反射和吸收带来的误差。当试液及显色剂均无色时,可用蒸馏水作为参比溶液。如果显色剂为无色,而被测试液中存在其他有色离子,可用被测试液作为参比溶液。当显色剂略有吸收时,可在试液中加入适当掩蔽剂将待测组分掩蔽后再加显色剂,以此溶液作为参比溶液。

10.4　吸光光度分析的方法和仪器

10.4.1　目视比色法

用眼睛比较溶液颜色的深浅以测定物质含量的方法,称为目视比色法。先配制不同浓度的比色液置于比色管中,作为标准色阶。同时,将未知溶液用同样的显色步骤及同样的试剂量进行显色,若试液与标准系列中某溶液的颜色深度相同,则这两个比色管中溶液的浓度相等;若试液的颜色介于这两个标准溶液的浓度之间,则浓度可取两浓度的平均值。

目视比色法的优点是仪器简单,操作简便,适宜于大批试样分析。即使不严格服从朗伯-比尔定律,在准确度要求不高的常规分析中也能广泛应用。标准系列的目视比色法缺点是准确度较差,相对误差为5%～20%。

10.4.2　光度分析法

采用滤光片获得单色光,用光电比色计测定溶液的吸光度以进行定量分析的方法称为光电比色法。如果采用棱镜或光栅等单色器获得单色光,使用分光光度计进行测定的方法称为分光光度法。它们统称为光度分析法。

分光光度法的特点:

(1) 入射光纯度较高的单色光,可以得到十分精确的吸收光谱曲线。选择最合适的波长进行测定,使其更符合朗伯-比尔定律,线性范围更大,仪器精密,准确度较高。

(2) 由于吸光度的加和性,可以测定溶液中的两种或两种以上的组分。借助于现代计算机,各种算法(如神经网络、遗传算法等)可以同时测出多组分的溶液浓度。

(3) 由于入射光的波长范围扩大,许多无色物质只要在紫外、红外光区域内有吸收峰,都可以进行光度测定。

10.4.3 光度计的基本部件

分光光度计一般按工作波长分类。紫外－可见分光光度计主要用于无机物和有机物含量的测定,红外分光光度计主要用于结构分析。

国产721型分光光计是目前实验室普遍使用的简易型可见分光光度计,其光学系统如图10－3所示。

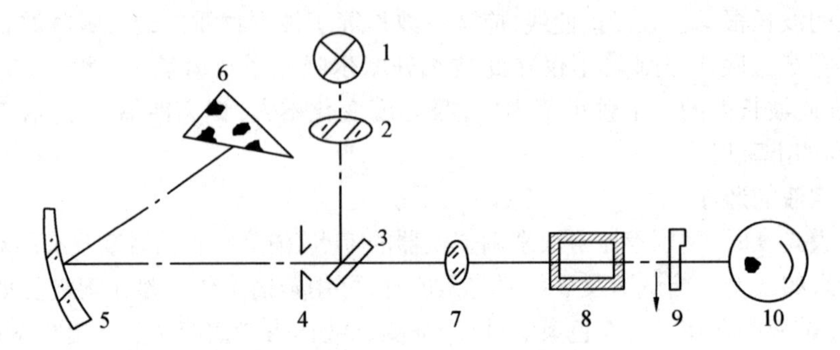

图10－3 721型分光光度计光学系统

1—光源;2—聚光镜;3—反射镜;4—狭缝;5—准直镜;6—棱镜;7—小聚光镜;8—比色器;9—光门;10—光电管

尽管光度计的种类和型号繁多,但它们都是由下列部件组成的。现将各部件的作用及性能介绍如下,以便正确使用各种仪器。

(1) 光源。

紫外－可见分光光度计要求光源(light source)发出所需波长范围光谱连续达到一定的强度,在一定时间内稳定。紫外区,采用氢灯或氘灯产生180～375 nm的连续光谱作为光源。可见光区测量时通常使用钨丝灯为光源,波长为360～800 nm的连续光谱,要配上稳压电源,保证光源稳定。

红外光谱仪中所用的光源通常是一种惰性固体,用电加热使之发射高强度连续红外辐射。常用的有能斯特灯和硅碳棒两种。发出的波长为0.78～300 μm。能斯特灯由氧化锆、氧化钇和氧化钍烧结制成,中空棒或实心棒,两端绕有铂丝作为导线。使用时加热至800 ℃。硅碳棒是两端粗、中间为细的实心棒,中间发光部分。

(2) 单色器。

将光源发出的连续光谱分解为单色光的装置,称为单色器(monochromatic)。单色器由棱镜或光栅等色散元件及狭缝和透镜等组成。

① 棱镜。光通过入射狭缝,经透镜以一定角度射到棱镜上,由于棱镜(prism)产生折射而色散。移动棱镜或移动出射狭缝的位置,就可使所需波长的光通过狭缝照射到试液上。使用棱镜可得到纯度较高的单色光,半宽度为5～10 nm,可以方便地改变测定波长。所以分光光度法的灵敏度、选择性和准确度都较光电比色法高。使用分光光度计可测定吸收光谱曲线和进行多组分试样的分析。棱镜材料根据光的波长范围选择不同材料。可见分光光度计选用玻璃棱镜,紫外－可见和近红外分光光度计选用石英棱镜,红外分光光度计选用岩盐或萤石棱镜。

② 光栅。适用于紫外和可见光区的光栅,通常有1 mm刻有600～1 200条平行、等距离的

线槽,这样可以引起光线色散。光栅(grating)作为色散元件具有许多独特的优点。它的可用波长范围较宽,从几十纳米到几千纳米。而棱镜仅为600 ~ 1 200 nm,它的色散近乎呈线性,而棱镜为非线性。

(3) 吸收池。

吸收池也称比色皿,用于盛放试液,能透过所需光谱范围内的光。由无色透明、耐腐蚀的光学玻璃或石英制成。可见光区使用玻璃比色皿,紫外光区使用石英比色皿,红外光谱仪则选用能透红外线的萤石。

(4) 检测器及数据处理系统。

测量吸光度时,是将光强度转换成电流进行测量,这种光电转换器件称为检测器。

① 光电池。常用的硒光电池,当光照射到光电池上时,半导体硒表面有电子逸出,产生负电,背面为正极,产生电位差。两面间接上检流计,就会有光电流通过,这种光电元件称为光电池。除硒光电池外,还有氧化亚铜、硫化银、硫化铊和硅光电池等。入射光越强,光电流越大。光电池的优点是结实、便宜、使用方便,不须外加电源就可连接到微安计或检测计上,可直接读出光电流读数。缺点是响应速度相对较慢,不适于检测脉冲光束,内阻小,难于把输出放大,若干年内硒层逐渐变态老化。

② 光电管。光电管是一个阳极和一个光敏阴极组成的真空二极管,阴极是金属制成的半圆筒体,内侧涂有一层光敏物质,当它被足够能量的光子照射时,能够发射电子。两极间有电位差,发射出的电子流向阳极而产生电流,电流大小与照射光的强度成正比。尽管光电流是光电池的1/4,但光电管有很高内阻,这样以较大的电压输出,再进行放大。

光电管根据不同的光敏材料用于不同的波长,如CsO光电管用于625 ~ 1 000 nm波长范围,锑铯光电管用于200 ~ 625 nm波长范围。光电管的响应时间很短,一般在10^{-8} s以内,可用来检测脉冲光束。

③ 光电倍增管。光电倍增管是检测弱光常用的光电元件,灵敏度比光电管高200多倍。光电倍增管由光阴极和多级的二次发射电极组成。放大倍数为10^{6} ~ 10^{7}倍,响应时间为10^{-8} ~ 10^{-9} s级。光电倍增管的光电流和光强间的线性关系很宽,但光强度过大时呈现弯曲。

④ 红外检测器。由于红外光谱区的光子能量较弱,不足以引致光电子发射。常用的红外检测器有真空热电偶、热释电检测器和汞镉碲检测器。由于红外线的照射,因此检测器产生温差现象,温差可转变为电位差,温度升高引起极化强度变化,最后用电压或电流方式进行测量。

⑤ 检流计。通常使用悬镜或光点反射检流计测量光电流,灵敏度为10^{-9} A/格。测量时可读百分透光度和吸光度。

10.5　吸光光度法的一些应用

吸光光度法应用很广泛,不仅用于定量分析,而且可以用于定性鉴定及结构分析,还可以测定化合物的物理化学数据,例如配合物的组成、稳定常数和酸碱电离常数以及相对分子质量等。

1. 定性分析

以紫外 - 可见吸光光度法鉴定有机化合物时,通常在相同的测定条件下,比较未知物与标准物的光谱图,可以定性。利用紫外 - 可见分光度法测定未知结构时,一般有两种方法:一是比较吸收光谱曲线,二是比较最大吸收波长,然后与实测值比较。吸收光谱曲线的形状、吸收峰的数目以及最大吸收波长的位置和相对的摩尔吸收常数,是定性鉴定的依据。λ_{max}、ε_{max}是定性的主要参数。

2. 有机化合物分子结构的推断

根据化合物的紫外及可见区吸收光谱可以推测化合物所含的官能团。例如:化合物在220 ~ 800 nm 范围内无吸收峰,它可能是脂肪族碳氢化合物、胺、晴、醇、羧酸、氯化烃和氟化烃,不含双键或环状共轭体系,没有醛、酮或溴、碘等基团;如果在210 ~ 250 nm有强吸收带,可能含有 2 个双键的共轭单位;在 260 ~ 350 nm 有强吸收带,表示有 3 ~ 5 个共轭单位。

3. 纯度检查

例如,苯在 256 nm 处有吸收带,可鉴定甲醇或乙醇中杂质苯,甲醇或乙醇在此波长无吸收。

4. 配合物组成及稳定常数的测定

分光光度法是研究溶液中配合物的组成、配位平衡和测定配合物稳定常数的有效方法之一。

摩尔比率法假设配位物的配合反应为

$$m\text{M} + n\text{R} \rightleftharpoons \text{M}_m\text{R}_n$$

固定金属离子浓度 $c(\text{M})$,改变配位剂浓度 $c(\text{R})$,在选定的条件和波长下,测定一系列吸光度 A,以 A 对 $c(\text{R})$ 作图。

曲线的转折点对应的物质的量比 $c(\text{M}) : c(\text{R}) = m : n$,即为该配合物的组成比。

当配合物稳定性差,配合物解离使吸光度下降,曲线的转折点不敏锐时,作延长线。两延长线的交点向横轴作垂线,即可求出组成比。根据这一特点还可测定配合物的不稳定常数。令配合物不解离时在转折处的浓度为 $c(c = c(\text{M})/m)$,配合物的解离度为 α,则平衡时各组分的浓度为

$$c(\text{M}_m\text{R}_n) = (1-\alpha)c, \quad c(\text{M}) = m\alpha c, \quad c(\text{R}) = n\alpha c$$

则配合物的稳定常数

$$K = \frac{\{c(\text{M}_m\text{R}_n)\}}{\{c(\text{M})/c^\theta\}^m\{c(\text{R})/c^\theta\}^n} = \frac{\{(1-\alpha)c/c^\theta\}}{(m\alpha c/c^\theta)^m(n\alpha c/c^\theta)^n} = \frac{1-\alpha}{m^m n^n \alpha^{m+n} c^{m+n-1}} \quad (10-3\text{a})$$

$$\alpha = \frac{A_0 - A'}{A_0} \quad (10-3\text{b})$$

式中 A'—— 实验测得的吸光度;

A_0—— 用外推法求得的吸光度,将式(10 - 3b) 得到的 α 值代入式(10 - 3a) 便可计算出 K 值。这一方法仅适用于体系中配合物有吸收的情况,而且对解离度小的配合物可以得到满意的结果,尤其适宜于组成比高的配合物。

5. 酸碱解离常数的测定

如果一种有机化合物的酸性官能团或碱性官能团是生色团的一部分,物质的吸收光谱随溶液的 pH 而改变,且可根据不同 pH 时的吸光度测定解离常数。例如,酸 HB 在水溶液中的解

离平衡为

$$HB + H_2O \rightleftharpoons H_3O^+ + B^-$$

$$K_a = \frac{\{c(H_3O^+)/c^\ominus\}\{c(B^-)/c^\ominus\}}{\{c(HB)/c^\ominus\}}$$

当 $c(HB) = c(B^-)$ 时,$pK_a = \lg c(H_3O^+) = pH$。

因此,只要找出 $c(HB) = c(B^-)$ 时的 pH,就等于求出 pK_a。

6. 相对分子质量测定

根据光吸收定律,可得化合物相对分子质量 M_r 与其摩尔吸收系数 ε、吸光度 A 及质量 m、容积 V 之间的关系为

$$A = \varepsilon bc = \varepsilon b \frac{\frac{m}{Mr}}{V} \tag{10-4 a}$$

$$M_r = \frac{\varepsilon bm}{VA} \tag{10-4 b}$$

此式表明,当测得一定质量的化合物吸光度后,只要知道摩尔吸光系数,即可求得相对分子质量。在紫外 - 可见吸收光谱中,只要化合物具有相同生色骨架,其吸收峰的 λ_{max} 和 ε_{max} 几乎相同。因此,只要求出与待测物有相同生色骨架的已知化合物的 ε 值,根据式(10 - 4b) 即可求出待测化合物的相对分子质量。

7. 多组分分析

应用分光光度法,常常不能在同一试样溶液中不进行分离而测定一个以上的组分。例如两组分,光谱曲线不重叠时找 λ_1,X 有吸收,Y 不吸收,在另一波长 λ_2,Y 有吸收,X 不吸收,这可以分别在波长 λ_1、λ_2 时,测定组分 X、Y 而相互不干扰。

当吸收光谱重叠,找出两个波长,在该波长下两组分的吸光度差值 ΔA 较大,在波长 λ_1、λ_2 时测定吸光度 A_1 和 A_2 由吸光度值的加和性解联立方程,即

$$\begin{cases} A_1 = \varepsilon_{X1} bc_X + \varepsilon_{Y1} bc_Y \\ A_2 = \varepsilon_{X2} bc_X + \varepsilon_{Y2} bc_Y \end{cases}$$

式中　c_X、c_Y——X、Y 的浓度;

ε_{X1}、ε_{Y1}——X、Y 在波长 λ_1 时的摩尔吸光系数;

ε_{X2}、ε_{Y2}——X、Y 在波长 λ_2 时的摩尔吸光系数。

摩尔吸光系数可用 X、Y 的纯溶液在两种波长处测得,联立方程求解可得 c_X、c_Y。

如果是三组分以上溶液,求解方程就显得困难,可用计算机解多元联立方程。目前正在研究化学计量算法,利用神经网络、遗传算法、小波分析法等可求解五组分以上混合溶液的浓度。该方法具有准确、分析速度快等优点。

8. 氢键强度的测定

$n \rightarrow \pi^*$ 吸收带在极性溶剂中比在非极性溶剂中的波长短一些。在极性溶剂中,分子间形成氢键,实现 $n \rightarrow \pi^*$ 跃迁时,氢键也随之断裂,此时,物质吸收的光能一部分用于实现 $n \rightarrow \pi^*$ 跃迁,另一部分用于破坏氢键。而在非极性溶剂中,不可能形成分子间氢键,吸收的光能仅为实现 $n \rightarrow \pi^*$ 跃迁,故所吸收光波的能量较低,波长较长。由此可见,只要测定同一化合物在不同极性溶剂中的 $n \rightarrow \pi^*$ 跃迁吸收带,就能计算其在极性溶剂中氢键的强度。

例如:在极性溶剂水中,丙酮的 $n \to \pi^*$ 吸收带为264.5 nm,其相应能量等于452.96 $kJ \cdot mol^{-1}$,在非极性溶剂乙烷中,该吸收带为279 nm,其相应能量等于429.40 $kJ \cdot mol^{-1}$。所以丙酮在水中形成的氢键强度为452.96 - 429.40 = 23.56 ($kJ \cdot mol^{-1}$)。

9. 光度滴定

光度测量可用来确定滴定的终点。光度滴定通常都是用经过改装的在光路中可插入滴定容器的分光光度计或光电比色计来进行的。例如,用EDTA连续滴定 Bi^{3+} 和 Cu^{2+}。745 nm处,Bi^{3+} - EDTA无吸收,加入EDTA后 Bi^{3+} 先配位,第一化学计量点前吸光度不发生变化。随着EDTA的加入,Cu^{2+} - EDTA开始形成,铜配合物在此波长处产生吸收,故吸光度不断增加。到达化学计量点后再增加EDTA,吸光度不再发生变化。很明显,滴定曲线可得到两个确定的终点。

光度滴定法确定终点不仅灵敏而且可克服目视滴定中的干扰,实验数据是在远离计量点的区域测得的,终点是由直线外推法得到的,所以平衡常数较小的滴定反应,也可用光度法进行滴定。光度法滴定可用于氧化还原、酸碱、配位及沉淀等各类滴定中。

【阅读拓展】

药物鉴别及定量测定

1. 紫外 - 可见光谱法

(1) 规定吸收波长和吸收系数法。

测定最大吸收波长或同时测定最小吸收波长;规定浓度的供试液在最大吸收波长处测定吸收度,规定吸收波长和吸收度比值法;经化学处理后,测定其反应产物吸收光谱特性。

苯丙醇中苯丙酮的检查:利用供试液的吸收度比来控制杂质。纯品苯丙醇 A_{247}/A_{258} = 0.59;99.5% 时,A_{247}/A_{258} = 0.79;因此规定供试品 A_{247}/A_{258} < 0.79,即所含苯丙酮小于0.5%。

(2) 溶液颜色检查法。

溶液颜色检查法是控制药物中有色杂质的方法。《中国药典》收载的3种方法如下:

① 标准比色液进行比较的方法。标准比色液 $K_2Cr_2O_7$ 黄、绿;$CoCl_2$ 橙黄、橙红;$CuSO_4$ 棕红。

② 分光光度法。

③ 色差计法。通过测定供试品与标准比色液或水之间的色差值。

(3) 紫外吸收光谱特征及含量测定。

解离级数的不同,巴比妥类药物的紫外光谱会发生显著的变化。也就是说,溶液pH的不同以及取代基的不同会对紫外光谱产生影响。在酸性溶液中,5,5 - 二取代和1,5,5 - 三取代巴比妥类药物不电离,无明显的紫外吸收峰;在pH = 10的碱性溶液中,发生一级解离,形成共轭体系结构,在240 nm处出现最大吸收峰;在pH = 13的强碱性溶液中,5,5 - 二取代巴比妥类药物发生二级解离,引起共轭体系延长,导致吸收峰向红移至255 nm;1,5,5 - 三取代巴比妥类药物,因1位取代基的存在,故不发生二级解离,最大吸收峰仍位于240 nm。

由于巴比妥类药物在酸性介质中几乎不解离,无明显的紫外吸收,但在碱性介质中解离为具有紫外吸收特征的结构,因此可采用紫外分光光度法测定其含量。本法灵敏度高,专属性强，广泛应用于巴比妥类药物原料及其制剂的含量测定，以及固体制剂的溶出度和含量均匀度检查，也常用于体内巴比妥类药物的检测。

对乙酰氨基酚在0.4%氢氧化钠溶液中，于257 nm波长处有最大吸收，其紫外吸收光谱特征，可用于其原料及其制剂的含量测定。检查原理：利用酮体在310 nm波长处有最大吸收，而药物本身在此波长处几乎没有吸收，规定一定浓度溶液在310 nm波长处的吸收度限制酮体的量。

（4）差示紫外分光光度法（ΔA法）。

以复方巴比妥散中苯巴比妥的测定为例。

利用复方苯巴比妥散中的阿司匹林和水杨酸等成分在pH为5.91和8.04条件下的紫外吸收光谱重合，$\Delta A=0$，而苯巴比妥在240 nm波长处，在pH = 5.91和pH = 8.04条件下ΔA的值最大。因此ΔA大小只与苯巴比妥浓度成正比，是该法用于苯巴比妥的定量依据。

（5）双波长分光光度法。

测定复方磺胺甲噁唑片。不经分离，直接测定含量。

① 主要成分。磺胺甲噁唑、甲氧苄啶。

② 测定方法。样品在测定波长（λ_2）和参比波长（λ_1）处的吸收度的差（ΔA）。

③ 波长的选择。被测组分的最大吸收波长作为测定波长（λ_2），另选一参比波长（λ_1），使干扰组分在这两个波长处的吸收相等。

④ 测定原理。

设A与B的混合物，A为干扰物，B为被测物。

在λ_1处有

$$A_1 = A_{1A} + A_{1B}$$

在λ_2处有

$$A_2 = A_{2A} + A_{2B}$$

其中$A_{1A}=A_{2A}$，有

$$\begin{aligned}\Delta A &= A_2 - A_1 = (A_{2A} + A_{2B}) - (A_{1A} + A_{1B})\\ &= A_{2B} - A_{1B}\\ &= a_2bc - a_1bc\\ &= (a_2b - a_1b)c\end{aligned}$$

2. 红外光谱法

红外光谱法中放置试样有四种，即压片法、糊法、膜法和溶液法。红外光谱法在药物分析中有以下几种应用。

（1）红外光谱法用于晶型检查。

红外光谱法主要用于药物中无效或低效晶型的检查，如甲苯咪唑中A晶型的检查。

	A晶型	C晶型
在640 cm^{-1}	有强吸收	吸收很弱
在662 cm^{-1}	吸收很弱	有强吸收

已知供试品 + 10% A晶型在波数662 cm^{-1}和640 cm^{-1}的吸收度分别是A_{662}和A_{640}，供试品在波数662 cm^{-1}和640 cm^{-1}的吸收度分别是A'_{662}和A'_{640}。

如果$R = A_{640}/A_{662} > R' = A'_{640}/A'_{662}$，供试品A晶型小于10%。

(2) 红外 - 紫外谱图用于药物鉴别。

① 丙硫异烟胺的鉴别。取本品,加乙醇制成每 1 mL 中含 20 μg 的溶液,按照分光光度法测定,在 291 nm 的波长处有最大吸收,吸收度约为 0.78。

本品的红外吸收图谱应与对照图谱一致。

② 奋乃静鉴别。取本品,加无水乙醇制成每 1 mL 中含 7 μg 的溶液,按照分光光度法测定,在 258 nm 的波长处有最大吸收,吸收度约为 0.65。

本品的红外吸收图谱应与对照图谱一致。

习　题

1. 有色配位化合物的摩尔吸光系数(ε) 与下列哪种因素有关?(　　)

A. 比色皿厚度　　B. 有色配位化合物的浓度

C. 入射光的波长　　D. 配位化合物的稳定性

2. 透光率与吸光度的关系是(　　)

A. $1/T = A$　　B. $\lg 1/T = A$　　C. $\lg T = A$　　D. $T = \lg 1/A$

3. 吸光光度法进行定量分析的依据是________,用公式表示为________,式中各项符号分别表示________、________、________和________,其中吸光系数表示为________和________,其单位各为________和________。

4. 分光光度计的基本组成部分为________、________、________以及________,国产 721 型分光光度计单色器是________,检验器元件为________。

5. 吸光光度法中比较适宜的吸光值范围是________,吸光值为________时误差最小。

6. 吸光光度法中标准曲线不通过原点的原因有哪些?

7. 吸光光度法分析中,选择入射光波长的原则有哪些?

8. 0.088 mg Fe^{3+} 用硫氰酸盐显色后,在容量瓶中用水稀释 50 mL,用 1 cm 比色皿,在波长 480 nm 处测得 $A = 0.740$,求吸光系数 a 及 ε。

(答案:$a = 4.12 \times 10^2\ L \cdot g^{-1} \cdot cm^{-1}$,$\varepsilon = 2.35 \times 10^4\ L \cdot mol^{-1} \cdot cm^{-1}$)

9. 取钢试样 1.00 g,溶解于酸中,将其中锰氧化成高锰酸盐,准确配制成 250 mL,测得其吸光度为 $1.00 \times 10^{-3}\ mol \cdot L^{-1}$ 高锰酸钾溶液的吸光度的 1.5 倍。计算钢中锰的质量分数。

(答案:2.06%)

10. 未知相对分子质量的胺试样,通过用苦味酸(相对分子质量为 229) 处理后转化成苦味酸盐(1 : 1 加成化合物),当波长为 380 nm 时大多数胺苦味酸盐在 95% 乙醇中的吸光系数大致相同,即 $\varepsilon = 10^{4.13}$。现将 0.030 0 g 苦味酸盐溶于 95% 乙醇中,准确配制成 1 L 溶液,测得该溶液在 380 nm,$b = 1$ cm 时,$A = 0.800$。试估算未知胺的相对分子质量。

(答案:277 $g \cdot mol^{-1}$)

第11章　电势分析法和电导分析法

【学习要求】

(1) 掌握电势分析法和电导分析法的基本原理，指示电极和参比电极的概念，直接电势法测定溶液pH，电势滴定法终点的确定方法及其应用，直接电导法及其应用。

(2) 了解常用电极的分类及其在溶液分析中的应用，离子选择电极的分类及其与常用电极的区别，pH玻璃膜电极的响应原理，电导滴定法。

电势分析法(potentiometry)和电导分析法(conductometry)是利用物质的电参数(电势和电导)与待测物的热力学参数(活度)之间的确定关系，通过对电参数的测量而得到物质含量信息的电化学分析法。溶液中离子活度的变化是原因，电势或电导的变化是结果。把握二者间的因果关系，理解各类电极的电极电势对溶液中离子活度的响应原理，注意辨别特定体系下一果多因的情况，是掌握和正确运用电化学分析法的关键。

电势分析法和电导分析法具有仪器设备简单、操作方便、分析快速、测量范围宽、不破坏试液、易于实现自动化的特点，目前已广泛应用于环境监测、食品卫生、生物技术、海洋探测等领域。离子选择性电极的出现和应用，促进了电势分析法的发展，并使其应用有了新的突破。

本章主要介绍了电势分析法和电导分析法的基本原理、常用电极的分类、电导分析的基本概念以及电导滴定法，重点讨论了离子选择电极，尤其是pH玻璃膜电极的响应原理和电势滴定法、直接电导法及其应用。

11.1　电势分析法基本原理

电势分析法是电化学分析法的一个重要分支，其实质是在零电流条件下，测定相应原电池的电动势，再求得溶液中待测组分活度的方法。因此，电势分析法应用的关键是准确测定原电池的电动势。电动势的测定有两种方法：一种是电势差计测量法；另一种是高阻抗电子毫伏计测量法。

电势差计测量法采用的是补偿法测定原理，可保证在测定过程中无电流通过原电池。这样既不会引起参与电极反应的有关离子浓度的变化，也不存在电池内阻引起的原电池电动势测量的误差，因此电势差计测量法可准确测得原电池的电动势。补偿法测定电动势基本电路如图11－1所示。

AB是均匀的电阻线，把AB接在容量大的蓄电池E的两端，C为可滑动的接触点。先将开关接到标准电池S(其电动势为E_S)上，调整C的位置使检流计(G)中没有电流通过，此时由蓄电池E而产生的AB间的电势差与E_S相平衡。然后把开关和待测电池X相连接，确定没有电流通过G的C′点，这时AC′间的电势差与E_X相平衡。因此有下列关系式：

$$\frac{E_X}{E_S}=\frac{AC'\text{间的电位差}}{AC\text{间的电位差}}=\frac{AC'\text{的长度}}{AC\text{的长度}} \tag{11-1}$$

由于 E_S 是已知的,所以测定 AC、AC′ 的长度就可求出待测电池的电动势 E_X。

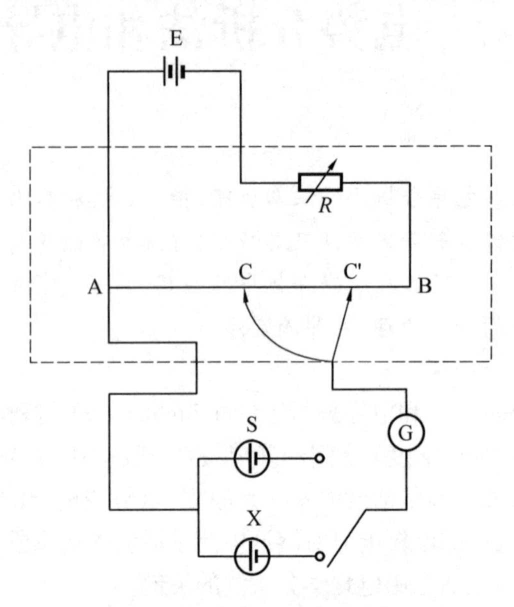

图 11－1　补偿法测定电动势基本电路

高阻抗电子毫伏计测量法是将高阻值可变电阻与灵敏电流计串联,构成高阻抗伏特计测定原电池电动势的方法。由于采用了阻值极高的可变电阻,因此通过原电池的电流极小,不会引起参与电极反应的有关离子浓度的显著变化,即不会引起原电池电动势的显著变化。可变电阻的阻抗高也使得由原电池内阻引起的电势降变得很小,可忽略不计。因此,高阻抗伏特计也可准确测定原电池的电动势。

电势分析法可分为两类:直接电势法和电势滴定法。

直接电势法依据 Nernst 方程式中电势与被测离子间的关系,把被测离子的活度表现为电极电势。在一定离子强度时,活度又可转换为浓度,实现分析测定。电势滴定法是电势测量方法在容量分析中的应用,即利用原电池电动势(或电极电势)的突变来指示滴定终点,再通过滴定反应的化学计量关系,求得被测离子的浓度。电势滴定法确定终点,比一般滴定分析法更为准确可靠,它适用于各种滴定分析过程。对没有合适指示剂、深色溶液或浑浊溶液等难于用指示剂判断滴定终点的滴定分析特别有利。

直接电势法测定的只是某种型体离子的平衡浓度。电势滴定法测定的是某种参与滴定反应物质的总浓度。因此,它们不仅在成分分析测定中可以应用,在化学平衡的有关理论研究中也是一种常用的手段。

11.2　电极分类

在每种电化学分析法中都有两个电极,不同的分析方法电极的性质不同,也冠以不同的名称。在电化学测量中,人们还把电极区分为极化电极与去极化电极。当电极的电势完全保持恒定的数值,且在电化学测量过程中始终不变,则称为去极化电极。在电化学测量过程中,电极的电势随着外加电压的改变而改变,则称为极化电极。在电势分析法中使用的两个电极都是去极化电极,这是电势分析法的一个特征。电势分析法的两个电极,一个是通过电极电势对被测试液中某种离子活度(浓度)的响应来指示该离子的活度(浓度),称为指示电极(indicating electrode);另一个是在测量电极电势时提供电势标准,称为参比电极(reference electrode)。常用的参比电极是饱和甘汞电极(Saturated Calomel Electrode,SCE)。

电势分析法中使用的指示电极和参比电极有很多种。应当指出的是,某一电极是指示电极还是参比电极,不是绝对的,在一定情况下为参比电极,在另一种情况下又可能是指示电极。从结构上可把电极分为以下几类。

11.2.1　第一类电极

第一类电极又称为金属电极,这是一种金属和它自己的离子相平衡的电极。如将Zn棒浸入$ZnSO_4$溶液中构成锌电极,将Ag丝浸在$AgNO_3$溶液中构成银电极等。较活泼的金属如钾、钠、钙等在溶液中容易被腐蚀,硬金属如镍、铁、钨等电势不稳定,均不宜直接用作这类电极。

第一类电极的反应为

$$M^{n+} + ne^- \rightleftharpoons M$$

电极电势由Nernst方程可得,即

$$\varphi = \varphi^{\ominus} + \frac{RT}{nF}\ln a(M^{n+})$$

这类电极的电极电势能反映溶液中金属离子活度的变化,因此可用于测定金属离子的浓度。能构成这类电极的金属包括银、锌、铜、镉、汞、铅等。一些气体电极如氢电极($Pt,H_2(p)|H^+(a)$)也属于第一类电极。

11.2.2　第二类电极

第二类电极又称为金属/金属难溶盐电极或阴离子电极,由金属与金属难溶盐浸入该难溶盐的阴离子溶液中构成。例如甘汞电极,它的电极反应为

$$Hg_2Cl_2 + 2e^- \rightleftharpoons 2Hg + 2Cl^-$$

电极电势取决于电极表面Hg_2^{2+}的活度,而Hg_2^{2+}的活度根据Hg_2Cl_2溶度积又取决于Cl^-的活度。因此,这类电极的电极电势能够指示溶液中构成难溶盐阴离子的活度变化。电极电势的计算式为

$$\varphi = \varphi^{\ominus}(Hg_2^{2+}/Hg) + \frac{RT}{2F}\ln a(Hg_2^{2+})$$

由于

$$a(Hg_2^{2+}) \cdot a^2(Cl^-) = K_{sp}$$

因此

$$\varphi = \varphi^{\ominus}(Hg_2^{2+}/Hg) + \frac{RT}{2F}\ln \frac{K_{sp}}{a^2(Cl^-)}$$

将溶度积项合并于右边第一项中得

$$\varphi = \varphi^{\ominus}(Hg_2Cl_2/Cl^-) - \frac{RT}{F}\ln a(Cl^-)$$

可见,此电极实际响应的是阴离子 Cl^- 的活度(浓度)。表11-1列出298.15 K不同KCl浓度时甘汞电极的电极电势的数值。

表11-1 298.15 K不同KCl浓度时甘汞电极的电极电势

甘汞电极类型	KCl浓度	电极电势 φ(vs. NHE)
0.1 $mol \cdot L^{-1}$ 甘汞电极	0.1 $mol \cdot L^{-1}$	+0.336 V
标准甘汞电极(NCE)	1.0 $mol \cdot L^{-1}$	+0.283 V
饱和甘汞电极(SCE)	饱和溶液	+0.250 V

银-氯化银电极、汞-硫酸亚汞等电极与甘汞电极类似,都是常见的参比电极。通常对参比电极的要求有"三性":

① 可逆性。有(小)电流流过,反转变号时,电势基本上保持不变。

② 重现性。溶液的浓度和温度改变时,按Nernst响应,无滞后现象。

③ 稳定性。测量中电势保持恒定,并具有长的使用寿命。

11.2.3 第三类电极

第三类电极与第二类电极有一些相似的地方,它是金属与具有同种阴离子的两种难溶盐(或配位物)的溶液相平衡。例如,银电极上覆盖 Ag_2S 并放入 Ag_2S 和CdS的饱和溶液中。此电极的电极电势可看成是银电极响应 Ag^+ 活度所致,而它通过 Ag_2S 溶度积由 S^{2-} 活度所确定;溶液中 S^{2-} 活度又通过CdS的溶度积由 Cd^{2+} 的活度所确定,所以这种电极能反映溶液中 Cd^{2+} 的活度。

以EDTA配位金属离子的第三类电极,在电势滴定中是很有用的指示电极。在离子选择性电极出现之前,常用作配位滴定的指示电极。例如汞电极,其结构是金属汞浸入含有微量 Hg^{2+}-EDTA配合物(其限量为 $1\times10^{-6}\ mol \cdot L^{-1}$)及另一能与EDTA配位的金属离子 M^{n+} 的水溶液中。当用EDTA滴定 M^{n+} 时,溶液中同时存在两个配位平衡,化学计量点附近 M^{n+} 活度发生突变,汞电极电势也随之改变。使用汞电极的pH范围为2~11。

11.2.4 零类电极

铂和金等贵金属的化学性质较稳定,在通常的分析溶液中不参与化学反应,但其晶格间存在自由电子,故惰性金属电极可作为溶液中氧化态和还原态获得电子或释放电子的场所。如Pt插在含有 Fe^{3+}、Fe^{2+} 的溶液中即为一例。Fe^{3+}/Fe^{2+} 电极的电极反应为

$$Fe^{3+} + e^- \rightleftharpoons Fe^{2+}$$

电极符号为 $Pt | Fe^{3+}(a_1), Fe^{2+}(a_2)$。电极电势为

$$\varphi = \varphi^{\ominus}(Fe^{3+}/Fe^{2+}) + \frac{RT}{nF}\ln\frac{a_1}{a_2}$$

这类电极中,金属导体本身并不参与电极反应,只是提供电子转移的场所,起导电作用。这类电极的电极电势反映了相应氧化还原体系中氧化态物质活度与还原态物质活度的比值,所以又称为氧化还原电极。

11.2.5 膜电极

膜电极(membrane electrode)是一类基于固体膜或液体膜的电化学传感器,包括用于测

量溶液 pH 的玻璃膜电极以及近年发展起来的离子选择性电极。其电极电势或膜电势与溶液中特定离子活(浓)度的对数呈线性关系,故可由测得的膜电势求出溶液中特定离子的活(浓)度。离子选择电极的电极电势的一般公式为(298.15 K)

$$\varphi = K \pm \frac{0.0592}{n}\lg a(\mathrm{A}) = K' \pm \frac{0.0592}{n}\lg c(\mathrm{A}) \tag{11-2}$$

式中　K、K'—— 电极常数;

A—— 阴、阳离子;

n—— 离子电荷数,阳离子取"+",阴离子取"-"。

需要注意的是,膜电极和前几类电极的电极电势的建立机理是不同的。前者基于响应离子在电极上的离子交换和扩散作用等,后者基于电极上转移电子的电极反应(氧化或还原反应)。

1. 离子选择性电极的结构和分类

离子选择性电极是一类具有薄膜的电极。基于薄膜的特性,电极的电极电势对溶液中某特定的离子有选择性响应,因而可用来测定该离子的活(浓)度。目前已研制出多种离子选择性电极,根据电极敏感薄膜的不同特性,国际纯粹与应用化学联合会对离子选择性电极进行了分类,如图 11-2 所示。

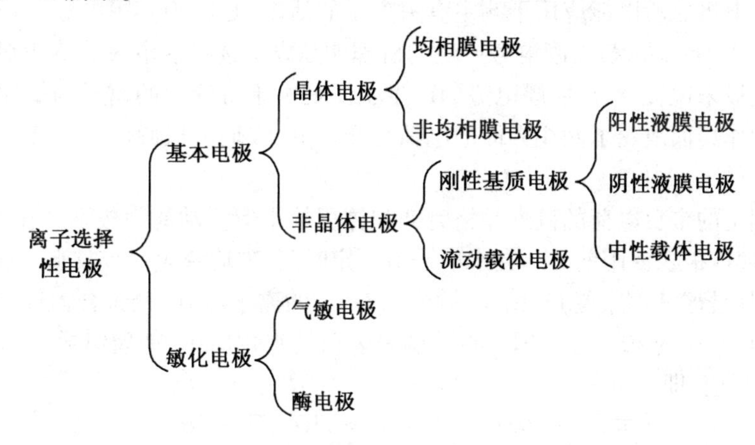

图 11-2　离子选择性电极的分类

虽然离子选择性电极种类很多,形式各不相同,但其基本构成却大致相同。将离子选择性敏感膜封在玻璃或塑料管的底端,管内装入被响应离子(被测离子)的溶液作为内参比溶液,并插入内参比电极(多为 Ag-AgCl 电极),这样就构成了离子选择性电极。

2. 玻璃电极

玻璃电极(glass electrode)是离子选择性电极的一种,属于非晶体固定基体电极。其中,pH 玻璃电极是电势法测定溶液 pH 的指示电极,是离子选择性电极中历史最久的一种,使用最为广泛,在性能和有关理论的研究上也较为成熟。本章将以其为典型实例来讨论有关离子选择性电极的各种原理。

实验室所广泛应用的 pH 玻璃电极,构造如图 11-3 所示。玻璃管的下端部为厚度小于 0.1 mm 的球形玻璃薄膜,管内盛有 0.1 mol·L^{-1} HCl 溶液或含一定浓度 KCl 或 NaCl 的 pH 缓冲溶液,且内插 Ag-AgCl 内参比电极。

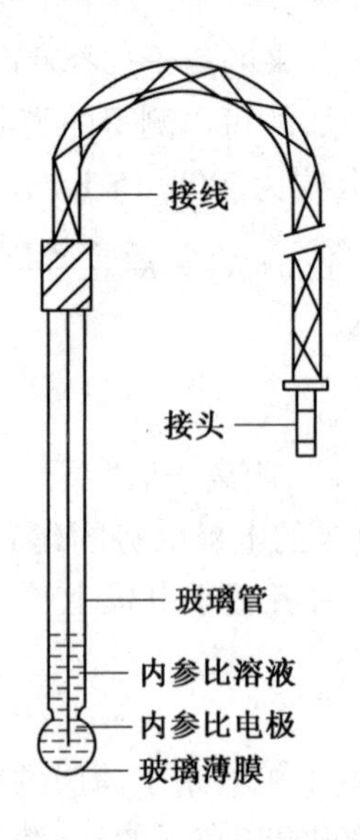

图 11 - 3　pH 玻璃电极

3. 离子选择性电极的响应机理

离子选择性电极之所以能应用于测定有关离子的活度,是因为其膜电势与被测离子活度之间的关系符合 Nernst 方程式,膜电势产生的机理就是离子选择性电极的响应机理。对大多数离子选择性电极来说,已经证明膜电势的产生主要是由于溶液中的离子与敏感膜上的离子之间发生了交换作用而改变了两相界面的电荷分布。pH 玻璃电极膜电势的建立就是一个典型的例子。

玻璃膜由固定的带负电荷的硅酸晶格骨架和体积较小但活动能力较强的正离子(主要是 Na^+) 构成。玻璃电极在使用前必须在水中浸泡一定时间,玻璃膜表面吸收水分而溶胀形成一层很薄的水化层(硅酸盐溶胀层)。由于硅酸盐结构中的离子与 H^+ 的键合力远大于与 Na^+ 等碱金属离子的键合力(约 10^{14} 倍),因此在玻璃膜表面的水化层中,玻璃组成中的 Na^+ 与水中的 H^+ 发生交换反应,即

$$\equiv SiO—Na^+ + H^+ \rightleftharpoons \equiv SiO—H^+ + Na^+$$

发生此交换反应时,二价和更高价的正离子不能进入硅酸晶格取代 Na^+,负离子由于被硅酸晶格的负电荷所排斥也不能进入硅酸晶格,因此该交换反应对 H^+ 有较高的选择性,并且交换反应进行得很完全。因此,在水中浸泡一定时间,当交换达到平衡时,就在玻璃表面形成了一层以$\equiv SiO—H^+$ 为主的水合硅胶层。浸泡后的 pH 玻璃电极浸入到待测试液中,由于水化层表面与试液中 H^+ 活度不同,又会发生 H^+ 的扩散迁移。硅胶层与试液的界面之间,由于离子交换和扩散迁移而产生了电势差,在此过程中硅胶层得到或失去 H^+ 都会影响界面上的电势 φ(外)。

玻璃膜的内表面与内参比溶液接触时,同样形成硅胶层,在离子交换过程中,也会影响界面上的电势 φ(内)。玻璃膜的内、外层所形成的硅胶层是极薄的,膜的中间仍然属于玻璃层。当玻璃电极的内参比溶液的 pH 与外部试液的 pH 不同时,在膜内外的界面上的电荷分布是不同的,这样跨越膜的两侧就产生了一定的电势差,称为膜电势 φ(膜),图 11 - 4 所示为玻璃电极膜电势形成示意图。

由此可见,玻璃膜两侧电势的产生不是由于电子得失和转移,而是由于离子(H^+) 在溶液

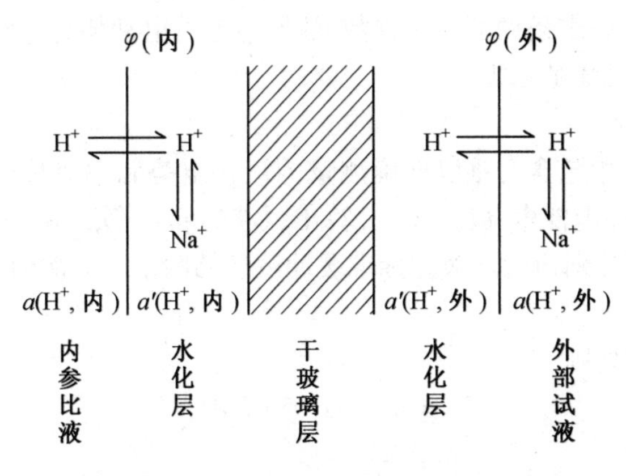

图 11 - 4　玻璃电极膜电势形成示意图

和溶胀层界面间进行交换和扩散的结果。其他离子选择性电极膜电势的产生机理也是如此。

由热力学可以证明,相间电势与 H^+ 活度之间的关系(298.15 K 时)为

$$\varphi(外) = K_1 + 0.059\ 2\lg\frac{a(H^+,外)}{a'(H^+,外)}$$

$$\varphi(内) = K_2 + 0.059\ 2\lg\frac{a(H^+,内)}{a'(H^+,内)}$$

式中　K_1、K_2—— 常数,分别与玻璃外膜和内膜表面性质有关。

如果玻璃膜内、外表面的结构状态、表面性质完全相同,则 $K_1 = K_2$,$a'(H^+,内) = a'(H^+,外)$。因此,玻璃电极的膜电势(298.15 K) 为

$$\varphi(膜) = \varphi(外) - \varphi(内) = 0.059\ 2\lg\frac{a(H^+,外)}{a(H^+,内)} \tag{11-3}$$

因 $a(H^+,内)$ 为一常数,故上式可写成

$$\varphi(膜) = K_3 + 0.059\ 2\lg a(H^+,外) = K_3 - 0.059\ 2pH(外) \tag{11-4}$$

由此可见,在一定温度下,pH 玻璃电极的膜电势与溶液的 pH 呈线性关系。

由式(11 - 3) 可知,当 $a(H^+,内) = a(H^+,外)$ 时,φ(膜) 应为零。但实际情况并非如此,此时玻璃膜两侧仍有一定的电势差,这种电势差称不对称电势 φ(不对称),它的产生是由于玻璃膜内、外两个表面状况不完全相同,如玻璃成分不均匀,膜的厚度、水化程度不一致,界面张力及表面的机械、吹制条件及温度等不同而产生的。对一支给定的电极,条件一定时不对称电势为确定值,因此常把它合并到式(11 - 4) 的 K_3 中。

当用玻璃电极作为指示电极(负极),饱和甘汞电极作为参比电极(正极) 组成原电池时,由于内、外参比溶液中各含有固定浓度的 Cl^-,故内、外参比电极的电势均是恒定的。于是 298.15 K,以盐桥消除液接电势,考虑不对称电势的影响,这一原电池电动势为

$$\begin{aligned} E &= \varphi(SCE) - \varphi(玻璃) = \varphi(SCE) - (\varphi(AgCl/Ag) + \varphi(膜) + \varphi(不对称)) \\ &= \varphi(SCE) - \varphi(AgCl/Ag) - \varphi(不对称) - K_3 + 0.059\ 2pH(外) \end{aligned}$$

令

$$\varphi(SCE) - \varphi(AgCl/Ag) - \varphi(不对称) - K_3 = K'$$

得

$$E = K' + 0.059\ 2pH(外) \tag{11-5}$$

式(11 - 5) 中 K' 在一定条件下为一常数,故原电池的电动势与待测溶液的 pH 呈线性关系,这是电势法测定溶液 pH 的依据。

4. 溶液 pH 的测定

式(11 - 5) 中 K' 值中包含有难以准确测量的液接电势和不对称电势,因此不能应用式(11 - 5) 从测量得到的原电池电动势(E) 计算出试液的 pH。实际测量中,常用已知 pH 的标准缓冲溶液作为基准,把分别包含试液和标准缓冲溶液的两个原电池的电动势进行比较,以确定试液的 pH。

测量标准缓冲溶液时,则

$$E_S = K' + 0.059\,2\text{pH}_S \tag{11-6}$$

测量待测试液时,则

$$E_X = K' + 0.059\,2\text{pH}_X \tag{11-7}$$

两式相减

$$\text{pH}_X = \text{pH}_S + \frac{E_X - E_S}{0.059\,2} \tag{11-8}$$

式(11 - 8) 即是在实际工作中用酸度计测定待测溶液 pH 的基础。

需要注意的是,pH 玻璃电极的玻璃膜组成会影响电极的 pH 测试范围。例如,对于膜材料组成为 $Na_2O - CaO - SiO_2$ 的普通 pH 电极,其测定范围为 pH = 1 ~ 9.5;对于组成为 $Li_2O - Cs_2O - La_2O_3 - SiO_2$ 的膜电极,其测定范围则为 pH = 1 ~ 14。另外,由于不对称电势的存在,pH 玻璃电极在使用前需在水中或溶液中充分浸泡,使 φ(不对称) 降至趋于恒定,同时使玻璃膜表面能够充分水化以利于 H^+ 的响应。

11.3 电势滴定法

电势滴定法是容量分析中基于电势突跃确定滴定终点的方法。选用适当的电极系统,可以作为氧化还原法、中和法(水溶液或非水溶液)、沉淀法、重氮化法或水分测定法等的终点指示。电势滴定法选用由指示电极和参比电极构成的两电极系统。滴定时,用电磁搅拌器搅拌溶液。随着滴定剂的加入,由于发生化学反应,待测离子浓度不断发生变化,指示电极的电极电势会相应地改变,因此原电池的电动势也会改变。在到达滴定终点时,因被分析成分的离子浓度急剧变化而引起指示电极的电势突减或突增,此转折点称为突跃点。显然,电势滴定法与直接电势法不同,它是以测量电势的变化为基础的方法,不是以某一确定的电势值为计量的依据。因此,在一定测定条件下,许多因素对电势测量结果的影响可以相对抵消。

11.3.1 电势滴定法终点的确定方法

在电势滴定法中,常应用下列几种方法确定滴定终点。

1. $E - V$ 曲线

表 11 - 2 为用0.1 mol·L^{-1} $AgNO_3$ 标准溶液滴定 NaCl 溶液所得数据。以表中的电势(E)为纵坐标,以滴定液体积(V) 为横坐标,绘制 $E - V$ 曲线,如图11 - 5所示。在S形滴定曲线上,作两条与滴定曲线相切的平行直线,两平行线的等分线与曲线的交点为曲线的拐点,即为滴定终点(此曲线的陡然上升或下降部分的中心点),此点非常接近化学计量点。如果原始溶液浓

度很低，则电动势变得不稳定，即只需加入1 ～2滴滴定剂，就能使过程通过化学计量点而进入滴定剂控制的稳定区域，因而不易求得理想的滴定终点。通常溶液浓度低于10^{-3} mol · L^{-1}时，就可能出现这种现象。这种方法不易确定滴定终点，但可根据一阶微商的极大值来确定，而为了更准确地判断滴定曲线的转折点，还可以用二阶微商为零来确定。后两种确定滴定终点的方法虽然对手工操作较麻烦，但使用电子仪器控制，则十分方便。下面详细介绍后两种方法。

表11 －2　用0.1 mol · L^{-1} $AgNO_3$ 标准溶液滴定 NaCl 溶液

加入 $AgNO_3$ 的体积 V/mL	E/V	$\frac{\Delta E}{\Delta V}$ /(V · mL^{-1})	$\frac{\Delta^2 E}{\Delta V^2}$ /(V · mL^{-2})
5.00	0.062	0.002	
15.0	0.085	0.004	
20.0	0.107	0.008	
22.0	0.123	0.015	
23.0	0.138	0.016	
23.50	0.146	0.050	
23.80	0.161	0.065	
24.00	0.174	0.09	
24.10	0.183	0.11	
24.20	0.194	0.39	2.8
24.30	0.233	0.83	4.4
24.40	0.316	0.24	－5.9
24.50	0.340	0.11	－1.3
24.60	0.351	0.07	－0.4
24.70	0.358	0.050	
25.00	0.373	0.024	
25.00	0.385	0.022	
26.00	0.396	0.015	
28.00	0.426		

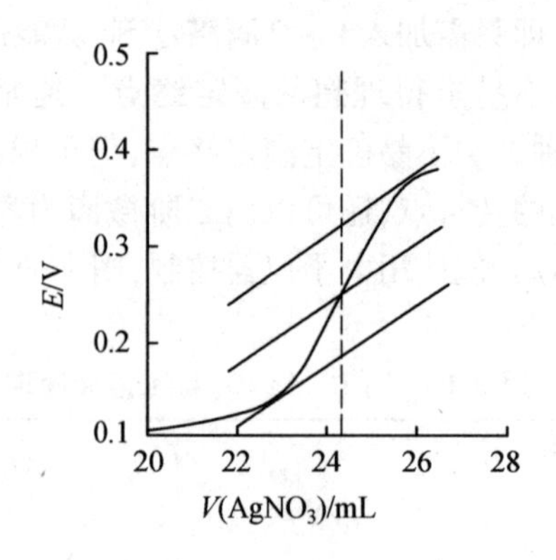

图 11 - 5　$E-V$ 曲线

2. $\Delta E/\Delta V-V$ 曲线法

$\Delta E/\Delta V-V$ 曲线法又称为一阶(级)微商法。用表 11 - 2 数据,以 $\Delta E/\Delta V$(相邻两次的电势差和加入滴定液的体积差之比,它是 $\frac{dE}{dV}$ 的估计值)为纵坐标,以滴定液体积(V)为横坐标,绘制 $\Delta E/\Delta V-V$ 曲线,如图 11 - 6 所示。曲线的最高点($\Delta E/\Delta V$ 的极大值)对应的体积即为滴定终点。曲线的一部分是用外延法绘出的。

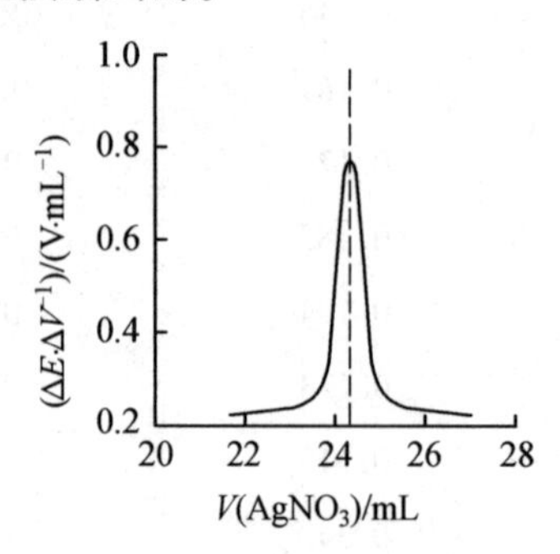

图 11 - 6　$\Delta E/\Delta V-V$ 曲线

3. 二阶(级)微商法

二阶(级)微商法基于 $\Delta E/\Delta V-V$ 曲线的最高点正是二阶(级)微商($\Delta^2E/\Delta V^2$)等于零处,因而也可采用二阶微商确定终点。根据求得的 $\Delta E/\Delta V$ 值,计算相邻数值间的差值,即为 $\Delta^2E/\Delta V^2$。用表 11 - 2 数据,绘制 $\Delta^2E/\Delta V^2-V$ 曲线,如图 11 - 7 所示。曲线过零时的体积即为滴定终点。

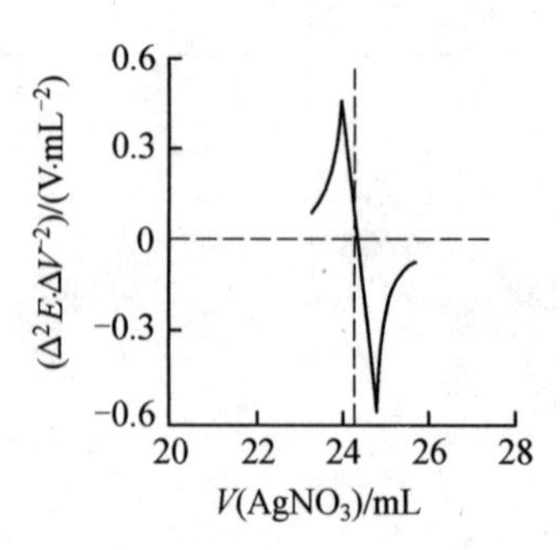

图 11 - 7　$\Delta^2E/\Delta V^2-V$ 曲线

除采用上述图解的方法确定电势滴定的终点外，还可根据滴定终点时 $\Delta^2E/\Delta V^2=0$，用数学计算的方法求出滴定至终点时所消耗滴定剂的体积（V_{ep}）。具体计算如下。

由表11－2的数据可知，加入24.30 mL滴定剂时，$\Delta^2E/\Delta V^2=4.4\ \text{V}\cdot\text{mL}^{-2}$；加入24.40 mL滴定剂时，$\Delta^2E/\Delta V^2=-5.9\ \text{V}\cdot\text{mL}^{-2}$；上列两点的数据与滴定终点数值的相对比值关系为

	24.30	V_{ep}	24.40
	p		m
$\frac{\Delta^2E}{\Delta V^2}$	4.4	0	−5.9

于是

$$\frac{24.40-24.30}{-5.9-4.4}=\frac{V_{ep}-24.30}{0-4.4}$$

则

$$V_{ep}=24.30\ \text{mL}+0.1\times\frac{4.4}{10.3}\text{mL}=24.34\ \text{mL}$$

为了应用方便，将上述算法概括为一通式，即

$$V_{ep}=V+\frac{p}{p-m}\Delta V \qquad (11-9)$$

式中　p——$\Delta^2E/\Delta V^2=0$ 之前的 $\Delta^2E/\Delta V^2$ 值，$\text{V}\cdot\text{mL}^{-2}$；

m——$\Delta^2E/\Delta V^2=0$ 之后的 $\Delta^2E/\Delta V^2$ 值，$\text{V}\cdot\text{mL}^{-2}$；

V——$\Delta^2E/\Delta V^2=p$ 时所需滴定剂的体积，mL；

ΔV——$\Delta^2E/\Delta V^2=p\sim m$ 时所需滴定剂的体积，mL；

V_{ep}——滴定终点时所需滴定剂的体积，mL。

在实际工作时，只需将化学计量点附近的几组数据按表11－2的算法求出 $\Delta^2E/\Delta V^2$ 改变正负号前后的数值，代入式（11－9），即可求得 V_{ep}。

11.3.2　电势滴定法的应用和指示电极的选择

电势滴定法确定滴定终点具有比一般滴定法准确可靠，且不受深色溶液和浑浊溶液影响等优点，它不仅适用于酸碱、沉淀、配位、氧化还原及非水等各类滴定分析，而且可用于测定酸（碱）的解离常数、配合物的稳定常数以及动力学的研究等。但对不同类型的滴定应该选用合适的指示电极，参比电极均可用饱和甘汞电极。

1. 酸碱滴定

通常以pH玻璃电极为指示电极，即用pH计指示滴定过程的pH变化。指示剂法确定终点时，往往需要理论终点附近有大于2个pH单位的突跃，才能观察到颜色的变化，而电势法则只要有零点几个单位的pH变化，就能观察到电势的突变，所以许多无法用指示剂法指示终点的弱酸、弱碱以及多元酸（碱）或混合酸（碱）都可以用电势法测定。非水溶液的滴定中也往往用电势法指示终点。

2. 氧化还原滴定

一般使用惰性金属电极（Pt、Au、Hg）作为指示电极，最常用的是Pt电极，它可以快速响应许多氧化还原电对。通常显示溶液中氧化还原体系的平衡电势。氧化还原反应都能用电势法

确定终点。

3. 沉淀滴定

在沉淀滴定中,可选用金属电极、离子选择性电极和惰性电极等作为指示电极,使用最广泛的是银电极。例如,以 $AgNO_3$ 标准溶液滴定 Cl^-、Br^-、I^-、S^{2-} 时,可选用银电极作为指示电极。当溶液中混合有 Cl^-、Br^-、I^- 三种离子时,由于其溶度积差较大,可利用分步沉淀的原理达到分别测定的目的。碘化银的溶度积最小,因此 I^- 的突跃最先出现,其次是 Br^-,最后是 Cl^-,滴定曲线如图 11 - 8 所示,虚线表示 I^-、Br^- 单独存在时的滴定曲线。

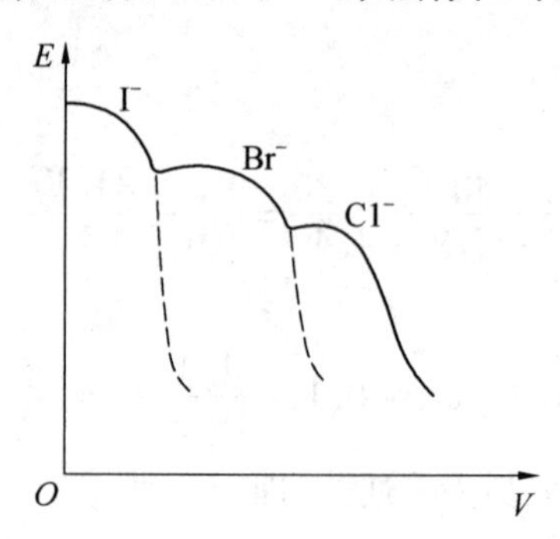

图 11 - 8　Cl^-、Br^-、I^- 的连续滴定曲线

4. 配位滴定

在配位滴定法中,以 EDTA 配位滴定法的应用最为广泛。若遇到指示剂变色不敏锐或缺乏适当的指示剂时,电势滴定是一种好的方法。以汞电极(第三类电极)为指示电极时,可用 EDTA 滴定 Cu^{2+}、Zn^{2+}、Ca^{2+}、Mg^{2+}、Al^{3+} 等多种离子,也可以用离子选择性电极为指示电极,如测 Ca^{2+} 时用钙电极。

11.4　电导分析法

11.4.1　电导分析法基本原理

电导分析法是在外加电场作用下,电解质溶液中阴、阳离子以相反的方向定向移动产生电现象,以测定溶液导电值为基础的定量分析方法。

电导分析法可以分为直接电导法和电导滴定法。

进行电导分析时,直接根据溶液电导大小确定待测物质的含量,称为直接电导法,简称为电导法。根据滴定过程中滴定液电导值的突变来确定滴定终点,然后根据到达滴定终点时所消耗滴定剂的体积和浓度,求出待测物质含量的方法,称为电导滴定法。电导滴定法是电导测量方法在容量分析中的应用。在电化学里常用电导的方法来进行物理化学常数的测定。

1. 电导和电导率

电解质溶液也和金属导体一样有导电的性能。金属的导电是依靠金属内部的自由电子在电场作用下的定向运动,而溶液的导电则是依靠阴、阳离子在电场作用下向相反方向的定向运动。这两类导体的电流、电压和电阻之间的关系都服从欧姆定律,即

$$I = \frac{U}{R}$$

当温度一定时，一个均匀导体的电阻与导体的长度成正比，与其截面积成反比，即

$$R = \rho \frac{L}{A} \tag{11-10}$$

式中　ρ——比例常数，称为比电阻或电阻率，其值是长为1 cm、截面积为1 cm^2 的导体的电阻值，以 $\Omega \cdot cm$ 为单位。

电导 G 是电阻的倒数，其单位为S，则有

$$G = \frac{A}{\rho L} = \kappa \frac{A}{L} = \frac{\kappa}{K_{cell}} \tag{11-11}$$

式中　κ——常数，称为比电导或电导率，其值是边长为1 cm^3 的立方体溶液的电导值，单位是 $S \cdot cm^{-1}$，它表征着溶液的导电能力；

K_{cell}——电导池常数，对于某一电导池来说，是个固定值。

2. 摩尔电导和无限稀释摩尔电导

在实际工作中，常常习惯使用摩尔电导来表示不同电解质溶液的电导能力。因为采用电导率来表示不同电解质溶液的电导能力是不够理想的，电导率只考虑了溶液体积对导电能力的影响，而没有考虑溶液中电解质的含量大小对导电能力的影响。为此，人们在研究电解质溶液的导电能力时，引入摩尔电导这一概念。摩尔电导也称摩尔电导率，是指相距单位长度1 cm、单位面积1 cm^2 的两个平行电极间放置含1 mol电解质的溶液所具有的电导，以 Λ_m 表示。如电解质B的摩尔电导，以 $\Lambda_{m,B}$ 表示，单位为 $S \cdot cm^2 \cdot mol^{-1}$。

当电解质溶液的浓度不同时，含1 mol电解质的溶液体积也就不同。设含1 mol B电解质溶液的体积为 V_B(mL)，则

$$V_B = \frac{1\,000}{c_B}$$

根据上述摩尔电导的定义，$\Lambda_{m,B}$ 与 κ 的关系为

$$\Lambda_{m,B} = \kappa V_B = \kappa \cdot \frac{1\,000}{c_B} \tag{11-12}$$

则

$$\kappa = \frac{\Lambda_{m,B} \cdot c_B}{1\,000}$$

如果测定一对表面积为 $A(cm^2)$、相距 $L(cm)$ 的平行板电极间的溶液电导，则

$$G = \kappa \frac{A}{L} = \frac{\Lambda_{m,B} \cdot c_B}{1\,000} \cdot \frac{A}{L} = \frac{\Lambda_{m,B} \cdot c_B}{1\,000} \cdot \frac{1}{K_{cell}} \tag{11-13}$$

引入摩尔电导的概念是很有用的。一般电解质的电导率在不太浓的情况下都随着浓度的增加而变大，因为导电粒子数增加了。为了便于对不同类型的电解质进行导电能力的比较，人们常用摩尔电导这一概念，因为无论是比较不同电解质溶液在同一浓度的电导能力，还是同一电解质在不同浓度时的电导能力，参加比较的溶液都含有1 mol电解质，这个数值是固定的。

在使用摩尔电导概念时，应注意将浓度为 c 的物质的基本单元加以标明。例如，对硫酸铜溶液来说，它的摩尔电导率可能是 $\Lambda_m(1/2CuSO_4)$，也可能是 $\Lambda_m(CuSO_4)$，而 $\Lambda_m(CuSO_4) = 2\Lambda_m(1/2CuSO_4)$，二者的数值是不相等的。这里所说的基本单元可以是分子、原子、离子、电子及其他粒子，或是这些粒子的特定组合。在使用摩尔电导时，应采用如1 mol(KCl)、1 mol($1/2H_2SO_4$)、1 mol($1/3La(NO_3)_3$)等特定组合为基本单元，即使其基本单元为 $1/n$ 的形

式,n 为该物质在电极反应时可转移的电子数,即不论电解质的种类和价态如何,规定 1 mol 电解质所含的电荷是相等的,都是 1 mol 电荷。

当电解质溶液的浓度极稀($c_B \to 0$),或者溶液无限稀释时($V_B \to \infty$),离子间的相互作用可以忽略不计,此时电解质的摩尔电导称为无限稀释摩尔电导或极限摩尔电导,以 Λ_m^∞ 表示。Λ_m^∞ 在一定温度下是个固定值,它反映了离子间没有相互作用时各种电解质的导电能力。由于电解质的导电是阴、阳离子的共同贡献,当溶液无限稀释时,各种离子的移动不受其他离子的影响,故可认为此时电解质的无限稀释摩尔电导是正、负离子单独的摩尔电导的总和。分别用 $\Lambda_{m,+}^\infty$ 和 $\Lambda_{m,-}^\infty$ 表示电解质 B 的阴、阳离子的无限摩尔电导,则

$$\Lambda_{m,B}^\infty = \Lambda_{m,+}^\infty + \Lambda_{m,-}^\infty \tag{11-14}$$

常见离子的无限稀释摩尔电导值(298.15 K,100 kPa) 见表 11 - 3。

表 11 - 3 常见离子的无限稀释摩尔电导值(298.15 K,100 kPa)

阳离子	$\Lambda_{m,+}^\infty/(S \cdot cm^2 \cdot mol^{-1})$	阴离子	$\Lambda_{m,-}^\infty/(S \cdot cm^2 \cdot mol^{-1})$
H^+	349.82	OH^-	198.0
Li^+	38.69	Cl^-	76.4
Na^+	50.11	Br^-	78.4
K^+	73.52	I^-	76.85
NH_4^+	73.4	NO_3^-	71.44
Ag^+	61.9	ClO_4^-	67.3
$\frac{1}{2}Mg^{2+}$	53.06	HCO_3^-	44.48
$\frac{1}{2}Ca^{2+}$	59.50	CH_3COO^-	40.9
$\frac{1}{2}Ba^{2+}$	63.64	$C_6H_5COO^-$	32.3
$\frac{1}{2}Pb^{2+}$	69.5	$\frac{1}{2}SO_4^{2-}$	79.8
$\frac{1}{3}Fe^{3+}$	68.0	$\frac{1}{2}CO_3^{2-}$	69.3
$\frac{1}{3}La^{3+}$	69.6	$\frac{1}{3}Fe(CN)_6^{3-}$	101.0
$\frac{1}{3}Co(NH_3)_6^{3+}$	102.3	$\frac{1}{4}Fe(CN)_6^{4-}$	110.5

11.4.2 测量溶液电导的方法和仪器

电导是电阻的倒数。测量溶液的电导实际就是测量溶液的电阻,但测量溶液的电导却不像用万用表测量电阻那么简单。如果使用万用表测量溶液的电阻,则电表内的直流电源就会与溶液组成一个回路,导致电极产生电解作用,使电极表面附近的溶液组成发生变化,从而使溶液的电阻发生改变,给电导的测量带来严重的误差。所以在测量中使用交流电源,只能应用电导仪进行测量。电导测量示意图如图 11 - 9 所示。它主要由电导池和电导仪组成,电导仪

包括测量电源、测量电路、放大器和指示器等。

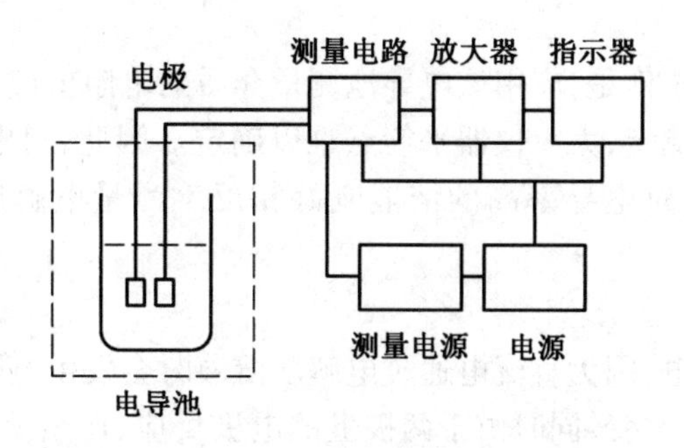

图 11 - 9　电导测量示意图

1. 电导池

在分析化学中,均采用浸入式的、固定双铂片的电导电极测定溶液的电导。电导电极如图 11 - 10 所示。电导电极一般由铂片构成,可分为铂黑和光亮两种。在测定电导较大的溶液时,要用铂黑电极;在测定电导较小的溶液,如测蒸馏水的纯度时,应选用光亮电极。为了测定电导率,必须知道电导池 K_{cell} 常数。由式(11 - 10) 和式(11 - 11) 可知

$$\kappa = \frac{K_{cell}}{R} \tag{11-15}$$

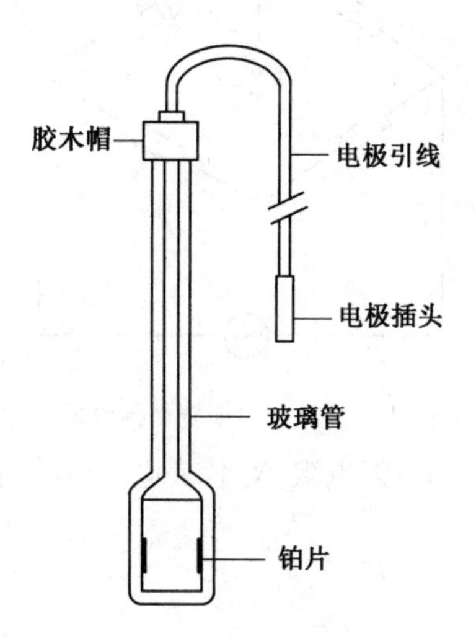

图 11 - 10　电导电极

电导池常数是通过测量标准氯化钾溶液的电阻,按式(11 - 15) 求得的。KCl 溶液在不同温度下的电导率见表 11 - 4。

表 11 - 4　KCl 溶液在不同温度下的电导率　($S \cdot cm^{-1}$)

$c/(mol \cdot L^{-1})$	273 K	278 K	283 K	291 K	293 K	295 K	298 K
1	0.065 41	0.074 14	0.083 19	0.098 22	0.102 07	0.105 94	0.111 80
0.1	0.007 15	0.008 22	0.009 33	0.011 19	0.011 67	0.012 15	0.012 88
0.01	0.000 776	0.000 896	0.001 020	0.001 225	0.001 278	0.001 332	0.001 413

商品仪器多用直读式指示器,有的可直接测量电导率,如 DDS - 11A 型电导仪,在仪器附件电极上标明电导池常数。

选择电导池常数最佳条件是,应用该电导池测量介质的电阻值应在 1 000 ~ 30 000 Ω 之间。太小不可能十分准确测定,太大仪器平衡点难以确定。因此,对电导率低的溶液,电极面积应当大,极间距应当小;对电导率高的溶液刚好相反。测量电解质水溶液的电导率应在 10^{-7} ~ 10^{-1} $S\cdot cm^{-1}$。

2. 测量电源

测量电源不使用直流电,因为直流电通过电解质溶液时会发生电解作用,而使溶液组分的浓度产生变化,电阻也随之改变,同时由于两极上的电极反应,产生反电动势影响测定。测量电源一般使用频率为 50 Hz 的交流电源。测量低电阻的试液时,为了防止极化现象,宜采用频率为 1 000 ~ 2 500 Hz 的高频电源。

3. 测量电路

实验室常用电导仪的测量电路大致可分为两类:一类是桥式补偿电路,如 26 型及 D5906 型电导仪等;另一类是直读式电路,如 DDS - 11A 型电导率仪等。其中,桥式补偿电路是用于电导测量的典型设备,常用的惠斯登平衡电桥如图 11 - 11 所示。

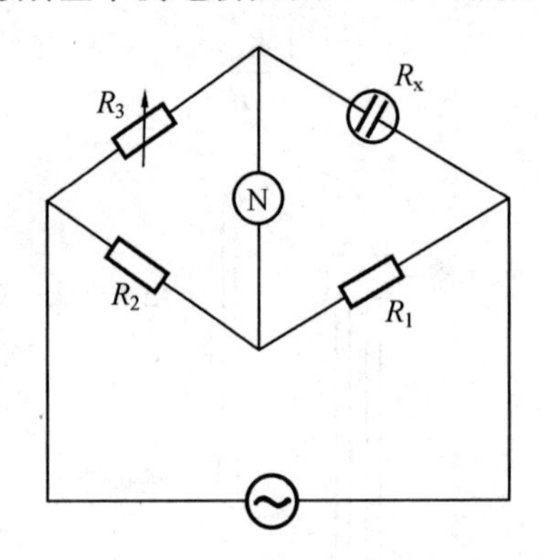

图 11 - 11　惠斯登平衡电桥

图中 R_1、R_2 为准确电阻,R_3 为可调电阻,R_x 代表电导池的内阻,调 R_3 使电桥处于平衡,则

$$\frac{R_1}{R_2}=\frac{R_x}{R_3}$$

即

$$R_x=\frac{R_1}{R_2}\cdot R_3 \tag{11-16}$$

4. 温度的影响

电导法测定溶液的电导值受温度的影响比较大。离子电导随温度变化,对大多数离子而言温度每增加 1 K,电导约增加 2%。但是对各种离子,电导的温度系数是不同的。例如在无限稀释时,氢离子的温度系数为 1.42%,氢氧根离子的温度系数为 1.60%,而钠离子和钙离子的温度系数分别为2.09% 和2.11% 等。由于溶液的电导随温度升高而增加,所以对于精密的电导测定,需要在恒温器内进行。但对常用的比较法和电导测定,只要求短时间内温度稳定执行,不必严格控制温度,有的电导仪在电子线路中增设补偿线路,通过测量元件将仪器的显示部分自动换算为 298.15 K 时的电导率。

11.4.3　直接电导法

溶液的电导不是某一离子的电导,而是溶液中各种离子的电导之和。而各种离子的摩尔电导值又是不同的。因此,电导法只能用来估算离子的总量,不能区分和测定在离子混合溶液中某种离子的含量。但对单一组分的溶液,由于电导法使用的仪器简单、灵敏度高、操作简便,所以直接电导法仍可使用。

直接电导法是利用溶液电导与溶液中离子浓度成正比的关系进行定量分析的,即

$$G = K \cdot c \tag{11-17}$$

式中　K——与实验条件有关,当实验条件一定时为常数。

1. 定量方法

定量方法可分为标准曲线法、直接比较法或标准加入法。

(1) 标准曲线法。

标准曲线法是先测量一系列已知浓度的标准溶液的电导,以电导为纵坐标、浓度为横坐标作图得一条通过原点的直线即为标准曲线,如图11-12所示;然后,在相同条件下测量未知液的电导 G_x。从标准曲线上即可查得未知液中待测物的浓度。

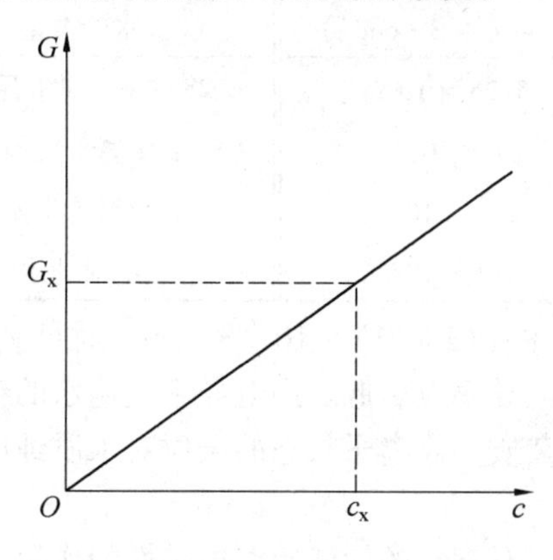

图11-12　电导分析法的标准曲线

(2) 直接比较法。

直接比较法是在相同的条件下同时测量未知液和一个标准溶液的电导 G_x 和 G_s。根据式(11-17)可得

$$G_x = K \cdot c_x, \quad G_s = K \cdot c_s$$

所以有

$$c_x = c_s \cdot \frac{G_x}{G_s} \tag{11-18}$$

直接比较法相当于只有一个标准溶液的标准曲线法。

(3) 标准加入法。

标准加入法是先测量未知液的电导 G_x,再向未知液中加入已知量的标准溶液(约为未知液体积的1/100),然后再测量溶液的电导 G。根据式(11-17)则有

$$G_x = K \cdot c_x, \quad G = K \cdot \frac{V_0 c_x + V_s c_s}{V_0 + V_s}$$

式中 c_s—— 标准溶液的浓度；

V_0 和 V_s—— 未知液和加入的标准溶液的体积。

将两式整理并令 $V_0 + V_s \approx V_0$，得

$$c_x = \frac{G_x}{G - G_x} \cdot \frac{V_s c_s}{V_0} \tag{11-19}$$

以上三种方法中以标准曲线法的精密度较高。

2. 直接电导法的应用

(1) 水质的检验。

纯水中的主要杂质是一些可溶性的无机盐类，它们在水中以离子状态存在，所以通过测定水的电导率，可以鉴定水的纯度。常用各级水的电导率或电阻率均有规定，根据所测的电导率确定该水质是否符合要求。

锅炉用水、工厂废水、河水以及实验室制备去离子水和蒸馏水都要求检测水的质量。特别是为了检查高纯水的质量用电导法最好。各级水的电导率(298.15 K) 见表11-5。水的电导率越低(电阻率越高)，表明其中的离子越少，即水的纯度越高。

表11-5 各级水的电导率(298.15 K)

水的类型	电导率/($S \cdot cm^{-1}$)	水的类型	电导率/($S \cdot cm^{-1}$)
自来水	5.26×10^{-4}	28次蒸馏水(石英)	6.3×10^{-8}
水试剂	2×10^{-6}	复床离子交换水	4.0×10^{-6}
一次蒸馏水(玻璃)	2.9×10^{-6}	混床离子交换水	8.0×10^{-8}
三次蒸馏水(石英)	6.7×10^{-7}	绝对纯水	5.5×10^{-8}

通常，离子交换水的电导率在$(1 \sim 2) \times 10^{-6}\ S \cdot cm^{-1}$时可满足日常化学分析的要求。对于要求较高的分析工作，水的电导率应更低。用电导率表达水的纯度时，应注意到非导电性物质，如水中的细菌、藻类、悬浮杂质及非离子状态的杂质对水质纯度的影响是测不出来的。

(2) 钢铁中总碳量的测定。

碳是钢中的主要成分之一，对钢铁的性能起着决定性的作用。因此，分析钢中含碳量是一种常规化验工作。电导法测定碳的原理：首先将试样在1 500 ~ 1 600 K的高温炉中通氧燃烧，此时钢铁中的碳全部被氧化生成二氧化碳；然后将生成的CO_2与过剩的氧经除硫后，通入装有NaOH溶液的电导池中，吸收其中的CO_2；吸收CO_2后，吸收池的电导率发生了变化，其数值由自动平衡记录仪记录，从事先制作的标准曲线上查出含碳量。

(3) 大气中有害气体的测定。

大气中SO_2的测定可用H_2O_2为吸收液。SO_2被H_2O_2氧化为H_2SO_4后使电导率增加，由此可计算出大气中SO_2的含量。基于相似的原理，也可测定大气中的HCl、HF、H_2S、NH_3、CO_2等有害成分。

(4) 某些物理化学常数的测定。

直接电导法不仅可用于定量分析，还可以测量许多常数，如介电常数、弱电解质的解离常数、反应速率常数等。

11.4.4 电导滴定法

在容量滴定过程中，伴随着化学反应常常引起溶液电导率的变化。若试样溶液的滴定剂

或反应产物的电导率有明显差别,就可以用电导法判断滴定分析的终点,称为电导滴定法。以溶液的电导率对滴定剂体积作图,由于滴定终点前后电导率变化规律不同,例如终点前取决于剩余被测物,终点后取决于过量滴定剂,得到两条斜率不同的直线,延长使之相交,其交点所对应滴定剂体积即为滴定终点。电导滴定适用于各种类型的滴定反应,主要优点在于可滴定很稀的溶液,并可用于测定一些化学分析法不能直接滴定的极弱酸、极弱碱,如苯酚等。这种方法设备简单,除电导仪外,唯一附加设备是滴定管,滴定过程中只需知道电导的相对变化,所以操作方便。方法的精密度依赖于滴定过程中电导变化的显著程度。反应生成物的水解、生成配位物的稳定性、生成沉淀的溶解度都会引起线性偏离。在情况较好时,该方法的精密度可达 0.2% 。对于离子浓度很高的体系,电导滴定不适用。

在电导滴定中应注意以下几个问题:

(1) 在电导滴定中为避免稀释效应对电导的明显影响,滴定剂的浓度应至少是滴定液浓度的 10 ~ 20 倍。这样滴定过程中滴定液体积变化不大,可忽略体积的改变,测量结果无须校正。

(2) 滴定过程中,不得改变电极间的相对位置。

(3) 每加一次滴定剂后都应注意搅拌,但在测量电导时应停止搅拌,以测得稳定数值。

【阅读拓展】

智能材料 —— 传感器材料

智能材料(smart material) 是一种能从自身的表层或内部获取关于环境条件及其变化的信息,并进行判断、处理和做出反应,以改变自身的结构与功能并使之很好地与外界相协调的具有自适应性的材料系统。或者说,智能材料是指在材料系统或结构中,可将传感、控制和驱动三种职能集于一身,通过自身对信息的感知、采集、转换、传输和处理,发出指令,并执行和完成相应的动作,从而赋予材料系统或结构健康自诊断、工况自检测、过程自监控、偏差自校正、损伤自修复与环境自适应等智能功能和生物特征,以达到增强结构安全、减轻构件质量、降低能量消耗和提高整体性能目的的一种材料系统与结构。

智能材料的基础是功能材料。功能材料可分为两类,一类称为敏感材料或感知材料(sensitive material),是对来自外界或内部的各种信息,如负载、应力、应变、振动、热、光、电、磁、化学和核辐射等信号强度及变化具有感知能力的材料;另一类称为驱动材料(driving material),是在外界环境或内部状态发生变化时,能对其做出适当的反应并产生相应动作的材料,可用来制成各种执行器(驱动器) 或激励器。

兼具敏感材料与驱动材料的特征,即同时具有感知与驱动功能的材料,称为机敏材料。机敏材料对于来自外界和内部的各种信息,不具有处理功能和反馈机制,不能顺应环境条件的变化及时调整自身的状态、结构和功能。而智能材料在这一点上正好弥补了其不足。

简言之,智能材料是特殊的,或者说具有智能功能的功能材料。智能材料通常不是一种单一的材料,而是一种材料系统;或者确切地说,是一个由多种材料组元通过有机紧密复合或严格科学组装而构成的材料系统。可以说,智能材料是机敏材料与控制系统相结合的产物;或者说是敏感材料、驱动材料和控制材料(系统) 的有机合成。就本质而言,智能材料就是一种智能机构,它由传感器、执行器和控制器三部分组成。智能材料与机构如图 11 - 13 所示。

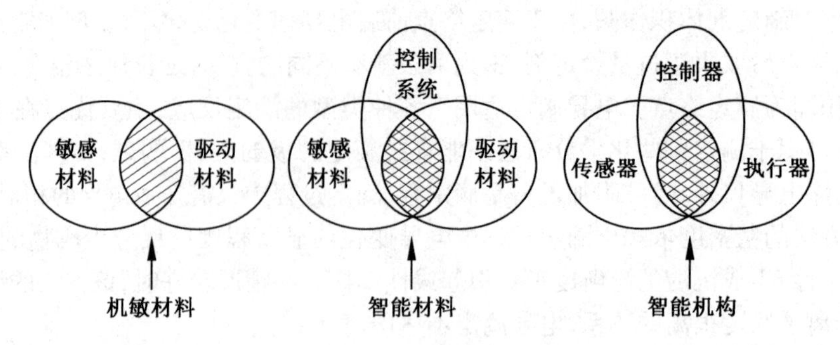

图 11 - 13　智能材料与机构

智能材料是材料科学向前发展的必然结果,是信息技术溶入材料科学的自然产物,它的问世,标志和宣告了第五代新材料的诞生,也预示着 21 世纪将发生一次划时代的深刻的材料革命。

传感器功能材料大致可分为有机系、无机系、金属系及复合系四种功能材料,分别占目前整个市场的46%、25%、13.5% 和11.5%,其中以无机材料的研究居多。功能材料的开发又有原子、分子配列控制,以及材料的薄膜化、微小化、纤维化、气孔化和复合化等状态。传感器功能材料有多种状态,在开发中通过改变材料的状态有望在原有的光学、电磁、化学、生物等功能中再增添新的功能。例如,将铁素体微小化,就可变强磁性体为常磁性体,再将表面活性剂的有机薄膜加在铁素体粒子上,置于硅油中,使之分解成胶体,制成磁性流体,并利用磁性流体的某些特殊功能可开发新的传感器应用。

下面分别介绍几种功能材料的开发现状。

(1) 有机系功能材料。

有机系功能材料的开发研究涉及面较宽,但其主流是采用了聚偏氟乙烯(PVDF) 为代表的膜状高分子物理信息变换材料及利用生物体物质的化学性信息变换材料。

物质受力而产生电压,加电压则产生力,这便是所谓的压电性,高分子聚合物具有压电性的论述早已有过报道。但其压电性很小,仅聚偏氟乙烯及其共聚物达到或者接近实用化的程度。这些聚合物虽然可以在高电压下进行热处理而形成驻极体,但与无机系压电体相比,其压电性明显较小。因此,有效地利用高分子的加工性,即可实现薄膜的大面积化、弯曲化,进而使薄膜的特定部分压电体化。如能注重利用这些特点,有的可能很快就可进入实用化阶段。

就化学性信息变换材料来说,目前主要是开发出以化学物质为检测对象的生物传感器。生物传感器要求具有分子识别功能,而良好的分子识别功能须具有生物的物质受容功能。此外,各种生物反应也同样可以由良好的分子识别功能来进行。作为仿生物的传感器,正在开发酶电极和免疫电极。酶电极是由固化酶膜和电化学电极构成的,酶的固化技术和高稳定化是目前此项研究的中心环节。生物传感器的灵敏度,与生物相比目前还有一定差距。这将作为今后的研究课题,有待进一步提高。

(2) 无机系功能材料。

无机系功能材料也是一种将能量变换原理应用于信息检测的方法。无机系功能材料适于或有可能适于做传感器功能材料的居多。例如,输入为热能、输出变换为电能的材料,在 ZrO_2 中加 CaO 以构成稳定化的烧结体。这种烧结体保持其电中性,因而产生氧离子,以此为媒介而产生氧离子电导，这一温度特性便可作为热敏电阻应用。除了 ZrO_2 系之类的氧离子导电体之外，正在开发的还有 Al_2O_3、MgO 和具有还原金属氧化物的尖晶石结构，以 $BaTiO_3$ 为主体的钙钛矿晶格结构电子导体等可做高温热敏电阻应用。

就无机系功能材料在传感器中的应用而言，除上述热敏电阻温度传感器以外，还有利用氧化物半导体陶瓷的压力传感器、振动传感器等。这类传感器都是应用晶界性质。

就光传感器而言，以近红外、红外、水蒸气吸收带、可见光、热线的波长范围为对象，Si、GaAs、HgCdTe、InSb、非晶硅、SnO_2 - Si 等材料也得到开发。应用领域极广，诸如地球资源探测、大型图像传感器、自控用检测器、红外传感器、机器人的眼睛、成套设备控制、光通信、工件的热处理、X 射线摄像用摄像管、光电变换器、光导摄像管靶、太阳能利用等。特别吸引人的发展动向是利用法拉第效应检测电流，以光的相变方式检测折射率变化，采用光纤测声压，探索在自控装置及机器人中的应用。

就气体传感器来说，除用于检测可燃气体（丙烷、甲烷、氢）以外，还有氧传感器，多用于汽车发动机的空燃比控制、金属精炼时的氧气分压控制等。

（3）金属系功能材料。

金属系功能材料也是一种将能量变换原理应用于信息检测的方法。金属系功能材料适宜作为传感器功能材料，或者大都具有适用的可能性。例如，测量材料输入为热能、输出变换为电能。测温材料又分测量电阻材料和热电偶材料。测温电阻材料利用电阻对温度的依从性，可应用于电阻温度计，热电偶是利用塞贝克效应产生的热电势，通过二种金属丝的有效组合，构成各种热电偶。此外，输入为放射线、输出变换为电能的材料有放射线传感器功能材料，将放射线变换为电信号，如 Si、Ge、GaAs、GaTe、HgI_2 等。再如，输入为磁能、输出变换为光能的材料有磁光学材料，磁光学材料又可分为法拉第效应材料和克尔效应材料。

金属系功能材料的开发研究动向是薄膜化、非晶体化、超导化、超微粒子化。存在的主要问题集中在传感器材料的特性和安全性以及材料制备工艺等方面。

总之，传感器技术是在电子学、计量学、功能材料学、生物学、化学、物理学等多学科的基础上拓展起来的一个新的技术领域，特别是材料技术，在某种程度上，传感器功能材料对传感器技术有着决定性的影响。

习　题

1. 以 pH 玻璃电极为例，简述膜电势产生的机理。

2. 无限稀释情况下的离子摩尔电导率的含义是什么？如何求得？

3. 电导滴定法和电势滴定法有什么异同？

4. pH 玻璃电极和饱和甘汞电极组成电池，298.15 K 时测定 pH = 9.18 的硼酸标准溶液，电池电动势是 0.220 V，而测定一未知 pH 试液，电池电动势是 0.180 V，求未知液 pH。

（答案：8.50）

5. 用 $Ce(SO_4)_2$ 溶液电势滴定 Fe^{2+} 溶液，在接近化学计量点时测得滴定剂体积和电动势值见表 11 - 6。

表11－6 $Ce(SO_4)_2$ 溶液体积和测得的电动势

V/mL	19.90	20.00	20.10	20.20	2.030	20.40	20.50
E/mV	246	256	272	532	672	746	756

利用二次微商计算法确定化学计量点时 $Ce(SO_4)_2$ 溶液的体积。

(答案:20.17 mL)

6. 用某一电导电极插入0.010 0 mol·L^{-1}KCl溶液液中。在298.15 K时,用电桥法测得其电阻为122.3 Ω。用该电导电极插入同浓度的溶液X中,测得电阻为2 184 Ω,试计算:

(1) 电导池常数;

(2) 溶液X的电导率;

(3) 溶液X的摩尔电导率。

(答案:(1)0.172 8 cm^{-1};(2)7.912 × 10^{-5} S·cm^{-1};(3)7.912 S·cm^{-1}·mol^{-1})

第12章　分离与富集方法

【学习要求】

(1) 掌握沉淀与共沉淀分离法,溶剂萃取法的基本参数及应用,纸色谱法的基本原理及其应用,离子交换法交换容量的计算。

(2) 理解萃取条件的选择,离子交换法的基本原理,薄层色谱法的基本原理。

(3) 了解离子交换剂的种类,离子交换分离法的基本操作,超临界萃取分离法,膜分离法。

在实际分析工作中,试样经常包含多种组分,给待测组分的准确测定带来干扰,甚至无法进行测定。有时试样中待测组分的含量又极其微小,达不到测定方法的检出限。因而常常需要预先对样品进行处理,分离出干扰组分或者将待测组分进行富集,以满足分析测试的要求。在采用分离(separation)或富集(preconcentration)方法时,首先要了解组成复杂试样的各个组分的性质和特点。只有在明确了试样的各个组分在整体中所占的地位、所起的作用以及它们之间的相互依赖、相互制约的关系,才能真正把握分离和富集方法的本质和规律,并合理运用。在分析化学中,常用的分离和富集方法有沉淀与共沉淀分离法、溶剂萃取分离法、离子交换分离法、色谱分离法,以及近些年发展和应用的超临界萃取法和膜分离法。

本章首先介绍了沉淀和共沉淀法,溶剂萃取分离法及其重要参数,离子交换分离法及离子交换树脂,纸色谱和薄层色谱法,最后介绍了两类新的分离和富集方法:超临界萃取法和膜分离法。

12.1　沉淀与共沉淀分离法

沉淀(precipitation)分离法是依据溶度积原理,利用沉淀反应将混合物各组分进行分离的方法。沉淀分离法是定性分析中主要的分离手段,一般适用于常量组分的分离,不适用于微量组分的分离。共沉淀(coprecipitation)分离法是利用共沉淀现象来进行分离和富集的方法,可将痕量组分分离和富集起来。

使用沉淀分离法时,要求沉淀溶解度小,纯度高。使用共沉淀分离法时,要求待分离富集组分的回收率高,而且共沉淀剂本身不能干扰该组分的测定。

沉淀与共沉淀分离法对某些组分的选择性较差,且操作烦琐,但可通过控制酸碱度或添加掩蔽剂、有机沉淀剂等方法大大提高分离效率。

12.1.1　常量组分的沉淀分离

某些金属的氢氧化物、硫化物、碳酸盐、磷酸盐、硫酸盐、卤化物等溶解度较小,可用沉淀分离法分离,其中应用较多的是氢氧化物沉淀分离法、硫化物沉淀分离法和有机试剂沉淀分离法。

1. 氢氧化物沉淀分离法

金属氢氧化物沉淀的溶度积相差很大,可通过控制 pH 使某些金属离子相互分离。常用的试剂有 NaOH、NH_3、有机碱、ZnO 等,它们可将很多金属离子沉淀为氢氧化物或含水的氧化物。

加入 NaOH 做沉淀剂,可将两性与非两性氢氧化物分开——非两性金属离子会生成氢氧化物沉淀下来;而两性金属离子如 Al^{3+}、Zn^{2+}、Cr^{3+}、Sn^{2+}、Pb^{2+}、Sb^{2+} 等则会以含氧酸阴离子的形式留在溶液中。氢氧化钠沉淀法分离的一些离子见表 12 - 1。

表 12 - 1　氢氧化钠沉淀法分离的一些离子

定量沉淀离子	部分沉淀离子	溶液中留存离子
Mg^{2+}、Cu^{2+}、Ag^+、Au^+、Cd^{2+}、Hg^{2+}、Ti^{4+}、Zr^{4+}、Hf^{4+}、Th^{4+}、Bi^{3+}、Fe^{3+}、Co^{2+}、Ni^{2+}、稀土离子等	Ca^{2+}、Sr^{2+}、Ba^{2+}、Nb(Ⅴ)、Ta(Ⅴ)	AlO_2^-、CrO_2^-、ZnO_2^-、PbO_2^{2-}、SnO_3^{2-}、GeO_3^{2-}、GaO_3^{2-}、BeO_2^{2-}、SiO_3^-、WO_4^{2-}、MoO_4^{2-}、VO_3^- 等

以 NH_3 做沉淀剂,可利用其生成的氨配位物与氢氧化物沉淀分离开来,从而分离高价金属离子与一、二价金属离子。如氨水加铵盐组成的缓冲溶液可控制溶液的 pH 为 8 ~ 10,使高价金属离子形成沉淀,而 Ag^+、Cu^{2+}、Co^{2+}、Ni^{2+} 等一、二价离子则会形成氨配离子留在溶液中。

ZnO 是一种难溶碱,其悬浊液也可控制溶液的 pH,使某些金属离子生成氢氧化物沉淀。这主要是由于 ZnO 在水溶液中存在如下平衡:

$$ZnO + H_2O \xlongequal{} Zn(OH)_2 \xlongequal{} Zn^{2+} + 2OH^-$$

$$K_{sp} = c_{Zn^{2+}} \cdot (c_{OH^-})^2 = 3.0 \times 10^{-17}$$

当 ZnO 加入酸性溶液中时,ZnO 溶解;当 ZnO 加入碱性溶液中时,OH^- 与 Zn^{2+} 又结合而形成 $Zn(OH)_2$。因此可达到将溶液 pH 控制在 6 左右的作用。$BaCO_3$、$PbCO_3$、MgO 等难溶碱可起到与 ZnO 相同的作用,但各自控制的 pH 有所不同。

在 pH 为 5 ~ 6 时,某些有机碱如六亚甲基四胺、吡啶、苯胺、苯肼、尿素等与其共轭酸组成的缓冲溶液,也可控制溶液的 pH,使某些金属离子生成氢氧化物沉淀,达到沉淀分离的目的。

各种金属离子氢氧化物开始沉淀和沉淀完全时的 pH 见表 12 - 2。

表 12 - 2　各种金属离子氢氧化物开始沉淀和沉淀完全时的 pH

氢氧化物	溶度积 K_{sp}	开始沉淀时的 pH $[M^+] = 0.01\ mol \cdot L^{-1}$	沉淀完全时的 pH $[M^+] = 10^{-6}\ mol \cdot L^{-1}$
$Sn(OH)_4$	1.0×10^{-56}	0.5	1.5
$TiO(OH)_2$	1×10^{-29}	0.5	2.5
$Sn(OH)_2$	5.45×10^{-27}	1.9	3.9
$Fe(OH)_3$	4.0×10^{-38}	2.2	3.5
$Al(OH)_3$	1.3×10^{-33}	3.7	5.0
$Cr(OH)_3$	6.3×10^{-31}	4.6	5.9

续表12-2

氢氧化物	溶度积 K_{sp}	开始沉淀时的 pH $[M^+] = 0.01\ mol \cdot L^{-1}$	沉淀完全时的 pH $[M^+] = 10^{-6}\ mol \cdot L^{-1}$
$Zn(OH)_2$	3.0×10^{-17}	6.7	8.7
$Fe(OH)_2$	8.0×10^{-16}	7.5	9.5
$Ni(OH)_2$	2.0×10^{-15}	7.7	9.7
$Mn(OH)_2$	1.9×10^{-13}	8.6	10.6
$Mg(OH)_2$	5.61×10^{-12}	9.4	11.4

氢氧化物沉淀分离法的选择性较差，而且形成的氢氧化物沉淀多呈胶体状，吸附杂质能力较强，共沉淀严重，不易达到理想的分离效果。

2. 硫化物沉淀分离法

能形成难溶硫化物沉淀的金属离子约有40多种，除碱金属和碱土金属的硫化物能溶于水外，大多数重金属离子在不同的酸度下会形成硫化物沉淀。利用各种硫化物的溶度积相差较大这一特点，可通过控制溶液的酸度来控制硫离子的浓度，从而使金属离子相互分离。

硫化物沉淀分离法所用的主要沉淀剂是 H_2S。H_2S 是一种二元弱酸，溶液中 $c(S^{2-})$ 与溶液的酸度有关，随着 $c(H^+)$ 的增加，$c(S^{2-})$ 迅速降低。因此，通过使用缓冲溶液控制溶液的 pH 即可控制 $c(S^{2-})$，使不同溶解度的硫化物得以分离。

硫化物沉淀分离的缺点是选择性不高，且生成的硫化物沉淀大多是胶体，共沉淀比较严重，甚至还存在继沉淀现象，故分离效果不是很理想，但较适于分离除去溶液中的某些重金属离子。

若用硫代乙酰胺代替 H_2S 做沉淀剂，分离效果会得到较大的改善。

3. 有机试剂沉淀分离法

有机试剂沉淀分离法具有许多优点，如沉淀表面不带电荷，吸附的杂质少，共沉淀不严重；选择性好，专一性高，获得的沉淀晶形好、组成稳定、易过滤洗涤；有机沉淀剂分子质量大，有利于减小称量误差，适于质量法测定。故有机试剂沉淀分离法的应用十分普遍。几种常见的有机沉淀剂及其分离应用见表12-3。

表12-3　几种常见的有机沉淀剂及其分离应用

有机沉淀剂	分离应用
草酸	用于 Ca^{2+}、Sr^{2+}、Ba^{2+}、Th(Ⅳ)、稀土金属离子与 Fe^{3+}、Al^{3+}、Zr(Ⅳ)、Nb(Ⅴ)、Ta(Ⅴ)等离子的分离，前者形成草酸盐沉淀，后者生成可溶性配合物
铜铁试剂 (N-亚硝基苯胺铵盐)	用于在1:9 H_2SO_4 介质中沉淀 Fe^{3+}、Ti(Ⅳ)、V(Ⅴ)而与 Al^{3+}、Cr^{3+}、Co^{2+}、Ni^{2+} 等离子分离
铜试剂 (二乙基胺二硫代甲酸钠)	用于沉淀除去重金属离子，使其与 Al^{3+}、稀土和碱金属离子分离

(1) 生成螯合物的沉淀剂。

作为沉淀剂的螯合剂至少含有两个基团：一个是酸性基团，如 —OH、—COOH、—SH、$—SO_3H$ 等；一个是碱性基团，如 $—NH_2$、=NH、=N—、=CO、=CS 等。这两个基团共同作用于金属离子,形成稳定的环状结构螯合物。

某些金属离子取代酸性基团的氢,并以配位键与碱性基团作用,形成环状结构的螯合物。由于整个分子不带电荷,且具有很大的疏水基(烃基),所以螯合物溶解度小,易于从溶液中析出形成沉淀,从而与未发生螯合反应的金属离子分离。如8－羟基喹啉、铜铁试剂(N－亚硝基苯胲铵盐)、钽试剂(N－苯甲酰苯胲)、二乙基胺二硫代甲酸钠(DDTC,即铜试剂)、丁二酮肟等均属此类。

8－羟基喹啉是具有弱酸弱碱性的两性试剂,难溶于水,除碱金属外,它与多种二价、三价、四价金属离子几乎均能定量生成沉淀。生成沉淀的pH各不相同,因此可通过控制溶液的酸度将这些金属离子进行分离。

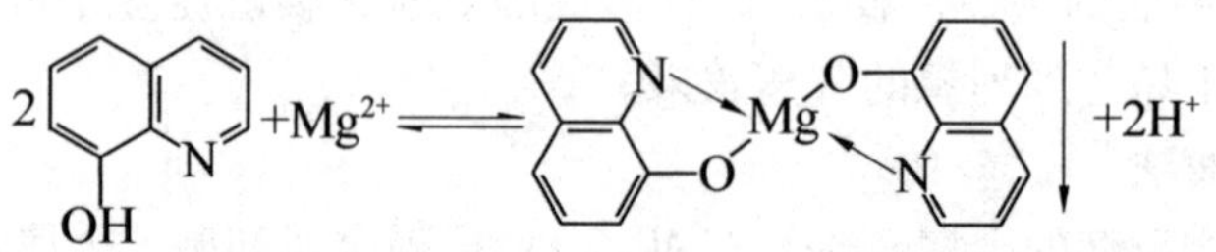

$$2\,\text{(8-羟基喹啉, OH)} + Mg^{2+} \rightleftharpoons \text{(8-羟基喹啉)}_2Mg\downarrow + 2H^+$$

丁二酮肟是Ni^{2+}的专属沉淀剂。在氨性溶液中,四个氮原子以正方平面的构型分布在Ni^{2+}的周围,形成含有两个五元环的鲜红色的螯合物沉淀。

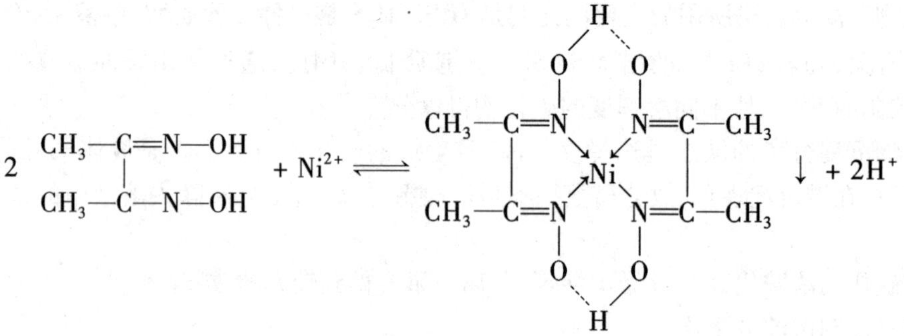

$$2\begin{array}{c}CH_3-C=N-OH\\ |\\ CH_3-C-N-OH\end{array} + Ni^{2+} \rightleftharpoons \begin{array}{c}H\\ O\quad O\\ CH_3-C=N\quad N=C-CH_3\\ Ni\\ CH_3-C=N\quad N=C-CH_3\\ O\quad O\\ H\end{array}\downarrow + 2H^+$$

铜铁灵(N－亚硝基苯胲铵盐)在稀酸溶液中,可与若干种较高价的离子反应生成沉淀。如:Fe^{3+}、Ga^{3+}、Sn^{4+}、Ti^{4+}、Zr^{4+}、Ce^{4+}等。

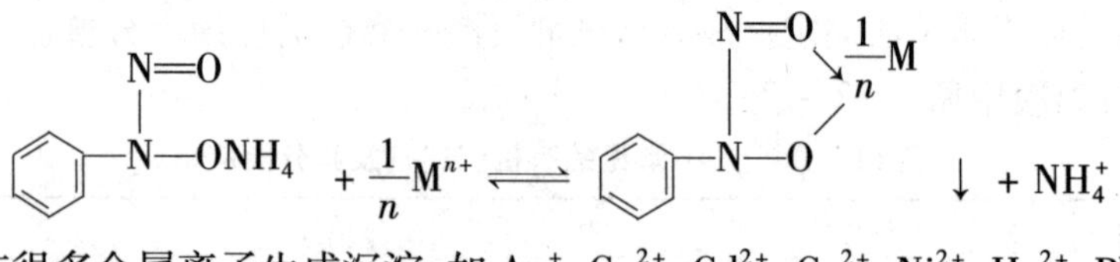

$$C_6H_5-N(N=O)-ONH_4 + \frac{1}{n}M^{n+} \rightleftharpoons C_6H_5-N(N=O\to\tfrac{1}{n}M)-O \downarrow + NH_4^+$$

铜试剂能与很多金属离子生成沉淀,如Ag^+、Cu^{2+}、Cd^{2+}、Co^{2+}、Ni^{2+}、Hg^{2+}、Pb^{2+}、Bi^{3+}、Zn^{2+}、Fe^{3+}、Sb^{3+}、Sn^{4+}、Tl^{3+}等。但不与Al^{3+}、碱土金属离子、稀土离子等形成沉淀。

(2)生成离子缔合物的沉淀剂。

某些分子质量较大的有机试剂,在水溶液中可以阳离子或阴离子形式存在,与带相反电荷的金属配离子或含氧酸根离子缔合形成沉淀。

有机阴离子缔合剂多为含酸性基团且能离解成阴离子的有机化合物,它们可与具有较大离子半径的金属离子或金属配阳离子形成缔合物,如四苯硼钠。有机阳离子缔合剂多是铵、磷、砷等的有机离子,它们可与金属配阴离子形成缔合物,如氯化四苯砷等。

$$B(C_6H_5)_4^- + K^+ = KB(C_6H_5)_4\downarrow$$

$$(C_6H_5)_4As^+ + MnO_4^- = (C_6H_5)_4AsMnO_4^-\downarrow$$

$$2(C_6H_5)_4As^+ + HgCl_4^{2-} = [(C_6H_5)_4As]_2HgCl_4 \downarrow$$

(3) 生成三元配合物沉淀。

被沉淀组分与两种不同的配体形成三元配合物而沉淀下来。常用的此类沉淀剂有吡啶和1,10－邻二氮杂菲等。

在 SCN^- 存在下,吡啶可与 Cd^{2+}、Co^{2+}、Mn^{2+}、Cu^{2+}、Ni^{2+}、Zn^{2+} 等生成沉淀,即

$$2C_6H_5N + Cu^{2+} \longrightarrow Cu(C_6H_5N)_2^{2+}$$

$$Cu(C_6H_5N)_2^{2+} + 2SCN^- \longrightarrow Cu(C_6H_5N)_2(SCN)_2 \downarrow$$

在 Cl^- 存在下,1,10－邻二氮杂菲与 Pd^{2+} 形成三元配位物,即

$$Pd^{2+} + Cl_2H_8N_2 \longrightarrow Pd(Cl_2H_8N_2)^{2+}$$

$$Pd(C1_2H_8N_2)^{2+} + 2Cl^- \longrightarrow Pd(Cl_2H_8N_2)Cl_2 \downarrow$$

12.1.2　痕量组分的共沉淀分离与富集

共沉淀分离法是指加入某种离子同沉淀剂生成的沉淀作为载体,将痕量组分定量地沉淀下来,然后将沉淀分离,再将其溶解于少量溶剂中,从而达到分离和富集的一种分析方法。

例如,从海水中提取铀时,因为海水中 $UO_2{}^{2+}$ 含量很低,不能直接进行沉淀分离。这时可取 1 L 海水,将其 pH 调至 5 ~ 6,用 $AlPO_4$ 共沉淀 $UO_2{}^{2+}$,将沉淀物过滤洗净后再用 10 mL 盐酸溶解。这不仅将铀从海水中提取出来,同时又将铀的浓度富集了 100 倍。

共沉淀分离法中使用的常量沉淀物质称为载体或共沉淀剂,包括无机和有机两大类。选择共沉淀剂时一方面要求对欲富集的痕量组分回收率高,另一方面要求共沉淀剂不能干扰待富集组分的测定。

1. 无机共沉淀剂分离法

无机共沉淀是由沉淀的表面吸附作用、生成混晶、包藏和继沉淀等原因引起的。

(1) 吸附共沉淀。

吸附共沉淀是指微量组分吸附在常量物质沉淀的表面,或使其随常量物质的沉淀一边进行表面吸附,一边继续沉淀而包藏在沉淀内部,从而使微量组分由液相转入固相的过程。

例如,铜中含微量 Al,加入氨水不能使 Al^{3+} 生成沉淀。若加入适量 Fe^{3+},则利用生成的 $Fe(OH)_3$ 为载体,可使微量 $Al(OH)_3$ 共沉淀分离。

吸附共沉淀的载体沉淀颗粒小、比表面积大,对微量组分的分离富集效率高,同时几乎所有元素作为微量组分都可用吸附共沉淀法进行分离和富集,但该法选择性差,过滤洗涤均较困难。

属于此类的无机共沉淀剂有氢氧化铁、氢氧化铝、氢氧化锰等非晶形沉淀。

(2) 混晶共沉淀。

混晶共沉淀是指痕量组分分布在常量组分形成的晶体内部,随常量组分一同沉淀下来。

当两种化合物的晶型相同、结构相似、离子半径相近(相差在 10% ~ 15%)时,才容易形成混晶。例如,$BaSO_4$ 和 $RaSO_4$ 的晶格相同,当大量 Ba^{2+} 和痕量的 Ra^{2+} 共存时,两者都与 SO_4^{2-} 形成 $RaSO_4$－$BaSO_4$ 混晶,同时析出。

由于存在晶格的限制,所以混晶共沉淀具有的突出优点是选择性好,同时晶型沉淀比较容易过滤和洗涤。

2. 有机共沉淀剂分离法

与无机共沉淀剂不同,有机共沉淀剂不是利用表面吸附或混晶把微量元素载带下来,而是利用"固体溶解"(固体萃取)的作用,即微量元素的沉淀溶解在共沉剂中被带下来。

有机共沉淀所用的载体为有机化合物,与无机沉淀剂比较,具有如下优点:可用强酸和强氧化剂破坏,或通过灼烧挥发除去,不干扰微量组分的测定;有机沉淀剂引入不同官能团,故选择性高,得到的沉淀较纯净,且体积大,富集效果好。

利用有机共沉淀剂进行分离和富集的作用,大致可分为三种类型。

(1) 形成离子缔合物。

有机沉淀剂和某种配体形成沉淀作为载体,被富集的痕量元素离子与载体中的配体形成配离子,再与带相反电荷的有机沉淀剂缔合成难溶盐。两者具有相似的结构,故它们形成共溶体而一起沉淀下来。

例如,在含有痕量 Zn^{2+} 的弱酸性溶液中,加入 NH_4SCN 和甲基紫,甲基紫在溶液中电离为带正电荷的阳离子 R^+,R^+ 与 SCN^- 形成共沉淀剂(载体),其共沉淀反应为

$$R^+ + SCN^- \xlongequal{\quad} RSCN\downarrow \text{(形成载体)}$$

$$Zn^{2+} + 4SCN^- \xlongequal{\quad} Zn(SCN)_4^{2-}$$

$$2R^+ + Zn(SCN)_4^{2-} \xlongequal{\quad} R_2Zn(SCN)_4 \text{(形成缔合物)}$$

生成的 $R_2Zn(SCN)_4$ 可与 RSCN 共同沉淀下来。沉淀经过洗涤、灰化,痕量的 Zn^{2+} 富集在沉淀中,用酸溶解之后即可进行锌的测定。

(2) 利用胶体的凝聚作用。

H_2WO_4 在酸性溶液中常为带负电的胶体,不易凝聚。当加入有机共沉淀剂辛可宁,它在酸性溶液中使氨基质子化而带正电,可与带负电荷的钨酸胶体共同凝聚而析出,从而富集微量的钨。常用的这类有机共沉淀剂还有丹宁、动物胶,可以共沉淀钨、银、钼、硅等含氧酸。

(3) 利用惰性共沉淀剂。

向溶液中加入一种有机试剂做载体,将微量产物一起共沉淀下来。由于这种载体与待分离的离子、反应试剂及两者的微量产物都不发生任何反应,因此称为惰性共沉淀剂。

例如,痕量的 Ni^{2+} 与丁二酮肟镍螯合物分散在溶液中,不生成沉淀,加入丁二酮肟二烷酯的乙醇溶液时,则析出丁二酮肟二烷酯,丁二酮肟镍便被共沉淀下来。这里载体与丁二酮肟及螯合物不发生反应,实质上是固体苯取作用,丁二酮肟二烷酯称为惰性共沉淀剂。

12.2 溶剂萃取分离法

溶剂萃取(solvent extraction) 分离法又称为液 - 液萃取(liquid - liquid extraction) 分离法,是利用液 - 液界面的平衡分配关系进行的分离操作。它是利用一种有机溶剂,把某组分从一个液相(水相) 转移到另一个互不相溶的液相(有机相) 的过程。由于溶剂萃取液液界面的面积越大,达到平衡的速度也就越快,所以要求两相的液滴应尽量细小化。平衡后,各自相的液滴还要集中起来再分成两相。

溶剂萃取分离法既可用于常量组分的分离,又适用于痕量组分的富集,设备简单,操作方便,并且具有较高的灵敏度和选择性。其缺点是萃取溶剂常是易挥发、易燃的有机溶剂,有些还有毒性,所以应用上受到一定限制。

12.2.1　溶剂萃取的基本原理

萃取的本质是将物质由亲水性变为疏水性的过程。

亲水性(hydrophilicity)指易溶于水而难溶于有机溶剂的性质。如无机盐类溶于水,发生离解形成水合离子,它们易溶于水中,难溶于有机溶剂。离子化合物、极性化合物都是亲水性物质,亲水基团有羟基、磺酸基、羧基、伯胺基、仲胺基等。

疏水性(hydrophobicity,亲油性)指难溶于水而易溶于有机溶剂的性质。许多非极性有机化合物,如烷烃、油脂、萘、蒽等都是疏水性化合物。疏水基团有烷基、卤代烃、芳香基(苯基、萘基等)。

物质含有的亲水基团越多,亲水性越强;含有的疏水基团越多、越大,则疏水性越强。

12.2.2　萃取分离法的基本参数

1. 分配系数和分配比

极性化合物易溶于极性的溶剂中,非极性化合物易溶于非极性的溶剂中,这一规律称为相似相溶原则。物质的结构和溶剂的结构越相似,越易溶解。

若溶质A在萃取过程中分配在互不相溶的水相和有机相中,则A按溶解度的不同分配在这两种溶剂中,即

$$A_{水} \rightleftharpoons A_{有}$$

在一定温度下,当萃取分配达到平衡时,溶质A在互不相溶的两相中的浓度比为一常数,此即为分配定律,即

$$K_D = \frac{c_{A_{有}}}{c_{A_{水}}} \tag{12-1}$$

式中　K_D——分配系数(distribution coefficient),主要与溶质、溶剂的特性及温度有关。

式(12-1)为溶剂萃取法的主要理论依据。它只适用于浓度较低的稀溶液,且溶质在两相中均以单一的相同形式存在。

分配系数K_D仅适用于溶质在萃取过程中没有发生任何化学反应的情况。在实际工作中,经常遇到溶质在水相和有机相中具有多种存在形式的情况,这时分配定律不再适用。通常用分配比(distribution ratio,D)来表示溶质在有机相中的各种存在形式的总浓度$c_{有}$和在水相中的各种存在形式的总浓度$c_{水}$之比,即

$$D = \frac{c_{有}}{c_{水}} \tag{12-2}$$

分配比D值的大小与溶质的本性、萃取体系和萃取条件有关。当两相体积相同时,若D值大于1,说明溶质进入有机相的量更多。在实际萃取过程中,要使绝大部分被萃取物质进入有机相,D值一般应大于10。

分配比D和分配系数K_D是不同的。K_D表示在特定的平衡条件下,被萃物在两相中的有效浓度(即分子形式)的比值,是一个常数;而D随实验条件而变,表示实际平衡条件下被萃取物质在两相中总浓度(即不管分子以什么形式存在)的比值。只有当溶质以单一形式存在于两相中时,才有$D = K_D$。

分配比随着萃取条件变化而改变。因而改变萃取条件,可使分配比按照所需的方向改变,

从而使萃取分离更加完全。

2. 萃取率和分离系数

萃取率(percentage extraction, E) 表示某种物质的萃取效率,它反映了萃取的完全程度,即

$$E=\frac{\text{被萃取物质在有机相中的总量}}{\text{被萃取物质的总量}}\times 100\% \tag{12-3}$$

若某物质在有机相中的总浓度为$c_{有}$,在水相中的总浓度为$c_{水}$,两相体积分别为$V_{有}$和$V_{水}$,则萃取率为

$$E=\frac{c_{有}V_{有}}{c_{有}V_{有}+c_{水}V_{水}}\times 100\%=\frac{D}{D+\dfrac{V_{水}}{V_{有}}}\times 100\% \tag{12-4}$$

由式(12 - 4) 可以看出,分配比 D 越大,萃取率越高;有机相的体积越大,萃取率越大。

当被萃取物质的 D 值较小时,可采取分几次加入溶剂,多次连续萃取的方法提高萃取效率。

设水相体积为 $V_{水}$(mL),水中被萃取物质质量为 W_0(g),用 $V_{有}$(mL) 萃取剂萃取一次,水相中剩余被萃取物质为 W_1(g),则分配比为

$$D=\frac{c_{有}}{c_{水}}=\frac{(W_0-W_1)/V_{有}}{W_1/V_{水}} \tag{12-5}$$

则

$$W_1=W_0\left(\frac{V_{水}}{DV_{有}+V_{水}}\right) \tag{12-6}$$

若每次用体积为 $V_{有}$(mL) 的新鲜溶剂萃取 n 次,剩余在水相中的被萃取物质 A 为 W_n(g),则

$$W_n=W_0\left(\frac{V_{水}}{DV_{有}+V_{水}}\right)^n \tag{12-7}$$

萃取进入有机相的被萃取物质总量为

$$W=W_0-W_n=W_0\left[1-\left(\frac{V_{水}}{DV_{有}+V_{水}}\right)^n\right] \tag{12-8}$$

根据式(12 - 3),萃取率可表示为

$$E=\frac{W_0-W_n}{W_0}\times 100\% \tag{12-9}$$

因此在实际工作中,对于分配比较小的萃取体系,可采用多次萃取操作技术提高萃取率,以满足定量分离的需要。

萃取次数为

$$n=\frac{\lg(100-E_n)-2}{\lg(100-E_1)-2} \tag{12-10}$$

3. 分离系数

在萃取工作中,不仅要了解对某种物质的萃取程度如何,更重要的是考虑当溶液中同时含有两种以上组分时,通过萃取之后它们分离的可能性和效果如何。一般用分离系数 β 来表示分离效果。β 是两种不同组分 A、B 分配比的比值,即

$$\beta = \frac{D_A}{D_B} \tag{12-11}$$

D_A 和 D_B 之间相差越大，两种物质之间的分离效果越好；若 D_A 和 D_B 很接近，则 β 接近于 1，两种物质则难以分离，此时需采取措施（如改变酸度、价态、加入配位剂等）以扩大 D_A 与 D_B 的差别。

12.2.3　重要的萃取体系及萃取条件的选择

根据萃取剂与被萃取物质之间萃取反应类型的不同，萃取体系主要分为螯合物萃取体系、离子缔合物萃取体系和无机共价化合物萃取体系。

1. 螯合物萃取体系

螯合物萃取体系中金属离子与螯合剂的阴离子结合而形成中性螯合物分子，形成的金属螯合物难溶于水，易溶于有机溶剂，所以可被有机溶剂萃取。

Ni^{2+} 与丁二酮肟、Fe^{3+} 与铜铁试剂、Hg^{2+} 与双硫腙等都是典型的螯合物萃取体系。常用的螯合剂还有 8-羟基喹啉、二乙酰基胺二硫代甲酸钠（铜试剂）、乙酰丙酮等。

例如，8-羟基喹啉可与 Fe^{3+}、Ca^{2+}、Zn^{2+}、Al^{3+}、Pd^{2+}、Co^{2+}、Ti^{3+}、In^{3+} 等离子生成如下螯合物（以 Me^{n+} 代表金属离子）：

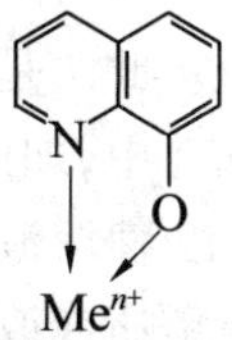

N O Me^{n+}

所生成的螯合物难溶于水，可用有机溶剂萃取。

影响金属螯合物萃取的因素很多，主要有螯合剂种类、有机溶剂及溶液的 pH 等。螯合剂应能与被萃取的金属离子生成稳定的螯合物，且具有较多的疏水基团。应选择与螯合物结构相似、与水溶液的密度差别大、黏度小、无毒、无特殊气味、挥发性小的有机溶剂。溶液的酸度越低，被萃取物质的分配比越大，越有利于萃取。但酸度过低，可能会引起金属离子的水解，因此应根据不同的金属离子控制适宜的酸度。若通过控制酸度仍不能消除干扰，可以加入掩蔽剂，使干扰离子生成亲水性化合物而不被萃取。如测量铅合金中的银时，用双硫腙-CCl_4 萃取，为避免大量 Pb^{2+} 和其他元素离子的干扰，可采取控制酸度及加入 EDTA 等掩蔽剂的方法，把 Pb^{2+} 及其他少量干扰元素掩蔽起来。常用的掩蔽剂有氰化物、EDTA、酒石酸盐、柠檬酸盐和草酸盐等。

2. 离子缔合物萃取体系

许多金属阳离子、金属配离子及某些酸根离子可以与带相反电荷的萃取剂形成疏水性的离子缔合物（ion-association complexes），进入有机相而被萃取。被萃取离子的体积越大，电荷越低，越容易形成疏水性的离子缔合物。

离子缔合物萃取萃取体系可分为以下三类。

（1）金属阳离子或配阳离子的离子缔合物。

金属离子（多为碱金属或碱土金属离子）可与某些阴离子形成离子缔合物而被有机溶剂萃取。或金属离子与某些中性螯合剂结合成配阳离子，配阳离子再与某些较大的阴离子（如

ClO_4^-、SCN^- 等)结合成离子缔合物而被萃取。如 Cu^+ 与2,9－二甲基－1,10－邻二氮菲的螯合物带正电,可与氯离子生成可被氯仿萃取的离子缔合物。

(2) 金属配阴离子或无机酸根的离子缔合物。

金属配阴离子或酸根离子可与某些大分子质量的有机阳离子形成疏水性的离子缔合物进入有机相。

(3) 形成烊盐的缔合物。

含氧的有机萃取剂如醚类、醇类、酮类和烷类等,它们的氧原子具有孤对电子,能够与 H^+ 或其他阳离子结合而形成烊离子。烊离子可以与金属配离子结合形成易溶于有机溶剂的烊盐缔合物而被萃取。例如,在 6 mol · L^{-1}HCl 溶液中可以用乙醚萃取 Fe^{3+},反应为

$$Fe^{3+} + 4Cl^- \longrightarrow FeCl_4^-$$

$$(C_2H_5)_2O + H^+ \longrightarrow (C_2H_5)_2OH^+ \xrightarrow{FeCl_4^-} (C_2H_5)_2OH^+ \cdot FeCl_4^-$$

3. 无机共价化合物萃取体系

某些简单分子如 I_2、Cl_2、Br_2 和某些无机共价化合物 $GeCl_4$ 和 OsO_4 等,在水溶液中主要以分子形式存在,不带电荷,可以直接用 CCl_4、苯等惰性溶剂萃取。

12.2.4　萃取分离操作

在实际分析中,间歇萃取法应用较广泛。此法是取一定体积的被萃取溶液,加入适当的萃取剂,调节至应控制的酸度。再移入分液漏斗中,加入一定体积的溶剂,充分振荡至达到平衡为止。然后将分液漏斗置于铁架台的铁圈上,使溶液静置分层。若萃取过程中产生乳化现象,使两液相不能很清晰地分开,可采用加入电解质或改变溶液酸度等方法,破坏乳浊液,促使两相分层。

待两相清晰分层后,轻轻转动分液漏斗的活塞,使下层液体流入另一容器中,然后将上层液体从分液漏斗的上口倒出,从而使两相分离。若被萃取物质的分配比足够大,则一次萃取即可达到定量分离的要求。否则应在经第一次分离之后,再加入新鲜溶剂,重复操作,进行二次或三次萃取。但萃取次数太多,不仅操作费时,而且易带入杂质或损失萃取的组分。

12.3　离子交换分离法

离子交换(ion exchange)分离法是利用离子交换剂与溶液中离子发生交换反应而进行分离的方法,其原理是基于物质在固相与液相之间的分配。离子交换法分离对象广,几乎所有无机离子及许多结构复杂、性质相似的有机化合物都可用此法进行分离,所以此法不仅适于实验室超微量物质的分离,而且可适应工业生产大规模分离的要求。离子交换分离法具有设备简单、易操作,树脂可再生反复使用等优点,但分离过程的周期长、耗时多,因此在分析化学中,仅用该方法解决某些较困难的分离问题。

12.3.1　离子交换剂的种类、结构与性质

1. 离子交换剂的种类

离子交换剂主要分为无机离子交换剂和有机离子交换剂两大类。目前应用较多的是有机

离子交换剂,即人工合成的有机高分子聚合物——离子交换树脂。

离子交换树脂是一种不溶于水、酸、碱和有机溶剂的功能高分子化合物,其结构可分为骨架(基体)以及活性基团(离子交换功能团)。骨架是可伸缩的立体网状结构的高分子聚合物,骨架上连接有活性基团,如 $—SO_3H$、$—COOH$、$—NH_2$、$—N(CH_3)_3Cl$ 等,可与溶液中的阳离子或阴离子发生交换反应。

按照活性基团的性质,离子交换树脂可分为以下几类。

(1) 阳离子交换树脂。

阳离子交换树脂的活性基团为酸性基团(带负电),它的 H^+ 可被阳离子所交换。根据活性基团酸性的强弱,又可分为强酸型阳离子交换树脂和弱酸型阳离子交换树脂。强酸型阳离子交换树脂含有磺酸基($—SO_3H$),弱酸型阳离子交换树脂含有羧基($—COOH$)或羟基($—OH$)。

强酸型阳离子交换树脂在酸性、中性或碱性溶液中都能使用,交换反应速率快,应用较广。弱酸型阳离子交换树脂对 H^+ 亲和力大,羧基在 $pH > 4$、酚羟基在 $pH > 9.5$ 时才有交换能力,所以在酸性溶液中不能使用,但该树脂选择性好,易于用酸洗脱,常用于分离不同强度的碱性氨基酸及有机碱。

(2) 阴离子交换树脂。

阴离子交换树脂的活性基团为碱性基团(带正电),它的阴离子可被溶质中的其他阴离子所交换。根据活性基团碱性的强弱,又可分为强碱型阴离子交换树脂和弱碱型阳离子交换树脂。强碱型阴离子交换树脂含有季铵基[$—N^+(CH_3)_3$],弱碱型阴离子交换树脂含有伯胺基($—NH_2$)、仲胺基[$—NH(CH_3)$]或叔胺基[$—N(CH_3)_2$]。

强碱型阴离子交换树脂在酸性、中性或碱性溶液中都能使用,对于强、弱酸根离子都能交换。弱碱型阴离子交换树脂对 OH^- 亲和力大,其交换能力受溶液酸度影响较大,仅在酸性和中性溶液中使用,应用较少。

(3) 螯合树脂。

螯合树脂中引入有高度选择性的特殊活性基团,可与某些金属离子形成螯合物,在交换过程中能选择性地交换某种金属离子。例如,含有氨基二乙酸基团[$—N(CH_2COOH)_2$]的螯合树脂,对 Cu^{2+}、Co^{2+}、Ni^{2+} 有很好的选择性。

离子交换树脂还可按物理结构分为凝胶型(孔径为 5 nm 左右)和大孔型(孔径为 20 ~ 100 nm)离子交换树脂,或按照合成树脂所用的原料单体分为苯乙烯系、酚醛系、丙烯酸系、环氧系、乙烯吡啶系等。

2. 离子交换树脂的结构

离子交换树脂的种类很多,现介绍几种常用离子交换树脂的结构。

(1) 苯乙烯 - 二乙烯苯的聚合物。

苯乙烯 - 二乙烯苯的聚合物是目前最常用的离子交换树脂,其骨架由苯乙烯 - 二乙烯苯聚合而成。苯乙烯为单体,二乙烯苯起交联作用,为交联剂,$—SO_3H$、$—COOH$、$—N(CH_3O)_3OH$ 等作为交换基团连接在单体上。例如,聚苯乙烯磺酸型阳离子交换树脂就是由苯乙烯与二乙烯苯共聚后,再经磺化处理制成的。

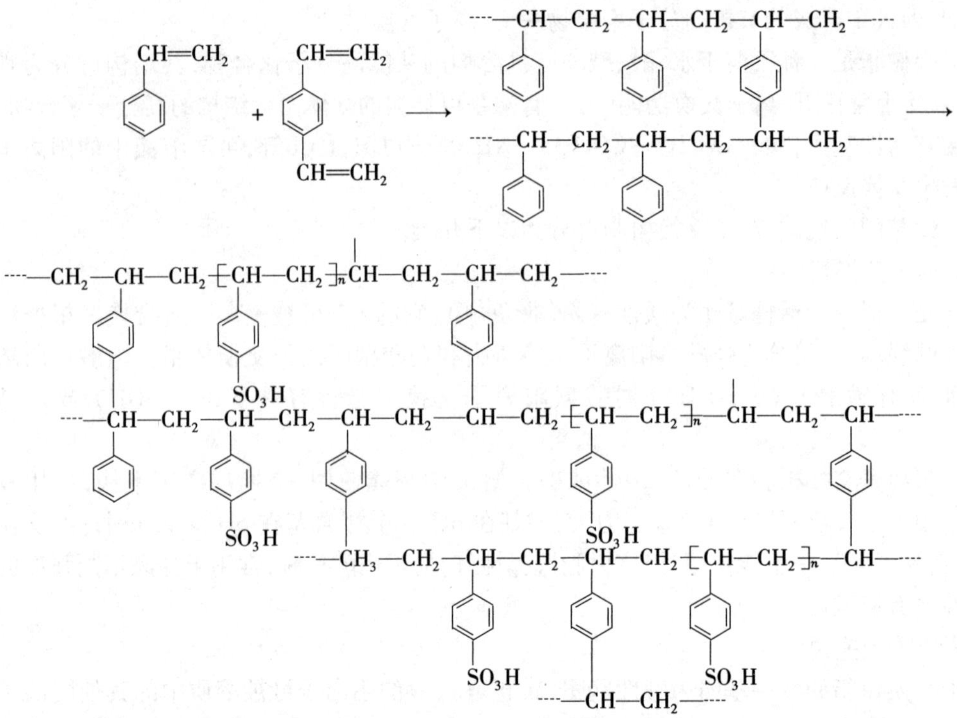

CH═CH₂ + CH═CH₂ / CH═CH₂ ⟶

┈—CH—CH₂—CH—CH₂—CH—CH₂—┈

┈—CH—CH₂—CH—CH₂—CH—CH₂—┈ ⟶

┈—CH₂—CH—CH₂—[CH—CH₂]ₙ—CH—CH₂—CH—CH₂—┈

SO_3H

┈—CH—CH₂—CH—CH₂—CH—CH₂—CH—CH₂—[CH—CH₂]ₙ—CH—CH₂—CH—┈

SO_3H SO_3H

┈—CH₃—CH₂—CH—CH₂—CH—CH₂—[CH—CH₂]ₙ—CH—┈

SO_3H SO_3H

┈—CH—CH₂—┈

其结构可见,苯乙烯连接成了很长的碳链,这些长碳链又由二乙烯苯交联起来,组成了网状结构。

(2) 苯酚型树脂的骨架。

苯酚型树脂的骨架由苯酚 - 甲醛缩聚而成,其中苯酚为单体,甲醛为交联剂,—OH 为阳离子的交换基团,在其对位还可连接 —SO_3H 等其他交换基团。

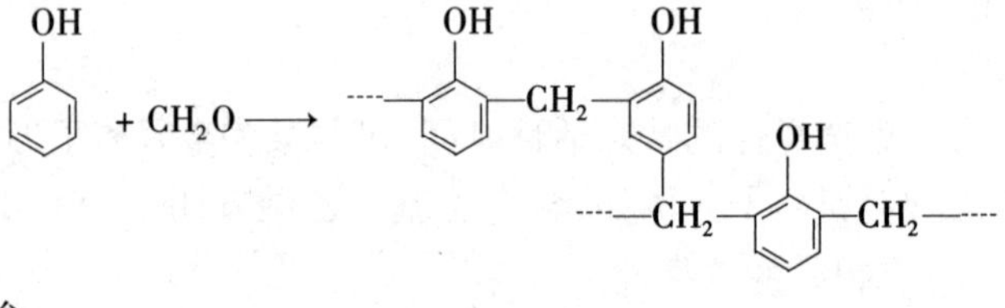

OH + CH_2O ⟶ ┈ OH —CH_2— OH

OH

┈—CH_2— —CH_2—┈

(3) 甲基丙烯酸。

甲基丙烯酸作为单体与交联剂二乙烯苯的聚合树脂的骨架,—COOH 为交换基团。

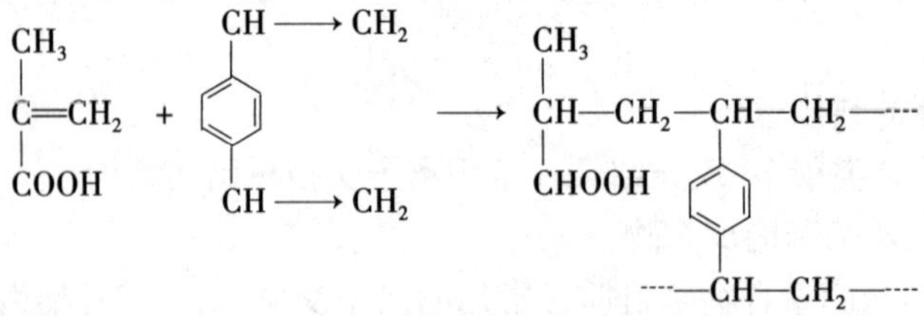

CH_3 / C═CH_2 / COOH + CH ⟶ CH_2 / CH ⟶ CH_2 ⟶ CH_3 / CH—CH_2—CH—CH_2—┈ / CHOOH

┈—CH—CH_2—┈

3. 离子交换树脂的性质

(1) 溶胀性与交联度。

将干燥的树脂浸泡于水溶液中,树脂由于水的渗透而体积膨胀,这种现象称为树脂的溶胀。交联度(degree of cross - linking) 指离子交换树脂中所含交联剂的质量分数。一般交联度小,溶胀性能好,离子交换速度快,但选择性差,机械强度也较差。交联度一般在4% ~ 14%

较适宜。

(2) 交换容量(exchange capacity)。

交换容量指每克干树脂所能交换的物质的量(mmol),它由树脂网状结构内所含活性基团的数目所决定,一般树脂的交换容量为3 ~ 6 mmol · g^{-1}。

12.3.2　离子交换的基本原理

离子交换反应是化学反应,它是离子交换树脂本身的离子和溶液中的同号离子做等物质的量的交换。若将含阳离子 B^+ 的溶液和离子交换树脂 $R^- A^+$ 混合,则其反应可表示为

$$R^- A^+ + B^+ \rightleftharpoons R^- B^+ + A^+$$

当反应达到平衡时

$$K = \frac{c(A^+)_{水}\, c(B^+)_{有}}{c(A^+)_{有}\, c(B^+)_{水}} \tag{12-12}$$

式中　$c(A^+)_{有}$、$c(B^+)_{有}$ 及 $c(A^+)_{水}$、$c(A^+)_{水}$ ——A^+、B^+ 在有机相(树脂相)及水相中的平衡浓度;

K—— 树脂对离子的选择系数,表示树脂对离子亲和力(affinity)的大小,反映了一定条件下离子在树脂上的交换能力。若 $K > 1$,说明树脂负离子 R^- 与 B^+ 的静电吸引力大于 R^- 与 A^+ 的吸引力。

离子在离子交换树脂上的交换能力与离子的水合半径、电荷及离子的极化程度有关。水合离子半径越小,电荷越高,离子极化程度越大,则树脂对离子的亲和力越大。

实验表明,常温下,在离子浓度不大的水溶液中,树脂对不同离子的亲和力顺序如下:

① 强酸性阳离子交换树脂。

不同价态的离子:$Na^+ < Ca^{2+} < Al^{3+} < Th^{4+}$;

一价阳离子:$Li^+ < H^+ < Na^+ < NH_4^+ < K^+ < Rb^+ < Cs^+ < Ag^+$;

二价阳离子:$Mg^{2+} < Zn^{2+} < Co^{2+} < Cu^{2+} < Cd^{2+} < Ni^{2+} < Ca^{2+} < Sr^{2+} < Pb^{2+} < Ba^{2+}$。

② 弱酸性阳离子交换树脂。H^+ 的亲和力大于阳离子,阳离子的亲和力与强酸性阳离子交换树脂类似。

③ 强碱性阴离子交换树脂。$F^- < OH^- < CH_3COO^- < HCOO^- < H_2PO_4^- < Cl^- < NO_2^- < CN^- < Br^- < C_2O_4^{2-} < NO_3^- < HSO_4^- < I^- < CrO_4^{2-} < SO_4^{2-} <$ 柠檬酸根离子。

④ 弱碱型阴离子交换树脂。$F^- < Cl^- < Br^- < I^- < CH_3COO^- < MoO_4^{2-} < PO_4^{3-} < AsO_4^{3-} < NO_3^- <$ 酒石酸根 $< CrO_4^{2-} < SO_4^{2-} < OH^-$。

以上仅为一般规律。

由于树脂对离子亲和力的强弱不同,进行离子交换时就有一定的选择性。若溶液中各离子的浓度相同,则亲和力大的离子先被交换,亲和力小的离子后被交换。若选用适当的洗脱剂洗脱时,则后被交换的离子先被洗脱下来,从而使各种离子彼此分离。

12.3.3　离子交换分离操作

离子交换分离一般在交换柱中进行,主要包括以下步骤。

1. 树脂的选择与处理

在化学分析中应用最多的为强酸性阳离子交换树脂和强碱性阴离子交换树脂。工厂生产

的交换树脂颗粒大小往往不够均匀,所以使用前应先过筛以除去太大和太小的颗粒,并进行净化处理以去除杂质。对强碱性和强酸性阴阳离子交换树脂,通常用 4 $mol \cdot L^{-1}$ HCl 溶液浸泡 1 ~ 2 天,以溶解各种杂质,然后用蒸馏水洗涤至中性。这样就得到在活性基团上含有可被交换的 H^+ 或 Cl^- 的氢型阳离子交换树脂或氯型阴离子交换树脂。若需要钠型阳离子交换树脂,则用 NaCl 处理氢型阳离子交换树脂。

2. 装柱

离子交换在离子交换柱中进行,交换柱装的是否均匀对分离效果影响很大。装柱时,先在交换柱的下端铺一层玻璃纤维,灌入约 1/3 体积的水,然后从柱顶缓缓加入已处理好的树脂,使树脂在柱内均匀、自由沉降。树脂装填高度一般约为柱高的 90% 左右,并应防止树脂层中存留气泡,以防交换时试液与树脂无法充分接触。装好柱后在树脂顶部也应盖一层玻璃纤维,以防加液时树脂被冲起。交换柱装好后,再用蒸馏水洗涤,关上活塞,备用。

3. 交换

将试液缓缓倾入柱内,控制适当的流速使试样从上到下经过交换柱进行交换。经过一段时间之后,上层树脂全部被交换,下层未被交换,中间则部分被交换,这一段称为交界层。随着交换的进行,交界层逐渐下移,至流出液中开始出现交换离子时,称为始漏点(亦称泄漏点或突破点),此时交换柱上被交换离子的物质的量称为始漏量。在到达始漏点时,交界层的下端刚到达交换柱的底部,而交换层中尚有未被交换的树脂存在,所以始漏量总是小于总交换量。

4. 洗脱和再生

当交换完毕之后,一般用蒸馏水洗去残存溶液,然后用适当的洗脱液将交换到树脂上的离子置换下来。在洗脱过程中,上层被交换的离子先被洗脱下来,经过下层未被交换的树脂时,又可以再被交换。因此,最初洗脱液中被交换离子的浓度等于零,随着洗脱的进行,洗出液离子浓度逐渐增大,达到最大值后又逐渐减小,至完全洗脱之后,被洗出的离子浓度等于零。

阳离子交换树脂常采用 HCl 溶液作为洗脱液,经过洗脱之后树脂转为氢型;阴离子交换树脂常采用 NaCl 或 NaOH 溶液作为洗脱液,经过洗脱之后,树脂转为氯型或氢氧型。因此,洗脱之后的树脂已得到再生,用蒸馏水洗涤干净即可再次使用。

12.3.4 离子交换法的应用

天然水中常含一些无机盐类,为除去这些无机盐类以便将水净化,可将水通过氢型强酸性阳离子交换树脂,除去各种阳离子。如以 $CaCl_2$ 代表水中的杂质,则交换反应为

$$2R—SO_3H + Ca^{2+} \rightleftharpoons (R-SO_3)_2Ca + 2H^+$$

再通过氢氧型强碱性阴离子交换树脂,除去各种阴离子,其反应为

$$RN(CH_3)_3OH + Cl^- \rightleftharpoons RN(CH_3)_3Cl + OH^-$$

交换下来的 H^+ 和 OH^- 结合成 H_2O,这样就得到相当纯净的所谓“去离子水”,可以代替蒸馏水使用。

12.4 色谱分离法

色谱分离法(chromatography)也称层析分离法,当一种流动相(mobile phase)带着试样经过固定相(stationary phase)时,由于试样中各组分物理、化学性质不同,在两相中的分配程

度存在差异，随着两相间相对运动进行，各组分在两相中的扩散速率和移动距离不同，经过多次重复分配后，最终达到试样中各组分互相分离的目的。色谱分离法的设备简单，操作简便，分离效率高，各种性质相近的物质也可以彼此分离，是一种应用广泛的物理化学分析方法。色谱分离法根据操作方式可分为柱色谱法（column chromatography）、纸色谱法（Paper Chromatography，PC）和薄层色谱法（Thin - layer Chromatography，TLC）等。本节主要介绍纸色谱法和薄层色谱法。

12.4.1　纸色谱法

1. 纸色谱法的基本原理

纸色谱法是以滤纸为载体，以滤纸纤维素吸附的水分为固定相，与水不相溶的有机溶剂为流动相，流动相常称为展开剂。除了常用水做固定相外，也可使纸吸留其他溶剂做固定相，如甲酰胺、二甲基甲酰胺、丙二醇或缓冲溶液等。展开剂的选择要适宜，应对被分离组分有一定的溶解度，但溶解度太大，被分离组分会随展开剂移动到滤纸前沿端；溶解度太小，会留在原点附近，达不到理想的分离效果。常用的展开剂有水饱和的正丁醇、正戊醇、酚及苯、甲苯等。

将待分离的试液用毛细管滴在滤纸的原点（也称点样点）处，如图12 - 1所示，并将其放入盛放展开剂的密闭容器中，原点以下浸入展开剂中，此时展开剂依靠滤纸的毛细作用，会从原点的纸端向另一端扩散。当展开剂流经原点时，试液中的各组分随着展开剂向前流动，并在水相和展开剂两相间进行分配。由于试液中各种组分的分配系数不同，移动速率和移动距离也不相同，从而在滤纸上表现为彼此分开的斑点。

各组分在纸色谱中的位置，可以用比移值 R_f 来表示。R_f 是指试液中某一组分和流动相在滤纸上以原点为起点的移动距离之比（图12 - 1），可通过下式进行计算：

$$R_f = \frac{\text{原点至斑点中心间的距离(cm)}}{\text{原点至溶剂前沿的距离(cm)}} = \frac{a}{b} \tag{12-13}$$

可见 R_f 在0 ~ 1之间。如果 R_f 接近0，即该组分留在原点，基本没有随展开剂移动，说明其在流动相中的分配比较小。如果 R_f 接近1，表明该组分几乎随展开剂一起移动至溶剂前沿，相较于在固定相中的吸附，其在流动相中的分配比更大。一般情况下，常用的 R_f 范围为0.2 ~ 0.8，最佳的 R_f 范围为0.3 ~ 0.5。

显然 R_f 与分配系数 K 有关，与色谱条件也有关。当温度、滤纸种类和展开剂等条件都相同时，物质的 R_f 即为常数，因此 R_f 是物质定性分析的基本数据。在无机纸色谱分析中，一般金属离子都有其固定的 R_f。当测出试样中各组分的比移值 R_f 后，与在相同条件展开制得的标样的 R_f 比较，即可确定是何物质。

比移值的差值 ΔR_f 还可以用于判断试液中各组分是否能够彼此分离。通常认为 $\Delta R_f \geq 0.02$ 时，可以分离。如果 $\Delta R_f < 0.02$，需重新选择更适宜的展开剂，以增大 ΔR_f。

各组分在滤纸上展开后，若组分无色，可以选用化学法、物理法或生物学法使其显色，以确定斑点位置。常用显色方法是喷洒适宜显色剂进行显色的化学法，如氨基酸、蛋白质类利用茚三酮显色；有机酸、碱类可用酸碱指示剂显色；一些金属离子如 Cu^{2+}、Fe^{3+}、Co^{3+}、Ni^{2+} 等可用红氨酸显色。

当经过点样、展开、显色等步骤后，可以对试液组分进行定量分析。当试样各组分展开后，测定试液组分斑点的面积和颜色深浅，再与由标准品在相同条件展开制得的一系列已知浓度的标准斑点对比,即可求得各组分可能的含量,此法简单快速,但误差较大。也可以将斑点剪下,再用适当溶剂洗脱,然后利用其他仪器分析方法如红外光谱、发射光谱方法等测定组分含量;或者将剪下斑点灰化,再选取溶剂溶解,之后进行测定。

纸色谱分离法实验设备和操作过程简单方便,试样用量少,尤其适用于量少试样中微量组分或性质相近组分的分离,是一种微量分离方法,可以分离无机元素,如稀有元素,也可以分离有机物,因此纸色谱分离法在有机化学、生物化学、药物化学成分分析等方面有较为广泛的应用。

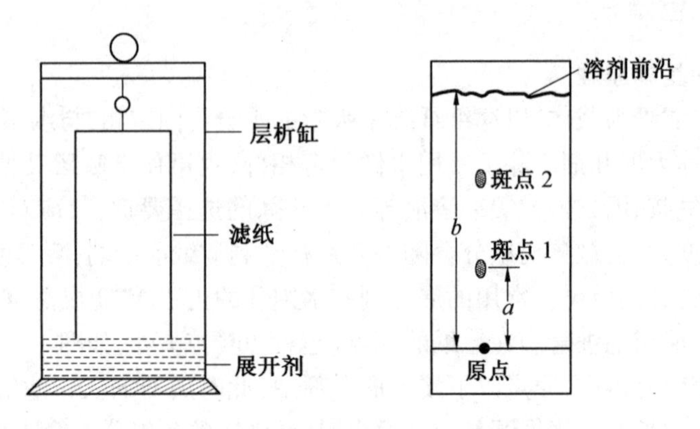

图 12－1　纸层析装置及比移值计算

12.4.2　薄层色谱法

薄层色谱法,也称为薄层层析法,是在纸色谱法基础上发展而来的。薄层色谱法以涂铺在支持板上的吸附剂或支持剂作为固定相,流动相(展开剂)再把试样中各组分展开以达到分离目的。与纸色谱法相同,流动相的移动依靠的是毛细作用。硅胶、氧化铝、纤维素、聚酰胺等均可作为固定相,其中硅胶和氧化铝最为常用。支持板可以是玻璃板、铝箔板、塑料板等。

根据分离原理的作用,薄层色谱法主要分为两种。利用吸附剂对试样中各组分吸附能力的不同而进行分离的方法称为吸附薄层层析法。利用试样中各组分在固定相和流动相中分配系数的不同而进行分离的方法称为分配薄层层析法。

一般实验中应用较多的是吸附薄层层析法,各组分随流动相沿固定相移动的过程中,同时发生着吸附、解吸、再吸附、再解吸,最终达到相互分离。支持板上涂布的吸附剂厚度一般为0.25 mm,吸附剂粒度一般为160 ～250 目,要求粒子尺寸分布均匀,粒度越细,展开距离相应缩短。

展开剂要根据被分离组分的极性、吸附剂的活性和展开剂的极性来选择。理想的展开剂应能使分离后各组分的 ΔR_f 尽可能大。同纸色谱法一样,各组分的 R_f 最好处于0.2 ～0.8 之间。

薄层色谱法同纸色谱法一样,既可以定性研究,也可以定量分析,具体方法可以参见纸色谱分离法。

相对纸色谱法,薄层色谱法的优点是展开所需时间短,分离效率高,分析速度快,可同时展开多个试样。斑点扩散较小,检出灵敏度比纸色谱高10 ～100倍。薄层色谱法负荷样品量大,一次容纳试样量可达50 mg。可以使用如浓 H_2SO_4 等腐蚀性显色剂。所以近年来薄层色谱法在生物化学和药物化学方面应用日益广泛。但薄层固定相涂布不易均匀,薄板质量难以保持一致,因此 R_f 重现性比纸色谱差。

12.5　新的分离和富集方法

近年来,出现了许多新的分离与富集方法,如超临界萃取分离法、固相微萃取分离法、膜分离法、毛细管电泳分离法等,其中超临界萃取分离法和膜分离法引起了人们的高度重视并发展迅速。本节简单介绍这两种方法。

12.5.1　超临界萃取分离法

超临界萃取(supercritical extraction)分离法是利用超临界流体(supercritical fluid)作为萃取剂的一种萃取分离方法。它是20世纪80年代出现的一种高效率、高选择性的分离技术。

1. 基本原理

根据热力学原理,当物质所处的温度 T 大于其临界温度 T_c,同时压力 p 大于其临界压力 p_c 时,该物质即处于超临界状态,在此状态下的流体即称为超临界流体。

超临界流体兼具液体性质与气体性质。它的密度较大,接近于液体,与溶质分子间的作用力很强,这使超临界流体具有较强的溶解能力。它的黏度和扩散系数较小,与气体接近,传质速率快,表面张力小,使其在固态物料中的渗透速度加大,易快速、高效地实现萃取分离。超临界流体萃取不一定要在高温下操作完成,所以对分离易受热分解的物质尤为合适。

超临界流体具有显著的非理想流体特性。当压力或温度变化时,其物理性质特别是密度发生明显变化,而萃取能力主要决定于密度,因此可通过调节压力和温度来控制其对溶质的萃取,然后再改变压力或温度使超临界流体和被萃取的溶质分离,从而获得被提取的物质。例如,在高压条件下使超临界流体与待分离的固体或液体混合物接触,萃取出待分离组分,然后降低压力以降低超临界流体的密度,使超临界流体与萃取物分离。

2. 超临界流体的选择

用作超临界流体萃取的溶剂可以是极性溶剂或非极性溶剂。超临界流体的选择主要考虑其对被萃取物质的溶解能力及萃取物的极性。表12－4给出了一些常用超临界流体萃取剂的临界温度和临界压力。二氧化碳由于具有适宜的临界条件,又对健康无害、不燃烧、不腐蚀、价格便宜和易于处理等优点,是最常用的超临界流体萃取剂。

表12－4　一些超临界流体萃取剂的临界参数

萃取剂	临界温度/K	临界压力/MPa	萃取剂	临界温度/K	临界压力/MPa
二氧化碳	304.1	7.38	乙烯	282.4	5.04
水	647.3	22.12	丙烯	364.9	4.62
氨	405.8	11.27	苯	561.9	4.83
乙烷	305.4	4.89	甲苯	591.6	4.11
丙烷	370	4.12	甲醇	513.5	8.10

3. 超临界萃取分离法的应用

超临界流体由于具有高效、快速、后处理简单、无毒无害等优点,是一种很有发展潜力的分离技术。在我国,超临界萃取分离技术已得到了广泛的应用和研究。如用超临界二氧化碳萃取月见草油、小麦胚芽油、沙棘籽油等不饱和脂肪或脂肪酸及维生素 E、紫草宁、银杏内酯、青蒿素等药用组分,均得到了很好的研究成果,有的已可进行生产。超临界流体萃取还可用于去除少量的杂质或有害成分,如从咖啡、茶叶中脱除对人体有害的兴奋剂 —— 咖啡因,从烟草中脱除尼古丁,从啤酒中除去苦味素,从石油残渣油中除去沥青等。此外,它也可用于废水处理,如化学废水的空气氧化处理,吸附剂(如活性炭、分子筛)的活化与再生等。

超临界萃取分离也有其不利的一面,如为了获得高压的超临界条件,设备投资耗费大。由于高昂的设备投资,超临界流体萃取工艺通常只在常规精馏和液相萃取应用不利的情况下才予以考虑。

超临界萃取的另一特点是它还能与其他分析方法联用,实现萃取 - 分析一体化,如超临界色谱。

12.5.2 膜分离法

膜分离(membrane separation)作为一种新型的高分离、浓缩、提纯及净化技术,近30年来发展非常迅速,在各个工业生产过程中已得到广泛应用。

膜分离过程,是指以选择性透过膜作为分离介质,在膜两侧存在的浓度差、压力差、电势差等推动力作用下,使原料一侧的某些组分选择性地透过膜介质,从而达到分离、提纯的目的。与常规分离方法相比,膜分离法具有耗能低、分离效率高、过程中相态不变、不污染环境、膜性能可调等优点,而且操作过程简单,可在常温下连续操作,所用设备体积较小,易于实现集成化,是解决当代能源、资源和环境问题的重要高新技术。

分离膜(membrane)是膜分离技术的核心元件,可由聚合物、金属和陶瓷等材料制造。高分子合成膜是膜分离技术中应用最广的一种膜,其构成成分主要有再生纤维素、醋酸纤维素、聚酰胺等。膜材料的化学性质和结构对膜的分离性能起着决定性作用。高选择性、高透过率,良好的热、化学和生物稳定性,足够的柔韧性和机械加工性,以及易于制备、经济成本合理,是选择适宜的分离膜以成功地进行分离操作的基本条件。膜的种类很多,也有多种分类方法。按膜材料可分为天然膜和合成膜;按分离方法可分为微孔膜、超滤膜、渗透膜、离子交换膜等;按膜的构型可分为平板膜、管状膜和中空纤维膜;按膜的物理结构可分为对称膜、非对称膜、复合膜、致密膜、多孔膜、均质膜和非均质膜;按膜的用途可分为气相系统用膜、气 - 液系统用膜、液 - 液系统用膜、气 - 固系统用膜、液 - 固系统用膜和固 - 固系统用膜等。

目前已工业化的膜分离法主要有:微滤、超滤、纳滤、渗析、电渗析、反渗透、气体分离和渗透汽化等。

1. 微滤

微滤(microfiltration,简称 MF)是以微孔膜为介质,以静压差(0.01 ~ 0.2 MPa)为推动力,利用多孔膜的"筛分"作用,使直径在0.1 ~ 10 μm之间的颗粒物、大分子及细菌等大小不同的组分得以分离的过程。微滤技术是世界上开发应用最早和应用范围较广的膜分离技术,在我国的食品工业、电子工业、石油化工、医药、分析检测和环保等领域已获得广泛应用。

2. 超滤

超滤(ultrafiltration,简称 UF)也是以静压差为推动力的筛孔分离过程,静压差一般为0.1 ~0.5 MPa。超滤膜孔径为5 ~ 40 nm,截留的分子质量为500 ~ 106 u。在静压差推动力的作用下，原料液中溶剂和低分子溶质从高压的料液一侧透过超滤膜进入低压一侧，分子大小大于膜孔的高分子不能通过超滤膜，从而使蛋白质、酶、病毒、胶体、染料等大分子溶质被有效截留。超滤技术既可作为预处理与其他分离过程结合使用，也可单独用于溶液的浓缩和小分子溶质的分离。超滤技术已成功应用于市政及工业废水处理、食品和乳品工业、制药工业、纺织工业、化学工业、冶金工业、造纸工业以及皮革工业中。

3. 反渗透

只能透过溶剂而不能透过溶质的膜一般称为理想的半透膜。当把溶剂和溶液（或两种不同浓度的溶液）分别置于此膜的两侧时，纯溶剂将透过半透膜自发地向溶液（或从低浓度溶液向高浓度溶液）一侧流动，这种现象称为渗透。渗透的结果使溶液一侧的液柱上升，并达到一定高度不变，宏观上来看溶剂不再流入溶液，系统达到动态平衡。此时两侧溶液的静压差即为这两者间的渗透压。

反渗透（Revers Osmosis，RO）是以反渗透膜为分离介质，利用反渗透膜选择性地只能透过溶剂（通常是水）而离子被截留的这一性质，以膜两侧静压差为推动力，克服溶剂的渗透压，使溶剂通过反渗透膜而实现对液体混合物进行分离的过程。反渗透的操作压差一般为1.0 ~10.5 MPa，可以截留大小为0.1 ~ 1 nm的小分子（离子）组分。

4. 纳滤

纳滤（Nanofiltration，NF）技术是20世纪80年代末发展起来的一种新型压力驱动膜分离技术。纳滤过程的操作压力为0.5 ~ 2.5 MPa或更低，纳滤膜孔径为1 nm左右，能截留分子质量大于200 u的有机物和二价或多价无机盐，可选择性透过小分子和一价无机盐，对NaCl的截留率一般小于50%。纳滤技术主要用于不同分子质量有机物的分离、有机物与小分子无机物的分离、溶液中一价盐类与二价或多价盐类的分离、盐与其对应酸的分离等。在水的净化与软化、药物的浓缩和精制、有机物的除盐等方面，纳滤技术也有独特的优点和明显的节能效果。

5. 渗析和电渗析

渗析（dialysis）也称透析，是最早被发现和研究的膜分离系统。其分离的推动力是选择性薄膜两侧溶液中存在的某一组分的浓度梯度。渗析技术主要用于蛋白质、激素及酶类物质的浓缩、脱盐和纯化。由于渗析技术在人工肾开发中的应用，近年来重新引起了人们的重视。

电渗析（electrodialysis）是以离子交换膜为分离介质，基于离子交换膜能选择性地使阴离子或阳离子通过的性质，在直流电场的作用下，使阴阳离子分别透过相应的膜，达到从溶液中分离电解质的目的。目前主要用于水溶液中去除电解质（如盐水淡化）、电解质与非电解质的分离和膜电解等。

【阅读拓展】

海水化学资源提取技术

海洋是巨大的资源宝库，开发海洋资源作为解决当前人类面临的人口、资源、环境三大危机的有效途径，得到了世界各国的广泛重视。

海水具有化学矿物资源丰富的强大优势，但又存在组成复杂、分离难度大、难过经济关等难题。现已测定海水中存在80多种化学元素，迄今从海水中可直接提取并达到大规模工业生产水平的有制盐、提溴、提镁等技术,提钾、提锂及提铀等技术还处于研究和开发阶段。可以预计,随着科学技术的发展,将有可能从海水中提取更多化学资源。

1. 海水制盐

盐是基础的化工原料,又是人们日常生活的必需品。常用的海水制盐技术主要有盐田法和电渗析法。

在海水制盐技术中,盐田日晒海水制盐法是传统的制盐方法。这一方法的主要步骤是纳潮、制卤和结晶,盐场相应的主要设施是蓄水池、蒸发池和结晶池。随着海水的不断蒸发,各种溶解的盐类依溶解度的不同相继析出。这种方法尽管工艺简单、操作方便,但是由于受地理位置和气候条件诸因素的影响,并且这种方法占用的土地资源很大,因此生产成本高,进一步发展将受到制约。

20 世纪 50 年代,日本研究开发了离子交换膜电渗析制盐技术,20 世纪 70 年代初达到了实用化水平。目前,韩国、科威特及我国台湾地区等已广泛采用这种制盐新技术,每台装置的盐产量每年可达 1.4×10^6 t。这种制盐方法既节能,又可与制碱、海水淡化联合进行综合利用。80 年代中期,日本研制成功了一种新型的电渗析器,使能耗减至每吨用电 150 kWh。电渗析法制盐的主要优点是不受季节和气候的影响,可以长时间地组织生产,适用于某些电力价格低廉的沿海国家。

在高纬度沿海国家如俄罗斯、瑞典等还采用冷冻法生产海盐,冷冻法基于海水在 -1.8 ℃时结冰,冰基本上是纯水,去掉冰剩下浓缩卤水即可制盐。目前,海盐已占世界盐总产量的 1/3,随着经济和人口的增长,海水制盐技术会有新的提高,以推进制盐业的发展。

2. 海水提溴技术

溴的天然资源主要是海水和古海洋的沉积物,即岩盐矿。地球上约 99% 的溴存在于海水中,故溴有"海洋元素"之称。海水中含溴约 65 $mg\cdot L^{-1}$,属于丰度较大的微量元素。某些岩盐矿的母液和盐湖水中,也含有海源溴化物。此外,某些海洋生物体含有少量化合态的溴,如海兔毒素、二溴靛蓝等。

溴是第一个从海水中发现并分离成功的元素。1825 年,法国青年化学家 Balard 首次从浓缩海水中发现并提取溴。

目前,从海水中提溴的技术已经从最早的三溴苯胺法,逐渐发展为空气吹出法、膜分离法,如液膜法、气态膜法、鼓气膜法,以及吸附剂法和离子交换树脂法等多法并存的局面。

(1) 三溴苯胺法。

三溴苯胺法是国外最早发明的海水提溴技术。即先将海水酸化,再用氯气和苯胺处理未经浓缩的酸化海水,得到难溶的三溴苯胺沉淀,其主要反应为

$$3NaBr + 3Cl_2 + C_6H_5NH_2 \xlongequal{} C_6H_5Br_3NH_2\downarrow + 3HCl + 3NaCl$$

由于苯胺价格较高,三溴苯胺溶损,氯气的用量较大,环境污染较为严重,经济效果不佳,后停止生产。

(2) 空气吹出法。

1934 年,美国 DOW 化学公司首次利用纯碱作为吸收剂实现空气吹出法的工业化生产。到 20 世纪 90 年代初全球 90% 的溴均用此法生产。空气吹出法的化学原理是用氯把海水中溴置换出来:

$$2Br^- + Cl_2 \xlongequal{} Br_2 + 2Cl^-$$

海水用硫酸酸化然后通入氯气置换，再用空气鼓风机将溴吹出，最后用碱来吸收。在碱法吸收的工艺过程中，含溴空气中的溴和碱发生歧化反应：

$$3Br_2 + 3Na_2CO_3 = NaBrO_3 + 5NaBr + 3CO_2 \uparrow$$

在蒸馏过程中加酸又发生了逆反应得到溴单质，游离态的溴经蒸汽吹出冷凝即得到液体溴成品。

空气吹出法存在所需设备庞大、能耗高和投资大等诸多不利因素，而且需要集中建厂，不适于那些溴资源较为分散的地区。除此之外，目前海水中的溴浓度普遍不高，也导致了利用空气吹出法的不便捷性。

(3) 膜分离法。

利用膜分离法从海水中提取溴具有能耗低、分离效率高、过程简单、不污染等特点，未来具有巨大的发展空间。

乳化液膜法提取溴的原理是在表面活性剂的作用下，萃取剂（如油）利用胶体磨等设备将吸收液和萃取液制成油包水乳化液膜，再加入含溴的原料，形成水／油／水型的乳化液膜分离体系，经破乳后，即可得到含有溴离子的母液。人们认为该分离技术的本质主要是通过两液相间形成的界面将两种组成不同又相互混溶的液体隔开，经选择性渗透后，使溴由低浓度向高浓度迁移，并在相内部发生不可逆的化学反应，从而生成难以逆向扩散的产物，进一步促进溴由低浓度向高浓度迁移，最终实现溴的提取分离。实验表明，有91.4% ±1.2% 的溴离子经过液膜而被萃取。

在乳化液膜法提取溴技术中，萃取、洗涤和再生一步完成，应用于海水溴的分离具有快速、高效、选择性好和操作简便等优点。该法若与卤水提取溴的水蒸气蒸馏法结合，将会形成一种新的提溴工艺。但是，目前的研究主要是针对模拟海水进行的提溴，尚未进行真实海水的成功试验，所以此法仍有很多值得改进和进一步研究之处。

气态膜法提取溴是利用原料液通过新型高分子材料聚偏氟乙烯（PVDF）纤维管内膜孔时，溴在膜孔与溶液界面挥发成气态，最后气态溴通过膜孔扩散到纤维管膜外侧。20世纪70年代末，日本曹达工业株式会社首先利用聚乙烯管式膜开展提溴技术的研究。20世纪80年代中期，美国将其推广，并用平板聚丙烯膜对海水提溴进行了研究。我国在20世纪80年代中期开始进行了中空纤维气态膜法提溴的基础研究。中空纤维气态膜法提溴具有传质效率高、无液泛沟流现象、无尾气排放和占地面积小等优点。这些优点的产生原因主要有两点。首先，海水和吸收液间存在一层气膜，该气膜的厚度由支撑气膜的疏水性微孔膜的厚度决定，而溴由原料液到吸收液的扩散通道也是由这层较薄的气膜构成的，这样在膜组件内就实现了溴的吸收过程和自然解吸过程的集成。与空气吹出法相比，气态膜法提溴过程不再利用空气将挥发性的游离溴由解析塔带至吸收塔，溴由原料液到吸收液的扩散距离大幅缩短，这也是气态膜法提溴能耗较低的一个主要原因。另外，采用了中空纤维膜组件，其所提供的传质比表面积远大于一般填料，这样就能够获得较大的总体积传质效率。因此该法更具有工业化应用前景。

(4) 吸附剂法。

1978年，用吸附剂法直接从海水中提溴试验首次在我国获得成功。通过吸附反应，含溴的吸附剂与原料液中的溴离子生成溴化物，再用氯水氧化后，即可从吸着相解吸出溴，同时使吸附剂再生。

日本曹达工业株式会社先后两次报道用沸石从水相和气相中吸附溴的试验，吸附了溴的沸石可用100 ℃ 的水蒸气和空气与吸附剂接触来进行解吸。

和有机树脂相比,无机吸附剂具有消耗材料少、成本低、能耗小、抗氧化性强、耐热性高、使用寿命长等特点。但目前生产上应用无机吸附剂仍有困难,如吸附剂溶损严重,价格偏高,而合成高硅铝沸石的技术高且沸石对含溴浓度有一定要求,这些原因都限制了其推广应用。

(5) 离子交换树脂法。

离子交换树脂法适合含溴量较低的原料液,是一项很有发展前途的提溴技术,尤其是离子交换法直接生产溴化物产品,具有投资少、易操作、流程短的特点。离子交换法提溴所用的树脂多为强碱性阴离子型,这些树脂多是以苯乙烯与二烯基苯的共聚物为基体。传统的树脂提溴工艺是用还原剂如 SO_2、Na_2SO_3 等,将吸附在树脂上的溴还原后,再用高浓度的再生液进行洗脱,这种淋洗下来的含溴溶液是多种盐的混合体,要制得元素溴,还必须将溴用氯氧化后,再用蒸馏法制溴。这就大大降低了离子交换法提溴的优越性,使工艺变得冗长而复杂。

在前人研究基础上,人们又提出了新的中空纤维疏水膜鼓气吸收法,即利用 PVDF 中空纤维疏水膜(ABMA) 进行海水提溴实验。中空纤维疏水膜鼓气吸收法的主要原理是向中空纤维膜丝内通入空气,在一定压力下使空气透过膜微孔从而产生较小的气泡,然后鼓入含溴的原料液中,形成气液接触界面,使溴解吸,再利用一个膜组件鼓泡进入吸收液,最终溴被吸收富集。实验表明,随着组件长度、装填密度增加,膜的有效溴通量不断降低,而溴的吸收量则明显提高,这样就有效克服了气态膜法对疏水性能要求较高的缺陷。

3. 海水提镁技术

镁及镁化物是重要的工业原料,在合金材料、耐火材料、建筑材料和环保材料等行业具有广泛用途。镁在海水中的含量仅次于钠,储量丰富。

从海水中提取镁的技术研究开发较早,现已达到了工业化的开发生产规模。海水提镁最基本的方法是向海水中加碱,使海水形成沉淀。通常先把海水吸到沉淀槽,再用石灰粉末与海水快速反应,经过沉降、洗涤和过滤,获得氢氧化镁沉淀块,经进一步煅烧可得到耐火材料氧化镁。若制取金属镁,需加盐酸使其变成氯化镁,经过滤、干燥,而后在电解槽中电解,就得到金属镁。图 12 - 2 所示为海水提镁流程示意图。近年来,海水提镁技术有了长足发展。在沉降分离设备中已由离心泵过滤机、管式过滤机替代了回转真空过滤机,使镁滤饼含水量由 50% 降至40% ~ 25%;煅烧设备也由原来的竖窑发展成多层炉、回转炉,煅烧由一次煅烧改为二次煅烧。所有这一切技术改革,都大大提高了镁的质量。目前,世界上从事海水提镁的主要国家有美国、日本、英国等,海水镁砂年产量达 2.7×10^6 t,占镁砂总产量的 1/3,以美国产量最高,日本次之,英国居第 3 位。在我国,海水中镁资源的开发利用仅限于利用海盐苦卤生产氯化镁和硫酸镁,年产量在 $40 \times 10^4 \sim 50 \times 10^4$ t。

4. 海水提钾技术

钾为植物生长的三大要素之一。全球陆地可溶性钾矿的储存和生产 90% 集中在加、俄、乌、德、以、约、美等 7 个国家,而绝大多数国家钾矿贫乏,依赖进口,因此世界众多沿海国家致力于海水钾资源的开发。

自 1940 年挪威科学家提出第一个海水提钾专利至今,已有化学沉淀法、有机溶剂法、膜分离法、离子交换法和综合流程法等 5 种提钾方法。海水提钾方法及工业化的中间试验均取得了阶段性成功,但因海水的组成复杂、浓度稀薄,造成高效分离提钾技术难度大,特别是经济上不易过关,所以均未能实现工业化。

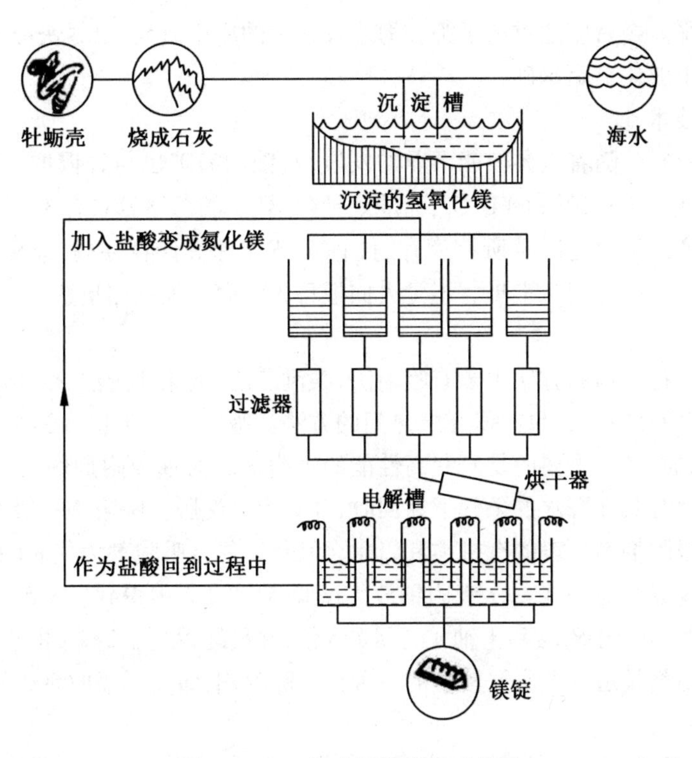

图 12－2　海水提镁流程示意图

我国的海水提钾技术研究开发始于20世纪70年代初，近些年开发出沸石离子筛法海水提钾高效节能技术，并成功完成了百吨级中试和万吨级工业试验，获得了产业化技术。研究结果表明，改性沸石对海水中钾的交换容量为25 $mg \cdot g^{-1}$，钾的富集率达200倍，钾肥产品质量达到进口优质钾肥标准，生产成本较进口钾肥降低30%，从而在国际上率先通过了海水提钾的技术经济关。

5. 海水提锂技术

锂是一种自然界中最轻的金属，被公认为推动世界进步的能源金属。世界上陆地锂资源总量约为$1\ 700 \times 10^4$ t（折合成金属锂），远不能满足锂的远景市场需要。相比之下海水中锂的$2\ 400 \times 10^8$ t资源量则非常巨大，因此，近些年来国内外科研工作者开始探索海水提锂技术，并取得了一定的进展。

在海水提锂研究中主要应用溶剂萃取法和吸附剂法。由于海水中锂浓度仅为0.17 $mg \cdot L^{-1}$，吸附剂法被认为是最有前途的海水提锂方法。目前研究出的锂吸附剂包括无定型氢氧化物吸附剂、层状吸附剂、复合锑酸型吸附剂和离子筛型氧化物吸附剂，利用这些吸附剂尖晶石锰氧化物中的锂几乎可全部被定量抽出，而其尖晶石网络结构可在很宽的组成范围内保持不变，故其具有较大的吸附量，因而被认为最具有开发前景。日本行政法人财团海洋资源与环境研究所合成的吸附剂（前躯体为锂锰氧化物 $Li_{1.6}Mn_{1.6}O_4$）对锂的最高吸附量可达40 $mg \cdot g^{-1}$，已研制出吸附法海水提锂流程方案和装置，并完成了海水提锂批量扩大试验。韩国地质资源研究院利用高性能吸附剂建成了用于海水提锂的分离膜储存器系统，基体吸附剂的单位吸锂量可达45 $mg \cdot g^{-1}$，且可无限制地反复使用。

国内的海水提锂研究刚刚起步，许多单位开展了锂离子筛的研制工作，在锂吸附量方面已接近国际先进水平。今后应注重离子筛在海水提锂中的应用研究,以尽快形成海水提锂技术,为实现海水提锂工业化奠定基础。

6. 海水提铀技术

铀是核工业原料。随着世界核能事业的发展,对铀的需求也与日俱增。进入21世纪,全世界平均每年消耗约7×10^4 t的U_3O_8,而陆地铀(U_3O_8)的总储量只有3×10^6 t,即使把低品位的铀矿及其副产品铀化物以及所有库存、废铀重新处理等计算在内,总量也不会超过5×10^6 t的U_3O_8,仅够人类使用几十年。于是人们把目光转向了铀总储量达4.5×10^9 t的浩瀚无垠的海洋。

目前从海水中提取铀的方法主要有吸附法、共沉淀法、泡沫浮选法、生物法、离子交换法和液膜萃取法等,其中吸附法是目前研究最热门的方法。吸附法海水提取铀是由吸附、脱附、浓缩、分离等工序组成,其最重要的是研制高性能的吸附剂。对铀吸附剂的要求是吸附量大、吸附效率高,价廉而耐用,在海水的条件下易回收,并且容易洗脱。吸附剂一般可分两类,即以肟胺基化合物螯合吸附剂为代表的有机类和以水合氧化钛复合吸附剂为代表的无机类。日本在1984年利用肟胺基树脂进行了海水吸附铀放大试验,在200天内得到了$3.5\ g\cdot kg^{-1}$(以吸附剂为基准)的海水铀,相当于磷酸稀土铀矿含量的5倍,并最终得到了2.2 g的重铀酸铵沉淀。水合氧化钛复合吸附剂是国际上研究较多的一种无机吸附剂,每克可吸收500 ~ 600 μg铀,甚至高达1 000 μg以上。

海水如何通过吸附床,是海水提铀实现工业化生产的关键。为此,科学家们提出了一些吸附剂与海水接触的方案,其中较著名的有泵柱式、海流式和潮汐湖式。泵柱式是把吸附剂装入吸附柱中,用水泵把海水连续不断地通过吸附柱,以使吸附剂与海水接触。这种方法适于在实验室或试验工厂使用,其主要缺点是因海水流动阻力大,所以耗能大。海流式是把装有吸附剂的吸附床放在有海流的地方,借助海流自然流经吸附床而使吸附剂与海水接触。这种方法需要把装置放在离岸较远的海流流速较大的海域,还要考虑防灾技术,因而投资较大。潮汐湖式是把载有吸附剂的吸附床置于有潮汐涨落的上湖和下湖之间,在涨潮时把上湖水门打开让海水流进,当海水由上湖经吸附床流向下湖时,吸附剂与海水接触吸附铀,落潮时湖水门打开,使接触过吸附剂的海水流走。这种方案由于问题较多,至今还未进行实验。

我国是铀矿资源不是很丰富的国家。据近年我国向国际原子能机构陆续提供的一批铀矿田的储量推算,我国铀矿探明储量居世界第10位之后,不能适应发展核电的长远需要。因此,为了保证国家的经济和国防安全,开发海水提铀技术势在必行。我国的海水提铀技术研究与开发始于1967年,对铀吸附剂进行了大量筛选研究工作。采用钛型吸附剂,每克可从海水中稳定地吸附铀650 μg;采用有机离子交换树脂可稳定地吸附1 000 μg以上。已从海水中提取了数千克铀化合物,在提铀设备及研究方法上达到世界先进水平,吸附剂的吸铀率已超过英国。目前,海水提铀研究与开发工作仍处于实验室内的试验阶段,要达到工业化生产水平,还必须解决吸附剂工业化基本参数的测定、总体工程和吸附工程设计,以及整个工程自动控制等技术问题。

为了实现海水矿物资源的高效、经济开发利用,有必要开展针对海水体系特性的多学科交叉应用基础理论创新研究,建立全新的科学理论体系。因此,海水化学资源开发利用是21世纪化学工程与技术学科发展的一个新兴前沿领域。

习　题

1. 什么是分配系数？什么是分配比？二者有何区别？

2. 离子交换树脂分哪几类？

3. 什么是比移值（R_f），如何测定？为什么可以利用它来进行定性鉴定？

4. 举例说明超临界萃取分离法的基本原理。

5. 阐述膜分离技术与传统分离技术的主要区别。

6. 某矿样溶液中含有 Fe^{3+}、Al^{3+}、Ca^{2+}、Cr^{3+}、Mg^{2+}、Cu^{2+} 和 Zn^{2+}，加入 NH_4Cl 和氨水后，哪些离子以什么形式存在于溶液中？哪些离子以什么形式存在于沉淀中？能否分离完全？

7. 0.02 $mol \cdot L^{-1}$ 的 Fe^{2+} 溶液，加 NaOH 进行沉淀时，要使其沉淀达 99.99% 以上，试问溶液的 pH 至少应为多少？若溶液中除剩余 Fe^{2+} 外，尚有少量 $FeOH^+$（$\beta = 1 \times 10^4$），溶液的 pH 又至少应为多少？（已知 $K_{sp}(Fe(OH)_2) = 8.0 \times 10^{-16}$）

（答案：9.30，9.34）

8. 在 6 $mol \cdot L^{-1}$ 的 HCl 溶液中，用乙醚萃取镓，若萃取时 $V_{有} = V_{水}$，求一次萃取后的萃取百分率。（已知 $D = 18$）

（答案：94.7%）

9. 交换柱中装入 1.500 g 氢型阳离子交换树脂，用 NaCl 溶液冲洗至流出液使甲基橙显橙色。收集全部洗出液，用甲基橙作为指示剂，以 0.100 0 $mol \cdot L^{-1}$ NaOH 标准溶液滴定，用去 24.51 mL，计算树脂的交换容量。

（答案：1.634 $mmol \cdot g^{-1}$）

10. 思考超临界萃取分离法对我国中医药发展的意义。

第 13 章　元素化学与材料

【学习要求】

(1) 了解金属单质的熔点、沸点、硬度以及导电性等物理性质的一般规律。

(2) 了解金属及合金材料的化学特性及应用。

(3) 了解非金属单质的熔点、沸点、硬度等物理性质的一般规律。

(4) 了解或熟悉某些非金属单质及其化合物的化学特性及应用。

目前已知的元素(element) 有 110 多种,可分为金属元素和非金属元素。除了 22 种非金属元素外,其余均为金属元素(metallic element)。金属单质一般具有金属光泽、良好的导电性和延展性,而非金属单质则不然。但位于周期表 p 区中的硼 — 硅 — 碲 — 砹这一对角线附近的一些元素却兼有某些金属和非金属的性质。

13.1　金属单质的物理与化学性质

13.1.1　金属单质的物理性质

在元素周期表中金属元素位于 s 区、p 区、d 区、ds 区以及 f 区。位于 s 区和 p 区的金属元素为主族金属元素,位于 d 区、ds 区和 f 区的金属元素为副族金属元素。

1. 熔点、沸点和硬度

表 13 - 1 ~ 13 - 3 中列出了一些单质的熔点(melting point)、沸点(boiling point) 和硬度(hardness) 的数据。

表 13 - 1 中熔点较高的金属单质集中在第 Ⅵ 副族附近:钨(tungsten,W) 的熔点为 3 410 ℃,是熔点最高的金属。第 Ⅵ 副族的两侧向左和向右,单质的熔点趋于降低。汞(mercury,Hg) 的熔点为 - 38.84 ℃,是常温下唯一为液态的金属。铯(cesium,Cs) 的熔点也仅为28.40 ℃,低于人体温度。

从表 13 - 2 可以看出,金属单质的沸点变化大致与熔点的变化是平行的,钨也是沸点最高的金属。虽然金属单质的硬度数据不全,但自表 13 - 3 中仍可看出,硬度较大的金属单质也位于第 Ⅵ 副族附近,铬(chromium,Cr) 是硬度最大的金属(莫氏硬度为 9.0),而位于第 Ⅵ 副族两侧的单质的硬度趋于减小。

表 13－1　单质的熔点(℃)

	s区		d区								ds区		p区					
	ⅠA	ⅡA	ⅢB	ⅣB	ⅤB	ⅥB	ⅦB	Ⅷ			ⅠB	ⅡB	ⅢA	ⅣA	ⅤA	ⅥA	ⅦA	0
1	H_2 -259.34																	He -271.2
2	Li 180.54	Be 1 278											B 2 079	C ~3 550	N_2 -209.86	O_2 -218.4	F_2 -219.62	Ne -248.67
3	Na 97.81	Mg 618.8											Al 660.4	Si 1 410	P(白) 44.1	S(菱) 112.8	Cl_2 -100.98	Ar -189.2
4	K 63.25	Ca 839	Sc 1 541	Ti 1 660	V 1 890	Cr 1 857	Mn 1 244	Fe 1 535	Co 1 495	Ni 1 455	Cu 1 083.4	Zn 419.58	Ga 29.78	Ge 937.4	As(灰) 817*	As(灰) 217	Br_2 -7.2	Kr -156.6
5	Rb 38.89	Sr 769	Y 1 522	Zr 1 852	Nb 2 468	Mo 2 610	Tc 2 172	Ru 2 310	Rh 1 966	Pd 1 554	Ag 961.93	Cd 320.9	In 156.6	Sn 231.97	Sb 630.74	Te 449.5	I_2 113.5	Xe -111.9
6	Cs 28.40	Ba 725	La 918	Hf 2 227	Ta 2 996	W 3 410	Re 3 180	Os 3 045	Ir 2 410	Pt 1 772	Au 1 064.4	Hg -38.84	Tl 303.3	Pb 327.50	Bi 271.3	Po 254	At 302	Rn -71

注：* 为在加压下的熔点。

表 13－2　单质的沸点(℃)

	ⅠA	ⅡA	ⅢB	ⅣB	ⅤB	ⅥB	ⅦB	Ⅷ			ⅠB	ⅡB	ⅢA	ⅣA	ⅤA	ⅥA	ⅦA	0
1	H_2 -252.87																	He -268.93
2	Li 1 342	Be 2 970*											B 2 550**	C 3 830** ~3 930	N_2 -195.8	O_2 -182.96	F_2 -219.62	Ne -246.05
3	Na 882.9	Mg 1 090											Al 2 467	Si 2 355	P(白) 280	S(菱) 444.67	Cl_2 -34.62	Ar -185.7
4	K 760	Ca 1 484	Sc 2 836	Ti 3 287	V 3 380	Cr 2 672	Mn 1 962	Fe 2 750	Co 2 870	Ni 2 732	Cu 2 567	Zn 907	Ga 2 403	Ge 2 830	As(灰) 613*	As(灰) 684.9	Br_2 58.78	Kr -152.3
5	Rb 686	Sr 1 384	Y 3 338	Zr 4 377	Nb 4 742	Mo 4 612	Tc 4 877	Ru 3 900	Rh 3 727	Pd 2 970	Ag 2 212	Cd 765	In 2 080	Sn 2 270	Sb 1 950	Te 989.8	I_2 184.35	Xe -107.1
6	Cs 669.3	Ba 1 640	La 3 464	Hf 4 602	Ta 5 425	W 5 660	Re 5 627	Os 5 027	Ir 4 130	Pt 3 827	Au 2 808	Hg 356.68	Tl 1 457	Pb 1 740	Bi 1 560	Po 962	At 337	Rn -61.8

注：* 为在减压下的沸点；* * 为升华的沸点；* * * 为在加压下的沸点。

表 13 - 3 单质的硬度

	ⅠA	ⅡA	ⅢB	ⅣB	ⅤB	ⅥB	ⅦB	Ⅷ			ⅠB	ⅡB	ⅢA	ⅣA	ⅤA	ⅥA	ⅦA	0
1	H_2																	He
2	Li 0.6	Be 4											B 9.5	C 10.0	N_2	O_2	F_2	Ne
3	Na 0.4	Mg 2.0											Al 2~2.9	Si 7.0	P 0.5	S 1.5~2.5	Cl_2	Ar
4	K 0.5	Ca 1.5	Sc	Ti 4	V	Cr 9.0	Mn 5.0	Fe 4~5	Co 5.5	Ni 5	Cu 2.5~3	Zn 2.5	Ga 1.5	Ge 6.5	As 3.5	Se 2.0	Br_2	Kr
5	Rb 0.3	Sr 1.8	Y	Zr 4.5	Nb	Mo 6	Tc	Ru 6.5	Rh	Pd 4.8	Ag 2.5~4	Cd 2.0	In 1.2	Sn 1.5~1.8	Sb 3.0~3.3	Te 2.3	I	Xe
6	Cs 0.2	Ba	La	Hf	Ta 7	W 7	Re	Os 7.0	Ir 6~6.5	Pt 4.3	Au 2.5~3	Hg	Tl 1	Pb 1.5	Bi 2.5	Po	At	Rn

注：* 以金刚石等于10的莫氏硬度表示。按照不同矿物的硬度来区分，硬度大的物体可以在硬度小的物体表面刻出线纹，这 10 个等级是：1— 滑石；2— 岩盐；3— 方解石；4— 萤石；5— 磷灰石；6— 冰晶石；7— 石英；8— 黄玉；9— 刚玉；10— 金刚石。

金属单质的密度也存在着较有规律的变化。一般说来，各周期中开始的元素，其单质的密度较小，而后面的密度较大。

在工程上，可按金属的物理性质不同进行划分：

(1) 按密度划分
- 轻金属：密度小于 5 $g \cdot cm^{-3}$，包括 s 区(镭除外) 金属以及钪(scandium，Sc)、钇(yttrium，Y)、钛(titanium，Ti) 和铝(aluminium，Al) 等。
- 重金属：密度大于 5 $g \cdot cm^{-3}$ 的其他金属。

(2) 低熔点金属
- 低熔点轻金属：多集中在 s 区。
- 低熔点重金属：多集中在第 Ⅱ 副族及 p 区。

(3) 高熔点金属
- 高熔点轻金属。
- 高熔点重金属：多集中在 d 区。

一般说来，固态金属单质都属于金属晶体，排列在格点上的金属原子或金属正离子依靠金属键结合构成晶体；金属键的键能较大，可与离子键或共价键的键能相当。但对于不同金属，金属键的强度仍有较大的差别，这与金属的原子半径、能参加成键的价电子数以及原子核对外层电子的作用力等有关。每一周期开始的碱金属(alkali metal) 的原子半径是同周期中最大的，价电子又最少，因而金属键较弱，所需的熔化热小，熔点低。除锂(lithium，Li) 外，钠(sodium，Na)、钾(potassium，K)、铷(rubidium，Rb)、铯的熔点都在 100 ℃ 以下，它们的硬度和密度也都较小。从第 Ⅱ 主族的碱土金属(alkaline earth metal) 开始向右进入 d 区的副族金属，由于原子半径的逐渐减小，参与成键的价电子数的逐渐增加(d 区元素原子的次外层 d 电子也有可能作为价电子) 以及原子核对外层电子作用力的逐渐增强，金属键的键能将逐渐增大,因此熔点、沸点等也逐渐增高。第Ⅵ副族原子未成对的最外层s电子和次外层d电子的数目较多,可参与成键,又由于原子半径较小,所以这些元素单质的熔点、沸点最高。第Ⅶ副族以后,未成对的d电子数又逐渐减少,因而金属单质的熔点、沸点又逐渐降低。部分ds区及p区的金属,其晶体类型有从金属晶体向分子晶体过渡的趋向,这些金属的熔点较低。

2. 导电性

金属都能导电,是电的良导体,处于p区对角线附近的金属如锗,导电能力介于导体(conductor)与绝缘体(insulator)之间,是半导体(semiconductor)。表13－4中列出了一些单质的电导率。

表13－4　单质的电导率($MS \cdot m^{-1}$)

	ⅠA	ⅡA	ⅢB	ⅣB	ⅤB	ⅥB	ⅦB	Ⅷ			ⅠB	ⅡB	ⅢA	ⅣA	ⅤA	ⅥA	ⅦA	0
1	H_2																	He
2	Li 10.8	Be 28.1*											B 5.6×10^{-11}	C 73×10^{-2}	N_2	O_2	F_2	Ne
3	Na 21.0	Mg 24.7											Al 37.74	Si 3.0×10^{-5}	P 1×10^{-15}	S 5×10^{-19}	Cl_2	Ar
4	K 13.9	Ca 29.8	Sc 1.78	Ti 2.38	V 5.10	Cr 7.75	Mn 0.694	Fe 10.4	Co 16.0	Ni 16.6	Cu 59.59	Zn 16.9	Ga 5.75	Ge 22×10^{-6}	As 3.0	Se 1×10^{-4}	Br_2	Kr
5	Rb 7.806	Sr 7.69	Y 1.68	Zr 2.38	Nb 8.00	Mo 18.7	Tc	Ru 13	Rh 22.2	Pd 9.488	Ag 68.17	Cd 14.6	In 11.9	Sn 9.09	Sb 2.56	Te 3×10^{-4}	I_2 7.7×10^{-13}	Xe
6	Cs 4.888	Ba 3.01	La 1.63	Hf 3.023	Ta 7.7	W 19	Re 5.18	Os 11	Ir 19	Pt 9.43	Au 48.76	Hg 1.02	Tl 5.6	Pb 4.843	Bi 0.936 3	Po	At	Rn

从表13－4中可以看出,银(silver,Ag)、铜(copper,Cu)、金(gold,Au)、铝是良好的导电材料,而银与金较昂贵、资源稀少,仅用于某些电子器件连接点等特殊场合,铜和铝则广泛应用于电器工业中。金属铝的电导率为铜的60%左右,但密度不到铜的一半,铝的资源十分丰富,在相同的电流容量下,使用铝制电线比铜线质量更轻,因此常用铝代替铜来制造导电材料,特别是高压电缆。

钠的电导率仅为电导率最高的银的1/3,但钠的密度比铝的更小,钠的资源也十分丰富,目前国外已有试用钠导线的报道,价格仅为铜的1/7;钠十分活泼,用钠做导线时,表皮采用聚乙烯包裹,并用特殊装置连接。

应当指出,金属的纯度以及温度等因素对金属的导电性能影响相当重要。金属中杂质的存在将使金属的电导率大为降低,所以用作导线的金属往往要求纯度很高。例如按质量分数计,一般铝线的纯度均在99.5%以上。温度的升高,通常能使金属的电导率下降,对于不少金属来说,温度每相差1 K,电导率将变化约0.4%。金属的这种导电的温度特性也是有别于半导体的特征之一。

13.1.2　金属单质的化学性质

由于金属元素的电负性较小,在进行化学反应时倾向于失去电子,因此金属单质最突出的化学性质是表现出还原性。

1. 还原性

金属单质的还原性(reducibility)与金属元素的金属性虽然并不完全一致,但总体的变化趋势还是服从元素周期律的,即在短周期中,从左到右由于一方面核电荷数依次增多,原子半径逐渐缩小,另一方面最外层电子数依次增多,同一周期从左到右金属单质的还原性逐渐减弱。在长周期中总的递变情况和短周期是一致的。但由于副族金属元素的原子半径变化没有主族的显著,所以同周期单质的还原性变化不甚明显,甚至彼此较为相似。在同一主族中自上而下,虽然核电荷数增加,但原子半径也增大,金属单质的还原性一般增强;而副族的情况较为复杂,单质的还原性一般反而减弱,如图13-1所示。

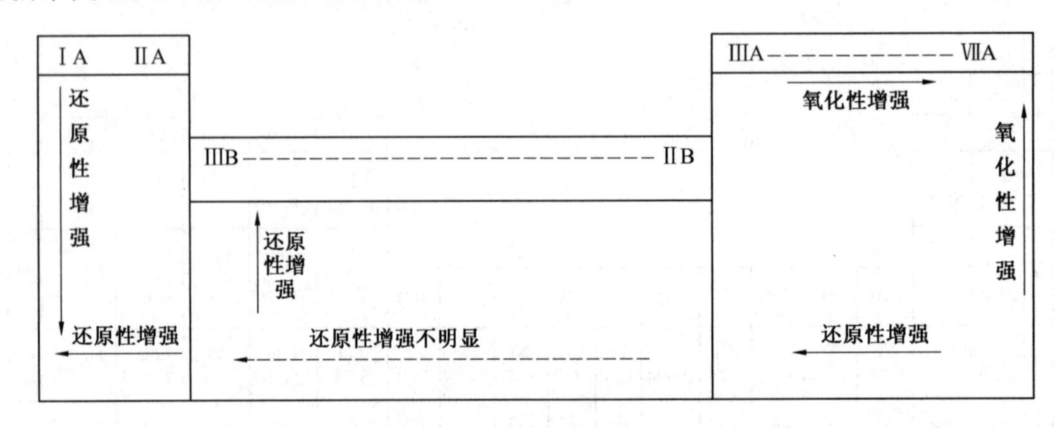

图13-1　金属单质的还原性递变规律

金属与氧的作用和金属的溶解分别说明如下。

(1) 金属与氧的作用。

s区金属十分活泼,具有很强的还原性。它们很容易与氧化合,与氧化合的能力基本上符合周期系中元素金属性的递变规律。

s区金属在空气中燃烧时除能生成正常的氧化物(如Li_2O、BeO、MgO)外,还能生成过氧化物(如Na_2O_2、BaO_2)。过氧化物中存在着过氧离子O_2^{2-},其中含有过氧键—O—O—。这些氧化物都是强氧化剂,遇到棉花、木炭或银粉等还原性物质时会发生爆炸,所以使用它们时要特别小心。

钾、铷、铯以及钙(calcium,Ca)、锶(strontium,Sr)、钡(barium,Ba)等金属在过量的氧气中燃烧时还会生成超氧化物,如KO_2、BaO_4等。

过氧化物和超氧化物都是固体储氧物质,它们与水作用会放出氧气,装在面具中,可供在缺氧环境中工作的人员呼吸用。例如,超氧化钾能与人呼吸时所排出气体中的水蒸气发生反应,即

$$4KO_2(s) + 2H_2O(g) = 3O_2(g) + 4KOH(s)$$

呼出气体中的二氧化碳则可被氢氧化钾所吸收,即

$$KOH(s) + CO_2(g) = KHCO_3(s)$$

p区金属的活泼性一般远比s区金属弱。锡(tin,Sn)、铅(lead,Pb)、锑(antimony,Sb)、铋(bismuth,Bi)等在常温下与空气无显著作用。铝较活泼,容易与氧化合,但在空气中铝能立即生成一层致密的氧化物保护膜,阻止氧化反应的进一步进行,因而在常温下,铝在空气中很

稳定。

d 区(除第 Ⅲ 副族外) 和 ds 区金属的活泼性也较弱。同周期中各金属单质活泼性的变化情况与主族的相类似,即从左到右一般有逐渐减弱的趋势,但这种变化没有主族的明显。例如,对于第4周期金属单质,在空气中一般能与氧气作用。在常温下,钪在空气中迅速氧化;钛、钡对空气都较稳定;铬、锰(manganese,Mn) 能在空气中缓慢被氧化,但铬与氧气作用后,表面形成的三氧化二铬(Cr_2O_3) 也具有阻碍进一步氧化的作用;铁(iron,Fe)、钴(cobalt,Co)、镍(nickel,Ni) 也能形成氧化物保护膜;铜的化学性质比较稳定,而锌的活泼性较强,但锌(zinc,Zn) 与氧气作用生成的氧化锌薄膜也具有一定的保护性能。

前面已指出,在金属单质活泼性的递变规律上,副族与主族又有不同之处。在副族金属中,同周期间的相似性较同族间的相似性更为显著,且第4周期中金属的活泼性较第5和第6周期金属强,或者说副族金属单质的还原性往往有自上而下逐渐减弱的趋势。例如,对于第Ⅰ副族,铜(第4周期) 在常温下不与干燥空气中的氧气化合,加热时则生成黑色的 CuO,而银(第5周期) 在空气中加热也并不变暗,金(第6周期) 在高温下也不与氧气作用。

(2) 金属的溶解。

金属的还原性还表现在金属单质的溶解过程中。这类氧化还原反应可以用电极电势予以说明。

s 区金属的标准电极电势代数值一般很小,用 H_2O 作为氧化剂即能将金属溶解(金属被氧化为金属离子)。铍(beryllium,Be) 和镁(magnesium,Mg) 由于表面形成致密的氧化物保护膜而对水较为稳定。

p 区(除锑、铋外) 和第4周期 d 区金属(如铁、镍) 以及锌的标准电极电势虽为负值,但其代数值比 s 区金属大,能溶于盐酸或稀硫酸等非氧化性酸中而置换出氢气。而第5、第6周期 d 区、ds 区金属以及铜的标准电极电势则多为正值,这些金属单质不溶于非氧化性酸(如盐酸或稀硫酸) 中,其中一些金属必须用氧化性酸(如硝酸) 溶解(此时氧化剂已不是 H^+)。一些不活泼的金属如铂、金需用王水(aqua regia) 溶解,这是由于王水中的浓盐酸可提供配体 Cl^- 而与金属离子形成配离子,因此金属的电极电势大为减小,即

$$3Pt + 4HNO_3 + 18HCl = 3H_2[PtCl_6] + 4NO(g) + 8H_2O$$

$$Au + HNO_3 + 4HCl = H[AuCl_4] + NO(g) + 2H_2O$$

铌(niobium,Nb)、钽(tantalum,Ta)、钌(ruthenium,Ru)、铑(rhodium,Rh)、铋、铱(iridium,Ir) 等不溶于王水,但可借浓硝酸和浓氢氟酸组成的混合酸溶解。

应当指出,p 区的铝、镓(gallium,Ga)、锡、铅以及 d 区的铬、ds 区的锌等还能与碱溶液作用,例如

$$2Al + 2NaOH + 2H_2O = 2NaAlO_2 + 3H_2(g)$$

$$Sn + 2NaOH = Na_2SnO_2 + H_2(g)$$

这与这些金属的氧化物或氢氧化物保护膜具有两性有关,或者说由于这些金属的氧化物或氢氧化物保护膜能与过量 NaOH 作用生成离子。

第5和第6周期中,第 Ⅳ 副族的锆(zirconium,Zr)、铪(hafnium,Hf),第 Ⅴ 副族的铌、钽,第 Ⅵ 副族的钼(molybdenum,Mo)、钨以及第 Ⅶ 副族的锝(technetium,Tc)、铼(rhenium,Re)等金属不与氧、氯、硫化氢等气体反应,也不受一般酸碱的侵蚀,且能保持原金属或合金的强度和硬度。它们都是耐蚀合金元素,可提高钢在高温时的强度、耐磨性和耐蚀性。其中,铌、钽不

溶于王水,钽可用于制造化学工业中的耐酸设备。

第Ⅷ族的铂系金属钌、铑、钯(palladium,Pd)、锇(osmium,Os)、铱、铂(platinum,Pt)以及第Ⅰ副族的银、金,化学性最为不活泼(银除外),统称为贵金属。这些金属在常温,甚至在一定的高温下不与氟、氯、氧等非金属单质作用;其中钌、铑、锇和铱甚至不与王水作用。铂即使在它的熔化温度下也具有抗氧化的性能,常用于制作化学器皿或仪器零件,例如铂坩埚、铂蒸发器、铂电极等。保存在巴黎的国际标准米尺也是用质量分数为10% 的 Ir 和90% 的 Pt 的合金制成的。铂系金属在石油化学工业中广泛用作催化剂。

顺便指出,副族元素中的第Ⅲ副族,包括镧系元素和锕系元素单质的化学性质是相当活泼的。常将第Ⅲ副族的钇和15 种镧系元素合称为稀土(rare earth)元素。

稀土金属单质的化学活泼性与金属镁相当。在常温下,稀土金属能与空气中的氧气作用生成稳定的氧化物。

2. 温度对单质活泼性的影响

金属单质的活泼性主要强调了在常温下的变化规律。众所周知,金属镁在空气中能缓慢地氧化,使表面形成白色的氧化镁膜,当升高到一定温度(燃点)时,金属镁即能燃烧,同时发出耀眼的白光。这表明,升高温度将会有利于金属单质与氧气的反应。但高温时,金属单质的活泼性递变规律究竟如何呢? 由于标准电极电势是用来衡量金属在溶液中失去电子的能力,在高温下,金属的还原性需要从化学热力学以及化学动力学来予以阐明。现以高温时一些常见金属单质(同时也联系有关非金属单质)与氧的作用,即与氧结合能力的强弱为例进行简单说明。

前面章节中曾指出,在可对比的情况下,反应的 $\Delta G^{\ominus}$ 值越负或 $K^{\ominus}$ 值越大,表明该反应进行的可能性越大,进行得越彻底。对于单质与氧气反应来说,也表明该单质与氧的结合能力越强,为了便于各单质间的对比,常以单质与 1 mol O_2 反应的方程式来表达。在任意温度 T 下,反应的标准吉布斯自由能变 $\Delta G^{\ominus}$ 可近似地按下式进行估算,即

$$\Delta G^{\ominus} \approx \Delta H^{\ominus} - T\Delta S^{\ominus}$$

例如,对于金属铝与氧气反应的方程式以及 $\Delta G^{\ominus}(T)$ 的表达式为

$$\frac{4}{3}\mathrm{Al(s)} + \mathrm{O_2(g)} = \frac{2}{3}\mathrm{Al_2O_3(s)}$$

$$\Delta G^{\ominus} \approx (-1\ 117 + 0.208T)\ \mathrm{kJ \cdot mol^{-1}}$$

而金属铁与氧气作用生成氧化亚铁的反应为

$$\mathrm{2Fe(s)} + \mathrm{O_2(g)} = \mathrm{2FeO(s)}$$

$$\Delta G^{\ominus} \approx (-533 + 0.145T)\ \mathrm{kJ \cdot mol^{-1}}$$

可以看出,由于金属单质与氧气反应在一定温度范围内生成固态氧化物,反应的 $\Delta S^{\ominus}$ 为负值,所以反应 $\Delta G^{\ominus}$ 代数值随 T 的升高而变大。从化学热力学的角度上说,在高温下金属与氧的结合能力比在常温下金属与氧的结合能力要弱。例如,在室温下,银与氧反应的 $\Delta G^{\ominus}$ 为负值,但当温度升高到408 K以上时,其 $\Delta G^{\ominus}$ 为正值,在标准条件下,则不能生成氧化银。但在通常的高温条件(金属单质及其氧化物均为固态)下,绝大多数金属(例如上述的铝和铁即是,而金、铂等则不然)与氧反应的 $\Delta G^{\ominus}$ 都是负值,这也是大多数金属,除能引起钝化的以外,无论是在干燥的大气中或是在潮湿的大气中都能引起腐蚀的原因。

此外,若对比上述铝和铁分别与氧的结合能力的强弱,将上述两反应式相减,再乘以 3/2,

可得

$$2Al(s) + 3FeO(s) = Al_2O_3(s) + 3Fe(s)$$

$$\Delta G^{\ominus} \approx (-876 + 0.095\ T)\,kJ \cdot mol^{-1}$$

在通常的高温条件下,该反应的 $\Delta G^{\ominus}$ 也是一负值,表明该反应进行的可能性很大,并可能进行得相当彻底。所以金属铝能从钢铁中夺取氧而作为钢的脱氧剂。

按上述方法计算结果表明,在873 K时,单质与氧气结合能力由强到弱的顺序大致为Ca、Mg、Al、Ti、Si、Mn、Na、Cr、Zn、Fe、H_2、C、Co、Ni、Cu。可以看出,这一顺序与常温时单质的活泼性递变情况并不完全一致。

温度不仅影响单质与氧的反应可能性,从化学动力学角度上说,高温加快了反应速率。镁与氧气在高温时反应剧烈,主要是加快了反应速率。金属的高温氧化在设计气体透平机、火箭引擎、高温石油化工设备时都应当引起重视。

3. 金属的钝化

上面曾提到一些金属(如铝、铅、镍等)与氧的结合能力较强,但实际上在一定的温度范围内,它们还是相当稳定的。这是由于这些金属在空气中氧化生成的氧化膜具有较显著的保护作用,或称为金属的钝化(passivation)。粗略地说,金属的钝化主要是指某些金属和合金在某种环境条件下丧失了化学活性的行为。最容易产生钝化作用的有铝、铬、镍和钛以及含有这些金属的合金。

金属由于表面生成致密的氧化膜而钝化,不仅在空气中能保护金属免受氧的进一步作用,而且在溶液中还因氧化膜的电阻有妨碍金属失电子的倾向,引起了电化学极化,从而使金属的电极电势变大,金属的还原性显著减弱。铝制品可作为炊具,铁制的容器和管道能被用于贮运浓 HNO_3 和浓 H_2SO_4,就是由于金属的钝化作用。

金属的钝化,必须满足两个条件。首先,金属所形成的氧化膜在金属表面必须是连续的,即所生成的氧化物的体积必须大于因氧化而消耗的金属的体积。s区金属(除铍外)氧化物的体积小于金属的体积,这些氧化膜是不连续的,因此失去了对金属的保护作用,而大多数其他金属氧化物的体积大于金属的体积,有可能形成保护膜。其次,表面膜本身的特性是钝化的充分条件。氧化膜的结构必须是致密的,且具有较高的稳定性,氧化膜与金属的热膨胀系数不能相差太大,使氧化膜在温度变化时不至于剥落下来。例如,钼的氧化物 MoO_2 膜在温度超过520 ℃时开始挥发。钨的氧化物 WO_3 膜较脆,容易破裂,这些氧化膜也不具备保护的作用。而铬、铝等金属,不仅氧化膜具有连续的致密结构,而且氧化物具有较高的稳定性。利用铬的这种特性而制成的不锈钢(钢铁中含铬的质量分数超过12%)具有优良的抗氧化性能。

金属的钝化对金属材料的制造、加工和选用具有重要的意义。例如,钢铁在570 ℃以下经发黑处理所形成的氧化膜 Fe_3O_4 能减缓氧原子深入钢铁内部,而使钢铁受到一定的保护作用。但当温度高于570 ℃时,铁的氧化膜中增加了结构较疏松的FeO,所以钢铁在高温时的抗氧化能力较差。如果在钢中加入铬、铝和硅等,由于它们能生成具有钝化作用的氧化膜,有效地减慢高温下钢的氧化,一种称为耐热钢的材料就是根据这一原理设计制造的。

13.2　金属材料

金属作为一种材料使用,具备许多可贵的使用性能和加工性能,其中包括良好的塑性、较高的导电性和导热性。但它们的机械性能如强度、硬度等不能满足工程上对材料的要求,而且价格较高。因此,在工程技术上使用最多的金属材料是合金。

13.2.1 合金的结构和类型

合金(alloy)是由两种或两种以上的金属元素(或金属和非金属元素)经过熔炼、烧结等方法而制成的具有金属特性的物质。例如,钢和铸铁是铁和碳为主要元素组成的合金,黄铜是铜和锌等元素组成的合金。合金有时能保持组成合金各组分原有的性质,同时还能出现新的特性。例如,在金属铝中加入铜和镁,不仅保持了轻的特性,而且提高了它的硬度和强度。合金从结构上划分为三种基本类型。

1. 金属固溶体

一种金属与另一种金属或非金属熔融时相互溶解,凝固时形成均匀的固体,被称为金属固溶体,其中含量多的称溶剂金属,含量少的称溶质金属。固溶体保持着溶剂金属的晶格类型,溶质金属可以有限或无限地分布在溶剂金属的晶格中。

2. 金属化合物

如果两种组分的原子半径和电负性相差较大时,易形成金属化合物。金属化合物是合金中各组分按一定比例化合而成的一种新晶体。在周期表中相距位置较远、电负性相差较大的两元素形成的金属化合物,严格遵守化合价规律,如 Mg_2Si、Mg_2Sb_3、MgSe 等。过渡元素 Fe、Cr、Mo、W、V 等与原子半径很小的元素 C、H、B 等形成间隙化合物,如 Fe_3C、Fe_2N、Fe_4N、CrN 等,这类化合物有严格组成,但不符合化合价规律。金属化合物一般都有复杂晶格,熔点高、硬度高且脆性大。当合金中出现金属化合物时,合金的硬度、强度和耐磨性提高,但塑性和韧性降低。

3. 机械混合物

机械混合物是由两种或两种以上组分混合而成,它可以是纯金属、固溶体、金属化合物各自的混合,也可以是它们之间的混合。例如,两种金属在熔融时互溶,但凝固时分别结晶,形成成分不同的微晶体的机械混合物,整个合金组织不均匀。在钢中,渗碳体和铁素体在一定条件下能形成机械混合物,称为珠光体。机械混合物的性能取决于各组分的性能和它们各自的形状、数量、大小及分布情况。

13.2.2 常见的金属和合金材料

1. 轻金属和轻合金

轻金属集中于周期表中的 s 区以及与其相邻的某些元素。工程上使用的主要是镁、铝、钛、锂、铍等金属以及由它们所形成的合金。由于轻合金具有密度小的特点,因此作为轻型材料在交通运输、航空航天等领域中有广泛的应用。

(1) 铝及铝合金。

铝是分布较广的元素,其在地壳中的含量仅次于 O 和 Si,是金属中含量最高的元素。纯铝密度较低($2.7\ g \cdot cm^{-3}$),有良好的导热、导电性(仅次于 Au、Ag、Cu),延展性好、塑性高,可进行各种压力加工。铝的化学性质活泼,在空气中迅速氧化形成一层致密、牢固的氧化膜,从而具有良好的耐蚀性,电气工业上铝常代替铜制作导线、电缆、电器和散热器等,但纯铝的强度低,只有通过合金化才能得到可做结构材料使用的各种铝合金。

在铝中加入适量的Cu、Mg、Mn、Zn、Si等合金元素后可获得密度小、强度高、有良好加工性能的铝合金。Al－Mg和Al－Mn合金具有很高的抗蚀性，所以称为防锈铝合金，简称防锈铝。Al－Mg合金的合金元素含量较高，它的强度高于Al－Mn合金，这两种铝合金都具有良好的塑性和焊接性，可用于制造抗蚀性的航空油箱、容器、管道和铆钉等。

硬铝是Al－Cu－Mg系铝合金的总称，合金元素Cu、Mg的加入显著提高了合金的强度。硬铝的强度较防锈铝高，但抗蚀性不高，为防止其受腐蚀，对硬铝工件通常进行阳极化处理，使其表面形成一层致密的氧化膜，能起到保护作用。

超硬铝是Al－Mg－Zn－Cu系合金的总称，它是强度极高的一种铝合金，其比强度相当于超高强度钢水平，因此称为超强度硬铝合金，简称超硬铝。这类合金不仅强度高而且密度比普通硬铝减小15%，且能挤压成型，多用于制造受力大的重要构件，如飞机大梁、起落架、摩托车骨架和轮圈等。超硬铝的抗蚀性较差，为防止其受腐蚀，也要像硬铝那样采取一些措施，可采用包以锌质量分数为1%的铝合金，来提高超硬铝的抗蚀性。目前，超硬铝合金广泛用于制造飞机、舰艇和载重汽车等，可增加载重量及提高运行速度，并具有避磁性等特点。

Al－Li合金是近年来研究发展的新型高强度轻合金材料，以Al－Li合金代替传统铝合金可显著减轻质量，而且其可焊性好，可用于制造大型复杂焊接结构件，是航天航空及高级运动器材的优良材料。

(2) 钛及钛合金。

钛是周期表中第ⅣB族元素，外观似钢，熔点达1 660 ℃，属难熔金属。钛在地壳中储量较丰富，远高于Cu、Zn、Sn、Pb等常见金属。我国钛的资源极为丰富，仅四川攀枝花地区发现的特大型钒钛磁铁矿中，伴生钛金属储量即达4.2亿t，接近国外探明钛储量的总和。

钛是容易钝化的金属，且在含氧环境中，其钝化膜在受到破坏后还能自行愈合。因此，对空气、水和若干腐蚀介质都是稳定的，与Au、Ag等贵金属相近。钛在海水中具有优良的耐蚀性，将钛放入海水中数年，取出后仍光亮如初，抗氧化能力远优于不锈钢。钛的低温韧性好，在－253 ℃的超低温下，仍能保持其强度及良好的塑性和韧性，可用作火箭及导弹的液氢燃料箱。

钛的密度小、强度高，其比强度是不锈钢的3.5倍，是铝合金的1.3倍，是目前所有工业金属材料中最高的。

纯钛强度低、塑性好、易于加工。如有杂质，特别是O、N、C等元素存在，会提高钛的强度和硬度，而降低其塑性，增加脆性。可用于制造飞机的蒙皮、船舶中耐海水腐蚀的管道、化工设备，如洗涤塔、冷却器、阀门和管道等。

液态的钛几乎能溶解所有的金属，形成固溶体或金属化合物等各种合金。合金元素如Al、V、Zr、Sn、Si、Mo和Mn等的加入，可改善钛的性能，以适应不同的需要。例如，Ti－Al－Sn合金有很高的热稳定性和耐蚀性，可在450 ℃下长时间工作。以Ti－Al－V合金为代表的超塑性合金，可以50%～150%地伸长加工成型，其最大伸长可达到2 000%。

钛也是一种外科植入物的优良材料，它强度高、密度小，便于复杂成型，抗人体组织液腐蚀，可与人体活组织共存，用于制造人工关节、骨骼、固定螺钉、假牙等，是一种理想的外科植入材料。

由于上述优异性能，钛享有“未来的金属”的美称。钛合金已广泛用于国民经济各部门，它是火箭、导弹和航天飞机不可缺少的材料。船舶、化工、电子器件和通信设备、医疗及若干轻工业部门中也大量应用钛合金。只是目前钛材的价格较昂贵,限制了它的普遍应用。

2. 合金钢和硬质合金

在碳钢中加入某些元素,以改善钢的某些性能,这种钢被称为合金钢,被加入的元素称为合金元素。在合金钢中经常加入的元素有 d 区的钛、锆、钒、铌、铬、钼、钨、锰、钴、镍以及 p 区的铝和硅等。

合金元素能改善钢的机械性能、工艺性能或物理、化学性能。不同的合金元素对钢的性能产生不同的影响。合金元素 Ni、Cr、Mn、Si 等加入钢中,既可提高钢的强度和硬度,又能改善钢的韧性;高熔点合金元素 Mo、V、W 等加入钢中可提高钢的强度;Ni 可降低脆性转变温度,改善钢的低温韧性,是许多低温用钢中的主要合金元素;钢中加入 Cr 可大大提高钢的耐蚀能力;钢中加入 Mn 可提高钢的耐磨性;当钢中含有适量的 Al、Cr、Si 等元素,可显著提高钢的抗高温氧化性能,由于 Al_2O_3、Cr_2O_3 和 SiO_2 等非常致密的氧化膜的存在,可保护钢材表面不被继续氧化。

合金元素对钢的工艺性能也有一定的影响。在钢中适量提高 S、Mn 含量可改善其切削性能,有时切削工艺性能要求很高时,专门在钢中加入适量 Pb;某些合金元素加入钢中,将提高钢材的冷形变硬化率,钢变硬变脆,使冷形变加工困难,因此,凡需要进行冷处理成型的钢,如冷镦、冷冲压等,常限制钢中 C、Si、S、P、Ni、Cr、V、Cu 各元素的含量。V、Ti、Nb、Zr 等元素可改善钢的焊接性能,而 C、Si、S、P 则恶化焊接性能等。

第Ⅳ、Ⅴ、Ⅵ副族金属与碳、氮、硼等所形成的间隙化合物,由于硬度和熔点特别高,因此统称为硬质合金。它是 20 世纪 60 年代初出现的一种新型工程材料。它兼有硬质化合物的硬度、耐磨性和钢的强度及韧性。即使在 1 000 ~ 1 100 ℃ 还能保持其硬度。硬质合金是金属加工、采矿钻井及量具、模具等的重要工具材料。其多样化是近年来硬质合金发展的一个突出特点。

3. 记忆合金

如果某种合金在一定外力作用下使其几何形态(形状和体积)发生改变,而当加热到某一温度时,它又能够完全恢复到变形前的几何形态,这种现象称为形状记忆效应。具有形状记忆效应的合金称为形状记忆合金,简称记忆合金。记忆合金是近 20 年来发展起来的一种新型金属材料,它具有“记忆”自己形状的本领,在航天工业、医学和人类生活中具有十分广泛的发展前景。

记忆合金的这种在某一温度下能发生形状变化的特性,是由于这类合金存在着一对可逆转变的晶体结构的缘故。例如,含 Ti、Ni 各 50% 的记忆合金,有菱形和立方体两种晶体结构。两种晶体结构之间有一个转化温度。高于这一温度时,会由菱形结构转变为立方体结构,低于这一转变温度时,则向相反方向转变。晶体结构类型的改变导致了材料形状的改变。

目前已知的记忆合金有 Cu - Zn - X(X = Si、Sn、Al、Ga)、Cu - Al - Ni、Cu - Au - Zn、Cu - Sn、Ag - Cd、Ni - Ti(Al)、Ni - Ti - X、Fe - Pt(Pd) 以及 Fe - Ni - Ti - Co 等。用记忆合金制成的因温度变化而胀缩的弹簧,可用于暖房、玻璃房顶窗户的启闭。气温高时,弹簧伸长,顶窗打开,使之通风;气温低时,弹簧收缩,气窗关闭。

4. 贮氢合金

贮氢合金是指两种特定金属的合金。一种金属可以大量吸进 H_2,形成稳定的氢化物;而另一种金属与氢的亲和力小,使氢很容易在其中移动。第一种金属控制着 H_2 的吸藏量,而后一种金属控制着吸收氢气的可逆性。稀土金属是前一种的代表。

贮氢合金能够像人类呼吸空气那样大量地"呼吸"H_2,是开发利用氢能源、分离精制高纯氢的理想材料。

13.3　非金属单质和化合物的物理与化学性质

除氢以外非金属元素在周期表中,都位于周期表的右侧和上侧,集中在p区。属于非金属元素的有氢(hydrogen,H)、硼(boron,B)、碳(carbon,C)、氮(nitrogen,N)、氧(oxygen,O)、氟(fluorine,F)、硅(silicon,Si)、磷(phosphorus,P)、硫(sulfur,S)、氯(chlorine,Cl)、砷(arsenic,As)、硒(selenium,Se)、溴(bromine,Br)、碲(tellurium,Te)、碘(iodine,I)和砹(astatine,At)。

13.3.1　非金属单质和化合物的物理性质

晶体微粒间作用力的性质和大小,对晶体的熔点、沸点、硬度等性质有重大影响。而晶体在工程材料中占有十分重要的地位,若能根据单质或化合物的组成与结构,以及组成元素在周期表中的位置,区分晶体所属类型并判别微粒间作用力的大小,可大致了解晶体所具有的一般性质,这对选择和使用工程材料无疑是十分有益的。

1. 非金属单质

目前已知的22种非金属元素除氢位于s区外,其他都集中在p区,分别位于周期表ⅢA到ⅦA及零族,其中砹、氡为放射性元素。在这些元素中,除稀有气体以单原子分子存在外,其他非金属单质都至少由两个原子通过共价键结合在一起。例如,H_2、卤素、O_2、N_2都是由共价键结合而成的双原子分子,属分子晶体;金刚石、晶体硅是由很多原子结合而成的原子晶体(其中每个原子均以4个sp^3杂化轨道参与成键),硼也是原子晶体;处于p区非金属与金属边界的磷、砷、硒、碲,甚至碳(石墨)等出现了层状、链状等过渡型结构的多种同素异形体。

非金属单质的熔点、沸点、硬度按周期表呈现明显的规律,两边(左边的H_2,右边的稀有气体、卤素等)的较低,中间(C、Si等原子晶体)的较高。有关数据见表13-1、表13-2,这完全与它们的晶体结构相适应,属于原子晶体的硼、碳、硅等单质的熔、沸点都很高;属于分子晶体的物质熔、沸点都很低,其中一些单质常温下呈气态(如稀有气体及F_2、Cl_2、O_2、N_2)或液态(如Br_2)。氦是所有物质中熔点(-271.2 ℃)和沸点(-268.93 ℃)最低的。液态的He、Ne、Ar以及O_2、N_2等常用来作为低温介质。如利用He可获得0.001 K的超低温。一些呈固态的单质,其熔、沸点也不高。金刚石的熔点(3 550 ℃)和硬度(10)是所有单质中最高的。根据这种性质,金刚石除可作为装饰品外,在工业上主要用作钻头、刀具及精密轴承等。石墨虽然是层状晶体,熔点也很高(3 652 ~ 3 697 ℃)。由于石墨具有良好的化学稳定性、传热导电性,在工业上用作电极、坩埚和热交换器材料。非金属单质一般是非导体,也有一些单质具有半导体性质,如硼、碳、硅、磷、砷、硒、碲、碘等。在单质半导体材料中以硅和锗为最好,其他如碘易升华,硼熔点高(2 079 ℃)。磷的同素异形体中,白磷有剧毒(致死量为0.1 g),因而不能作为半导体材料。

2. 卤化物

卤化物是指卤素与电负性比卤素小的元素所组成的二元化合物。卤化物中着重讨论氯化物。

表13 - 5和表13 - 6中分别列出了一些氯化物的熔点和沸点。从表中可以看出,氯化物大致分成3种情况:活泼金属的氯化物,如 NaCl、KCl、$BaCl_2$ 等,熔点、沸点较高;非金属的氯化物,如 PCl_3、CCl_4、$SiCl_4$ 等,熔点、沸点都很低;位于周期表中部的金属元素的氯化物,如 $AlCl_3$、$FeCl_3$、$CrCl_3$、$ZnCl_2$ 等,熔点、沸点介于两者之间,大多偏低。

表13 - 5　氯化物的熔点(℃)

	ⅠA	ⅡA	ⅢB	ⅣB	ⅤB	ⅥB	ⅦB	Ⅷ			ⅠB	ⅡB	ⅢA	ⅣA	ⅤA	ⅥA	ⅦA
1	HCl -114.8																
2	LiCl 605	$BeCl_2$ 405											BCl_3 -107.3	CCl_4 -23	NCl_3 <-40	Cl_2O_7 -91.5	ClF -154
3	NaCl 801	$MgCl_2$ 714											$AlCl_3$ 190*	$SiCl_4$ -70	PCl_5 166.8^d PCl_3 -112	SCl_4 -30	Cl_2 -100.98
4	KCl 770	$CaCl_2$ 782	$ScCl_3$ 939	$TiCl_4$ -25 $TiCl_3$ 440^d	VCl_4 -28	$CrCl_3$ 约 1 150 $CrCl_2$ 824	$MnCl_2$ 650	$FeCl_3$ 306 $FeCl_2$ 672	$CoCl_2$ 724	$NiCl_2$ 1 001	$CuCl_2$ 620 CuCl 430	$ZnCl_3$ 283	$GaCl_3$ 77.9	$GeCl_4$ -49.5	$AsCl_3$ -8.5	$SeCl_4$ 205	
5	RbCl 718	$SrCl_2$ 875	YCl_3 721	$ZrCl_4$ 437*	$NbCl_5$ 204.7	$MoCl_5$ 194		$RuCl_3$ >500^d	$RhCl_3$ 475^d	$PdCl_3$ 500^d	AgCl 455	$CdCl_2$ 568	$InCl_3$ 586	$SnCl_4$ -33 $SnCl_2$ 246	$SbCl_5$ 2.8 $SbCl_3$ 73.4	$TeCl_4$ 224	α-ICl 27.2
6	CsCl 645	$BaCl_2$ 963	$LaCl_3$ 860	$HfCl_4$ 319^s	$TaCl_5$ 216	WCl_5 275 WCl_5 248		$OsCl_3$ 550^d	$IrCl_3$ 763^d	$PtCl_4$ 370^d	$AuCl_3$ 254^d AuCl 170^d	$HgCl_2$ 276 Hg_2Cl_2 400^s	$TlCl_3$ 25 TlCl 430	$PbCl_4$ -15 $PbCl_2$ 501	$BiCl_3$ 231		

注:* 表示在加压下;d 表示分解;s 表示升华。$FeCl_2$、$RhCl_3$、$OsCl_3$、$BiCl_3$ 的数据有温度范围,本表取平均值。

物质的熔点、沸点主要取决于晶体结构。氯是活泼非金属,它与很活泼的金属如 Na、K、Ba 等化合形成离子型氯化物,晶态时是离子晶体,晶格点上的正、负离子间作用着较强的离子键,晶格能大,因而熔点、沸点较高;氯与非金属化合形成共价型氯化物,固态时是分子晶体,因而熔点、沸点较低。但氯与一般金属元素(包括 Mg、Al 等)化合,往往形成过渡型氯化物。例如 $FeCl_3$、$AlCl_3$、$MgCl_2$、$CdCl_2$ 等,固态时是层状(或链状)结构晶体,不同程度地呈现出离子晶体向着分子晶体过渡的性质,因而其熔点、沸点低于离子晶体,但高于分子晶体,常易升华。然而,从表13 - 5中熔点数据可发现以下两个问题:

(1) ⅠA 族元素氯化物(除 LiCl 外)的熔点自上而下逐渐降低,而 ⅡA 族元素氯化物虽都有较高的熔点(说明基本上属于离子晶体,$BeCl_2$ 除外),但自上而下熔点逐渐升高,变化趋势恰好相反,表明还有其他因素在起作用。

(2) 多数过渡金属及 p 区金属氯化物不但熔点较低,而且一般说来,同一金属元素的低价态氯化物的熔点比高价态的高。例如 $FeCl_2$ 的熔点高于 $FeCl_3$,$SnCl_2$ 的熔点高于 $SnCl_4$。

表 13－6　氯化物的沸点(℃)

	ⅠA	ⅡA	ⅢB	ⅣB	ⅤB	ⅥB	ⅦB	Ⅷ			ⅠB	ⅡB	ⅢA	ⅣA	ⅤA	ⅥA	ⅦA
1	HCl -84.9																
2	LiCl 1 342	$BeCl_2$ 520											BCl_3 12.5	CCl_4 76.8	NCl_3 <71	Cl_2O_7 82	ClF -100.8
3	NaCl 1 413	$MgCl_2$ 1 412											$AlCl_3$ 177.8^{s}	$SiCl_4$ 57.57	PCl_5 162^{s} PCl_3 75.5	SCl_4 -15^{d}	Cl_2 -34.6
4	KCl $1\,500^{s}$	$CaCl_2$ >1 600	$ScCl_3$ 825^{s}	$TiCl_4$ 136.4	VCl_4 148.5	$CrCl_3$ $1\,300^{s}$	$MnCl_2$ 1 190	$FeCl_3$ 315^{d}	$CoCl_2$ 1 049	$NiCl_2$ 973^{s}	$CuCl_2$ 933^{d} CuCl 1 490	$ZnCl_3$ 732	$GaCl_3$ 201.3	$GeCl_4$ 84	$AsCl_3$ 130.2	$SeCl_4$ 288^{d}	
5	RbCl 1 390	$SrCl_2$ 1 250	YCl_3 1 507	$ZrCl_4$ 331^{s}	$NbCl_5$ 254	$MoCl_5$ 268			$RhCl_3$ 800^{s}		AgCl 1 550	$CdCl_2$ 960	$InCl_3$ 600	$SnCl_4$ 114.1 $SnCl_2$ 652	$SbCl_5$ 79 $SbCl_3$ 283	$TeCl_4$ 380	α-ICl 97.4
6	CsCl 1 290	$BaCl_2$ 1 560	$LaCl_3$ >1 000	$HfCl_4$ 319^{s}	$TaCl_5$ 242	WCl_5 346.7 WCl_5 275.6	$ReCl_4$ 500				$AuCl_3$ 265^{s} AuCl 289.5^{d}	$HgCl_2$ 302	TlCl 720	$PbCl_4$ 105^{d} $PbCl_2$ 950	$BiCl_3$ 447		

注：* 表示在加压下；d 表示分解；s 表示升华。LiCl、$ScCl_3$ 的数据有温度范围，本表取平均值。

3. 氧化物

氧化物是指氧与电负性比氧要小的元素所形成的二元化合物。一些氧化物的熔点见表 13－7。氧化物沸点的变化规律基本和熔点一致，数据不再列表。一些金属氧化物（包括 SiO_2）的硬度见表 13－8。总体来说，与氯化物相似，但也存在一些差异。金属性强的元素的氧化物，如 Na_2O、BaO、CaO、MgO 等是离子晶体，熔点、沸点大都较高。大多数非金属元素的氧化物，如 SO_2、N_2O_5、CO_2 等是共价型化合物，固态时是分子晶体，熔点、沸点较低。但与所有的非金属氯化物都是分子晶体不同，非金属硅的氧化物 SiO_2（方石英）是原子晶体，熔点、沸点较高。大多数金属性不大强的元素的氧化物是过渡化合物，其中一些较低价态金属的氧化物，如 Cr_2O_3、Al_2O_3、Fe_2O_3、NiO、TiO_2 等可以认为是离子晶体向原子晶体的过渡，或者说介于离子晶体和原子晶体之间，熔点较高。而高价态金属的氧化物，如 V_2O_5、CrO_3、MoO_3、Mn_2O_7 等，由于金属离子与氧离子相互极化作用强烈，偏向于共价型分子晶体，可以认为是离子晶体向分子晶体的过渡，熔点、沸点较低。此外，当比较表 13－5 和表 13－7 时可发现，大多数相同价态的某金属氧化物的熔点都比其氯化物的熔点要高。例如 MgO 的熔点高于 $MgCl_2$ 的熔点，Al_2O_3 的熔点高于 $AlCl_3$ 的熔点，Fe_2O_3 的熔点高于 $FeCl_3$ 的熔点，CuO 的熔点高于 $CuCl_2$ 的熔点。

表 13－7　氧化物的熔点(℃)

	ⅠA	ⅡA	ⅢB	ⅣB	ⅤB	ⅥB	ⅦB	Ⅷ			ⅠB	ⅡB	ⅢA	ⅣA	ⅤA	ⅥA	ⅦA
1	H_2O 0.000																
2	Li_2O >1 700	BeO 2 530											B_2O 450	CO_2 -56.6*	N_2O_3 -102	O_2 -218.4	OF_2 -223.8
3	Na_2O 1 275^s Na_2O_2 460^d	MgO 2 852											Al_2O_3 2 072	SiO_2 1 610	P_2O_5 583 P_2O_3 23.8	SO_3 16.83 SO_3 -72.7	Cl_2O_7 -91.5 Cl_2O -20
4	KO_2 380 K_2O 350^d	CaO 2 614		TiO_2 1 840	V_2O_5 690	CrO_3 196 CrO_3 2 266	Mn_2O_7 5.9 MnO_2 535^d	Fe_2O_3 1 565 FeO 1 369	CoO 1 795	NiO 1 984	CuO 1 326 Cu_2O 1 235	ZnO 1 975	Ga_2O_3 1 795	GeO_2 1 115.0	As_2O_5 315^d As_2O_3 312.3	SeO_3 118 SeO_2 345	Br_2O -17.5
5	RbO_2 432 Rb_2O 400^d	SrO 2 430	Y_2O_3 2 410	ZrO_2 2 715	Nb_2O_5 1 520	MoO_3 795		RuO_4 25.5	Rh_2O_3 1 125^d	PdO 870	Ag_2O 230^d	CdO >1 500		SnO_2 1 630 SnO 1 080^d	Sb_2O_3 656	TeO_3 395^d TeO_2 733	I_2O_5 325^d
6	Cs_2O_2 400 Cs_2O 400^d	BaO 1 918 BaO_2 450	La_2O_3 2 307	HfO_2 2 758	Ta_2O_5 1 872	WO_3 1 473	Re_2O_7 约 297	OsO_4 40.6	IrO_2 1 100^d	PtO 550^d	Au_2O_3 160^d	HgO 500^d Hg_2O 100^d	Tl_2O_3 717 Tl_2O 300	PbO_2 90^d PbO 886	Bi_2O_3 825		

注: * 表示在加压下;d 表示分解;s 表示升华。P_2O_5、Br_2O、I_2O_5、TiO_2、Rh_2O_3、SeO_2 的数据有温度范围,本表取平均值。

表 13－8　某些金属氧化物和二氧化硅的硬度(金刚石为 10)

氧化物	BaO	SrO	CaO	MgO	TiO_2	Fe_2O_3	SiO_2	Al_2O_3	Cr_2O_3
硬度	3.3	3.8	4.5	5.5 ~ 6.5	5.5 ~ 6	5 ~ 6	6 ~ 7	7 ~ 9	9

由此可见,原子型、离子型和某些过渡型的氧化物晶体,由于具有熔点高、硬度大、对热稳定性高的共性,工程中常可用作磨料、耐火材料、绝热材料及耐高温无机涂层材料等。

13.3.2　非金属单质和化合物的化学性质

1. 氧化还原性

(1) 非金属单质。

与金属单质不同,非金属单质的特性是易得电子,呈现氧化性,但除 F_2、O_2 外,大多数非金属单质既具有氧化性,又具有还原性。按照氧化还原性能的不同,大致可以分为以下四类。

① 具有氧化性的非金属单质。较活泼的非金属单质如 F_2、O_2、Cl_2、Br_2 具有强氧化性,常用作氧化剂。其氧化性的强弱可以通过电极电势的高低进行判断。对于指定反应既可从 $\varphi(正) > \varphi(负)$,也可从反应的 $\Delta G < 0$ 来判别反应自发进行的方向。

例如,我国四川盛产井盐,盐卤水含碘 0.5 ~ 0.7 $g \cdot L^{-1}$,若通入氯气可制碘,这是由于

$$Cl_2 + 2I^- \longrightarrow 2Cl^- + I_2$$

必须注意的是,通氯气不能过量。因为过量 Cl_2 可将 I_2 进一步氧化为无色的 IO_3^- 而得不到预期的产品 I_2,即

$$5Cl_2 + I_2 + 6H_2O \longrightarrow 10Cl^- + 2IO_3^- + 12H^+$$

从电对的电极电势来看，由于 $\varphi^{\ominus}(Cl_2/Cl^-) = 1.358\ V > \varphi^{\ominus}(IO_3^-/I_2) = 1.195\ V$，所以 Cl_2 具有较强的氧化性，I_2 则具有一定的还原性。

② 具有还原性的非金属单质。较不活泼的非金属单质如 C、H_2、Si 常用作还原剂。例如，作为我国主要燃料的煤或用于炼铁的焦炭，就是利用碳的还原性。硅的还原性不如碳强，不与任何单一的酸作用，但能溶于 HF 和 HNO_3 的混合酸中，也能与强碱作用生成硅酸盐和氢气，即

$$3Si + 18HF + 4HNO_3 = 3H_2[SiF_6] + 4NO(g) + 8H_2O$$

$$\varphi^{\ominus}(SiF_6^{2-}/Si) = -1.24\ V$$

$$Si + 2NaOH + H_2O = Na_2SiO_3 + 2H_2(g)$$

$$\varphi^{\ominus}(SiO_3^{2-}/Si) = -1.73\ V$$

铸造生产中用水玻璃（硅酸钠水溶液）与砂造型时，为了加速水玻璃的硬化作用，常在水玻璃与砂的混合料中加入少量硅粉。硅酸钠与水作用生成硅酸和氢氧化钠，硅粉与氢氧化钠按上式反应并放出大量热，加速铸型的硬化，这种型砂生产上称为水玻璃自硬砂。

较不活泼的非金属单质在一般情况下还原性不强，不与盐酸或稀硫酸等作用，但碘、硫、磷、碳、硼等单质均能被浓硝酸或浓硫酸氧化生成相应的氧化物或含氧酸，例如

$$S + 2HNO_3(浓) = H_2SO_4 + 2NO(g)$$

$$C + 2H_2SO_4(浓) = CO_2(g) + 2SO_2(g) + 2H_2O$$

③ 既具有氧化性又具有还原性的非金属单质。大多数非金属单质既具有氧化性又具有还原性，其中 Cl_2、Br_2、I_2、P_4、S_8 等能发生歧化反应。

以 H_2 为例，高温时氢气变得较为活泼，能在氧气中燃烧，产生无色但温度较高的火焰（氢氧焰），即

$$H_2(g) + \frac{1}{2}O_2(g) \xrightarrow{燃烧} H_2O(g)$$

由于反应放出大量热 $\Delta_r H_m^{\ominus}(298.15\ K) = -241.8\ kJ \cdot mol^{-1}$，氢氧焰可用于焊接钢板、铝板以及不含碳的合金等。在一定条件下，氢气和氧气的混合气体遇火能发生爆炸，因此工程或实验室中使用氢气时要注意安全。但是，氢气与活泼金属反应时则表现出氧化性，例如

$$2Li + H_2 \xrightarrow{\triangle} 2LiH$$

$$Ca + H_2 \xrightarrow{\triangle} CaH_2$$

反应生成物氢化锂和氢化钙都是离子型氢化物，这些晶体中氢以 H^- 状态存在，它们是优良的还原剂，能将一些金属氧化物或卤化物还原为金属，例如

$$2LiH + TiO_2 = 2LiOH + Ti$$

这些离子型氢化物也能与水迅速反应而产生氢气，用于救生衣、救生筏、军用气球和气象气球的充气，例如

$$CaH_2 + 2H_2O = 2H_2(g) + Ca(OH)_2$$

也可利用此反应来测定并排除系统中的痕量湿气，因而氢化钙可用作有效的干燥剂和脱水剂。

氯气与水作用生成盐酸和次氯酸（HClO），是典型的歧化反应，即

$$\overset{0}{Cl_2} + H_2O = H\overset{-1}{Cl} + H\overset{+1}{Cl}O$$

溴（液）、碘（固）与水的作用和氯（气）与水的作用相似，但依 Cl_2、Br_2、I_2 的顺序，反应的趋

势或程度依次减小。这与卤素的标准电极电势 $\varphi^{\ominus}$ 的数值自 Cl_2 到 I_2 依次减小相吻合。

卤素极易溶于碱溶液,可以看作是由于碱的存在,促使上述卤素(以 Cl_2 为例)与水反应的平衡向右移动所致。Cl_2 与 NaOH 溶液的反应可表示为

$$\overset{0}{Cl_2} + 2NaOH \xlongequal{} Na\overset{-1}{Cl} + Na\overset{+1}{Cl}O + H_2O$$

氯与生石灰反应生成钙盐,可作为洗衣房的固体漂白剂,游泳池的杀藻剂和杀菌剂,即

$$CaO(s) + Cl_2(g) \xlongequal{} CaCl(OCl)(s)$$

次卤酸离子(ClO^-、BrO^-、IO^-)都易于歧化成相应的卤素离子(X^-)和卤酸根离子(XO_3^-),则

$$3XO^- \xlongequal{} XO_3^- + 2X^- \quad (X = Cl, Br, I)$$

尽管上述三种 XO^- 歧化反应的平衡常数都很大,但歧化反应的速率差别很大。在任何温度时,IO^- 的歧化反应最快,而 BrO^- 在室温时反应速率适中(BrO^- 的溶液,只有在低温时才能制成)。在室温下 ClO^- 的歧化反应很慢(活化能很高),因此其溶液可以保持适当时期,这是次氯酸盐能作为液体漂白剂出售的原因。这个有趣的稳定性实例,是由反应速率而不是由热力学决定的。

④ 不具有氧化性和还原性的非金属单质。一些不活泼的非金属单质如稀有气体、N_2 等通常不与其他物质反应,常用作惰性介质或保护性气体。

(2) 无机化合物。

① 高锰酸钾。锰原子核外的 $3d^54s^2$ 电子都能参加化学反应,氧化值为 +1 到 +7 的锰化合物都已被发现,其中以 +2、+4、+6、+7 较为常见。在 +7 价锰的化合物中,高锰酸盐是最稳定的,应用最广的是高锰酸钾($KMnO_4$)。它是暗紫色晶体,在溶液中呈高锰酸根离子特有的紫色。$KMnO_4$ 固体加热至 200 ℃ 以上时按下式分解,即

$$2KMnO_4(s) \xrightarrow{\triangle} K_2MnO_4(s) + MnO_2(s) + O_2(g)$$

在实验室中有时也可利用这一反应制取少量的氧气。

$KMnO_4$ 在常温时较稳定,但在酸性溶液中不稳定,会缓慢地按下式分解,即

$$4MnO_4^-(aq) + 4H^+(aq) \xlongequal{} 4MnO_2(s) + 3O_2(g) + 2H_2O(l)$$

在中性或微碱性溶液中,$KMnO_4$ 分解的速率更慢。但是光对 $KMnO_4$ 的分解起催化作用,所以配制好的 $KMnO_4$ 溶液需储存在棕色瓶中。

$KMnO_4$ 是一种常用的氧化剂,其氧化性的强弱以及还原产物都与介质的酸度密切相关。在酸性介质中它是很强的氧化剂,氧化能力随介质酸性的减弱而减弱,还原产物也不同。这也可从下列有关的电极电势看出,即

$$MnO_4^-(aq) + 8H^+(aq) + 5e^- \xlongequal{} Mn^{2+}(aq) + 4H_2O$$

$$\varphi^{\ominus}(MnO_4^-/Mn^{2+}) = 1.507\ V$$

$$MnO_4^-(aq) + 2H_2O(l) + 3e^- \xlongequal{} MnO_2(s) + 4OH^-(aq)$$

$$\varphi^{\ominus}(MnO_4^-/MnO_2) = 0.595\ V$$

$$MnO_4^-(aq) + e^- \xlongequal{} MnO_4^{2-}(aq)$$

$$\varphi^{\ominus}(MnO_4^-/MnO_4^{2-}) = 0.558\ V$$

在酸性介质中,MnO_4^- 可以氧化 SO_3^{2-}、Fe^{2+}、H_2O_2,甚至 Cl^- 等,本身被还原为 Mn^{2+}(浅红色,稀溶液为无色),例如

$$2MnO_4^- + 5SO_3^{2-} + 6H^+ = 2Mn^{2+} + 5SO_4^{2-} + 3H_2O$$

在中性或弱碱性溶液中，MnO_4^- 可被较强的还原剂如 SO_3^{2-} 还原为 MnO_2（棕褐色沉淀），即

$$2MnO_4^- + 3SO_3^{2-} + H_2O = 2MnO_2(s) + 3SO_4^{2-} + 2OH^-$$

在强碱性溶液中，MnO_4^- 还可以被（少量的）较强的还原剂如 SO_3^{2-} 还原为 MnO_4^{2-}（绿色），则

$$2MnO_4^- + SO_3^{2-} + 2OH^- = 2MnO_4^{2-} + SO_4^{2-} + H_2O$$

② 重铬酸钾。重铬酸钾是常用的氧化剂。在酸性介质中 +6 价铬（以 $Cr_2O_7^{2-}$ 形式存在）具有较强的氧化性，可将 Fe^{2+}，NO_2^-、SO_3^{2-}、H_2S 等氧化，而 $K_2Cr_2O_7$ 被还原为 Cr^{3+}。分析化学中可借下列反应测定铁的含量（先使样品中所含铁全部转变为 Fe^{2+}），即

$$Cr_2O_7^{2-} + 6Fe^{2+} + 14H^+ = 2Cr^{3+} + 6Fe^{3+} + 7H_2O$$

在重铬酸盐或铬酸盐的水溶液中存在下列平衡，即

$$\underset{\text{(黄色)}}{2CrO_4^{2-}(aq)} + 2H^+(aq) = \underset{\text{(橙色)}}{Cr_2O_7^{2-}(aq)} + H_2O(l)$$

加酸或加碱可以使上述平衡发生移动。若加入酸使溶液呈酸性，则溶液中以重铬酸根离子 $Cr_2O_7^{2-}$ 为主而显橙色；若加入碱使溶液呈碱性，则以铬酸根离子 CrO_4^{2-} 为主而显黄色。

实验室使用的铬酸洗液是 $K_2Cr_2O_7$ 饱和溶液和浓 H_2SO_4 混合制得的。它具有强氧化性，用于洗涤玻璃器皿，可以除去壁上黏附的油脂等。在铬酸洗液中常有暗红色的针状晶体析出，这是由于生成了铬酸酐 CrO_3，即

$$K_2Cr_2O_7 + H_2SO_4(\text{浓}) = 2CrO_3(s) + K_2SO_4 + H_2O$$

洗液经反复使用多次后，就会从棕红色变为暗绿色（Cr^{3+}）而失效。为了防止 +6 价铬（致癌物质）的污染，现大都改用合成洗涤剂代替铬酸洗液。

③ 亚硝酸盐。亚硝酸盐（nitrite）中氮的氧化值为 +3，处于中间价态，它既有氧化性又有还原性。在酸性溶液中的标准电极电势为

$$HNO_2(aq) + H^+(aq) + e^- = NO(g) + H_2O(l)$$

$$\varphi^{\ominus}(HNO_2/NO) = 0.983\ V$$

$$NO_3^-(aq) + 3H^+(aq) + 2e^- = HNO_2(aq) + H_2O(l)$$

$$\varphi^{\ominus}(NO_3^-/HNO_2) = 0.934\ V$$

亚硝酸盐在酸性介质中主要表现为氧化性。例如，能将 KI 氧化为单质碘，NO_2^- 被还原为 NO，即

$$2NO_2^- + 2I^- + 4H^+ = 2NO(g) + I_2(s) + 2H_2O$$

亚硝酸盐遇较强氧化剂如 $KMnO_4$、$K_2Cr_2O_7$、Cl_2 时，会被氧化为硝酸盐，即

$$Cr_2O_7^{2-} + 3NO_2^- + 8H^+ = 2Cr^{3+} + 3NO_3^- + 4H_2O$$

亚硝酸盐均可溶于水并有毒，是致癌物质。

④ 过氧化氢。H_2O_2 中氧的氧化值为 -1，介于零价与 -2 价之间，H_2O_2 既具有氧化性又具有还原性，并且还会发生歧化反应。

H_2O_2 在酸性或碱性介质中都显相当强的氧化性。在酸性介质中，H_2O_2 可把 I^- 氧化成 I_2（并且还可以将 I_2 进一步氧化为碘酸），H_2O_2 则被还原为 H_2O（或 OH^-），即

$$H_2O_2 + 2I^- + 2H^+ = I_2 + 2H_2O$$

遇更强的氧化剂如氯气、酸性高锰酸钾等时，H_2O_2 又呈现还原性而被氧化为 O_2，例如

$$2MnO_4^- + 5H_2O_2 + 6H^+ \xlongequal{} 2Mn^{2+} + 5O_2(g) + 8H_2O$$

已用放射性同位素证实此反应产生的 O_2 全部来自还原剂 H_2O_2，而不是来自 H_2O 或 MnO_4^-，即 H_2O_2 与 O_2 的化学计量数必须相等。

H_2O_2 的分解反应是一个歧化反应，即

$$2H_2O_2(l) \xlongequal{} 2H_2O(l) + O_2(g)$$

$$\Delta_r H_m^{\ominus}(298.15\ K) = -195.7\ kJ \cdot mol^{-1}$$

根据标准电极电势(酸性介质中)，即

$$O_2(g) + 2H^+(aq) + 2e^- \xlongequal{} H_2O_2(aq)$$

$$\varphi^{\ominus}(O_2/H_2O_2) = 0.695\ V$$

$$H_2O_2(aq) + 2H^+(aq) + 2e^- \xlongequal{} 2H_2O(l)$$

$$\varphi^{\ominus}(H_2O_2/H_2O) = 1.776\ V$$

由上式可知，H_2O_2 做氧化剂的 $\varphi^{\ominus}(H_2O_2/H_2O)$ 大于其做还原剂的 $\varphi^{\ominus}(O_2/H_2O_2)$，因此上述 H_2O_2 的歧化反应是热力学上可自发进行的反应，即液态 H_2O_2 是热力学不稳定的。但无催化剂存在时，在室温下分解得比较缓慢。很多物质，如 I_2、MnO_2 以及多种重金属离子(Fe^{2+}、Mn^{2+}、Cr^{3+} 等)都可使 H_2O_2 催化分解，分解时可发生爆炸，同时放出大量的热。在见光或加热时 H_2O_2 分解过程也会加速，因此 H_2O_2 应置于棕色瓶中，并放在阴冷处。

2. 酸碱性

(1) 氧化物及其水合物的酸碱性。

氧化物按其组成可分为正常氧化物(含氧离子 O^{2-})、过氧化物(含过氧离子 O_2^{2-}，如 H_2O_2)、超氧化物(含超氧离子 O_2^-，如 KO_2)和臭氧化物(含臭氧离子 O_3^-，如 NaO_3)等。根据氧化物对酸、碱的反应的不同，又可将氧化物分为酸性、碱性、两性和中性氧化物等四类。中性氧化物又称不成盐氧化物，如 CO、NO、N_2O 等，它们不与酸、碱反应，也不溶于水。与酸性、碱性和两性氧化物相对应，它们的水合物也有酸性、碱性和两性的。氧化物的水合物不论是酸性、碱性和两性，都可以看作是氢氧化物，即可用一个简化的通式 $R(OH)_x$ 来表示，其中 x 是元素 R 的氧化值。在书写酸的化学式时，习惯上总把氢列在前面；在书写碱的化学式时，则把金属列在前面而写成氢氧化物的形式。例如，硼酸写成 H_3BO_3 而不写成 $B(OH)_3$；而氢氧化镧是碱，则写成 $La(OH)_3$。

当元素 R 的氧化值较高时，氧化物的水合物易脱去一部分水而变成含水较少的化合物。例如，硝酸 HNO_3(H_5NO_5 脱去2个水分子)；正磷酸 H_3PO_4(H_5PO_5 脱去1个水分子)等。对于两性氢氧化物如氢氧化铝，既可写成碱的形式 $Al(OH)_3$，也可写成酸的形式，即

$$\underset{\text{氢氧化铝}}{Al(OH)_3} \equiv \underset{\text{正铝酸}}{H_3AlO_3} \xlongequal{} \underset{\text{偏铝酸}}{HAlO_2} + H_2O$$

周期系中元素的氧化物及其水合物的酸碱性的递变有以下规律。

① 氧化物及其水合物的酸碱性强弱的一般规律。周期系各族元素最高价态的氧化物及其水合物，从左到右(同周期)酸性增强，碱性减弱；自上而下(同族)酸性减弱，碱性增强。这一规律在主族中表现明显，副族情况大致与主族有相同的变化趋势，但要缓慢些。它们的酸碱性递变顺序见表 13 - 9 和表 13 - 10。

表 13－9 周期系中主族元素氢氧化物的酸碱性

ⅠA	ⅡA	ⅢA	ⅣA	ⅤA	ⅥA	ⅦA
LiOH (中强碱)	$Be(OH)_2$ (两性)	H_3BO_3 (弱酸)	H_2CO_3 (弱酸)	HNO_3 (强酸)		
NaOH (强碱)	$Mg(OH)_2$ (中强碱)	$Al(OH)_3$ (两性)	H_2SiO_3 (弱酸)	H_3PO_4 (中强酸)	H_2SO_4 (强酸)	$HClO_4$ (极强酸)
KOH (强酸)	$Ca(OH)_2$ (中强碱)	$Ga(OH)_2$ (两性)	$Ge(OH)_4$ (两性)	H_3AsO_4 (中强酸)	H_2SeO_4 (强酸)	$HBrO_4$ (强酸)
RbOH (强碱)	$Sr(OH)_2$ (强碱)	$In(OH)_3$ (两性)	$Sn(OH)_4$ (两性)	$H[Sb(OH)_6]$ (弱酸)	H_6TeO_6 (弱酸)	H_5IO_6 (中强酸)
CaOH (强碱)	$Ba(OH)_2$ (强碱)	$Tl(OH)_3$ (弱碱)	$Pb(OH)_4$ (两性)			

酸性增强（→，自左向右；↑，自下而上）

碱性增强（←，自右向左；↓，自上而下）

表 13－10 副族元素氢氧化物的酸碱性

ⅢB	ⅣB	ⅤB	ⅥB	ⅦB
$Se(OH)_2$ (强碱)	$Ti(OH)_4$ (两性)	HVO_3 (弱酸)	H_2CrO_4 (中强酸)	$HMnO_4$ (强酸)
$Y(OH)_3$ (中强碱)	$Zr(OH)_4$ (两性)	$Nb(OH)_5$ (两性)	H_2MoO_4 (酸)	$HTcO_4$ (酸)
$La(OH)_3$ (强碱)	$Hf(OH)_4$ (两性)	$Ta(OH)_5$ (两性)	H_2WO_4 (弱酸)	$HReO_4$ (弱酸)

酸性增强（→，自左向右；↑，自下而上）

碱性增强（←，自右向左；↓，自上而下）

同一族元素较低价态的氧化物及其水合物，自上而下一般也是酸性减弱，碱性增强。例如，HClO、HBrO、HIO 的酸性逐渐减弱；又如在第 Ⅴ 主族元素 +3 价态的氧化物中，N_2O_3 和 P_2O_3 呈酸性，As_2O_3 和 Sb_2O_3 呈两性，而 Bi_2O_3 则呈碱性。与这些氧化物相对应的水合物的酸碱性也是这样。

同一元素形成不同价态的氧化物及其水合物时，一般高价态的酸性比低价态的要强，例如

$$\underset{\text{酸性增强}}{\xrightarrow{\begin{matrix}\text{HClO} & \text{HClO}_2 & \text{HClO}_3 & \text{HClO}_4 \\ (\text{弱酸}) & (\text{中强酸}) & (\text{强酸}) & (\text{极强酸})\end{matrix}}}$$

$$\underset{\text{酸性增强}}{\xrightarrow{\begin{matrix}\text{Mn(OH)}_2 & \text{Mn(OH)}_3 & \text{Mn(OH)}_4 & \text{H}_2\text{MnO}_4 & \text{HMnO}_4 \\ (\text{碱}) & (\text{弱碱}) & (\text{两性}) & (\text{弱酸}) & (\text{强酸})\end{matrix}}}$$

$$\underset{\text{酸性增强}}{\xrightarrow{\begin{matrix}\text{CrO} & \text{Cr}_2\text{O}_3 & \text{CrO}_3 \\ (\text{碱性}) & (\text{两性}) & (\text{酸性})\end{matrix}}}$$

② 对上述规律的解释。表13-9和表13-10显示的递变规律可用“ROH模型”来解释。

ROH 模型是把氧化物的水合物都写成 $R(OH)_x$ 的形式,把水合物看作由 R^{x+}、O^{2-} 与 H^+ 3 种离子组成,然后根据 3 种离子间作用力的相对大小来判断其酸碱性的强弱。化合物 $R(OH)_x$ 可按下面两种方式解离,即

$$\overset{\text{I}}{\text{R}\vdots\text{—O—}}\overset{\text{II}}{\vdots\text{H}}$$

如果在 Ⅰ 处(R—O 键)断裂,化合物发生碱式解离;如果在 Ⅱ 处(O—H 键)断裂,就发生酸式解离。如果R—O键与O—H键的强度相差不大,Ⅰ、Ⅱ 处都有可能断裂,这类氢氧化物即为两性氢氧化物。若简单地把R、O、H都看成离子,考虑 R^{x+} 和 H^+ 分别与 O^{2-} 之间的作用力。H^+ 半径很小,它与 O^{2-} 之间的吸引力是较强的。如果 R^{x+} 的电荷数越多、半径越小,它与 O^{2-} 之间的吸引力越大,即它与 H^+ 之间的电性排斥力也越大,这样不易从 R—O 处断裂,而较易从 O—H 处断裂,即发生酸式解离;相反,如果 R^{x+} 的电荷数少、半径又大,R—O 键的结合力就较弱,较易从 R—O 处断裂,即发生碱式解离。对不同的 $R(OH)_x$ 而言,R^{x+} 是主要的可变因素,所以应用此理论时,主要看 R^{x+} 吸引 O^{2-} 及排斥 H^+ 能力的大小。以第3周期的元素为例,Na^+ 或 Mg^{2+} 由于离子电荷数较少而半径较大,与 O^{2-} 之间的作用力相对来说不够强大,不能和 H^+ 与 O^{2-} 之间的作用力相抗衡,因此 NaOH 和 $Mg(OH)_2$ 这两种化合物都发生碱式解离。Al^{3+} 由于电荷数更多而半径更小,与 O^{2-} 之间的作用力已能和 H^+ 与 O^{2-} 之间的作用力相抗衡,因此 $Al(OH)_3$ 可按两种方式解离,是典型的两性氢氧化物。其余的4种氢氧化物,由于 R^{x+} 的离子电荷数从 +4 到 +7 依次增多而半径依次减小,使 R^{x+} 的吸引 O^{2-} 及排斥 H^+ 能力逐渐增大,因而酸性依次增强。$HClO_4$ 是最强的无机酸。

由上所述,R 的电荷数(氧化值)对氧化物的水合物的酸碱性确实起着重要作用。一般说来,R 为低价态(≤+3)金属元素(主要是 s 区和 d 区金属)时,其氢氧化物多呈碱性,R 为较高价态(+3 ~ +7)非金属或金属性较弱的元素(主要是 p 区和 d 区元素)时,其氢氧化物多呈酸性,R 为中间价态(+2 ~ +4)一般金属(p 区、d 区及 ds 区的元素)时,其氢氧化物常显两性,例如 Zn^{2+}、Sn^{2+}、Pb^{2+}、Al^{3+}、Cr^{3+}、Sb^{3+}、Ti^{4+}、Mn^{4+}、Pb^{4+} 等的氢氧化物。

氧化物及其水合物的酸碱性是工程实践中广泛应用的性质之一。例如炼铁时的造渣反应,即

$$CaO + SiO_2 \xrightarrow{\text{高温}} CaSiO_3$$

就是利用酸性氧化物与碱性氧化物之间的反应除去杂质硅石(主要是 SiO_2,由矿石中带

入)。

氯化钡可做盐浴剂,但少量的氧化钡是有害的杂质,可用酸性氧化物 SiO_2 或 TiO_2(钛白粉)与之反应而除去,即

$$BaO + SiO_2 \xrightarrow{高温} BaSiO_3$$

$$BaO + TiO_2 \xrightarrow{高温} BaTiO_3$$

再如,耐火材料的选用也要考虑其酸碱性:酸性耐火材料(以 SiO_2 为主)在高温下易与碱性物质反应而受到腐蚀;碱性耐火材料(以 MgO、CaO 为主)在高温下易受酸性物质腐蚀;而中性耐火材料(以 Al_2O_3、Cr_2O_3 为主)则有抗酸、碱腐蚀的能力。

(2)氯化物与水的作用。

很多氯化物与水作用后会使溶液呈酸性,根据酸碱质子理论,反应的本质是正离子酸与水的质子传递过程。氯化物按其与水作用的强弱,主要可分为3类。

① 活泼金属如钠、钾、钡的氯化物在水中解离并水合,但不与水发生反应,水溶液的 pH 并不改变。

② 大多数不太活泼金属(如镁、锌等)的氯化物会不同程度地与水发生反应,尽管反应常常是分级进行和可逆的,却总会引起溶液酸性的增强。它们与水反应的产物一般为碱式盐与盐酸,例如

$$MgCl_2 + H_2O \xlongequal{} Mg(OH)Cl + HCl$$

又如,在焊接金属时常用氯化锌浓溶液清除钢铁表面的氧化物,主要是利用 $ZnCl_2$ 与水反应而产生的酸性。

较高价态金属的氯化物(如 $FeCl_3$、$AlCl_3$、$CrCl_3$)与水反应的过程比较复杂,但一般仍简化表示为以第一步反应为主(注意,一般并不产生氢氧化物的沉淀),例如

$$Fe^{3+} + H_2O \xlongequal{} Fe(OH)^{2+} + H^+$$

值得注意的是,p区3种相邻元素形成的氯化物,氯化亚锡($SnCl_2$)、三氯化锑($SbCl_3$)、三氯化铋($BiCl_3$)与水反应后生成的碱式盐在水或酸性不强的溶液中溶解度很小,分别以碱式氯化亚锡[Sn(OH)Cl]、氯氧化锑(SbOCl)、氯氧化铋(BiOCl)的形式沉淀析出(均为白色),即

$$SnCl_2 + H_2O \xlongequal{} Sn(OH)Cl(s) + HCl$$

$$SbCl_3 + H_2O \xlongequal{} SbOCl(s) + 2HCl$$

$$BiCl_3 + H_2O \xlongequal{} BiOCl(s) + 2HCl$$

它们的硫酸盐、硝酸盐也有相似的特性,可用作检验亚锡、三价锑或三价铋盐的定性反应。在配制这些盐类的溶液时,为了抑制其水解,一般都先将固体溶于相应的浓酸,再加适量水而成(为了防止用作还原剂的 Sn^{2+} 久置被空气氧化,可在 $SnCl_2$ 溶液中加入少量纯锡粒)。

③ 多数非金属氯化物和某些高价态金属的氯化物与水发生完全反应。例如,BCl_3、$SiCl_4$、PCl_5 等与水能迅速发生不可逆的完全反应,生成非金属含氧酸和盐酸,即

$$BCl_3(l) + 3H_2O \xlongequal{} H_3BO_3(aq) + 3HCl(aq)$$

$$SiCl_4(l) + 3H_2O \xlongequal{} H_2SiO_3(s) + 4HCl(aq)$$

$$PCl_5(s) + 4H_2O \xlongequal{} H_3PO_4(aq) + 5HCl(aq)$$

这类氯化物在潮湿空气中成雾的现象就是由与水强烈作用而引起的。在军事上可用作"烟雾

剂”。生产上可用沾有氨水的玻璃棒来检查 $SiCl_4$ 系统是否漏气。

四氯化锗与水作用,生成胶状的二氧化锗的水合物,即

$$GeCl_4 + 4H_2O \xlongequal{} GeO_2 \cdot 2H_2O + 4HCl$$

所得胶状水合物逐渐凝聚,脱水后得到二氧化锗晶体。工业上从含锗的原料中,先使锗形成四氯化锗而挥发出来,将经精馏提纯的 $GeCl_4$ 和水作用得到二氧化锗,再用纯氢还原,可以制得锗。

(3) 硅酸盐与水的作用。

硅酸盐是硅酸或多硅酸的盐,绝大多数难溶于水,也不与水作用。硅酸钾、硅酸钠是常见的可溶性硅酸盐。将 SiO_2 与 NaOH 或 Na_2CO_3 共熔,可制得硅酸钠,即

$$SiO_2 + 2NaOH \xrightarrow{熔融} Na_2SiO_3 + H_2O(g)$$

$$SiO_2 + Na_2CO_3 \xrightarrow{熔融} Na_2SiO_3 + CO_2(g)$$

硅酸钠的熔体呈玻璃状,溶于水所得黏稠溶液称为“水玻璃”,俗称“泡花碱”,是纺织、造纸、制皂、铸造等工业的重要原料,由于它有相当强的黏结能力,所以也是工业上重要的无机黏结剂。市售水玻璃因含有铁盐等杂质而呈蓝绿色或浅黄色。硅酸钠写成 Na_2SiO_3(或 $Na_2O \cdot SiO_2$),是一种简化的表示方法。硅酸钠实际上是多硅酸盐,可表示为 $Na_2O \cdot mSiO_2$,m 通常称为水玻璃的“模数”。市售的水玻璃模数一般在3左右。

由于硅酸的酸性很弱($K_{a_1}^{\ominus} = 1.7 \times 10^{-10}$,比碳酸的酸性还弱),所以硅酸钠(或硅酸钾)能与水强烈作用而使溶液呈碱性,其反应式可简化表示为

$$SiO_3^{2-} + 2H_2O \xlongequal{} H_2SiO_3 + 2OH^-$$

3. 含氧酸盐的热稳定性

若将一般的无机含氧酸盐的热稳定性加以归纳,可得如下规律。

(1) 酸不稳定,对应的盐也不稳定。

H_3PO_4、H_2SO_4、H_2SiO_3 等酸稳定,相应的磷酸盐、硫酸盐、硅酸盐也稳定;HNO_3、H_2CO_3、H_2SO_3、HClO 等酸不稳定,它们相应的盐也不稳定。

(2) 同一种酸,其盐的稳定性规律是正盐、酸式盐、酸依次下降,见表13－11。

表13－11　碳酸及其盐的热稳定性

名称	Na_2CO_3	$NaHCO_3$	H_2CO_3
分解温度/℃	约1 800	270	常温分解

(3) 同一酸根,其盐的稳定性次序是碱金属盐 > 碱土金属盐 > 过渡金属盐 > 铵盐,见表13－12。

表13－12　部分碳酸盐的热稳定性

名称	Na_2CO_3	$CaCO_3$	$ZnCO_3$	$(NH_4)_2CO_3$
分解温度/℃	约1 800	841	350	58

(4) 同一成酸元素,高氧化数的含氧酸比低氧化数的稳定,相应的盐也是这样。如 Na_2SO_3 加热即分解,而 Na_2SO_4、K_2SO_4、$BaSO_4$ 等在1 000 ℃时仍不分解。但也有例外,如 $NaNO_3$ 不如 $NaNO_2$ 稳定。

盐的热分解反应有氧化还原与非氧化还原反应之分。硝酸盐、亚硝酸盐、高锰酸盐等的热

分解是氧化还原反应，而碳酸盐、硫酸盐的热分解则是非氧化还原反应。

13.4　无机非金属材料

无机非金属材料，简称无机材料，有悠久的历史。它包括各种金属与非金属元素形成的无机化合物和非金属单质材料，主要有传统硅酸盐材料和新型无机材料等。前者主要是指陶瓷、玻璃、水泥、耐火材料、砖瓦、搪瓷等以天然硅酸盐为原料的制品，一般都含有硅酸盐。新型无机材料是用人工合成方法制得的不含硅或很少含 SiO_2 的材料，它包括一些不含硅的氧化物（单一氧化物如 Al_2O_3 和复合氧化物如 $BaO \cdot TiO_2$ 即 $BaTiO_3$ 等）、氮化物、碳化物、硼化物、卤化物、硫的化合物和碳素材料（如石墨）以及其他非金属单质（如硒）等。这些物质需经高温处理才能成为有用的材料或制品。

许多无机材料的特点是耐高温、抗氧化、耐腐蚀、耐磨和硬度大，而脆性大是其不足之处。其中，无机工程结构材料主要是利用其强度，特别是耐高温强度。而一些无机功能材料在热、光、电、声、磁等方面具有特殊性能，利用这些特殊性能可以制作成各种功能材料，已成为许多科学技术领域中的关键性材料。

13.4.1　半导体材料

物质按导电能力的大小可分为导体（conductor）、半导体（semiconductor）和绝缘体（insulator）。导电能力介于导体和绝缘体之间的材料被称为半导体材料，其电阻率在 $10^{-5} \sim 10^{6}\ \Omega \cdot m$ 范围内。半导体材料按化学组成可分为单质半导体和化合物半导体，按是否含有杂质分为本征半导体和杂质半导体。

1. 半导体的导电机理

与金属依靠自由电子导电不同，半导体中有两类载流子，即自由电子和空穴，其导电机理如图 13－2 所示。由于半导体禁带较窄，无须太多的能量就能使少数具有足够热能的电子从满带（又称为价带）激发到空带（又称为导带），而在价带中留下空穴。价带中是充满电子的，电子定域不能自由运动，所以价带中的电子不起导电作用，而导带中的电子可以自由运动从而传导电流。价带中的电子被激发而留下空穴，在外电场作用下，价带中的其他电子在电场作用下移动来填补这些空穴，但这些电子又会留下新的空穴，空穴不断移动，就好像是带正电的粒子沿着与电子移动相反的方向迁移。因此半导体的导电是通过电子和空穴这两类载流子的定向迁移来实现，即受热激发到导带中的电子和价带中的空穴共同对半导体的导电做出贡献。

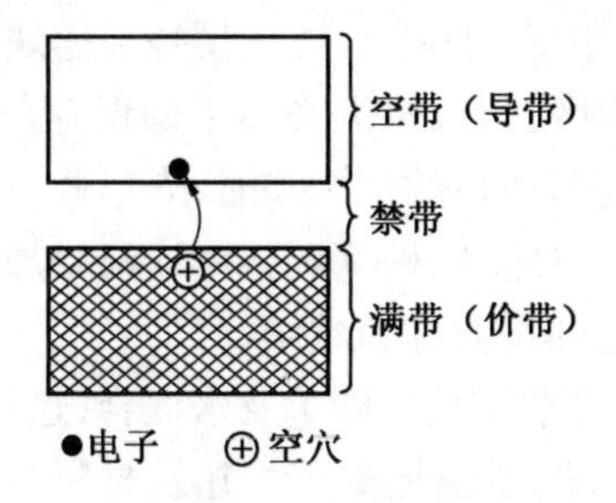

图 13－2　半导体中的两类载流子示意图

2. 半导体的应用

本征半导体是高纯材料,例如大规模集成电路中使用的硅的纯度必须达到9个“9”,现在已制得纯度为14个“9”的单晶硅材料。位于导带中的电子数主要受禁带的能隙的大小和温度影响。杂质半导体的电导率比不含杂质的本征半导体要高得多。例如,25 ℃时纯硅的本征电导率约为10^{-4} S·m^{-1},然而经过一定的掺杂,其电导率可以提升几个数量级。另外,掺杂半导体的电导率可以通过控制掺杂物的浓度加以调控,这就可以设计和合成具有一定电导率值的材料。无论是单质半导体还是化合物半导体,实际上最重要的和最常用的都是杂质半导体,其中有p-型半导体(空穴半导体)和n-型半导体(电子半导体)之分。其载流子是由微量的杂质或晶格的缺陷决定的。

半导体的应用十分广泛,形成了门类众多的半导体技术。半导体的应用主要是制成具有特殊功能的元器件,如晶体管、半导体激光器、发光二极管、整流器、集成电路以及各种光电探测器件、各种微波器件、日光电池等。目前以掺杂的硅、锗、砷化镓应用为最多。

13.4.2 硅酸盐材料和耐火材料

1. 天然硅酸盐

硅酸盐(silicate)是硅酸或多硅酸的盐,在自然界分布很广,硅酸盐和硅石(SiO_2)是构成地壳的主要组分。长石、云母、黏土、石棉等都是天然硅酸盐,它们的化学成分复杂,可以把它们看作是由二氧化硅和金属氧化物组成的复合氧化物,例如:

正长石 $K_2O \cdot Al_2O_3 \cdot 6SiO_2$ 或 $K_2Al_2Si_6O_{16}$

白云母 $K_2O \cdot 3Al_2O_3 \cdot 6SiO_2 \cdot 2H_2O$ 或 $K_2H_4Al_6(SiO_4)_6$

高岭土 $Al_2O_3 \cdot 2SiO_2 \cdot 2H_2O$ 或 $A1_2H_4Si_2O_9$

石棉 $CaO \cdot 3MgO \cdot 4SiO_2$ 或 $Mg_3Ca(SiO_3)_4$

滑石 $3MgO \cdot 4SiO_2 \cdot H_2O$ 或 $Mg_3H_2(SiO_3)_4$

泡沸石 $Na_2O \cdot Al_2O_3 \cdot 2SiO_2 \cdot nH_2O$ 或 $Na_2Al_2(SiO_4)_2 \cdot nH_2O$

天然硅酸盐的用途很广,是工业上的重要材料,也是制造玻璃、水泥、陶瓷、耐火材料等的原料。花岗岩和黏土都是重要的建筑材料。石棉能耐酸耐火,电绝缘和绝热,常用作保温、防火和绝缘材料。云母是花岗岩的成分之一,透明且耐热,用作炉窗和电子仪器的绝缘材料。泡沸石可以作为离子交换剂用作硬水的软化剂。

2. 水泥

水泥(cement)是硅酸盐工业制造的重要原材料,大量地用于建筑行业。硅酸盐水泥是由黏土和石灰石调匀,放入旋转窑中于1 500 ℃以上煅烧成熔块,再混入少量石膏磨粉后制成。煅烧后的主要组分对水是不稳定的,所以水泥必须干燥保存。水泥的黏合作用是由水与水泥中化合物反应而产生的。当水泥与适量的水调和时,先形成一种可塑性的浆状物,具有可加工性,随着时间的推移,逐渐失去了可塑性,硬度和强度逐渐增加,直至最后变成具有相当强度的石状固体。水泥从浆状物向固态的过渡称为凝结。

当利用水泥做凝结材料时,通常将其与砂子及水混合,这种混合物称为水泥砂浆。当水泥砂浆与碎石混合时得到混凝土。混凝土是重要的建筑材料,可用来建造拱门、桥、水池,住宅等。以钢筋为骨架的混凝土结构称为钢筋混凝土结构。

某些工业“废渣”中含有大量硅酸盐,可加以利用。例如,将炼铁炉渣在出炉时淬冷,得到质轻多孔的粒状物，其主要组分为 CaO、SiO_2、Al_2O_3 等，与石灰石及石膏共磨可制成矿渣水泥，变废为宝。除硅酸盐水泥外，还有适应各种不同用途的特种水泥，例如高铝水泥和耐酸水泥等。

3. 玻璃

普通玻璃(glass)是用石英砂、纯碱和石灰石共熔而制得的一种无色透明的熔体，即

$$Na_2CO_3 + CaCO_3 + 6SiO_2 \xrightarrow{\text{共熔}} Na_2O \cdot CaO \cdot 6SiO_2 + 2CO_2(g)$$

这种熔体不是晶体，称为玻璃态物质，它没有一定的熔点，而是在某一温度范围内逐渐软化。在软化状态时，可以将玻璃制成各种形状的晶体。改变玻璃的成分或对玻璃进行特殊处理，可制成有各种特殊性能的玻璃。如玻璃光导纤维、光学玻璃、微晶玻璃、钢化玻璃、微孔玻璃、光色玻璃等，作为新型无机工程材料而得以广泛应用。若在玻璃原料中加入某些金属氧化物，使其具有对一定波长范围的光有选择性吸收或透过的特性，可制成各种颜色的有色玻璃。例如，加入 CoO，玻璃呈蓝色；加入 Cr_2O_3，玻璃呈绿色；加入 MnO_2，玻璃呈紫色；加入 Cu_2O，玻璃呈红色。用钾代替普通玻璃中的钠时，可得到耐热又耐化学腐蚀的钾玻璃，用于制造化学仪器。用铅代替普通玻璃中的钙时，便可得到高折射率的铅玻璃，用来制造光学仪器和射线保护屏。在钠铝硼硅酸盐玻璃中加入卤化银感光剂等，可制成具有光色互变性能的光色玻璃，受到光照时颜色变暗、停止光照又可逆地恢复到原来的颜色，现已普遍用作变色玻璃。

钢化玻璃是将玻璃进行淬火处理或用化学方法处理而制成的。它的抗弯强度比普通玻璃大5 ~ 7倍，只有在受到强烈冲击时才会破坏，而且碎片棱角圆滑、不易飞溅、不易伤人，是很好的安全玻璃。可用作汽车、飞机和高层建筑的玻璃，也可用来制造化工设备。有一种用锤子、砖头甚至枪弹都打不碎的钢化玻璃，称为防盗玻璃，是由两片钢化玻璃中间夹一层聚碳酸酯制成的。

在玻璃中加入晶核形成剂(如金、银、铜的盐类)，经有控制的热处理，可制得各种性能的微晶玻璃(又称为玻璃陶瓷)，它有优良的机械性能，比高碳钢硬、比铝轻、机械强度比普通玻璃大 6 倍多，又耐磨，有极高的热稳定性和优良的耐热冲击性，并可通过调节组成来控制热膨胀系数。所以用途十分广泛，可用于无线电、化工、食品、建筑等工业部门以及航空、导弹和原子能技术等方面。

将熔融玻璃通过拉丝可制得直径为 2 ~ 10 nm 的玻璃纤维。它具有强度高、不燃、不导电、不导热、化学稳定性高等优良特性。将它与各种树脂配合制得新型复合结构材料玻璃钢、玻璃布、玻璃纸、玻璃云母制品、玻璃纤维过滤材料等，广泛用于汽车、航空、造船、建筑和化工等行业中。近 20 多年来，已将玻璃纤维制成光导纤维，用于电信传输、医学及电视等方面。

4. 耐火材料

耐火材料一般是指耐火温度不低于 1 580 ℃，并在高温下能耐气体、熔融金属、熔融炉渣等物质侵蚀，而且有一定机械强度的无机非金属固体材料，可用于高炉、平炉、炼钢电炉，各种热处理加热炉、电炉等。常用耐火材料的主要组分是一些高熔点氧化物，按其化学性质可分为酸性、碱性和中性耐火材料。

酸性耐火材料的主要组分是 SiO_2 等酸性氧化物，如硅砖。碱性耐火材料的主要组分是 MgO、CaO 等碱性氧化物，如镁砖。中性耐火材料的主要组分是 Al_2O_3、Cr_2O_3 等两性氧化物，如高铝砖。酸性耐火材料在高温下易与碱性物质发生反应而受到侵蚀。碱性耐火材料在高温下

易受酸性物质的侵蚀。而中性耐火材料由于$A1_2O_3$、Cr_2O_3等两性氧化物经高温灼烧后生成了一种在化学上惰性的变体,既不易与酸性物质作用,又不易与碱性物质作用,因此抗酸、碱侵蚀的性能较好。所以选用耐火材料时必须注意耐火材料及周围介质的酸碱性。用SiC、氮化硅(Si_3N_4)和石墨等可制成比上述材料更耐高温又抗腐蚀的特种耐火材料;但其抗高温氧化性能不如氧化物耐火材料。

顺便指出,选用耐火材料,还应注意炉气的氧化还原性质。例如,若炉气中含有较多的一氧化碳,在高温下CO极易与耐火材料中某些金属氧化物(如FeO)作用,将金属还原出来,即

$$CO + FeO \xlongequal{} CO_2 + Fe$$

同时,Fe及FeO有加速CO分解($2CO \xlongequal{} CO_2 + C$)的催化作用,使耐火材料间隙中发生碳的沉积,也会导致耐火材料强度下降而破碎。因此,这种耐火材料要求铁的氧化物的质量分数在3%以下(称为抗渗碳砖)。又如,含Cr_2O_3(熔点为2 266 ℃)的耐水材料,高温时适宜于在氧化性气氛中使用,若在还原性气氛中使用,就可能被还原成金属铬(熔点为1 857 ℃)而使耐火温度降低。

5. 分子筛

分子筛(zeolite)是一种人工合成的泡沸石型水合铝硅酸盐晶体。它是由SiO_4和$A1O_4$四面体结构单元组成的多孔性晶体,空隙排列整齐、孔径均匀、有极大的内表面。它是一种新型高效能、高选择性的吸附剂、干燥剂、分离剂和催化剂。化学组成可用下式表示:

$$M_{2/x}O \cdot Al_2O_3 \cdot mSiO_2 \cdot nH_2O$$

式中 x—— 金属元素M(一般为Na、K或Ca)的氧化值。

近年来,我国在分子筛的制备、研究和应用方面都有很大的发展。在化工、冶金、石油、电子、医药等工业中得到了广泛的应用,其中最常用的有A型、X型、Y型等几种。

分于筛具有筛分不同大小的分子的能力。与普通筛子不同,普通筛子是小于筛孔的物质可以通过筛子,大于筛孔的物质筛不过去。分子筛却相反,一般说来,小于分子筛筛孔的分子进入分子筛后易被吸附于孔穴中(即吸附作用产生在孔穴的内部),大于分子筛孔径的分子则难以进入孔穴中,而从分子筛小晶粒之间的空隙中通过。由于分子筛的吸附有高选择性,例如对极性分子(如H_2O、NH_3、H_2S等)的吸附比对非极性分子(如O_2、CH_4等)的要强;对不饱和有机物(如乙炔、乙烯等)的吸附比对饱和有机物(如乙烷等)的要强。因此,分子筛可作为空气及某些非极性气体(如H_2、O_2、CH_4)等的高效干燥剂,也可用于气体的分离等。分子筛可用于吸去影响真空度的各种有害气体,保证真空度,因而应用于电子工业和半导体工业中。它还能进行其他干燥剂所难以达到的高温干燥及低温干燥。再如,在液态空气沸点相近的低温下,(-180 ℃ ~ -175 ℃),它仍能保持很高的吸附能力,脱除氩气中的微量O_2,从而制得高纯度的氩气(氩的纯度可达99.996%)。此外,在环境保护方面分子筛可用来吸附含硫(如SO_2、H_2S)、含氮(如NO、NO_2)尾气等有害气体,在钢铁工业上则被用来富集空气中的氧气,在国防工业上则被用来提取铀等物质。

13.4.3 耐热高强结构材料

随着各种新技术的发展,特别是空间技术和能源开发技术,对耐热高强结构材料的需要越来越迫切。例如,航天器的喷嘴、燃烧室内衬、喷气发动机叶片以及能源开发和核燃料等。非氧化物系等新型陶瓷材料,如SiC、BN、Si_3N_4等,有可能同时满足耐高温和高强度的双重要求,

而成为目前最有希望的耐热高强结构材料。

1. 碳化硅

将石英砂和过量焦炭的混合物放在电炉中加热，可制得粉状碳硅晶体，即

$$SiO_2 + 3C \xrightarrow[\text{电炉}]{\triangle} SiC + 2CO$$

碳化硅(silicon carbide)是具有金刚石型结构的原子晶体，熔点高达2 827 ℃，具有类似于金刚石的硬度，所以又称为金刚砂。它具有优良的耐热和导热性，抗化学腐蚀性能好，即使在高温下也不受氯、氧或硫的侵蚀，不与强酸作用，甚至发烟硝酸和氢氟酸的混合酸也不能侵蚀它。但由于制作困难，长期以来只用作磨料和砂轮等，SiC的优良性能并没有被人们广泛利用。一直到近30年来，在制造技术上有重大突破后，制备得到高致密的碳化硅，才让SiC跻身于新型重要无机材料之列。

高致密的碳化硅耐高温、抗氧化，在高温下又不易变形，是很好的高温结构材料。在空气中可在1 700℃高温下稳定使用，可做高温燃气轮机的涡轮叶片、高温热交换器、火箭的喷嘴及轻质防弹用品等。SiC还可用作电阻发热体、变阻器、半导体材料(单晶)。例如，若用SiC或Si_3N_4制成陶瓷发动机(柴油机或燃气轮机)可望将工作温度从1 100 ℃提高到1 200 ℃以上，则热机效率可由目前的40%提高到50%以上，可节省燃料20% ~ 30%。

2. 氮化硼

氮化硼(boron nitride，BN)陶瓷最早是在1842年被人发现的，利用加压烧结方法以B_2O_3和NH_4Cl或单质硼和NH_3为原料，可制得高密度的氮化硼陶瓷。氮化硼陶瓷作为一种新型无机材料具有许多优良性能，耐高温、耐腐蚀、高导热、高绝缘，可以容易地进行机械加工，且具有高达0.01 mm的加工精度，还具有密度小、润滑、无毒的优点，是一种理想的高温导热绝缘材料，用途广泛。

通常制得的氮化硼具有石墨型的六方层状结构，俗称白色石墨，它是比石墨更耐高温的固体润滑剂。和石墨转变为金刚石的原理相似，六方层状结构氮化硼在高温(1 800 ℃)、高压(8 000 MPa)下可转变为金刚石型的立方晶体氮化硼，其键长、硬度(莫氏硬度9.8 ~ 9.9)均与金刚石的相近，耐热性比金刚石好，其熔点为3 000 ℃，可承受1 500 ~ 1 800 ℃高温，是新型耐高温超硬材料。用立方氮化硼制作的刀具适用于切削既硬又韧的钢材，其工作效率是金刚石的5 ~ 10倍。

3. 氮化硅

利用特殊烧结法制得的氮化硅Si_3N_4(silicon nitride)陶瓷是一种烧结时不收缩的无机材料，耐热性好，抗氧化性强。它是用硅粉作为原料，先用通常成型方法做成所需的形状，在氮气中及1 200 ℃高温下进行初步氮化，使其中一部分硅粉与氮反应生成Si_3N_4，这时整个工件已具有一定的强度。这个初步氮化了的工件，可以像金属工件一样进行车削、铣刨及钻孔等机械加工，修制出精确的尺寸，然后在1 350 ~ 1 450 ℃的高温炉中进行第二次氮化，使所有硅粉都反应生成Si_3N_4，这时所得的制品，其尺寸变化在千分之一以内。用此法可制得形状很复杂的制品，如燃气轮机的燃烧室及晶体管的模具等。

用加压烧结法可制得致密度很高的Si_3N_4，可作为转子发动机的缸体、金属切割工具、燃气轮机的涡轮叶片和高温轴承等，在空气中的使用温度可高达1 400 ℃。

【阅读拓展】

1. 介孔二氧化硅作为载体在药物传递方面的应用

传统药物通常具有许多不理想的性质,如溶解度差、生物分布不均匀和过早降解,严重影响药物在治疗过程中的药效。药物传递系统因其能改善游离药物的许多药理性质而引起人们的极大兴趣。药物给药系统应具有以下特点:良好的生物相容性、药物的保护性、药物的高载量和可控释放、细胞的高效吸收等。纳米载体作为药物给药系统具有显著的优点:① 纳米载体是纳米尺度的材料,很容易进入异常组织的细胞中;② 每种纳米材料可以携带数千个药物分子,从而增加药物的细胞内浓度;③ 纳米载体还可以根据需要控制药物的释放,以确保药物的效力。

在各种纳米载体中,介孔二氧化硅(mesoporous silica)粒子(MSN)因其规则的结构特征、大的比表面积、可调控的孔径而备受关注,良好的热稳定性和化学稳定性以及良好的生物相容性,并且易于表面改性。因此,MSN 被设计为纳米载体,用于将不同的药物输送到癌细胞中,特别是亲水或疏水抗癌药物。空心介孔二氧化硅纳米颗粒(HMSNs)不仅能有效地将药物调节到介孔通道中,而且还能有效地调节到中空内部,在药物传质和输运方面具有独特的优势。典型的 HMSNs 通常有纳米级的孔(直径为 2 ~ 5 nm)。

空心介孔二氧化硅粒子由于其巨大的孔洞和介孔壳,在传质和输运方面具有独特的优势,特别是功能化修饰后的 HMSNs 可以通过外部刺激,如光照射、氧化还原、pH 活化等调节被包裹药物分子的释放行为。pH 活化已被证明是一种有效的方法,操作简单,容易达到精确的控制,因为有些疾病,如癌症,与细胞内的 pH 异常有关。大多数癌细胞的酸性细胞内环境为癌细胞内药物释放提供了天然的触发因素。

为了实现有效的控制药物输送,通常在纳米反应器的外表面包裹一层热敏性材料,以实现温控药物的释放。在高温下,随着聚合物凝胶的收缩,通道被打开,被包裹的药物通过正释放机制被释放。由于复合载体的独特结构和水凝胶的可控切换,可以通过温度的变化来调节药物释放速率。以金纳米立方体为光热核,介孔二氧化硅壳为载体增加抗癌药物载量,在硅壳外层包覆热响应热敏聚合物,金核作为加热器,在近红外光照下,这些纳米材料产生的热量不仅可以在不损伤正常组织的情况下触发细胞内纳米载体释放药物分子,从而在肿瘤区域内实现药物的可控释放,抑制肿瘤细胞凋亡和肿瘤生长。

近年来,化学动力疗法(Chemodynamic Therapy,CDT)因高效、副作用小而备受关注。CDT 利用 Fenton 反应将过氧化氢(H_2O_2)转化为羟基自由基(OH),是 CDT 中毒性最强的活性氧之一。活性氧(Reactive Oxygen Species,ROS)是细胞有氧代谢的必然产物。活性氧(ROS)可以破坏生物分子如脂质、蛋白质和 DNA 等大分子从而具有杀死细胞的能力。ROS 的快速积累破坏了氧化还原平衡,增加了细胞内氧化应激水平,最终导致癌细胞的损伤和死亡。从这个意义上讲,氧化应激的增强被认为是提高肿瘤治疗效果的有效途径。然而,癌细胞中也有过度表达的谷胱甘肽(Glutathione,GSH),作为细胞内抗氧化剂,GSH 对由化学动力学疗法产生的高活应性 OH 具有强效的清除作用,因此极大地增加了癌细胞对氧化应激的抗性并降低 CDT 的疗效。通过在介孔有机二氧化硅粒子中负载阿霉素(Doxorubicin,DOX),可用于协同癌症治疗。DOX 能够在细胞内生成 H_2O_2。过量的 H_2O_2 会耗尽细胞内的抗氧化剂谷胱甘肽。负载有DOX的介孔有机二氧化硅粒子能够通过Cu^{2+}介导的Fenton反应将细胞内的H_2O_2转化为其下游的高细胞毒性活性氧，随着GSH的消耗，能够协同杀伤癌细胞。

2. 备受诺贝尔奖青睐的碳家族

碳原子是人们极其熟悉的微观粒子之一，比如动植物的生命体以及煤炭等燃料都含有碳原子。然而，碳原子是自然界最为神奇的原子之一，同样由碳原子组成的物质既可以硬如顽石，也可以软如泥块，还可以美丽无比。科学家已经发现，由碳元素组成的物质主要有金刚石、石墨、C_{60}(足球烯)、石墨烯等单质。由碳原子构成的物质之所以会有如此大的性能差异，是因为它们具有不同的结构模式。

(1) 金刚石 —— 立体网状结构。

金刚石(diamond)的所有优良性质，都得益于它的不同凡响的特殊结构，即中心碳原子以4个sp^3杂化轨道与4个邻近的碳原子成键(键长为0.154 nm，键角为109°28′)，形成4个σ键，金刚石许多优异性能来源于碳－碳四面体结构，如图13－3所示。金刚石是原子晶体，熔点高(3 550 ℃)、硬度最大(10)，在室温下惰性，但在空气中加热至827 ℃(1 100 K)时，可燃烧生成CO_2。金刚石除可作为装饰品外，在工业上主要用作钻头、刀具及精密轴承等。金刚石薄膜因其优异的力学、热传导和光学等物性，分别用于制作手术刀、集成电路、散热芯片及各种敏感器件。由于金刚石具有特殊的性能和用途，天然金刚石供不应求，从1954年开始，人们用石墨做原料，采用下列方法人工合成金刚石，即

$$C(石墨)\xrightarrow[6\times10^3\ MPa,1\ 600\sim1\ 800\ K]{Cr-Ni-Fe-Mn合金}C(金刚石)$$

(2) 石墨 —— 层状滚珠结构。

石墨(graphite)是一种深灰色的具有金属光泽而不透明的细磷片状固体，就目前所知它是自然界中最软的矿石。原来石墨中的碳原子是一层一层排列的，虽然每一层的碳原子结合得非常紧密，但层与层之间的结合力却非常弱，其结构如图13－4所示。因此，层间非常容易发生断裂，从而表现出较软的性质，如具有滑腻感、熔点较高、容易导电等优良的性能，常可用于干电池电极或高温作业下的润滑剂。

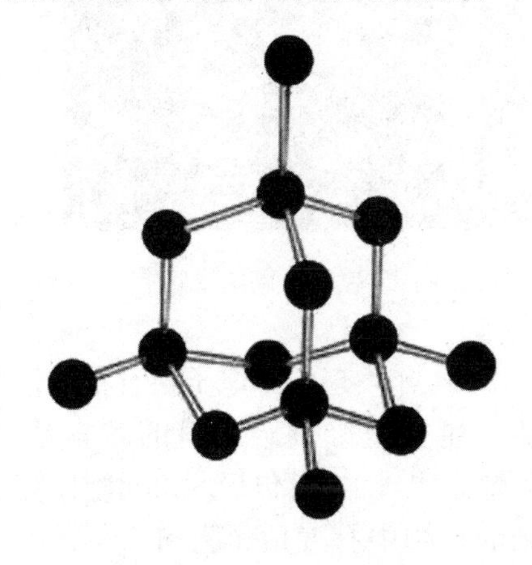

图13－3　金刚石

图13－4　石墨

(3) 碳富勒烯 —— 由碳原子组成的笼状分子。

碳富勒烯是继金刚石和石墨之后人类发现的碳元素的第三种形态。碳富勒烯最早是由英国化学家克罗托于1985年发现的，为此，他获得了1986年的诺贝尔化学奖。1985年起科学家

们陆续发现了碳的第三种晶体形态,即富勒烯(fullerene) 碳原子簇:C_{28}、C_{30}、C_{50}、C_{70}、C_{76}、C_{80}、C_{90}、C_{94}、…、C_{240}、C_{540}、C_{960} 等,其中 C_{60} 比较稳定,它是由60个碳原子组成的,具有32面体的空心球结构(图13-5)。由于它的中心有一个直径为360 pm的空腔,可以容纳其他原子,如将碱金属掺入 C_{60} 晶体中,可制造出一系列超导材料。同时,C_{60} 分子有30个双键,可以合成各种化合物。它能加氢生成 $C_{60}H_{36}$ 和 $C_{60}H_{18}$,又能脱氢成为 C_{60};它可以氟化成 $C_{60}F_{42}$、$C_{60}F_{60}$ 等,这些白色粉末可以作为高温润滑剂、耐热和防水材料。C_{60} 及其衍生物在酶抑制剂、抗病毒、DNA切割、光动力医疗等方面有着广泛的应用前景。可以肯定地说,C_{60} 球形结构的发现,开辟了碳的新纪元。

(4) 碳纳米管——由管状的同轴纳米管组成的碳分子。

1991年日本NEC公司基础研究实验室的电子显微镜专家Sumio Iijima在高分辨透射电子显微镜下检验石墨电弧设备中产生的球状碳分子时,意外发现了由管状的同轴纳米管组成的碳分子,即碳纳米管(carbon nanotube),又名巴基管。碳纳米管具有典型的层状中空结构特征,碳纳米管的管身是准圆管结构,并且大多数由五边形截面所组成。管身由六边形碳环微结构单元组成,端帽部分由含五边形的碳环组成的多边形结构,或者称为多边锥形多壁结构,是一种具有特殊结构(径向尺寸为纳米量级,轴向尺寸为微米量级、管子两端基本上都封口)的一维量子材料。它主要由呈六边形排列的碳原子构成数层到数十层的同轴圆管。层与层之间保持固定的距离,约为0.34 nm,直径一般为2~20 nm,如图13-6所示。由于其独特的结构,碳纳米管的研究具有重大的理论意义和潜在的应用价值。其独特的结构是理想的一维模型材料;巨大的长径比使其有望用作坚韧的碳纤维,其强度为钢的100倍,质量则只有钢的1/6;同时它还有望作为分子导线、纳米半导体材料、催化剂载体、分子吸收剂和近场发射材料等。

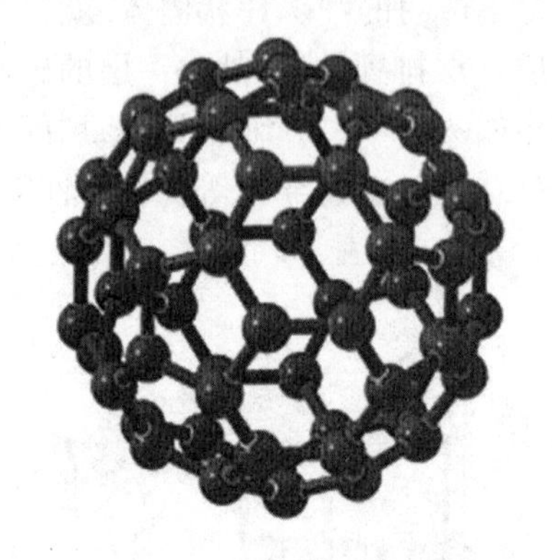

图13-5 C_{60} 富勒烯

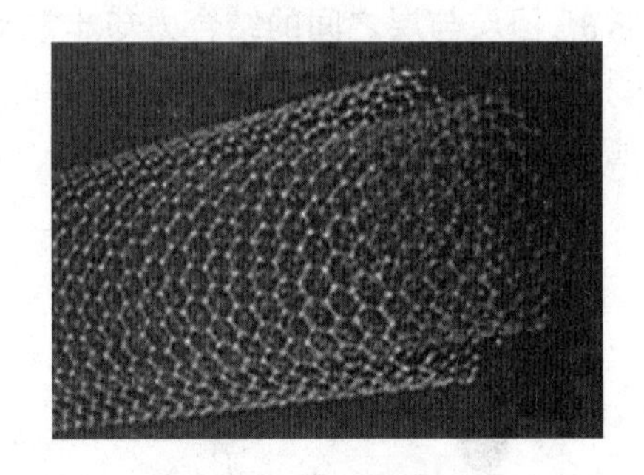

图13-6 碳纳米管

(5) 石墨烯(graphene)。

石墨烯是英国曼彻斯特大学A. K. Geim课题组于2004年发现的单原子层石墨晶体薄膜,是由 sp^2 杂化的碳原子构成的二维蜂窝状物质,是构建其他维数碳材料的基本单元(图13-7),其中C—C键长约为0.142 nm。完美的石墨烯是二维的,只包括六角元胞(等角六边形),但在实际情况下不免有缺陷的存在,如果石墨烯的结构中有五角元胞和七角元胞存在,它们将成为石墨烯的缺陷。这些特殊结构蕴含了丰富而新奇的物理现象,使石墨烯表现出许多优异性质,石墨烯不仅有优异的电学性能(室温下电子迁移率可达到 $2\times10^5\ cm^2/(V\cdot S)$),突出的导热性能(5 000 W/(m·K)),超大的比表面积(2 630 m^2/g),其弹性模量(1 100 GPa)和断裂强度(125 GPa)也可与碳纳米管媲美,而且还具有一些独特的性能，如完美的量子隧道效应、半整数量子霍尔效应、永不消失的电导率等一系列性质。曼彻斯特大学的 A. K. Geim 和 K. S. Novoselov 因其在石墨烯制备和研究方面的开创性工作获得了2010年的诺贝尔物理学奖。

图 13－7　石墨烯

习　题

1. 在金属单质中熔点、沸点和硬度最大的金属是哪些金属？

2. 最轻的金属是哪种金属？导电性最好的金属是哪种金属？熔点最低的金属是哪种金属？

3. 轻金属和重金属是怎么划分的？

4. 金属单质的化学性质有哪些？

5. 为什么金属铂、金能溶于王水？

6. 合金从结构上可有哪3种基本类型？

7. 常见的合金材料有哪些？各有什么用处？

8. 合金钢和硬质合金有什么区别？

9. 比较下列各项性质的高低或大小次序：

(1) SiO_2、KI、$FeCl_3$、$FeCl_2$ 的熔点；

(2) 金刚石、石墨、硅的导电性；

(3) SiC、SiO_2、BaO 晶体的硬度。

（答案：(1) SiO_2 > KI > $FeCl_2$ > $FeCl_3$；
(2) 石墨 > 硅 > 金刚石；
(3) SiC > SiO_2 > BaO）

10. 比较下列各组化合物的酸性，并指出所依据的规律。

(1) $HClO_4$、H_2SO_4、H_2SO_3；

(2) H_2CrO_4、H_3CrO_3、$Cr(OH)_3$。

（答案：(1) $HClO_4$ > H_2SO_4 > H_2SO_3；
(2) H_2CrO_4 > H_3CrO_3 > $Cr(OH)_3$）

11. 下列各组内的物质能否共存？若不能共存，请说明原因，并写出有关的化学方程式（未标明状态的均指水溶液）。

(1) Sn^{4+}、Sn^{2+} 与 Sn(s)；

(2) $Na_2O_2(s)$ 与 $H_2O(l)$；
(3) $NaHCO_3$ 与 NaOH;
(4) NH_4Cl 与 Zn(s)；
(5) $NaAlO_2$ 与 HCl;
(6) $NaAlO_2$ 与 NaOH。

附　录

附录1　本书常用量、单位的符号

本书常用量、单位的符号见附表1。

附表1　本书常用量、单位的符号

符号	意义	单位名称	单位符号
S	溶解度		
s	固态		
l	液态		
g	气态		
p	压力	帕[斯卡]	Pa
V	体积	立方米,升	m^3,L
A_r	相对原子质量		
M_r	相对分子质量		
M	摩尔质量	千克每摩尔,克每摩尔	$kg \cdot mol^{-1}$,$g \cdot mol^{-1}$
V_m	摩尔体积	立方米每摩尔,升每摩尔	$m^3 \cdot mol^{-1}$,$L \cdot mol^{-1}$
n	物质的量	摩尔	mol
R	摩尔气体常数		
T	热力学温度,摄氏温度	开[尔文],摄氏度	K,℃
X_B	B物质的摩尔分数		
p(B)	气体B的分压	帕[斯卡]	Pa
V(B)	气体B的分体积	立方米,升	m^3,L
c(B)	物质B的物质的量浓度	摩尔每升	$mol \cdot L^{-1}$
ξ	反应进度	摩尔	mol
k	反应速率常数		视表达式定
ν(B)	物质B的化学计量数		
$p^{\ominus}$	标准压力	10千帕[斯卡]	100 kPa
U	热力学能	千焦[耳]	kJ
ΔU	热力学能变	千焦[耳]	kJ
W	功	千焦[耳]	kJ
Q	热	千焦[耳]	kJ
ΔH	焓变	千焦[耳]	kJ
$\Delta_r H_m^{\ominus}$	标准摩尔焓变	千焦[耳]每摩尔	$kJ \cdot mol^{-1}$
$\Delta_f H_m^{\ominus}$	标准摩尔生成焓	千焦[耳]每摩尔	$kJ \cdot mol^{-1}$

续附表1

符号	意义	单位名称	单位符号
$\Delta_r G_m^{\ominus}$	标准摩尔吉布斯自由能变	千焦[耳]每摩尔	$kJ \cdot mol^{-1}$
$\Delta_f G_m^{\ominus}$	标准摩尔生成吉布斯自由能变	千焦[耳]每摩尔	$kJ \cdot mol^{-1}$
$\Delta_r S_m^{\ominus}$	标准摩尔反应熵变	焦[耳]每摩尔每开	$J \cdot mol^{-1} \cdot K^{-1}$
Q_p	等压反应热	千焦[耳]每摩尔	$kJ \cdot mol^{-1}$
E_a	活化能	千焦[耳]每摩尔	$kJ \cdot mol^{-1}$
$K^{\ominus}$	标准平衡常数		
K_p	分压实验平衡常数		视表达式定
K_c	浓度实验平衡常数		视表达式定
$K_i^{\ominus}$	标准解离常数		
$K_h^{\ominus}$	盐类标准水解常数		
$K_w^{\ominus}$	水离子积常数		
$K_{sp}^{\ominus}$	微溶电解质溶度积常数		
$K_f^{\ominus}$	配离子稳定常数		
$K_d^{\ominus}$	配离子不稳定常数		
J	反应商		
$c^{\ominus}$	标准物质的量浓度	1摩尔每升	$1\ mol \cdot L^{-1}$
α	弱电解质的解离度		
$\varphi^{\ominus}$	标准电极电势	伏[特]	V
$E^{\ominus}$	标准电动势	伏[特]	V
I	电离能	千焦[耳]每摩尔	$kJ \cdot mol^{-1}$
E_{AS}	电子亲和能	千焦[耳]每摩尔	$kJ \cdot mol^{-1}$
X	电负性		
ψ	波函数		
L_b	共价键键长	皮米	pm
θ	共价键键角	度	°(度)
E	共价键键能	千焦[耳]每摩尔	$kJ \cdot mol^{-1}$
D	共价键解离能	千焦[耳]每摩尔	$kJ \cdot mol^{-1}$
μ	偶极矩	库[仑]米	$C \cdot m$
d	偶极长度		
U	晶格能		
α	极化率		

注:摩尔为国际单位制中"物质的量"的单位,定义为:"摩尔是一系统的物质的量,该系统中所包含的基本单元数与0.012 kg的^{12}C的原子数目($6.022\ 045 \times 10^{23}$)相同。"基本单元可以是原子、分离、离子、电子及其他粒子,或一些粒子的特定组合。

附录2 SI制和我国法定计量单位及国家标准

国际单位制(SI)是从米制发展而成的一种计量单位制,1960年第十一届国际计量大会定名并推广。1969—1975年,国际标准化组织和国际计量大会经过修订、补充,正式推荐使用。我国国务院决定在国际单位制的基础上,进一步统一我国的计量单位,并于1984年2月27日发布了《关于在我国统一实行法定计量单位的命令》,规定我国的计量单位一律采用《中华人民共和国的法定计量单位》。1993年12月27日国家技术监督局发布了《中华人民共和国国家标准》(GB 3100 ~ 3102—93 量和单位),本书采用(GB 3100 ~ 3102—93 量和单位)。

2.1 法定计量单位

2.1.1 SI基本单位

SI基本单位见附表2。

附表2 SI基本单位

量名称	单位名称	单位符号
长度	米/meter	m
质量	吨/ton,千克(公斤)/kilogram	kg
时间	秒/second	s
电流	安[培]/ampere	A
热力学温度	开[尔文]/kelvin	K
物质有量	摩尔/mole	mol
发光强度	坎[德拉]/candela	cd

2.1.2 SI导出单位(摘录)

SI导出单位(摘录)见附表3。

附表3 SI导出单位(摘录)

量名称	单位名称	单位符号
立体角	球面度	Sr
频率	赫[兹]	Hz
力、重力	牛[顿]	N
压力、压强、应力	帕[斯卡]	Pa
能[量]、功、热量	焦[耳]	J
电荷[量]	库[仑]	C
电位、电压、电动势(电势)	伏[特]	V
摄氏温度	摄氏度	℃
电阻	欧[姆]	Ω

续附表3

量名称	单位名称	单位符号
电导	西[门子]	S
[物质的量] 浓度	摩尔每立方米、摩尔每升	$mol \cdot L^{-1}$
摩尔熵	焦[耳] 每摩[尔] 每开[尔文]	$J \cdot mol^{-1} \cdot K^{-1}$
偶极矩	库[仑] 米	$C \cdot m$

2.1.3 可与国际单位制并用的我国法定计量单位(摘录)

可与国际单位制并用的我国法定计量单位(摘录) 见附表4。

附表4 可与国际单位制并用的我国法定计量单位(摘录)

量名称	单位名称	单位符号
时间	日(1 d = 24 h)	d
	小时,分,秒(60 进制)	min,h,s
平面角	度,分,秒(60 进制)	°,′,″
质量	吨	t
体积	升	L
能	电子伏特	eV

2.1.4 SI 词头(摘录)

SI 词头(摘录) 见附表5。

附表5 SI 词头(摘录)

因数	词头名称	符号
10^{24}	尧[它](Yotta)	Y
10^{21}	泽[它](Zetta)	Z
10^{18}	艾[克萨](exa)	E
10^{15}	拍[它](Peta)	P
10^{12}	太[拉](tera)	T
10^{9}	吉[伽](giga)	G
10^{6}	兆(mega)	M
10^{3}	千(kilo)	k
10^{2}	百(hecto)	h
10^{-1}	分(deci)	d
10^{-2}	厘(centi)	c
10^{-3}	毫(milli)	m
10^{-6}	微(micro)	μ
10^{-9}	纳[诺](nano)	n

续附表5

因数	词头名称	符号
10^{-12}	皮[可](pico)	p
10^{-15}	飞[母托](femto)	f
10^{-18}	阿[托](atto)	a
10^{-21}	仄[普托](zepto)	z
10^{-24}	幺[科托](yoco)	y

2.2　常用的重要物理常数

常用的重要物理常数见附表6。

附表6　常用的重要物理常数

物理量	符号	国际单位数值
电子的电荷	e	$1.602\ 177 \times 10^{-19}$ C
阿伏伽德罗(Avogadro) 常数	N_A	$6.022\ 137 \times 10^{23}$ mol^{-1}
摩尔气体常数	R	8.314 510 J · mol^{-1} · K^{-1}
标准压力和温度	$p^{\ominus}$ 和 T_0	100 kPa 和 273.15 K
理想气体标准摩尔体积	$V_m^{\ominus}$	$2.241\ 383 \times 10^{-2}$ m^3 · mol^{-1}
普朗克(Planck) 常数	h	$6.626\ 076 \times 10^{-34}$ J · s
法拉第(Faraday) 常数	F	$9.648\ 531 \times 10^4$ C · mol^{-1}

附录3　标准热力学数据(298.15 K,100 kPa)

标准热力学数据(298.15 K,100 kPa) 见附表7。

附表7　标准热力学数据(298.15 K,100 kPa)

物质	状态	$\Delta_f H_m^\ominus$/(kJ·mol^{-1})	$\Delta_f G_m^\ominus$/(kJ·mol^{-1})	$S_m^\ominus$/(J·mol^{-1}·K^{-1})
Ag	s	0	0	42.55
AgBr	s	-100.37	-96.9	107.1
AgCl	s	-127.07	-109.8	96.2
AgI	s	-61.84	-66.19	115.5
Ag_2CrO_4	s	-731.74	-641.83	218
Ag_2O	s	-31	-11.2	121.3
$AgNO_3$	s	-124.4	-33.47	140.9
Ag_2S	s	-32.59	-40.67	144
Al	s	0	0	28.33
Al_2O_3	s(刚玉)	-1 675.7	-1 582.3	50.92
$Al(OH)_3$	s	-1 285	-1 306	71
B	s	0	0	5.86
B_2H_6	g	35.6	86.6	232
Ba	s	0	0	62.8
$BaCO_3$	s	-1 216	-1 138	112
$BaSO_4$	s	-1 473	-1 362	132
BaO	s	-548.1	-520.41	72.09
Br_2	l	0	0	152.23
Br_2	g	30.91	3.14	245.35
C	g	716.68	671.21	157.99
C	s(石墨)	0	0	5.74
C	s(金刚石)	1.987	2.9	2.38
CO	g	-110.52	-137.15	197.56
CO_2	g	-393.51	-394.36	213.6
Ca	s	0	0	41.2
CaF_2	s	-1 219.6	-1 167.3	68.87
CaO	s	-635.09	-604.04	39.75
$Ca(OH)_2$	s	-986.09	-898.56	83.39
$CaCO_3$	s(方解石)	-1 206.9	-1 128.8	92.9

续附表7

物质	状态	$\Delta_f H_m^\ominus$/(kJ·mol^{-1})	$\Delta_f G_m^\ominus$/(kJ·mol^{-1})	$S_m^\ominus$/(J·mol^{-1}·K^{-1})
$CaCO_3$	s（硬石膏）	-1 434.1	-1 321.9	106.7
Cl_2	g	0	0	222.96
Cu	s	0	0	33.15
CuO	s	-157	-130	42.63
Cu_2O	s	-169	-146.3	93.14
CuS	s	-53.1	-53.6	66.5
$CuSO_4$	s	-771.36	-661.9	109
Fe	s	0	0	27.3
$FeCl_2$	s	-341.79	-302.3	117.95
$FeCl_3$	s	-399.49	-334	142.3
Fe_2O_3	s(赤铁矿)	-824.2	-742.2	87.4
Fe_3O_4	s(磁铁矿)	-1 118.4	-1 015.4	146.4
FeS	s	-100	-100.4	60.29
$FeSO_4$	s	-928.4	-820.8	107.5
F_2	g	0	0	202.78
H_2	g	0	0	130.68
HBr	g	-36.4	-53.45	198.69
HCl	g	-92.3	-95.29	186.9
HF	g	-271.12	-273.22	173.78
HI	g	26.48	1.7	206.59
HCN	g	135	125	201.7
H_2CO_3	l	-699.65	-623.16	187
HNO_3	l	-173.2	-79.91	155.6
H_2O	g	-241.82	-228.59	188.72
H_2O	l	-285.83	-237.18	69.92
H_2O_2	l	-187.8	-120.35	109.6
H_2S	g	-20.17	-33.1	205.8
Hg	l	0	0	77.4
$HgCl_2$	s	-223.4	-176.6	144.3
Hg_2Cl_2	s	-264.93	-210.6	195.8
HgO	s（红，斜方晶形）	-90.84	-58.55	70.29

续附表7

物质	状态	$\Delta_f H_m^\ominus$/(kJ·mol^{-1})	$\Delta_f G_m^\ominus$/(kJ·mol^{-1})	$S_m^\ominus$/(J·mol^{-1}·K^{-1})
HgO	s(红，六方晶形)	-89.5	-58.24	71.1
Hg_2SO_4	s	-741.99	-623.85	200.75
I_2	s	0	0	116.14
K	s	0	0	64.18
KI	s	-327.65	-322.29	104.35
Mg	s	0	0	32.69
MgO	s(方镁石)	-601.66	-569.02	26
Mn	s	0	0	31.76
MnO_2	s	-520	-465.2	53.05
N_2	s	0	0	191.6
NH_3	g	-46.11	-16.5	192.3
N_2H_4	l	50.63	149.34	121.21
NH_4Cl	s	-314.43	-202.87	94.6
N_2O	g	82.05	104.2	219.85
NO	g	90.25	86.55	210.77
NO_2	g	33.18	51.31	240.06
N_2O_5	g	2.5	109	343
Na	s	0	0	51
NaOH	s	-425.61	-379.49	64.46
Na_2CO_3	s	-1 130.68	-1 044.44	134.98
$NaHCO_3$	s	-950.81	-851	101.7
O_2	s	0	0	205.14
O_3	g	142.7	163.2	238.93
P	s(白磷)	0	0	41.09
P	s(红磷)	-17.6	-121	22.8
PCl_3	g	-287	-267.8	311.78
PCl_5	g	-374.9	-305	364.58
Pb	s	0	0	64.81
PbS	s	-94.31	-92.67	91.2
S	s	0	0	31.93
SO_2	s	-296.85	-300.16	248.22

续附表7

物质	状态	$\Delta_f H_m^\ominus$/(kJ·mol^{-1})	$\Delta_f G_m^\ominus$/(kJ·mol^{-1})	$S_m^\ominus$/(J·mol^{-1}·K^{-1})
SO_3	s（斜方）	-395.26	-371.06	256.76
Si	s	0	0	18.83
SiF_4	g	-1 614.94	-1 572.65	282.49
SiO_2	s(石英)	-910.94	-856.67	41.84
SiO_2	s(无定形)	-903.49	-850.73	46.9
Sn	s(白)	0	0	51.55
Sn	s(灰)	-2.09	0.13	44.14
SnO_2	s	-580.7	-519.6	52.3
Ti	s	0	0	30.3
TiO_2	s(金红石)	-912.1	-852.7	50.25
Zn	s	0	0	41.6
ZnO	s	-348.28	-318.3	43.64
ZnS	s(闪锌矿)	-206	-201.3	57.5
CH_4	g	-74.85	-50.79	186.2
C_2H_6	g	-84.68	-32.86	229.1
C_2H_4	g	52.29	68.18	219.45
C_2H_2	g	226.73	209.2	200.94
C_3H_8	g	-103.85	-23.6	270.2
C_6H_{12}	g	-123.14	31.92	298.35
C_6H_6	l	49.04	124.14	173.26
C_6H_6	g	82.93	129.08	269.69
C_7H_8(甲苯)	l	12.01	113.89	220.96
C_7H_8(甲苯)	g	50	122.11	320.77
C_8H_8(苯乙烯)	l	103.89	202.51	237.57
$C_4H_{10}O$（乙醚）	l	-279.5	-122.75	253.1
CH_3OH	l	-238.57	-166.23	126.8
CH_3OH	g	-201.17	-161.88	237.7
CH_3CH_2OH	l	-277.63	-174.77	160.67
CH_3CH_2OH	g	-235.31	-168.6	282
HCHO	g	-115.9	-109.89	218.89
CH_3CHO	g	-166.36	-133.25	264.33
C_3H_6O（丙酮）	l	-248.1	-155.28	200.4

续附表7

物质	状态	$\Delta_f H_m^\ominus$/(kJ·mol^{-1})	$\Delta_f G_m^\ominus$/(kJ·mol^{-1})	$S_m^\ominus$/(J·mol^{-1}·K^{-1})
HCOOH	l	-424.7	-361.4	129
HCOOH	g	-362.63	-335.72	246.06
CH_3COOH	l	-484.5	-389.26	159.83
$C_4H_6O_2$(乙酸乙酯)	g	-436.4	-381.6	293.3
$C_4H_6O_2$(乙酸乙酯)	l	-479.03	-382.55	259.4
C_6H_6O(苯酚)	s	-165.02	-50.31	144.01
C_2H_7N(乙胺)	g	-46.02	37.38	284.96
CH_2Cl_2	g	-95.4	-68.84	270.35
CCl_4	l	-132.84	-62.56	216.19
$CHCl_3$	l	-132.2	-71.77	202.9

附录 4　湿法分解主要溶剂的性质及应用范围

湿法分解主要溶剂的性质及应用范围见附表 8。

附表 8　湿法分解主要溶剂的性质及应用范围

溶剂	主要性质	应用范围
盐酸	强酸性，弱还原性，Cl^- 具有一定的配位能力(如与 Fe^{3+}、Sn^{4+} 等离子形成配位物)，除银、铅等少数金属离子外，绝大多数金属氧化物易溶于水，高温下，某些氯化物有挥发性。如硼锑、砷等拓氯化物。单独使用盐酸分解试样时，砷、磷、硫生成氢化物挥发	在金属电位序中，氢以前的金属及其合金均能溶于盐酸，碳酸盐及碱土金属为主要成分的矿物，如菱苦土矿、白云石、菱铁矿、软锰矿、辉锑矿等均能用盐酸分解
硝酸	强酸性，浓酸具有强氧化性，几乎所有的硝酸盐都易溶于水，除金和铂族元素外，绝大多数金属能被硝酸分解，铝、铬等金属与硝酸作用会在表面生成氧化膜，产生“钝化”作用，生成微溶的 H_2SnO_3、SbO_3	常用于溶解铜、银、铅、锰等金属及其合金，铜、铅、锡、镍、钼等硫化物以及砷化物等
硫酸	沸点高(338 ℃)，强酸性，热的浓硫酸有强氧化性和脱水能力，能使有机物炭化，利用其高沸点，加入硫酸并蒸发至冒白烟可以除去磷酸以外的其他酸类和某些挥发性物质	用于分解铬及铬钢，镍铁及铝镁、锌等非铁合金，独居石、萤石等矿物和锑、铀、钛等矿物，能破坏试样中的有机物
磷酸	沸点较高(213 ℃)，在高温时形成焦磷酸和聚磷酸，PO_4^{3-} 具有一定的配位能力，W^{6+}、Mo^{3+} 等在酸性溶液中都与磷酸形成无色配位物，热的浓磷酸具有很强的分解能力。许多金属的正磷酸盐不溶于水	在钢铁分析中，常以磷酸作为溶剂。许多难熔性的矿石，如铬铁矿、铌铁矿、钛铁矿、金红石以及锰铁、锰矿等均能被磷酸溶解
高氯酸	最强酸，热的浓高氯酸具有强氧化性和脱水性，绝大多数高氯酸盐都易溶于水，用高氯酸分解试样时，能将铬氧化为重铬酸根离子，硫氧化为硫酸根离子。沸点为 203 ℃(质量分数为 72%)，蒸发至冒白烟时，可除去低沸点的酸，其残渣易溶于水，热的浓高氯酸遇有机物发生爆炸，当试样中含有机物时，应先用硝酸蒸发，破坏有机物，然后加入高氯酸	用于分解镍铬合金、高铬合金钢、不锈钢、汞的硫化物、铬矿石及氟矿石等，高氯酸是质量法测定二氧化硅的良好脱水剂

续附表8

溶剂	主要性质	应用范围
氢氟酸	有很强的配位能力,与硅形成挥发的四氟化硅,与砷、铍等也能形成挥发性的氟化物,用氢氟酸分解试样后,Fe^{3+}、Al^{3+}、Ti^{4+}、Zr^{4+}、W^{5+}、Nb^{5+} 等以氟配位物形式进入溶液,而钙离子、镁离子和稀土金属离子则析出氟化物沉淀。用氢氟酸分解试样时,通常在铂皿中处理,采用聚四氟乙烯容器时,应低于 250 ℃。氢氟酸对人体有害,使用时应注意安全	氢氟酸常与硫酸、硝酸或高氯酸混合使用,可分解硅铁、硅酸盐、石英岩等含硅试样及铌、铁、锆等金属
氢碘酸	氢碘酸的沸点为127 ℃,由于碘化氢易被氧化,其水溶液因存在游离碘而常呈浅黄色或棕色,加入磷酸可使碘化氢稳定	氢碘酸在无机分析中主要用于分解汞的硫化物及锡石等,在有机分析中最重要的用途是破坏醚键,如蔡泽尔甲氧基测定法
氢氧化钠或氢氧化钾溶液	用质量分数为 20% ~ 30% 的氢氧化钠或氢氧化钾溶液与两性金属如锌、铝等及其合金反应,分解反应可在银、铂或聚四氟乙烯器皿中进行	主要用于分解锌、铝金属及其合金以及钼、钨的无水氧化物
混合王水与逆王水	一体积硝酸和三体积盐酸的混合物称为王水;三体积硝酸与一体积盐酸的不混合物称为逆王水。王水与逆王水都具有很强的氧化性	王水用于分解金、钼、钯、铂、钨等金属,铋、铜、镍、钒等合金,铁、钴、镍、钼、铅、锑、汞、砷等硫化矿物;逆王水用于分解银、汞、钼等金属,锰铁、锰钢及锗的硫化物
硫酸 + 磷酸	具有强酸性,其中磷酸根有一定的配位能力,混合酸的沸点高	用于分解高合金钢、低合金钢、铁矿、锰矿、铬铁矿、钒钛矿及含铌、钽、钨、钼的矿石
硫酸 + 氢氟酸	具有强酸性,氟离子具有较强的配位能力	用于分解碱金属盐类,硅酸盐、钛矿石
硫酸 + 硝酸	具有强氧化性	用于分解碱金属盐类,硅酸盐、钛矿石

续附表8

溶剂	主要性质	应用范围
硝酸 + 氢氟酸	氟离子具有较强的配位能力	用于分解铝、铌、钽、钍、钛、钨、锆等金属及其氧化物、硼化物、氮化物、钨铁、锰合金、含硅合金及矿石的溶剂
浓硝酸 + 溴	具有强氧化性	主要用于分解砷化物、硫化物矿物
浓硫酸 + 高氯酸	具有强氧化性	主要用于分解金属镓、铬矿石等
磷酸 + 高氯酸	具有强氧化性，磷酸根有一定的配位能力	分解金属钨、铬铁、铬钢等
盐酸 + 过氧化氢	具有氧化性，过量的过氧化氢可加热除去	主要用于分解铜及铜合金
盐酸 + 氯化锡	具有还原性	用于分解磁铁矿、赤铁矿、褐铁矿等矿石

附录5 常用熔剂的性质、使用条件和应用范围

常用熔剂的性质、使用条件和应用范围见附表9。

附表9 常用熔剂的性质、使用条件和应用范围

熔剂	熔剂性质	使用条件	应用范围
焦硫酸钾或硫酸氢钾	酸性溶剂,在420 ℃以上分解,产生的三氧化硫对矿石有分解作用,焦硫酸钾与碱性或中性氧化物混合熔融时,在300 ℃左右发生复分解反应	焦硫酸钾的用量一般为试样量的8 ~ 10倍,置于铂皿中在300 ℃下进行熔融	铁、铝、钛、锆、铌等氧化物矿石,中性和碱性耐火材料,铬铁矿及锰矿等
氟氢化钾	弱酸性熔剂,浸取熔块时氟离子具有配位作用	熔块的用量为试样量的8 ~ 10倍,置于铂皿中在低温下熔融	主要用于分解硅酸盐、稀土和钍的矿石
铵盐熔剂或它们的混合物	弱酸性熔剂	铵盐的用量为试样量的10 ~ 15倍,一般置于瓷坩埚中,在110 ~ 350 ℃下熔融	铜、铅、锌的硫化物矿物,铁矿、镍矿及锰矿等
碳酸钾、碳酸钠或两者的混合物	高熔点的碱性熔剂,熔融时空气中的氧起氧化作用	熔剂的用量为试样量的6 ~ 8倍,置于铂皿内,在900 ~ 1 000 ℃熔融	铌、钛、钽、锆等氧化物,酸不溶性残渣,硅酸盐,不溶性硫酸盐,铁、锰等矿物
氢氧化物	低熔点的强碱性熔剂	氢氧化钠的用量为试样量的10 ~ 20倍,置于镍或铁、银坩埚内,在500 ℃以下熔融	锑、铬、锡、锌、锆等矿物,两性元素氧化物
碳酸钙+氯化铵	弱碱性熔炉剂	氯化铵与试样等质量,碳酸钙的用量为试样质量的8倍,置于铂皿或镍坩埚中,在900 ℃左右熔融	硅酸盐、岩石中的碱金属测定
过氧化钠	具有强氧化性和腐蚀性	过氧化钠的用量为试样量的10倍,置于铁或镍、银坩埚内,一般在600 ~ 700 ℃熔融	铬合金、铬铁矿及钼、镍、锑、钒等矿石,硅铁、硫化物矿石等

续附表9

熔剂	熔剂性质	使用条件	应用范围
氢氧化钠 + 过氧化钠	强碱性氧化性熔剂	熔剂与试样的质量比为 NaOH : Na_2CO_3 : 试样 = 1 : 2 : 5,置于铁、镍、银坩埚内,一般在 600 ℃ 以上熔融	铂合金、铬矿、铁矿及含硒、碲等矿物
碳酸钠与氧镁	碱性熔剂	混合熔剂的质量为试样质量的 8 ~ 10 倍,置于铁或镍坩埚内,在 800 ℃ 左右半熔融	铁合金,煤中全硫量的测定等
碳酸钠与氯化铵	弱碱性熔剂	熔剂与试样混匀置于铁或镍坩埚内,在 750 ~ 800 ℃ 熔融	硅酸盐中钾钠分析

附录6 常见弱电解质的标准解离平衡常数(298.15 K)

附录6.1 酸的标准解离平衡常数

酸的标准解离平衡常数见附表10。

附表10 酸的标准解离平衡常数

名称	化学式	K_a	pK_a
偏铝酸	H_3AlO_3	$K_{a_1}=6.3\times10^{-12}$	11.2
砷酸	H_3AsO_4	$K_{a_1}=6.3\times10^{-3}$	2.22
		$K_{a_2}=1.2\times10^{-7}$	6.93
		$K_{a_3}=3.2\times10^{-12}$	11.5
亚砷酸	H_3AsO_3	6.0×10^{-10}	9.22
硼酸	H_3BO_3	5.8×10^{-10}	9.24
焦硼酸	$H_2B_4O_7$	$K_{a_1}=1.0\times10^{-4}$	4
		$K_{a_2}=1.0\times10^{-9}$	9
次溴酸	HBrO	2.3×10^{-9}	8.63
氢氰酸	HCN	6.2×10^{-10}	9.21
氰酸	HCNO	2.2×10^{-4}	3.66
碳酸	H_2CO_3	$K_{a_1}=4.2\times10^{-7}$	6.38
		$K_{a_2}=5.6\times10^{-11}$	10.25
次氯酸	HClO	3.2×10^{-8}	7.5
亚氯酸	$HClO_2$	1.1×10^{-2}	1.95
铬酸	H_2CrO_4	$K_{a_1}=1.8\times10^{-1}$	0.74
		$K_{a_2}=3.2\times10^{-7}$	6.5
氢氟酸	HF	6.6×10^{-4}	3.18
次碘酸	HIO	2.3×10^{-11}	10.64
碘酸	HIO_3	1.6×10^{-1}	0.8
亚硝酸	HNO_2	5.1×10^{-4}	3.29
过氧化氢	H_2O_2	2.2×10^{-12}	11.65
次磷酸	H_3PO_2	5.9×10^{-2}	1.23
磷酸	H_3PO_4	$K_{a_1}=7.1\times10^{-3}$	2.15
		$K_{a_2}=6.2\times10^{-8}$	7.21
		$K_{a_3}=4.5\times10^{-13}$	12.35

续附表10

名称	化学式	K_a	pK_a
焦磷酸	$H_4P_2O_7$	$K_{a_1} = 3.0 \times 10^{-2}$	1.52
		$K_{a_2} = 4.4 \times 10^{-3}$	2.36
		$K_{a_3} = 2.5 \times 10^{-7}$	6.6
亚磷酸	H_3PO_3	$K_{a_1} = 5.0 \times 10^{-2}$	1.3
		$K_{a_2} = 2.5 \times 10^{-7}$	6.6
氢硫酸	H_2S	$K_{a_1} = 1.3 \times 10^{-7}$	6.88
		$K_{a_2} = 7.1 \times 10^{-15}$	14.15
硫酸	H_2SO_4	$K_{a_2} = 1.02 \times 10^{-2}$	1.99
亚硫酸	H_2SO_3	$K_{a_1} = 1.23 \times 10^{-2}$	1.91
		$K_{a_2} = 5.6 \times 10^{-8}$	7.18
		$K_{a_1} = 6.3 \times 0^{-8}$	7.2
硫氰酸	HSCN	0.13	0.9
硫代硫酸	$H_2S_2O_3$	$K_{a_1} = 0.25$	0.6
		$K_{a_2} = 1.9 \times 10^{-2}$	1.72
硅酸	H_2SiO_3	$K_{a_1} = 1.7 \times 10^{-10}$	9.77
		$K_{a_2} = 1.6 \times 10^{-12}$	11.8
甲酸	HCOOH	1.80×10^{-4}	3.74
乙酸	CH_3COOH	1.75×10^{-5}	4.76
丙酸	C_2H_5COOH	1.35×10^{-5}	4.87
草酸	HOOC－COOH	$K_{a_1} = 5.60 \times 10^{-2}$	1.25
		$K_{a_2} = 5.40 \times 10^{-5}$	4.27
甘氨酸(氨基乙酸)	$CH_2(NH_2)COOH$	$K_{a_1} = 4.5 \times 10^{-3}$	2.35
		$K_{a_2} = 2.5 \times 10^{-10}$	9.6
乳酸(D－2－羟基丙酸)	$CH_3CH(OH)COOH$	1.4×10^{-4}	3.86
苯酚	C_6H_5OH	1.0×10^{-10}	9.98
苯甲酸	C_6H_5COOH	6.2×10^{-5}	4.21
水杨酸(2－羟基－苯甲酸)	$C_7H_6O_3$	$K_{COOH} = 1.0 \times 10^{-3}$	2.98
		$K_{OH} = 2.2 \times 10^{-14}$	13.66
邻苯二甲酸	$C_8H_6O_4$	$K_{a_1} = 1.1 \times 10^{-3}$	2.95
		$K_{a_2} = 3.9 \times 10^{-6}$	5.41
柠檬酸(2－羟基－1,2,3－丙三羧酸)	$C_6H_8O_7$	$K_{a_1} = 7.4 \times 10^{-4}$	3.13
		$K_{a_2} = 1.7 \times 10^{-5}$	4.76
		$K_{a_3} = 4.1 \times 10^{-7}$	6.4

附录6.2 碱的标准解离平衡常数

碱的标准解离平衡常数见附表11。

附表11 碱的标准解离平衡常数

名称	化学式	K_b	pK_b
一水合氨	$NH_3 \cdot H_2O$	1.75×10^{-5}	4.76
联氨(肼)	N_2H_4	$K_{b_1} = 3.0 \times 10^{-6}$	5.52
		$K_{b_2} = 7.6 \times 10^{-15}$	14.12
苯胺	$C_6H_5NH_2$	4.2×10^{-10}	9.38
羟胺	NH_2OH	9.1×10^{-9}	8.04
甲胺	CH_3NH_2	4.2×10^{-4}	3.38
二甲胺	$(CH_3)_2NH_2$	1.2×10^{-4}	3.93
乙胺	$C_2H_5NH_2$	5.6×10^{-4}	3.25
二乙胺	$(C_2H_5)_2NH_2$	1.3×10^{-3}	2.89
乙醇胺	$HOC_2H_4NH_2$	3.2×10^{-5}	4.5
三乙醇胺	$N(C_2H_4OH)_3$	5.8×10^{-7}	6.21
六亚甲基四胺	$(CH_2)_6N_4$	1.4×10^{-9}	8.85
乙二胺	$H_2NCH_2CH_2NH_2$	$K_{b_1} = 8.5 \times 10^{-5}$	4.07
		$K_{b_2} = 7.1 \times 10^{-8}$	7.15
吡啶	C_5H_5N	1.7×10^{-9}	8.77
尿素	$(NH_2)_2CO$	6.3×10^{-10}	9.2

附录 7　常用缓冲溶液及配制方法（干燥分析纯试剂，蒸馏水，25 ℃）

常用缓冲溶液及配制方法（干燥分析纯试剂，蒸馏水，25 ℃）见附表 12。

附表 12　常用缓冲溶液及配制方法（干燥分析纯试剂，蒸馏水，25 ℃）

缓冲溶液组成	pK_a	缓冲溶液 pH	配制方法
氨基乙酸 - HCl	2.35	2.3	取氨基乙酸 150 g 溶于 500 mL 水中，加入浓 HCl 80 mL，用水稀释至 1 000 mL
H_3PO_4 - 三乙胺		3.2	取磷酸约 4 mL 与三乙胺约 7 mL，加体积分数为 50% 的甲醇稀释至1 000 mL，用磷酸调节 pH 至 3.2
磷酸盐 - 柠檬酸	7.21	2.5	取 $Na_2HPO_4 \cdot 12H_2O$ 113 g 溶于200 mL 水后，加柠檬酸 387 g，溶解、过滤后，稀释至 1 000 mL
磷酸盐		4.5	取磷酸二氢钠 38.0 g，与磷酸氢二钠 5.04 g，加水至 1 000 mL
		6.6	取磷酸二氢钠 1.74 g、磷酸氢二钠 2.7 g 与氯化钠 1.7 g，加水使溶解成 400 mL
		6.86	取分析纯磷酸二氢钾 3.40 g 和分析纯磷酸氢二钠 3.55 g，溶于脱除 CO_2 的蒸馏水中，稀释至 1 L
		7.8 ~ 8.0	取磷酸氢二钾 5.59 g 与磷酸二氢钾 0.41 g，加水使溶解成 1 000 mL
醋酸铵 - 乙醇	4.75	3.7	取 5 $mol \cdot L^{-1}$ 醋酸溶液 15.0 mL，加乙醇 60 mL 和水 20 mL，用 10 $mol \cdot L^{-1}$ 氢氧化铵溶液调节 pH 至 3.7，用水稀释至 1 000 mL
醋酸盐		3.5	取醋酸铵 25 g，加水 25 mL 溶解后，加 7 $mol \cdot L^{-1}$ 盐酸溶液 38 mL，用 2 $mol \cdot L^{-1}$ 盐酸溶液或 5 $mol \cdot L^{-1}$ 氨溶液准确调节 pH 至 3.5（电位法指示），用水稀释至 100 mL
醋酸 - 锂盐		3.0	取冰醋酸 50 mL，加水 800 mL 混合后，用氢氧化锂调节 pH 至 3.0，再加水稀释至 1 000 mL

续附表12

缓冲溶液组成	pK_a	缓冲溶液 pH	配制方法
醋酸 - 醋酸钠		3.6	取醋酸钠 5.1 g,加冰醋酸 20 mL,再加水稀释至 250 mL
		3.7	取无水醋酸钠 20 g,加水 300 mL 溶解后,加溴酚蓝指示液 1 mL 及冰醋酸 60 ~ 80 mL,至溶液从蓝色转变为纯绿色,再加水稀释至 1 000 mL
		3.8	取 2 mol · L^{-1} 醋酸钠溶液 13 mL 与 2 mol · L^{-1} 醋酸溶液 87 mL,加含铜 1 mg · mL^{-1} 的硫酸铜溶液 0.5 mL,再加水稀释至 1 000 mL
		4.5	取醋酸钠 18 g,加冰醋酸 9.8 mL,再加水稀释至 1 000 mL
		4.6	取醋酸钠 5.4 g,加水 50 mL 使溶解,用冰醋酸调节 pH 至 4.6,再加水稀释至 100 mL
		6.0	取醋酸钠 54.6 g,加 1 mol · L^{-1} 醋酸溶液 20 mL 溶解后,加水稀释至 500 mL
醋酸 - 醋酸钾		4.3	取醋酸钾 14 g,加冰醋酸 20.5 mL,再加水稀释至 1 000 mL
醋酸 - 醋酸铵		4.5	取醋酸铵 7.7 g,加水 50 mL 溶解后,加冰醋酸 6 mL 与适量的水使成 100 mL
		6.0	取醋酸铵 100 g,加水 300 mL 使溶解,加冰醋酸 7 mL,摇匀
甲酸 - NaOH	3.76	3.7	取甲酸 95 g 和 NaOH 40 g 溶于 500 mL 水中,用水稀释至 1 000 mL
甲酸钠		3.3	取 2 mol · L^{-1} 甲酸溶液 25 mL,加酚酞指示液 1 滴,用 2 mol · L^{-1} 氢氧化钠溶液中和,再加入 2 mol · L^{-1} 甲酸溶液 75 mL,用水稀释至 200 mL,调节 pH 至 3.25 ~ 3.30
邻苯二甲酸盐	2.89	4.01	取 110 ℃ 烘干的分析纯邻苯二甲酸氢钾 10.21 g,溶于水,并稀释到 1 000 mL
Tris - HCl	8.21	8.2	取 Tris 试剂 25 g 溶于水中,加浓盐酸 18 mL,混匀后,用水稀释至 1 000 mL
NH_3 - NH_4Cl	9.25	8.0	取氯化铵 1.07 g,加水使溶解成 100 mL,再加稀氨溶液(稀释 30 倍) 调节 pH 至8.0
		10.0	取氯化铵 5.4 g,加水 20 mL 溶解后,加浓氯溶液 35 mL,再加水稀释至 100 mL

续附表12

缓冲溶液组成	pK_a	缓冲溶液 pH	配制方法
三羟甲基氨基甲烷	8.1	8.0	取三羟甲基氨基甲烷12.14 g,加水800 mL,搅拌溶解,并稀释至1 000 mL,用6 mol·L^{-1} 盐酸溶液调节 pH 至8.0
		9.0	取三羟甲基氨基甲烷6.06 g,加盐酸赖氨酸3.65 g,氯化钠5.8 g,乙二胺四醋酸二钠0.37 g,再加水溶解使成1 000 mL,调节 pH 至9.0
巴比妥	7.43	7.4	取巴比妥钠4.42 g,加水使溶解并稀释至400 mL,用2 mol·L^{-1} 盐酸溶液调节 pH 至7.4,过滤
巴比妥 - 巴比妥钠		8.6	取巴比妥5.52 g与巴比妥钠30.9 g,加水使溶解成2 000 mL
巴比妥 - 氯化钠		7.8	取巴比妥钠5.05 g,加氯化钠3.7 g及水适量使溶解,另取明胶0.5 g加水适量,加热溶解后并入上述溶液中。然后用0.2 mol·L^{-1} 盐酸溶液调节 pH 至7.8,再用水稀释至500 mL
枸橼酸盐	3.1	6.2	取2.1% 枸橼酸水溶液,用质量分数为50% 的氢氧化钠溶液调节 pH 至6.2
枸橼酸 - 磷酸氢二钠		4.0	甲液:取枸橼酸21 g或无水枸橼酸19.2 g,加水溶解至1 000 mL,置冰箱内保存。乙液:取磷酸氢二钠71.63 g,加水使溶解成1 000 mL。取上述甲液61.45 mL与乙液38.55 mL混合,摇匀
硼砂 - 碳酸钠	9.24	10.8 ~ 11.2	取无水碳酸钠5.30 g,加水使溶解成1 000 mL;另取硼砂1.91 g,加水使溶解成100 mL。临用前取碳酸钠溶液973 mL与硼砂溶液27 mL,混匀
硼酸 - 氯化钾		9.0	取硼酸3.09 g,加0.1 mol·L^{-1} 氯化钾溶液500 mL使溶解,再加0.1 mol·L^{-1} 氢氧化钠溶液210 mL
硼酸钠		9.18	取3.81 g分析纯硼酸钠($Na_2B_4O_7 \cdot 10H_2O$),溶于1 L脱除 CO_2 的蒸馏水中
硼砂 - 氯化钙		8.0	取硼砂0.572 g与氯化钙2.94 g,加水约800 mL溶解,用1 mol·L^{-1} 盐酸溶液约2.5 mL调节 pH 至8.0,用水稀释至1 000 mL

附录8 标准电极电势及部分氧化还原电对的条件电极电势(298.15 K)

附录8.1 酸性溶液中的标准电极电势

酸性溶液中的标准电极电势见附表13。

附表13 酸性溶液中的标准电极电势(由小到大排列)

电极反应	$\varphi^{\ominus}$/V
$Li^{+} + e^{-} = Li$	-3.040
$Cs^{+} + e^{-} = Cs$	-3.020
$Rb^{+} + e^{-} = Rb$	-2.98
$K^{+} + e^{-} = K$	-2.931
$Ba^{2+} + 2e^{-} = Ba$	-2.912
$Sr^{2+} + 2e^{-} = Sr$	-2.899
$Ca^{2+} + 2e^{-} = Ca$	-2.868
$Na^{+} + e^{-} = Na$	-2.71
$Ce^{3+} + 3e^{-} = Ce$	-2.483
$Mg^{2+} + 2e^{-} = Mg$	-2.372
$\frac{1}{2}H_2 + e^{-} = H^{-}$	-2.23
$Sc^{3+} + 3e^{-} = Sc$	-2.077
$[AlF_6]^{3-} + 3e^{-} = Al + 6F^{-}$	-2.069
$Be^{2+} + 2e^{-} = Be$	-1.847
$Al^{3+} + 3e^{-} = Al$	-1.662
$Ti^{2+} + 2e^{-} = Ti$	-1.37
$[SiF_6]^{2-} + 4e^{-} = Si + 6F^{-}$	-1.24
$Mn^{2+} + 2e^{-} = Mn$	-1.185
$V^{2+} + 2e^{-} = V$	-1.175
$Cr^{2+} + 2e^{-} = Cr$	-0.913
$TiO^{2+} + 2H^{+} + 4e^{-} = Ti + H_2O$	-0.89
$H_3BO_3 + 3H^{+} + 3e^{-} = B + 3H_2O$	-0.870
$Zn^{2+} + 2e^{-} = Zn$	-0.763
$Cr^{3+} + 3e^{-} = Cr$	-0.744
$Ga^{3+} + 3e^{-} = Ga$	-0.549
$Fe^{2+} + 2e^{-} = Fe$	-0.440

续附表13

电极反应	$\varphi^{\ominus}$ /V
$Cr^{3+} + e^- = Cr^{2+}$	-0.407
$Cd^{2+} + 2e^- = Cd$	-0.403
$PbI_2 + 2e^- = Pb + 2I^-$	-0.365
$PbSO_4 + 2e^- = Pb + SO_4^{2-}$	-0.359
$Co^{2+} + 2e^- = Co$	-0.277
$H_3PO_4 + 2H^+ + 2e^- = H_3PO_3 + H_2O$	-0.276
$Ni^{2+} + 2e^- = Ni$	-0.257
$CuI + e^- = Cu + I^-$	-0.180
$AgI + e^- = Ag + I^-$	-0.152
$GeO_2 + 4H^+ + 4e^- = Ge + 2H_2O$	-0.15
$Sn^{2+} + 2e^- = Sn$	-0.138
$Pb^{2+} + 2e^- = Pb$	-0.126
$WO_3 + 6H^+ + 6e^- = W + 3H_2O$	-0.090
$[HgI_4]^{2-} + 2e^- = Hg + 4I^-$	-0.040
$2H^+ + 2e^- = H_2$	0.000
$[Ag(S_2O_3)_2]^{3-} + e^- = Ag + 2S_2O_3{}^{2-}$	0.01
$AgBr + e^- = Ag + Br^-$	0.071
$S_4O_6{}^{2-} + 2e^- = 2S_2O_3{}^{2-}$	0.08
$S + 2H^+ + 2e^- = H_2S$	0.142
$Sn^{4+} + 2e^- = Sn^{2+}$	0.151
$Cu^{2+} + e^- = Cu^+$	0.159
$SO_4^{2-} + 4H^+ + 2e^- = H_2SO_3 + H_2O$	0.172
$AgCl + e^- = Ag + Cl^-$	0.222
$HAsO_2 + 3H^+ + 3e^- = As + 2H_2O$	0.248
$Hg_2Cl_2 + 2e^- = 2Hg + 2Cl^-$	0.268
$VO^{2+} + 2H^+ + e^- = V^{3+} + H_2O$	0.337
$Cu^{2+} + 2e^- = Cu$	0.342
$[Fe(CN)_6]^{3-} + e^- = [Fe(CN)_6]^{4-}$	0.358
$[HgCl_4]^{2-} + 2e^- = Hg + 4Cl^-$	0.38
$Ag_2CrO_4 + 2e^- = 2Ag + CrO_4^{2-}$	0.447
$H_2SO_3 + 4H^+ + 4e^- = S + 3H_2O$	0.449
$Cu^+ + e^- = Cu$	0.521
$I_2 + e^- = 2I^-$	0.535

续附表13

电极反应	$\varphi^{\ominus}$ /V
$I_3^- + 2e^- = 3I^-$	0.538
$MnO_4^- + e^- = MnO_4^{2-}$	0.564
$H_3AsO_4 + 2H^+ + 2e^- = HAsO_2 + 2H_2O$	0.560
$Cu^{2+} + Cl^- + e^- = CuCl$	0.560
$Sb_2O_5 + 6H^+ + 4e^- = 2SbO^+ + 3H_2O$	0.581
$TeO_2 + 4H^+ + 4e^- = Te + 2H_2O$	0.593
$O_2 + 2H^+ + 2e^- = H_2O_2$	0.695
$H_2SeO_3 + 4H^+ + 4e^- = Se + 3H_2O$	0.74
$H_3SbO_4 + 2H^+ + 2e^- = H_3SbO_3 + H_2O$	0.75
$Fe^{3+} + e^- = Fe^{2+}$	0.771
$Hg_2^{2+} + 2e^- = 2Hg$	0.797
$Ag^+ + e^- = Ag$	0.799
$NO_3^- + 2H^+ + e^- = NO_2 + H_2O$	0.800
$Hg^{2+} + 2e^- = Hg$	0.851
$HNO_2 + 7H^+ + 6e^- = NH_4^+ + 2H_2O$	0.86
$Cu^{2+} + I^- + e^- = CuI$	0.860
$NO_3^- + 3H^+ + 2e^- = HNO_2 + H_2O$	0.934
$NO_3^- + 3H^+ + 3e^- = NO + 2H_2O$	0.957
$HIO + H^+ + 2e^- = I^- + H_2O$	0.987
$VO_4^{3-} + 6H^+ + e^- = VO^{2+} + 3H_2O$	1.031
$N_2O_4 + 4H^+ + 4e^- = 2NO + 2H_2O$	1.035
$N_2O_4 + 2H^+ + 2e^- = 2HNO_2$	1.065
$Br_2 + 2e^- = 2Br^-$	1.066
$SeO_4^{2-} + 4H^+ + 2e^- = H_2SeO_3 + H_2O$	1.151
$ClO_4^- + 2H^+ + 2e^- = ClO_3^- + H_2O$	1.189
$IO_3^- + 6H^+ + 5e^- = \frac{1}{2}I_2 + 3H_2O$	1.19
$IO_3^- + 6H^+ + 6e^- = I^- + 3H_2O$	1.195
$MnO_2 + 4H^+ + 2e^- = Mn^{2+} + 2H_2O$	1.224
$O_2 + 4H^+ + 4e^- = 2H_2O$	1.229
$2HNO_2 + 4H^+ + 4e^- = N_2O + 3H_2O$	1.297
$Cr_2O_7^{2-} + 14H^+ + 6e^- = Cr^{3+} + 7H_2O$	1.33
$HBrO + H^+ + 2e^- = Br^- + H_2O$	1.331

续附表14

电极反应	$\varphi^{\ominus}$ /V
$PbO_2 + 2H_2O + 4e^- = Pb + 4OH^-$	-0.16
$CrO_4^- + 4H_2O + 3e^- = Cr(OH)_3 + 5OH^-$	-0.13
$[Cu(NH_3)_2]^+ + e^- = Cu + 2NH_3(aq)$	-0.11
$MnO_2 + 2H_2O + 2e^- = Mn(OH)_2 + 2OH^-$	-0.05
$NO_3^- + H_2O + 2e^- = NO_2^- + 2OH^-$	0.01
$[Co(NH_3)_2]^+ + e^- = [Co(NH_3)_6]^{2+}$	0.108
$2NO_3^- + 3H_2O + 4e^- = N_2O + 6OH^-$	0.145
$IO_3^- + 2H_2O + 4e^- = IO^- + 4OH^-$	0.145
$Co(OH)_3 + e^- = Co(OH)_2 + OH^-$	0.17
$ClO_3^- + H_2O + 2e^- = ClO_2^- + 2OH^-$	0.33
$MnO_4^- + 4H_2O + 5e^- = Mn(OH)_2 + 6OH^-$	0.34
$Ag_2O + H_2O + 2e^- = 2Ag + 2OH^-$	0.342
$ClO_4^- + H_2O + 2e^- = ClO_3^- + 2OH^-$	0.36
$[Ag(NH_3)_2]^+ + e^- = Ag + 2NH_3(aq)$	0.373
$O_2 + 2H_2O + 4e^- = 4OH^-$	0.401
$2BrO^- + 2H_2O + 2e^- = Br_2 + 4OH^-$	0.45
$Ag_2CrO_4 + 2e^- = 2Ag + CrO_4^{2-}$	0.464
$NiO_2^- + 2H_2O + 2e^- = Ni(OH)_2 + 2OH^-$	0.490
$IO^- + H_2O + 2e^- = I^- + 2OH^-$	0.49
$ClO_4^- + 4H_2O + 8e^- = Cl^- + 8OH^-$	0.51
$2ClO^- + 2H_2O + 2e^- = Cl_2 + 4OH^-$	0.52
$BrO_3^- + 2H_2O + 4e^- = BrO^- + 4OH^-$	0.54
$MnO_4^- + 2H_2O + 3e^- = MnO_2 + 4OH^-$	0.595
$MnO_4^{2-} + 2H_2O + 2e^- = MnO_2 + 4OH^-$	0.60
$BrO_3^- + 3H_2O + 6e^- = Br^- + 6OH^-$	0.61
$ClO_3^- + 3H_2O + 6e^- = Cl^- + 6OH^-$	0.62
$ClO_2^- + H_2O + 2e^- = ClO^- + 2OH^-$	0.66
$AsO_2^- + 2H_2O + 3e^- = As + 4OH^-$	0.682
$BrO^- + H_2O + 2e^- = Br^- + 2OH^-$	0.761
$ClO^- + H_2O + 2e^- = Cl^- + 2OH^-$	0.81
$N_2O_4 + 2e^- = 2NO_2^-$	0.867
$HO_2^- + H_2O + 2e^- = 3OH^-$	0.878
$FeO_4^{2-} + 2H_2O + 3e^- = FeO_2^- + 4OH^-$	0.9
$O_3 + H_2O + 2e^- = O_2 + 2OH^-$	1.24

附录8.3 部分氧化还原电对的条件电极电势

部分氧化还原电对的条件电极电势见附表15。

附表15 部分氧化还原电对的条件电极电势

电极反应	$\varphi^{\ominus}$/V	介质
$Ag^+ + e^- = Ag$	0.792	1 mol·L^{-1} $HClO_4$
	0.228	1 mol·L^{-1} HCl
	0.59	1 mol·L^{-1} NaOH
$H_3AsO_4 + 2H^+ + 2e^- = H_3AsO_3 + H_2O$	0.577	1 mol·L^{-1} HCl, $HClO_4$
	0.07	1 mol·L^{-1} NaOH
Au(Ⅲ) + $2e^-$ = Au(Ⅰ)	1.27	0.5 mol·L^{-1} H_2SO_4(氧化金饱和)
	1.26	1 mol·L^{-1} HNO_3(氧化金饱和)
	0.93	1 mol·L^{-1} HCl
Au(Ⅲ) + $3e^-$ = Au	0.30	7 ~ 8 mol·L^{-1} NaOH
Ce(Ⅳ) + e^- = Ce(Ⅲ)	1.74	1 mol·L^{-1} $HClO_4$
	1.60	1 mol·L^{-1} HNO_3
	1.45	0.5 mol·L^{-1} H_2SO_4
	1.28	1 mol·L^{-1} HCl
Co(Ⅲ) + e^- = Co(Ⅱ)	1.95	4 mol·L^{-1} $HClO_4$
Cr(Ⅲ) + e^- = Cr(Ⅱ)	-0.40	5 mol·L^{-1} HCl
$Cr_2O_7^{2-} + 14H^+ + 6e^- = 2Cr^{3+} + 7H_2O$	1.00	1 mol·L^{-1} HCl
	1.08	0.5 mol·L^{-1} H_2SO_4
	1.03	1 mol·L^{-1} $HClO_4$
	1.27	1 mol·L^{-1} HNO_3
$CrO_4^{2-} + 2H_2O + 3e^- = CrO_2^- + 4OH^-$	-0.12	1 mol·L^{-1} NaOH
Cu(Ⅱ) + e^- = Cu(Ⅰ)	-0.09	pH = 14
Fe(Ⅲ) + e^- = Fe(Ⅱ)	0.72	1 mol·L^{-1} HCl
	0.674	0.5 mol·L^{-1} H_2SO_4
	0.75	1 mol·L^{-1} $HClO_4$
	0.46	2 mol·L^{-1} H_3PO_4
	0.70	1 mol·L^{-1} HNO_3
	0.51	1 mol·L^{-1} HCl + 0.25 mol·L^{-1} H_3PO_4
$Fe(EDTA)^- + e^- = Fe(EDTA)^{2-}$	0.12	0.1 mol·L^{-1} EDTA pH = 4 ~ 6
$Fe(CN)_6^{3-} + e^- = Fe(CN)_6^{4-}$	0.56	0.1 mol·L^{-1} HCl
	0.72	1 mol·L^{-1} $HClO_4$
$FeO_4^{2-} + 2H_2O + 3e^- = FeO_2^- + 4OH^-$	0.55	10 mol·L^{-1} NaOH

续附表15

电极反应	$\varphi^{\ominus}$/V	介质
$Hg_2^{2+} + 2e^- = 2Hg$	0.25 0.66 0.274	饱和 KCl 4 mol·L^{-1} $HClO_4$ 1mol·L^{-1} HCl
I_2(水) + $2e^- = 2I^-$	0.628	0.5 mol·L^{-1} H_2SO_4
$I_3^- + 2e^- = 3I^-$	0.545	0.5 mol·L^{-1} H_2SO_4
Mn(Ⅲ) + e^- = Mn(Ⅱ)	1.50	7.5 mol·L^{-1} H_2SO_4
$MnO_4^- + 8H^+ + 5e^- = Mn^{2+} + 4H_2O$	1.45	1 mol·L^{-1} $HClO_4$
$O_2 + 2H_2O + 4e^- = 4OH^-$	0.41	1 mol·L^{-1} NaOH
Pb(Ⅱ) + $2e^-$ = Pb	-0.32	1 mol·L^{-1} NaAc
Sb(Ⅴ) + $2e^-$ = Sb(Ⅲ)	0.75	3.5 mol·L^{-1} HCl
Sn(Ⅳ) + $2e^-$ = Sn(Ⅱ)	0.14	1 mol·L^{-1} HCl
$SnCl_4^{2-} + 2e^- = Sn + 4Cl^-$	-0.19	1 mol·L^{-1} HCl
$SnCl_6^{2-} + 2e^- = SnCl_4^{2-} + 2Cl^-$	0.14 0.40 -0.05	1 mol·L^{-1} HCl 4.5 mol·L^{-1} H_2SO_4 1mol·L^{-1} H_3PO_4
Ti(Ⅳ) + e^- = Ti(Ⅲ)	0.12	2 mol·L^{-1} H_2SO_4
	-0.24	0.1 mol·L^{-1} KSCN
V(Ⅴ) + e^- = V(Ⅳ)	0.94	1 mol·L^{-1} H_3PO_4

附录9 常见微溶电解质的溶度积(298.15 K)

常见微溶电解质的溶度积(298.15 K) 见附表16。

附表16 常见微溶电解质的溶度积(298.15 K)

物质	$K_{sp}^{\ominus}$	物质	$K_{sp}^{\ominus}$
AgAc	1.94×10^{-3}	$CdC_2O_4 \cdot 3H_2O$	1.42×10^{-8}
AgBr	5.35×10^{-13}	$Cd(OH)_2$	2.5×10^{-14}
Ag_2CO_3	8.46×10^{-12}	CdS	8.0×10^{-27}
AgCl	1.80×10^{-10}	$CoCO_3$	1.4×10^{-13}
$Ag_2C_2O_4$	5.40×10^{-12}	$Co(OH)_2$	1.6×10^{-15}
Ag_2CrO_4	1.12×10^{-12}	$Co(OH)_3$	1.6×10^{-44}
$Ag_2Cr_2O_7$	2.0×10^{-7}	α - CoS	4.0×10^{-21}
AgI	8.3×10^{-17}	β - CoS	2.0×10^{-25}
$AgIO_3$	3.17×10^{-8}	$Cr(OH)_3$	6.3×10^{-31}
$AgNO_2$	6.0×10^{-4}	CuBr	6.27×10^{-9}
AgOH	2.0×10^{-8}	CuCN	3.47×10^{-20}
Ag_3PO_4	8.89×10^{-17}	$CuCO_3$	1.4×10^{-10}
α - Ag_2S	6.3×10^{-50}	CuCl	1.72×10^{-7}
β - Ag_2S	1.9×10^{-49}		
Ag_2SO_4	1.20×10^{-5}	$CuCrO_4$	3.6×10^{-6}
$Al(OH)_3$	1.3×10^{-33}	CuI	1.27×10^{-12}
AuCl	2.0×10^{-13}	CuOH	1.o $\times 10^{-14}$
$AuCl_3$	3.2×10^{-25}	$Cu(OH)_2$	2.2×10^{-20}
$Au(OH)_3$	5.5×10^{-46}	$Cu_3(PO_4)_2$	1.40×10^{-37}
$BaCO_3$	2.58×10^{-9}	$Cu_2P_2O_7$	8.3×10^{-16}
BaC_2O_4	1.60×10^{-7}	CuS	6.3×10^{-36}
$BaCrO_4$	1.17×10^{-10}	Cu_2S	2.5×10^{-48}
BaF_2	1.84×10^{-7}	$FeCO_3$	3.2×10^{-11}
$Ba_3(PO_4)_2$	3.4×10^{-23}	$FeC_2O_4 \cdot 2H_2O$	3.2×10^{-7}
$BaSO_3$	5.0×10^{-10}	$Fe(OH)_2$	8.0×10^{-16}
$BaSO_4$	1.08×10^{-10}	$Fe(OH)_3$	4.0×10^{-38}
BaS_2O_3	1.6×10^{-5}	FeS	6.3×10^{-18}
$Bi(OH)_3$	4.0×10^{-31}	Hg_2Cl_2	1.43×10^{-18}
BiOCl	1.8×10^{-31}	Hg_2I_2	5.2×10^{-29}
Bi_2S_3	1.0×10^{-97}	$Hg(OH)_2$	3.0×10^{-26}

续附表16

物质	$K_{sp}^{\ominus}$	物质	$K_{sp}^{\ominus}$
$CaCO_3$	2.8×10^{-9}	Hg_2S	1.0×10^{-47}
$CaC_2O_4\cdot H_2O$	2.32×10^{-9}	HgS(红)	4.0×10^{-53}
$CaCrO_4$	7.1×10^{-4}	HgS(黑)	1.6×10^{-52}
CaF_2	5.3×10^{-9}	Hg_2SO_4	6.5×10^{-7}
$CaHPO_4$	1.0×10^{-7}	KIO_4	3.71×10^{-4}
$Ca(OH)_2$	5.02×10^{-6}	$K_2[PtCl_6]$	7.48×10^{-6}
$Ca_3(PO_4)_2$	2.07×10^{-33}	$K_2[SiF_6]$	8.7×10^{-7}
$CaSO_4$	9.1×10^{-6}	Li_2CO_3	8.15×10^{-4}
$CaSO_3\cdot 0.5H_2O$	3.1×10^{-7}	LiF	1.84×10^{-3}
$CdCO_3$	1.0×10^{-97}	$MgCO_3$	6.82×10^{-6}
MgF_2	5.16×10^{-11}	$PbCO_3$	7.4×10^{-14}
$Mg(OH)_2$	5.61×10^{-12}	$PbCl_2$	1.70×10^{-5}
$MnCO_3$	2.24×10^{-11}	PbC_2O_4	4.8×10^{-10}
$Mn(OH)_2$	1.9×10^{-13}	$PbCrO_4$	2.8×10^{-13}
MnS(无定形)	2.5×10^{-10}	PbI_2	9.8×10^{-9}
MnS(结晶)	2.5×10^{-13}	$PbSO_4$	2.53×10^{-8}
Na_3AlF_6	4.0×10^{-10}	$Sn(OH)_2$	5.45×10^{-27}
$NiCO_3$	1.42×10^{-7}	$Sn(OH)_4$	1.0×10^{-56}
$Ni(OH)_2$	2.0×10^{-15}	SnS	1.0×10^{-25}
α - NiS	3.2×10^{-19}	$SrCO_3$	5.6×10^{-10}
β - NiS	1.0×10^{-24}	$SrC_2O_4\cdot H_2O$	1.6×10^{-7}
γ - NiS	2.0×10^{-26}	$SrCrO_4$	2.2×10^{-5}
$Pb(OH)_2$	1.2×10^{-15}	$SrSO_4$	3.44×10^{-7}
$Pb(OH)_3$	3.2×10^{-44}	$ZnCO_3$	1.46×10^{-10}
$Pb_3(PO_4)_2$	8.0×10^{-40}	$ZnC_2O_4\cdot 2H_2O$	1.38×10^{-9}
$PbMoO_4$	1.0×10^{-13}	$Zn(OH)_2$	3.0×10^{-17}
PbS	8.0×10^{-28}	α - ZnS	1.6×10^{-24}
$PbBr_2$	6.6×10^{-6}	β - ZnS	2.5×10^{-22}

附录10　一些常见配离子的标准稳定常数(298.15 K)

一些常见配离子的标准稳定常数(298.15 K) 见附表17。

附表17　一些常见配离子的标准稳定常数(298.15 K)

配离子	$K_f^\ominus$	配离子	$K_f^\ominus$
$[AgCl_2]^-$	1.1×10^{5}	$[Cu(NH_3)_2]^+$	7.24×10^{10}
$[AgI_2]^-$	5.5×10^{11}	$[Cu(NH_3)_4]^{2+}$	2.09×10^{13}
$[Ag(CN)_2]^-$	1.26×10^{21}	$[Fe(CN)_6]^{4-}$	1.0×10^{35}
$[Ag(NH_3)_2]^+$	1.12×10^{7}	$[Fe(CN)_6]^{3-}$	1.0×10^{42}
$[Ag(SCN)_2]^-$	3.72×10^{7}	$[Fe(C_2O_4)_3]^{3-}$	1.58×10^{20}
$[Ag(S_2O_3)_2]^{3-}$	2.88×10^{13}	$[Fe(NCS)_2]^+$	2.29×10^{3}
$[AlF_6]^{3-}$	6.9×10^{19}	$[HgCl_4]^{2-}$	1.17×10^{15}
$[Au(CN)_2]^-$	1.99×10^{38}	$[Hg(CN)_4]^{2-}$	2.51×10^{41}
$[Ca(edta)]^{2-}$	1.0×10^{11}	$[HgI_4]^{2-}$	6.76×10^{29}
$[Cd(en)_2]^{2+}$	1.23×10^{10}	$[Ni(CN)_4]^{2-}$	1.99×10^{31}
$[Cd(NH_3)_4]^{2+}$	1.32×10^{7}	$[Ni(NH_3)_4]^{2+}$	9.09×10^{7}
$[Cd(SCN)_4]^{2-}$	4.0×10^{3}	$[Ni(NH_3)_6]^{2+}$	5.49×10^{8}
$[Co(NCS)_4]^{2-}$	1.0×10^{3}	$[Pb(CH_3COO)_4]^{2-}$	3.0×10^{8}
$[Co(NH_3)_6]^{2+}$	1.29×10^{5}	$[Pb(CN)_4]^{2-}$	1.0×10^{11}
$[Co(NH_3)_6]^{3+}$	1.58×10^{35}	$[Zn(CN)_4]^{2-}$	5.01×10^{16}
$[Cu(CN)_2]^-$	1.0×10^{24}	$[Zn(C_2O_4)_2]^{2-}$	4.0×10^{7}
$[Cu(CN)_4]^{3-}$	2.0×10^{30}	$[Zn(NH_3)_4]^{2+}$	2.88×10^{9}
$[Cu(en)_2]^{2+}$	1.0×10^{20}	$[Zn(OH)_4]^{2-}$	4.6×10^{17}

附录 11　一些常见化合物的相对分子质量

一些常见化合物的相对分子质量见附表 18。

附表 18　一些常见化合物的相对分子质量

化合物	相对分子质量	化合物	相对分子质量	化合物	相对分子质量
AgBr	187.77	$Cr(NO_3)_3$	238.01	HCOOH	46.03
AgCl	143.32	Cr_2O_3	151.99	H_2CO_3	62.03
AgCN	133.89	CuCl	99.00	$H_2C_2O_4$	90.04
AgSCN	165.95	$CuCl_2$	134.45	$H_2C_2O_4 \cdot 2H_2O$	126.07
Ag_2CrO_4	331.73	$CuCl_2 \cdot 2H_2O$	170.48	HCl	36.46
AgI	234.77	CuSCN	121.62	HF	20.01
$AgNO_3$	169.87	CuI	190.45	HI	127.91
$AlCl_3$	133.34	$Cu(NO_3)_2$	187.56	HNO_3	63.01
$Al(NO_3)_3$	213.00	$Cu(NO_3)_2 \cdot 3H_2O$	241.60	HNO_2	47.01
Al_2O_3	101.96	CuO	79.55	H_2O	18.02
$Al(OH)_3$	78.00	Cu_2O	143.09	H_2O_2	34.02
$Al_2(SO_4)_3$	342.12	CuS	95.61	H_3PO_4	98.00
As_2O_3	197.84	$CuSO_4$	159.60	H_2S	34.08
As_2O_5	229.84	$CuSO_4 \cdot 5H_2O$	249.68	H_2SO_3	82.07
$BaCO_3$	197.34	CH_3COOH	60.05	H_2SO_4	98.07
BaC_2O_4	225.35	CH_3OH	32.04	$HgCl_2$	271.50
$BaCl_2$	208.24	CH_3COCH_3	58.08	Hg_2Cl_2	472.09
$BaCl_2 \cdot 2H_2O$	244.27	C_6H_5COOH	122.12	HgI_2	454.40
$BaCrO_4$	253.32	C_6H_5COONa	144.10	$Hg_2(NO_3)_2$	525.19
BaO	153.33	CH_3COONa	82.03	$Hg_2(NO_3)_2 \cdot 2H_2O$	561.22
$Ba(OH)_2$	171.34	C_6H_5OH	94.11	$Hg(NO_3)_2$	324.60
$BaSO_4$	233.39	$FeCl_2$	126.75	HgO	216.59
$CaCO_3$	100.09	$FeCl_2 \cdot 4H_2O$	198.81	HgS	232.65
CaC_2O_4	128.10	$FeCl_3$	162.21	$HgSO_4$	296.65
$CaCl_2$	110.99	$FeCl_3 \cdot 6H_2O$	270.30	Hg_2SO_4	497.24
$CaCl_2 \cdot 6H_2O$	219.08	$Fe(NO_3)_3$	241.86	$KAl(SO_4) \cdot 12H_2O$	474.38
$Ca(NO_3)_2$	164.09	$Fe(NO_3)_3 \cdot 9H_2O$	404.00	KBr	119.00
CaO	56.08	FeO	71.85	$KBrO_3$	167.00
$Ca(OH)_2$	74.09	Fe_2O_3	159.69	KCl	74.55

续附表18

化合物	相对分子质量	化合物	相对分子质量	化合物	相对分子质量
$Ca_3(PO_4)_2$	310.18	Fe_3O_4	231.54	$KClO_3$	122.55
$CaSO_4$	136.14	$Fe(OH)_3$	106.87	KCN	65.12
$Ce(SO_4)_2$	332.24	FeS	87.91	K_2CO_3	138.21
$CoCl_2$	129.84	Fe_2S_3	207.87	K_2CrO_4	194.19
$CoCl_2 \cdot 6H_2O$	237.93	$FeSO_4$	151.90	$K_2Cr_2O_7$	294.18
$Co(NO_3)_2$	182.94	$FeSO_4 \cdot 7H_2O$	278.01	$K_3Fe(CN)_6$	329.25
$Co(NO_3)_2 \cdot 6H_2O$	291.03	$FeSO_4 \cdot (NH_4)_2SO_4 \cdot 6H_2O$	392.14	$K_4Fe(CN)_6$	368.35
$CO(NH_2)_2$	60.06	H_3BO_3	61.83	$KFe(SO_4)_2 \cdot 12H_2O$	503.24
CO_2	44.01	HBr	80.91	$KHC_2O_4 \cdot H_2O$	146.14
$CrCl_3$	158.35	HCN	27.03	$KHC_2O_4 \cdot H_2C_2O_4 \cdot 2H_2O$	254.19
$KHSO_4$	136.16	$NaHCO_3$	84.01	$PbCrO_4$	323.20
KI	166.00	$Na_2HPO_4 \cdot 12H_2O$	358.14	$Pb(NO_3)_2$	331.20
KIO_3	214.00	$Na_2H_2Y \cdot 2H_2O$	372.24	PbO	223.20
$KIO_3 \cdot HIO_3$	389.91	$NaNO_2$	69.00	PbO_2	239.20
$KMnO_4$	158.03	$NaNO_3$	85.00	$PbSO_4$	303.30
KNO_2	85.10	Na_2O	61.98	$SbCl_3$	228.11
KNO_3	101.10	Na_2O_2	77.98	$SbCl_5$	299.02
K_2O	94.20	NaOH	40.00	Sb_2O_3	291.50
KOH	56.11	Na_3PO_4	163.94	Sb_2S_3	339.68
KSCN	97.18	Na_2S	78.04	SiF_4	104.08
K_2SO_4	174.25	$Na_2S \cdot 9H_2O$	240.18	SiO_2	60.08
$MgCO_3$	84.32	Na_2SO_3	126.04	$SnCl_2$	189.60
$MgCl_2$	95.21	Na_2SO_4	142.04	$SnCl_2 \cdot 2H_2O$	225.63
MgC_2O_4	112.33	$Na_2S_2O_3$	158.10	$SnCl_4$	260.50
$MgNH_4PO_4$	137.32	$Na_2S_2O_3 \cdot 5H_2O$	248.17	$SnCl_4 \cdot 5H_2O$	350.58
MgO	40.31	NH_3	17.03	SnO_2	156.69
$Mg(OH)_2$	58.32	NH_4Cl	53.49	SnS	150.75
$Mg_2P_2O_7$	222.55	$(NH_4)_2CO_3$	96.09	$SrCO_3$	147.63
$MgSO_4 \cdot 7H_2O$	246.47	$(NH_4)_2C_2O_4$	124.10	SrC_2O_4	175.64
$MnCO_3$	114.95	$(NH_4)_2C_2O_4 \cdot H_2O$	142.11	$SrCrO_4$	203.61
$MnCl_2 \cdot 4H_2O$	197.91	NH_4HCO_3	79.06	$Sr(NO_3)_2$	211.63
$Mn(NO_3)_2 \cdot 6H_2O$	287.04	$(NH_4)_2HPO_4$	132.06	$Sr(NO_3)_2 \cdot 4H_2O$	283.69

参 考 文 献

[1] 傅洵,许永吉,解从霞. 基础化学教程(无机与分析化学)[M].2 版. 北京:科学出版社,2012.

[2] 王元兰,邓斌. 无机及分析化学[M]. 北京:化学工业出版社,2015.

[3] 刘耘,周磊. 无机及分析化学[M]. 北京:化学工业出版社,2015.

[4] 颜秀茹. 无机化学与化学分析[M]. 北京:高等教育出版社,2016.

[5] 宋天佑,程鹏,徐家宁,等. 无机化学上[M].4 版. 北京:高等教育出版社,2019.

[6] 呼世斌,翟彤宇. 无机及分析化学[M].4 版. 北京:高等教育出版社,2010.

[7] 大连理工大学无机化学教研室. 无机化学[M].6 版. 北京:高等教育出版社,2018.

[8] 倪静安. 无机及分析化学教程[M]. 北京:高等教育出版社,2006.

[9] 南京大学无机及分析化学编写组. 无机及分析化学[M].5 版. 北京:高等教育出版社,2015.

[10] 天津大学无机化学教研室. 无机化学[M].5 版. 北京:高等教育出版社,2018.

[11] 克里斯蒂安. 分析化学[M]. 李银环,马剑,黄维维,等,译.7 版. 上海:华东理工大学出版社,2017.

[12] 乔成立,李文新. 滴定分析化学新论[M]. 北京:化学工业出版社,2017.

[13] 皮以凡. 氧化还原滴定法及电位分析法[M]. 北京:高等教育出版社,1987.

[14] 谢德明,童少平,曹江林. 应用电化学基础[M]. 北京:化学工业出版社,2020.

[15] 朱明华. 仪器分析[M]. 北京:高等教育出版社,2000.

[16] 杨素玲. 现代电分析法原理及其在生物分析领域的应用[M]. 成都:电子科技大学出版社,2019.

[17] 钱玲,陈亚,吴国梁,等. 离子选择电极在临床检验中的应用[M]. 南京:南京大学出版社,2017.

[18] 王运,胡先文. 无机及分析化学[M].4 版. 北京:科学出版社,2019.

[19] DIMESKI G,BADRIC T,JOHN A S. Ion selective electrodes(ISEs)and interferences—A review[J]. Clinica Chimica Acta,2010,411:309-317.

[20] CRESPO G A. Recent Advances in ion-selective membrane electrodes for in situ environmental water analysis[J]. Electrochimica Acta,2017,245:1023-1034.

[21] 任建新. 膜分离技术及其应用[M]. 北京:化学工业出版社,2003.

[22] 王方. 现代离子交换与吸附技术[M]. 北京:清华大学出版社,2015.

[23] 程健,文忠,刘以红. 天然产物超临界 CO_2 萃取[M]. 北京:中国石化出版社,2009.

[24] 张文清.分离分析化学[M].2版.上海:华东理工大学出版社,2016.

[25] CHEMAT F,ABERT-VIAN M,FABIANO-TIXIER A S,et al. Green extraction of natural products. Origins,current status,and future challenges[J]. TrAC Trends in Analytical Chemistry,2019,118:248-263.

[26] FONTANALS N,BORRULL F,MARCE R M. Overview of mixed-mode ion-exchange materials in the extraction of organic compounds[J]. Analytica Chimica Acta,2020,1117:89-107.

[27] MAURICE A,THEISEN J,GABRIEL J C. Microfluidic lab-on-chip advances for liquid-liquid extraction process studies[J]. Current Opinion in Colloid & Interface Science,2020,46:20-35.

[28] LI J J,ZHOU Y N,LUO Z H. Polymeric materials with switchable superwettability for controllable oil/water separation:A comprehensive review[J]. Progress in Polymer Science,2018,87:1-33.

[29] JIAO L,WANG Y,JIANG H L,et al. Metal-organic frameworks as platforms for catalyticapplications[J]. Advance Materials,2018,30(37):1703663.

[30] LI H,LI L,LIN R B,et al. Porous metal-organic frameworks for gas storage and separation:status and challenges[J]. Energy Chem,2019,8:100006.

[31] 夏兰廷,黄桂桥,张三平,等.金属材料的海洋腐蚀与防护[M].北京:冶金工业出版社,2003.

[32] 周佳,裘俊红.海水提溴的研究进展[J].浙江水利科技,2012(2):10-13.

[33] 袁俊生,纪志永,陈建新.海水化学资源利用技术的进展[J].化学工业与工程,2010,27(2):110-116.

[34] 孙玉善.海洋资源化学[M].北京:海洋出版社,1991.

[35] 王军,姜天明.石墨烯防腐涂料的特点及在海洋防腐领域的应用前景[J].现代涂料与涂装,2019,22(4):17-20

[36] 洪啸吟,冯汉保.涂料化学[M].2版.北京:科学出版社,2005.

[37] 彭笑刚.物理化学讲义[M].2版.北京:高等教育出版社,2012.